高层建筑施工 （第2版）

国家开放大学施工课程组　编

国家开放大学出版社·北京

图书在版编目（CIP）数据

高层建筑施工/国家开放大学施工课程组编. —2
版. —北京：国家开放大学出版社，2023.1（2024.6重印）
ISBN 978 – 7 – 304 – 11690 – 3

Ⅰ. ①高…　Ⅱ. ①国…　Ⅲ. ①高层建筑 – 建筑施工 –
开放教育 – 教材　Ⅳ. ①TU974

中国版本图书馆 CIP 数据核字（2022）第 255028 号

高层建筑施工（第 2 版）
GAOCENG JIANZHU SHIGONG
国家开放大学施工课程组　编

出版·发行：国家开放大学出版社
电话：营销中心 010 – 68180820　　　　　总编室 010 – 68182524
网址：http：//www. crtvup. com. cn
地址：北京市海淀区西四环中路 45 号　　　邮编：100039
经销：新华书店北京发行所

策划编辑：陈艳宁　　　　　　　　　　　版式设计：何智杰
责任编辑：侯艳娇　　　　　　　　　　　责任校对：李晨光
责任印制：武　鹏　马　严

印刷：北京鑫益晖印刷有限公司
版本：2023 年 1 月第 2 版　　　　　　　2024 年 6 月第 4 次印刷
开本：787mm × 1092mm　1/16　　　　　印张：26.75　字数：628 千字

书号：ISBN 978 – 7 – 304 – 11690 – 3
定价：49.00 元

Preface | 第 2 版前言

近年来，我国在高层建筑领域的飞速发展受到了全世界同行的瞩目。世界高层建筑与都市人居学会（Council on Tall Buildings and Urban Habitat，CTBUH）于 2022 年 6 月发布的数据显示，2022 年全球摩天大楼前 50 中，中国共 25 座，占据 50%。其中，位居前三名的高层建筑是迪拜哈利法塔、吉隆坡默迪卡 118 大厦、上海中心大厦。建筑高度不断增加的同时，超高层建筑结构的设计面临着极大的挑战。随着国家规范、规程和高层建筑施工手册的修订，新的工艺、工法以及新型材料的大量使用，对于高层建筑施工技术的要求不断提高；作为教材也应该跟上时代的脚步，满足时代的要求，所以对本教材进行了修订。

本次修订在保留原有内容的基础上，主要结合近年来住房和城乡建设部推出的相关规范和高层建筑施工手册，以党的二十大精神为指引，认真贯彻落实立德树人的根本要求。知识、能力和素养三育并举，通过课程内容强化素养教育，积极引导读者树立科学的世界观和正确的人生观与价值观，对教材进行了一定的修改，包括高层建筑施工新技术、新方法等内容的补充，陈旧过时内容的删减，以及根据最新规范进行的内容调整等。其中，主要增加了近期比较成熟的施工工艺，如渠式切割水泥土连续墙技术、冻结法围护结构、承插型盘扣式钢管脚手架、清水混凝土施工、钢网架吊装等内容。编写力求通俗易懂、简练清晰。

本教材的策划、设计、编写与修订工作均由国家开放大学施工课程组完成。课程组由北京交通大学张成平教授、国家开放大学李淑副教授和内蒙古科技大学张旭老师组成，其中国家开放大学李淑副教授任课程组组长。李淑副教授修订了第 4 章和第 7 章~第 10 章；张成平教授修订了第 1 章~第 3 章和第 5 章；张旭老师修订了第 6 章。教材编写过程中得到国家开放大学理工教学部的大力支持，特此对其表示感谢。本教材参考了许多的书刊、专著、规范、手册，引用、摘录了部分内容，在此对相关编著者表示深深的谢意。

由于编者学识有限，修订过程难免有疏漏之处，还望广大读者批评指正。

编者

2022 年 11 月

Preface | 第 1 版前言

随着我国城市化进程的不断加快，城市用地日趋紧张，客观上形成了人们对高层建筑的需求。新技术、新工艺、新材料和新设备的发展及应用，为我国高层建筑的快速发展提供了技术支撑和物质条件；反之，高层建筑的发展也显著带动了相关产业的发展及其技术进步，高层建筑施工课程正是在这种背景下逐渐发展并日趋成熟的。然而，近年来高层建筑施工理论和技术发展迅速，施工设备也不断更新换代，特别是相关规范、规程和国家标准的调整和变动内容也较多，因此对高层建筑施工课程教学提出了更高要求。为了更好地反映高层建筑施工的新技术，并及时地将国家最新颁布的相关规范、规程和标准的内容传递给学生，特编制本教材。

本教材紧密围绕高层建筑施工技术的特点和难点，以国家最新颁布的相关规范、规程和标准为依据，并借鉴了国内外大量的研究成果和先进的施工技术，同时注重理论和实践相结合，力求科学地反映高层建筑施工中的新理论、新方法和新工艺，培养学生将理论知识转化为施工技术的能力，以及运用国家现行相关规范、规程和标准的能力，从而达到学有所用的目的，以期进一步促进我国高层建筑施工技术的发展。

本教材主要内容包括：绪论，深基坑地下水控制，深基坑土方开挖，深基坑支护，深基坑施工监测，大体积混凝土施工，高层建筑起重及运输机械，高层建筑脚手架工程，高层建筑现浇混凝土结构施工和高层钢结构施工。

参加本教材编写的有：国家开放大学的郭鸿、李淑，北京交通大学的张成平、张旭。其中，郭鸿编写了第 1 章，李淑编写了第 4 章和第 7 章~第 10 章，张成平编写了第 2 章~第 3 章和第 5 章，张旭编写了第 6 章。

本教材除了可以作为国家开放大学学生的专业教材外，还可供其他院校建筑工程及建筑管理工程专业的专科、中专学生使用，也可作为从事建筑施工及结构设计的工程技术人员的参考用书。本教材的编写，参考了大量的文献和资料，谨向这些文献和资料的作者及出版社表示深深的感谢！限于时间和业务水平，书中不足和错误之处在所难免，真诚地欢迎广大读者批评指正，在此表示衷心的感谢。

国家开放大学施工课程组

2018 年 3 月

Contents 目 录

第1章 CHAPTER 1

绪　论

1.1　高层建筑的定义、优越性及其特点

1.1.1　高层建筑的定义

近年来，为了节约城市用地和解决住房紧张的问题，高层建筑得到了快速发展，科学技术的进步也使建筑的高度纪录不断刷新，我国在高层建筑领域的飞速发展也受到了全世界的瞩目。

超过一定层数或高度的建筑就会成为高层建筑，然而对于高层建筑，世界各国有不同的划分标准。

1. 我国的规定

1980 年，我国行业标准中曾给出了有关高层民用建筑的规定，在之后发行的规程和规范中对此不断进行修改和完善。我国最新的行业标准有关高层建筑的规定有以下内容：

中华人民共和国住房和城乡建设部发布的《民用建筑设计统一标准》（GB 50352—2019）明确民用建筑按地上建筑高度或层数进行分类划分应符合下列规定：

①建筑高度不大于 27.0 m 的住宅建筑、建筑高度不大于 24.0 m 的公共建筑及建筑高度大于 24.0 m 的单层公共建筑为低层或多层民用建筑；

1

②建筑高度大于 27.0 m 的住宅建筑和建筑高度大于 24.0 m 的非单层公共建筑，且高度不大于 100.0m 的，为高层民用建筑；

③建筑高度大于 100.0 m 的为超高层建筑。

中华人民共和国住房和城乡建设部发布的《高层建筑混凝土结构技术规程》（JGJ 3—2010）和《高层民用建筑钢结构技术规程》（JGJ 99—2015）均有相关说明，10 层及 10 层以上或房屋高度大于 28 m 的住宅建筑以及房屋高度大于 24 m 的其他高层民用建筑为高层建筑。房屋高度是指自室外地面至房屋主要屋面的高度，不包括突出屋面的电梯机房、水箱、构架等。

2. 联合国教育、科学及文化组织的规定

1972 年，联合国教育、科学及文化组织（United Nations Educational，Scientific and Cultural Organization，UNESCO）下属的世界高层建筑委员会建议，可按层数和高度把高层建筑分为四类，如表 1 - 1 所示。

表 1 - 1　1972 年世界高层建筑委员会建议高层建筑的分类

分类	层数	房屋高度
第一类	9 ~ 16 层	最高至 50 m
第二类	17 ~ 25 层	最高至 75 m
第三类	26 ~ 40 层	最高至 100 m
第四类	40 层以上	高度在 100 m 以上

注：高度超过 100 m 的建筑，称为超高层建筑。

3. 其他国家规定

其他国家有关高层建筑的规定，如表 1 - 2 所示。

表 1 - 2　其他国家有关高层建筑的规定

国家	规定
美国	总高度在 24.6 m 或 7 层以上的建筑为高层建筑
英国	总高度在 24.3 m 以上的建筑为高层建筑
德国	总高度在 22 m 以上的建筑为高层建筑
法国	8 层及 8 层以上的住宅建筑或高度在 31 m 以上的其他建筑为高层建筑
比利时	总高度在 25 m 以上的建筑为高层建筑
日本	总高度在 31 m 以上或 8 层以上的建筑为高层建筑

综上所述，尽管目前世界各国对于高层建筑的划分标准规定不一，但一般认为 10 层及 10 层以上的住宅建筑以及房屋高度大于 24 m 的其他高层民用建筑即为高层建筑；当房屋高度超过 100 m 时，则为超高层建筑。

1.1.2 高层建筑的优越性

高层建筑的优越性主要体现在以下几个方面。

（1）丰富城市面貌，改善城市环境和景观，增强都市繁荣气氛。

高层建筑可以根据不同地区城市的特点，塑造出代表本地区独特的建筑形象，为城市造型与风貌增添异彩。同时高层建筑能腾出更多的地面和自由空间，用作绿化和居民娱乐设施与散步、旅游等公共活动场所，有利于改善城市环境和居住条件。

（2）有利于人们的使用和管理。

近年来，国内外兴建了许多"广场""中心"之类的高层建筑，集办公、生活、商业、健身、餐饮和娱乐于一体，所以又简称"商住楼"。在一幢高层建筑中，有地下车库，地上1~4层是购物商场和餐饮、健身之类用房，再往上是办公用房和公寓，采取了竖向分区的格局，这样可以缩短相互的距离，节约时间，提高效率。不出大楼什么事都可以办成，大大方便了用户，比设置若干栋多层建筑，既可少占建设用地，又可解决分散使用与需要集中管理的矛盾，其经济效益、社会效益和用户的个人综合效益，都是十分显著的。

（3）节约城市建设用地和城市设施费用。

在市场竞争条件下，城市建筑用地价格昂贵，闹市区的地价高于建筑造价，这就加重了用户购房负担；另外由于高层建筑可以缩小城市范围，相对减少诸如各种管线、道路等的投资，并且也便于城市管理。

（4）有利于改善居住条件。

住在高层建筑中，高瞻远瞩，心胸开阔，无限风光，有极好的观赏感受。有些超高层建筑在一定高度还设置楼层绿化，更有利于美化城市，便于游览、观赏。但高层建筑的发展需要城市规划的控制，否则会因过于集中导致交通拥堵问题。

（5）科技进步是确保高层建筑顺利发展的重要条件，高层建筑的发展又推动了科技的进一步发展。

几千年来，建造房屋的建筑材料和技术主要是土、木、砖、石、石灰和砌筑技巧，但从19世纪后期到目前，随着钢铁、水泥的产量大幅度增长和土地价格不断增值以及竖向运输工具——电梯、扶梯的创新，高层建筑的发展具备了物质基础。近几十年来，科技的不断进步，结构理论科学的发展，以及新材料、新设备、新工艺、新机具的大量涌现，在结构体系、物质条件和技术手段方面，均产生了重大突破，从而使高层建筑得到普遍发展。

1.1.3 高层建筑的特点

高层建筑并不是低层、多层建筑物的简单叠加，它在建筑、结构、施工和维护等方面都有其特点和更高的要求，只有了解高层建筑的特点，才能对其进行科学合理的设计和施工。

1. 建筑特点与要求

（1）由于建筑高度增加，电梯已成为高层建筑内部主要的垂直交通工具。人们利用它进行方便、安全、经济的建筑物内部的垂直交流，从而对高层建筑的平面布局和空间组合产生了重大影响。

（2）高层建筑需要分别在底层和一定的高度位置设置设备层，并且要在楼层的顶部设电梯间和水箱间。高层建筑的额平面、立面设计也要满足高层建筑的防火规范要求。

（3）由于地下埋深嵌固的要求，高层建筑一般要有一至数层的地下室，来作为设备层、车库、人防等辅助用房。

2. 结构特点与要求

低层、多层建筑的结构受力，主要考虑竖向荷载，包括结构自重和可变荷载。高层建筑的结构受力，除了要考虑竖向荷载作用外，还必须考虑由风力和地震力引起的水平荷载；其竖向荷载使建筑物承受压力，其压力的大小与建筑物的高度成正比，主要由承重墙和柱承担。受水平荷载作用的建筑物，可将其视为悬臂梁，在水平荷载下建筑物主要产生弯矩，弯矩与房屋高度的平方成正比。弯矩又会使建筑结构产生拉力和压力，当建筑物超过一定的高度时，由水平荷载所产生的拉力就会超过由竖向荷载所产生的压力，建筑物的一侧就会由于风力或地震力的作用而处于周期性的受拉和受压状态。

不对称的及复杂体型的高层建筑还需要考虑结构的受扭。因此，高层建筑必须充分考虑结构的各种受力状态，从而保证结构具有足够的承载力。

高层建筑不仅要考虑结构的内力，而且要控制结构的水平位移，从而保证结构的刚度和稳定性。由水平荷载产生的楼层水平位移与建筑物高度的4次方成正比，当水平荷载的分布状况不同时，水平位移的计算方法也不同。

由于高层建筑水平位移的增大较其承载力的增大更为迅速，但过大的水平位移对人和建筑结构有以下影响：①使人产生不适，影响正常的生活、工作；②使电梯轨道变形；③造成填充墙或建筑物结构开裂、剥落；④使建筑物主体结构出现裂缝；⑤如果水平位移再进一步扩大，就会导致结构的各个构件产生附加内力，引起整个建筑物的严重破坏，甚至倒塌。因此，必须控制建筑物的水平位移，包括相邻两层的层间位移和建筑物的顶点位移。

《民用建筑设计统一标准》（GB 50352—2019）将建筑设计使用年限分为四类，其中，类别4的设计使用年限为100年，适用于纪念性建筑和特别重要的建筑。

3. 高层建筑施工特点与要求

在高层建筑的施工中，土方、钢筋、模板、混凝土、砌筑、装修、设备管线等用量巨大，同时其施工工序又多，有土方、模板、钢筋、混凝土、砌筑、管线、电焊及设备安装等十多个专业工种的交叉联合作业，组织配合十分复杂。

根据中华人民共和国住房和城乡建设部近年来的统计，高层建筑的施工工期一般为2~4年，平均2年左右；结构主体施工一般为5~10 d一层，短则3 d一层，常常是两班或三班作业，工期长且紧，要合理安排工序，才能缩短工期，减少费用。另外，在冬期、雨期施工时，还应具备特殊的施工技术措施，来保证施工质量。

高层建筑的基础一般较深，大多有 1~4 层地下室，土方开挖、基坑支护、地基处理以及深基坑降水等作业，技术复杂，会直接影响施工工期和工程整体造价。

高空作业多，垂直运输量大。高层建筑高度一般为 45~80 m，超高层建筑一般高度为 100~300 m，更高的为 600~800 m。高层建筑在施工中要合理地选用各种垂直运输机械，解决好材料、机具设备、人员等的垂直运输问题，还要注意用水、用电、通信，以及建筑垃圾的处理等问题。

为了保证结构的耐久性，美化城市环境，对高层建筑主体结构和建筑物的立面装饰等要求较高；基础和地下室的墙面，厨房、卫生间的管道和防水都不能出现任何漏水和渗水现象。这就需要采用大量的新技术、新工艺、新材料和新的机具设备及相应的各种工艺体系，来满足施工精度高的要求，从而也增加了施工技术的复杂程度。

高层建筑标准层较多，为了扩大施工范围，加速工程进度，一般采用多专业工种、多工序的平行流水立体交叉作业；为提高施工工效，大多采用机械化施工，比一般建筑的施工配合复杂，需要解决好多工种、多工序的立体交叉配合等各方面的施工关系，以保证施工有条理、有节奏地进行。

1.2 高层建筑基础与结构形式

1.2.1 高层建筑的基础形式

高层建筑所采用的结构材料、结构类型和施工方法与多层建筑有许多共同之处，但高层建筑要承受更大的竖向荷载和水平荷载，加上高层建筑的基础往往要埋置在或跨越至更深的地方，因此，高层建筑的基础一般来说不同于多层建筑或低层建筑，其要符合《高层建筑筏形与箱形基础技术规范》（JGJ 6—2011）中的相关规定。高层建筑常用的基础形式有以下三种。

（1）筏板基础：由底板、梁等整体组成。当建筑物荷载较大，地基承载力较弱时，常采用混凝土底部筏板以形成筏基来承受建筑物荷载，其整体性好，可以很好地抵抗地基的不均匀沉降，如图 1-1（a）所示。

（2）箱形基础：是由钢筋混凝土的底板、顶板、侧墙及一定数量的内隔墙构成的封闭的箱体基础，基础中部可在内隔墙开门洞作为地下室，如图 1-1（b）所示。这种基础整体性和刚度较好，调整地基不均匀沉降的能力较强，可降低因地基变形使建筑物开裂的可能性，减少基底处原有地基自重应力，降低建筑物的总沉降量。箱形基础适用于作为软弱地基上的面积较小、平面形状简单、荷载较大或上部结构分布不均的高层重型建筑物的基础，以及对沉降有严格要求的设备基础或特殊构筑物的基础，但施工时，其混凝土及钢材用量较多，造价也较高。在一定条件下，如能充分利用箱形基础的地下部分，那么其在技术、经济效益上也是较好的。

（3）桩基础：由基桩和连接于桩顶的承台共同组成。桩基础在高层建筑中应用广泛，如图1-1（c）所示。

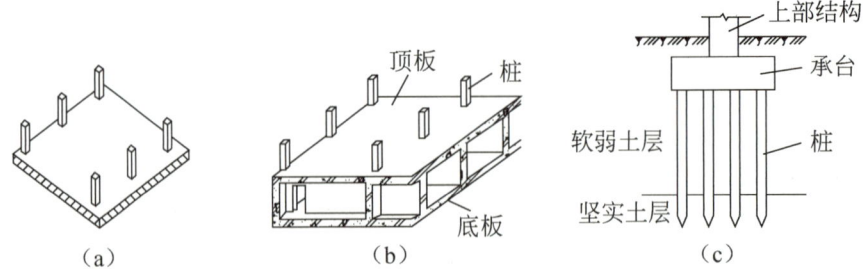

图1-1　高层建筑常用的基础形式

（a）筏板基础；（b）箱形基础；（c）桩基础

1.2.2　高层建筑的结构形式

高层建筑的结构形式包括框架结构（frame structure）、剪力墙结构（shearwall structure）、框架—剪力墙结构（frame-shearwall structure）、板柱—剪力墙结构（slab-column shearwall structure）、筒体结构（tube structure）、框架—核心筒结构（frame-corewall structure）、筒中筒结构（tube in tube structure）和混合结构（mixed structure，hybrid structure）。

1. 框架结构

由梁和柱为主要构件组成的承受竖向和水平作用的结构称为框架结构。框架结构是由梁、柱与楼板通过节点连接构成空间结构体系，用以承担建筑物的竖向荷载与水平荷载。框架结构可以由钢筋混凝土与型钢材料单独或组合建造，其中钢筋混凝土框架结构如图1-2所示。框架结构体系平面布置灵活，可形成较大的空间，适宜作为餐厅、会议室、休息大厅、商场等，因此在公共建筑中应用较多。

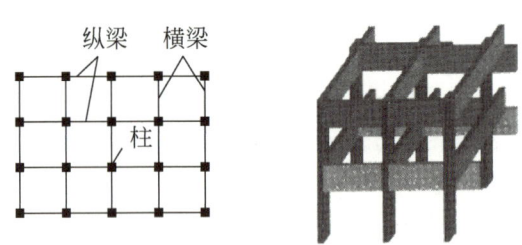

图1-2　钢筋混凝土框架结构

当建筑物超过20层或纯框架结构在风荷载或水平地震力作用下的侧移不符合要求时，往往要在框架结构中添加抗侧移构件，即构成了框架—支撑结构体系。框架—支撑结构是在框架的一跨或几跨沿竖向布置支撑桁架而构成，其中支撑桁架部分起着与框架—剪力墙结构中的剪力墙一样的作用。在水平力的作用下，支撑桁架部分中的支撑构件只承受拉、压轴向力，这种结构形式无论是从强度还是从变形的角度看都是十分有效的。与框架结构相比，框架—支撑结构大大提高了建筑物结构的抗侧移刚度。

2. 剪力墙结构

由剪力墙组成的承受竖向和水平作用的结构称为剪力墙结构。剪力墙结构是以建筑物的墙体作为承重构件，且全部由剪力墙承重而不设框架的结构体系。这些墙体与其他墙体的受力不同，不仅可以承受竖向荷载，而且可以承受由水平荷载引起的较大的弯矩与剪力，所以习惯上称其为剪力墙。全剪力墙结构的刚度与强度都比较高，有一定延性，整体性好，在水平荷载作用下其侧向变形小，承载力（强度）要求也容易满足，结构传力均匀直接，抗倒塌能力强，且房间内无梁柱外露。但剪力墙结构的缺点是间距不能太大，平面布置不灵活，永久固定隔墙过多，不能满足公共建筑的使用要求，结构自重往往也较大，其适用于较小开间的住宅及旅馆等的高层建筑。

3. 框架—剪力墙结构

由框架和剪力墙共同承受竖向和水平作用的结构称为框架—剪力墙结构。这种结构是在框架结构体系中设置一些剪力墙来代替部分框架。框架和剪力墙共同作为承重结构，克服了框架抗侧刚度小及全剪力墙结构开间小、布置不灵活的缺点，可满足常见的 30 层以下的高层建筑的抗侧刚度。框架—剪力墙结构的特点是其以框架结构为主，以剪力墙为辅来弥补框架结构的不足，属于半刚性结构。剪力墙承担大部分的水平荷载，框架则以承担竖向荷载为主。

4. 筒体结构

由竖向筒体为主组成的承受竖向和水平作用的建筑结构称为筒体结构。筒体结构的筒体可分为由剪力墙围成的薄壁筒和由密柱框架或壁式框架围成的框筒等类型。这种结构是将剪力墙集中到建筑物的内部或外部形成的封闭的筒体，筒体在水平荷载作用下好像一个竖向的悬臂空心柱体，该结构空间刚度极大，抗扭性能也好。剪力墙的集中布置不会妨碍建筑物的使用空间，可使建筑平面布置灵活，适用于各种公共高层建筑和商业高层建筑。

根据建筑高度的不同，可采用以下不同的筒体结构形式。

（1）内筒体：将电梯井、楼梯井、管道井、服务间等集中作为核心筒体，这在实质上是框筒结构。

（2）外筒体：四周外墙由密排窗框柱与窗间墙梁组成，即多孔墙体。这样的结构的建筑物，内部可不设剪力墙，形成外筒的墙是由外围间距较密的柱子与每层楼面处的深梁刚性连接在一起组成的矩形网格状的墙体。

（3）筒中筒：是内筒体与外筒体相结合的结构形式。内筒体与竖向通道结合，一般为实腹筒；外筒体为密柱外框筒或桁架筒，与建筑立面结合。其特点是层数高，刚度要求大，内筒与外筒之间要有广阔的自由空间。

（4）多筒体组合（束筒）：为在内外筒之间增设的一圈柱或剪力墙。当建筑物的高度或其平面尺寸进一步加大，框筒或筒中筒结构无法满足其抗侧移刚度要求时，就要采用多筒体组合（束筒）结构。

5. 其他结构形式

板柱—剪力墙结构是由无梁楼板和柱组成的板柱框架与剪力墙共同承受竖向和水平作用的结构；框架—核心筒结构是由核心筒与外围的稀柱框架组成的筒体结构；混合结构则是由

钢框架（框筒）、型钢混凝土框架（框筒）、钢管混凝土框架（框筒）与钢筋混凝土核心筒体所组成的共同承受水平和竖向作用的建筑结构。这些高层建筑结构体系有其各自的特点和适用性，可根据工程实际情况选用。

1.3 高层建筑材料

近代高层建筑的结构材料，主要有钢筋混凝土、钢—混凝土组合结构和钢结构三类结构。钢结构的优点是自重轻、施工速度快、现场用工省、有利于建筑工业化和文明施工；缺点是耗钢量大，每平方米建筑面积用钢量达 120～210 kg，相当于钢筋混凝土用钢的 3 倍，工程造价亦比钢筋混凝土结构高。

1.3.1 高层建筑混凝土结构材料

《高层建筑混凝土结构技术规程》（JGJ 3—2010）对高层建筑混凝土结构使用的材料做了相应规定，具体包括以下内容。

（1）高层建筑混凝土结构宜采用高强高性能混凝土和高强钢筋；构件内力较大或对抗震性能有较高要求时，宜采用型钢混凝土、钢管混凝土构件。

（2）各类结构用混凝土的强度等级均不应低于 C20，并应符合下列规定：

① 抗震设计时，一级抗震等级框架梁、柱及其节点的混凝土强度等级不应低于 C30。

② 筒体结构的混凝土强度等级不宜低于 C30。

③ 作为上部结构嵌固部位的地下室楼盖的混凝土强度等级不宜低于 C30。

④ 转换层楼板、转换梁、转换柱、箱形转换结构以及转换厚板的混凝土强度等级均不应低于 C30。

⑤ 预应力混凝土结构的混凝土强度等级不宜低于 C40，且不应低于 C30。

⑥ 型钢混凝土梁、柱的混凝土强度等级不宜低于 C30。

⑦ 现浇非预应力混凝土楼盖结构的混凝土强度等级不宜高于 C40。

⑧ 抗震设计时，框架柱的混凝土强度等级，9 度时不宜高于 C60，8 度时不宜高于 C70；剪力墙的混凝土强度等级不宜高于 C60。

（3）高层建筑混凝土结构的受力钢筋及其性能应符合现行国家标准《混凝土结构设计规范（2015 年版）》（GB 50010—2010）的有关规定。按一、二、三级抗震等级设计的框架和斜撑构件，其纵向受力钢筋尚应符合下列规定：

① 钢筋的抗拉强度实测值与屈服强度实测值的比值不应小于 1.25。

② 钢筋的屈服强度实测值与屈服强度标准值的比值不应大于 1.30。

③ 钢筋最大拉力下的总伸长率实测值不应小于 9%。

（4）抗震设计时混合结构中的钢材应符合下列规定：

① 钢材的屈服强度实测值与抗拉强度实测值的比值不应大于 0.85。

② 钢材应有明显的屈服台阶，且伸长率不应小于 20% 。

③ 钢材应有良好的焊接性和合格的冲击韧性。

（5）混合结构中的型钢混凝土竖向构件的型钢及钢管混凝土的钢管宜采用 Q345 和 Q235 等级的钢材，也可采用 Q390、Q420 等级或符合结构性能要求的其他钢材；型钢梁宜采用 Q235 和 Q345 等级的钢材。

1.3.2 高层建筑钢结构材料

《高层民用建筑钢结构技术规程》（JGJ 99—2015）对高层民用建筑钢结构使用的材料做了相应规定，具体包括以下内容。

（1）钢材的选用应综合考虑构件的重要性和荷载特征、结构形式和连接方法、应力状态、工作环境以及钢材品种和厚度等因素，合理地选用钢材牌号、质量等级及其性能要求，并应在设计文件中完整地注明对钢材的技术要求。

（2）钢材的牌号和质量等级应符合下列规定：

① 主要承重构件所用钢材的牌号宜选用 Q345 钢、Q390 钢，一般构件宜选用 Q235 钢，其材质和材料性能应分别符合现行国家标准《低合金高强度结构钢》（GB/T 1591—2018）或《碳素结构钢》（GB/T 700—2006）的规定。有依据时可选用更高强度级别的钢材。

② 主要承重构件所用较厚的板材宜选用高性能建筑用 GJ 钢板，其材质和材料性能应符合现行国家标准《建筑结构用钢板》（GB/T 19879—2015）的规定。

③ 外露承重钢结构可选用 Q235NH、Q355NH 或 Q415NH 等牌号的焊接耐候钢，其材质和材料性能要求应符合现行国家标准《耐候结构钢》（GB/T 4171—2008）的规定，选用时宜附加要求保证晶粒度不小于 7 级，耐腐蚀指数不小于 6.0。

④ 承重构件所用钢材的质量等级不宜低于 B 级；抗震等级为二级及以上的高层民用建筑钢结构，其框架梁、柱和抗侧力支撑等主要抗侧力构件钢材的质量等级不宜低于 C 级。

⑤ 承重构件中厚度不小于 40 mm 的受拉板件，当其工作温度低于 −20 ℃ 时，宜适当提高其所用钢材的质量等级。

⑥ 选用 Q235A 或 Q235B 级钢时应选用镇静钢。

（3）承重构件所用钢材应具有屈服强度、抗拉强度、伸长率等力学性能和冷弯试验的合格保证；同时尚应具有碳、硫、磷等化学成分的合格保证。焊接结构所用钢材尚应具有良好的焊接性能，其碳当量或焊接裂纹敏感性指数应符合设计要求或相关标准的规定。

（4）高层民用建筑中按抗震设计的框架梁、柱和抗侧力支撑等主要抗侧力构件，其钢材性能要求尚应符合下列规定：

① 钢材抗拉性能应有明显的屈服台阶，其断后伸长率 A 不应小于 20% 。

② 钢材屈服强度波动范围不应大于 120 N/mm²，钢材实物的实测屈强比不应大于 0.85。

③ 抗震等级为三级及以上的高层民用建筑钢结构，其主要抗侧力构件所用钢材应具有与其工作温度相应的冲击韧性合格保证。

（5）焊接节点区 T 形或十字形焊接接头中的钢板，当板厚不小于 40 mm 且沿板厚方向承受较大拉力作用（含较高焊接约束拉应力作用）时，该部分钢板应具有厚度方向抗撕裂性能（Z 向性能）的合格保证。其沿板厚方向的断面收缩率不应小于现行国家标准《厚度方向性能钢板》（GB/T 5313—2010）规定的 Z15 级允许限值。

（6）钢框架柱采用箱形截面且壁厚不大于 20 mm 时，宜选用直接成方工艺成型的冷弯方（矩）形焊接钢管，其材质和材料性能应符合现行行业标准《建筑结构用冷弯矩形钢管》（JG/T 178—2005）中 I 级产品的规定；钢框架柱采用圆钢管时，宜选用直缝焊接圆钢管，其材质和材料性能应符合现行行业标准《建筑结构用冷成型焊接圆钢管》（JG/T 381—2012）的规定，其截面规格的径厚比不宜过小。

（7）偏心支撑框架中的消能梁段所用钢材的屈服强度不应大于 345 N/mm²，屈强比不应大于 0.8；且屈服强度波动范围不应大于 100 N/mm²。有依据时，屈曲约束支撑核心单元可选用材质与材料性能符合现行国家标准《建筑用低屈服强度钢板》（GB/T 28905—2012）的低屈服强度钢。

（8）钢结构楼盖采用压型钢板组合楼板时，宜采用闭口型压型钢板，其材质和材料性能应符合现行国家标准《建筑用压型钢板》（GB/T 12755—2008）的相关规定。

（9）钢结构节点部位采用铸钢节点时，其铸钢件宜选用材质和材料性能符合现行国家标准《焊接结构用铸钢件》（GB/T 7659—2010）的 ZG 270 - 480H、ZG 300 - 500H 或 ZG 340 - 550H 铸钢件。

（10）钢结构所用焊接材料的选用应符合下列规定：

① 手工焊焊条或自动焊焊丝和焊剂的性能应与构件钢材性能相匹配，其熔敷金属的力学性能不应低于母材的性能。当两种强度级别的钢材焊接时，宜选用与强度较低钢材相匹配的焊接材料。

② 焊条的材质和性能应符合现行国家标准《非合金钢及细晶粒钢焊条》（GB/T 5117—2012）、《热强钢焊条》（GB/T 5118—2012）的有关规定，框架梁、柱节点和抗侧力支撑连接节点等重要连接或拼接节点的焊缝宜采用低氢型焊条。

③ 焊丝的材质和性能应符合现行国家标准《熔化焊用钢丝》（GB/T 14957—1994）、《气体保护电弧焊用碳钢、低合金钢焊丝》（GB/T 8110—2008）、《碳钢药芯焊丝》（GB/T 10045—2001）及《低合金钢药芯焊丝》（GB/T 17493—2008）的有关规定。

④ 埋弧焊用焊丝和焊剂的材质和性能应符合现行国家标准《埋弧焊用碳钢焊丝和焊剂》（GB/T 5293—1999）、《埋弧焊用低合金钢焊丝和焊剂》（GB/T 12470—2003）的有关规定。

（11）钢结构所用螺栓紧固件材料的选用应符合下列规定：

① 普通螺栓宜采用 4.6 或 4.8 级 C 级螺栓，其性能与尺寸规格应符合现行国家标准《紧固件机械性能 螺栓、螺钉和螺柱》（GB/T 3098.1—2010）、《六角头螺栓 C 级》（GB/T 5780—2016）和《六角头螺栓》（GB/T 5782—2016）的规定。

② 高强度螺栓可选用大六角高强度螺栓或扭剪型高强度螺栓。高强度螺栓的材质、材料性能、级别和规格应分别符合现行国家标准《钢结构用高强度大六角头螺栓》（GB/T 1228—2006）、《钢结构用高强度大六角螺母》（GB/T 1229—2006）、《钢结构用高强度垫圈》（GB/T 1230—2006）、《钢结构用高强度大六角头螺栓、大六角螺母、垫圈技术条件》

（GB/T 1231—2006）和《钢结构用扭剪型高强度螺栓连接副》（GB/T 3632—2008）的规定。

③ 组合结构所用圆柱头焊钉（栓钉）连接件的材料应符合现行国家标准《电弧螺柱焊用圆柱头焊钉》（GB/T 10433—2002）的规定，其屈服强度不应小于 320 N/mm²，抗拉强度不应小于 400 N/mm²，伸长率不应小于 14%。

④ 锚栓钢材可采用现行国家标准《碳素结构钢》（GB/T 700—2006）规定的 Q235 钢，《低合金高强度结构钢》（GB/T 1591—2018）中规定的 Q345 钢、Q390 钢或强度更高的钢材。

1.4 高层建筑的发展

1.4.1 我国古代高层建筑

我国古代高层建筑技术已有辉煌的历史，古代典型高层建筑主要表现在塔式建筑上。以下介绍几座我国古代著名的高层建筑。

① 嵩岳寺塔［见图 1-3（a）］：嵩岳寺塔位于河南省郑州市登封市嵩山南麓嵩岳寺内，为北魏时期佛塔，建于北魏正光年间（520—525 年）。嵩岳寺塔为 15 层的密檐式砖塔，平面呈十二边形，通高 37 m，由基台、塔身、15 层叠涩砖檐和塔刹组成。

② 大雁塔［见图 1-3（b）］：大雁塔位于唐长安城晋昌坊（今陕西省西安市南）的大慈恩寺内。唐永徽三年（652 年），玄奘为保存由天竺经丝绸之路带回长安的经卷佛像主持修建了大雁塔，最后固定为所看到的 7 层塔身，通高 64.517 m，底层边长 25.5 m。

③ 料敌塔［见图 1-3（c）］：定县开元寺塔，又名料敌塔。位于河北省定州市南城门内东侧开元寺内。北宋至和二年（1055 年）建成，历时 55 年。定县开元寺塔全部为砖质结构，平面呈八角形，高达 83.7 m，由塔基座、塔身、塔刹 3 部分组成，塔身 11 级，从下至上按比例逐层收缩。

（a） （b） （c）

图 1-3 我国古代高层建筑

（a）嵩岳寺塔；（b）大雁塔；（c）料敌塔

我国这些现存的古代高层建筑，经受了几百年甚至上千年的风雨侵蚀、地震和火灾的考验，至今仍基本保存完好，这充分显示了我国古代劳动人民的智慧和才能，也表明我国古代建筑师对于高层建筑已具有较高的设计和施工水平。

1.4.2　西方古代高层建筑

在西方古代的建筑奇迹中，有两座高层建筑，如图1-4所示。在古巴比伦城所建的巴别塔，塔高约90 m，供王室观赏。建于亚历山大港口的灯塔，高约135 m，塔身用石砌，曾耸立在港口一千多年，引导船只避免触礁。

（a）　　　　　　　　　　　　　（b）

图1-4　西方古代高层建筑物

（a）古巴比伦城所建的巴别塔；（b）亚历山大港口灯塔

1.4.3　近代高层建筑

在近代高层建筑史上，西方国家一般把芝加哥誉为"高层建筑的故乡"，大直径人工挖孔桩作为高层建筑的基础也源于芝加哥。1986年1月，芝加哥召开了第三届国际高层建筑会议，纪念世界第一幢近代高层建筑诞生100周年（1885年芝加哥的家庭保险公司大楼Home Insurance Building，如图1-5所示，高55 m，10层，是用铸铁柱和钢梁组成的框架结构。此大楼是由工程师詹尼设计，1931年被拆除）。这座在当时因为太高而争议不断的大楼开创了世界建筑史上的新时期——现代高层建筑的发展时期。

图1-5　芝加哥家庭保险公司大楼

1.4.4　现代高层建筑

1. 国外现代高层建筑

以下介绍几座国外著名的高层建筑。

① 西尔斯大厦［见图 1-6（a）］：西尔斯大厦是美国芝加哥的一幢办公楼，1971 年开建，于 1974 年建成；高 443 m（含天线 527.3 m），总建筑面积 41.8 万 m^2；地上 110 层，地下 3 层；由钢框架构成的成束筒结构体系。

② 双峰塔［见图 1-6（b）］：于 1993 年 12 月开工，1996 年 2 月封顶的马来西亚首都吉隆坡的双子塔是吉隆坡的标志性城市景观之一，是世界上目前最高的双子楼，是马来西亚经济蓬勃发展的象征。此楼高 452 m，地上共 88 层。大楼表面大量使用了不锈钢与玻璃等材质。

③ 世界贸易中心一号楼［见图 1-6（c）］：坐落于原世界贸易中心双子塔旧址，2006 年开工，历时 8 年，耗资 39 亿美元，钢筋混凝土玻璃对称结构，高 541.3 m，地上 82 层，地下 4 层。

④ 麦加皇家钟塔饭店［见图 1-6（d）］：2004 年开工，2012 年竣工，95 层，高 601 m。

⑤ 哈利法塔（迪拜塔）［见图 1-6（e）］：始建于 2004 年，计划 2008 年底竣工，最终推迟到 2010 年 1 月竣工。哈利法塔（迪拜塔）最终究竟有多高曾一直是高度机密，迪拜最大的地产开发公司艾马尔地产仅向外透露说，大厦将在建至 700 m 以上的某处时停止，而其最终高度据称可能将达到 818 m，现实际测量达到 828 m。

（a） （b） （c） （d） （e）

图 1-6 国外著名高层建筑

（a）西尔斯大厦；（b）双峰塔；（c）世界贸易中心一号楼；
（d）麦加皇家钟塔饭店；（e）哈利法塔（迪拜塔）

2. 国内现代高层建筑

我国现代的高层建筑起源于上海。1934 年建成的上海国际饭店是中国第一幢现代高层建筑，共 24 层，高 84 m，采用全钢框架结构，是中华人民共和国成立初期全国最高的建筑，如图 1-7 所示。

除此之外我国现代还有许多著名的高层建筑。

① 上海金茂大厦［见图 1-8（a）］：1994 年 5 月开工，1999 年 3 月竣工的上海金茂大厦主体建筑地上 88 层，地下 3 层，高 420.5 m，占地面积 23 611 m^2，总建筑面积 290 000 m^2，曾为上海第一高楼。

② 上海环球金融中心［见图 1-8（b）］：在 1997 年年初开工后，因受亚洲金融危机影响，工程曾一度停工，于 2003 年 2 月工程复工；地上 101 层，地下 3 层，总建筑面积达 381 600 m^2；

建筑主体高度达到 492 m。上海环球金融中心建成后取代上海金茂大厦，成为上海第一高楼。

图 1-7　上海国际饭店

③ 上海中心大厦［见图 1-8（c）］：新的"中国第一高"的上海中心大厦于 2008 年 11 月 29 日破土动工。该楼总高度 632 m，人可到达的主体建筑结构高度为 580 m，总建筑面积达 576 000 m²。上海中心大厦呈螺旋造型，象征着中国和谐的文化精神，体现中国和世界的连接；内部则由九个圆柱形建筑彼此叠加构成；该大厦内外的立面间形成的"空中中庭"为人们提供聚会场所。该大厦与上海金茂大厦（420.5 m）、上海环球金融中心（492 m）等组成超高层建筑群，形成上海陆家嘴中心区的新天际线。

④ 台北 101 大厦［见图 1-8（d）］：被称为"台北新地标"的 101 大厦于 1998 年 1 月动工，于 2003 年 10 月主体完工。此大厦高 508 m，289 500 m²，地上 101 层，地下 3 层，有世界上最大且最重的"调质阻尼器"，还有两台世界最高速的电梯，从 1 楼到 89 楼，只需要 39 s 的时间。

⑤ 天津 117 大厦［见图 1-8（e）］：2008 年动工，2015 年 9 月主体结构封顶。建筑结构高 597 m，地下 3 层，地上 117 层，其结构形式为巨型框架 + 巨型支撑与钢筋混凝土核心筒结构。

⑥ 深圳平安国际金融中心［见图 1-8（f）］：塔顶高 592.5 m，地上 118 层，地下 5 层，基坑最深处达 33.3 m。2009 年开工；2015 年 4 月 30 日，实现主体结构封顶；2016 年竣工。

（a）　　　　　　　　（b）　　　　　　　　（c）

图 1-8 国内著名高层建筑

(a) 上海金茂大厦；(b) 上海环球金融中心；(c) 上海中心大厦；
(d) 台北 101 大厦；(e) 天津 117 大厦；(f) 深圳平安国际金融中心

第2章 CHAPTER 2

深基坑地下水控制

在影响基坑稳定性和周边环境安全性的诸多因素中，地下水的影响是最为重要的因素之一，深基坑工程事故多数与地下水的作用及对地下水的处理不当有关，这已被众多的事故案例所证实。深基坑工程的地下水控制是深基坑工程勘察、设计、施工、监测中均须高度重视的关键技术。地下水既作为岩土体的组成部分直接影响岩土的性状与行为，又作为地下建筑工程的环境影响建筑工程的稳定性和耐久性。深基坑工程设计时必须充分考虑地下水对岩土体及地下建筑工程的各种影响，施工时则应充分重视地下水对地下建筑工程施工可能带来的各种问题，并采取相应的防治措施，避免各类安全事故的发生。

地基中的水对于建筑物而言基本上是利少弊多。某些地下水中含有有害物质，对基础建筑的混凝土、钢筋具有腐蚀性，因此进行工程建设时，必须了解建筑物所在位置的地下水的物理性质、化学性质，以便采取相应的措施，保证施工的顺利进行和建筑物的永久安全。

基坑的开挖施工，无论是采用有支护体系的垂直开挖还是采用无支护体系的放坡开挖，当施工地区的地下水位较高时，都将涉及地下水对基坑施工的影响这一问题。当基坑开挖施工的开挖面低于地下水位时，土体的含水层被切断，地下水便会从坑外或坑底不断地渗入基坑内。另外，在基坑开挖期间由于下雨或其他原因，也可能会在基坑内形成滞留水，这样会使坑底地基土的强度降低，压缩性增大。因此，从基坑开挖施工的安全角度出发，对于采用有支护体系的垂直开挖，坑内被动区土体由于含水量增加而导致强度、刚度降低，对支护体系的稳定性、强度和变形都是十分不利的。对于放坡开挖而言，地下水也会增加边坡失稳和产生流砂的可能性。

在地下水位以下进行开挖作业，深基坑内的滞留水一方面增加了土方开挖施工的难度，另一方面也使地下主体结构的施工难以顺利进行。而且，在水的浸泡下，地基土的强度也大大降低，从而影响其承载力。为保证深基坑工程开挖施工和地下基础结构施工的正常进行，以及地基土的强度不降低，在地下水位较高的地区，当开挖面低于地下水位时，应采取降低地下水位的措施；同时，在基坑开挖期间，坑内须采取相应的排水措施来排除坑内的滞留水，使基坑处于干燥状态，以确保安全并便于施工。

为了确保高层建筑深基坑工程施工安全顺利进行，必须做好地下水的控制工作，若处理不当会发生严重的工程事故，造成极大的危害，这已在大量工程实践中被验证。地下水的控制工作越来越重要，已经成为深基坑施工中的重要组成部分。要控制好地下水，就必须了解场地的地层结构，查明含水层厚度、土壤渗透性和地下水水量，研究地下水的性质、补给和排水条件，分析地下水的动态特征及其与区域地下水的关系，寻找人工降水（降低地下水位）的有利条件，从而制定出切实可行的最佳降水方案。

2.1　地下水的类型

常见的地下水分类方法有两种，一种是按含水层的埋藏条件和水力特征分为上层滞水、潜水和承压水；一种是按含水介质特性分为孔隙水、裂隙水和岩溶水，或以它们其中两种水的组合分为孔隙裂隙水（黄土中水）、裂隙孔隙水（半胶结砂砾岩）、岩溶裂隙与溶洞及管道水等。

地下水按其埋藏条件和水力特征划分的基本类型及其定义如下。

上层滞水是指地层的包气带中局部的、不成为连续含水层的土层中的地下水，其多为孔隙水、无压力水头。例如，人工填土、淤泥透镜体和多年冻土融冻层中的地下水，它一般与周围、上下的其他含水层无水力联系，如图 2-1（a）所示。

潜水是指地表以下至第一个隔水底板之上的含水层中的地下水，有孔隙水，也有裂隙水或是浅部岩溶带中的地下水，其自由水面处无压力水头。在两个隔水层间的含水层中的有自由水面的地下水也称潜水，如图 2-1（a）所示。

承压水是指上下两个隔水层之间的含水层中的地下水，亦称层间水。有孔隙水，也有裂隙水（裂隙孔隙水）或是岩溶发育带中的地下水。因顶板倾斜、含水层厚度变化，特别是补给区水位高于本区隔水层顶板时，该含水层形成压力水头并高于顶板，如图 2-1（b）所示。

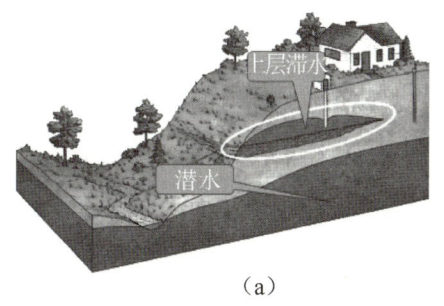
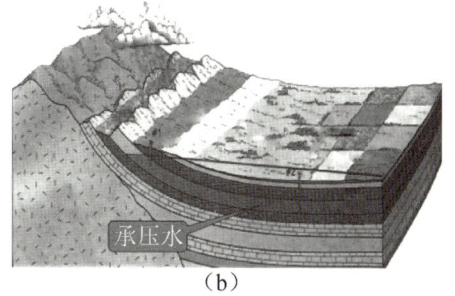

（a）　　　　　　　　　　　　　　　（b）

图 2-1　地下水示意图

（a）上层滞水和潜水；（b）承压水

2.2　地下水控制方法的选择

《建筑基坑支护技术规程》（JGJ 120—2012）中有如下规定：

① 地下水控制应根据工程地质和水文地质条件、基坑周边环境要求及支护结构形式选用截水、降水、集水明排方法或其组合。

② 当降水会对基坑周边建筑物、地下管线、道路等造成危害或对环境造成长期不利影响时，应采用截水方法控制地下水。采用悬挂式帷幕时，应同时采用坑内降水，并宜根据水文地质条件结合坑外回灌措施。

③ 地下水控制设计应符合规定对基坑周边建（构）筑物、地下管线、道路等沉降控制值的要求。

④ 当坑底以下有水头高于坑底的承压水含水层时，各类支护结构均应按规定进行承压水作用下的坑底突涌稳定性验算。当不满足突涌稳定性要求时，应对该承压水含水层采取截水、减压措施。

基坑地下水降水与排水的主要作用包括以下几个方面：

① 防止基坑底面与坡面渗水，保证坑底干燥，以方便施工作业。

② 增加边坡和坑底的稳定性，防止边坡和坑底的土层颗粒流失，防止流砂产生。

③ 降低被开挖土体的含水量，便于机械挖土、土方外运、坑内施工等作业。

④ 可有效提高土体的抗剪强度与基坑稳定性。对于放坡开挖而言，可提高边坡的稳定性；对于有支护基坑的开挖，可增加被动区的土体抗力，减少主动区的土体侧压力，从而提高支护体系的稳定性和强度保证，减少支护体系的变形。

⑤ 减少承压水头对基坑底板的顶托力，防止出现坑底突涌的现象。

1. 截水

《建筑基坑支护技术规程》（JGJ 120—2012）中有如下规定：基坑截水应根据工程地质条件、水文地质条件及施工条件等，选用水泥土搅拌桩帷幕、高压旋喷或摆喷注浆帷幕、地下连续墙或咬合式排桩。支护结构采用排桩时，可采用高压旋喷或摆喷注浆与排桩相互咬合的组合帷幕。对碎石土、杂填土、泥炭质土、泥炭、pH较低的土或地下水流速较大时，水泥土搅拌桩帷幕、高压喷射注浆帷幕宜通过试验确定其适用性或外加剂品种及掺量。

2. 降水

基坑降水可采用管井、真空井点、喷射井点等方法，并宜按表2-1的适用条件选用。

表2-1　各种降水方法的适用条件

方法	土类	渗透系数/(m/d)	降水深度/m
管井	粉土、砂土、碎石土	0.1~200.0	不限

方法	土类	渗透系数/(m/d)	降水深度/m
真空井点	黏性土、粉土、砂土	0.005 ~ 20.0	单级井点 < 6 多级井点 < 20
喷射井点	黏性土、粉土、砂土	0.005 ~ 20.0	< 20

3. 排水

对于基底表面汇水、基坑周边地表汇水及降水井抽出的地下水，可采用明沟排水；对于坑底以下的渗出的地下水，可采用盲沟排水；当地下室底板与支护结构间不能设置明沟时，基坑坡脚处也可采用盲沟排水；对于降水井抽出的地下水，可采用管道排水。

2.3　人工降低地下水位

人工降低地下水位的方法主要有集水明排法和井点降水法两种。降水方法和设备的选择应视工程性质、开挖深度、土质特性以及经济性等因素综合考虑后确定。

2.3.1　集水明排法

集水明排法又称表面排水法，它是在基坑开挖过程以及基础施工和养护期间，在基坑四周开挖集水沟，以便汇集坑壁及坑底渗水，并引向集水井的降水方法。

集水明排法可单独采用，亦可与其他方法结合使用。集水明排法单独使用时，降水深度不宜大于 5 m，否则在坑底容易产生软化、泥化，坡角出现流砂、管涌，边坡塌陷，地面沉降等问题；与其他方法结合使用时，其主要功能是收集基坑中和坑壁局部渗出的地下水和地面水。

1. 集水明排法的适用范围

集水明排法主要适用于以下几种情况。

（1）地下水的类型一般为上层滞水，含水层土壤渗透能力较弱。

（2）一般为浅基坑，降水深度不大，基坑地下水位超出基础底板标高不大于 2.0 m。

（3）排水场区附近没有地表水体直接补给。

（4）含水层土质密实，坑壁稳定（细粒土边坡不易被冲刷而造成塌方），不会产生流砂、管涌等不利的现象，否则应采取支护和防潜蚀措施。

集水明排法设备简单、费用低，一般的土质条件均可采用。但当地基土为饱和粉细砂土等黏聚力较小的细粒土层时，由于抽水会引起流砂现象，造成基坑的破坏和坍塌，因此应避免采用集水明排法。

2. 排水方法

（1）明沟排水与集水井排水。排水沟和集水井可按下列规定布置，如图2-2所示。

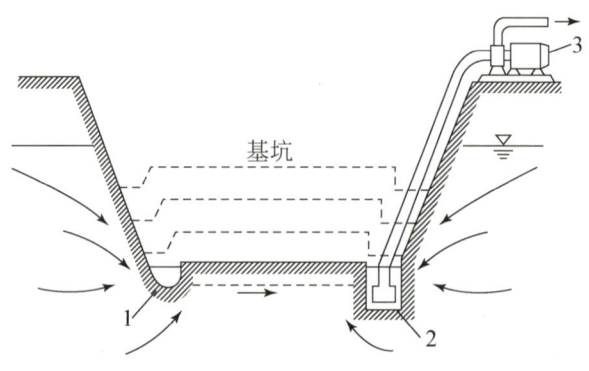

1—排水沟；2—集水井；3—水泵。

图2-2 明沟、集水井排水方法

① 排水沟和集水井宜布置在拟建建筑基础边净距0.4 m以外，明沟边缘离开边坡坡脚不应小于0.3 m；在基坑四角或每隔30～40 m应设置一个集水井。

② 排水沟底面应比挖土面低0.3～0.4 m，集水井底面应比沟底面低0.5 m以上。

③ 排水沟与集水井的截面应根据排水量确定。

当基坑侧壁出现分层渗水时，可按不同高程设置导水管、导水沟等构成明排系统；当基坑侧壁渗水量较大或不能分层明排时，宜采用导水降水法。基坑明排尚应重视环境排水，当地表水对基坑侧壁产生冲刷时，宜在基坑外采取截水、封堵、导流等措施。

为了防止基底土结构遭到破坏，集水井应设置在基坑范围以外，且在地下水走向的上游。根据基坑涌水量的大小、基坑的平面形状和尺寸、水泵的抽水能力等，确定集水井的数量和间距。一般每20～40 m设置一个。集水井的直径和宽度为0.6～0.8 m，集水井的深度随挖土而不断加深，要保持低于挖土工作面0.7～1.0 m。当基坑挖至标高后，集水井底应低于基底1～2 m，并铺设碎石滤水层，以免当抽水时间较长时将泥砂抽出，并发生坑底土扰动现象。如果基坑所处土层为渗水能力强的土层，水泵出水管口应远离基坑，以防抽出的水再渗回基坑内；同时，抽水时可能会使邻近基坑的水位相应降低，可利用这一特点，同时安排数个基坑一起施工。

（2）分层明沟排水。当基坑开挖土层由多种土组成，中部夹有透水性强的砂类土时，为避免上层地下水冲刷基坑下部边坡造成塌方，可在基坑边坡上设置2～3层明沟及相应的集水井，分层阻截并排除上部土层中的地下水。在确定排水沟与集水井的位置时，应注意防止上层排水沟的地下水溢流向下层排水沟，冲坏、掏空下部边坡，造成塌方，如图2-3所示。该方法可保持基坑边坡稳定，减少边坡高度和扬程，适于深度较大、地下水位较高且上部有透水性强的土层的建筑物基坑排水。

（3）深层明沟排水。当地下基坑相连，土层渗水量和排水面积较大时，为减少大量设置排水沟的复杂性，可在基坑外距坑边6～30 m或基坑内的深基础部位开挖一条纵长深的明排水沟作为主沟，使附近基坑地下水均能通过深沟自行流入下水道或流入另设的集水井，再用水泵排到施工场地以外的沟道中。在建（构）筑物四周或内部设置支沟与主沟连通，将水流引至主沟排走。排水主沟的沟底应比最深基坑底低 0.5~1.0 m。主沟要比支沟低 0.5~0.7 m，通过基础部位用碎石及砂子作为盲沟，以后在基坑回填前分段用黏土回填夯实截断，以免地下水在沟内继续流动破坏地基土的承载力。深层明沟亦可设在厂房内或四周的永久性排水沟位置，集水井宜设在深基础部位或附近。这种排水方法是将多块小面积基坑排水变为集中排水，降低地下水位的面积和深度，不仅能节省降水设施和费用，而且施工方便，降水效果好。深层明沟排水适用于深度较大的大面积地下室、箱形基础、设备基础群等施工时的排水。

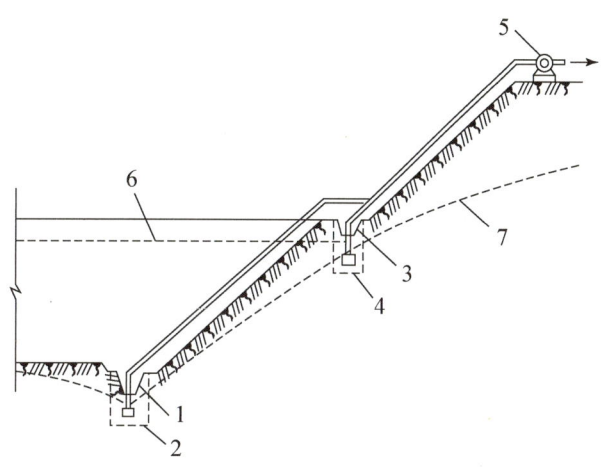

1—底层排水沟；2—底层集水井；3—二层排水沟；4—二层集水井；
5—水泵；6—原地下水位线；7—降低后地下水位线。

图 2-3　分层明沟排水法

（4）暗沟排水。在场地狭窄、有大量地下水的情况下，设置明沟比较困难，可结合工程设计，在基础底板四周设暗沟（又称盲沟）。暗沟的排水沟坡向集水坑（井）。在挖土时先挖排水沟，随着挖土深度而加深，至基础底板标高后做成暗沟，使基础周围地下水流向永久性地下水道或集中到设计的永久性排水坑，用水泵将地下水排走，使水位降低到基底以下，形成连通基坑内外的暗沟排水系统，以控制地下水位，如图 2-4 所示。本方法可避免地下水冲刷边坡造成塌方，减少边坡挖方量，适于基坑深度较大、场地狭窄、地下水较旺的构筑物施工基坑排水。

（5）利用工程设施排水。选择基坑附近的深基础工程先施工，作为施工排水的集水井或排水设施，使基础内及附近地下水先汇流至较低处，再用水泵排走；或者先完成建筑物周围或内部为防水、排水而设计的渗排水工程或下水道工程的施工，把这一排水系统作为整个工程的排水设施，方法是在基坑一侧或两侧设置排水明沟或暗沟，将水流引入排水系统或下水道排走。由于该方法是利用永久性工程设施降排水，省去了大量的挖沟工作，也减少了排水设施，因此最为经济。这种方法适用于工程附近有较深的大型地下设施（如设备基础群、地下室、油库）工程的排水。

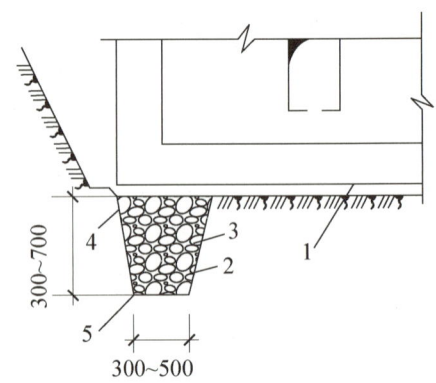

1—垫层；2—砂（中砂、粗砂）；3—5～20 mm 粒径卵石，中间为 20～80 mm 粒径卵石；

4—油毡；5—沟底用混凝土筑成不小于 5‰的坡度坡向集水井。

图 2-4　暗沟排水构造

3. 水泵性能及选用

集水明排法常用的水泵有离心泵和潜水泵。

（1）离心泵。离心泵由泵壳、泵轴及叶轮组成，其管路系统包括滤网和底阀、吸水管和出水管，如图 2-5 所示。

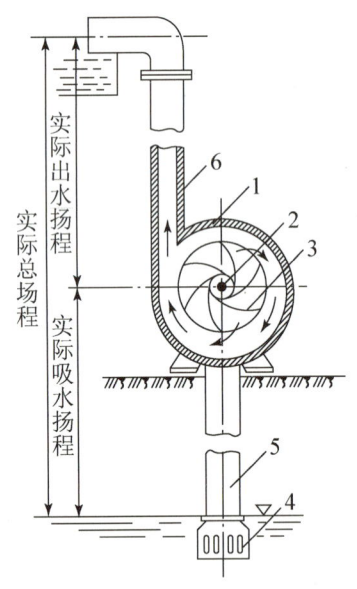

1—泵壳；2—泵轴；3—叶轮；4—滤网和底阀；

5—吸水管；6—出水管。

图 2-5　离心泵工作简图

离心泵的抽水原理是利用叶轮高速旋转时所产生的离心力，将轮心部分的水甩往轮边，并沿出水管把水压向高处。此时叶轮中心形成部分真空，这样，水在大气压力的作用下，就能不断地从吸水管内自动上升进入出水管。

水泵的主要性能包括流量、总扬程、吸水扬程和功率等。流量是指水泵单位时间的出水量。扬程是指水泵扬水的高度，也称水头。总扬程包括吸水扬程和出水扬程两部分。

吸水扬程又称允许吸上真空高度，表示水泵能吸水的高度，是确定水泵安装高度的一个重要数据。但离心泵工作时，由于管路有阻力会引起扬程损失，所以离心泵的实际吸水扬程要扣除损失扬程。通常实际吸水扬程可按性能表上的吸水扬程减去 1.2 m（有底阀）至 0.6 m（无底阀）进行估算。

离心泵的选择，主要根据流量与扬程而定。对基坑排水来说，离心泵的流量应满足基坑涌水量要求，一般选用吸水口径 2～4 英寸（50.8～101.6 mm）的离心泵；离心泵的扬程在满足总扬程的前提下，主要是考虑吸水扬程能否满足降水深度要求，如果不够，就可另选离心泵或将离心泵位置降低至坑壁台阶或坑底上。离心泵的抽水能力大，适用于地下水量较大的基坑。

离心泵的安装，要特别注意吸水管的接头不漏气及吸水口至少应在水面以下 0.5 m 处，以免吸入空气，影响水泵正常运行。使用离心泵时，要先向泵体与吸水管内灌满水，排除空气，然后开泵抽水。离心泵在使用中要防止漏气和被杂物堵塞。

（2）潜水泵。潜水泵是由立式水泵与电动机组合而成，电动机有密封装置，水泵装在电动机上端，工作时会浸在水中。这种泵具有体积小、重量轻、移动方便及开泵时不需灌水等优点，在工程施工中被广泛使用。为防止电机烧坏，在使用潜水泵时不得脱水运转或陷入泥中，也不得排灌含泥量较高的水质或泥浆水，以免潜水泵的叶轮被杂物堵塞。

4. 流砂及其防治措施

（1）流砂现象。

水在土的孔隙内流动时受到土颗粒的阻力，从作用力与反作用力大小相等、方向相反的原理可知，水流过土体时必定会有压力作用于土颗粒上，单位体积土内土颗粒骨架所受到的压力总和，称为动水压力。由此可知，动水压力与水力梯度成正比，即水位差愈大，动水压力愈大；而渗流路径长度越长，则动水压力越小。动水压力的作用方向与水流方向相同，其单位为 kN/m^3。

水在土中渗流，当水流在水位差作用下对土颗粒产生向上的压力时，动水压力不但使土颗粒受到水的浮力，而且还使土颗粒受到向上的压力，当动水压力等于或大于土的浸水容重 γ'_w 时，则土颗粒失去自重处于悬浮状态，土的抗剪强度等于零，土颗粒随着渗流的水一起流动，这种现象称为流砂。

流砂多发生在颗粒级配均匀而细的粉砂、细砂等砂性土中，这类土质具有相当高的渗透性。黏土和粉质黏土中，由于不会发生渗流或渗流量很小，一般不会发生流砂现象。同样，在砾石中，由于它的高透水性而允许大量的抽汲，因而自然地形成较长的渗流流径，所以也不易发生流砂现象。

轻微的流砂现象会使小部分细砂随着地下水一起穿过挡土墙缝隙而流入基坑，从而增加基坑的泥泞程度；中等程度的流砂现象，在基坑底部靠近挡土墙处会发现有一堆细砂缓缓涌起，形成许多小小的涌水孔，涌出来的水夹着一些细砂颗粒慢慢地流动；当发生严重的流砂现象时，涌砂速度很快，有时会像开水初沸时的翻泡，此时基坑底部的土成为流动状态，工人无法立足，作业条件恶化，其发展结果是基坑坍塌、基础发生滑移或不均匀下沉、悬浮，甚至还会危及附近已有建（构）筑物的安全。因此在粉砂、细砂等砂性土中开挖基坑时，必须采取各种有效措施以防止流砂现象的发生。

（2）流砂的危害及其防治措施。

发生流砂现象时，地基完全失去承载力，工人难以立足，施工条件恶化，土边挖边冒，基坑难以开挖到设计深度。施工过程中容易发生边坡塌方，并会使附近建筑物下沉、倾斜，甚至倒塌。此外，还会拖延工期，增加施工费用。因此，在施工前，必须对工程地质资料和水文资料进行详细地调查研究，采取有效措施来防治流砂现象。

细砂、粉砂等砂性土一般容易发生流砂现象，但是否出现流砂现象的重要条件是动水压力的大小和方向。在一定条件下土转化为流砂，而在另一些条件下，流砂又可转变成为稳定土。因此，在基坑开挖中，防治流砂的原则是"治砂必先治水"。防治流砂的途径：一是减少或平衡动水压力；二是改变动水压力方向；三是截断地下水流。上述防治流砂的途径主要通过降水和截水帷幕来实现。所谓降水就是在基坑外将地下水位降至可能产生流砂的土层以下，然后再开挖。对不同形式的降水方法的选择，可视工程性质、开挖深度、土质特性、经济等因素而定，浅基坑以真空井点最为经济，深基坑则常用喷射井点或深井井点。截水帷幕的作用主要是阻止或限制地下水渗流到基坑中去。此类方法有在工程四周打设封闭的钢板桩、沿基坑周边构筑水泥土墙或化学灌浆帷幕、地下连续墙等；也可以用于冻结基坑周围土的方法来防止流砂，但此方法造价昂贵，一般工程不采用。防治流砂的具体措施有以下几种。

① 枯水期施工。这是因为枯水期地下水位低，坑内外水位差和动水压力小，所以不易产生流砂。

② 抛沙袋或大石块重压法。在施工过程中如发生局部的或轻微的流砂，可组织人力分段抢挖，使挖土速度超过冒砂速度，挖至标高后，立即铺设芦席并抛砂袋或大石块，以增加土的压重，从而平衡动水压力。

③ 打钢板桩法。将板桩沿基坑周围打入坑底面一定深度，增加地下水从坑外流入坑内的渗流路线长度，从而减小水力坡度，降低动水压力，防止流砂产生。

④ 水下挖土法。水下挖土法就是不排水施工，使坑内外的水压相平衡，不致形成动水压力。

⑤ 人工降低地下水位法。采用真空井点、喷射井点及管井井点等方法人工降低地下水位，由于地下水位的降低，在降水疏干区流砂失去了流动的条件，不会产生流砂；而在疏干区以下，地下水的渗流向下，使动水压力的方向也朝下，增大了土粒间的压力，从而可有效制止流砂的产生。因此，此方法应用广泛且较可靠。

⑥ 地下连续墙法。沿基坑四周筑起一道连续的钢筋混凝土墙，以支撑土壁、截水并防止流砂产生。

此外，在含有大量地下水的土层或沼泽地区施工时，还可以采取土壤冻结法。对位于流砂地区的基础工程，应尽可能用桩基或沉井法施工，以节约防治流砂将增加的费用。

2.3.2　井点降水法

在含水量较多的土层大面积开挖深基坑时，如果采用集水明排法，常会遇到地下水量大难以排出的情况，当遇到粉砂或细砂层时，还可能出现流砂等危险状况，进而可能危及邻近建筑物的安全。在这种情况下，对地下水的处理一般应采用井点降水法，它是降低地下水位的一种行之有效、广泛应用的方法。但井点降水设备一次性投资较高，运转费用较大，施工中应合理布置和适当安排工期以减少作业时间，降低排水费用。

井点降水法是将带有滤管的降水工具沉设到基坑四周的土中，利用各种抽水工具，在不扰动土结构的情况下，将地下水抽出，使地下水位降低到坑底以下，保证基坑开挖能在比较干燥的施工环境中进行。井点降水法的负面影响为基坑外地下水位下降，基坑周围土体固结下沉。井点降水法有真空井点、喷射井点、电渗井点、管井井点和深井井点。井点降水法的主要作用如图2-6所示。

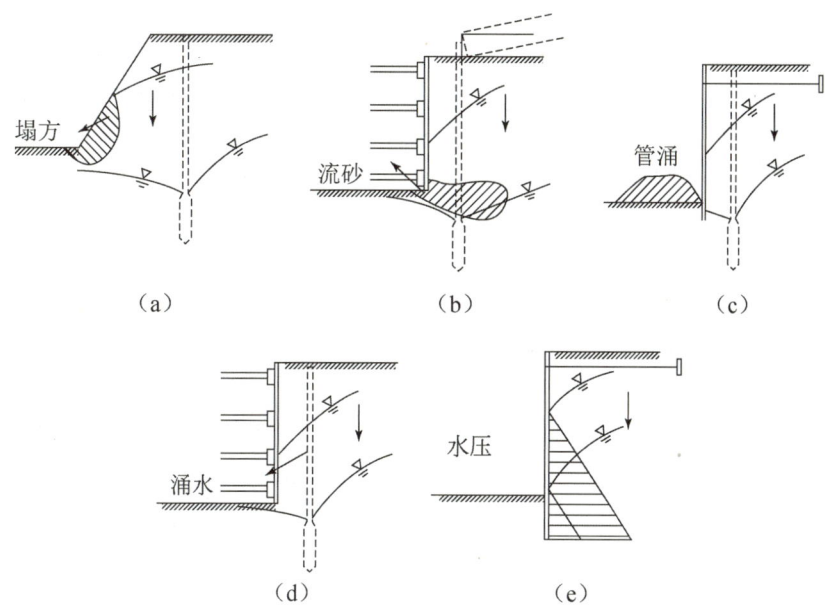

图2-6 井点降水法的主要作用

（a）稳定边坡、防止塌方；（b）防止流砂；（c）防止管涌；（d）防止涌水；（e）减小横向荷载

1. 真空井点

真空井点过去称为轻型井点，是沿基坑周围以一定的间距埋入井管（下端为滤管），在地面上用水平铺设的集水总管将各井管连接起来，再于一定位置设置真空泵和离心泵，开动真空泵和离心泵，地下水在真空吸力作用下，经滤管进入井管，然后经集水总管排出，就降低了地下水位，如图2-7、图2-8所示。

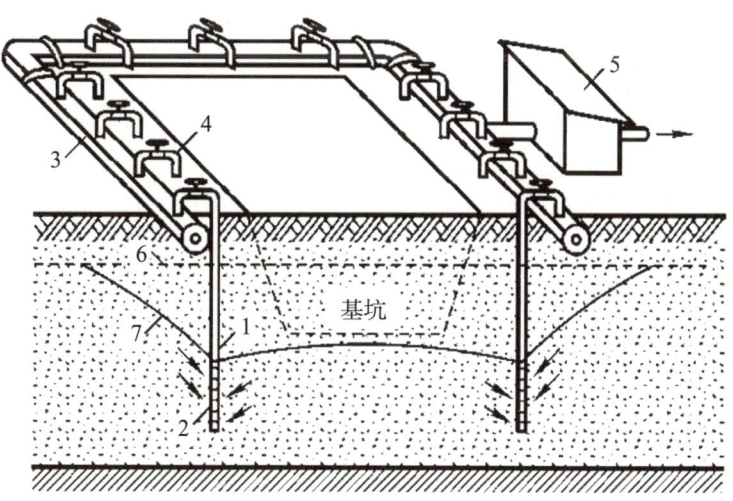

1—井管；2—滤管；3—集水总管；4—弯联管；5—水泵房；6—原地下水位线；7—降水后的地下水位线。

图2-7 真空井点示意图

图2-8　真空井点布置现场

（1）真空井点设备。真空井点设备主要包括井管（下端为滤管）、集水总管、水泵和动力装置等。

井管长6 m，滤管长1.0～1.2 m，井管与滤管用螺丝套头连接。滤管的骨架管为外径38 mm或51 mm的无缝网管，管面上钻有12 mm的星棋状排列的滤孔，滤孔面积为滤管表面积的20%～25%。骨架管外面包两层孔径不同的塑料布滤网。为使水流畅通，在骨架管与滤网之间用梯形铅丝隔开，梯形铅丝沿骨架管绕成螺旋形。滤网外面再绕一层粗铁丝保护网，滤管下端为铸铁塞头。

滤管是真空井点设备的重要组成部分，对抽水效果的影响较大。滤管必须深入蓄水层中，使地下水通过滤管孔进入管内，同时还要将泥砂阻隔在滤管外，以保证抽入管内的地下水的含泥砂量不超过允许值。因此，要求滤管应具有较大的孔隙率和进水能力；滤水性良好，既能防止泥砂进入管内，又不能堵塞滤管孔隙；滤管结构强度要高，耐久性要好。滤管的构造，如图2-9所示。

集水总管为内径127 mm的无缝钢管，每段长约4 m，其上装有与井管连接用的短接头，间距为0.8 m或1.2 m。集水总管与井管用90°弯头或塑料管连接。

（2）抽水设备。根据水泵和动力设备的不同，真空井点常采用干式真空泵井

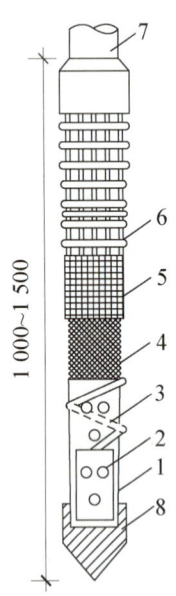

1—钢管；2—滤孔；3—缠绕的铁丝；4—细滤网；
5—粗滤网；6—粗铁丝保护网；7—井点；8—铸铁塞头。

图2-9　滤管构造

点和射流泵井点。这两者所用的设备不同，其所配功率和能负担的总管长度亦不同。

① 干式真空泵井点。干式真空泵井点的抽水设备主要由真空泵、离心泵和水气分离器等部件组成，如图 2 - 10 所示。

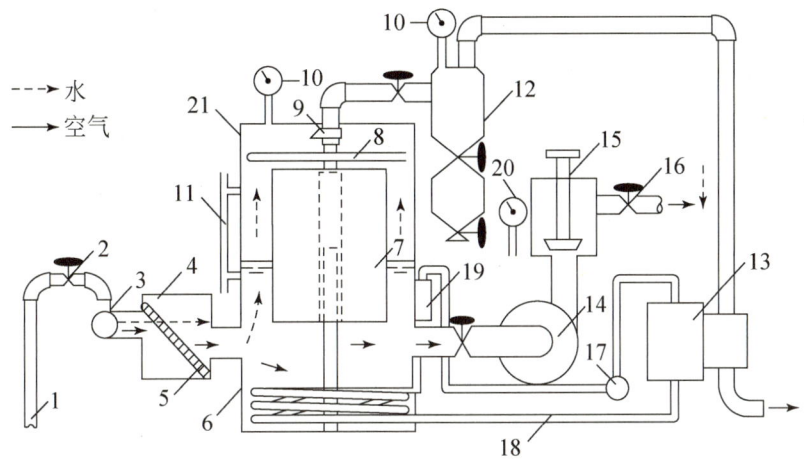

1—井点管；2—弯联管；3—总管；4—过滤箱；5—过滤网；6—水气分离器；7—浮筒；
8—挡水布；9—阀门；10—真空泵；11—水位计；12—副水气分离器；13—真空泵；
14—离心泵；15—压力箱；16—出水管；17—冷却泵；18—冷却水管；
19—冷却水箱；20—压力表；21—真空调节阀。

图 2 - 10　干式真空泵井点抽水设备工作简图

抽水时先开动真空泵 13，将水气分离器抽成一定程度的真空，使土中的水分和空气受真空吸力的作用形成水气混合液，经管路系统流到水气分离器中。然后开动离心泵，水气分离器中的水经离心泵由出水管 16 排出，空气则集中在水气分离器的上部由真空泵排出。当水较多来不及排出时，水气分离器内的浮筒 7 上浮，阀门 9 将通向真空泵的通路关闭，防止水进入真空泵的缸体。副水气分离器仅用来过滤从空气中带来的少量水分使其落入该筒下层放出，以保证水不致吸入真空泵内。压力箱 15 除调节出水量外，还阻止空气由水泵窜入水气分离器，不致影响其真空度。过滤箱 4 主要用来过滤由水流带来的部分细砂，防止机械磨损。为对真空泵进行冷却，设置冷却泵 17。

② 射流泵井点。射流泵井点的抽水设备主要由射流器、离心泵和循环水箱等部件组成，如图 2 - 11 所示。

射流泵井点的抽水设备的工作原理：利用离心泵将循环水箱中的水变成压力水送至射流器内，并由喷嘴喷出，由于喷嘴断面收缩而使水流速度骤增，压力骤降，使射流器空腔内产生部分真空，把井点管内的气、水吸入水箱。水箱内的水过滤后一部分经由离心泵参与循环，多余部分由水箱上部的泄水口排出。

射流泵井点设备的降水深度可达 6 m，但其所带的井点管一般只有 25 ~ 40 根，总管长度为 30 ~ 50 m。若采用两台离心泵和两台射流器联合工作，能带动井点管 70 根，总管可达 100 m。这种设备，与原有真空井点比较，具有结构简单、制造容易、成本低、耗电少、使用检修方便等优点，便于推广。

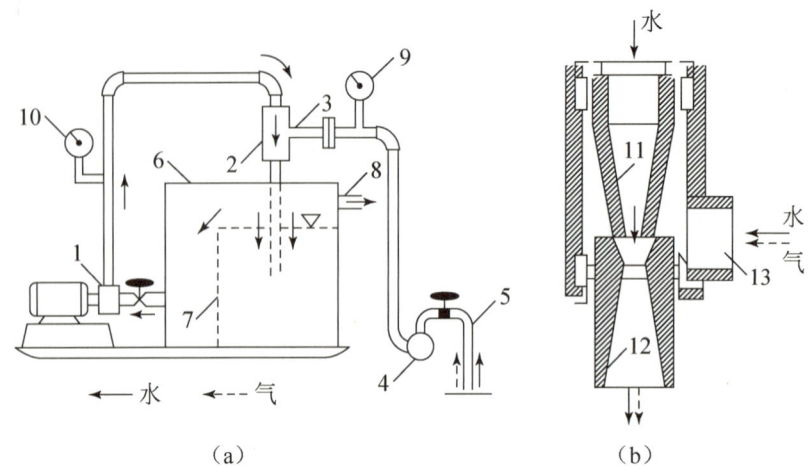

1—水泵；2—射流器；3—进水管；4—总管；5—井点管；6—循环水箱；
7—隔板；8—泄水口；9—真空表；10—压力表；11—喷嘴；12—喷管；13—接水管。

图2-11 射流泵井点的抽水设备工作图

(a) 工作简图；(b) 射流器构造

采用射流泵井点设备降低地下水位时，要特别注意管路密封，否则会影响降水效果。

射流泵井点排气量较小，真空度的波动较敏感，易于下降，排水能力较低，适于在粉砂、轻亚黏土等渗透系数较小的土层中降水。

2. 喷射井点

当基坑开挖较深或降水深度超过6 m时，采用一般真空井点不能满足降水要求，必须使用多级真空井点，才能收到预期效果，但这会增大基坑的挖土量、延长工期并增加设备数量，不够经济。因此，当降水深度超过8 m时，应采用喷射井点进行降水，特别是在渗透系数为3~50 m/d的砂土中采用此方法最为有效，在渗透系数为0.1~3 m/d的粉砂、淤泥质土中其效果也较显著。根据其工作时使用液体或气体的不同，喷射井点分为喷水井点和喷气井点两种。喷射井点设备主要由喷射井管、高压水泵或空气压缩机以及管路系统等部件组成，如图2-12所示。

(1) 喷射井点降水原理。喷射井点的主要工作部件是喷射井管内管底端的扬水装置——喷嘴及混合室（见图2-12）；当喷射井点工作时，由地面高压离心水泵供应的高压工作水，经过内外管之间的环形空间直达底端，在此处高压工作水由特制内管的两侧进水孔进入至喷嘴喷出，在喷嘴处由于过水断面突然收缩变小，使工作水流具有极高的流速(30~60 m/s)，在喷口附近造成负压（形成真空），因而将地下水经滤管吸入，吸入的地下水在混合室与工作水混合，然后进入扩散管，水流从动能逐渐转变为位能，即水流的流速相对变小，而水流压力相对增大，把地下水和工作水一起扬升出地面，经排水管道系统排至集水池或水箱，由此再经排水泵排出。

(2) 喷射井点构造设计。在渗透系数大的土层中，由于土的透水性能好，地下水流向井点的流量大，进行喷射井点系统设计时，如要有效降低地下水位，主要是解决如何增大单井抽水能力的问题。而在渗透系数小的土层中，由于渗透水流非常缓慢，水难以从土层中渗出，因而要解决的主要问题不是提高单井的抽水能力，而是如何把地下水从土层中更快地聚集到井点管内来，即要在井点管内形成最大限度的真空度，使之有较大的抽气能力。

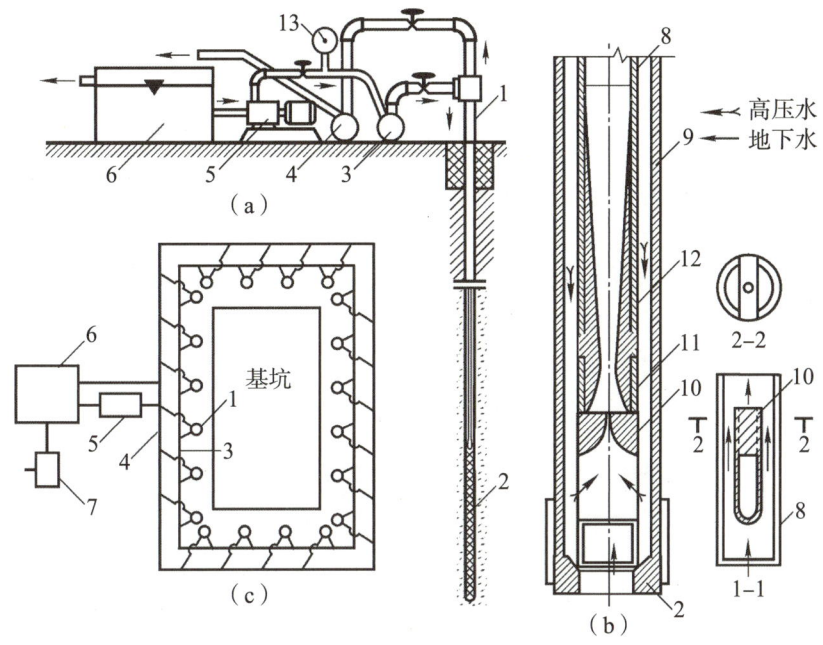

1—喷射井管；2—滤管；3—进水总管；4—排水总管；5—高压水泵；6—集水池；
7—水泵；8—内管；9—外管；10—喷嘴；11—混合室；12—扩散管；13—压力表。

图 2-12　喷射井点设备及其布置

（a）喷射井点设备简图；（b）喷射井点平面布置；（c）喷射扬水器详图

喷射井点管单井的抽水（抽气）能力，主要取决于喷嘴直径大小、喷嘴直径与混合室直径之比、混合室长度等因素。

（3）喷射井点布置与使用。采用喷射井点时，当基坑宽度小于 10 m 时可单排布置，大于 10 m 时则双排布置。当基坑面积较大时，宜采用环形布置。井点间距一般为 2~3 m。

采用喷射井点降低地下水位，扬水装置加工的质量和精度都非常重要。如果喷嘴的直径加工不精确，尺寸加大，则工作水流量需要增加，否则真空度将降低，影响抽水的效果。

（4）喷射井点施工。喷射井点施工顺序：安装水泵设备及泵的进出水管路；敷设进水总管和回水总管；沉设井点管并灌填砂滤料，接进水总管后及时进行单根井点试抽，检验；全部井点管沉设完毕后，接通回水总管，全面试抽，检查整个降水系统的运转状况及降水效果；最后让工作水循环进行正式工作。

为防止喷射器磨损，宜采用套管冲枪成孔，加水及压缩空气排泥。当套管内含泥量小于 5% 时才能沉设井点管及灌砂，然后再将套管拔起。冲孔直径为 400~600 mm，深度应比滤管底深 1 m 以上。

进水总管、回水总管同每根井点管的连接管均需安装阀门，以便调节使用和防止不抽水时发生回水倒灌。井点管路接头应安装严密。

开泵初期，压力要小些（小于 0.3 MPa），以后再逐渐正常。抽水时如发现井点管周围有泛砂冒水现象，应立即关闭井点管进行检修。工作水应保持清洁，试抽两天后应更换清水，以减轻工作水对喷嘴及水泵叶轮的磨损。

3. 电渗井点

在黏土和粉质黏土中进行基坑开挖施工，由于土体的渗透系数较小，为加速土中水分向井点管中流入，提高降水施工的效果，除了采用真空井点产生抽吸作用以外，还可加用电渗井点。

所谓电渗井点，一般与真空井点或喷射井点结合使用，是利用真空井点管或喷射井点管本身作为阴极，一金属棒（钢筋、钢管、铝棒等）作为阳极。通入直流电（采用直流发电机或直流电焊机）后，带有负电荷的土粒即向阳极移动（电泳），而带有正电荷的水则向阴极方向集中，产生电渗现象。在电渗与井点管内的真空双重作用下，强制黏土中的水由井点管内快速排出，井点管连续抽水，从而地下水位渐渐降低。电渗井点降水施工现场如图 2 – 13 所示。

图 2 – 13　电渗井点降水施工现场

因此，对于渗透系数较小（小于 0.1 m/d）的饱和黏土，特别是淤泥和淤泥质黏土，单纯利用井点系统的真空产生的抽吸作用可能较难将水从土体中抽出排走，利用黏土的电渗现象和电泳作用特性，一方面可以加速土体固结，增加土体强度，另一方面也可以达到较好的降水效果。电渗井点原理如图 2 – 14 所示。

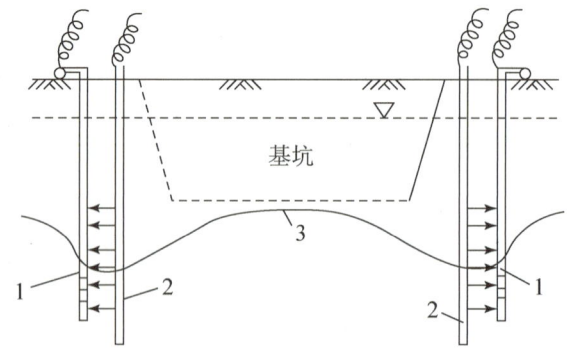

1—井点管；2—金属棒；3—地下水降落曲线。

图 2 – 14　电渗井点原理

4. 管井井点

管井井点是围绕开挖的基坑每隔一定距离（20～50 m）设置一个管井，每个管井单独用一台水泵（离心泵、潜水泵）进行抽水，以降低地下水位。管井井点设备由滤水井管、吸水管和抽水机械等组成。管井井点设备较为简单，排水量大，降水较深，水泵设在地面，易于维护，降水深度3～5 m，可代替多组真空井点。其适用于渗透系数较大（1～200 m/d），地下水丰富的土层、砂层。但管井井点属于重力排水范畴，吸程高度受到一定限制。管井井点降水法现场如图2-15所示。

图2-15　管井井点降水法现场

（1）管井井点施工工艺流程如图2-16所示。

（2）井点埋设。

① 成孔。成孔时要注意保证井孔垂直，也要注意保护井壁、井口，防止坍塌；要注意保证钻孔深度；还要注意井管沉放前一定要清孔。

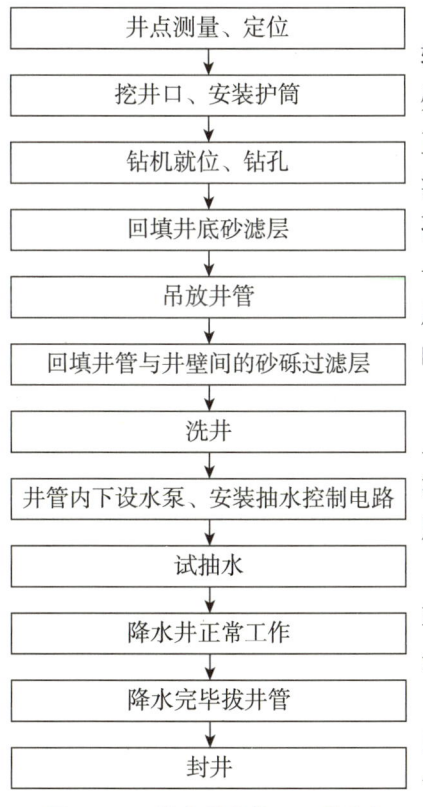

图中流程：
井点测量、定位
↓
挖井口、安装护筒
↓
钻机就位、钻孔
↓
回填井底砂滤层
↓
吊放井管
↓
回填井管与井壁间的砂砾过滤层
↓
洗井
↓
井管内下设水泵、安装抽水控制电路
↓
试抽水
↓
降水井正常工作
↓
降水完毕拔井管
↓
封井

图2-16　管井井点施工工艺流程

成孔可根据土质条件和孔深要求，采用冲击钻、回转钻或潜水电钻钻孔，若有可能，也可利用少量用于护壁的人工挖孔桩作为临时性的降水深井。钻机钻杆应垂直钻进，以保证成孔垂直，这样，井管安设时才能居中，滤料厚度才能一致。在软土中成孔，一般要用泥浆护壁，孔口还要设置护筒，以防坍塌。钻孔深度要达到透水层，一般宜深入透水层6～9 m，在不设沉砂管时，钻孔深度应适当加深，加深值应比抽水期间可能沉积的泥砂高度略大。

井管沉放前应清底，一般用压缩空气洗井或用吊筒上下取出泥渣，也可以用压缩空气与潜水泵联合洗井。清底排渣后，要复测井孔的实际深度和井底沉淀物的厚度，以保证它们达到设计要求。

② 安设井管，填充滤料。井管下放时，将预先制作好的井管用吊车或三脚架借助卷扬机分段下放，钢管要分段焊接，直至下放至井底。

井管安放要力求垂直并位于井孔中间，井管顶部应比自然地面高出约500 mm。当采用无砂混凝土管作为井管时，可在成孔完成后，逐节沉入无砂混凝土管，并在外壁绑上长竹片作为导向，使接头对正。井管滤水管部分应放置在透水层的适当范围内。

井管沉入后，要及时在井管与孔壁间填充砂砾滤料。砂砾滤料宜选用磨圆度较好的硬质岩石，不应采用棱角状石渣料、风化料或其他私土质岩石。砂砾滤料规格应按照土层实际情况选用，其粒径还应大于滤网的孔径。砂砾滤料必须符合级配要求，要将设计砂砾规格上限、下限以外的颗粒筛除，其合格率要大于90%，杂质含量不大于3%，应使用铁锹下料，避免砂砾分层不均匀和冲歪井管，填充滤料要一次连续完成，从井底填到井口下1 m左右，然后在上部再用黏土封口。

③ 洗井。井管与孔壁间填充砂砾滤料后，安设水泵前应按规定先清洗滤井，冲除沉渣。采用泥浆护壁钻孔的深井，还要经过洗井来清除遗留的泥浆和孔壁泥皮；否则会使地下水向井内渗透的通道不畅，严重影响单井降水能力，所以必须保证洗井质量。

洗井一般采用压缩空气法，其原理是当压缩空气通到井管下部时，井管内部为密度小于1的气水混合物，而井管外为密度大于1的泥水混合物，这样井管内外形成压力差，井管外的泥水混合物，在压力差的作用下流进管内，于是井管内就变成了气、水、土三相混合物，其密度随掺气量的增加而降低，三相混合物不断被带出井外，滤料中的泥土成分则越来越少，直至清洁干净。洗井应在填好滤料并封口后尽快进行，以免时间过长，护壁泥浆逐渐硬化而难以清洗。

④ 安设水泵。水泵在安装前，应对水泵本身和控制系统做一次全面检查。检查的项目包括检验电动机的旋转方向，各部位螺栓是否拧紧，润滑油是否充足，电缆接头的封口有无松动，电缆线有无破坏折断等；然后在地面上运转3~5 min，如无问题，方可放入井内使用，深井内的水泵可用绳索或吊车吊入，水泵上部应与井管口固定。每台水泵均应设置一个控制开关，主电源线沿深井排水管路设置。

深井泵的电动机安装在地面上，机座应安设平稳，电动机严禁逆转，为此宜设置转向逆止阀，以防转动轴解体。深井泵的吸水口宜高于井底1 m以上，以保证吸水畅通。

水泵安设完毕后应进行试抽水，满足要求后方可转入正常工作。

（3）使用阶段注意事项。

① 基坑内的所有井点应同时抽水，使水位差控制在要求范围内。

② 加强水位监测，特别是靠近已有建（构）筑物的深井井点，宜在建（构）筑物附近设观测井，当水位差过大时，应立即采取补救措施，如设置回灌井点。

③ 防止排出的地下水回渗而流入基坑。

④ 水泵在运行时要注意检查电缆线是否和井壁相碰，以防磨损后水沿电缆芯渗入电动机内。应定期检查水泵密封的可靠性，以保证其正常运转。

⑤ 位于基坑内的深井井点，由于井管较长，挖土至一定深度后，井管应与附近的支护结构支撑或立柱等连接，予以固定。在挖土过程中，要注意保护深井泵，避免被挖土机撞击。

⑥ 当基坑底部有不透水层时，为排除上层地下水，可采用砂井配合深井降水。下层水及部分上层水通过深井抽水降至预定水位线，剩余的上层水则通过砂井渗入下层水，而达到较快降水的目的。砂井成孔后，用粒径5 mm的砾料与粗砂各50%混合填充，砂井深度应至不透水层以下1.0~1.5 m，砂井滤料填至不透水层以上2~3 m处为止，间距一般为0.8~2.0 m。

⑦ 井管使用完毕后，应将井管拔出。拔除井管后的孔洞，应立即用砂土填实；对于穿过不透水层进入承压含水层的井管，拔除井管后应用黏土球封死，杜绝井管位置发生管涌；

用于坑内降水的深井，也可以在基础底板浇筑后，将埋入底板的井管段封死，把上部井管割除。

5. 深井井点

深井井点是在深基坑周围埋置深于基底的井管，依靠深井泵和深井潜水泵将地下水从深井内扬升到地面排出，使地下水位降至基坑以下。深井井点具有排水量大，降水深（大于 15 m）；井距大，对平面布置的干扰小；不受土层限制；井点制作、降水设备及操作工艺、维护均较简单，施工速度快；井点管可以整根拔出重复使用等优点。但深井井点一次性投资大，对成孔质量要求严格，适用于渗透系数较大（10 ~ 250 m/d），土质为砂类土，地下水丰富，降水深，面积大、时间长的情况，其降水深可达 50 m。

深井井点设备由深井、井管、水泵和集水井等部件组成。井管由滤水管、吸水管和沉砂管三部分组成，可用钢管、塑料管或混凝土管制成，管径一般为 300 mm，内径宜大于水泵外径 50 mm。水泵常采用长轴深井泵或潜水泵，每井一台，并带吸水铸铁管或胶管，配上一个控制井内水位的自动开关，在井口安装 75 mm 的阀门以便调节流量的大小，阀门用夹板固定。每个基坑井点群应有 2 台备用水泵。集水井用 $\phi325 ~ 500$ 的钢管或混凝土管，并设 3‰ 的坡度，与附近下水道接通。

根据规范《管井技术规范》（GB50296—2014），降水管井布置应符合下列规定：

（1）宜根据基坑面积、平面形状、开挖深度及环境的要求合理布置。

（2）对于坑内布井，应避开承台、地梁、地下室结构梁和剪力墙的位置，不得影响基坑及地下室结构的施工，并应便于布设排水管网。

（3）应减少对基坑周围（地上、地下）建（构）筑物的不利影响。

（4）坑内布置减压降水管井时，应考虑基坑底面埋深和承压含水层顶板的厚度等因素。

降水管井可布置在基坑的外侧。当符合下列条件时，宜在坑内布井：

（1）基坑面积很大时。

（2）基坑四周设置隔水结构时。

（3）基坑降水、开挖对周边环境影响的预测超过周边环境承受能力时。

对长宽比很大的基坑或基槽，可根据计算在基坑（基槽）的一侧布置单排井，也可在其两侧布置双排井；基坑（基槽）端部降水管井布置应有所延长，外延长度宜为槽宽的 1 ~ 2 倍。

基坑邻近地下水补给边界时，宜在地下水补给方向加密布置管井，排泄方向应适当减少。基坑降水管井的井间距应根据抽水试验资料确定。

降水管井的井位可根据场地的实际情况进行调整，当井位移动较大时，应通过计算检验不利点的水位降深值，不能满足要求时，应调整布置，并应直至符合要求。

降水管井设计，还应在基坑内、外的典型部位布置水位观测孔，其数量与位置应能满足基坑各个部位水位观测的要求。观测孔的深度应进入降水目的含水层；必要时，也可按不同深度设置。

工程降水中的回灌系统应根据回灌水量及回灌含水层的渗透性、水位差等因素制定。

对于与下部强透水含水层直接接触的上部弱透水含水层中的地下水，可布置"引渗井"将其导流入下部强透水含水层中。

2.4 人工降水对邻近建（构）筑物的影响及其控制

人工降水时，由于地下水流失，造成地下水位下降，地基自重应力增加，土层被压缩，土颗粒随水流流失，将引起周围地面沉降。由于土层的不均匀性和形成的水位降低漏斗曲线，地面沉降多为不均匀沉降，会导致周围的建（构）筑物基础下沉、房屋开裂。因此，在使用人工井点降水时，必须采取相应措施，以防止产生建（构）筑物基础下沉和房屋开裂。

1. 截水

当因基坑外降水可能会危及基坑及周边环境安全时，宜采用截水的方法来控制地下水。

深基坑工程的截水常采用的是设置截水帷幕，它是在基坑开挖前沿基坑四周设置隔水围护壁（亦称隔水帷幕）。截水帷幕的类型有水泥土搅拌桩帷幕、高压旋喷或摆喷注浆帷幕、地下连续墙或咬合式排桩帷幕等，它们往往不只是为了挡水，也常常同时作为基坑的支护结构用来挡土。当支护结构均采用排桩时，常用的截水方式是高压旋喷或摆喷注浆与排桩相互咬合形成的组合帷幕。

截水帷幕的厚度应满足防渗要求，其渗透系数宜小于 1.0×10^{-6} cm/s（1 cm/s = 864 m/d）。

当坑底以下存在连续分布、埋深较浅的隔水层时，为了阻止基坑内外的地下水相互渗流，截水帷幕的底部宜插入至隔水层，如图 2-17 所示。其插入深度可按式（2-1）计算：

$$l = 0.2\Delta h - 0.5b \tag{2-1}$$

式中，l——截水帷幕插入隔水层的深度，m；

Δh——作用水头，m；

b——帷幕厚度，m。

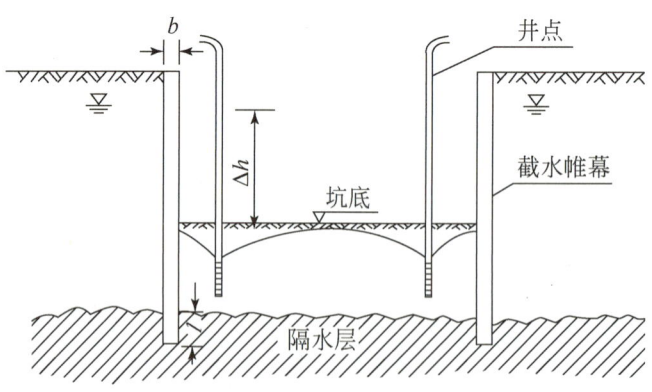

图 2-17 落底式竖向截水帷幕

截水后，基坑内的水量或水压较大时，可在基坑内采用井点降水。这样既有效地保护了周边环境，同时使基坑内一定深度的土层疏干并排水固结，改善了施工作业条件，也有利于支护结构及基底的稳定。

当地下含水层渗透性较强、厚度较大时，可采用侧向截水与坑内井点降水相结合或采用侧向截水与水平封底相结合的方式。水平封底可采用化学注浆法或旋喷注浆法，如图 2 – 18 所示。

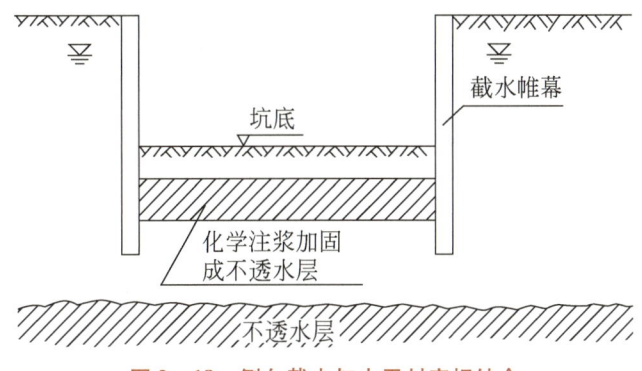

图 2 – 18　侧向截水与水平封底相结合

当坑底以下因含水层厚度大而采用悬挂式帷幕时，悬挂式帷幕进入透水层的深度应满足《建筑基坑支护技术规程》（JGJ 120—2012）中对地下水从截水帷幕底绕流的渗透稳定性要求，并应对截水帷幕外地下水位下降引起的周边建（构）筑物、地下管线沉降进行分析。《建筑基坑支护技术规程》（JGJ 120—2012）中规定：悬挂式帷幕底端位于碎石土、砂土或粉土含水层时，对均质含水层，地下水渗流的流土稳定性应符合式（2 - 2）规定，对渗透系数不同的非均质含水层，宜采用数值方法进行渗流稳定性分析，如图 2 – 19 所示。

$$\frac{(2D + 0.8D_1)\gamma'}{\Delta h \gamma_w} \geqslant K_{se} \qquad (2 - 2)$$

式中，K_{se}——流土稳定性安全系数，安全等级为一、二、三级的支护结构，K_{se} 分别不应小于 1.6，1.5，1.4；

　　　D——截水帷幕底面至坑底的土层厚度，m；

　　　D_1——潜水水面或承压水含水层顶面至基坑底面的土层厚度，m；

　　　γ'——土的浮重度，kN/m³；

　　　Δh——基坑内外的水头差，m；

　　　γ_w——水的重度，kN/m³。

截水帷幕在平面布置上应沿基坑周边闭合，当采用非闭合形式时，应对地下水绕流引起的渗流破坏或水位下降进行分析。

作为截水帷幕的水泥土桩要确保相邻桩之间能够全长有效搭接，搭接宽度应满足规范的有关规定。水泥土桩一般采用单排或双排的布置形式，以克服施工位置偏差造成的搭接不足。对于较深基坑宜采用双排桩截水帷幕。

截水帷幕施工方法、工艺和机具的选择应根据水文地质及施工条件等因素综合确定。

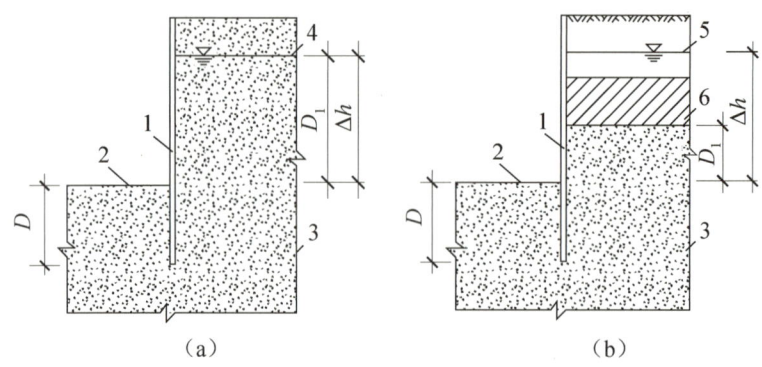

1—截水帷幕；2—基坑底面；3—含水层；4—潜水水位；5—承压水测管水位；6—承压含水层顶面。

图 2 – 19 采用悬挂式帷幕时的流土稳定性验算

（a）潜水；（b）承压水

2. 回灌

井点降水对周围建（构）筑物等的影响是由周围地下水流失造成的，因此当基坑周围已有建筑物或地下管线需要保护或坑外水位降低过多时，宜采用回灌措施来控制地下水位的变化。回灌措施包括回灌井点、回灌砂井、回灌砂沟等。

回灌井点就是在降水井点与要保护的已有建（构）筑物之间打一排井点，在井点降水的同时，向土层中灌入一定数量的水，形成一道截水帷幕，使井点降水的影响半径不超过回灌井点的范围，从而阻止回灌井点外侧的建（构）筑物下的地下水流失，如图 2 – 20 所示。

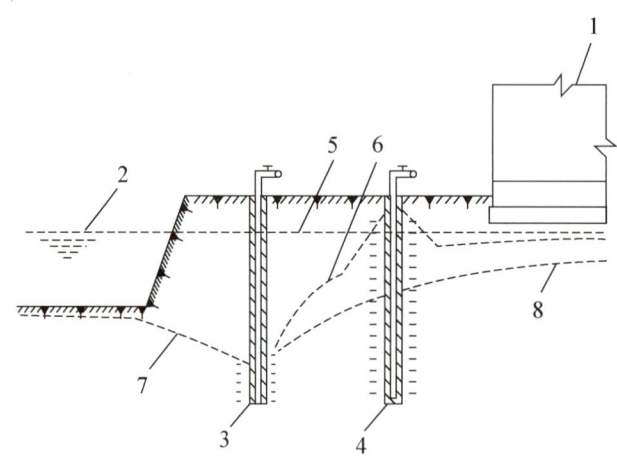

1—原有建筑物；2—开挖的基坑；3—降水井点；4—回灌井点；5—原有地下水位线；
6—降水井点和回灌井点间水位线；7—降水后地下水位线；8—仅设降水井点的水位线。

图 2 – 20 回灌井点布置

采取如下回灌措施：在降水井点与被保护建（构）筑物之间设置砂井作为回灌井，沿砂井布置一道砂沟，将井点抽出的水，适时、适量地排入砂沟，再经砂井回灌到地下；实践证明此措施也能收到良好的效果。

（1）回灌井点（砂井、砂沟）布置。

① 回灌井点（砂井、砂沟）与降水井点的距离不宜小于 6 m，以避免回灌水直接回到降水井点，造成两井"相通"。

② 回灌井点（砂井、砂沟）的间距应根据降水井点的间距和被保护物的平面位置确定。

③ 回灌井点（砂井、砂沟）宜进入稳定降水曲面下 1 m，且位于渗透性较好的土层中，过滤管的长度应大于降水井点过滤段的长度。

④ 在回灌井点保护范围内应设置水位观测井，以便根据水位调节回灌水量。

（2）回灌井点（砂井、砂沟）施工要点。

① 回灌井点（砂井、砂沟）埋设方法及质量要求与降水井点基本相同。

② 回灌水量可通过水位观测井中水位变化进行控制和调节，不宜超过原水位标高，尽可能保持抽灌平衡。

③ 为满足回灌注水压力的要求，应设置高位回灌水箱，以便靠水位差重力自流灌入土中，高位回灌水箱高度可根据灌入水量配置。

④ 回灌水宜采用清水，以避免产生井点孔眼堵塞现象。

⑤ 回灌井点（砂井、砂沟）与降水井点应协调控制。降水的同时开始灌水，且不得中断，当其中一方停止工作时，另一方也应停止工作，恢复工作时亦应同时进行。

第3章 CHAPTER 3

深基坑开挖

深基坑开挖是高层建筑施工的一个关键环节。在深基坑开挖前，应做好施工准备工作，根据基坑工程特点及场地条件，综合考虑支护结构形式；对施工区域的水文和地质条件、气候条件、周边既有建（构）筑物分布情况、环境要求以及机械配置情况等进行详细勘察并做好记录备案工作；编写土方开挖施工组织设计，用于指导土方开挖施工；对设计图纸应进行认真的学习和理解；要完成场地清理、地面水处理，临时设施及道路修建以及测量控制网设置等工作；要做好施工机具、物资和人员等准备工作。

基坑开挖的一般程序为：测量放线→切线分层开挖→排水、降水→修坡→整平→留足预留土层。部分基坑开挖现场如图3-1所示。

（a）　　　　　　　　　　（b）

图3-1　部分基坑开挖现场

（a）测量放线；（b）放坡开挖

3.1　基坑开挖的基本要求及分类

3.1.1　基坑开挖的基本要求

基坑开挖前应遵循"分层、分段、分块、对称、平衡、限时"和"先撑后挖、限时支撑、严禁超挖"的原则编制基坑开挖施工组织设计。根据有关的理论和方法、规范和规程，对施工过程中的各个工序，特别是关键工序如基坑稳定性、支护结构的安全性以及基坑周围地层移动和对周围建筑设施的影响程度等，进行验算，提出符合规定标准要求的基坑开挖和支护施工组织设计。基坑开挖施工方案应履行审批手续，并按照有关规定进行专家评审论证。

基坑工程中的坑内栈桥道路和栈桥平台应根据施工要求及荷载情况进行专项设计，在施工过程中应严格按照设计要求对施工栈桥的荷载进行控制。挖土机械的停放和其行走路线的布置、挖土顺序、土方驳运、材料堆放等应避免引起对工程桩、支护结构、降水设施、监测设施和周边环境的不利影响，施工时应按照设计要求控制基坑周边区域的堆载。

基坑开挖前，支护结构应达到设计要求的强度，挖土施工工况应满足设计要求。采用钢筋混凝土支撑或以水平结构代替内支撑时，在混凝土达到设计要求的强度后，才能进行下层土方的开挖；采用钢支撑时，钢支撑施工完毕并施加预应力后，才能进行下层土方的开挖。基坑开挖应采用分层开挖或台阶式开挖的方式，软土地区分层厚度一般不大于 4 m，分层坡度不应大于 1：1.5。基坑挖土机械及土方运输车辆直接进入坑内进行施工作业时，应采取措施保证坡道稳定。施工中针对各种情况应采取相应的针对性措施，主要包括以下几个方面。

（1）有支护（锚拉）的基坑要分层开挖，分层数为基坑所设支撑道数加一。每挖一层及时加好一道支撑或设好一道锚杆。当采用土钉墙或喷锚网支护方案时，应按设计每挖一层土就做一层支护、随挖随支护。

（2）有内支撑的基坑，在每层土的开挖时，对同时开挖的部分，其位置和深度要保持对称的原则，防止基坑支护结构承受偏载。

（3）保证支撑、围檩或锚拉的施工质量，科学组织、精心施工。

（4）规定施工场地、土方、材料、设备的堆放场地及数量，限定基坑旁边的超载。

（5）确保排水、堵水及降水的措施，严防围护墙体发生水土流失而导致基坑失稳。

（6）合理确定地基加固的范围、质量要求及检验方法。

（7）选择满足出土数量和时间要求的开挖设备、运输车辆及道路和堆放条件。

（8）提出监测设计，按监测信息指导施工，制定防止事故的方案。

3.1.2　基坑开挖方式分类

基坑开挖一般分为放坡开挖和有围护开挖两种方式，并视施工区域的工程地质、水文地质情况以及开挖深度和环境条件等因素而采取各种具体的开挖方式，如图3-2所示。

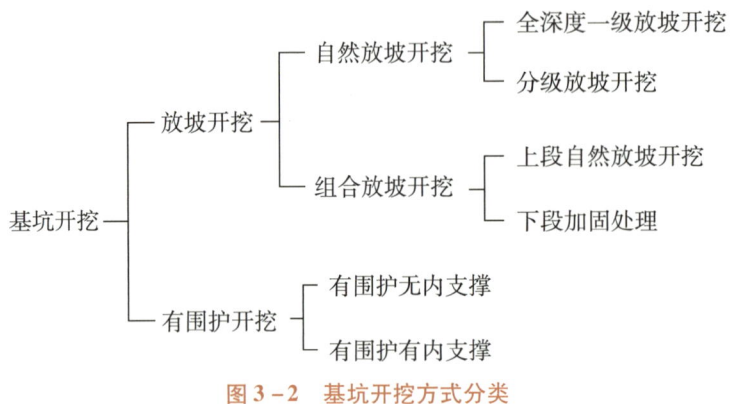

图3-2　基坑开挖方式分类

根据基坑支护设计的不同，基坑又可分为无内支撑基坑开挖和有内支撑基坑开挖。无内支撑基坑是指在基坑开挖深度范围内不设置内部支撑的基坑，包括采用放坡开挖的基坑，采用水泥土重力墙围护、土钉支护、土层锚杆支护、钢板桩拉锚支护、板式悬臂支护的基坑。有内支撑基坑是指在基坑开挖深度范围内设置一道或多道内部临时支撑以及用水平结构代替内部临时支撑的基坑。

3.2　基坑土方开挖的施工机械

基坑开挖相关机械主要包括土方挖掘机械和土方装运机械。土方挖掘机械的行走方式一般为履带式，按其传动方式分为机械传动和液压传动两种，按土斗作业方式分为正铲挖土机、反铲挖土机、抓铲挖土机及拉铲挖土机等。土方装运机械主要有自卸式运输车等。

1. 正铲挖土机

正铲挖土机的工作特点：前进向上强制切土，其挖掘力大，生产率高，能开挖停机面以上Ⅰ~Ⅳ类土。开挖大型基坑时需要设置坡道。正铲挖土机在基坑内作业，适用于开挖高度3 m以上的无地下水的干燥基坑。

正铲挖土机的生产率主要取决于每次土斗的挖土量和每次作业的循环时间。同时要考虑挖土方式和与运输车辆的配合，尽量减小回转角度，缩短循环时间。

根据其开挖路线与运输车辆的相对位置不同，正铲挖土机的作业方式有以下两种：正向挖土侧向卸土和正向挖土后方卸土。正向挖土侧向卸土是指挖土机沿前进方向挖土，运输车辆停在侧面装土，如图3-3（a）所示。此法由于挖土机卸土时动臂转角小，运输车辆行驶方便，故生产效率高，应用较广。正向挖土后方卸土是指挖土机沿前进方向挖土，运输车辆停在挖土机后方装土，如图3-3（b）所示。此法由于挖土机卸土时动臂转角大，生产率低，运输车辆要倒车开入，故一般在基坑窄而深的情况下采用。

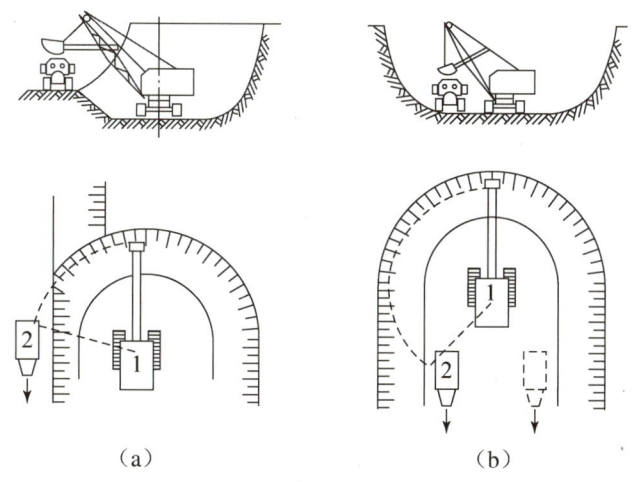

1—挖土机；2—运输车辆。

图3-3　正铲挖土机

（a）侧向卸土；（b）后方卸土

正铲挖土机的挖土方式不同，其所需的工作面大小也不同。挖土机的工作面是指挖土机在一个停机点进行挖土的工作范围，其工作面的形状和尺寸取决于挖土机的性能和卸土方式。根据挖土机作业方式的不同，挖土机的工作面分为侧工作面与正工作面两种。侧工作面（挖土机侧向卸土时的工作面）根据运输车辆与挖土机的停放标高是否相同又分为高卸侧工作面（运输车辆停放处高于挖土机停机面）及平卸侧工作面（运输车辆与挖土机在同一标高）。侧工作面的形状如图3-4所示。正工作面（挖土机后方卸土时的工作面）的形状和尺寸是左右对称的。

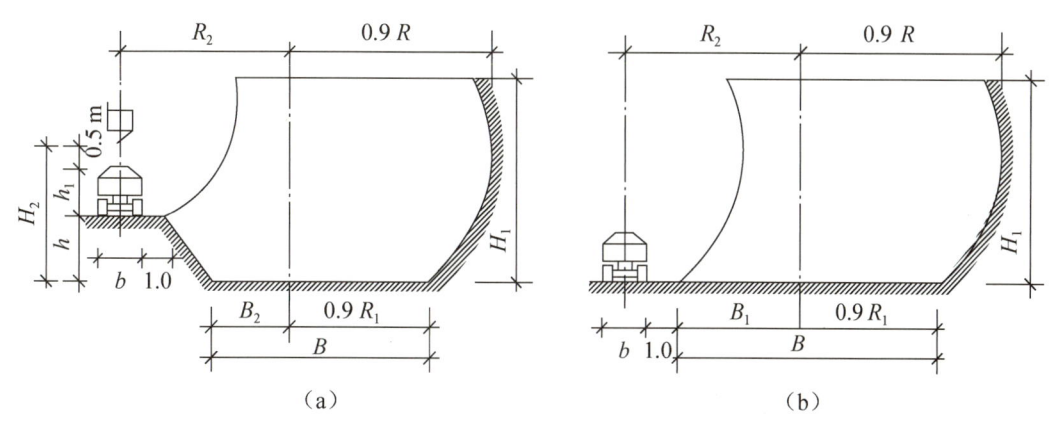

图3-4　侧工作面形状

（a）高卸侧工作面；（b）平卸侧工作面

正铲挖土机开挖大面积基坑时，必须对挖土机作业的开行路线和工作面进行设计，确定开行次序和次数，称为开行通道。基坑开挖深度较小时，开行通道可布置一层；当基坑深度较大时，开行通道则需要布置多层。

2. 反铲挖土机

反铲挖土机是应用最为广泛的土方挖掘机械，具有操作灵活、回转速度快等特点。近年来反铲挖土机市场飞速发展，其生产向大型化、微型化、多功能化、专用化的方向发展。根据实际需要，基坑土方开挖可选择普通挖掘深度的挖土机，也可以选择较大挖掘深度的接长臂、加长臂或伸缩臂挖土机等。反铲挖土机的主要参数有整机质量、外形尺寸、标准斗容量、行走速度、回转速度、最大挖掘半径、最大挖掘深度、最大挖掘高度、最大卸载高度、最小回转半径、尾部回转半径等。典型的反铲挖土机如图3-5所示。

图3-5　典型的反铲挖土机

反铲挖土机挖土的工作特点是后退向下，强制切土，其挖掘力较大，能开挖停机面以下的 I~II 类土。反铲挖土机主要用于开挖深度为 4 m 左右的基坑、基槽和管沟等，亦可用于地下水位较高的土方开挖。反铲挖土机的作业方式分为沟端开挖和沟侧开挖，如图3-6所示。

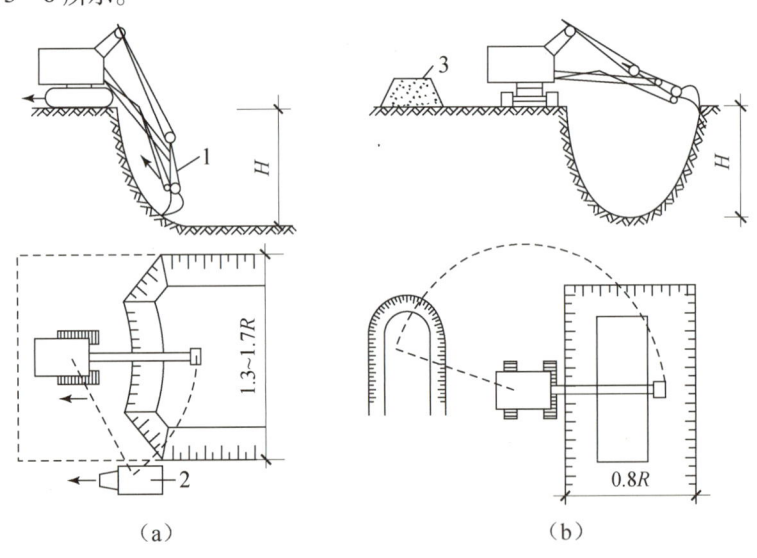

1—反铲挖土机；2—运输车辆；3—弃土堆。

图3-6　反铲挖土机作业方式

（a）沟端开挖；（b）沟侧开挖

沟端开挖：反铲挖土机停在基坑或基槽的端部，向后倒退挖土，运输车辆停在基坑或基槽两侧装土。其优点是挖土方便，挖掘深度和宽度较大，当基坑较宽时，可多次开行挖土。

沟侧开挖：反铲挖土机沿基坑或基槽一侧开行挖土，将土弃于远处。反铲挖土机开挖方向与其开行方向垂直。采用沟侧开挖时，反铲挖土机工作稳定性较差，挖掘深度和宽度较小，一般在无法采用沟端开挖方式时或挖土不需要运走时，才采用沟侧开挖的方式。

3. 抓铲挖土机

抓铲挖土机也是基坑土方工程中常用的挖掘机械，主要用于基坑定点挖土，对于开挖深度较大的基坑，抓铲挖土机定点挖土适用性更强。抓铲挖土机分为钢丝绳索抓铲挖土机和液压抓铲挖土机，如图 3-7 所示。液压抓铲挖土机的抓取力要比钢丝绳索抓铲挖土机大，但其挖掘深度较钢丝绳索抓铲挖土机小，为增大挖掘深度可根据需要设置加长臂。抓铲挖土机的主要参数有整机质量、外形尺寸、抓头容量、回转速度、最大及最小回转半径、最大挖掘深度、最大卸载高度、提升速度、尾部回转半径等。抓铲挖土机的选型应根据基坑土质条件、支护形式、开挖深度、挖土方法等情况，结合挖土机的作业方法进行选用；施工单位应对照生产厂家挖土机产品的规格型号和技术参数，结合施工需要确定。

（a）　　　　　　　　　　　　　　　　（b）

图 3-7　抓铲挖土机

（a）钢丝绳索抓铲挖土机；（b）液压抓铲挖土机

4. 拉铲挖土机

拉铲挖土机的土斗用钢丝绳悬挂在挖土机动臂上，挖土时土斗在自重作用下落到地面切入土中，其挖土特点是后退向下，自重切土。其挖土深度和挖土半径均较大，能开挖停机面以下Ⅰ～Ⅱ类土，但不如反铲挖土机动作灵活准确，适于开挖大型基坑及水下挖土。

表 3-1 比较了正铲挖土机、反铲挖土机、抓铲挖土机及拉铲挖土机四种主要的土方挖掘机械的特性、作业特点和适用范围。

表 3-1　四种挖土机比较

机械名称及特性	示意图	作业特点及适用范围
正铲挖土机，装车轻便灵活，回转速度快，移位方便；挖掘力大，能挖掘坚硬土层，工作效率高		开挖停机面以上土方，需与运输车辆配合完成整个挖运工作；当开挖高度超过正铲挖土机挖掘高度时，可采取分层开挖；可开挖含水量较小时的Ⅰ～Ⅳ类土和经爆破的岩石及冻土；一般用于大型基坑工程

续表

机械名称及特性	示意图	作业特点及适用范围
反铲挖土机，操作灵活，挖土、卸土均在地面作业，不用开运输道		开挖停机面以下的土方，需要配备运输车辆进行运输；最大挖土深度4～6 m，经济合理深度为3～5 m；较大较深基坑可用多层接力挖土；可开挖水量大的Ⅰ～Ⅱ类土和黏土
抓铲挖土机，灵活性较差、工作效率不高、不能挖掘坚硬土；可以装在简易机械上工作，使用方便		开挖直井或深井土方；排土不良时也能开挖；吊杆倾斜角度应在45°以上，距边坡应不小于2 m；可开挖比较松软的土质，施工面较狭窄的深基坑；可水中挖掘
拉铲挖土机的可挖掘半径及卸载半径大；操作灵活性较差		开挖停机面以下土方；开挖截面误差较大；可将土甩至基坑两边较远处堆放；拉铲挖土机适用于Ⅰ～Ⅱ类土；开挖较深较大的基坑；可不排水挖取水中泥土

注：土的工程分类，Ⅰ类代表松软土，Ⅱ类代表普通土，Ⅲ类代表坚土，Ⅳ类表示砂砾坚土。

3.3 深基坑土方开挖

3.3.1 放坡开挖

1. 概述

基坑采用放坡开挖时，应保证其具有稳定的边坡坡度，以避免塌方而影响施工安全。基坑边坡的坡度及放坡形式应根据土质情况、场地大小、地下水情况和基坑深度等确定，同时还要考虑施工环境、相邻道路及边坡上地面荷载的影响。当基坑深度较大时，宜采用分级放坡开挖。基坑一级放坡开挖和多级放坡开挖，如图3-8所示。

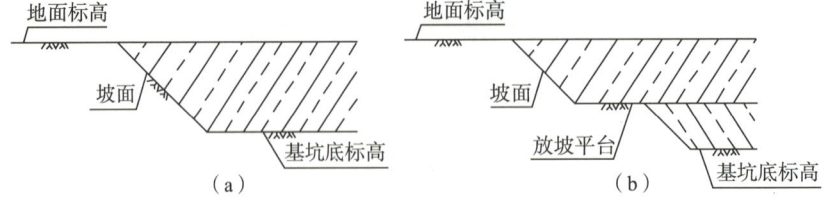

图3-8 基坑放坡开挖示意图

(a) 一级放坡开挖；(b) 多级放坡开挖

坡开挖较经济，无支撑施工，施工主体工程作业空间宽余、工期短；适合于基坑四周场地空旷可供放坡，且周围无邻近建（构）筑物；软弱地基不宜挖深过大，因需较大量地基加固。

当边坡为一般的砂土、黏性土、粉土等土质，基坑周围具有堆放土料和机具的条件，放坡开挖又不会对邻近建（构）筑物产生不利影响时，可采用局部或全深度的基坑放坡的开挖方法。当基坑周围为密实的碎石土、黏性土、风化岩石或其他良好的土质时，也可不放坡竖直开挖或接近竖直开挖。一般放坡开挖的坡度允许值如表3-2所示。

表3-2 一般放坡开挖的坡度允许值

土的类别	密实度或状态	坡度允许值（高宽比）	
		坡高在5 m以内	坡高在5～10 m
碎石土	密实	1:0.35 ～ 1:0.50	1:0.50 ～ 1:0.75
	中密	1:0.50 ～ 1:0.75	1:0.75 ～ 1:1.00
	稍密	1:0.75 ～ 1:1.00	1:1.00 ～ 1:1.25
粉土	$S_r \leq 0.5$	1:1.00 ～ 1:1.25	1:1.25 ～ 1:1.50
粉质黏土	坚硬	1:0.75	
	硬塑	1:1.00 ～ 1:1.25	
	可塑	1:1.25 ～ 1:1.50	
黏性土	坚硬	1:0.75 ～ 1:1.00	1:1.00 ～ 1:1.25
	硬塑	1:1.00 ～ 1:1.25	1:1.25 ～ 1:1.50
杂填土	中密或密实的建筑垃圾	1:0.75 ～ 1:1.00	
砂土		1:1.00（或自然休止角）	

注：表中碎石土的充填物为坚硬或硬塑状态的黏性土。

2. 适用范围

（1）当场地开阔，场地土质较好、地下水位较深及基坑开挖深度较浅时，可优先采用放坡开挖。同一工程可视场地具体条件采用局部放坡或全深度、全范围放坡开挖。

（2）当放坡开挖深度不大于5 m时，对不需要支护及降水的基坑工程，可采用一级放坡开挖，但应由基坑土方开挖单位对其施工的可行性进行评价。

（3）当放坡开挖深度大于5 m时，应采用分级放坡开挖，在分级处设过渡平台，平台宽度一般为1～1.5 m。岩质边坡的分级平台宽度一般不小于0.5 m，并采用上半坡稍陡、下半坡稍缓的放坡原则。

（4）当有下列情况之一时，不应采用放坡开挖。

① 放坡开挖对拟建或相邻建（构）筑物及重要管线有不利影响。

② 不能有效降低地下水位和保持基坑内干燥。

③ 填土较厚或土质松软、饱和，稳定性差。

④ 场地条件限制，不允许放坡时。

3. 主要要求

为确保基坑施工安全，一级放坡开挖的基坑，应验算边坡的稳定性；多级放坡开挖的基坑，应同时验算各级边坡的稳定性和多级边坡的整体稳定性，开挖深度一般不超过 7.0 m，可采用圆弧滑动法进行放坡开挖边坡稳定性的验算。

放坡坡脚位于地下水位以下的情形，应在放坡平台或坡顶上设置真空井点降水，基坑降水对周边环境有影响时，应在坡顶或放坡平台处设置封闭的止水帷幕。采取降水措施的放坡开挖基坑，开挖过程中宜保持基坑周边降水系统的正常运行。一级放坡的基坑，降水系统宜设置在坡顶；多级放坡的基坑，降水系统宜设置在平台和坡顶。坡顶、平台和坡脚位置应采取集水明排措施，保证排水系统畅通，明水能及时排除。排水沟或集水井与坡脚的距离应大于 1.0 m。

对基坑土质较差或施工周期较长的情形，放坡面及放坡平台表面应采取护坡措施。护坡可采用钢丝网水泥砂浆、钢丝网细石混凝土、钢丝网喷射混凝土或高分子聚合材料覆盖等方式。护坡面层宜扩展至坡顶一定的距离，也可与坡顶的施工道路结合。设置钢筋混凝土护坡面层时，面层厚度不宜小于 50 mm，混凝土强度等级不宜低于 C20，钢筋直径不宜小于 6 mm。面层钢筋应单层双向设置，间距不宜大于 250 mm。

对基坑坑底有局部深坑的情形，坡脚与坑底局部深坑的距离不宜小于 2 倍深坑的深度，不满足时宜采取土体加固等措施。吹填土区域应采用土体加固等措施对土体性质进行改良后方可进行放坡开挖。

放坡开挖采取机械挖土的情形，严禁超挖或造成边坡松动。边坡宜采用人工进行切削清坡，其坡度的控制应符合放坡设计要求。

坡顶一倍开挖深度范围内和多级放坡平台上不宜设置堆场或作为施工车辆的行驶通道。

3.3.2 岛式开挖

1. 概述

《建筑地基基础术语标准》（GB/T50941—2014）中有如下规定：岛式开挖是在有围护结构的基坑工程中，先挖除基坑内周边的土方，形成类似岛状土体，然后再挖除基坑中部土方的开挖方法。岛式开挖先开挖基坑周边的土方，挖土过程中在基坑中部形成类似岛状的土体，然后再开挖基坑中部的土方。基坑中部临时留置的土方具有反压作用，可有效地防止软土地基中的坑底土的隆起。基坑中部大面积无支撑空间的土方，可在支撑系统养护阶段进行开挖，必要时还可以在留土区与围护墙之间架设支撑，在边缘土方开挖到基底以后，先浇筑该区域的底板，以形成底部支撑，然后再开挖中央部分的土方。当基坑面积较大，且地下室结构底板设计有后浇带或可以留设施工缝时，可采用岛式开挖的方法。岛式开挖可在较短时间内完成基坑周边土方开挖及支撑系统的施工，对基坑底部土体隆起控制较为有利。中心岛土体可作为支点搭设栈桥。挖土机可利用栈桥下至基坑挖土，运输车辆亦可利用栈桥进入基坑运土，这样可以加快开挖和运输的速度。岛式开挖宜用于大型基坑，支护结构的支撑形式为角撑式、环梁式或边桁（框）架式，中间具有较大空间的土方开挖情况。岛式开挖如图 3−9 所示。

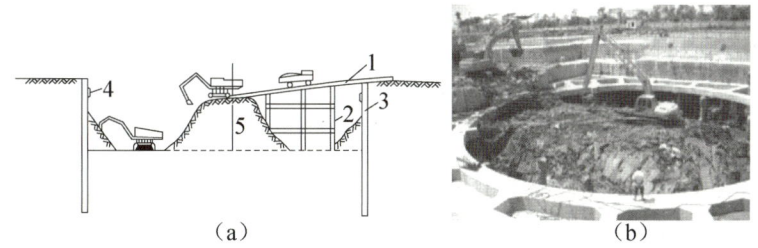

1—栈桥；2—支架（尽可能利用工程桩）；3—围护墙；4—腰梁；5—土墩。

图 3-9　岛式开挖

（a）构造图；（b）现场图

岛式开挖，由于先挖挡土墙四周的土方，挡土墙的受荷时间长，在软黏土中时间效应显著，有可能会增大支护结构的变形量。

2. 适用范围

岛式开挖适用于支撑系统沿基坑周边布置且中部留有较大空间、可采用明挖法施工的基坑。边桁架与角撑相结合的支撑体系、圆环形桁架支撑体系的基坑采用岛式开挖较为典型。土钉支护、土层喷锚支护的基坑也可采用岛式开挖方式。

岛式开挖可适用于全深度范围的基坑开挖，也可适用于分层开挖基坑的某一层或几层基坑开挖，具体可根据实际情况确定。

3. 开挖方式

岛式开挖可根据实际情况选择不同的方式。同一个基坑可采用如下的一种或几种方式的组合进行基坑开挖，这种组合可以是平面上的组合，也可以是立面上的组合。岛式开挖主要有如下三种方式。

（1）在开挖基坑周边土方阶段，挖土机在基坑边或基坑边栈桥平台上作业，取土后由坑边运输车辆将土方外运。在开挖基坑中部岛状土方阶段，先由基坑内的挖土机将土方挖出或驳运至基坑边，再由基坑边或基坑边栈桥平台上的土方装车挖土机取土，最后由坑边运输车辆将土方外运。采用这种方式进行岛式开挖，施工灵活，互不干扰，且不受基坑开挖深度限制。

（2）在开挖基坑周边土方阶段，挖土机在岛状土体顶面作业，取土后由岛状土体顶面上的运输车辆通过内外相连的栈桥道路将土方外运。在开挖基坑中部岛状土方阶段，先由基坑内的挖土机将土方挖出或驳运至基坑中部，再由基坑中部岛状土体顶面的土方装车挖土机取土，再由基坑中部的运输车辆通过内外相连的栈桥道路将土方外运。采用这种方式进行岛式开挖，施工灵活，互不干扰，但其受基坑开挖深度限制。

（3）在开挖基坑周边土方阶段，挖土机在岛状土体顶面作业，取土后由岛状土体顶面上的运输车辆通过内外相连的土坡将土方外运。在开挖基坑中部岛状土方阶段，先由基坑内的挖土机将土方挖出或驳运至基坑中部，由基坑中部岛状土体顶面的土方装车挖土机取土，再由基坑中部的运输车辆通过内外相连的土坡将土方外运。采用这种方式进行岛式开挖，施工繁琐，相互干扰，且基坑开挖深度有限。

4. 相关规定

根据规范《建筑深基坑工程施工安全技术规范》（JGJ 311—2013），岛式开挖应符合下列规定：

（1）边部土方的开挖范围应根据支撑布置形式、围护墙变形控制等因素确定。边部土方应采用分段开挖的方法，应减小围护墙无支撑或无垫层暴露时间。

（2）中部岛状土体的各级放坡和总放坡应验算稳定性。

（3）中部岛状土体的开挖应均衡对称进行。

3.3.3 盆式开挖

1. 概述

《建筑地基基础术语标准》（GB/T50941—2014）中有如下规定：盆式开挖是在坑内周边留土，先挖除基坑中部的土方，形成类似盆形土体，在基坑中部支撑形成后再挖除基坑周边土方的开挖方法。盆式开挖需要先开挖基坑中间部分的土体，挖土过程中在基坑中部形成类似盆状的土体，基坑周边留土坡，土坡最后挖除。必要时可先施工中央区域内的基础底板及地下室结构，形成"中心岛"。在地下室结构达到一定强度后再开挖留坡部位的土方，并遵循"随挖随撑，先撑后挖"的原则，在支护结构与中心部分地下结构底板楼板之间设置支撑，最后施工边缘部位的地下室结构。基坑周边的土方可在中部支撑系统养护阶段进行开挖。盆式开挖如图 3–10 所示。

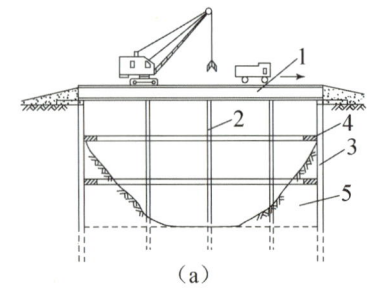

（a）　　　　　　　　　　　　（b）

1—栈桥；2—立柱；3—支护墙；4—围檩；5—后挖除的土坡。

图 3–10　盆式开挖

（a）示意图；（b）现场照片

盆式开挖主要过程如图 3–11 所示。

盆式开挖方式的优点：保留了基坑周边的土方，使得挡土墙的无支撑暴露时间比较短，利用挡土墙四周所留的土堤对控制围护墙的变形和减小周边环境的影响较为有利；有时为了提高所留土堤的被动土压力，还要在挡土墙内侧四周进行土体加固，以满足控制挡土墙变形的要求。

盆式开挖方式的缺点：大量的土方不能直接外运，需集中提升后装车外运，导致挖土及土方外运的速度比岛式开挖要慢。盆式开挖多用于较密支撑下的开挖。

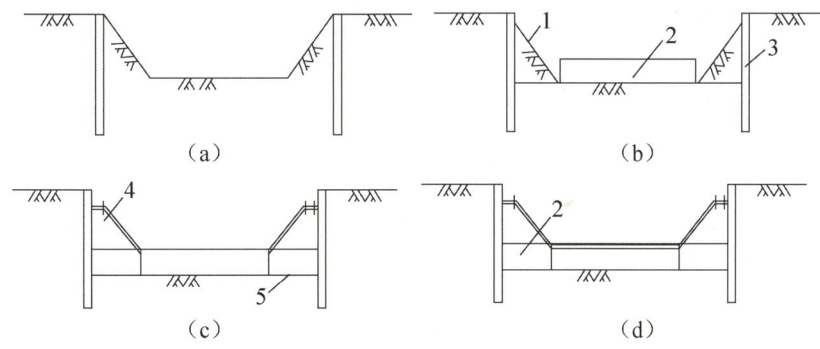

1—边坡留土；2—基础底板；3—支护墙；4—支撑；5—坑底。

图 3 – 11　盆式开挖主要过程

（a）中心开挖；（b）中心地下结构施工；（c）边缘土方开挖及支撑设置；（d）边缘地下结构施工

2. 适用范围

盆式开挖适用于明挖法或暗挖法的施工工程，基坑中部无支撑或支撑较为密集的大面积基坑；也适用于全深度范围的基坑开挖，或者用于分层开挖基坑的某一层或几层基坑开挖，具体运用可根据实际情况确定。

3. 相关规定

根据《建筑深基坑工程施工安全技术规范》（JGJ 311—2013），盆式开挖应符合下列规定：

（1）中部土方的开挖范围应根据支撑形式、围护墙变形控制、坑边土体加固等因素确定；中部有支撑时应先完成中部支撑，再开挖盆边土方。

（2）盆边开挖形成的临时放坡应进行稳定性验算。

（3）盆边土体应分块对称开挖，分块大小应根据支撑平面布置确定，应限时完成支撑。

（4）软土地基盆式开挖的坡面可采取降水、支护、土体加固等措施。

3.3.4　岛式开挖与盆式开挖相结合的开挖

岛式开挖与盆式开挖相结合的开挖方法是基坑竖向各分层土方采用岛式开挖或盆式开挖进行交替开挖的一种组合方法。岛式开挖与盆式开挖相结合的基坑开挖方法有先岛后盆、先盆后岛和岛盆交替三种形式，在工程中采用何种组合方式，应根据工程实际情况确定。岛式开挖与盆式开挖相结合的开挖可应用于明挖法施工工程，在特殊情况下也可应用于暗挖法施工工程。

3.3.5　分层分块开挖

1. 概述

对长度和宽度较大的基坑，可采用分层分块开挖的方式。分层开挖就是按可形成的土坡自然高度，如2.5~3.0 m，并考虑与支撑施工相协调进行的分层卸除土方。分层的原则是每施工一道支撑后再开挖下一层土方，第一层土方的开挖深度一般为地面至第一道支撑底，中间各层基坑开挖深度一般为相邻两道支撑的竖向间距，最后一层基坑开挖深度应为最下面一道支撑底至坑底。分块的原则是根据基坑平面形状、基坑支撑布置等情况，按照基坑变形和周边环境控制要求，将基坑划分为若干个周边分块和中部分块，并确定各分块的开挖顺序，通常情况下应先开挖中部分块再开挖周边分块。

对于分层或不分层开挖的基坑，若基坑不同区域开挖的先后顺序会对基坑变形和周边环境产生不同程度的影响时，需划分区域，并确定各区域的开挖顺序，以达到控制变形，减小周边环境影响的目的。区域如何划分，开挖顺序如何确定，是基坑开挖需要研究的问题。在基坑竖向上进行合理的土方分层，在平面上进行合理的土方分块，并合理确定各分块开挖中较为常用的方式。

2. 适用范围

分层分块开挖是基坑土方工程中应用最为广泛的方法之一，在复杂环境条件下的超大超深基坑工程中普遍采用。它可用于大面积无内支撑以及明挖法或暗挖法施工的基坑，各层土方的分块和开挖顺序依据实际情况而定。

3. 主要要求

对放坡开挖、水泥土重力式围护墙支护的基坑，分块的原则一般根据基础底板分区浇筑方案确定，使开挖分块与基础底板分区基本做到统一。对于有内支撑的面积较大的基坑，各层分块原则也不尽相同，一般情况下第一层土方可采取不分块的连续开挖，支撑与支撑间的各层土方可按事先确定的分块及顺序进行开挖，最后一层土方一般由基础底板分区浇筑方案确定。

对长度和宽度较大的基坑，一般可将其划分为若干个周边分块和中部分块。通常情况下应先开挖中部分块再开挖周边分块，采用这种土方开挖方式应遵循盆式开挖方式的相关要求。若支撑间的各层土方可按事先确定的分块及顺序进行开挖至最后一层土方后再开挖中部分块，开挖过程应遵循岛式开挖方式的相关要求。

对以单向组合对撑系统为主的基坑，通常情况下应先开挖单向组合对撑系统区域的各块土体，及时施工单向组合对撑系统，减少无支撑暴露时间，条块土体在沿基坑长度的纵向应采用间隔开挖。对设置角撑系统的基坑，通常情况下可先开挖角撑系统区域的角部土体，及时施工角撑系统，控制基坑角部变形。

分层分块开挖应在控制基坑变形和保护周边环境的要求下确定基坑土方分块的大小和数量，制定分块施工先后顺序，并确定基坑开挖的施工方案。土方分块开挖后，与相邻的土方分块形成高差，高差一般不超过7.0 m。当高差不超过4.0 m时，可采用一级边坡；当高差大于4.0 m时，可采用二级边坡。采用一级边坡或二级边坡时，边坡坡度一般大于1:1.5；采用二级边坡时，放坡平台宽度一般不小于3.0 m，各级边坡和总边坡均应进行稳定性验算。

3.4　深基坑开挖的注意事项、常见问题及对策

3.4.1　深基坑开挖注意事项

1. 一般注意事项

（1）大型基坑开挖及降低地下水位时，应经常注意观察附近既有建（构）筑物、道路、管线等有无下沉、变形、裂缝等。如发现有这些现象，应与设计和建设、监理单位联系，及时采取防护措施。

（2）基坑开挖顺序、方法必须与设计工况一致，并遵循"开槽支撑、先撑后挖、分层开挖、严禁超挖"的原则。

（3）支撑应挖一层支撑好一层，并严密顶紧，支撑牢固。严禁一次将土挖好再支撑，挡土墙或板桩与坑壁间的填土要分层回填夯实，使之严密接触。

（4）埋深的拉锚需用挖沟方式埋设，沟槽应尽可能小，严禁将土方全部挖开，埋设拉锚后再回填，这样会使原状土体遭受破坏。拉锚安装后要预拉紧，预紧力不小于设计计算值的 5%～10%，每根拉锚松紧程度一致。

（5）施工中应经常检查支撑和观测邻近建（构）筑物变形的情况，如发现支撑有松动、变形、位移等情况，应及时加固或更换。加固办法可打紧受力较小部分的木楔或对墙加立柱及横撑等。

（6）多层支撑的拆除应自下而上逐层拆除，必要时可设置换撑后，拆除一层，修建地下结构后，在沟槽内回填夯实后，再拆上层。拆除支撑时，应注意防止邻近建（构）筑物产生下沉或倾斜等的破坏，必要时应采取加固措施。

2. 特别注意事项

（1）防止地表水渗入基坑周边土体和冲刷坡（墙）体。基坑底应视具体情况设置排水系统，坑底不得积水和冲刷边坡，在影响边坡稳定的范围内不得积水。基坑周围地面应向远离基坑方向形成排水坡势，并沿基坑外围设置排水沟及截水沟，基坑周围排水应畅通，严禁地表水渗入基坑周边土体和冲刷坡（墙）体。对台阶形坑壁，应在过渡平台上设置排水沟和集水井，排水沟不应渗漏。

当坡面有渗水时，应根据实际情况设置外倾的泄水孔，对坡（墙）体内的积水应采取导排措施，确保其不渗入、不冲刷坑壁。

（2）防止基坑挖土后土体回弹变形过大。基坑土体开挖后，地基卸载，土体中压力减少，将使基坑底面产生一定的回弹变形（隆起）。回弹变形量的大小与土的种类、是否浸水、基坑深度、基坑面积、暴露时间及挖土顺序等因素有关。如基坑积水，黏性土因吸水使

土体的体积增加，抗剪强度降低，回弹变形增大，所以对于软土地基更应注意土体的回弹变形。回弹变形过大将加大建（构）筑物的后期沉降。采用有限元法曾预测过挖深 32.2 m 的某热轧厂铁皮坑的回弹变形，最大值约 354 mm，实测值也与之接近。

由于影响回弹变形的因素比较复杂，回弹变形计算尚难准确。如基坑不积水，暴露时间不太长，可认为土在侧限的条件下产生回弹变形，可把挖去的土作为负荷载按分层总和法计算回弹变形。

施工中减少基坑回弹变形的有效措施，是设法减少土体中有效应力的变化，减少暴露时间，并防止地基土浸水。因此，在基坑开挖过程中和开挖后，均应保证井点降水的正常进行，并在挖至设计标高后，尽快浇筑垫层和底板。必要时，可对基础结构下部土层进行加固。

（3）防止边坡失稳。深基坑开挖，要根据地质条件（特别是打桩以后）、基础埋深、基坑暴露时间、挖土及运土机械、堆土等情况，拟定合理的挖土施工方案。

目前，挖土机械多用斗容量 1 m³ 的反铲挖土机，其实际有效挖土半径为 5~6 m，挖土深度为 4~6 m，习惯上往往一次挖到需要深度，这样挖土形成的坡度约为 1:1。由于快速卸荷、挖土与运输机械的振动，如果再在开挖基坑的边缘 2~3 m 范围内堆土，则易造成边坡失稳。挖土速度过快改变了原来土体的平衡状态，呈流塑状态的软土对水平位移非常敏感，极易造成滑坡。边坡堆载（堆土、停留机械等）给边坡增加附加荷载，如事先未经详细计算，易形成边坡失稳。

（4）防止位移与倾斜。成桩完成后基坑开挖，应制定合理的挖土施工顺序和技术措施，防止桩的位移与倾斜。对于先成桩后挖土的工程，由于成桩的挤土和动力作用，使原处于静平衡状态的地基土遭到破坏，对于砂土而言甚至会形成砂土液化，原来的地基强度遭到破坏；对于黏性土而言，由于形成很大的挤土应力，孔隙水压力升高，形成超静孔隙水压力，土的抗剪强度明显降低。如果成桩后紧接着开挖基坑，由于开挖时的应力释放，再加上挖土高差形成一侧减荷的侧向推力，土体就易产生水平位移，致使先打设的桩产生水平位移。软土地区施工，这种事故屡有发生，值得重视。为此，在群桩基础的桩完成后，宜停留一定时间，并用降水设施先预抽地下水，待土中由于成桩积聚的挤土应力有所释放，孔隙水压力有所降低，被扰动的土体重新固结后，再开挖基坑土方。土方的开挖宜均匀、分层，尽量减少开挖时的土压力差，以保证桩位和边坡的稳定。

（5）配合深基坑支护结构施工。深基坑的支护结构随着挖土加深侧压力加大、变形增大，周围地面沉降亦加大。及时加设支撑（或锚杆），尤其是施加预应力的支撑，对减少变形和沉降有很大的作用。为此，在制定基坑挖土施工方案时，一定要配合支撑（或锚杆）加设的需要，分层进行挖土，避免只考虑挖土方便而不及时加设支撑，造成施工失误甚至事故。

近年来，深基坑支护结构中混凝土支撑应用渐多，如采用混凝土支撑，则挖土要与支撑混凝土浇筑配合，混凝土浇筑后要养护至一定强度才能继续向下开挖。挖土时，挖土机械应避免直接压在支撑上，否则要采取有效措施，如基坑挖土方案采用盆式开挖时，则先挖去基坑中心部位的土，使周边留有足够厚度的土，以平衡支护结构外面产生的侧压力，待中间部位挖土结束、浇筑好底板、加设斜撑后，再挖除坑内周边的土方。采用盆式开挖时，底板要采取分块浇筑，地下主体结构浇筑后有时尚需换撑以拆除斜撑，换撑时支撑要支承在地下主体结构外墙上，支承部位要慎重选择并经过验算。

挖土方式影响支护结构的荷载，要尽可能使支护结构均匀受力，减少变形。为此，要坚持采用分层、分块、均衡、对称的方式进行挖土。

3.4.2 深基坑开挖常见问题及对策

基坑开挖有时会面临土方工程常见质量通病，也引起围护墙或邻近建（构）筑物、管线等产生一些异常现象，需要配合有关人员及时进行处理，以免发生安全事故。

1. 土方工程常见质量通病及防治措施

（1）基坑积水。

现象和问题：基坑场地范围内局部或大面积出现积水，未及时排除。

造成基坑积水的原因有两点：

①场地周围未做排水沟或场地未做成一定排水坡度，或存在反向排水坡。

②测量偏差，使场地标高不一、高洼不平。

基坑积水的防治措施：

① 平整前，对整个场地的排水坡、排水沟、截水沟、下水道进行有组织排水系统设计，使整个场地排水流畅，排水坡的设置应按设计要求进行，设计无要求时，地形平坦的场地，纵横方向应做成不小于0.5%的坡度，以便排水，在场地周围或场地内，设置排水沟（截水沟）。

② 做好测量的复核工作，防止出现标高误差。

基坑积水和排水沟如图3-12所示。

（a）　　　　　　　　　　　　　　（b）

图3-12 基坑积水和排水沟

（a）基坑积水；（b）排水沟

（2）地基淹泡。

现象和问题：地基被水淹泡，造成地基承载力降低。

造成地基淹泡的原因有三点：

① 开挖基坑（槽）未设排水沟或挡水堤，地面水流入基坑（槽）。

② 在地下水位以下挖土，未采取降水措施将水位降至基底开挖面以下。

③ 土方开挖至设计标高后，未及时进行后续工序施工。

地基淹泡的防治措施如下：

① 开挖基坑（槽）周围应设排水沟或挡水堤。

② 地下水位以下挖土前应提前降低地下水位，使地下水位降低至开挖面以下0.5~1.0 m。

③ 土方开挖应分段进行验收，及时浇筑混凝土垫层。

地基淹泡和轻型井点降水如图3-13所示。

（a）　　　　　　　　　　　（b）

图3-13　地基淹泡和轻型井点降水

（a）地基淹泡；（b）轻型井点降水

（3）开挖放坡不足。

现象和问题：机械或人工开挖放坡未达到设计要求。

造成开挖放坡不足的原因有三点：

① 未认真查看地质资料，对地质情况不熟悉。

② 对施工人员交底不清，开挖时施工人员未认真查看设计或措施要求。

③ 现场开挖测量标记不清。

开挖放坡不足的防治措施如下：

① 开挖前要仔细查阅开挖措施，弄清要求，施工前要认真查验施工单位的技术交底。

② 测量人员在对现场进行开挖放线时应严格按图纸设计及措施要求进行，并在现场做出明显的标记。

③ 开挖过程中各级管理人员应熟悉措施，及时制止不符合措施或设计要求的开挖现象，并提出正确的处理方法，现场按要求开挖。

开挖放坡不足和正确放坡如图3-14所示。

（a）　　　　　　　　　　　（b）

图3-14　开挖放坡不足和正确放坡

（a）开挖放坡不足；（b）正确放坡

（4）边坡坍塌。

现象和问题：在挖方过程中或挖方后，边坡土方局部或大面积塌陷或滑塌。

造成边坡坍塌的原因有三点：

① 采用机械开挖，未遵循由上而下、分段分层开挖的顺序，坡度过陡或将坡脚破坏，使边坡失稳，造成塌方或溜坡。

② 在有地表水、地下水作用的地段开挖边坡，未采取有效的降（排）水措施，地表水或地下水侵入坡体内，使土的黏聚力降低，坡脚被冲蚀掏空，边坡在重力作用下失稳而引起坍塌。

③ 软土地段，在边坡顶部大量堆土，或堆建筑材料，或行驶施工机械设备、运输车辆。

边坡坍塌的防治措施如下：

① 开挖边坡时应遵循由上而下、分段分层开挖的顺序，合理放坡，同时避免破坏坡脚，防止边坡失稳而造成塌方。

② 在有地表滞水或地下水作用的地段，应做好降排水措施，拦截地表水，避免冲刷坡面、掏空坡脚，防止坡体失稳，特别在软土地段开挖边坡，必须降低地下水位，防止边坡产生侧移。

③ 施工中禁止在坡顶堆土或存放建筑材料，边坡周边道路避免行驶重型施工机械设备和车辆，以减轻坡体负担，防止塌方。

边坡坍塌和参考处理做法如图 3-15 所示。

（a）　　　　　　　　　　　　　　（b）

图 3-15　边坡坍塌和参考处理做法

（a）边坡坍塌；（b）参考处理做法

（5）基底土扰动。

现象和问题：原状土物理性能改变，造成基底土扰动。

造成基底土扰动的原因有三点：

① 基槽开挖时排水措施差，尤其是在基底积水或土壤含水量大的情况下进行施工，土很容易被扰动。

② 土方开挖时超挖，后用虚土回填，改变了原状土的物理性能，变成了扰动土。

③ 基坑在未施工混凝土垫层情况下，大量堆载，造成地基土扰动。

基底土扰动的防治措施如下：

① 做好基坑排水和降水，降水工作应待基础回填土完成后，方可停止。

② 土方开挖应连续进行，尽量缩短施工时间，雨季施工或基坑（槽）开挖后不能及时进行下一道工序施工时，可在基底标高以上留 15 ~ 30 cm 的土不挖，待下一道工序开工前再挖除。

③ 采用机械挖土时，应在基底标高以上留一定厚度的土用人工清除。

④ 严格控制基底标高，如个别地方发生超挖，严禁用虚土回填，处理方法应征得设计单位的同意。

⑤ 混凝土垫层浇筑完成未达到设计强度前，禁止在原状土上堆载钢筋、大型设备。

基底土扰动和参考处理做法如图 3 – 16 所示。

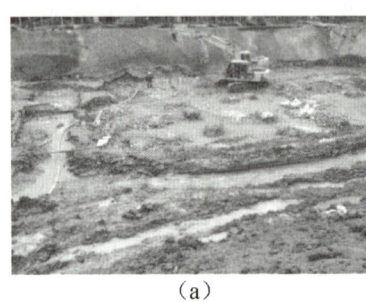

（a）　　　　　　　　　　　　　　（b）

图 3 – 16　基底土扰动和参考处理做法
（a）基底土扰动；（b）参考处理做法

（6）回填土不密实。

现象和问题：回填土密实度达不到设计要求。

造成回填土不密实的原因有四点：

① 填方土料不符合要求，采用了碎块草皮、有机质含量大于 8% 的土及淤泥、淤泥质土和杂填土作填料。

② 土的含水率过大或过小，因而达不到最优含水率下的密实度要求。

③ 填土厚度过大或压（夯）实遍数不够，或机械碾压行驶速度太快。

④ 碾压或夯实机具能量不够，达不到影响深度要求，使密实度降低。

回填土不密实的防治措施如下：

① 选择符合填土要求的土料回填。

② 为使回填土在压后达到最大密实度，应使回填土的含水量接近最优含水量，偏差不大于 ±2，在回填土时，应严格控制土的含水量，加强施工前的检验，含水量大于最优含水量范围时，应采用翻松、晾晒、风干方法降低含水量；或采取换土回填，或均匀掺入干土，或采用其他吸水材料等来降低含水量；含水量过低，应洒水湿润。

③ 对有密实度要求的填方，应按所选用的土料、压实机械性能，通过试验确定含量控制范围、每层铺土厚度、压实遍数，严格按方案进行水平分层回填、压实，达到设计规定的质量要求。

④ 加强对土料、含水量、施工操作和回填土干密度的现场检验，按规定取样，严格控制每道工序的施工质量。

回填土不密实和参考处理做法如图 3 – 17 所示。

图 3 – 17　回填土不密实和参考处理做法
（a）回填土不密实；（b）参考处理做法

2. 围护墙渗水与漏水

基坑开挖后围护墙出现渗水或漏水现象，对基坑施工带来不便，如渗漏严重时往往会造成土颗粒流失，引起围护墙背地面沉陷甚至支护结构坍塌。

在基坑开挖过程中，一旦出现渗水或漏水应及时处理：对渗水量较小，不影响施工也不影响周边环境的情况，可采用坑内设沟排水的方法；对渗水量较大，但没有泥砂带出，造成施工困难，而对周围影响不大的情况，可采用"引流—修补"的方法。"引流—修补"法，即在渗漏较严重的部位先在围护墙上水平（略向上）打入一根钢管，内径为 20～30 mm，使其穿透支护墙体进入墙背土体内，由此将水从该管引出，而后将管边围护墙的薄弱处用防水混凝土或砂浆修补封堵，待修补封堵的混凝土或砂浆达到一定强度后，再将钢管出水口封住，如封住管口后出现第二处渗漏时，按上面方法再进行"引流—修补"。如果引流出的水为清水，周边环境较简单或出水量不大，就可不做修补，只需将引入基坑的水设法排出即可。

对渗水、漏水量很大的情况，应查明原因，采取相应的措施：如漏水位置距离地面深度不大时，可将围护墙背开挖至漏水位置下 500～1 000 mm，在围护墙后用密实混凝土进行封堵；如漏水位置埋深较大，则可在墙后采用压密注浆方法，浆液中应掺入水玻璃，使其能尽早凝结，也可采用高压喷射注浆方法。采用压密注浆方法时应注意，其施工对围护墙会产生一定压力，有时会引起围护墙向坑内较大的侧向位移，这在重力式或悬臂式支护结构中更应注意。

3. 防止围护墙侧向位移发展

基坑开挖后，支护结构发生一定的位移是正常的，但如果位移过大或位移发展过快，就往往会造成较严重的后果。如发生这种情况，应针对不同的支护结构采取相应的应急措施。

（1）重力式支护结构。水泥墙等重力式支护结构，其位移一般较大，如开挖后其位移量在基坑深度的 $\frac{1}{100}$ 以内，尚属正常，位移发展渐趋于缓和，则不必采取措施。如果位移超过 $\frac{1}{100}$ 或超过设计估计值，则应予以重视。首先应做好位移的监测，绘制位移—时间曲线，掌握其发展趋势。重力式支护结构一般在开挖后 1~2 d 内位移发展迅速，来势较猛，以后 7 d 内仍会有所发展，但位移增长速率明显下降。如果位移超过估计值不太多，以后又趋于稳定，一般不必采取特殊措施，但应注意尽量减小坑边堆载，严禁动荷载作用于围护墙或坑边区域；加快垫层浇筑与地下室底板的施工速度，以减少基坑敞开时间；应将墙背裂缝用水泥砂浆或细石混凝土灌满，防止雨水、地面水进入基坑或浸泡围护墙背土体。

对位移超过估计值较多，而且数天后仍无减缓趋势或基坑周边环境较复杂的情况，同时还应采取一些附加措施：在水泥土墙背后卸荷，卸土深度一般为 2 m 左右，卸土宽度不宜小于 3 m；加大垫层厚度，尽早发挥垫层的支撑作用；加设支撑，支撑位置宜在基坑深度的 $\frac{1}{2}$ 处，加设腰梁加以支撑，如图 3-18 所示。

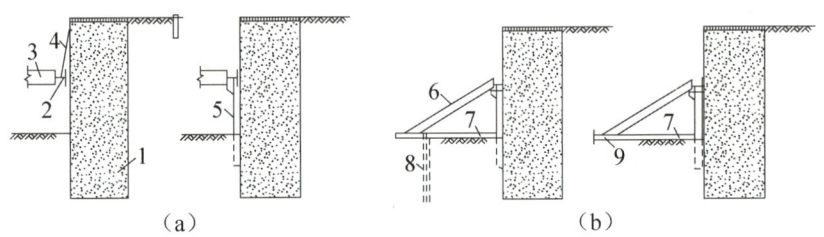

1—水泥土墙；2—围檩；3—对撑；4—吊索；5—支承型钢；
6—竖向斜撑；7—铺地型钢；8—板桩；9—混凝土垫层。

图 3-18　水泥土墙加设支撑
（a）对撑；（b）竖向斜撑

（2）悬臂式支护结构。悬臂式支护结构发生位移主要是其上部向基坑内倾斜，也会有一定的深层滑动。

防止悬臂式支护结构上部位移过大的应急措施较简单，加设支撑或拉锚都是十分有效的，也可采用围护墙背卸土的方法。防止深层滑动也应及时浇筑垫层，必要时也可加厚垫层，以形成下部水平支撑。

（3）支撑式支护结构。由于支撑刚度一般较大，设置有支撑的支护结构一般位移较小，其位移主要是插入坑底部分的支护桩墙向内变形。为了满足基础底板施工需要，最下面一道支撑离坑底总有一定距离，对只有一道的支护结构，其支撑离坑底距离更大，围护墙下段的约束较小，因此在基坑开挖后，围护墙下段位移较大，往往由此造成墙背土体的沉陷。对于支撑式支护结构，如发生墙背土体的沉陷，主要应设法控制围护桩（墙）嵌入部分的位移，着重加固坑底部位，具体措施如下：

① 增设坑内降水设备，降低地下水，如条件许可，也可在坑外降水。

② 进行坑底加固，如采用注浆、高压喷射注浆等提高被动区抗力。

③ 垫层随挖随浇，对基坑挖土合理分段，每段基坑开挖到底后及时浇筑垫层。

④ 加厚垫层、采用配筋垫层或设置坑底支撑。

对于周围环境保护很重要的工程，如开挖后发生较大变形，可在坑底加厚垫层，并采用配筋垫层，使坑底形成可靠的支撑，同时加厚配筋垫层对抑制坑内土体隆起也非常有利。减少了坑内土体隆起，也就控制了围护墙的下段位移。必要时还可在坑底设置支撑，此时，在支护墙根处应设置围檩，否则单根支撑对整个围护墙的作用不大。

如果是由于围护墙的刚度不够而产生较大侧向位移，就应加强围护墙体，如在其后加设树根桩或钢板桩，或对土体进行加固等。

4. 流土及管涌的处理

在细砂、粉砂层土中往往会出现流土或管涌的情况，给基坑施工带来困难，如流土或管涌情况严重则会引起基坑周边的建筑、管线的倾斜、沉降。

对轻微的流土现象，在基坑开挖后可采用加快垫层浇筑或加厚垫层的方法"压住"流土。对较严重的流土在周边环境允许条件下可增加坑外降水措施，使地下水位降低。降水是防治流土最有效的方法。

在基坑内围护墙脚附近易发生局部流土或突涌，如果设计支护结构的嵌固深度满足要求，造成这种现象的原因一般就是由于坑底的下部出现断桩，或施打支护桩未达到设计标高，或地下连续墙出现较大的孔洞，或由于排桩净距较大，其后止水帷幕又出现漏桩、断桩或孔洞，造成渗漏通道所致。一般先采取基坑内局部回填，在基坑外漏点位置注入双液浆或聚氨酯堵漏，并对围护墙做必要的加固。如果情况十分严重，就可在原围护墙后再增加一道围护墙，在新围护墙与原围护墙间进行注浆或高压旋喷桩，新围护墙深度与原围护墙相同或适当加深，宽度应比渗透破坏范围宽 3～5 m。

5. 邻近建（构）筑物与管线位移的控制

基坑开挖后，坑内大量土方挖去，土体平衡发生很大变化，往往也会引起坑外建（构）筑物或地下管线产生较大的沉降或侧移，有时还会造成建（构）筑物的倾斜，进而导致房屋裂缝，管线断裂、泄露。基坑开挖时必须加强观察，当位移或沉降值达到预警值后，应立即采取措施。

对建（构）筑物的沉降的控制一般可采用跟踪注浆的方法。跟踪注浆，即根据基坑开挖进程，连续跟踪注浆。注浆孔布置可在围护墙背及建（构）筑物前各布置一排。注浆深度应在地表至坑底以下 2～4 m 的范围，具体可根据工程条件确定。此时注浆压力控制不宜过大，否则不仅对围护墙会造成较大侧压力，而且对建（构）筑物本身也不利。注浆量可根据支护墙的估算位移量及土的空隙率来确定。采用跟踪注浆时，应严密观察建（构）筑物的沉降状况，防止由注浆引起土体扰动而加剧建（构）筑物的沉降或将建（构）筑物抬起。对沉降很大，而压密注浆又不能有效控制的建（构）筑物，如其基础采用的是钢筋混凝土，则可考虑采用锚杆静压桩的方法。

如果条件许可，在基坑开挖前就对邻近建（构）筑物下的地基或支护墙背土体先进行加固处理，如采用压密注浆、搅拌桩、锚杆静压桩等加固措施，此时施工较为方便，效果更佳。

对基坑周围管线保护的应急措施一般有以下两种方法。

（1）打设封闭桩或开挖隔离沟。对地下管线离开基坑较远，但开挖后引起的位移或沉降较大的情况，可在管线靠基坑一侧设置封闭桩，为减小打桩挤土，封闭桩宜选用树根桩，也可采用钢板桩、槽钢等，施打时应控制打桩速度，封闭板桩离管线应保持一定距离，以免影响管线。

在管线边开挖隔离沟也对控制位移有一定作用，隔离沟应与管线有一定距离，其深度宜与管线埋深相接近或略深，在靠管线一侧还应做出一定的坡度。

（2）管线架空。对地下管线离基坑较近的情况，设置隔离桩或隔离沟既不易行也无明显效果，此时可采用管线架空的方法。管线架空后与围护墙后的土体基本分离，土体的位移与沉降对它的影响很小，即使产生一定位移或沉降后，还可对支承架进行调整复位。

管线架空前应先将管线周围的土挖空，在其上设置支承架，支承架的搁置点应可靠牢固，能防止过大位移与沉降，并应便于调整其搁置位置。然后将管线悬挂于支承架上，如管线发生较大位移或沉降，可对支承架进行调整复位，以保证管线的安全。某高层建筑管道保护支承架的示意图如图 3-19 所示。

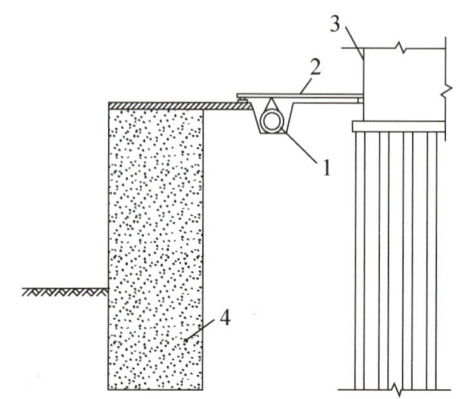

1—管道；2—支承架；3—邻近高层建筑；4—支护结构。

图 3-19　某高层建筑管道保护支承架示意图

第4章 CHAPTER 4

深基坑支护

    高层建筑基坑土方开挖的施工工艺一般有两种：放坡开挖和在支护结构保护下的开挖。前者既简单又经济，但需具备放坡开挖的条件，即基坑不太深而且具备基坑平面之外有足够的空间供放坡之用。但在建筑密度很大的城市中心地带，往往不具备基坑放坡开挖的条件，所以只能采用支护结构保护下的垂直开挖或基本垂直开挖。

    高层建筑深基坑支护结构的设计与施工的影响因素众多，主要包括土层种类及其物理力学性能、地下水状况、周围建（构）筑物分布、施工条件和施工方法、气候等，这些因素将直接或间接影响支护结构的选型及施工方案。由于地层条件的复杂性和计算理论的不完善，目前深基坑支护结构设计难以完全符合客观实际，为此，在施工中务必采取高度重视的态度，力求做到精益求精，疏忽、麻痹大意以及未按设计规定进行施工，都极易导致工程事故的发生，从而造成重大经济损失甚至危及生命安全。虽然深基坑支护结构大都属于施工期间挡土、阻水以及保护周边环境安全等的临时性结构体系，但绝不能因为其临时结构的性质而对其降低标准和要求，而是要在设计和施工中都采取极其慎重、高度负责的态度，要在保证施工安全的前提下，尽力做到经济合理并便于现场施工。

4.1 基坑工程勘察及支护结构设计概述

4.1.1 基坑工程勘察

根据《高层建筑岩土工程勘察标准》（JGJ/T 72—2017），高层建筑岩土工程勘察，应针对高层建筑特点，重视地区经验，广泛搜集资料，明确勘察任务要求，采用有针对性的勘察手段，提出资料真实准确、评价合理、建议可行的岩土工程勘察报告或工程咨询报告。

高层建筑岩土工程勘察的勘察等级，应根据高层建筑规模和特征、场地、地基复杂程度以及破坏后果的严重程度，划分为三个等级，具体划分时，应符合表4-1的规定。

表4-1　高层建筑岩土工程勘察等级划分

勘察等级	高层建筑规模和特征、场地和地基复杂程度及破坏后果的严重程度
特级	符合下列条件之一，破坏后果很严重： 1. 高度超过250 m（含250 m）的超高层建筑； 2. 高度超过300 m（含300 m）的高耸结构； 3. 含有周边环境特别复杂或对基坑变形有特殊要求基坑的高层建筑
甲级	符合下列条件之一，破坏后果很严重： 1. 30层（含30层）以上或高于100 m（含100 m）但低于250 m的超高层建筑（包括住宅、综合性建筑和公共建筑）； 2. 体型复杂、层数相差超过10层的高低层连成一体的高层建筑； 3. 对地基变形有特殊要求的高层建筑； 4. 高度超过200 m，但低于300 m的高耸结构，或重要的工业高耸结构； 5. 地质环境复杂的建筑边坡上、下的高层建筑； 6. 属于一级（复杂）场地，或一级（复杂）地基的高层建筑； 7. 对既有工程影响较大的新建高层建筑； 8. 含有基坑支护结构安全等级为一级基坑工程的高层建筑
乙级	符合下列条件之一，破坏后果严重： 1. 不符合特级、甲级的高层建筑和高耸结构； 2. 高度超过24 m、低于100 m的综合性建筑和公共建筑； 3. 位于邻近地质条件中等复杂、简单的建筑边坡上、下的高层建筑； 4. 含有基坑支护结构安全等级为二级、三级基坑工程的高层建筑

注：1. 建筑边坡地质环境复杂程度按现行国家标准《建筑边坡工程技术规范》GB 50330划分判定。
　　2. 场地复杂程度和地基复杂程度的等级按现行国家标准《岩土工程勘察规范》GB 50021判定。
　　3. 基坑支护结构的安全等级按现行行业标准《建筑基坑支护技术规程》JGJ 120判定。

勘察阶段的划分应符合下列规定：

① 对勘察等级为特级或复杂场地、复杂地基的高层建筑岩土工程勘察，勘察阶段应划

分为可行性研究勘察、初步勘察、详细勘察三阶段。

② 当场地勘察资料缺乏、建筑总平面布置未定，对勘察等级为甲级的单体高层建筑，或勘察等级为甲级和乙级的高层建筑群的岩土工程勘察，勘察阶段应分为初步勘察和详细勘察两阶段。

③ 当场地已有勘察资料能满足初步设计要求，且建筑总平面位置已定时，对甲级和乙级的单体高层建筑，可将初步勘察和详细勘察两阶段合并为一阶段，直接进行详细勘察。

④ 当场地和地基复杂，施工中可能出现或已出现有关岩土工程问题时，应进行施工勘察。

⑤ 基槽开挖到底后，应进行施工验槽和验桩。

高层建筑应从底板施工起进行沉降观测；基坑工程应从围护结构施工起，对支护结构、邻近建筑道路和管线的变形、支护结构应力等进行监测；并宜进行设计参数检验和施工检验。

4.1.2　基坑支护结构设计原则及方法

基坑支护结构设计应遵循以下基本原则。

（1）安全可靠。支护结构要满足强度、稳定和变形的要求，确保基坑施工及周围环境的安全。

（2）经济合理。在支护结构的安全可靠的前提下，从造价、工期及环境保护等方面经过技术经济比较，最终确定具有明显优势的方案。

（3）方便施工。在安全经济合理的原则下，要考虑方便施工。

《建筑基坑支护技术规程》（JGJ 120—2012）中规定：基坑支护设计应规定其设计使用期限，基坑支护的设计使用期限不应小于一年。

基坑支护结构应采用以分项系数表示的极限状态设计表达式进行设计。基坑支护结构极限状态可分为以下两类。

（1）承载能力极限状态。对应于支护结构达到最大承载能力或基坑底失稳、管涌导致土体或支护结构破坏，内支撑压屈失稳，支护桩墙锚杆抗拔失效等。

（2）正常使用极限状态。对应于支护结构的变形已破坏基坑周边环境的平衡状态并产生了不良影响，如引起周边相邻的建（构）筑物倾斜、开裂，道路沉降、开裂，周边的地下管线沉降变形、开裂等。

4.1.3　基坑支护结构设计内容

根据承载能力极限状态和正常使用极限状态的要求，基坑支护结构设计应包括下列内容。

（1）支护体系的方案技术经济比较和选型。

（2）支护结构的强度、稳定和变形计算。

（3）基坑内外土体的稳定性验算。

（4）基坑降水或止水帷幕的设计以及围护墙的抗渗设计。

（5）基坑开挖与地下水变化引起的基坑内外土体的变形及其对基础桩、邻近建（构）筑物和周边环境的影响。

（6）基坑开挖施工方法的可行性及基坑施工过程中的监测要求。

4.1.4　基坑支护结构安全等级

根据《建筑基坑支护技术规程》（JGJ 120—2012）规定：基坑支护设计时，应综合考虑基坑周边环境和地质条件的复杂程度、基坑深度等因素，依据表4-2所示支护结构的安全等级。对同一基坑的不同部位，可采用不同的安全等级。

表4-2　支护结构的安全等级

安全等级	破坏后果
一级	支护结构失效、土体过大变形对基坑周边环境或主体结构施工安全的影响很严重
二级	支护结构失效、土体过大变形对基坑周边环境或主体结构施工安全的影响严重
三级	支护结构失效、土体过大变形对基坑周边环境或主体结构施工安全的影响不严重

4.1.5　基坑支护结构选型

1. 支护结构形式

支护结构形式按其工作机制和围护墙形式可分为下列几类，如图4-1所示。

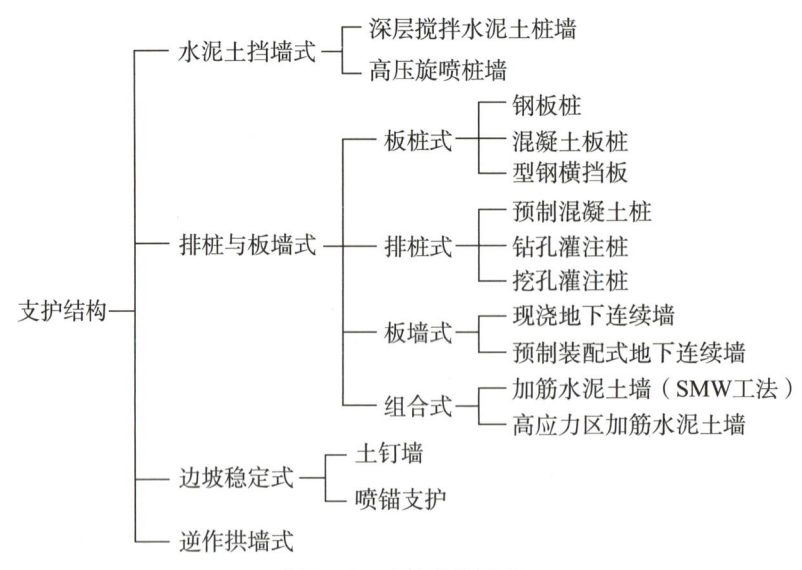

图4-1　支护结构形式

常见的支护结构形式特点如下。

（1）土钉墙支护。土钉墙支护变形较大；单一土钉墙支护适用于深度不大于 12 m 的二级、三级地下水位以上或降水的非软土基坑。当地下水高于基坑底时需降水或截水。

（2）重力式围护体系。通常不设置支撑或锚杆的自立式墙体结构，墙体厚度较大，通过墙体自重、墙体与地基的摩擦力、墙体在开挖面以下受到土体的被动抗力平衡水土压力，维持边坡稳定。工业及民用建筑中通常使用深层搅拌桩、旋喷桩、树根桩等。

（3）桩（墙）式围护体系。由围护墙、支撑、截水帷幕组成，墙体厚度较小，墙体插入地下一定深度，在开挖面上设置支撑或锚杆系统平衡墙后的水土压力和维持边坡稳定。

2. 支护结构选型

《建筑基坑支护技术规程》（JGJ 120—2012）中规定，支护结构选型时，应综合考虑下列因素：基坑深度；土的性状及地下水条件；基坑周边环境对基坑变形的承受能力及支护结构一旦失效可能产生的后果；主体地下结构及其基础形式、基坑平面尺寸及形状；支护结构施工工艺的可行性；施工场地条件及施工季节；经济指标、环保性能和施工工期。

可根据表 4-3 选择支护结构形式。

表 4-3 各类支护结构的适用条件

结构类型		适用条件		
		安全等级	基坑深度、环境条件、土类和地下水条件	
支挡式结构	锚拉式结构	一级、二级、三级	适用于较深的基坑	排桩适用于可采用降水或截水帷幕的基坑；地下连续墙宜同时用作主体地下结构外墙，可同时用于截水；锚杆不宜用在软土层和高水位的碎石土、砂土层中；当邻近基坑有建筑物地下室、地下构筑物等，锚杆的有效锚固长度不足时，不应采用锚杆；当锚杆施工会造成基坑周边建（构）筑物的损害或违反城市地下空间规划等规定时，不应采用锚杆
	支撑式结构		适用于较深的基坑	
	悬臂式结构		适用于较浅的基坑	
	双排桩		当锚拉式结构、支撑式结构和悬臂式结构不适用时，可考虑采用双排桩	
	支护结构与主体结构相结合的逆作法		适用于基坑周边环境条件很复杂的深基坑	
土钉墙	单一土钉墙	二级、三级	适用于地下水位以上或降水的非软土基坑，且基坑深度不宜大于 12 m	当基坑潜在滑动面内有建筑物、重要地下管线时，不宜采用土钉墙
	预应力锚杆复合土钉墙		适用于地下水位以上或降水的非软土基坑，且基坑深度不宜大于 15 m	
	水泥土桩复合土钉墙		用于非软土基坑时，基坑深度不宜大于 12 m；用于淤泥质土基坑时，基坑深度不宜大于 6 m；不宜用在高水位的碎石土、砂土层中	
	微型桩复合土钉墙		适用于地下水位以上或经降水的基坑，用于非软土基坑时，基坑深度不宜大于 12 m；用于淤泥质土基坑时，基坑深度不宜大于 6 m	

续表

结构类型	适用条件	
	安全等级	基坑深度、环境条件、土类和地下水条件
重力式水泥土墙	二级、三级	适用于淤泥质土、淤泥基坑，且基坑深度不宜大于 7 m
放坡	三级	施工场地满足放坡条件； 放坡与上述支护结构形式结合

注：1. 当基坑不同部位的周边环境条件、土层性状、基坑深度等不同时，可在不同部位分别采用不同的支护形式。

2. 支护结构可采用上部、下部以不同结构类型组合的形式。

经综合比较，在确保安全可靠的前提下，应选择切实可行、经济合理的方案，并遵循以下原则：基坑围护结构构件不应超出用地范围；基坑围护结构的构件不能影响主体工程结构构件的正常施工；基坑平面形状尽可能采用受力性能好的圆形、正多边形和矩形。

此外，支护结构选型还应注意以下几点。

（1）不同支护形式的结合处，应考虑相邻支护结构的相互影响，其过渡段应有可靠的连接措施。

（2）支护结构上部采用土钉墙或放坡、下部采用支挡式结构时，上部土钉墙或放坡应符合《建筑基坑支护技术规程》（JGJ 120—2012）对其支护结构形式的规定，支挡式结构应按整体结构考虑。

（3）当坑底以下为软土时，可采用水泥土搅拌桩、高压喷射注浆等方法对坑底土体进行局部或整体加固。水泥土搅拌桩、高压喷射注浆加固体宜采用格栅或实体形式。

（4）基坑开挖采用放坡或支护结构上部采用放坡时，应按《建筑基坑支护技术规程》（JGJ 120—2012）的规定验算边坡的滑动稳定性，边坡的圆弧滑动稳定安全系数 K_s 不应小于1.2，放坡坡面应设置防护层。

4.1.6 作用在支护结构上的水平荷载

根据我国现行的《建筑基坑支护技术规程》（JGJ 120—2012）规定，计算作用在支护结构上的水平荷载时，应考虑下列因素：基坑内外土的自重（包括地下水）；基坑周边既有和在建的建（构）筑物荷载；基坑周边施工材料和设备荷载；基坑周边道路车辆荷载；冻胀、温度变化及其他因素产生的作用。

1. 作用在支护结构上的土压力

（1）作用在支护结构外侧、内侧的主动土压力强度标准值、被动土压力强度标准值宜按式（4-1）计算，如图4-2所示。

① 对地下水位以上或水土合算的土层。

$$p_{ak} = \sigma_{ak}K_{a,i} - 2c_i \sqrt{K_{a,i}} \qquad (4-1)$$

$$p_{pk} = \sigma_{pk}K_{p,i} + 2c_i \sqrt{K_{p,i}} \qquad (4-2)$$

式中，p_{ak}——支护结构外侧，第 i 层土中计算点的主动土压力强度标准值，kPa；当 $p_{ak} < 0$
时，应取 $p_{ak} = 0$；

　　σ_{ak}、σ_{pk}——分别为支护结构外侧、内侧计算点的土中竖向应力标准值，kPa，按式
（4-6）和式（4-7）取值；

　　$K_{a,i}$、$K_{p,i}$——分别为第 i 层土中的主动土压力系数、被动土压力系数，其中，

$$K_{a,i} = \tan^2\left(45° - \frac{\varphi_i}{2}\right), K_{p,i} = \tan^2\left(45° + \frac{\varphi_i}{2}\right);$$

　　c_i、φ_i——分别为第 i 层土中的黏聚力及内摩擦角；

　　p_{pk}——支护结构内侧，第 i 层土中计算点的被动土压力强度标准值，kPa。

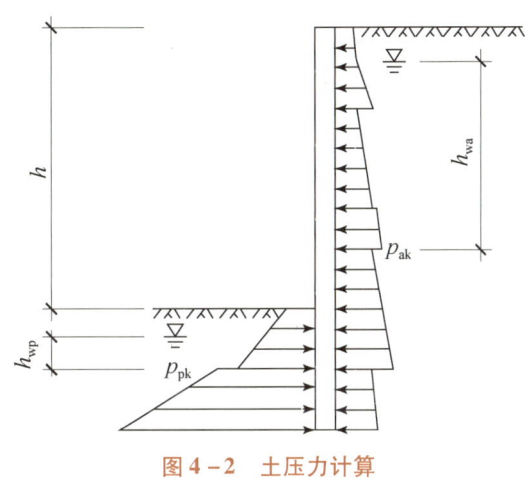

图 4-2　土压力计算

②　对于水土分算的土层。

$$p_{ak} = (\sigma_{ak} - u_a)K_{a,i} - 2c_i\sqrt{K_{a,i}} + u_a \tag{4-3}$$

$$p_{pk} = (\sigma_{pk} - u_p)K_{p,i} + 2c_i\sqrt{K_{p,i}} + u_p \tag{4-4}$$

式中，u_a、u_p——分别为支护结构外侧、内侧计算点的水压力，kPa；对静止地下水，按
式（4-5）取值；当采用悬挂式截水帷幕时，应考虑地下水从帷幕底向基
坑内的渗流对水压力的影响。

（2）在支护结构土压力的影响范围内，存在相邻建（构）筑物地下墙体等稳定的刚性
界面时，可采用库仑土压力理论计算界面内有限滑动楔体产生的主动土压力。此时，同一层
的土压力可采用沿深度线性分布形式。

（3）需要严格限制支护结构的水平位移时，支护结构外侧的土压力宜取静止土压力。

（4）有可靠经验时，可采用支护结构与土相互作用的方法计算土压力。

2. 对成层土、土压力计算时的各土层计算厚度

（1）当土层厚度较均匀、层面坡度较平缓时，宜取邻近勘察孔的各土层厚度，或同一
计算剖面内各土层厚度的平均值。

（2）当同一计算剖面内各勘察孔的土层厚度分布不均时，应取最不利勘察孔的各土层厚度。

（3）对复杂地层且距勘察孔较远时，应通过综合分析土层变化趋势后确定土层的计算厚度。

（4）当相邻土层的土性接近，且对土压力的影响可以忽略不计或有利时，可归并为同一计算土层。

3. 静止地下水的水压力

对于静止地下水，水压力可按式（4-5）计算。

$$u_a = \gamma_w h_{wa}, u_p = \gamma_w h_{wp} \tag{4-5}$$

式中：γ_w——地下水重度，kN/m³，取 $\gamma_w = 10$ kN/m³；

$\quad h_{wa}$——基坑外侧地下水位至主动土压力强度计算点的垂直距离，m；对承压水，地下水位取测压管水位；当有多个含水层时，应取计算点所在含水层的地下水位；

$\quad h_{wp}$——基坑内侧地下水位至被动土压力强度计算点的垂直距离，m；对承压水，地下水位取测压管水位。

4. 土中竖向应力标准值

土中竖向应力标准值应按式（4-6）、式（4-7）计算。

$$\sigma_{ak} = \sigma_{ac} + \sum \Delta\sigma_{k,j} \tag{4-6}$$

$$\sigma_{pk} = \sigma_{pc} \tag{4-7}$$

式中：σ_{ac}——支护结构外侧计算点，由土的自重产生的竖向总应力，kPa；

$\quad \sigma_{pc}$——支护结构内侧计算点，由土的自重产生的竖向总应力，kPa；

$\quad \Delta\sigma_{k,j}$——支护结构外侧第 j 个附加荷载作用下计算点的土中附加竖向应力标准值，kPa。

5. 均布附加荷载作用下的土中附加竖向应力标准值

均布附加荷载作用下的土中附加竖向应力标准值应按式（4-8）计算，如图4-3所示。

$$\Delta\sigma_k = q_0 \tag{4-8}$$

式中：q_0——均布附加荷载标准值，kPa。

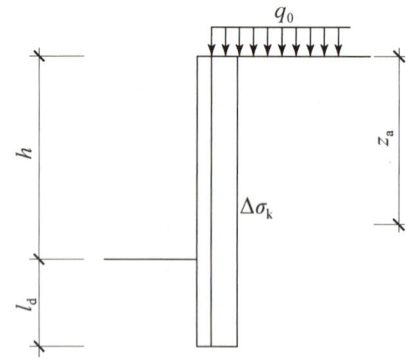

图 4-3　均布竖向附加荷载作用下的土中附加竖向应力标准值计算

6. 局部附加荷载作用下的土中附加竖向应力标准值

（1）对条形基础下的附加荷载，如图 4 – 4 所示。

当 $d + \dfrac{a}{\tan\theta} \leqslant z_a \leqslant d + \dfrac{3a+b}{\tan\theta}$ 时，

$$\Delta\sigma_k = \frac{p_0 b}{b + 2a} \tag{4 – 9}$$

式中，p_0——基础底面附加压力标准值，kPa；

     d——基础埋置深度，m；

     b——基础宽度，m；

     a——支护结构外边缘至基础的水平距离，m；

     θ——附加荷载的扩散角，宜取 $\theta = 45°$；

     z_a——支护结构顶面至土中附加竖向应力计算点的竖向距离。

当 $z_a < d + \dfrac{a}{\tan\theta}$ 或 $z_a > d + \dfrac{3a+b}{\tan\theta}$ 时，取 $\Delta\sigma_k = 0$。

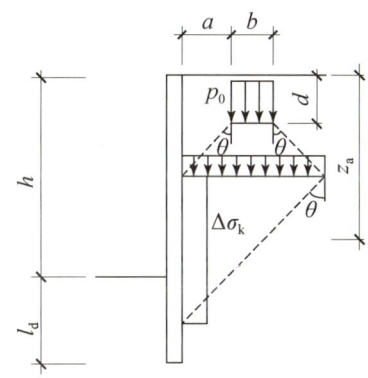

图 4 – 4　局部附加荷载作用下的土中附加竖向应力标准值计算（条形或矩形基础）

（2）对矩形基础下的附加荷载。

当 $d + \dfrac{a}{\tan\theta} \leqslant z_a \leqslant d + \dfrac{3a+b}{\tan\theta}$ 时，

$$\Delta\sigma_k = \frac{p_0 b l}{(b + 2a)(l + 2a)} \tag{4 – 10}$$

式中：b——与基坑边垂直方向上的基础尺寸，m；

     l——与基坑边平行方向上的基础尺寸，m。

当 $z_a < d + \dfrac{a}{\tan\theta}$ 或 $z_a > d + \dfrac{3a+b}{\tan\theta}$ 时，取 $\Delta\sigma_k = 0$。

（3）对作用在地面的条形、矩形附加荷载，按式（4 – 9）和式（4 – 10）计算土中附加竖向应力标准值 $\Delta\sigma_k$ 时，应取 $d = 0$，如图 4 – 5 所示。

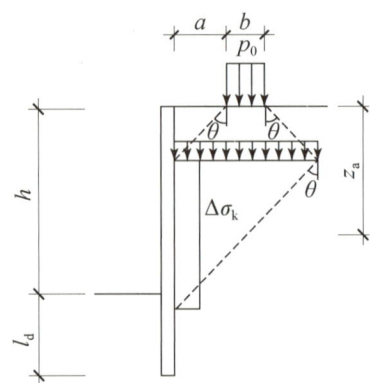

图4-5　局部附加荷载作用下的土中附加竖向应力标准值计算

4.2　深基坑排桩支护结构

4.2.1　排桩支护的定义和分类

排桩支护结构是由排桩、排桩加锚杆或支撑组成的支护结构体系的统称，其结构类型可分为锚拉式排桩、支撑式排桩、悬臂式排桩和双排桩等。这类支护结构都可用弹性梁与弹性支点法计算模型进行结构分析。排桩支护结构受力明确，计算方法和工程实践相对成熟，是目前国内基坑工程中应用最多的支护结构形式之一。

排桩平面布置形式一般常采用相隔一定间距的疏排桩布置形式，当基坑需要截水时，可采用排桩与搅拌桩或高压喷射注浆体相互搭接的组合形式，既作为挡土结构又作为挡水的截水帷幕。排桩平面布置也可采用密排的咬合桩形式，同时用于挡土和截水。排桩通常采用混凝土灌注桩（钻孔桩、挖孔桩、冲孔桩），也可采用型钢桩、钢管桩、钢板桩、预制桩和预应力管桩等。

4.2.2　排桩支护结构选型

排桩支护的结构有锚拉式排桩、支撑式排桩、悬臂式排桩和双排桩共四种。在选用排桩支护结构时，需要考虑的主要因素包括：基坑开挖深度；土性及地下水条件；基坑周边环境对基坑变形的承受能力及支护结构一旦失效可能产生的后果；主体地下结构及其基础形式、基坑平面尺寸及形状；支护结构施工工艺的可行性；施工场地条件及施工季节；经济指标、环保要求和施工工期。

1. 锚拉式排桩

锚拉式排桩通过对锚杆施加一定的预应力，可使其产生的水平变形较小；锚杆的位置和层数灵活，通过调整锚杆的位置和层数可使支护桩内力分布较均匀；并且在基坑内形成无障碍空间，便于土方开挖运输和后期主体地下结构施工。当基坑较深、基坑周边环境对支护结构位移的要求严格时或基坑平面尺寸宽大，不适宜采用支撑式排桩时，可采用锚拉式排桩。

虽然锚拉式排桩可以给后期土方开挖与主体结构施工提供很大的便利，但在下列情况下不应采用锚拉式结构：缺少能对锚杆提供足够锚固力且不蠕变的土层；受基坑周边既有建筑物、地下管线、地下构筑物等的影响，使锚杆在稳定土体内的锚固长度不足；碎石土、砂土、粉土等土层中地下水位或承压水头较高，锚杆成孔不能避免流砂或注浆液不能形成完整的固结体；锚杆的施工会对基坑周边建筑物的地基基础造成损害。

2. 支撑式排桩

仅从技术角度讲，支撑式排桩比锚拉式排桩适用范围要宽得多，支撑式排桩易于控制其水平变形，当基坑较深或基坑周边环境对支护结构位移的要求严格时，可采用支撑式排桩。但内支撑的设置给后期施工造成很大障碍。所以，当能用其他支护结构形式时，一般不首选支撑式排桩。

3. 悬臂式排桩

悬臂式排桩顶位移较大，内力分布不理想，但可省去锚杆和支撑，当基坑较浅且基坑周边环境对支护结构位移的限制不严格时，可采用悬臂式排桩。

4. 双排桩

双排桩是一种刚架结构形式，其内力分布特性明显优于单排的悬臂式排桩，水平变形也比悬臂式排桩小得多，适用的基坑深度比悬臂式排桩大一些，但占用场地较宽。当不适合采用其他支护结构形式且在场地条件及基坑深度均满足要求的情况下，可采用双排桩。

4.2.3　排桩支护的施工

1. 支护桩的施工要求

当排桩桩位邻近的既有建筑物、地下管线、地下构筑物对地基变形敏感时，如处理不当，经常会造成基坑周边既有建筑物、地下管线、地下构筑物等被损害的工程事故，应根据其位置、类型、材料特性、使用状况等相应采取下列控制地基变形的防护措施。

（1）宜采取间隔成桩的施工顺序；对于混凝土灌注桩，应在混凝土终凝后，再进行相邻桩的成孔施工。

（2）地基土为松散或稍密的砂土、粉土、软土等易坍塌或流动的软弱土层，对钻孔灌注桩宜采取改善泥浆性能等措施，对人工挖孔桩宜采取减小每节挖孔和护壁的长度、加固孔壁等措施。

（3）支护桩成孔过程出现流砂、涌泥、塌孔、缩径等异常情况时，应暂停成孔并及时采取有针对性的措施进行处理，防止继续塌孔。

（4）当成孔过程中遇到不明障碍物时，应查明其性质，且在不会危害既有建筑物、地下管线、地下构筑物的情况下方可采取措施排除后继续施工。

2. 咬合桩的施工要求

由于需要截水，所以对咬合桩的施工垂直度就有严格的要求，否则，当桩与桩之间产生间隙，即所谓开叉，将会影响截水效果。咬合桩需要较高的施工精度，故应采用专门的施工机械。液压钢套管护壁、机械冲抓成孔工艺是咬合桩的一种有效形式，其施工要点如下。

（1）在施工之前，需在桩位设置钢筋混凝土导槽，控制桩的定位；施工作业面地基承载力应不小于 80 kPa，必要时进行换填处理。桩顶应设置导墙，导墙宽度宜取 3 ~ 4 m，导墙厚度宜取 0.3 ~ 0.5 m。

（2）咬合桩分两序施工。采用钢筋混凝土桩与素混凝土桩相互咬合时，素混凝土桩应为先施工的一序桩，钢筋混凝土桩应为后施工的二序桩；一序桩采用超缓凝混凝土，初凝时间应控制在 60 ~ 70 h；二序桩应在一序桩初凝之前进行成孔施工，通过在成孔时切割部分一序桩桩身形成与素混凝土桩的互相咬合；二序桩钢筋混凝土桩的施工尚应避免一序桩素混凝土桩刚浇筑后即被切割；当采用水泥土等低强度桩与钢筋混凝土桩相割咬合时，应在一序桩达到凝固之前，进行二序桩的施工。

（3）咬合桩施工精度要求桩的定位误差小于 2 cm，垂直度偏差小于 0.5%。在施工过程中应跟踪测量套管成孔垂直度，根据监测结果随时调整套管垂直度。钻机就位及吊设第一节套管时，应采用两个测斜仪贴附在套管外壁并用经纬仪复核套管垂直度，其垂直度允许偏差应为 3‰。液压套管应正反扭动加压下切。管内抓斗取土时，套管底部应始终位于抓土面下方，抓土面与套管底的距离应大于 1.0 m。

（4）套管在压入施工时，应超过取土面一定深度，避免一序桩素混凝土或者周边土层涌入桩孔；在有承压水的地层，应在套管内注水保持套管内外水压平衡。

（5）咬合桩成孔遇个别漂石、孤石时，可采用冲抓结合的方法。

（6）孔内虚土和沉渣应清除干净，并用抓斗夯实孔底；灌注混凝土时，套管应随混凝土浇筑逐段提拔；套管应垂直提拔，阻力过大时应转动套管同时缓慢提拔。

（7）咬合桩接口可采用先成孔灌砂桩，收口时再成孔灌注混凝土的方法。

3. 冠梁的施工要求

冠梁施工时，应将桩顶部浮浆、低强度混凝土及破碎部分清除。冠梁混凝土浇筑采用土模时，土面应修理整平。冠梁通过传递剪力调整桩与桩之间力的分配，当锚杆或支撑设置在冠梁上时，通过冠梁将排桩上的土压力传递到锚杆与支撑上。由于冠梁与桩的连接处是混凝土两次浇筑的结合面，如该结合面薄弱或钢筋锚固不够时，会因剪切破坏而导致不能传递剪力。因此，应保证冠梁与桩结合面的施工质量。

4.2.4 截水帷幕施工

截水帷幕包括单轴、双轴、三轴水泥搅拌桩、高压喷射注浆桩等传统的成熟工艺，同时也包括近年来国际上还在强度较高的土中采用的 TRD（trench cutting re-mixing deep wall，渠式切割水泥土连续墙）工法施工连续型的水泥土截水帷幕或 CSM 工法（cutter soil mixing method，双轮铣深层搅拌工法）施工连续的水泥土截水帷幕。

TRD 工法是日本近年来发展起来的混合搅拌壁式地下连续墙施工法，它是通过附着可分节安装的搅拌箱上的切削链条（链条上有切削头），在电机驱动下沿搅拌桩转动，从而可对土层进行切削并和水泥浆搅拌。同时，切削箱可在地面设备推动下水平移动，从而实现对土体的竖向和水平向的连续搅拌，形成无搭接接头的水泥土搅拌墙。TRD 工法施工设备如图 4 – 6 所示。

图 4 – 6　TRD 工法施工设备

TRD 工法施工机架重心低、稳定性好，可施工的截水帷幕墙体厚度为 450 ~ 850 mm，深度最大可达 60 m。另外 TRD 工法设备具有可将主机架变角度的功能，与地面的夹角最小可为 30°，可以制成倾斜的水泥土墙体，满足特殊设计要求。

CSM 工法一次可形成类似地下连续墙一个槽段的水泥土墙，墙厚 500 ~ 1 200 mm，槽段长度有 2 200 mm，2 400 mm 和 2 800 mm 三种规格。采用钻杆与切削搅拌头连接时，最大施工深度达 35 m，当采用缆绳悬挂切削搅拌头施工时，最大施工深度可达 70 m。图 4 – 7 所示为 CSM 工法施工设备，图 4 – 8 所示为一段施工完成的并被挖出的 CSM 墙体，可见其搅拌质量良好。与一般单轴、双轴水泥搅拌机相比，由于 CSM 工法可一次性施工长度 2 m 以上的墙体，因此接头数量显著减少，从而减少了截水帷幕渗漏的可能性。

图 4 – 7　CSM 工法施工设备

图 4 – 8　CSM 工法施工形成的墙体

4.3　支撑结构

4.3.1　支撑结构概述

支撑结构由水平支撑和竖向支撑两部分组成，深基坑开挖中采用支撑结构的围护方式已得到广泛的应用，特别对于软土地区基坑面积大、开挖深度深的情况，支撑结构由于具有无需占用基坑外侧地下空间资源、可提高整个围护体系的整体强度和刚度以及可有效控制基坑变形的特点，因而得到了大量的应用。图4-9、图4-10所示为常用的钢筋混凝土支撑和钢管支撑两种支撑形式的现场实景。

图4-9　钢筋混凝土支撑

图4-10　钢管支撑

4.3.2　支撑结构的组成

围檩、水平支撑、钢立柱和立柱桩是支撑结构的基本构件。围檩是协调支撑和围护墙结构间受力与变形的重要受力构件，其可加强围护墙的整体性，并将其所受的水平力传递给支撑构件，因此要求具有较好的自身刚度和较小的垂直位移。首道支撑的围檩应尽量兼作为围护墙的圈梁，必要时可将围护墙墙顶标高落低，如首道支撑结构的围檩不能兼作为圈梁时，应另外设置围护墙顶圈梁。圈梁可将离散的钻孔灌注围护桩、地下连续墙等围护墙连接起来，加强了围护墙的整体性，对减少围护墙顶部位移有利。

水平支撑是平衡围护墙外侧水平作用力的主要构件，要求传力直接、平面刚度好而且分布均匀。

钢立柱及立柱桩的作用是保证水平支撑的纵向稳定，加强支撑结构的空间刚度和承受水平支撑传来的竖向荷载，要求具有较好的自身刚度和较小的垂直位移。

4.3.3 支撑结构的形式及材料

1. 支撑结构的形式

支撑结构常用形式有单层或多层平面支撑体系（见图4－11）和竖向斜撑体系，在实际工程中，根据具体情况也可以采用类似的其他形式。

平面支撑体系可以直接平衡支撑两端围护墙上所受到的侧压力，其构造简单，受力明确，使用范围广。但当支撑长度较大时，应考虑支撑结构自身的弹性压缩以及温度应力等因素对基坑位移的影响。

竖向斜撑体系（见图4－12）的作用是将围护墙所受的水平力通过斜撑传到基坑中部先浇筑好的斜撑基础上。其施工流程是：围护墙完成后，先对基坑中部的土方采用放坡开挖，其后完成中部的斜撑基础，并安装斜撑，在斜撑的支挡作用下，再挖除基坑周边留下的土坡，并完成基坑周边的主体结构。对于平面尺寸较大，形状不很规则的基坑，采用斜撑体系施工比较方便，也可大幅节省支撑材料。但墙体位移受到基坑周边土坡变形、斜撑弹性压缩以及斜撑基础变形等多种因素的影响，在设计计算时应给予合理考虑。此外，土方施工和支撑结构安装应保证对称。

图4－11 多层平面支撑体系

图4－12 竖向斜撑体系

2. 支撑结构的材料

支撑结构的材料可以采用钢或混凝土，也可以根据实际情况采用钢和混凝土组合的支撑形式。

钢结构支撑除了自重轻、安装和拆除方便、施工速度快以及可以重复使用等优点外，其安装后能立即发挥支撑作用，对减少由于时间效应而增加的基坑位移，是十分有效的，因此如有条件应优先采用钢结构支撑。但是钢结构支撑的节点构造和安装相对比较复杂，如处理不当，会由于节点的变形或节点传力的不直接而引起基坑过大的位移。因此，对于钢结构支撑而言，提高其节点的整体性和施工技术水平是至关重要的。

现浇混凝土支撑由于其刚度大，整体性好，可以采取灵活的布置方式适应于不同形状的基坑，而且不会因节点松动而引起基坑的位移，施工质量相对容易得到保证，所以使用面也较广。但是现浇混凝土支撑在现场需要较长的制作和养护时间，制作后不能立即发挥支撑作

图4-13 现浇混凝土支撑和钢结构支撑联合应用

用，需要达到一定的强度后，才能进行其下土方作业，施工周期相对较长。同时，现浇混凝土支撑采用爆破方法拆除时，对周围环境（包括振动、噪声和城市交通等）也有一定的影响，爆破后的清理工作量也很大，支撑材料不能重复利用。工程中可将现浇混凝土支撑和钢结构支撑联合应用，如图4-13所示。

4.3.4　支撑结构施工

1. 支撑结构施工总体原则

无论何种支撑，其总体施工原则都是相同的，土方开挖的顺序、方法必须与设计工况一致，并遵循"先撑后挖、限时支撑、分层开挖、严禁超挖"的原则进行施工，尽量减小基坑无支撑的暴露时间和空间。同时，根据基坑工程安全等级、支撑形式、场内条件等因素，确定基坑开挖的分区及其顺序。宜先开挖对周边环境要求较低的一侧土方，并及时设置支撑；对环境要求较高一侧的土方开挖，宜采用抽条对称开挖、限时完成支撑或垫层的方式。

基坑开挖应按支护结构设计，降排水要求等确定开挖方案，开挖过程中应分段、分层、随挖随撑、按规定时限完成支撑的施工，做好基坑排水，减少基坑暴露时间。基坑开挖过程中，应采取措施防止碰撞支护结构、工程桩或扰动原状土。支撑的拆除过程，必须遵循"先换撑、后拆除"的原则进行施工。

在支撑结构上不应堆放材料和运行施工机械。当必须利用支撑构件兼作施工平台或栈桥时，需要进行专门的设计，且应满足施工平台或栈桥结构的强度和变形要求，确保安全施工。在未经专门设计的支撑上不允许堆放施工材料和运行施工机械。

2. 钢筋混凝土支撑施工

钢筋混凝土支撑应首先进行施工分区和流程的划分，支撑的分区一般结合土方开挖方案，按照盆式开挖、"分区、分块、对称"的原则确定，随着土方开挖的进度及时跟进支撑的施工，尽可能减少围护体侧开挖段无支撑暴露的时间，以控制基坑工程的变形和稳定性。

钢筋混凝土支撑的施工由多项分部工程组成，根据施工的先后顺序，一般可分为施工测量、钢筋工程、模板工程和混凝土工程。钢筋混凝土支撑底模一般采用土模法施工，即在挖好的原状土面上浇捣100 mm左右厚的素混凝土垫层。素混凝土垫层施工应紧跟挖土进行，及时分段铺设，其宽度为支撑宽度两边各加200 mm。为避免钢筋混凝土支撑与素混凝土垫层黏在一起，造成施工时清除困难，在素混凝土垫层面上用一油毛毡作为隔离层，其宽度与支撑宽相同。油毛毡铺设尽量减少接缝，接缝处应用胶带纸贴紧，以防止漏浆。模板拆除时间以同条件养护试块强度为准。

目前，钢筋混凝土支撑拆除方法一般有人工拆除法、机械拆除法和爆破拆除法。

（1）人工拆除法，即组织一定数量的工人，用大锤和风镐等机械设备人工拆除支撑梁。

该方法的优点在于施工方法简单、所需的机械和设备简单，容易组织。缺点是由于人工操作，施工效率低，工期长；施工安全性较差；施工时，锤击与风镐噪声大，粉尘较多，对周围环境有一定污染。人工拆除作业时，作业人员应站在稳定的结构或脚手架上操作，支撑构件应采取有效的下坠控制措施，方可切断两端的支撑，被拆除的构件应有安全的放置场所。

（2）机械拆除法，施工过程应按照施工组织设计选定的机械设备及吊装方案进行，严禁超载作业。

（3）爆破拆除法，指根据支撑结构特点制定爆破拆除顺序，在钢筋混凝土支撑施工时预留爆破孔（见图4-14、图4-15），装入炸药和毫秒电雷管，起爆后将支撑梁拆除。该办法的优点在于施工的技术含量较高；爆破效率较高，工期短；施工安全（见图4-16）；成本适中，造价介于上述二者之间。其缺点是爆破时产生爆破振动和爆破飞石，还会产生噪声，对周围环境有一定程度的影响。

图4-14 钢筋混凝土支撑浇筑时预留爆破孔图　图4-15 钢筋混凝土支撑浇筑形成时预留爆破孔实景

图4-16 钢筋混凝土支撑爆破安全防护

爆破拆除工程应根据周围环境作业条件、拆除对象、建筑类别、爆破规模，按照现行国家标准《爆破安全规程》（GB 6722—2014）分级，采取相应的安全技术措施。爆破拆除工程应做出安全评估并经当地有关部门审核批准后方可实施。

为了对永久结构进行保护，减小对周边环境的影响，对钢筋混凝土支撑进行爆破拆除时，应先切断钢筋混凝土支撑与围檩的连接，然后进行分区爆破拆除钢筋混凝土支撑和围檩，并应在钢筋混凝土支撑顶面和底部设置保护层，防止钢筋混凝土支撑爆破时混凝土碎块飞溅及坠落。

3. 钢支撑施工

钢支撑的施工根据流程安排一般可分为测量定位、起吊、安装、施加预应力以及拆撤等施工步骤。

钢支撑架设和拆除速度快，架设完毕后即可直接开挖下层土方，而且支撑材料可重复循环使用，在节省基坑工程造价和加快工期方面具有显著优势，适用于开挖深度一般、平面形状规则、狭长形的基坑工程。但与钢筋混凝土支撑相比，其变形较大，比较敏感，且由于圆钢管和型钢的承载能力不如钢筋混凝土支撑的承载能力大，因而钢支撑水平方向的间距不能很大，相对来说机械挖土不太方便。在大城市建筑物密集地区开挖深基坑，支护结构多以变形控制，在减少变形方面钢支撑不如钢筋混凝土支撑，如能根据变形发展分阶段多次施加预应力，亦能控制变形量。

钢支撑结构施工时，根据围护墙结构形式及基坑挖土的施工方法不同，围护墙上的围檩形式也有所区别。一般情况下采用钻孔灌注桩、SMW（soil mixing wall，新型水泥土搅拌桩墙）、钢板桩等围护墙时，必须设置围檩，一般首道支撑设置钢筋混凝土围檩（见图4-17）、下道支撑设置型钢围檩（见图4-18）。混凝土围檩刚度大，承载能力高，可增大支撑间的间距。型钢围檩施工方便，型钢围檩与围护墙间的空隙，宜用细石混凝土填实。

图4-17　钢筋混凝土围檩

图4-18　型钢围檩

4.3.5　钢支撑保护

基坑工程施工中，做好钢支撑的保护措施至关重要，只有钢支撑自身稳定才能切实起到支撑作用，从而保证整个基坑围护结构体系的安全。钢支撑的稳定直接关系到整个基坑的稳定与安全，其安装必须准确到位，并严格按设计要求施加预应力，尤其注意斜撑的稳定性。钢支撑安装作业时，每一环节均要做到精心作业，同时在制作、安装钢围檩过程中也必须保证其稳定、强度及变形的要求。另外，从基坑钢支撑架设至拆除的整个施工过程中，须对钢支撑严格监测，确保其稳定性。具体而言，可以从以下方面加强钢支撑的保护措施。

（1）钢支撑安装前一定要检查钢管的垂直度，若不垂直要进行矫正；然后将钢支撑安装在槽钢搁脚上，并且紧固好，必要时可在钢支撑中部架设临时支撑，确保在钢支撑吊装上就只有很小的自重下挠度，便于加预应力固定。

（2）钢支撑在安装时，轴线偏差应控制在标准之内，并保证钢支撑接头的承载力符合设计要求。钢支撑连接时必须对称上螺栓，按顺序紧固。钢支撑、钢围檩、钢托（支）架为钢构件，一定要确保焊缝质量，使用前需进行焊缝检查验收或无损伤焊缝检测。连接处要可靠，减少其长细比，确保支撑体系的稳定。

（3）所有钢支撑装配件的钢板加工以及钢管焊接加工都必须双面满焊。在有内肋板焊接过程中无法双面焊接的，宜采用坡口焊接方式。

（4）钢支撑端面和围护结构接触面应垂直和平整，围护结构不平处须用风镐修平，钢围檩与围护结构必须密贴，禁止垫木板，空隙处用快硬细石混凝土填充。

（5）支撑牛腿关系重大，焊工需经过专业培训且获得证书，焊接定人定责，阴雨天须设置可靠防雨篷。必须派专人检查焊接质量，特别是对下口焊接质量的检验，应予以特别重视。

（6）钢支撑要放置于三角形托架上的槽钢上或者支撑上焊接倒把铁挂在围檩上，防止支撑失稳后坠落，如图4－19所示。用于微调的钢楔也应点焊连接，防止坠落。设专人定期巡逻检查钢支撑楔子，一有松动，应及时进行处理。

（7）钢支撑组装好后为减少围护结构的侧向位移，必须及时安装钢支撑和准确施加预应力，预应力施加应按设计要求进行。为控制墙体水平位移，钢支撑必须有重复预加轴力的装置，下道支撑安装后需对其上所有支撑调整预加轴力，并应根据现场围护结构的变形、受力监测情况调整实施。

图4－19 钢支撑防坠落示意图

（8）为防止钢支撑在施加轴力时产生过大的挠度，在对钢支撑施加预应力前应先矫正钢支撑自重挠度。施加预应力的油泵装置要经常检查，以确保应力值的正确性与稳定性，每根钢支撑撑好后，密切注意观察预应力损失及围护结构的水平位移情况，当昼夜温差过大导致钢支撑预应力损失时，应立即在当天低温时段复加预应力至设计要求值。

（9）钢支撑施工要紧随挖土作业，随挖随撑，无撑挖土时间要控制在8 h以内，不允许延误，各层土必须遵循先撑后挖的抽槽开挖支撑原则。

（10）基坑开挖过程中做好钢支撑的保护，采用中心挖槽法或小挖土机开挖钢支撑附近土方，要防止挖土机械碰撞钢支撑体系，造成钢支撑脱落、变形、失稳事故。挖土机械和车辆不得直接在钢支撑上行走操作，不得碰撞钢支撑和管线；不得在钢支撑上作用荷载，钢支撑顶面严禁堆放杂物，弃土堆放应远离基坑边线。

（11）施工过程中加强监测，若因侧压力造成钢管横撑轴力过大，造成横撑挠曲变形，并接近过预警值时，必须及时采取增加钢支撑等措施，防止横撑挠曲变形过大，保证钢支撑受力稳定，确保基坑安全。当支撑轴力超过预警值时，应立即停止开挖，并进行支撑加密，并将有关数据反馈给设计部门，共同分析原因，制定对策，以确保施工安全。

4.3.6　钢支撑拆除

1. 钢支撑拆除流程

钢支撑的拆除流程如下：吊车就位、钢丝绳扣扎支撑→活动节内安放千斤顶施加顶力→撤除钢楔→解除顶力，同时卸下千斤顶→支撑杆体下放（拆除高强连接螺栓）→钢支撑吊出→钢围檩分段吊出。

（1）钢支撑及活动端的拆除。搭设脚手架支托钢支撑→辅吊配合主吊固定钢支撑→把千斤顶放到原支撑点→用千斤顶支顶钢支撑→焊断钢支撑与活动端的预应力固定焊板→千斤顶逐步回油卸力→移走千斤顶→钢支撑和活动端连接牢固→钢支撑平移→主吊卷筒制动，起吊钢支撑→辅吊调整钢支撑方向，避让上部钢支撑焊断→吊至地面→循环使用。

（2）钢围檩的拆除。钢丝绳分别系于钢围檩的两个吊环→焊断钢围檩分段之间的钢缀板的单边焊缝→提升钢围檩→辅吊吊钩下移使围檩竖直上升→吊至地面→拆除角钢托架→循环使用。

2. 钢支撑拆除注意事项

（1）钢支撑拆除应随主体结构施工进程分段、分层更换拆除；拆除前由实验部门实测前段混凝土强度（采用回弹仪实测或同条件养护试件强度报告），达到要求后报告监理，方可进行拆除施工。

（2）每次拆除长度不宜过长，在拆除过程中要加强围护桩各项监测，根据监测情况调整拆除长度。采用分级卸载，避免应力突变对围护结构、主体结构产生负面影响。

（3）用起重设备将钢支撑及钢支撑的活动端用钢丝绳悬吊保护，对钢围檩必须先悬吊再切割，防止其脱落而危及基坑安全。

（4）在支撑较密、不方便整体起吊的部位，在施工的脚手架或者结构板上拧开法兰螺栓，分段起吊。

（5）拆除下来的钢支撑及围檩吊出坑外分类堆放整齐，并刷上防锈漆。

4.4　钢板桩

4.4.1　钢板桩概述

钢板桩是一种带锁口或钳口的热轧（或冷弯）型钢，靠锁口或钳口相互连接咬合，形成连续的钢板桩墙，用来挡土和挡水；具有高强、轻型、施工快捷、环保、美观、可循环利用等优点。

钢板桩支护结构属板式支护结构之一，适用于地下工程施工因受场地等条件的限制，基坑或基槽不能采用放坡开挖而必须进行垂直土方开挖时采用。钢板桩支护结构因其优越的性能，在国内外的建筑、市政、港口、铁路等领域都有使用，发挥了重要的作用。

钢板桩的截面形式很多，英国、法国、德国、美国、日本、卢森堡、印度等国的钢铁集团都制定有各自的规格标准。常用的钢板桩截面形式有 U 形、Z 形、直线形及组合型（CAZ形）等，如图 4 - 20 所示。

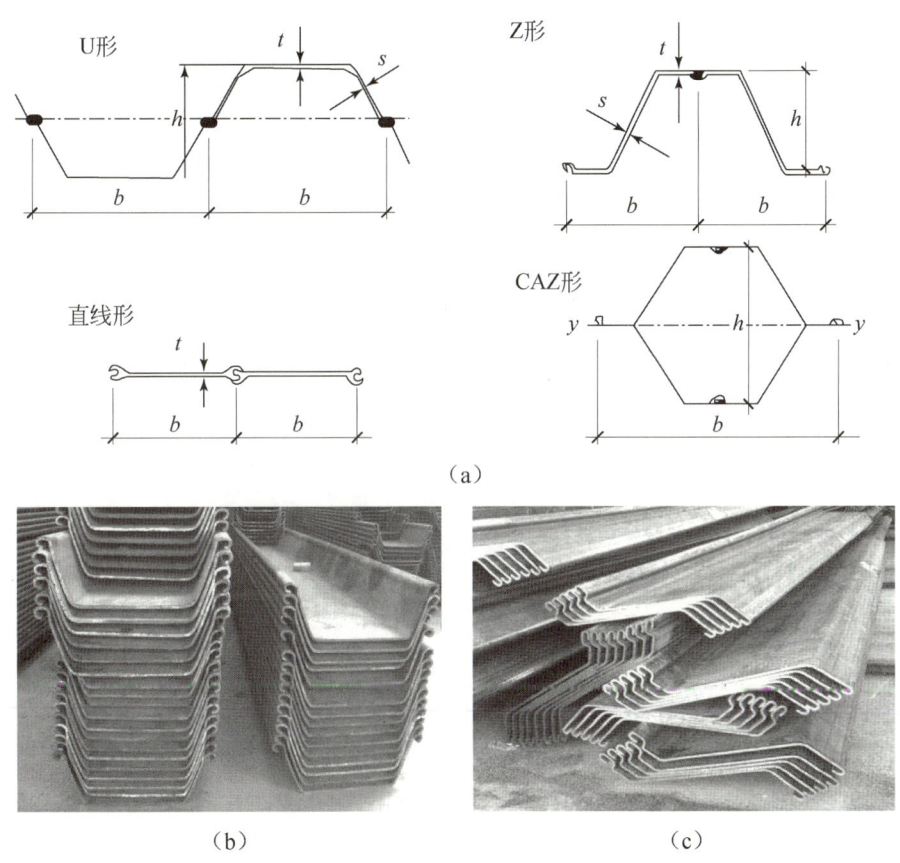

图 4 - 20 常用钢板桩截面形式

（a）示意图；（b）U 形钢板桩实图；（c）Z 形钢板桩实图

近年来钢板桩朝着宽、深、薄的方向发展，使得钢板桩的效率（截面模量与重量之比）不断提高，此外还可采用高强度钢材代替传统的低碳钢，或是采用大截面模量的组合型钢板桩，这都极大地拓展了钢板桩的应用领域。

4.4.2 钢板桩围护墙施工

1. 钢板桩沉桩方法

钢板桩沉桩方法分为陆上沉桩和水上沉桩两种。钢板桩沉桩方法的选择应综合考虑场地地质条件、能否达到需要的平整度和垂直度，以及沉桩设备的可靠性、造价等各种因素。

陆上沉桩，导向装置设置方便，设备材料容易进入，打桩精度容易控制，应尽量争取采用这种方法施工。当水较浅时，也可回填后采用陆上施工，但需考虑水污染及河流流域面积减少等因素。若水很深，靠回填经济上不合理时，则需用船施工，船上施工的桩架高度比陆上施工低，作业范围广，但是材料运输不方便，作业受风浪影响大，精度不易控制，对导向装置要求较高，为解决此类不足，也可在水上建设打桩平台，用陆上的打桩架进行施工，这样对精度控制较为有效，但打桩平台的搭设在技术和经济上均要求较高。钢板桩现场施工如图 4-21 所示。

图 4-21 钢板桩施工现场

2. 钢板桩沉桩布置方式

钢板桩沉桩时第一根桩的施工较为重要，应该保证其在水平方向和竖向平面内的垂直度，同时需注意后沉的钢板桩应与先沉入桩的锁口可靠连接。沉桩的布置方式一般有三种，即插打式打桩法、屏风式打桩法及错列式打桩法。

（1）插打式打桩法。即将钢板桩一根根地打入土中。这种施工法速度快，桩架高度相对可低一些，一般适用于松软土质和短桩。由于锁口易松动，板桩容易倾斜，对此可在一根桩打入后，把它与前一根焊牢，既防止倾斜又可避免被后打的桩带入土中。

（2）屏风式打桩法。即将多根板桩插入土中一定深度，使桩机来回锤击，并使两端 1~2 根钢板桩先打到要求深度再将中间部分的钢板桩顺次打入。这种施工法可防止钢板桩的倾斜与转动，对要求闭合的围护结构，常采用此法。此外，屏风式打桩法还能更好地控制沉桩长度。其缺点是施工速度比插打式打桩法慢且桩架较高。

（3）错列式打桩法。即每隔一根钢板桩进行打入，然后再打击中间的钢板桩。这样可以改善桩列的线形，避免了倾斜问题。这种施工方法一般采取 1、3、5 桩先打，4、2 桩后打，如图 4-22 所示。在进行组合钢板桩沉桩时，常用错列式打桩法，一般先沉截面模量较大的主桩，后沉截面模量较小的板桩。

屏风式打桩法有利于钢板桩的封闭，工程规模较小时可考虑将所有钢板桩安装成板桩墙后再进行沉桩。用插打式打桩法沉桩时为了有利于钢板桩的封闭，一般需从离基坑角点约 5

对钢板桩的距离开始沉桩，然后在距离角点约5 对钢板桩距离的地方停止，封闭时通过调整墙体走向来保证尺度要求，且在封闭前需要校正钢板桩的倾斜，必要的时候需补桩封闭。对于圆形支护结构，若尺度较小可安装好所有钢板桩后再沉桩；直径较小的支护结构只通过锁口转动不能达到预期效果，可使用预弯成型的钢板桩封闭；尺度较大时需要严格控制钢板桩的垂直度，否则可能需要调整钢板桩的走向，但会增加或减小结构直径，因此亦可使用预弯成型的钢板桩。

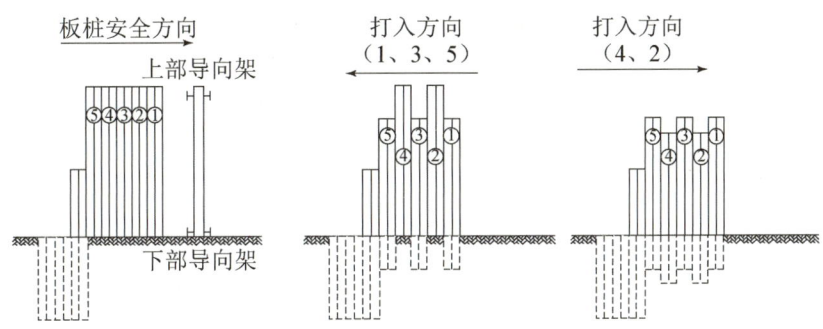

图4-22 错列式打桩法操作步骤

3. 钢板桩沉桩施工安全控制

为了确保钢板桩沉桩施工安全，应注意做好以下工作：

（1）鉴于打桩作业中断桩、倒桩等事故都有可能发生，钢板桩沉桩施工作业区内应无高压线路，作业区应有明显标志或围栏。桩锤在施打过程中，操作人员必须在距离桩锤中心5 m以外监视。

（2）板桩围护施工过程中，应加强周边地下水位以及孔隙水压力的监测。当板桩围护墙基坑邻近建（构）筑物及地下管线时，应采用静力压桩法施工，并应根据环境状况控制压桩施工速率。静力压桩作业时，应有统一指挥，压桩人员和吊装人员要密切联系，相互配合。

（3）采用振动桩锤作业时，悬挂振动桩锤的起重机，其吊钩上必须有防松脱的保护装置。振动桩锤悬挂钢架的耳环上应加装保险钢丝绳。

（4）严禁吊桩、吊锤、回转或行走等动作同时进行。打桩机带锤行走时，应将桩锤放至最低位。打桩机在吊有桩和锤的情况下，操作人员不得离开岗位。

（5）当打桩机停机时间较长时，应将桩锤落下垫好，机械检修时不得悬吊桩锤；作业后应将打桩机停放在坚实平整的地面上，将桩锤落下垫实，并切断动力电源。

4.4.3 钢板桩拔除

1. 拔桩方法

钢板桩运用较早，拔桩方法也较成熟。不论何种方法都是从克服钢板桩的阻力着手，根据所用机械的不同，拔桩方法可分为静力拔桩、振动拔桩、冲击拔桩、液压拔桩等。

（1）静力拔桩。此法所用的设备较简单，主要为卷扬机或液压千斤顶。受设备及能力所限，这种方法往往效率较低，有时不能将钢板桩顺利拔出，但成本较低。

（2）振动拔桩。此法利用机械的振动，激起钢板桩的振动，以克服钢板桩的阻力，将其拔出。这种方法的效率较高，由于大功率振动拔桩机的出现，使多根钢板桩一起拔出成为可能。

（3）冲击拔桩。此法是以蒸汽、高压空气为动力，利用打桩机的原理，给予钢板桩向上的冲击力，同时利用卷扬机将钢板桩拔出。这类机械国内不多，工程中不常运用。

（4）液压拔桩。此法采用与液压静力沉桩相反的步骤，从相邻此法板桩获得反力。液压拔桩操作简单，环境影响较小，但施工速度稍慢。

2. 拔桩施工

钢板桩拔除的难易，多数取决于其打入时的顺利与否，如果在硬土或密实砂土中打入板桩，则钢板桩拔除时也很困难，尤其是当一些钢板桩的咬口在打入时产生变形或者垂直度有偏差时，在拔桩时会碰到很大的阻力；在基础开挖时，支撑不及时，使钢板桩变形很大，拔除也很困难，这些因素必须予以充分重视。在软土地层中，拔桩引起地层损失和扰动，会使基坑内已施工的结构或管道发生沉陷，并引起地面沉陷而严重影响附近建筑和设施的安全，对此必须采取有效措施，对拔桩造成的地层空隙要及时填实，灌砂填充法往往效果较差，因此若对控制地层位移有较高要求，在拔桩时必须采用跟踪注浆等新的填充方法。

（1）拔桩作业开始时的注意事项：

① 作业前必须对土质及钢板桩打入情况，基坑开挖深度及支护方法，开挖过程中遇到的问题等做详细的调查，依此判断拔桩作业的难易程度，做到事先有充分的准备。

② 基坑内的土建施工结束后，回填必须有具体要求，尽量使钢板桩两侧土压平衡，有利于拔桩作业。

③ 由于拔桩设备的重量及拔桩时对地基的反力，会使钢板桩受到侧向压力，为此需使钢板桩设备同拔桩设备保持一定距离。当荷载较大时，甚至要搭临时脚手，以减少对钢板桩的侧压。

④ 作业时地面荷载较大，必要时要在拔桩设备下放置路基箱或垫木，以确保拔桩设备不发生倾斜。

⑤ 作业范围内的高压电线或重要管道要注意观察与保护。

⑥ 作业前，对设备要认真检查，确认无误后方可作业，对操作说明书要充分掌握。

⑦ 有关噪声与振动等公害，需征得有关部门认可。

（2）拔桩作业中的注意事项：

① 作业过程中必须保持机械设备处于良好的工作状态。

② 加强受力钢索等的检查，避免其突然断裂。

③ 为防止邻近钢板桩同时拔出，可将邻近钢板桩临时焊死或在其上添加配重。

④ 钢板桩拔出时会形成孔隙，必须及时填充，否则极易造成邻近建（构）筑物或地表沉降。可采用膨润土浆液填充，也可跟踪注水泥浆填充。

（3）拔桩作业结束后的注意事项：

① 对孔隙填充的情况要及时检查，发现问题随时采取补救措施。

② 拔出的钢板桩应及时清除土砂，涂以油脂。变形较大的钢板桩需调直后运出工地，堆置在平整的场地上。

（4）钢板桩拔不出时的对策：

① 将钢板桩用振动锤或柴油锤等复打一次，可克服其上的黏着力或消除钢板桩上的铁锈等杂物。

② 要按与打板桩顺序相反的次序拔桩。

③ 钢板桩承受土压一侧的土较密实，可在其附近并列地打入另一块钢板桩，也可使原来的钢板桩顺利拔出。

④ 在钢板桩两侧开槽，放入膨润土浆液，在拔桩时可减少阻力。

4.5 地下连续墙

4.5.1 地下连续墙概述

随着城市建设和改造规模的不断扩大，深基础工程越来越多，施工条件也越来越受到限制，往往在受限空间内进行工程施工作业，这些深基础工程有时难以用传统的方法进行施工，或者施工会给周围邻近的建（构）筑物、道路、管线等带来危害，因而不得不寻求更有效的施工方法。地下连续墙技术就是施工深基础工程的有效方法之一。

地下连续墙具体的施工过程为：用专门的成槽机或槽壁桩挖掘设备，采用泥浆护壁，开挖出具有一定宽度和深度的槽，在槽内浇筑混凝土，形成单元槽段，将若干单元槽段按一定构造连接成水平向连续的混凝土墙。当在墙体中放置钢筋笼或型钢时，则形成连续的钢筋混凝土墙。早期地下连续墙的功能主要是用于防渗及承受水平荷载，随后逐渐扩展到能承受上部结构荷载的集挡土、承重和防渗于一身的"三合一"的墙体。这样，地下连续墙技术也被成功地应用于大型基础工程中，作为上部结构的基础发挥着很强的承载功能，并取得了很好的经济效果。在基坑工程中，尤其是对于超深基坑，地下连续墙不仅能作为挡土结构，承担水土压力，也可防水截渗，起到止水帷幕的作用，而且可以作为地下结构的外墙，充分发挥其竖向承载能力。

4.5.2 地下连续墙的特点

1. 地下连续墙的优点及其适用范围

地下连续墙的优点及适用范围包括以下几个方面。

（1）施工时振动小，噪声低，非常适于在城市施工。

（2）墙体刚度大，厚度为 0.6～1.3 m（国外已达2.8 m），用于基坑开挖时，可承受的土压力，已经成为深基坑支护工程中重要的挡土支护结构。

（3）防渗性能好，由于墙体接头形式和施工方法的改进，使得地下连续墙几乎不透水。

（4）可以贴近施工。由于具有上述几项优点，可以紧贴原有建（构）筑物建造地下连续墙。目前，工程技术已经实现在距离原有建（构）筑物外 10 cm 的地方建成地下连续墙。

（5）可用于逆作法施工。地下连续墙刚度大，易于设置埋件，很适合于逆作法施工。

（6）适用于多种地基条件。地下连续墙对地基的适用范围很广，从软弱的冲积地层到中硬的地层、密实的砂砾层，各种软岩和硬岩等所有的地基都可以建造地下连续墙。

（7）可用作刚性基础。目前的地下连续墙不再单纯作为防渗防水、深基坑围护墙，而是越来越多地用地下连续墙代替桩基础、沉井或沉箱基础，可承受更大荷载。

（8）占地少，可以充分利用建筑红线以内有限的地面和空间，充分发挥经济效益。

2. 地下连续墙的缺点

地下连续墙存在以下缺点。

（1）在一些特殊的地质条件下（如很软的淤泥质土，含漂石的冲积层和超硬岩石等），施工难度很大。

（2）如果施工方法不当或地质条件特殊，可能出现相邻墙段不能对齐和漏水的问题。

（3）地下连续墙如果用作临时的挡土结构，比其他方法的造价就要高。

（4）在城市施工时，废泥浆的处理比较麻烦。

4.5.3 地下连续墙的分类、用途及主要问题

1. 地下连续墙的分类

地下连续墙可以按以下 4 种方式进行分类。

（1）按成墙方式可分为：桩排式，槽板式，组合式。

（2）按墙的用途可分为：防渗墙，临时挡土墙，永久挡土（承重）墙，作为基础用的地下连续墙。

（3）按墙体材料可分为：钢筋混凝土墙，塑性混凝土墙，固化灰浆墙，自硬泥浆墙，预制墙，泥浆槽墙（回填砾石、黏土和水泥三合土），后张预应力地下连续墙，钢制地下连续墙。

（4）按开挖情况可分为：地下连续墙（开挖），地下防渗墙（不开挖）。

地下连续墙由于具有前面所说的许多优点，并且已经在代替很多传统的施工方法，被用于基础工程的很多方面。在它的初期阶段（20 世纪 50、60 年代），其基本上都是被用作防渗墙或临时挡土墙。通过开发使用许多新技术、新设备和新材料，其现在已经越来越多地被作为建筑结构的一部分或用作主体结构，最近 10 年更被用于大型的深基础工程中。

2. 地下连续墙的用途

地下连续墙的主要用途有以下几个方面。

（1）水利水电、露天矿山和尾矿坝（池）和环保工程的防渗墙。

（2）建筑物地下室（基坑）。

（3）地下构筑物（如地下铁道、地下道路、地下停车场和地下街道以及地下变电站）。

（4）市政管沟和涵洞。

（5）盾构等工程的竖井。

（6）泵站、水池。

（7）码头、护岸和干船坞。

（8）地下油库和仓库。

（9）各种深基础和桩基。

3. 地下连续墙的主要问题

地下连续墙施工要解决的主要问题如下。

（1）如何在各种复杂地基中开挖出符合设计要求（如几何尺寸、偏斜度等）的槽。

（2）如何保证槽孔在开挖和回填过程中的稳定。

（3）如何用适宜的材料回填到槽孔中，形成一道连续的、不透水的并能承受各种荷载的墙体。

（4）如何解决各个墙段之间的接缝连接问题。

为解决上述问题，在地下连续墙施工中，应加强设计、科研和施工系统之间的联系，只有这样才能促进技术的不断成熟和发展。

4.5.4 地下连续墙墙身构造

地下连续墙墙身构造主要涉及导墙、墙身混凝土、槽段及连续墙、钢筋笼以及墙顶圈梁的设计。以下针对地下连续墙墙身设计的主要方面进行详述。

1. 导墙

地下连续墙在成槽前，应构筑导墙，导墙质量的好坏直接影响地下连续墙的轴线和标高控制，应做到精心施工，确保准确的宽度、平直度和垂直度。导墙多采用现浇钢筋混凝土结构，也有钢制的或预制钢筋混凝土的装配式结构，可供多次使用。导墙常见的结构形式为倒L形和〕形，如图4-23所示。

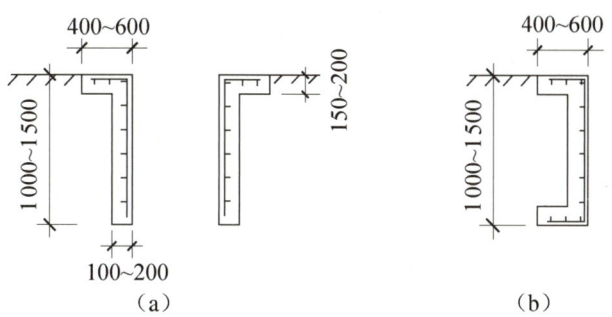

图 4-23 导墙断面的常见形式

（a）倒L形；（b）〕形

导墙多采用 C20～C30 混凝土，双向配筋，内外导墙间净距比设计地下连续墙厚度大

40～60 mm，肋厚150～300 mm，高1.2～1.5 m，墙底进入原土0.2 m。导墙要对称浇筑，施工临时支撑水平间距为1.5～2.0 m，并设上下两道支撑，上下间距为0.8～1.0 m。导墙顶墙面要水平，内墙面要垂直，底面要与原土面密贴。墙面不平整度小于5 mm，竖向墙面垂直度误差应不大于$\frac{1}{500}$。内外导墙间距允许偏差±5 mm，轴线偏差±10 mm。导墙在地下连续墙转角处根据需要外放200～500 mm，成T形或十字形交叉，使得成槽机抓斗能够起抓，确保地下连续墙在转角处的断面完整。对于圆筒形地下连续墙，导墙在转角部位需向外延伸400～600 mm，以确保成槽时角部泥土挖干净。

2. 墙身混凝土

地下连续墙混凝土设计强度等级不应低于C30，在水下浇筑时混凝土强度等级按相关规范要求相应提高，混凝土强度不宜小于C35，混凝土的坍落度宜控制在150～200 mm，混凝土施工应满足水下施工的要求。墙体和槽段接头应满足防渗设计要求，地下连续墙混凝土抗渗等级不宜小于S6级。地下连续墙主筋保护层在基坑内侧不宜小于50 mm，基坑外侧不宜小于70 mm。地下连续墙的混凝土浇筑面宜高出设计标高300～500 mm，凿去浮浆层后的墙顶标高和墙体混凝土强度应满足设计要求。

3. 槽段及连续墙

地下连续墙的厚度一般为0.5～1.2 m，最厚达2.0 m以上，通常由计算确定。地下连续的常用墙厚为0.6 m、0.8 m、1.0 m和1.2 m。槽段宽度一般为6～8 m，通常不超过10 m。一般来说，壁板式一字形槽段宽度不宜大于6 m，T形槽断、折线形槽段等槽段各肢宽度总和不宜大于6 m。由于常规成槽机只能施工直线形槽断或转角槽段，在圆筒形槽段施工时可采用直线形槽段或大角度的折线槽段拟合成近似圆筒形的形状。

4. 钢筋笼

地下连续墙钢筋笼由纵向钢筋、水平钢筋、封口钢筋和构造加强钢筋构成。纵向钢筋沿墙身均匀配置，且可按受力大小沿墙体深度分段配置。纵向钢筋宜采用HRB335级或HRB400级钢筋，钢筋直径不宜小于16 mm，钢筋的净距不宜小于75 mm，当地下连续墙纵向钢筋配筋量较大且钢筋布置无法满足净距要求时，在实际工程中常采用将相邻两根钢筋合并绑扎的方法来调整钢筋净距，以确保混凝土浇筑密实。纵向钢筋应尽量减少钢筋接头，并应有一半以上的通长配置。

钢筋笼两侧的端部与接头管（箱）或相邻墙段混凝土接头面之间应留有不大于150 mm的间隙，钢筋下端500 mm长度范围内宜按1∶10收成闭合状，且钢筋笼的下端与槽底之间宜留有不小于500 mm的间隙。地下连续墙钢筋笼封头处的钢筋形状应与施工接头相匹配。封口钢筋与水平钢筋宜采用等强焊接。

在格构型地下连续墙施工中经常会遇到T形槽段、十字形槽段等异形槽段，钢筋笼放样布置及绑扎对场地要求高，操作难度大。为了确保钢筋笼绑扎制作的质量，施工前应根据钢筋笼的形状设置相应的加工平台。对于T形槽段、十字形槽段钢筋笼加工平台可采用挖槽法设置加工平台。可根据十字形钢筋笼尺寸较短方向尺寸为开槽深度进行开槽，开槽宽度大于十字形钢筋笼肢部宽度，开槽长度大于钢筋笼长度，开槽深度除满足钢筋笼深度外还需满足工人施工空间，一般为1 800~2 000 mm；为防止槽底积水，须在槽内设置两个集水井，分别设置在长度方向两头。

5. 墙顶圈梁

地下连续墙顶部应设置封闭的钢筋混凝土顶圈梁。顶圈梁的高度和宽度由计算确定，且宽度不宜小于地下连续墙的厚度。地下连续墙采用分幅施工，墙顶设置通长的顶圈梁有利于增强地下连续墙的整体性。顶圈梁宜与地下连续墙迎土面平齐，以便保留导墙，对墙顶以上土体起到挡土护坡的作用，以避免对周边环境产生不利影响。

地下连续墙墙顶嵌入圈梁的深度不宜小于50 mm，纵向钢筋锚入圈梁内的长度宜按受拉锚固要求确定。

4.5.5 地下连续墙施工前准备工作

为了保证地下连续墙施工的顺利进行，在进行施工之前，需要进行周密的准备工作，具体包含以下内容。

（1）收集地下连续墙设计图纸及相关文字说明，并收集相关的国家及地区政策法规、施工规范等。

（2）研究现场地质情况，了解各土层的具体性状，尤其是特殊土层特点，如软弱土层、密实砂层、硬黏土层、卵石层、砾石或漂石层等，为选择合适的机械设备做准备，必要时进行补充勘察。

（3）查清地下水分布情况，尤其是承压含水层分布、水头高低以及不同承压层的相互补给程度，以便选择合适的泥浆和槽壁保护方案。

（4）调查地面及地下障碍物，对地面的高压线、高架管道、高架桥等采取拆迁、移位或现场保护等措施，对地下管道、埋设线缆等进行移位处理。

（5）对邻近建（构）筑物的结构类型、使用历史、基础形式及埋深、容许变形等进行调查，必要时采取相应的保护措施。

（6）进行现场机械设备的运输及进出场地计划安排，并配备必要的动力及供水设备。

（7）合理安排施工平台，制定弃土及废泥浆的处理方法，并对噪声、振动及泥浆污染采取相应的处理措施。

（8）合理安排槽段的长度、槽孔的划分及布置，保证施工高效、有序进行。

4.5.6 制定地下连续墙施工方案

地下连续墙一般多用于施工条件较差的情况，且其施工的质量在施工期间不能直接观察，在施工之前应详细制定施工方案，编制工程的施工组织设计。地下连续墙的施工组织设计应包含以下内容。

（1）工程规模和特点，工程地质、水文地质和周围环境以及其他与施工有关条件的说明。

（2）挖掘机械等施工设备的选择。

（3）导墙设计。

（4）单元槽段划分及其施工顺序。

（5）地下连续墙预埋件和地下连续墙与内部结构连接的设计和施工详图。

（6）护壁泥浆的配合比、泥浆循环管路布置、泥浆处理和管理。

（7）废泥浆和土碴的处理。

（8）钢筋笼加工详图，钢筋笼加工、运输和吊放所用的设备及方法。

（9）混凝土配合比设计，混凝土供应和浇筑的方法。

（10）施工平面图布置，包括挖掘机械运行路线；挖掘机械和混凝土浇筑机架的布置；出土运输路线和堆土场地；泥浆制备和处理设备；钢筋笼加工及堆放场地；混凝土搅拌站或混凝土运输路线；其他必要的临时设施等。

（11）工程施工进度计划、材料及劳动力等的供应计划。

（12）安全措施、质量管理措施和技术组织措施等。

（13）必要的施工监测（槽壁垂直度、宽度变化及槽侧地面和建筑沉降等）和环境安全及保护措施。

地下连续墙作为一种地下工程的施工方法，由诸多工序组成，其施工过程较为复杂，其中修筑导墙、泥浆的制备和处理、钢筋笼的制作和吊装、水下混凝土的浇筑是主要工序。

4.5.7　地下连续墙施工

1. 修筑导墙

国家标准《建筑基坑支护技术规程》（JGJ 120—2012）中规定：成槽施工前，应沿地下连续墙两侧设置导墙，导墙宜采用混凝土结构，且混凝土的设计强度等级不宜低于C20。导墙底面不宜设置在新近填土上，且埋深不宜小于1.5 m。导墙的强度和稳定性应满足成槽设备和顶拔接头管施工的要求。

导墙修筑的主要工序如图4-24所示。

（1）导墙的作用。导墙作为地下连续墙施工中必不可少的临时结构，对挖槽起了很重要的作用。

① 作为挡土墙。在挖掘地下连续墙沟槽时，接近地表的土极不稳定，容易塌陷，而泥浆也不能起到护壁的作用，因此在单元槽段挖完之前，导墙就起挡土墙的作用。

② 作为测量的基准。导墙规定了沟槽的位置，表明了单元槽段的划分，同时亦作为测量挖槽标高、垂直度和精度的基准。

③ 作为重物的支承。导墙既是挖槽机械轨道的支承，又是钢筋笼、接头管等搁置的支点，有时还会承受其他施工设备的荷载。

④ 存储泥浆。导墙可存蓄泥浆，稳定槽内泥浆液面。泥浆液面应始终保持在导墙面以下20 cm，并高于地下水位1.0 m，以稳定槽壁。

此外，导墙还可防止泥浆漏失；防止雨水等地面水流入槽内；地下连续墙距离现有建

（构）筑物很近时，导墙还起到一定的补强作用；在路面以下施工时，导墙可起到支承横撑的水平导梁的作用。

图4-24 导墙修筑的主要工序

（a）导墙开挖；（b）导墙钢筋绑扎；（c）导墙混凝土浇筑；（d）导墙施工完成

（2）导墙的形式。导墙一般为现浇的钢筋混凝土结构，但也有可多次重复使用的钢结构或预制钢筋混凝土的装配式结构。常见的导墙形式及其适用范围如表4-4所示，施工时可根据工程实际情况选用。

表4-4 常见的导墙形式及其适用范围

导墙形式示意图	适用范围
（a）（b）	形式（a）（b）断面最简单，适用于表层土良好（如紧密的黏性土等）和导墙上荷载较小的情况
（c）（d）	形式（c）（d）为应用较多的两种，适用于表层土为杂填土、软黏土等承载能力较弱的土层，因而将导墙做成倒L形或上下皆向外伸出的]「形

导墙形式示意图	适用范围
（e）1 500 1 000~1 500 200~300	形式（e）适用于作用在导墙上的荷载很大的情况，可根据荷载的大小计算确定其伸出部分的长度
（f）相邻建筑物	当地下连续墙距离现有建（构）筑物很近，对相邻结构需要加以保护时，宜采用形式（f）的导墙，其邻近建（构）筑物的一肢适当加强，在施工期间可阻止相邻结构变形
（g）填土 地下水位 >1 m	当地下水位很高而又不采用井点降水的方法降水时，为确保导墙内泥浆液面高于地下水位1 m以上，需将导墙面向上提而高出地面。在这种情况下，需在导墙周边填土，可采用形式（g）的导墙
（h）支护结构 千斤顶 400~500 导梁 横撑	当施工作业面在地下（如在路面以下）时，导墙需要支撑已施工结构的作为临时支承用的水平导梁，可采用形式（h）的导墙。此时导墙需适当加强，而且导墙内侧的横撑宜用千斤顶代替
（i）H形型钢 型钢	金属结构的可拆装导墙的形式很多，形式（i）是其中的一种，它由H形型钢（常用者300×300）和钢板组成。这种导墙可重复使用

在确定导墙形式时，应考虑以下因素。

① 表层土的特性。例如，表层土体是密实的还是松散的，是否回填土，土体的物理力学性能如何，有无地下埋设物等。

② 荷载情况。例如，挖槽机的自重与组装方法，钢筋笼的自重，挖槽与浇筑混凝土时附近存在的静载与动载情况。

③ 地下连续墙施工时对邻近建（构）筑物可能产生的影响。

④ 地下水的状况。地下水位的高低及其水位变化情况。

⑤ 当施工作业面在地面以下时（如在路面以下施工），对先施工的临时支护结构的影响。

（3）导墙施工。现浇钢筋混凝土导墙的施工顺序为：平整场地→测量定位→挖槽及处理弃土→绑扎钢筋→支模板→浇筑混凝土→拆模并设置横撑→导墙外侧回填土（如无外侧模板，可不进行此项工作）。

当地表土较好，在导墙施工期间能保持外侧土壁垂直自立时，则以土壁代替模板，避免回填土，以防槽外地表水渗入槽内。如地表土开挖后外侧土壁不能垂直自立，则外侧需设立模板。导墙外侧的回填土应用黏土回填密实，防止地面水从导墙背后渗入槽内，引起槽段坍方。

现浇钢筋混凝土导墙的厚度一般为 0.15 ~ 0.20 m，墙趾不宜小于 0.20 m，深度一般为 1.0 ~ 2.0 m。导墙的配筋多为 $\phi12@200$，水平钢筋必须连接起来，使导墙成为整体。导墙施工接头位置应与地下连续墙施工接头位置错开。

导墙面应高于地面约 10 cm，可防止地面水流入槽内污染泥浆。导墙的内墙面应平行于地下连续墙轴线，对轴线距离的最大允许偏差为 ±10 mm；内外导墙面的净距，应为地下连续墙墙厚加 40 mm，净距的允许偏差为 ±5 mm，墙面应垂直；导墙顶面应水平，全长范围内的高差应小于 ±10 mm，局部高差应小于 5 mm。导墙的基底应和土面密贴，以防槽内泥浆渗入导墙后面。

现浇钢筋混凝土导墙拆模以后，应沿其纵向每隔 1 m 左右加设上、下两道木支撑（常用规格为 5 cm × 10 cm 和 10 cm × 10 cm），将两片导墙支撑起来，在导墙的混凝土达到设计强度之前，禁止任何重型机械和运输设备在其旁边行驶，以防导墙受压变形。

2. 泥浆护壁

（1）泥浆的作用。地下连续墙的沟槽是在泥浆护壁下进行挖掘的，泥浆在成槽过程中有护壁、携碴、冷却和滑润的作用。

① 护壁作用。泥浆具有一定的相对密度，如槽内泥浆液面高出地下水位一定高度，泥浆在槽内就对槽壁产生一定的静水压力，可抵抗作用在槽壁上的侧向土压力和水压力，可以防止槽壁倒坍和剥落，并防止地下水渗入。另外，泥浆在槽壁上会形成一层透水性很低的泥皮，从而可使泥浆的静水压力有效地作用于槽壁，能防止槽壁剥落。泥浆还从槽壁表面向土层内渗透，待渗透到一定范围，泥浆就黏附在土颗粒上，这种黏附作用可减少槽壁的透水性，亦可防止槽壁坍落。

② 携碴作用。泥浆具有一定的密度，它能将钻头式挖槽机挖下来的土碴悬浮起来，既便于土碴随同泥浆一同排出槽外，又可避免土碴沉积在工作面上影响挖槽机的挖槽效率。

③ 冷却和滑润作用。冲击式或钻头式挖槽机在泥浆中挖槽，以泥浆作为冲洗液，钻具在连续冲击或回转中温度剧烈升高，泥浆既可降低钻具的温度，又可起润滑作用而减轻钻具的磨损，有利于延长钻具的使用寿命和提高深槽挖掘的效率。

（2）泥浆的成分。地下连续墙挖槽用护壁泥浆（膨润土泥浆）的制备，有下列几种方法。

① 制备泥浆：挖槽前利用专用设备事先制备好泥浆，挖槽时输入沟槽。

② 自成泥浆：用钻头式挖槽机挖槽时，向沟槽内输入清水，清水与钻削下来的泥土拌和，边挖槽边形成泥浆。泥浆的性能指标要符合相关规定要求。

③ 半自成泥浆：当自成泥浆的某些性能指标不符合相关规定要求时，在形成自成泥浆的过程中，加入一些需要的成分。

（3）泥浆质量的控制指标。在地下连续墙施工过程中，为检验泥浆的质量，使其具备物理和化学的稳定性、合适的流动性、良好的泥皮形成能力以及适当的相对密度，需对制备的泥浆和循环泥浆利用专用仪器进行质量控制，其控制指标如下。

① 相对密度。泥浆相对密度越大，对槽壁的压力也越大，槽壁也越稳固。但如泥浆相对密度过大，泥浆中的水因受压而渗透增多，使附着于槽壁上的泥皮增厚而疏松，不利固壁；同时也影响混凝土浇筑质量；而且由于流动性差而使泥浆循环设备的功率消耗增大。测定泥浆相对密度可用泥浆比重计。

泥浆相对密度宜每两小时测定一次。膨润土泥浆的相对密度宜为 1.05 ~ 1.15，普通黏土泥浆的相对密度宜为 1.15 ~ 1.25。

② 黏度。黏度大，悬浮土碴、钻屑的能力强，但易糊钻头，钻挖的阻力大，生成的泥皮也厚；黏度小，悬浮土碴、钻屑的能力弱，对防止泥浆漏失和流砂不利。泥浆黏度的测定可采用漏斗黏度计法。

③ 含砂量。含砂量大，相对密度增大，黏度降低，悬浮土碴、钻屑的能力减弱，土碴等易沉落槽底，增加机械的磨损。

泥浆的含砂量愈小愈好，一般不宜超过 5%。含砂量一般用 ZNH – 1 型泥浆含砂量测定仪测定。

④ 失水量和泥皮厚度。失水量表示泥浆在地层中失去水分的性能。在泥浆渗透失水的同时，其中不能透过土层的颗粒就黏附在槽壁上形成泥皮。泥皮反过来又可阻止或减少泥浆中水分的漏失。薄而密实的泥皮，有利于槽壁稳固和挖槽机械（钻具、抓斗）的升降。厚而疏松的泥皮，对槽壁稳固不利，且易形成泥塞使挖槽机械升降不畅。

失水量大的泥浆，形成的泥皮厚而疏松，合适的失水量为 20 ~ 30 mL/30 min，泥皮厚度宜为 1 ~ 3 mm。

⑤ pH。膨润土泥浆呈弱碱性，pH 一般为 8 ~ 9，pH > 11 时泥浆会产生分层现象，失去护壁作用。泥浆的 pH 可用石蕊试纸的比色法或酸度计测定，现场多用石蕊试纸测定。

⑥ 稳定性。泥浆稳定性常用相对密度差试验确定，即将泥浆静置 24 h，经过沉淀后，上下两层的相对密度差要求不大于 0.02。

⑦ 静切力。泥浆的静切力大，悬浮土碴和钻屑的能力强，但钻孔阻力也大；静切力小则土碴、钻屑易沉淀。

静切力指标一般取两个值，泥浆静止 1 min 后测定，其值为 2 ~ 3 kPa；静止 10 min 后测定，其值应为 5 ~ 10 kPa。

⑧ 胶体率。泥浆静置 24 h 后，其呈悬浮状态的固体颗粒与水分离的程度，即泥浆部分体积与总体积之比为胶体率。

胶体率高的泥浆，可使土碴、钻屑呈悬浮状态。要求泥浆的胶体率高于 96%，否则要掺加碱（Na_2CO_3）或火碱（NaOH）进行处理。

在确定泥浆配合比时，要测定黏度、相对密度、含砂量、稳定性、胶体率、静切力、pH、失水量和泥皮厚度。

在检验黏土造浆性能时，要测定其胶体率、相对密度、稳定性、黏度和含砂量；新生产的泥浆、回收重复利用的泥浆、浇筑混凝土前槽内的泥浆，主要测定黏度、相对密度和含砂量。

（4）泥浆的制备与处理。泥浆制备程序和主要内容如下。

① 掌握地基和施工条件。

② 选定泥浆材料：能否使用自来水；选定膨润土的种类；选定 CMC（sodium caboxym-ethyl cellulose，羧甲基纤维素钠）的种类；选定分散剂的种类；决定是否用加重剂—选定种类；决定是否用防漏剂—选定种类。

③ 决定必要的黏度（漏斗黏度）：确定最容易坍塌的地基；确定使最容易坍塌的地基保持稳定所必需的黏度。

④ 决定基本的配合比：根据所需的黏度，决定膨润土及 CMC 的掺加浓度，决定分散剂的掺加浓度，决定加重剂的掺加浓度，决定防漏剂的掺加浓度。

⑤ 泥浆的制备试验及修正：是否有较高的稳定性；是否具有良好的泥皮形成性能；是否有适当的黏度、屈服值和凝胶强度；是否具有适当的比例。

⑥ 最后决定配合比。

在地下连续墙施工过程中，泥浆要与地下水、砂、土、混凝土接触，膨润土、掺合料等成分会有所消耗，而且也会混入一些土碴和电解质离子等，使泥浆受到污染而质量恶化。被污染后性质恶化了的泥浆，经处理后仍可重复使用，如污染严重难以处理或处理不经济则舍弃。

泥浆处理分土碴分离处理（物理再生处理）和污染泥浆化学处理（化学再生处理）。

土碴分离处理（物理再生处理）：泥浆中混入大量土碴，会给地下连续墙施工带来下述问题：由于泥浆中混入土碴，所形成的泥皮厚而弱，槽壁的稳定性较差；浇筑混凝土时易卷入混凝土中；槽底的沉碴多，将来地下连续墙建成后沉降较大；泥浆的黏度增大，循环较困难，而且泵、管道等磨损严重。土碴分离可用机械处理和重力沉陷处理，两种方法共同使用效果最好。

污染泥浆化学处理（化学再生处理）：浇筑混凝土置换出来的泥浆，因混入土碴并与混凝土接触而恶化。因为当膨润土泥浆中混入阳离子时，阳离子就吸附于膨润土颗粒的表面，土颗粒就易互相凝聚，增强泥浆的凝胶化倾向。如水泥浆中含有大量钙离子，浇筑混凝土时亦会使泥浆产生凝胶化。泥浆产生凝胶化后，泥浆的泥皮形成性能减弱，槽壁稳定性较差；黏性增高，土碴分离困难，在泵和管道内的流动阻力增大。

对上述恶化了的泥浆要进行化学处理。化学处理一般用分散剂，经化学处理后再进行土碴分离处理。

泥浆经过处理后，用控制泥浆质量的各项指标进行检验，如果需要就可再补充掺入材料进行再生调制。经再生调制的泥浆，送入贮浆池（罐），待新掺入的材料与处理过的泥浆完全溶合后再重复使用。

3. 挖槽

挖槽是地下连续墙施工中的关键工序。挖槽约占地下连续墙工期的一半，因此提高挖槽效率是缩短工期的关键。同时，槽壁形状基本上决定了墙体外形，所以挖槽的精度又是保证地下连续墙质量的关键之一。

地下连续墙挖槽的主要工作包括：单元槽段划分，挖槽机械的选择和槽段开挖，防止槽壁坍塌的措施等。

（1）单元槽段划分。地下连续墙施工时，预先沿墙体长度方向把地下连续墙划分为许多某种长度的施工单元，这种施工单元称为单元槽段。地下连续墙的挖槽是进行挖掘一个个的单元槽段，在一个单元槽段内，挖土机械挖土时可以是一个或几个挖掘段。划分单元槽段就是将各种单元槽段的形状和长度表示在墙体平面图上，它是地下连续墙施工组织设计中的一个重要内容。

单元槽段的最小长度不得小于一个挖掘段（挖土机械的挖土工作装置的一次挖土长度）。从理论上讲单元槽段愈长愈好，因为这样可以减少槽段的接头数量，增加地下连续墙的整体性，又可提高其防水性能和施工效率。但是单元槽段长度受许多因素限制，在确定其长度时除考虑设计要求和结构特点外，还应考虑以下因素。

① 地质条件。当土层不稳定时，为防止槽壁坍塌，应减少单元槽段的长度，以缩短挖槽时间，这样挖槽后立即浇筑混凝土，消除或减少了槽壁坍塌的可能性。

② 地面荷载。如附近有高大建（构）筑物或邻近地下连续墙有较大的地面荷载（静载、动载），在挖槽期间会增大侧向压力，影响槽壁的稳定性。为了保证槽壁的稳定，应缩短单元槽段的长度，以缩短槽壁的开挖和暴露时间。

③ 起重机的起重能力。由于一个单元槽段的钢筋笼多为整体吊装（过长时在竖直方向分段），所以要根据施工单位现有起重机械的起重能力估算钢筋笼的重量和尺寸，以此推算单元槽段的长度。

④ 单位时间内混凝土的供应能力。

⑤ 工地上具备的泥浆池（罐）的容积。

此外，划分单元槽段时也应考虑单元槽段之间的接头位置，一般情况下接头避免设在转角处及地下连续墙与内部结构的连接处，以保证地下连续墙有较好的整体性。单元槽段划分还与接头形式有关。单元槽段的长度多取 5~7 m，但也有取 10 m 甚至更长的情况。

（2）挖槽机械的选择和槽段开挖。地下连续墙施工，挖槽机械是在地面操作，穿过泥浆向地下深处开挖一条预定断面槽深的工程机械。由于地质条件不同，断面深度不同，技术要求不同，所以应根据不同要求选择合适的挖槽机械。

目前，在地下连续墙施工中，国内外常用的挖槽机械，按其工作机制分为挖斗式、冲击式和回转式三大类，而每一类中又分为多种，如图 4-25 所示。

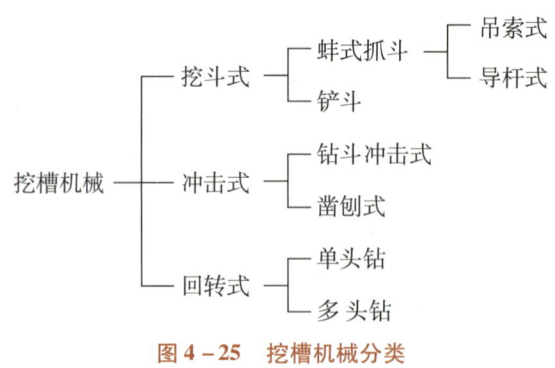

图 4-25　挖槽机械分类

目前我国在施工中应用较多的是：吊索式或导杆式（蚌式）抓斗机、钻抓斗式挖槽机和多头钻机。某型号多头钻的钻头如图 4-26 所示。

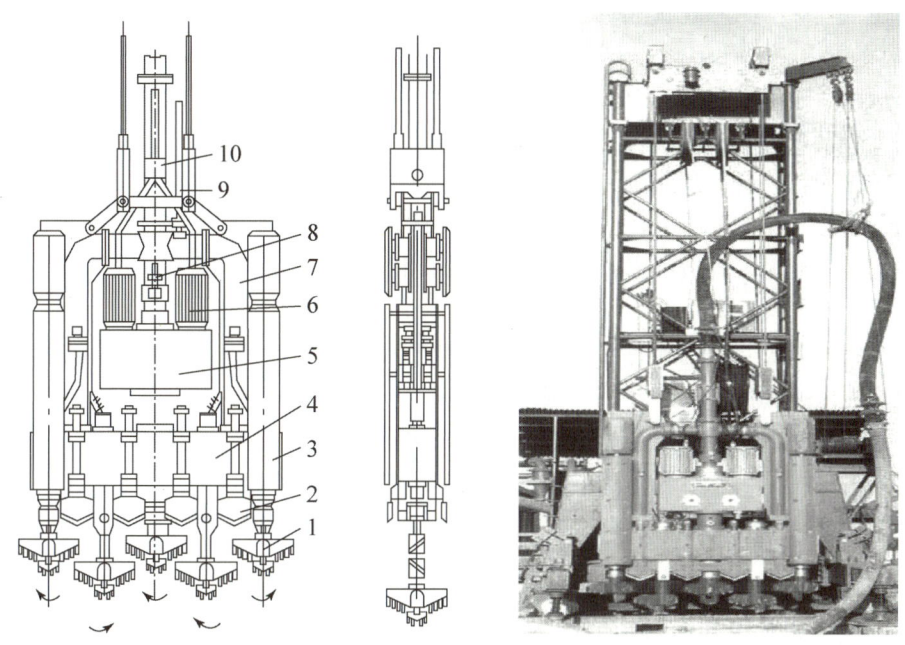

1—钻头；2—侧刀；3—导板；4—齿轮箱；5—减速箱；6—潜水电机；

7—纠偏装置；8—高压进气管；9—泥浆管；10—电缆结头。

图 4-26　某型号多头钻的钻头

（3）防止槽壁塌方的措施。地下连续墙如发生塌方，不仅可能产生埋住挖槽机的危险，使工程拖延，而且可能会引起地面沉陷而使挖槽机械倾覆，对邻近的建（构）筑物和地下管线造成破坏。例如，在吊放钢筋笼之后或在浇筑混凝土过程中产生塌方；塌方的土体会混入混凝土内，造成墙体缺陷，甚至会使墙体内外贯通，成为产生管涌的通道。因此，槽壁塌方是地下连续墙施工中极为严重的工程事故。

与槽壁稳定有关的因素是多方面的，但可以归纳为泥浆、地质条件与施工三个方面。

大量研究分析表明，能够避免坍塌的措施有：缩小单元槽段长度；改善泥浆质量，根据土质选择泥浆配合比，保证泥浆在安全液位以上；注意地下水位的变化；减少地面荷载，防止附近的车辆和机械对地层产生振动等。

当挖槽出现坍塌迹象时，如泥浆大量漏失，液位明显下降，泥浆内有大量泡沫上冒或出现异常的扰动，导墙及附近地面出现沉降，排土量超过设计断面的土方量，多头钻或蚌式抓斗升降困难等，首先应及时地将挖槽机械提至地面，避免发生挖槽机械被塌方埋入地下的事故，然后迅速采取措施避免塌方进一步扩大，以控制事态发展。常用的措施是迅速补浆以提高泥浆液面和回填黏性土，待所填的回填土稳定后再重新开挖。

4. 清底

清底是指在挖槽结束后清除以沉碴为主的槽底沉淀物的工作。

槽段挖至设计标高后，用钻机的钻头或超声波等方法测量槽段断面，如误差超过规定的精度则需修槽，修槽可用冲击钻或锁口管并联冲击。对于槽段接头处亦需清理，可用刷子清理或用压缩空气压吹。此后就应进行清底（有时在吊放钢筋笼后，浇筑混凝土前再进行一次清底）。

挖槽结束后，悬浮在泥浆中的土颗粒将逐渐沉淀到槽底；在挖槽过程中未被排出而残留在槽内的土碴，以及吊放钢筋笼时从槽壁上刮落的泥皮等都堆积在槽底，这些均需要清底。

清底的方法，一般有沉淀法和置换法两种。沉淀法是在土碴基本都沉淀到槽底之后再进行清底；置换法是在挖槽结束之后，对槽底进行认真清理，然后在土碴还没有再沉淀之前就用新泥浆把槽内的泥浆置换出来，使槽内泥浆的相对密度在1.15以下。我国多使用置换法进行清底。

清除沉碴的方法，常用的有：砂石吸力泵排泥法，压缩空气升液排泥法，带搅动翼的潜水泥浆泵排泥法，利用混凝土导管压浆排泥法。

单元槽段接头部位的土碴会显著降低接头处的防渗性能。这些土碴的来源，一方面是在混凝土浇筑过程中，由于混凝土的流动推挤到单元槽段的接头处；另一方面是在先施工的槽段接头面上附有泥皮和土碴。因此，宜用刷子刷除或用水枪喷射高压水流进行冲洗。

5. 成墙施工

成墙施工过程即槽孔混凝土的浇筑过程和各种预埋件的组装和施工过程，如图4-27所示。

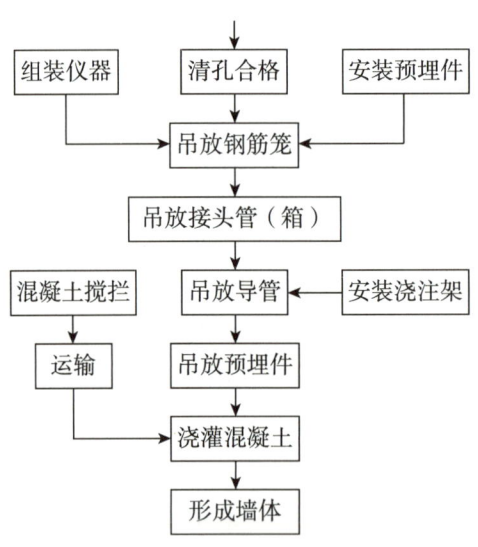

图4-27 成墙施工过程

在槽孔清孔完成并经验收合格以后，才能进行混凝土浇筑工作。在浇筑混凝土之前，如果孔底淤积物厚度超过了允许值，应进行第二次清孔。混凝土要经过搅拌、运输和水下浇筑几道工序才能形成连续墙体，所以加强施工管理和质量控制尤为必要。

在槽孔内除了下入钢筋笼外，还要放入以下一些预埋件：用于与永久结构连接的埋件，如在梁、板、柱和其他部位的预埋件；墙段接头管（箱）的预埋件；用于墙底注浆用的预埋管；大直径桩用于检测的预埋管；观测仪器；其他预埋件。

（1）钢筋笼加工和吊放。钢筋笼应根据地下连续墙墙体配筋图和单元槽段的划分来制作。钢筋笼最好按单元槽段做成一个整体。如地下连续墙很深或受到起重设备能力限制，需要分段制作、吊放时再连接，则接头宜用绑条焊接。钢筋笼端部与接头管或混凝土接头面间应留有 15 ~ 20 cm 的空隙。主筋净保护层厚度通常为 7 ~ 8 cm，保护层垫块厚 5 cm。由于用砂浆制作的垫块容易在吊放钢筋笼时破碎，且易擦伤槽壁面，近年多用塑料块或用薄钢板制作垫块，再焊于钢筋上。制作钢筋笼时要预先确定浇筑混凝土用导管的位置，周围需增设箍筋和连接筋进行加固。在单元槽段接头附近插入导管，由于此处钢筋较密集，需特别加以处理。横向钢筋有时会阻碍插入，所以纵向主筋应放在内侧，横向钢筋放在外侧。

钢筋笼的起吊、运输和吊放应制定周密的施工方案，不允许在此过程中产生不能恢复的变形。钢筋笼起吊应用横吊梁式吊架，吊点布置和起吊方式要防止起吊时引起钢筋笼变形。起吊时不能使钢筋笼下端在地面上拖引，以防造成下端钢筋弯曲变形。为防止钢筋吊起后在空中摆动，应采用相应的控制措施。插入钢筋笼时，最重要的是使钢筋笼对准单元槽段中心，垂直而又准确地插入槽内。钢筋笼进入槽内时，吊点中心必须对准槽段中心，然后徐徐下降，此时必须注意不要因起重臂摆动而使钢筋笼产生横向摆动，进而造成坍塌。钢筋插入槽内后，检查其顶端高度是否符合设计要求，然后将其搁置在导墙上。如钢筋笼是分段制作，吊放时需接长，下段钢筋笼要垂直悬挂在导墙上，然后将上段钢筋笼垂直吊起，注意不能强行插放，否则会引起钢筋笼变形或使槽壁坍塌，产生大量沉碴。钢筋笼吊放现场施工实拍照片如图 4 - 28 所示。

图 4 - 28　钢筋笼吊放现场施工实拍照片

（2）混凝土浇筑。地下连续墙混凝土是用导管在泥浆中浇筑的，如图 4 - 29 所示。

地下连续墙施工所用的混凝土，除满足一般水下混凝土的要求外，还应考虑泥浆中浇筑的混凝土的强度随施工条件变化较大，同时在整个墙面上的强度分散性也较大。因此，混凝土应按照比结构设计规定的强度等级提高 5 MPa 进行配比设计。

为避免分层离析，要求采用粒度良好的河砂，粗骨料宜用粒径 5 ~ 25 mm 的河卵石。如用 5~40 mm 的碎石，应适当增加水泥用量和提高砂率，以保证混凝土所需的坍落度与和易性。水泥应采用一定级别的普通硅酸盐水泥或矿渣硅酸盐水泥，水灰比不大于 0.60，混凝土的坍落度宜为 18~20 cm。

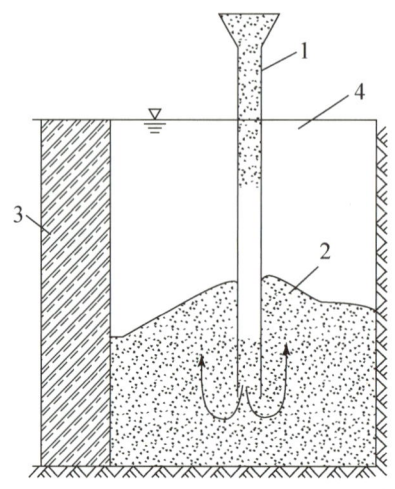

1—导管；2—正在浇筑的混凝土；3—已浇筑混凝土的槽段；4—泥浆。
图 4-29　槽段内混凝土浇筑示意图

地下连续墙混凝土用导管法进行浇筑。由于导管内混凝土和槽内泥浆压力不同，导管口存在压力差，因而混凝土可以从导管内流出。为便于混凝土向料斗供料和装卸导管，我国多用混凝土浇筑机架进行地下连续墙的混凝土浇筑。混凝土浇筑过程中，导管下口总是埋在混凝土内 1.5 m 以上，使从导管流出的混凝土将表层混凝土向上推动而避免与泥浆直接接触。导管插入太深会使混凝土在导管内流动不畅，有时还可能会使钢筋笼上浮，因此无论何种情况下导管最大插入深度都不宜超过 9 m。

单元槽段端部易渗水，导管距槽段端部的距离不得超过 2 m。管距过大，两根导管中间部位的混凝土面低，泥浆易卷入。每个单元槽段的浇筑时间，一般为 4~6 h，混凝土浇筑速度一般为 30~35 m³/h，快的可达到甚至超过 60 m³/h。

（3）吊放接头管。接头管（也称锁口管）接头，这是当前地下连续墙施工应用最多的一种施工接头。施工时，待一个单元槽段土方挖好后，于槽段端部用吊车放入接头管，然后吊放钢筋笼并浇筑混凝土，待浇筑的混凝土强度达到 0.05~0.20 MPa 时（一般在混凝土浇筑后 3~5 h，视气温而定），开始用吊车或液压顶升架提拔接头管，上拔速度应与混凝土浇筑速度、混凝土强度增长速度相适应，一般为 2~4 m/h，应在混凝土浇筑结束后 8 h 以内将接头管全部拔出。接头管直径一般比墙厚小 50 mm，可根据需要分段接长。接头管拔出后，单元槽段的端部形成半圆形，继续施工即形成两相邻单元槽段的接头，它可以增强整体性和防水能力。此外，还有注砂钢管接头工艺等施工方法。

地下连续墙的槽段间的接头一般分为柔性接头、刚性接头和止水接头。

① 柔性接头是一种非整体式接头，它不传递内力，主要为了方便施工，所以又称施工接头，如锁口管接头、V 形钢板接头、预制钢筋混凝土接头等。为了适应这种接头的特点，构造上主要处理好钢筋笼的设计，使钢筋笼在凸凹缝之间、拐角墙、折线墙、十字交叉墙、

丁字墙等处的钢筋笼端部能紧贴接头缝，同时又以不影响施工为宜。

② 刚性接头是一种整体式接头，它能传递或部分传递内力，如一字形、十字形穿孔钢板式刚性接头、钢筋搭接式刚性接头等。一字形穿孔钢板式刚性接头，由于它只能承受抗剪状态，故在工程中较少使用。十字形穿孔钢板式刚性接头，能承受剪拉状态，在较多情况下可以使用，如格式、重力式地下连续墙结构的剪力墙上，各墙段间接头就同时承受剪力和拉力，这种接头，在构造上又有端头板和无端头板之分。当接头要求传递剪力或弯矩时，可采用带端板的钢筋搭接接头，将地下连续墙连成整体。穿孔钢板的尺寸，宜根据试验的受力状况来确定，钢板厚度一般由强度计算确定，但不宜太厚，穿孔钢板在墙接缝处应骑缝对称放置，钢板在接缝一侧的墙体内的长度，一般为墙体水平钢筋直径的 25~30 倍，钢板的穿孔面积与整块钢板面积之比，宜控制在 $\frac{1}{3}$ 左右为好。

③ 止水接头在一般情况下可以使用锁口管和 V 形钢板等接头形式，这种形式的接头可以达到一定的截水防渗效果。

4.6 逆作法

4.6.1 逆作法概念及特点

逆作法是一种地下结构施工方法，以基坑围护墙、工程桩及受力柱作为垂直承重构件，将主体结构的顶板、楼板作为支撑系统（必要时加临时支撑），采取地上与地下结构同时施工或地下结构由上而下的方法施工。

具体而言，逆作法一般是先沿建筑物地下室外壁施工地下连续墙或沿基坑的周围施工其他临时围护墙，同时在建筑物内部的有关位置浇筑或打下中间支承桩和柱，作为施工期间至底板封底之前承受上部结构自重和施工荷载的竖向支撑；然后施工地面一层的梁板结构，作为地下连续墙或其他围护墙的水平支撑，随后逐层向下开挖土方和浇筑各层地下结构，直至底板封底；同时，由于地面一层的楼面结构已经完成，为上部结构的施工创造了条件，因此也可以同时向上逐层进行地上结构的施工，如此地上、地下同时进行施工，直至工程结束。逆作法的施工流程有别于传统顺作法，传统顺作法是在基坑土方开挖至坑底后再从下往上开始施工主体结构。逆作法与顺作法示意图如图 4-30 所示。

逆作法施工具有以下特点。

（1）可缩短施工周期。由于全逆作法施工采取地上和地下同时交叉作业，较大幅度地缩短了施工总周期。从国外资料看，有的工程节省了 $\frac{1}{3}$ 工期；我国的某些工程，也有节省超过 $\frac{1}{3}$ 工期的。

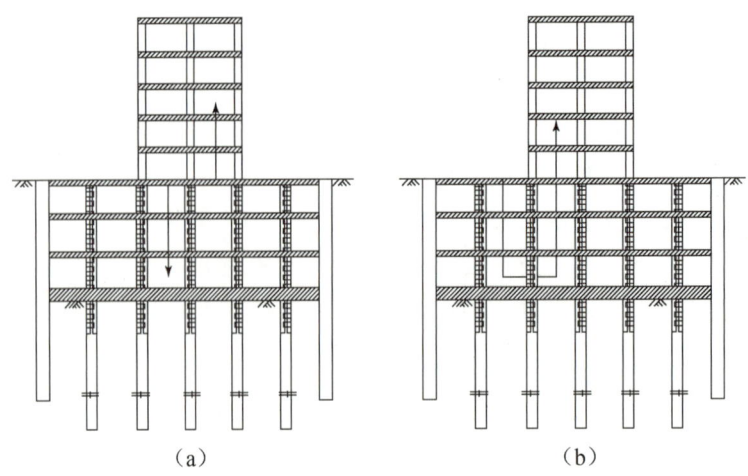

图 4 – 30　逆作法与顺作法示意图
(a) 逆作法；(b) 顺作法

（2）围护墙体变形小，对周围环境和建（构）筑物的影响小。围护结构既可以作为挡土防渗结构，又可作为地下室的外墙，而各层地下室内部结构的墙、柱、梁、楼板，均可作为围护结构的支撑系统。由于逆作法是挖一层土方构筑一层框架作支撑，且梁、板、柱一次性整体浇筑，其整体刚度一般要比非逆作时采用支撑系统来得大，因而围护墙体变形小，对周围环境影响小。

（3）结构设计更为合理。在明挖施工中，土方开挖至坑底标高后，必须立即浇筑钢筋混凝土底板，以满足地下室施工期间的抗浮要求；而逆作法施工，在地下室底板封底时，地面以上也已筑有相当层数的楼层，已可以平衡施工时底板可能产生的浮力，同时结构柱又减小了底板的计算跨度，因而底板的结构和配筋都可减小到合理程度。

在城市中，对于要求提早恢复交通的工程，如上海淮海路段的地铁工程，采用逆作法先施工地面层结构后，就可以恢复淮海路段的交通，结构设计就显得更为合理，并且给这些地段的商店可带来明显的经济效益。

（4）具有经济性。逆作法施工以墙、梁、楼板代替支撑，围护墙体又作为结构墙体，同顺作法比较就可以节省一部分费用。特别是采用全逆作法施工，因总工期缩短而创造的经济效益将更为可观。

（5）由于逆作法是在封闭的顶板、楼板下施工，所以必须相应地解决施工的关键技术和做好施工控制工作，如主柱定位，墙、桩的不均匀沉降，封闭条件下的土体开挖，墙、梁等的接头处理等技术难点。

逆作法围护结构一般多采用地下连续墙，既作为挡土防渗结构，又作为主体结构的一部分，即"两墙合一"。此外，也有在钻孔排桩挡土结构的情况下采用逆作法施工的。

总体来说，逆作法施工能够提高地下工程的安全性，减少资源浪费，缩短施工总工期，对周边环境影响小，是一种值得推广的基坑施工技术。

4.6.2　逆作法分类及适用范围

1. 逆作法分类

据对围护结构的支撑方式，基坑工程逆作法可分为上下同步施工的逆作法、仅地下结构逆作法、地下结构框架逆作法和部分逆作法等几类。

（1）上下同步施工的逆作法。即在地下主体结构向下逆作施工的同时，同步进行地上主体结构施工的方法，如图 4-31 所示。地下结构逆作施工时，利用地下各层钢筋混凝土楼板对四周围护结构形成水平支撑。

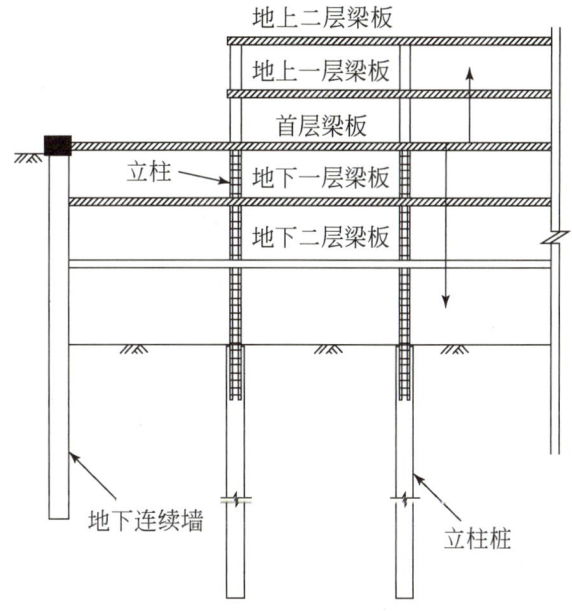

图 4-31　上下同步施工的逆作法示意图

（2）仅地下结构逆作法。即仅进行地下主体结构的逆作施工，如图 4-32 所示，当存在地上主体结构时，在地下结构施工完成后再进行地上主体结构的施工。这种逆作法也是利用地下各层钢筋混凝土楼板对四周围护结构形成水平支撑。

（3）地下结构框架逆作法。即利用地下各层钢筋混凝土楼板中先期浇筑的交叉格形肋梁，对围护结构形成框格式水平支撑，待土方开挖完成后再二次浇筑肋形楼板或剩余结构。

（4）部分逆作法（顺逆结合）。对于某些条件复杂或具有特别技术经济性要求的基坑工程，采用单纯的顺作法或逆作法都难以同时满足经济、技术、工期及环境保护等多方面的要求。在工程实践中，有时为了同时满足多方面的要求，可采用一部分顺作法施工、一部分逆作法施工的方案，即顺逆结合。常用的顺逆结合方案包括以下几种。

① 主楼先顺作、裙楼后逆作的施工方案。超高层建筑通常由主楼与裙楼两部分组成，其下一般整体设置多层地下室，因此超高层建筑的基坑多为深大基坑。在基坑面积较大、挖深较深、施工场地狭小的情况下，若地下室深基础采用明挖顺作支撑的方案施工，不仅操作

非常困难，还会耽误塔楼的施工进度，施工周期长，而且对周边环境影响大，经济性也差。另外，主楼结构构件的重要性也决定了其不适合采用逆作法施工。一般来说，主楼为超高层建筑工期控制的主导因素，在施工场地紧张的情况下，可先采用顺作法施工主楼地下室，而把裙楼暂时作为施工场地，待主楼进入上部结构施工的某一阶段，再采用逆作法施工裙楼地下室，这种顺逆结合的方案即为主楼先顺作、裙楼后逆作的施工方案。

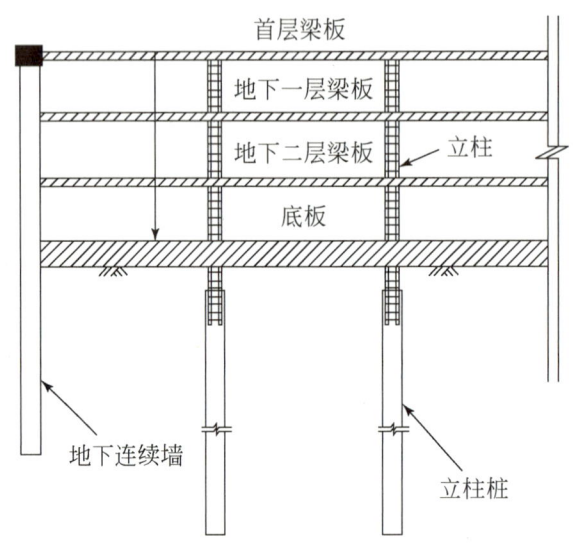

图4-32 仅地下结构逆作法示意图

② 裙楼先逆作、主楼后顺作的施工方案。对于由主楼和裙楼组成的超高层建筑，有时裙楼的工期要求非常高（如当裙楼作为商业建筑时往往希望其能尽快投入商业运营），而主楼工期要求相对较低，此时裙楼可先采用地上地下同时施工的逆作法，以节省工期，并在主楼区域设置大空间出土口（主楼由于其构件的重要性不适合采用逆作法），待裙楼地下结构施工完成后，再用顺作法施工主楼区的地下结构，从而形成裙楼先逆作、主楼后顺作的施工方案。

③ 中心顺作、周边逆作的施工方案。超大面积深基坑若全部采用逆作法施工，由于基坑内土方全部需采用暗挖，对施工要求较高，当出土口面积较小或数量不够时降低了出土效率；且全面积采用逆作法施工，需设置大量的一柱一桩，一方面施工速度较慢，加大了施工难度，另一方面工程造价较高。此时，可在基坑周边首先施工一圈具有一定水平刚度的环状结构梁板（简称环板），然后在基坑周边被动区留土，并采用多级放坡使中心区域开挖至基底，在中心区域结构向上采用顺作法施工并与周边结构环板贯通后，再逐层挖土，采用逆作法施工周边留土放坡区域，从而形成中心顺作、周边逆作的施工方案。

2. 逆作法适用范围

逆作法普遍适用于土层软弱、周边环境条件复杂、基坑变形控制严格、基坑形状不规则、施工场地紧张、工期进度要求高等情况。各种逆作法形式的选择，应根据工程特点、基坑规模、工程地质与水文地质条件、环境条件、施工条件、工期要求等条件，通过技术与经济性比较综合确定。例如，对于工期进度要求高的工程，可采用上下部结构同时施工的逆作法，可缩短施工总工期；对于全埋地下结构的变电站、地铁车站或对上部结构工期要求不是很紧迫的工程可采用仅地下结构逆作法；对于面积较大的基坑工程，为加快基坑出土速度，可采用地下结构框架逆作法；对于基坑面积巨大，主楼位于场地中央且主楼总工期较长，需要优先完成，可选择主楼先顺作、裙楼后逆作的施工方案；对裙楼工期要求非常高，希望其尽快施工完成，而对主楼工期要求不高时，可采用裙楼先逆作、主楼后顺作的施工方案；对于超大面积的基坑工程，当基坑周边环境保护要求不是很高时，可采用中心顺作、周边逆作的施工方案。

4.6.3 逆作法施工

1. 逆作法中围护结构的施工

逆作法中围护结构可采用"两墙合一"地下连续墙，也可采用临时围护结构如灌注排桩结合止水帷幕、咬合桩或型钢水泥土搅拌墙等。临时围护结构的施工，如灌注排桩结合止水帷幕、咬合桩和型钢水泥土搅拌墙等，可参看《深基坑支护技术指南》的相关章节内容。"两墙合一"地下连续墙在基坑开挖阶段起挡土止水的作用，而在永久使用阶段可作为地下室的外墙，因此其施工在垂直度控制、平整度控制、接头防渗等方面较临时的地下连续墙要求更高。此外，"两墙合一"一般要求采取墙底注浆措施，以控制结构沉降和提高其竖向承载力。

2. 竖向支撑系统施工

在逆作法工程中，竖向支撑系统一般采用钢立柱插入底板以下的立柱桩的形式。钢立柱通常为角钢格构柱或钢管混凝土柱，立柱桩常采用钻孔灌注桩。对于逆作法施工的工程，在施工时中间支撑柱承受上部结构自重和施工荷载等竖向荷载，而在施工结束后，中间支撑柱一般外包混凝土后作为正式地下室结构柱的一部分，永久承受上部荷载，因此中间支撑柱的定位和垂直度必须严格满足要求。一般规定，中间支撑柱轴线偏差控制在 ±10 mm 内，标高偏差控制在 ±10 mm 内，垂直度偏差控制在 $\frac{1}{600} \sim \frac{1}{300}$ 以内。此外，一柱一桩在逆作施工时承受的竖向荷载较大，需通过桩端后注浆来提高一柱一桩的承载力并减少其沉降。

钢立柱应采用专门的定位调垂设备对其进行定位和调垂。目前，钢立柱的调垂方法基本分为气囊法、纠正架法、导向套筒法和 HPE 工法（由 hydraulic pressure，perpendicular 和 embed 的首字母构成）。

3. 地下结构施工

地下结构施工包括水平结构施工和竖向结构施工，其中水平结构施工可参考《深基坑支护技术指南》中的相关内容，这里仅对竖向结构的施工进行说明。

（1）中间支撑柱及剪力墙施工。结构柱和板墙的主筋与水平构件中预留插筋进行连接，板面钢筋接头采用电渣压力焊连接，板底钢筋采用电焊连接。

"一柱一桩"格构柱混凝土采用逆作法施工时，分两次支模，第一次支模高度为柱高减去预留柱帽的高度，主要为方便格构柱振捣混凝土；第二次支模到顶部，在顶部形成柱帽。

应根据图纸要求弹出模板的控制线，施工人员严格按照控制线来进行格构柱模板的安装。模板使用前，涂刷脱模剂，以提高模板的使用寿命，同时也易保证拆模时不损坏混凝土表面。当剪力墙也采用逆作法施工时，施工方法与格构柱相似，顶部也形成开口型的类似柱帽的形式。

（2）内衬墙施工。逆作内衬墙的施工流程为：衬墙面分格弹线→凿出地下连续墙立筋→衬墙螺杆焊接→放线→搭设脚手排架→衬墙与地下连续墙的堵漏→衬墙外排钢筋绑扎→衬墙内侧钢筋绑扎→拉杆焊接→衬墙钢筋隐蔽验收→支衬墙模板→支板底模→绑扎板钢筋→板钢筋验收→板、衬墙和梁的混凝土浇筑→混凝土养护。

施工内衬墙结构，内部结构施工时采用脚手管搭排架，模板采用九夹板，内部结构施工时要严格控制内衬墙的轴线，以保证内衬墙的厚度，并要对地下连续墙墙面进行清洗凿毛处理，地下连续墙接缝有渗漏必须进行修补，验收合格后方可进行结构施工。在衬墙混凝土浇筑前应对纵横向施工缝进行凿毛和接口防水处理。

逆作法施工时，土体开挖首先要满足支护结构的变形及受力要求，在确保已完成结构满足受力要求的情况下尽可能地提高挖土效率。

4. 取土口的设置

在逆作法施工工艺中，除顶板施工阶段采用明挖法以外，其余地下结构的土方均采用暗挖法施工。在逆作法施工中，为了满足结构受力以及有效传递水平力的要求，常规取土口大小一般在 150 m^2 左右，布置时需满足以下几个原则。

（1）大小满足结构受力要求，特别是在土压力作用下必须能够有效传递水平力。

（2）水平间距一是要满足挖土机最多二次翻土的要求，避免多次翻土引起土体过分扰动；二是在暗挖阶段，尽量满足自然通风的要求。

（3）取土口数量应满足在底板抽条开挖时的出土要求。

（4）地下各层楼板与顶板洞口位置应相对应。

地下自然通风有效距离一般在 15 m 左右，挖土机有效半径为 7~8 m，土方需要驳运时，一般最多翻驳两次为宜。综合考虑通风和土方翻驳要求，并经过多个工程实践，取土口净距的设置可以量化如下指标：一是取土口之间的净距离，可考虑在 30~35 m；二是取土口的大小，在满足结构受力的情况下，尽可能采用大开口，目前比较成熟的大取土口的面积通常可达到 600 m^2 左右。取土口布置在考虑上述原则时，可充分利用结构原有洞口或主楼筒体等部位。

5. 土方开挖形式

对于土方及混凝土结构量大的情况，无论是基坑开挖还是结构施工形成支撑体系，相应工期均较长，无形中都增大了基坑风险。为了有效控制基坑变形，基坑土方开挖和结构施工时可通过划分施工块并采取分块开挖与施工的方法。施工块划分的原则是：按照"时空效应"原理，采取"分层、分块、平衡对称、限时支撑"的施工方法；综合考虑基坑立体施工交叉流水的要求；合理设置结构施工缝。

结合上述原则，在土方开挖时，可采取以下技术措施。

（1）合理划分各层分块的大小。由于一般情况下顶板为明挖法施工，挖土速度比较快，相对应的基坑暴露时间短，故第一层土的开挖可相应划分得大一些；地下各层的挖土均是在顶板完成的情况下进行的，属于逆作暗挖，速度比较慢，为减小每块开挖的基坑暴露时间，顶板以下各层土方开挖和结构施工的分块面积可相对小些，这样可以缩短每块的挖土和结构施工时间，从而可减小围护结构的变形，地下结构分块时需考虑每个分块挖土时能够有较为方便的出土口。

（2）采用盆式开挖方式。通常情况下，在逆作区顶板施工前，先大面积开挖土方至顶板底下约150 mm处，然后利用土模进行顶板结构施工。采用土模施工明挖土方量很少，大量的土方将在后期进行逆作暗挖，挖土效率将大大降低；同时由于顶板下的模板体系无法在挖土前进行拆除，大量的模板将会因为无法实现周转而造成浪费。针对大面积深基坑的首层土开挖，为兼顾基坑变形及土方开挖的效率，可采用盆式开挖的方式，周边留土，明挖中间大部分土方，一方面控制基坑变形，另一方面可增加明挖工作量从而增加出土效率。对于顶板以下各层土方的开挖，也可采用盆式开挖的方式，从而起到控制基坑变形的作用。

（3）采用抽条开挖方式。逆作底板土方开挖时，一般来说底板厚度较大，支撑到挖土面的净空较大，这对控制基坑的变形不利。此时可采取中心岛施工的方式，即基坑中部底板达到一定强度后，按一定间距抽条开挖周边土方，并分块浇筑基础底板，每块底板土方开挖至混凝土浇筑完毕，必须控制在72 h以内。

（4）楼板结构局部加强代替挖土栈桥。逆作法中由于顶板先于大量土方开挖施工，因此可以将栈桥的设计和水平梁板的永久结构设计结合起来，并充分利用永久结构的工程桩，对楼板局部节点进行加强，可作为逆作挖土的施工栈桥，满足工程挖土施工的需要。

6. 土方开挖设备

采用逆作法施工时，需在结构楼板下进行大量土方的暗挖作业，开挖时通风照明条件较差，施工作业环境较差，因此选择有效的施工作业机械对于提高挖土工效具有重要意义。目前逆作挖土施工一般在坑内采用小型挖土机进行作业（见图4-33），地面采用吊机（见图4-34）、长臂挖土机（见图4-35）、滑臂挖土机、取土架（见图4-36）等设备进行作业。根据各种机械设备的施工性能，其挖土作业深度亦有所不同，一般长臂挖土机作业深度为7~14 m，滑臂挖土机作业深度一般7~19 m，吊机及取土架作业深度则可达30 m。

图4-33 小型挖土机在坑内暗挖作业

图4-34 吊机在吊运土方

图4-35　长臂挖土机在进行施工作业　　　　　　图4-36　取土架在进行施工作业

7. 逆作法施工的通风与照明

为确保施工人员的正常生产和良好的工作环境，采用逆作法施工时对通风和照明的要求较高。当土方开挖时，由于挖土机产生的废气量大且距离首层楼板较高，废气难以排出，所以在各操作面安装大功率轴流风扇用于排风，使地下地上空气形成对流，保持空气新鲜，确保施工人员的身体健康。通风管道采用塑料波纹软管，软管固定在结构楼板和格构柱上，并架设到挖土作业点，在作业点设风机进行送风，在出口处设风机进行抽风。通风设备及布置如图4-37所示。

图4-37　通风设备及布置

地下施工动力、照明线路需设置专用的防水线路，并埋设在楼板、梁、柱等结构中，专用的防水电箱应设置在柱上，不得随意挪动。随着地下工作面的推进，电箱及其他电器设备的线路均需采用双层绝缘电线，并架空铺设在楼板底。施工完毕应及时收拢架空线，并切断电箱电源。在整个土方开挖施工过程中，各施工操作面上均需设有专职安全巡视员监护、检查各类安全措施。

4.6.4　逆作法施工关键部位的技术措施

逆作法施工效果明显，但施工关键部位技术措施不当或施工控制不好将会得到相反的结果，甚至会导致工程事故的发生，因此采用逆作法施工时对施工关键部位的技术措施应特别重视。

1. 地下墙围护结构的技术要求

地下墙围护结构，由于既是临时围护结构，又是主体结构一部分，质量要求较高，是首要的关键部位。要采取防塌方技术措施、加强清基措施或槽底注浆措施，防止在垂直荷载作用下产生超过允许值的沉降量；要采取保证槽段垂直度的措施，使其受力更合理；要采取防渗漏措施，确保槽段混凝土质量和接头质量。

2. 受力柱及受力柱桩的定位

受力柱既是开挖时的支承，又是结构永久受力柱，所以其轴线位置与垂直度必须准确。一般控制误差在 2 cm 之内。这样就对结构桩及与其一体的受力柱施工定位和钻孔精度要求比一般结构桩要高。基坑开挖暴露受力柱之后，应及时检查受力柱的实际垂直度，并根据实际的测量数据复核受力柱的承载力。当复核下来发现其承载力不能满足要求时，采取限制荷载、结构开洞、设置柱间支撑等措施以确保钢立柱的承载力和稳定性满足要求。

由于基坑的时空效应及立柱承受荷载的不均，柱间一般会存在差异沉降（回弹）。施工过程中一旦出现相邻柱间差异沉降过大的问题应立即停止施工，并采取有效措施来控制差异沉降的进一步发展后方可继续施工。一般而言，相邻柱距离较近，由于地质条件差异引起的柱间差异沉降较少，更多的原因是挖土施工或上部结构荷载差异。因此一旦发生相邻柱差异沉降过大，应采取控制荷载、挖土顺序、两柱间设置剪刀撑增加整体刚度等措施。

3. 施工中对变形和沉降的控制

在顺作法施工中，结构墙体、楼板和柱，是在钢筋混凝土底板封好后进行施工的。换句话说，此时围护结构在开挖中的变形均已结束，施工是在围护结构创造好的空间内进行的，经准确测量后，依次进行立模板、绑钢筋、浇筑混凝土。而在逆作法施工时，墙体、楼板和柱既是临时支护结构，又是结构体的一部分，其变形和沉降值必须按结构的要求控制，为此，要做好以下几个方面的工作。

（1）加强施工监测要求，要按设计的每一个工况要求，控制其变形和沉降值，尤其是控制地下墙与结构柱的不均匀沉降，防止由于不均匀沉降产生对逆作楼板的拉裂。其沉降差值应满足结构设计要求，一般控制在 10～20 mm。

（2）在施工中，要做到精心施工。逆作法施工，施工条件差，施工中要考虑每层施工时间要比顺作法时间长。逆作法施工时支护刚度大，对控制变形有利，但在支护未形成整体刚度前，会加大其变形，桩柱变形又与开挖时的土体回弹有关，这些都对施工提出了更高要求。施工单位必须协同设计单位对地下墙、立柱桩、立柱垂直和水平变形，根据上一个工况实测结果来反算土工参数，修改下一个工况的计算。根据新的计算结果，采取相应措施，包括加快或放慢下部基坑开挖，局部开挖或采取注浆，甚至控制上部结构的施工速度等。

（3）由于逆作法施工时，墙体、梁和楼板在基坑开挖后施工，新浇筑的混凝土的自重在其未达到强度前由坑底地基承受，故必要时需做地基处理来控制变形。

4. 坑内降水

在地下水位较高的地区，深基坑施工必须降水，这对逆作法施工更加重要，软土地基在降水后，土性指标大大改善，不仅能提高人员与机具在地下施工的安全与效率，而且也是地下室楼板支模所需要的，所以在开挖以前要安排足够的井点进行降水，并根据需要选用合理的降水方法。

5. 逆作法施工中的挖土技术

挖土是逆作法施工的重要环节，有顶盖的地下挖土难度大，周期长，不仅是影响工期的关键因素，而且是结构产生变形的主要原因，也是施工安全的关键。敞开式逆作法常采用马道式方法作为开挖和出土通道。

6. 柱、梁、板、墙的节点施工

逆作法施工，其地下室的结构节点形式与顺作法施工有较大区别。墙梁、柱梁的节点施工是先在中柱桩预留的钢圈上与地下连续墙上的预埋件分别焊上钢板，在钢板上再焊上钢筋，然后绑扎梁的钢筋、浇筑混凝土，待基础底板完成后，再浇筑外包复合柱和复合墙的混凝土，如图4-38所示。复合柱、墙与梁的节点是当模板垫层完成后，先按施工图定出柱、墙竖向主筋位置，然后将墙竖向主筋穿透垫层，再按设计的搭接长度插入土中，如图4-39所示。

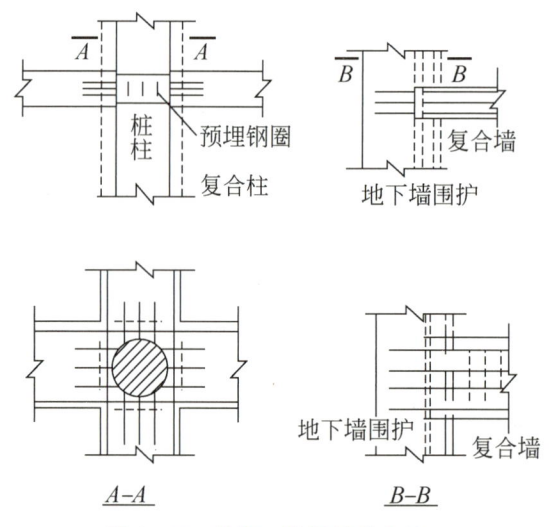

图4-38 墙梁、柱梁的节点处理

从这些节点构造与施工顺序中可见，一般横向构件先浇筑完成，竖向构件再分二次完成。因此施工中的埋件位置必须准确完好，后续焊接必须牢靠。后浇混凝土要采取可靠措施，做到密实且无收缩裂缝。

逆作法施工中的墙、梁、柱、模板系统，应当有针对性的设计，以利于加快施工速度。墙体、柱混凝土浇筑时，由于熟料下料被上一段已浇混凝土挡住，为保证接缝处质量，常在下料处留有一假牛腿，使混凝土浇筑至假牛腿高度以满足接缝密实要求，必要时对预埋注浆管做二次注浆处理。

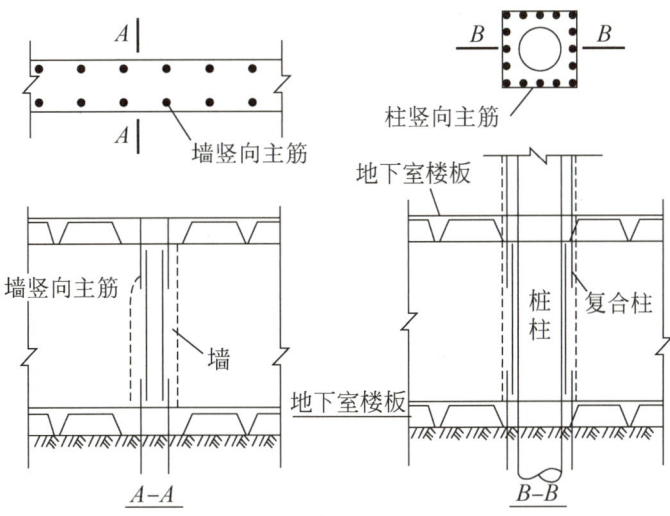

图 4－39　复合柱、墙与梁的节点处理

7. 控制地面沉降的技术措施

地下工程设计方案的优劣、施工水平的高低最终表现在对周围环境的影响上，尤其是在闹市中心进行旧城改造，这显得尤为重要。采用逆作法对控制地面沉降是有利的，因为产生地面沉陷的重要原因是围护结构的变形，逆作法中结构的墙体、梁、楼板为支撑结构，其刚度远大于顺作法施工的临时支撑结构。当然逆作法工艺的优势，还必须要综合设计、施工措施等来控制地面变形，以达到更完满的结果。

4.7　土层锚杆

4.7.1　土层锚杆的概述

土层锚杆是在岩石锚杆基础上发展起来的，在 20 世纪 50 年代岩石锚杆就在隧道衬砌结构中应用。土层锚杆是一种受拉杆件，它的一端与工程结构或挡土桩墙连接，另一端锚固在地基的土层或岩层中，用以承受结构的上托力、拉拔力、侧倾力或挡土墙的土压力、水压力，它利用地层的锚固力维持结构的稳定。

土层锚杆具有如下优点：

（1）用锚杆代替内支撑，不占用基坑内部空间，有利于土方开挖作业。

（2）锚杆施工机械及设备的作业空间不大，可为各种地形及场地所选用。

（3）锚杆的设计拉力可由抗拔试验来获得，可保证其设计有足够的安全性。

（4）锚杆可采用预加拉力，以控制结构的变形量。

（5）施工时的噪声和振动均很小。

土层锚杆于 20 世纪 80 年代初在我国开始应用于高层建筑深基坑支护。在天然土层中，其锚固方法以钻孔灌浆为主，一般称为灌浆锚杆。受拉杆件有粗钢筋、高强钢丝束和钢铰线等不同的类型，锚杆层数从一层发展到深坑中的四层。

4.7.2　土层锚杆的构造及类型

1. 土层锚杆的构造

锚杆支护体系由挡土结构与土层锚杆系统两部分组成。挡土结构包括地下连续墙、灌注桩、挖孔桩及各种类型的板桩等。土层锚杆系统由锚杆（索）、自由段、锚固段、锚头、垫块等组成，如图 4 – 40 所示。

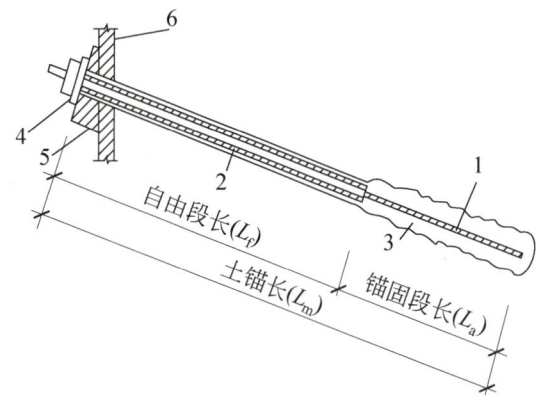

1—锚杆（索）；2—自由段；3—锚固段；4—锚头；5—垫块；6—挡土结构。

图 4 – 40　土层锚杆系统的构造示意图

2. 土层锚杆的类型

土层锚杆按锚固段的形式分为圆柱型锚固段、扩大端部型锚固段及连续球型锚固段，如图 4 – 41 所示。对于拉力不高，临时性的挡土结构可采用圆柱型锚固段；锚固于砂质土、硬

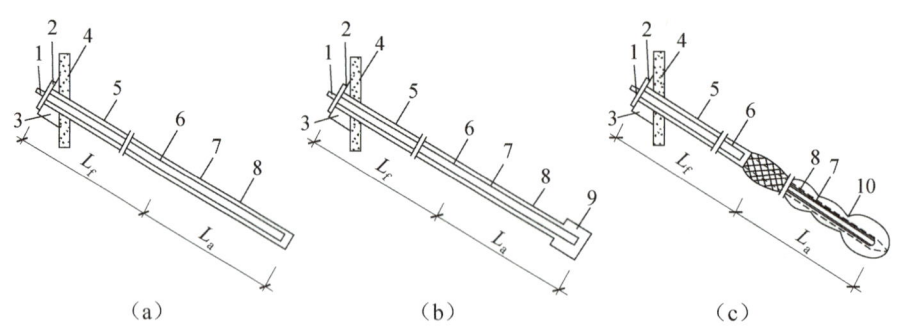

(a)　　　　　　　　(b)　　　　　　　　(c)

1—锚具；2—承压板；3—台座；4—围护结构；5—钻孔；6—灌浆防腐处理；7—预应力筋；
8—锚固段；9—端部扩大头；10—连续球体；L_f—自由段长度；L_a—锚固段长度。

图 4 – 41　锚固段的形式

(a) 圆柱型锚固段；(b) 扩大端部型锚固段；(c) 连续球型锚固段

黏土层并要求较高承载力的土层锚杆，可采用扩大端部型锚固段；锚固于淤泥质土层并要求有较高承载力的土层锚杆，可采用连续球型锚固段。

4.7.3 土层锚杆设计

土层锚杆由于涉及钢材、水泥和土体三种材料，其承载能力与施工因素密切有关，因此按照弹塑性理论和土力学原理进行精确的设计计算是十分复杂的，且与实际情况有出入，所以一般还是根据经验数据进行设计，然后通过现场试验检验。

土层锚杆设计要考虑的问题包括：土层锚杆布置，土层锚杆承载能力，土层锚杆的整体稳定性，土层锚杆的蠕变与松弛等。

1. 土层锚杆布置

（1）土层锚杆布置包括土层锚杆埋置深度，土层锚杆层数，土层锚杆倾斜角，土层锚杆长度等。

① 土层锚杆埋置深度。土层锚杆埋置深度应保证不使土层锚杆引起地面隆起和地面不出现地基的剪切破坏，最上层土层锚杆需要有一定的覆土厚度，一般覆土厚度不小于4~5 m。

② 土层锚杆层数。锚杆层数应通过计算确定，一般上下层间距为2~5 m，土层锚杆的水平间距多为1~4.5 m或控制在锚固体直径的10倍。

③ 土层锚杆倾斜角。为了受力和灌浆施工方便，土层锚杆倾斜角不宜小于12.5°，一般与水平成15°~25°。

④ 土层锚杆长度。土层锚杆长度根据需要而定，一般要求锚固体置于滑动土体以外的好土层内，通常长度为15~25 m，单杆锚杆最大长度不超过30 m，锚固体长度一般为5~7 m。

（2）土层锚杆设置时应注意以下几点。

① 土层锚杆的允许拉力与土层性质关系很大，土层锚杆的锚固层应尽量设置在稳定性良好的土层内。设置前，应对地基土的土层构成、土的性质、地下水情况进行详细勘察。

② 在允许情况下尽量采用群锚，避免使用单根锚杆。

③ 各个部分的土层锚杆都不得密接或交叉设置。

④ 土层锚杆要避开邻近的地下建（构）筑物和管道。

⑤ 土层锚杆非锚固段部分，要保证不与周围土体黏结，以便当土体滑动时，其能够自由伸长，而不影响土层锚杆的承载能力。

⑥ 在有腐蚀性介质作用的土层内，对土层锚杆应进行防腐。

2. 土层锚杆承载能力

土层锚杆承载能力即极限抗拔力。根据土层锚杆拉力的传递方式，土层锚杆的承载能力通常取决于：拉杆的极限抗拉强度；拉杆与锚固体之间的极限握裹力；锚固体与土体间的极限侧阻力。由于拉杆与锚固体之间的极限握裹力远大于锚固体与土体之间的极限侧阻力，所以在拉杆选择适当的前提下，土层锚杆的承载能力主要取决于锚固体与土体间的极限侧阻力。

土层锚杆的极限承载力可按土的抗剪强度计算确定，也可按土层锚杆的抗拔试验确定。

按土的抗剪强度确定锚杆承载力，其计算如式（4-11）：

$$T_u = \pi D L_e \tau \qquad (4-11)$$

式中，T_u——土层锚杆承载能力，kN；

　　　D——土层锚杆钻孔的直径，m；

　　　L_e——锚固段有效长度，m；

　　　τ——锚固段周边土的抗剪强度，kPa。

式中表明，土层锚杆承载力取决于钻孔直径 D、有效锚固长度 L_e 和锚固体周边土的抗剪强度。其中 τ 的数值又受土层性质、土层锚杆所处的埋置深度、土层锚杆类型和施工灌浆工艺过程等许多复杂因素的影响。

3. 土层锚杆的整体稳定性

进行土层锚杆设计时，不仅要研究土层锚杆的承载能力，而且要研究支护结构与土层锚杆所支护土体的稳定性，以保证在使用期间土体不产生滑动失稳（见图4-42）。土层锚杆的稳定性，分为整体稳定性和深部破裂面稳定性两种，其破坏形式需分别予以验算。

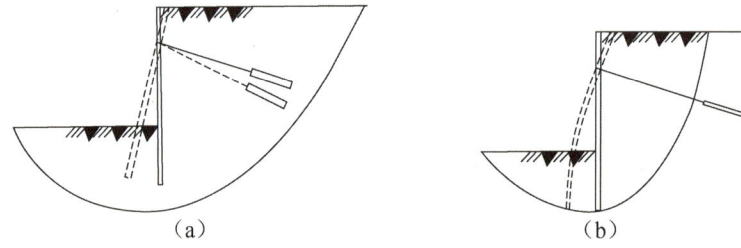

（a）　　　　　　　　　　　　　　（b）

图4-42　土层锚杆的失稳

（a）整体失稳；（b）深部破裂面破坏

土层锚杆整体失稳时，土层滑动面在支护结构的下面，土体的滑动使支护结构和土层锚杆失效而整体失稳。对于此种情况可按土坡稳定的验算方法进行验算。

深部破裂面在基坑支护结构的下端处，这种破坏形式是原联邦德国的克兰兹于1953年提出的，可利用克兰兹的简易计算法进行验算。单层锚杆深层滑移稳定性验算如图4-43所示，其采用作图分析法，具体步骤如下。

（1）通过锚固段中点 c 与围护墙的假想支承点 b 连一直线，再过 c 点作竖直线交地面于 d 点，确定土体稳定性验算的范围。

（2）力系验算，包括土体自重及地面超载 G，围护墙主动土压力的合力 F_a，cd 面上土体主动土压力的合力 F_{cd}，bc 面上的合力 F_{bc}。

（3）作力多边形，求出力多边形的平衡力，即锚杆拉力 $R_{t\,max}$。

（4）按式（4-12）计算深层滑移稳定性安全系数 K_{ms}。

$$K_{ms} = \frac{R_{t\,max}}{N_t} \qquad (4-12)$$

式中，N_t——土层锚杆设计轴向拉力，kN；

K_{ms}——深层滑移稳定性安全系数，可取 $1.2 \sim 1.5$。

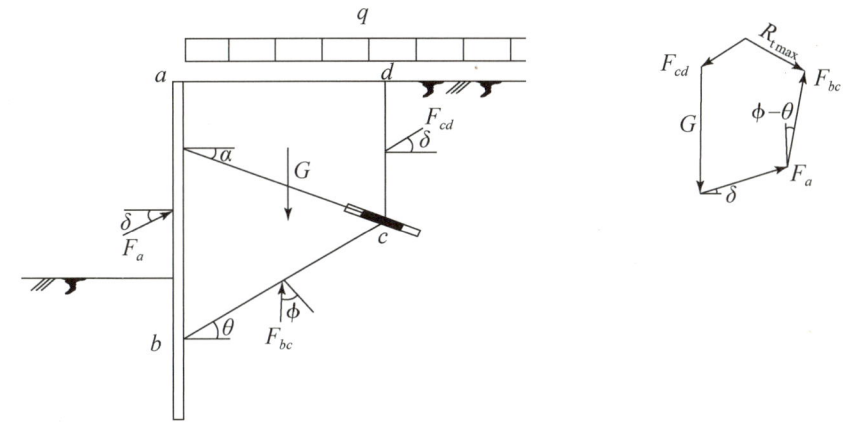

G—滑动土体自重（包括地面超载）；F_a—作用于围护墙上的主动土压力合力；

F_{cd}—作用于 cd 面上的主动土压力合力；F_{bc}—bc 面上的合力。

图 4－43　单层锚杆深层滑移稳定性验算

二层及二层以上土层锚杆挡土墙的稳定性，其验算方法与单层土层锚杆相同。所不同的是，在滑动楔体中存在与土层锚杆排数相同的多个滑裂面，需对每一个滑裂面进行验算，确保每一个滑裂面都满足规定的安全度要求。

4. 土层锚杆的蠕变与松弛

（1）土层锚杆的蠕变。用于锚固支护结构的土层锚杆，始终承受接近恒载的拉力，土层锚杆的变形一直在发展，这就是土层锚杆的蠕变。在实际工程中，需要了解土层锚杆的蠕变性能，因为土层锚杆的蠕变是收敛还是发散，决定着支护结构的安危。尤其是对于软土地基，土的蠕变大，土层锚杆的蠕变就成为突出的问题。

土层锚杆的蠕变主要由下述四部分组成。

① 自由段钢拉杆的伸长 δ_s，一般为弹性变形，可由胡克定律求得。

② 锚固体的伸长 δ_a，荷载较小时表现为弹性变形，当荷载较大时，锚固体产生细微裂缝，即表现为塑性变形。锚固体由钢拉杆与砂浆（水泥浆）组成，要考虑两种材料的共同作用。

③ 锚固体周围土体在一定范围内的剪切变形 ρ，在荷载很小时为弹性变形，荷载较大时为塑性变形并伴随有黏性流变。

④ 锚固体与土体之间的相对滑动 s，该滑动变形只有当土层锚杆接近破坏时才产生，一旦产生就表现为塑性变形，这种变形一般不允许产生。因此土层锚杆的蠕变，表现为弹性变形、塑性变形和黏性流变之和，是一个较为复杂的理论问题。

（2）土层锚杆的松弛。土层锚杆的松弛也是应该研究的一个问题，特别是对于需要施加预应力的土层锚杆，当施加预应力张拉到一定荷载后将其锚固，随着时间的推移，土层锚杆锚头的变形保持不变，而锚杆内的内力却随时间的增加而递减。

对土层锚杆施加预应力一般有以下三个目的。

① 通过张拉使自由段的钢拉杆产生弹性伸长，对锚固体产生预应力，以限制锚固土层的变形。

② 通过施加预应力对土层锚杆进行试验，可以揭示设计和施工中的差错。

③ 证实土层锚杆的适用性，预测其工作状况，检验土层锚杆与板桩等支护结构协同工作的情况。

因此，在我国使用的土层锚杆中，要施加预应力的占较大的比例。对土层锚杆宜施加多大的预应力，是值得研究的问题，因为它与松弛损失的大小有关。试验证明，施加的预应力越高，松弛引起的荷载损失也就越大，稳定荷载占原荷载的百分数也越低。

4.7.4　土层锚杆施工

土层锚杆施工包括钻孔、安放拉杆、压力灌浆及张拉和锚固。在正式开工之前还需进行必要的准备工作。

1. 施工准备工作

在土层锚杆正式施工之前，一般需要进行下列准备工作。

（1）土层锚杆施工必须清楚施工地区的土层分布和各土层的物理力学特性（天然重度、含水量、孔隙比、渗透系数、压缩模量、凝聚力、内摩擦角等）。这对于确定土层锚杆的布置和选择钻孔方法等都十分重要。此外，还需了解地下水位及其随时间的变化情况，以及地下水中化学物质的成分和含量，以便研究对土层锚杆腐蚀的可能性和应采取的防腐措施。

（2）查明土层锚杆施工地区的建（构）筑物、地下管线等的位置和情况，慎重研究土层锚杆施工对它们产生的影响。

（3）研究土层锚杆施工对邻近建（构）筑物等的影响，如土层锚杆的长度超出建筑红线，还应得到有关部门和单位的批准；同时也应研究附近的施工（如打桩、降低地下水位、岩石爆破等）对土层锚杆施工带来的影响。

（4）编制土层锚杆施工组织设计，确定土层锚杆的施工顺序，保证供水、排水和动力的需要，制定钻孔机械的进场、正常使用和保养维修制度，安排好施工进度和劳动组织；在施工之前还应安排设计单位进行技术交底，以全面了解设计意图。

一些特殊的土层锚杆，施工前还可能另有其他的要求，都应详尽地做好准备工作。

2. 钻孔

土层锚杆的钻孔工艺，直接影响土层锚杆的承载能力、施工效率和整个支护工程的成本。钻孔的费用一般占成本的 30% 以上，有时甚至超过 50%。钻孔时注意尽量不要扰动土体，尽量减少土的液化、减少原来应力场的变化，尽量不使自重应力释放。

土层锚杆的成孔设备，国外一般采用履带行走全液压万能钻孔机，其孔径范围为 50～320 mm，具有体积小、使用方便、适应多种土层、成孔效率高等优点。国内使用的有螺旋式钻孔机、冲击式钻孔机和旋转冲击式钻孔机，也有的采用改装的普通地质钻机。在黄土地区亦可采用洛阳铲形成锚杆孔穴，其孔径为 70～80 mm。

对土层锚杆钻孔用钻机有如下的具体要求。

（1）通过回转、冲击钻具等钻进方式将动力传给钻头，使钻头具有适宜的转速（或冲击频率）及一定的调节范围，以便有效地破碎土体或岩石。

（2）能通过钻具向钻头传递足够的轴向压力，并有一定的调节范围，使钻头能有效地切入或压碎土体或岩石。

（3）能调整和控制钻头的给进速度，保证其连续钻进。

（4）能变换钻进角度和按一定的技术经济指标钻进设计规定的直径和深度的钻孔，这一点对用工程地质钻机改装的锚杆钻机尤为重要。

（5）能完成升降钻具的工作，具备完成纠斜、处理孔内事故等的技术性能。

钻孔方法的选择主要取决于土质和钻孔机械。常用的土层锚杆钻孔方法有螺旋钻孔干作业法、压水钻进成孔法、潜钻成孔法等。应用较多的为压水钻进成孔法，此法可把成孔过程中的钻进、出渣、清孔等工序一次完成，可防止塌孔，不留残土，能适用于各种软硬土层，但其施工现场积水较多。当土层无地下水时，亦可用螺旋钻孔干作业法来成孔，一般是先成孔，清除废土，然后插入拉杆，施工时采取多个平行作业。钻出的孔洞用空气压缩机风管冲洗孔穴，将孔内孔壁残留废土清除干净。

土层锚杆的钻孔和其他工程的钻孔相比，其特点和应达到的要求如下。

（1）孔壁要求平直，以便安放钢拉杆和灌注水泥浆。

（2）孔壁不得坍陷和松动，否则影响钢拉杆安放和土层锚杆的承载能力。

（3）钻孔时不得使用膨润土循环泥浆护壁，以免在孔壁上形成泥皮，降低锚固体与土壁间的摩擦阻力。

（4）土层锚杆的钻孔多数有一定的倾角，因此孔壁的稳定性较差。

（5）由于土层锚杆的长细比很大，孔洞很长，保证钻孔的准确方向和直线性较困难，容易发生偏斜和弯曲。

3. 安放拉杆

土层锚杆用的拉杆，常用的有钢管（钻杆用作拉杆）、粗钢筋、钢丝束和钢绞线。主要根据土层锚杆的承载能力和现有材料的情况来选择，承载能力较小时，多选用粗钢筋；承载能力较大时，我国多用钢绞线。

拉杆使用前要除锈。钢绞线如涂有油脂，在其锚固段要仔细加以清除，以免影响与锚固体的黏结。成孔后即可将制作好的通长、中间无节点的钢拉杆插入管尖的锥形孔内。为将拉杆安置于钻孔的中心，防止非锚固段产生过大的挠度和插入孔时不搅动孔壁，并保证拉杆有足够厚度的水泥浆保护层，通常在拉杆表面上设置定位器，如图4-44所示。定位器的间距，在锚固段为2 m左右，在非锚固段多为4~5 m。为保证非锚固段拉杆可以自由伸长，可采取在锚固段与非锚固段之间设置堵浆器，或在锚杆的非锚固段处不灌注水泥浆，而填以干砂、碎石或贫混凝土，或在每根拉杆的自由部分套一根空心塑料管，或在锚杆的全长上都灌注水泥浆，但在非锚固段的拉杆上涂以润滑油脂等以保证拉杆在该段的自由变形，以及保证土层锚杆的承载能力不降低，以上各种做法可根据施工具体条件选择性使用。在灌浆前将钻管口封闭，接上压浆管，即可进行注浆，浇筑锚固体。

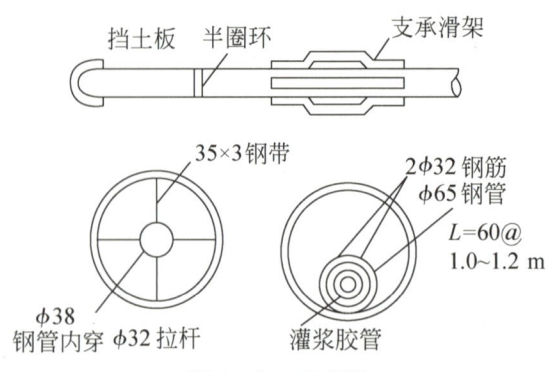

图 4-44　定位器

4. 压力灌浆

压力灌浆是土层锚杆施工中的一个重要工序。施工时，应将有关数据记录下来，以备将来查用。压力灌浆的作用是：形成锚固段，将锚杆锚固在土层中；防止钢拉杆腐蚀；充填土层中的孔隙和裂缝。

压力灌浆的浆液为水泥砂浆（细砂）或水泥浆。水泥一般不宜用高铝水泥，由于氯化物会引起钢拉杆腐蚀，因此其含量不应超过水泥重的 0.1%。由于水泥水化时会生成 SO_3，所以硫酸盐的含量不应超过水泥重的 4%，在我国多使用普通硅酸盐水泥。

拌合水泥浆或水泥砂浆所用的水，一般应避免采用含高浓度氯化物的水，因为它会加速钢拉杆的腐蚀。若对水质有疑问，应事先进行化验。

选定最佳水灰比也很重要，要使水泥浆有足够的流动性，以便用压力泵将其顺利注入钻孔和钢拉杆周围。同时还应使灌浆材料收缩小和耐久性好，所以一般常用的水灰比为 0.40~0.45。

灌浆方法有一次灌浆法和二次灌浆法两种。一次灌浆法只用一根灌浆管，利用泥浆泵进行灌浆，灌浆管端距孔底 20 cm 左右，待浆液流出孔口时，用水泥袋纸等捣塞入孔口，并用湿黏土封堵孔口，严密捣实，再以 2~4 MPa 的压力进行补灌，要稳压数分钟灌浆才可结束。二次灌浆法要用两根灌浆管，第一次灌浆用灌浆管的管端距离锚杆末端 50 cm 左右，如图 4-45 所示，管底出口处用黑胶布等封住，以防沉放时土进入管口。第二次灌浆用灌浆管的管端距离锚杆末端 1000 mm 左右，管底出口处亦用黑胶布封住，且从管端 50 cm 处开始向上每隔 2 m 左右做出 1 m 长的花管，花管的孔眼直径为 8 mm，花管做几段视锚固段长度而定。

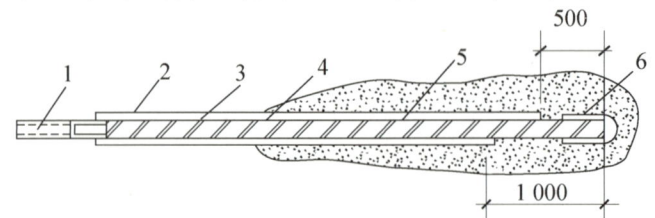

1—锚头；2—第一次灌浆用灌浆管；3—第二次灌浆用灌浆管；
4—粗钢筋锚杆；5—定位器；6—塑料瓶。

图 4-45　二次灌浆法灌浆管的布置

第一次灌浆是灌注水泥砂浆，其压力为 $0.3 \sim 0.5$ MPa，流量为 100 L/min。水泥砂浆在上述压力作用下冲出封口的黑胶布流向钻孔。钻孔后用清水洗孔，孔内可能残留有部分水和泥浆，但由于灌入的水泥砂浆相对密度较大，能够将残留在孔内的泥浆等置换出来。第一次灌浆量根据孔径和锚固段的长度而定。第一次灌浆后把灌浆管拔出，可以重复使用。

待第一次灌注的浆液初凝后，进行第二次灌浆，控制压力为 2 MPa 左右，要稳压 2 min，浆液冲破第一次灌浆体，向锚固体与土的接触面之间扩散，使锚固体直径扩大，如图 4 – 46 所示，增加径向压应力。由于挤压作用，锚固体周围的土受到压缩，孔隙比减小，含水量减少，也提高了土的内摩擦角。因此，二次灌浆法可以显著提高土层锚杆的承载能力。

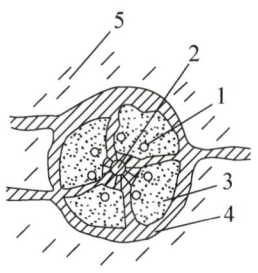

1—钢丝束；2—灌浆管；3—第一次灌浆体；4—第二次灌浆体；5—土体。

图 4 – 46　第二次灌浆后锚固体的截面

5. 张拉和锚固

土层锚杆灌浆后，待锚固体强度达到设计强度的 80% 以上时，便可对锚杆进行张拉和锚固。张拉前先在支护结构上安装围檩。张拉用设备与预应力结构张拉所用者相同。

从我国目前情况看，若钢拉杆为变形钢筋，其端部加焊一螺丝端杆，用螺母锚固。若钢拉杆为光圆钢筋，则可直接在其端部攻丝，用螺母锚固；如用精轧钢纹钢筋，可直接用螺母锚固。张拉粗钢筋用一般单作用千斤顶。钢拉杆为钢丝束，锚具多为镦头锚，也可用单作用千斤顶张拉。

预加应力的锚杆，要正确估算预应力损失。由于土层锚杆与一般预应力结构不同，所以导致预应力损失的因素主要如下：张拉时由于摩擦造成的预应力损失；锚固时由于锚具滑移造成的预应力损失；钢材松弛产生的预应力损失；相邻锚杆施工引起的预应力损失；支护结构（板桩墙等）变形引起的预应力损失；土体蠕变引起的预应力损失；温度变化造成的预应力损失。上述 7 项预应力损失，应结合工程具体情况进行计算。

4.8　土钉墙

4.8.1　土钉墙概述

当放坡开挖不能满足坡体的稳定时，可向坡体内打入土钉，形成土钉墙支护，以提高坡体的稳定性。土钉墙支护施工是利用土体一定程度的自稳能力进行分级开挖，并随土方开挖分步向坑壁土体内植入土钉，然后在开挖面挂钢筋网、喷射混凝土形成护面。

对于有自稳能力的土层，首先进行垂直或按一定的坡角开挖到拟设的第一排土钉稍下的深度，然后打设第一排土钉并注浆，施工护面；待土钉浆体有一定强度后，进行第二级开挖并进行第二排土钉及相应护面的施工；依次向下进行施工，形成土钉墙支护。

土钉墙有如下主要特点。

（1）土钉墙充分利用了土体自身的强度及自稳能力，形成主动的制约体系。

（2）土钉与护面是在开挖土坡以后施工的，土的侧壁须在竖直或接近于竖直无支挡条件下，可自稳一定时间而不倒塌。因而对基坑的土质及地下水条件有较高的要求。

（3）土钉墙可在无构件打入坑底的情况下直接开挖到坑底，其施工工作面开阔。

（4）土钉墙施工进度快，所需的材料较省，机械设备较少，造价低廉。

（5）支护结构轻，柔性大，适应性、抗震性好。

（6）由于土钉的数目多，一旦遇到孤石、基桩、地下建（构）筑物及其他障碍物，可以通过局部变化土钉的位置、角度和长度而避开。

（7）在基坑工程中，土钉墙已经广泛应用多年，积累了较丰富的工程经验，成为相当成熟的工法。

（8）土钉墙需要在土体发生一定量的变形后，才能充分发挥其抗力，因而产生的位移和周围地面的沉降偏大，不适用于对变形要求严格的场地。

如上所述，土钉墙适用于土质较好、场地开阔、对周边变形要求不严格的施工场地。在坑底位于地下水位以下时，需要人工降低地下水。当墙外有地下结构、密布的基桩、密集的地下管线等场地的情况会限制其使用；同时它也受建筑红线的限制。土钉墙适用的土层条件如表4-5所示。

表4-5　土钉墙适用的土层条件

适用情况	土层	说明
适用	可塑、硬塑或坚硬的黏性土；有足够黏聚力的粉土	可通过标准贯入试验、静力触探和轻型动力触探确定土的状态
	密实到很密的粗粒土，包括砂土、砾石土，级配良好，含有一定的细粒土及合适的天然含水量，黏聚力 $c \geq 5$ kPa	注意保持一定的天然含水量，以保持其毛细力（吸力）
	无明显软弱面的风化岩	岩石中须解决成孔技术
	密实的素填土	有时可预先加密
不适用	完全干燥，无胶结和黏聚力的粗粒土，如砂和砾	施工时难以保持自稳
	含大量卵石、漂石的地层	钻孔困难，延误工期，提高造价
	软弱、很软的细粒土，如淤泥和淤泥质土等	难以自稳，成孔困难及对土钉难以提供足够的锚固力
	有机土（有机质土、粉土和泥炭土）	对土钉的锚固力低，有很强的各向异性
	有不利软弱结构面的风化岩、喀斯特地层	钻孔不易稳定，注浆损失

适用情况	土层	说明
需试验确定	含承压水的砂土层	必要时可采用钢管压浆土钉
	残积土	应注意排水
	湿陷性黄土	防水
	很松的砂土（$N<4$）	可加密处理

当坑底位于地下水位以下或者土层不能达到开挖要求的自稳能力，以及场地地质条件复杂或周边环境对基坑变形控制较为严格时，土钉墙支护往往不适用，也不能满足要求。为此工程界发展了将土钉与其他支护手段相结合的支护形式，称为复合土钉墙。一般常见的有土钉与超前支护微型桩、水泥土搅拌桩（墙）、预应力锚杆等联合使用的多种复合土钉墙。

4.8.2　土钉的类型

土钉是横向植入原位土体中的细长杆件，是土钉墙支护结构中的主要受力构件。土钉的形式有多种，其选择涉及场地条件、地面和地下水情况及工程造价等多种因素。常用的土钉有以下几种类型。

（1）钻孔注浆型土钉：先用钻机等机械设备在土体中钻孔，成孔后置入杆体（一般采用 HRB335 热轧带肋钢筋制作），然后沿土钉全长灌注水泥浆。钻孔注浆型土钉适用土层较广，抗拔力高，质量较可靠，造价较低，是最常用的土钉类型。

（2）直接打入型土钉：在土体中直接打入钢管、型钢、钢筋、毛竹、原木等，不再注浆。由于直接打入式土钉直径小，与土体间的黏结摩阻强度低，承载力低，钉长又受限制，所以布置较密，可用人力或振动冲击钻、液压锤等机具打入。直接打入型土钉的优点是不需要预先钻孔，对原位土的扰动相对较小，施工速度快，但在坚硬黏性土中很难打入，而且易腐蚀，不适用于服务年限大于 2 年的永久支护工程，当杆体采用金属材料时造价稍高，在国内应用较少。

（3）打入注浆型土钉：在钢管中部及尾部设置注浆孔形成钢花管，直接打入土中后压灌水泥浆形成土钉。钢花管注浆土钉具有直接打入型土钉的优点且抗拔力较高，特别适用于成孔困难的淤泥、淤泥质土等软弱土层，以及各种填土、砂土，应用较为广泛；缺点是造价比钻孔注浆型土钉略高，抗腐蚀性较差，不适用于永久性工程。

4.8.3　复合土钉墙支护

为拓宽土钉墙的使用范围，在工程实践中，人们将其与其他支护形式相结合，以满足不同的地质条件和工程要求，这就形成了复合土钉墙。基坑较深或地质条件自稳能力差，如有软土、砂土层等；对变形控制要求较高时，如周边有交通道路、管线和其他建（构）筑物等；采用普通土钉墙支护在稳定和变形控制方面都难以满足时，以上情况均可采用复合土钉墙支护。

在土方开挖前，于基坑周边处预先设置垂直支护结构，此称为超前支护，适用于自稳能力较差的软弱土层。超前支护有搅拌桩、微型钢管桩等，如图 4 – 47（a）、图 4 – 47（b）、图 4 – 47（d）、图 4 – 47（e）、图 4 – 47（f）所示。当土质较软时，超前支护对于减少边坡变形、保证开挖和设置土钉时的稳定性都有很大的帮助。

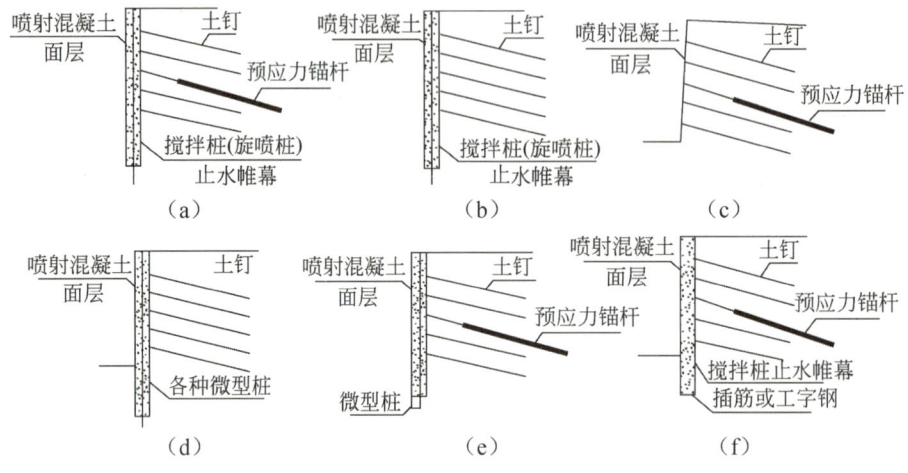

图 4 – 47　复合土钉墙支护的主要形式

（a）止水帷幕 – 预应力锚杆复合土钉墙；（b）止水帷幕复合土钉墙；（c）预应力锚杆复合土钉墙；

（d）微型桩复合土钉墙；（e）微桩型 – 预应力锚杆复合土钉墙；

（f）止水帷幕 – 微桩型 – 预应力锚杆复合土钉墙

　　为使土钉墙可用于地下水位以下，可采用止水帷幕。搅拌桩和旋喷桩既可作为超前支护，也可形成止水帷幕，如图 4 – 47（a）、图 4 – 47（b）、图 4 – 47（e）所示。作为止水帷幕时，采用两排桩较为可靠，搅拌桩间要求搭接一定尺寸。若开挖深度内有淤泥层，为提高搅拌桩的弯剪强度，可在水泥土内加设型钢桩或钢管桩，如图 4 – 47（f）所示。

　　水平加强措施主要是采用预应力锚杆（索），如图 4 – 47（a）、图 4 – 47（c）、图 4 – 47（e）、图 4 – 47（f）所示。通过预应力锚杆的预加应力来控制支护的水平位移和减少周围地面及建（构）筑物的变形与位移，这可使土钉墙应用于对变形有较高要求的场地。一般采用预应力锚杆时，同时宜有垂直超前支护，这样预应力锚杆的锚头可作用于刚度较好的垂直超前支护结构上。

　　《复合土钉墙基坑支护技术规范》（GB 50739—2011）有如下基本规定。

　　（1）复合土钉墙基坑支护安全等级的划分应符合现行行业标准《建筑基坑支护技术规程》（JGJ 120—2012）。

　　（2）复合土钉墙基坑支护可采用下列形式：截水帷幕复合土钉墙，预应力锚杆复合土钉墙，微型桩复合土钉墙，土钉墙与截水帷幕、预应力锚杆、微型桩中的两种及两种以上形式的复合。

　　（3）复合土钉墙适用于黏土、粉质黏土、粉土、砂土、碎石土、全风化及强风化岩，夹有局部淤泥质土的地层中也可采用。地下水位高于基坑底时应采取降排水措施或选用具有截水帷幕的复合土钉墙支护。坑底存在软弱地层时应经地基加固或采取其他加强措施后再采用。

　　（4）软土地层中基坑开挖深度不宜大于 6 m，其他地层中基坑直立开挖深度不宜大于

13 m，可放坡时基坑开挖深度不宜大于 18 m。

（5）复合土钉墙基坑支护方案应根据工程地质、水文地质条件、环境条件、施工条件以及使用条件等因素，通过工程类比和技术经济比较确定。

（6）复合土钉墙基坑支护工程的使用期不应超过 1 年，且不应超过设计规定。超过使用期后应重新对基坑进行安全评估。

（7）复合土钉墙基坑支护设计和验算采用的岩土性能指标应根据地层勘察报告、基坑降水、固结的情况，按相关参数试验方法并结合邻近场地的工程类比、现场试验、当地经验做出分析判断后合理取值。侧压力计算时，宜采用直剪快剪指标或三轴固结不排水剪切指标。稳定性验算时，饱和软黏土宜采用三轴不固结不排水剪切、直剪快剪指标或十字板剪切试验指标，粉土、砂性土、碎石土宜采用原位测试取得的有效应力指标，其他土层宜采用三轴固结不排水剪切或直剪固结快剪指标。

（8）复合土钉墙应按照承载能力极限状态和正常使用极限状态两种极限状态进行设计。支护结构的构件强度、基坑稳定性、锚杆的抗拔力等应按承载能力极限状态进行验算，支护结构的位移计算、基坑周边环境的变形应按正常使用极限状态进行验算。

（9）复合土钉墙用于对变形控制有严格要求的基坑支护时，应根据工程经验采用工程类比法，并结合数值法进行变形分析预测。

（10）施工前，施工单位应按照审核通过的基坑工程设计方案，根据工程地质与水文地质条件、施工工艺、作业条件和基坑周边环境限制条件，编制专项施工方案。

（11）复合土钉墙基坑支护工程应实施监测。监测单位应编制监测方案，并依据监测方案实施监测。设计和施工单位应及时掌握监测情况，并实施动态设计和信息化施工。

4.8.4 土钉墙施工流程

土钉墙支护的施工流程一般为：开挖工作面→修整坡面→喷射第一层混凝土→土钉定位→钻孔→清孔→制作、安装土钉→浆液制备、注浆→加工钢筋、绑扎钢筋网→安装泄水管→喷射第二层混凝土→养护→开挖下一层工作面，重复以上工作直到完成。打入式钢管注浆型土钉无需钻孔和清孔过程，直接用机械或人工打入。

复合土钉墙支护的施工流程一般为：止水帷幕或微型桩施工→开挖工作面→土钉及锚杆施工→安装钢筋网及绑扎腰梁钢筋笼→喷射面层及腰梁→面层及腰梁养护→锚杆张拉→开挖下一层工作面，重复以上工作直到完成。

1. 土钉成孔

钻孔注浆土钉成孔方式可分为人工洛阳铲掏孔及机械成孔，人工成孔长度一般不大于 6 m。机械成孔有回转钻进、螺旋钻进、冲击钻进等方式，打入式土钉可分为人工打入及机械打入。洛阳铲及滑锤为土钉施工专用工具，锚杆钻机及潜孔锤等多用于锚杆成孔，地质钻机及多功能钻探机等除用于锚杆成孔外，更多地用于地质勘察。

成孔方式分湿法成孔及干法成孔两类，需靠水力成孔或泥浆护壁的成孔方式为湿法成孔，不需要则为干法成孔。孔壁"抹光"会降低浆土的黏结作用，经验表明，泥浆护壁土钉达到一定长度后，在各种土层中能提供的抗拔承载力最大约200 kN。故湿法成孔或地下水丰富采用回转或冲击回转方式成孔时，不宜采用膨润土或其他悬浮泥浆作为钻进护壁，宜采用套管跟进方式成孔。

湿法成孔或干法成孔在水下成孔后孔壁上会附有泥浆、泥渣等，干法成孔在干燥环境中成孔后孔内会残留碎屑、土渣等，这些残留物会降低土钉的抗拔力，需分别采用水洗及气洗方式清除。水洗时仍需使用原成孔机械用清水洗孔，但清水洗孔不能将孔壁泥皮洗净，如果洗孔时间较长则容易塌孔，且水洗会降低土层的力学性能及其与土钉的黏结强度，应尽量少用；气洗孔也称扫孔，是使用压缩空气，其压力一般为0.2～0.6 MPa，压力不宜太大以防塌孔。水洗及气洗时需将水管或风管先通至孔底而后开始清孔，边清孔边拔管。

2. 浆液制备及注浆

应避免人工拌浆，机械搅拌浆液的时间一般不应小于2 min，并且拌和均匀。水泥浆应随用随拌，一次拌和好的浆液应在初凝前用完，一般不超过2 h，在使用前应不断地缓慢搅拌；要防止石块、杂物混入浆中。

钻孔注浆土钉通常采用简便的重力式注浆。将金属管或PVC管（polyvinyl chloride，聚氯乙烯管）注浆管插入孔内，管口离孔底200～500 mm距离，启动注浆泵开始送浆，因孔洞呈倾斜状态，浆液靠重力即可填满全孔，在孔口快溢浆时拔管，边拔边送浆。水泥浆凝结硬化后常会产生干缩，在孔口要二次高压注浆甚至需要多次补浆。重力式注浆不可太快，防止喷浆及孔内残留气孔。钢管注浆土钉注浆压力不宜小于0.6 MPa，且应增加稳压时间。若浆液久注不满，在排除水泥浆渗入地下管道或冒出地表等情况后，可采用间歇注浆法，即暂停一段时间，待已注入浆液初凝后再次注浆。

3. 面层施工顺序

面层施工一般要求喷射混凝土分两次完成，先喷射底层混凝土，再施打土钉，之后安装钢筋网，最后喷射表层混凝土。土质较好或喷射厚度较薄时，也可先铺设钢筋网，之后一次喷射而成。

4. 安装钢筋网

钢筋网一般现场绑扎接长，应搭接一定长度，通常为150～300 mm，也可焊接，搭接长度应不小于10倍的钢筋直径。钢筋网在坡顶向外延伸一段距离，用通长钢筋压顶固定，喷射混凝土后形成护顶。钢筋网与受喷面的距离不应小于2倍的最大骨料粒径，一般为20～40 mm。通常用插入受喷面土体中的短钢筋固定钢筋网，如果采用一次喷射法，应该在钢筋网与受喷面之间设置垫块以形成保护层，短钢筋或限位垫块间距一般为0.5～2.0 m。钢筋网应与土钉、加强钢筋、固定短钢筋及限位垫块连接牢固，喷射混凝土时钢筋网在拌和料冲击下不应有较大晃动。

5. 安装连接件

连接件施工顺序一般为：土钉置放、注浆→敷设钢筋网→安装加强钢筋→安装钉头筋→喷射混凝土。加强钢筋应压紧钢筋网后与钉头焊接，钉头筋应压紧加强钢筋后与钉头焊接。

6. 喷射混凝土工艺类别

喷射混凝土按施工工艺分为干喷法、湿喷法及半湿式喷射法三种形式。

（1）干喷法将水泥、砂、石在干燥状态下拌和均匀，然后装入喷射机，用压缩空气使干集料在软管内呈悬浮状态压送到喷嘴，并与压力水混合后进行喷射。

（2）湿喷法将骨料、水泥和水按设计比例拌和均匀，用湿式喷射机压送到喷头处，再在喷头上添加速凝剂后喷出。

（3）工程中还有半湿式喷射法及潮式喷射法等形式，其本质仍为干式喷射。为了将湿法喷射的优点引入干喷法中，有时采用在喷嘴前几米的管路处预先加水的喷射方法，此为半湿式喷射法。潮式喷射法则是将骨料预加少量水，使之呈潮湿状，再加水泥拌和，从而降低上料、拌和喷射时的粉尘，但大量的水仍是在喷头处加入的，其喷射工艺流程和使用机械与干喷法相同。

7. 喷射混凝土材料要求

（1）水泥。喷射混凝土应优先选用早强型硅酸盐水泥及普通硅酸盐水泥，因为这两种水泥的 C_3S 和 C_3A 含量较高，早期强度及后期强度均较高，且与速凝剂相容性好，利于速凝。

（2）砂。喷射混凝土宜选用中粗砂，细度模数应大于 2.5。砂子过细，会使干缩增大；砂子过粗，则会增加回弹，增加水泥用量。

（3）粗骨料。圆砾或角砾，卵石或碎石均可。骨料的表面越粗糙界面黏结强度越高，因此用碎石比用卵石好。但卵石对设备及管路的磨蚀小，也不会像碎石那样因针片状的碎石含量多而易引起管路堵塞。石子的最大粒径不应大于 20 mm，工程中常常要求不大于 15 mm，粒径小也可减少回弹量。

（4）外加剂。可用于喷射混凝土的外加剂有速凝剂、早强剂、引气剂、减水剂、增黏剂、防水剂等，国内基坑土钉墙支护工程中常加入速凝剂或早强剂。

（5）骨料含水量及含泥量。砂石骨料含水量过大易引起水泥预水化，含水量过小则颗粒表面可能没有足够的水泥黏附，也没有足够的时间使水与干拌和料在喷嘴处拌和，这两种情况都会造成喷射混凝土早期强度和后期强度的降低。干喷法使用的骨料的含水量一般控制在 5%～7%，低于 3% 时应在拌和前加水，高于 7% 时应晾晒使之干燥或向其中掺入干料，不应通过增加水泥用量来降低拌和料的含水量。骨料中含泥量偏多会降低混凝土强度、加大混凝土的收缩变形等系列问题，骨料含泥量过多时须冲洗干净后使用。

8. 拌合料制备

（1）胶骨比。喷射混凝土的胶骨比即水泥与骨料之比，常为 1:4.5～1:4。水泥过少，回弹量大，混凝土早期强度增长慢；水泥过多，产生粉尘量增多、恶化施工条件，硬化后的混凝土收缩也会增大，其经济性也不好。

（2）砂率。拌和料中的砂率小，则水泥用量少，混凝土强度高，收缩小，但回弹损失大，管路易堵塞，湿喷时的可泵性不好，综合权衡利弊，砂率以 45%～55% 为宜。

（3）水灰比。干喷法施工时，预先不能准确地给定拌和料中的水灰比，水量全靠喷射手在喷嘴处调节，一般来说喷射混凝土表面出现流淌、滑移及拉裂时，表明水灰比过大；若表面出现干斑，作业中粉尘大、回弹多，则表明水灰比过小。当水灰比适宜时，混凝土表面平整，呈水亮光泽，粉尘和回弹均较少。实践证明，适宜的水灰比值为 0.4~0.45，过大或过小不仅降低混凝土强度，而且会增加回弹损失。

（4）配合比。工程中常用的经验配合比（重量比）有3种，即水泥：砂：石 =1：2：2.5，水泥：砂：石 =1：2：2，水泥：砂：石 =1：2.5：2，根据材料的不同性质选用。

（5）制备作业。干拌法基本上均采用现场搅拌的方式。拌和料应搅拌均匀，搅拌机搅拌时间通常不少于2 min，有外加剂时搅拌时间要适当延长。

9. 喷射作业及养护

喷射前，应将坡面上残留的土块、岩屑等松散物质清扫干净。喷射机的工作风压要适中，过高则喷射速度快，动能大，回弹多；过低则喷射速度慢，压实力小，混凝土强度低。喷射时喷嘴应尽量与受喷面垂直，喷嘴与受喷面在常规风压下的最好距离为 0.8~1.2 m，以使其回弹最小及密实度最大。一次喷射厚度要适中，太厚会降低混凝土密实度、易流淌，太薄则易回弹，以混凝土不滑移、不坠落为标准，一般以 50~80 mm 为宜，加速凝剂后可适当提高，厚度较大时应分层，在上一层初凝后即喷射下一层，一般间隔 2~4 h。分层施工一般不会影响混凝土强度。喷嘴不能在一个点上停留过久，应有节奏地、系统地移动或转动，使混凝土厚度均匀。一般应采用从下到上的喷射次序，自上而下的次序易因回弹物在坡脚堆积而影响喷射质量。喷射 2~4 h 后应洒水养护，一般养护 3~7 d。

4.9 重力式水泥土墙

4.9.1 重力式水泥土墙概述

重力式水泥土墙以结构自身重力来维持支护结构在侧向水压力、土压力作用下的稳定。重力式水泥土墙以水泥为固化剂的主剂，通过强制拌和机械（如深层搅拌机或高压旋喷机等），将固化剂和地基土强制搅拌，并在施工时将加固桩体相互搭接，连续成桩，形成具有一定强度、刚度、水稳定性和整体结构性的水泥土墙或水泥土格栅状墙。重力式水泥土墙支护结构剖面图如图 4-48 所示。

重力式水泥土墙具有最大限度地利用原地基土、不需内支撑、便于土方开挖和地下室施工、材料和施工设备单一的特点，且施工时无侧向挤出、无振动、无噪声和无污染，对周边建（构）筑物影响小，20 世纪 90 年代被广泛应用于上海、浙江、江苏、福建等沿海地区单层地下室的软土基坑工程中。重力式水泥土墙具有止水和支护的双重作用的优点，但由于其无支撑，变形较大。

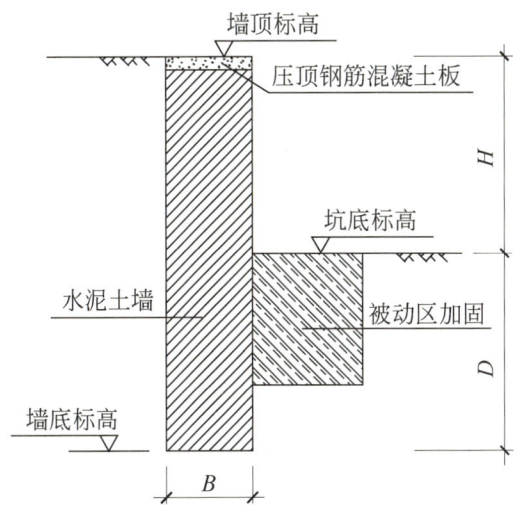

图 4-48　重力式水泥土墙支护结构剖面图

4.9.2　重力式水泥土墙适用范围

国内外大量试验和工程实践表明，水泥土桩除适用于淤泥、淤泥质土和含水量高的黏土、粉质黏土、粉土外，随着施工设备能力的提高，亦广泛应用于砂土及砂质黏土较硬质的土质。但当用于泥炭土或土中有机物含量较高，酸碱度（pH）较低（pH < 7）及地下水有侵蚀性时，应慎重对待并宜通过试验确定其适用性。对于场地地下水受江河潮汐涨落影响或其他原因而存在动态地下水时，宜对成桩的可行性做现场试验确定。

对于软土基坑，支护深度不宜大于 6 m；对于非软土基坑，支护深度达 10 m 的重力式水泥土墙（加劲水泥土墙、组合式水泥土墙等）也有成功工程实例。重力式水泥土墙的侧向位移控制能力较弱；基坑开挖越深，面积越大，墙体的侧向位移越难控制；在基坑周边环境保护要求较高的情况下，开挖深度应严格控制。

在基坑工程中，首先应根据场地的工程地质条件和水文地质条件，主要土层的工程特性和地下水的性质，了解重力式水泥土墙的使用范围和适用条件；然后结合重力式水泥土墙支护结构的变形特点及破坏形式，确定具体工程需要解决的主要问题；最后根据基坑规模、周边环境条件、施工荷载等因素，本着"因地制宜、经济合理、施工方便"的原则，根据工程的实际情况，对基坑工程有初步的总体规划和选型。重力式水泥土墙支护结构的选型主要包括成桩设备、喷浆设备的选择以及水泥土墙的平面布置、竖向布置等内容。根据《建筑基坑支护技术规程》（JGJ 120—2012）中规定：重力式水泥土墙的嵌固深度，对淤泥质土，不宜小于 $1.2h$，对淤泥，不宜小于 $1.3h$；重力式水泥土墙的宽度，对淤泥质土，不宜小于 $0.7h$，对淤泥，不宜小于 $0.8h$；此处，h 为基坑深度。

4.9.3　重力式水泥土墙破坏形式

在基坑工程确定总体规划及选型时，对某一种支护结构可能存在的破坏形式及其产生的原因进行了解是很有必要的。

（1）整体稳定破坏、基底土隆起破坏、墙趾外移破坏：由于墙体入土深度不够，或由于墙背及墙底土体抗剪强度不足，或由于坑底土体太软弱等原因，导致墙体及附近土体的整体稳定破坏或基底土隆起破坏，如图 4-49（a）所示；由于墙体入土深度不够，或由于坑底土体太软或因管涌、流砂等可能导致墙趾外移破坏，如图 4-49（b）所示。

（2）倾覆破坏、滑移破坏：墙后的坑边堆载增加、重型施工机械施工、墙后影响范围内的挤土施工、墙背水压力的突增等引起主动区水土压力增大，或墙体抗倾覆稳定性和抗滑移稳定性不足，使水泥土墙发生倾覆破坏，导致墙体变形过大或整体刚性移动，如图 4-49（c）、图 4-49（d）所示。

（3）地基承载力破坏：如图 4-49（e）所示，墙体入土深度不够，或墙底存在软弱土层等地基承载力不足，或某种原因引起主动区水土压力增大，都可能导致墙底地基承载力破坏而出现墙体下沉、倾覆现象。

（4）强度破坏：水泥土墙墙身断面较小、水泥掺量过低引起墙身抗压、抗拉或抗剪强度不足，或施工质量达不到设计要求，将导致墙体压裂、剪切或拉裂等破坏，如图 4-49（f）、图 4-49（g）、图 4-49（h）所示。

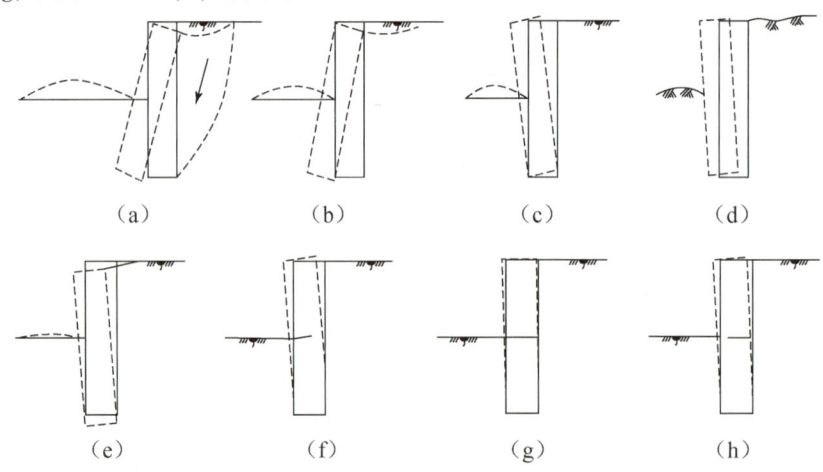

图 4-49　重力式水泥土墙的破坏形式

（a）整体破坏或基地土隆起破坏；（b）墙趾外移；（c）倾覆破坏；（d）滑移破坏；
（e）地基承载力破坏；（f）压裂破坏；（g）剪切破坏；（h）拉裂破坏

4.9.4　重力式水泥土墙选型

重力式水泥土墙的选型包括成桩设备的选型、平面布置及竖向布置的选型。

1. 成桩设备的选型

重力式水泥土墙的搅拌喷浆的成桩（墙）设备，一般有搅拌桩机、旋喷桩机和旋喷搅拌桩机，国内常用设备及其特点与适用范围如表 4 - 6 所示。

表 4 - 6　国内常用设备及其特点与适用范围

国内常用设备	特点与适用范围
单轴、双轴搅拌桩机	成桩直径为 500 ~ 700 mm，较为均匀；成桩桩长较短，为 15 ~ 20 m；设备功率较小，适合用于标贯 < 15 击的软土、填土、松散的粉细砂等土层中；轴杆较细，在长桩中其垂直度难以控制；一般适用于单层地下室等挖深不大的中小型基坑工程中
三轴搅拌桩机	成桩直径可达 850 ~ 1 200 mm，桩身强度较为均匀；成桩桩长较长，可达 30 m 及以上；设备贯入土层的能力较强，适合用于标贯 < 25 击的土层中；设备较大，成桩垂直度好，相邻桩的搭接有保证；一般适用于 2 层以上地下室等挖深较大的大中型基坑工程中
旋喷桩机	成桩直径可达 500 ~ 1 200 mm，桩身直径并非十分均匀，用于形成水泥土墙应有足够的搭接长度；垂直度较易控制，一般成桩桩长不受限制；大部分土层中，均可成桩；设备较小，对施工场地的空间要求不高；造价较高，一般用于止水帷幕、接桩及重力式水泥土墙的施工缝连接处

根据搅拌机械搅拌轴的数量不同，主要有单搅拌轴、双搅拌轴、三搅拌轴三类。国外尚有用四搅拌轴、六搅拌轴、八搅拌轴形成的块状大型截面，以及单搅拌轴同时作垂直向和横向移动而形成的连续的一字形大型截面。

2. 平面布置的选型

典型的重力式水泥土墙平面布置一般有壁状布置、锯齿形布置、格栅状布置等形式，如图 4 - 50 及表 4 - 7 所示。

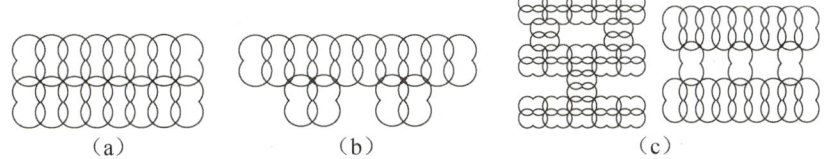

图 4 - 50　重力式水泥土墙的平面布置

（a）壁状布置；（b）锯齿形布置；（c）格栅状布置

表 4 - 7　重力式水泥土墙平面布置及其特点与适用范围

平面布置	特点与适用范围
壁状布置	重力式水泥土墙的搭接易保证，成墙的整体性好； 布置相同的桩数，重力式水泥土墙的刚度较小； 重力式水泥土墙的置换率为 1.0，相对造价较高； 一般用于墙体宽度要求较小的基坑工程、止水要求较高的基坑工程或基坑支护平面中应力较大的区域

平面布置	特点与适用范围
锯齿形布置	使用该布置形式形成的重力式水泥土墙刚度较大，整体性较好； 一般用于坑底被动区加固，用于要求提高重力式水泥土墙刚度且减小变形的基坑边长的中部
格栅状布置	布置相同的桩数，通过平面的布置可形成刚度较大的重力式水泥土墙； 重力式水泥土墙的置换率<1.0，经济性较好； 其为重力式水泥土墙中最为常用的平面布置形式

3. 竖向布置的选型

典型的重力式水泥土墙竖向布置一般有等断面布置、台阶形布置等形式，其中，等断面布置为常用的布置方式。有时或为了减少工程造价，或为了解决墙趾的地基承载力问题，或为了提高重力式水泥土墙的稳定性，或结合被动区加固等，而增加或减少了某几排水泥搅拌桩的长度，使重力式水泥土墙的竖向布置形成了 L 形、倒 U 形、倒 L 形等台阶形的布置形式。

4.10　渠式切割水泥土连续墙

4.10.1　渠式切割水泥土连续墙概述

1. 简介

渠式切割水泥土连续墙（简称 TRD 工法）通过 TRD 工法主机将多节箱式刀具（由刀具立柱、围绕刀具立柱侧边的链条以及安装于链条上的刀具组成，见图 4-51）插入地基至设计深度。在链式刀具（链条以及安装于其上的刀具）围绕刀具立柱转动作竖向切削的同时，刀具立柱横向移动并由其底端喷射切割液和固化液；由于链式刀具的转动切削和搅拌作用，切割液和固化液与原位置被切削的土体进行混合搅拌，如此持续施工而形成等厚度水泥土连续墙。

TRD 工法是在 SMW 工法基础上，针对三轴水泥搅拌桩桩架过高，稳定性较差，成墙垂直度偏低和成墙深度较浅等缺点研发的新工法。

该工法中的多节箱式刀具一经插入土中，即可持续无接缝在地基中横向运动，形成相同厚度的墙体，是真正意义上的"墙"而绝不是"篱笆"。其防渗效果优于柱列式连续墙和其他非连续防渗墙。

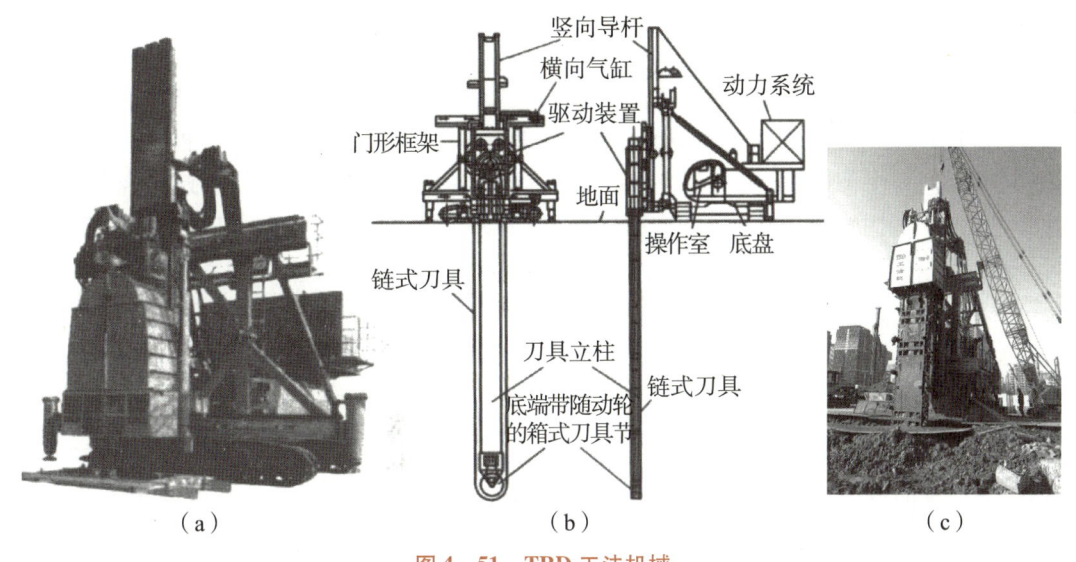

图4-51 TRD工法机械

(a) TRD主机;(b) TRD工法;(c) TRD工法刀具随动轮

2. 日本的应用

TRD工法由日本神户制钢所与东绵建机(株)于1993年联合开发成功,1994年开始在日本的工程实践中应用,1997年获得了日本建设机械化协会的技术审查证明。该工法工效高,形成的墙体抗渗性能好,在日本得到了迅速推广,被广泛应用在各类建筑工程、地下工程、护岸工程、大坝、堤防的基础加固和防渗处理。1998年底,日本即累计完成成墙面积约30万m^2;而截全2009年,累计完成水泥土连续墙面积已达250万m^2,并具有在卵石地层、硬质花岗岩层中和超过50m深度的施工实践和经验。

21世纪以来,美国与西欧、东南亚的诸多国家均引进了TRD工法,使该工法的应用范围进一步扩大。

3. 我国的推广

由于其机械卓越的性能,TRD工法在日本开发完成之初,我国即着手进行相关技术的引进工作。1998年经历长江特大洪水后,为加快堤防建设步伐,提高其防渗性能,我国曾考虑对长江部分堤段采用TRD工法进行初步施工实践,并于2005年进行了TRD工法国内应用的可行性论证。

2009年,国内引进首台TRD工法主机设备——TRD-Ⅲ型机,并在杭州下沙智革基坑围护项目中率先得到应用。同年中日企业(沈阳抚挖岩土工程有限公司和日本合资)联合研制TRD-CMD850型主机,试车成功并正式投产,填补了我国TRD工法主机生产的空白。2011年,中日相关制造企业联合研制TRD-Ⅲ-E型主机;2012年,联合研制TRD-Ⅲ-D型主机。TRD-CMD850型主机、TRD-Ⅲ-E型主机、TRD-Ⅲ-D型主机针对国内特殊的土质条件、施工条件以及国情等,分别对发动机配置、机械横向行程、动力装置、底盘形式、刀具提升系统和箱式刀具节长度等做了调整和改进,以节省能耗和提高施工效率。

截至 2022 年，TRD 工法已在杭州、上海、天津、淮安、苏州、武汉、南昌、锦州等数十个基坑工程中得到成功应用，取得了较好的经济效益和社会效益；其中渠式切割水泥土连续墙墙体最大深度已达 54 m，切割的岩石抗压强度标准值达 8.8 MPa。

随着 TRD 工法在国内的实践应用，相关工程团队已初步积累了该技术在不同土质条件下的施工和工程经验。TRD 工法相关企业逐步扩大，国内拥有的 TRD 工法机械设备数量成倍增加，均给 TRD 工法的进一步推广和应用创造了条件。2012 年，率先进行 TRD 工法实践的浙江省，发布并施行了浙江省工程建设标准《渠式切割水泥土连续墙技术规程》DB33/T 1086。国家行业标准《渠式切割水泥土连续墙技术规程》JGJ/T 303 也已于 2013 年编制完成并发布。规程的编制和发行有助于促进渠式切割水泥土连续墙工法的进一步工程实践。

4. 适用范围

TRD 工法通过刀具立柱的横向移动和链式刀具的竖向切削搅拌，对土体同时进行水平向切削和垂直向混合搅拌，墙体性质更为均一。该工法适用于建（构）筑物的基坑围护、基础工程、止水帷幕等（见图 4 – 52），主要如下。

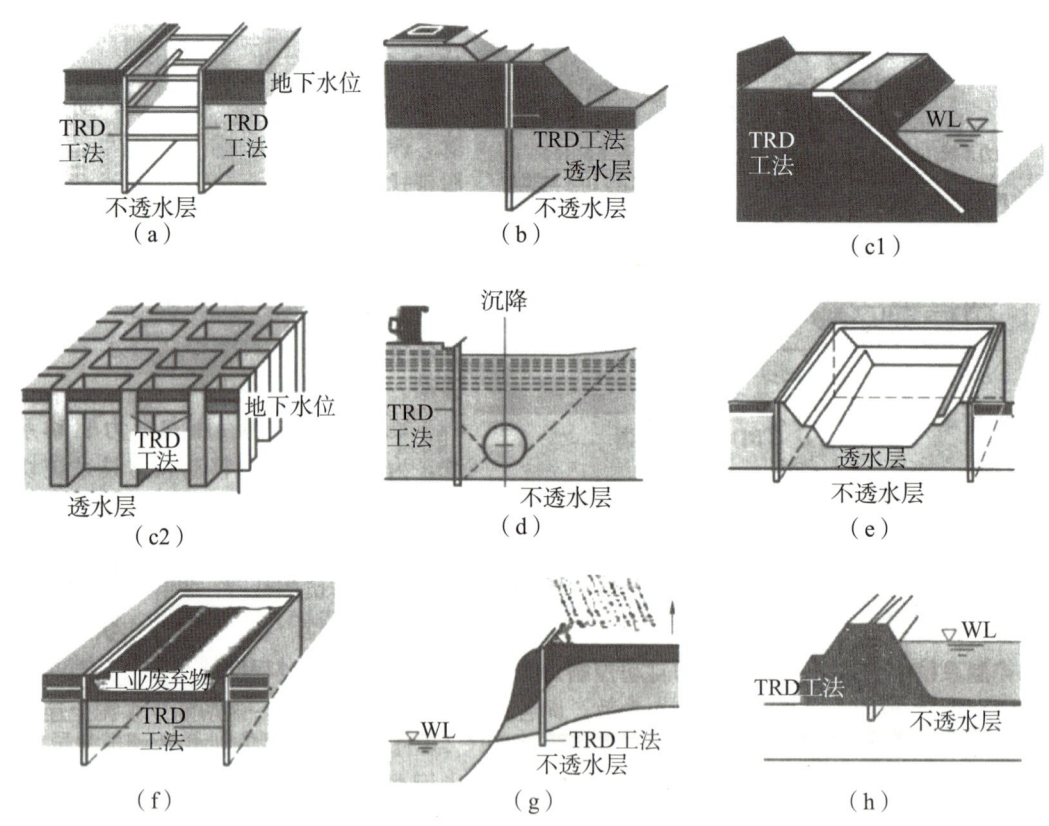

图 4 – 52 TRD 工法的适用范围

（a）支挡结构；（b）边坡防护；（c1）堤坝加固；（c2）地基加固；
（d）防沉降；（e）止水帷幕；（f）防渗滤；（g）水体的隔渗帷幕；（h）堤坝的隔渗芯墙图

（1）基坑围护。

地铁车站、盾构竖井、地下道路及公共用沟等的开挖以及坑壁支护等；铁路和高速公路路基边坡防护、堤坝加固工程。

（2）基础工程。

港湾堤防、高速公路、地铁站工程的地基加固、液化或软弱地基土的改良；建筑物周边抗滑和防沉降措施。

（3）止水帷幕。

核反应堆、核废料、垃圾填埋场渗滤液等污染源的密封隔断，江河湖海、水库等的堤坝护岸以及地下水位以下的港湾设施，针对地下潜水和承压水的止水帷幕，水利设施（如大坝）的防渗芯墙等。

当 TRD 工法用作支护结构承受土体的水平侧向压力（用作坑壁支护）时，可在水泥土连续墙中插入型钢、工字钢、薄板构件等芯材，以增加 TRD 工法的强度和刚度。

4.10.2　渠式切割水泥土连续墙施工机械

TRD 工法的全套设备包括：TRD 工法机械、空气压缩机、全自动水泥浆搅拌及注浆系统、水泥仓储罐、履带式吊车、挖掘机、高压清洗机等。整套设备在现场施工场地的布置以及作业，如图 4 - 53 所示。

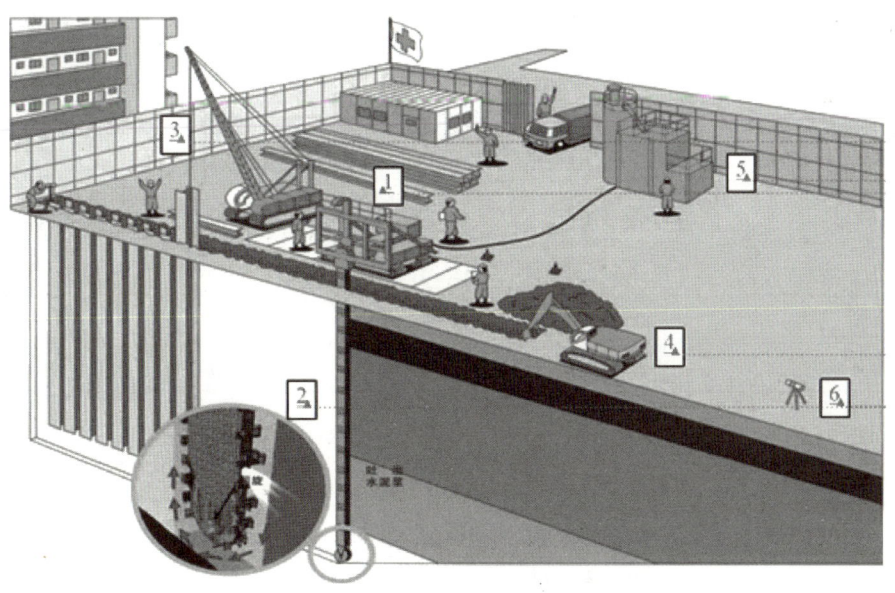

1—TRD 工法主机；2—切割箱；3—履带式吊机（80～100 级）；
4—挖掘机（0.4 m³/h 级）；5—全自动搅拌站设备（40 m³/h 级）；6—光学经纬仪。

图 4 - 53　TRD 工法现场应用示意

1. TRD 工法主机

（1）TRD 工法主机机型简介。

TRD 工法主机是全套设备的核心和关键。日本产渠式切割机械主要有 Ⅰ 型、Ⅱ 型和Ⅲ型三种类型。对应最大成墙深度分别为 20 m、35 m 和 60 m，对应墙厚分别为 450~550 mm、550~700 mm、550~850 mm。60 m 为Ⅲ型机械的理论成墙深度，实际施工墙体深度超过50 m 时，应由经验丰富的施工班组预先通过试验确定施工工艺、施工参数。

2009 年，TRD 工法主机设备——TRD－Ⅲ型机，首次在杭州下沙智格社区基坑围护项目中率先得到应用。随即该技术应用在华东地区工程中，积累了宝贵的经验。

前期工程应用和施工发现引进的设备价格昂贵，履带式底盘施工过程中稳定性相对较低，柴油发动机动力成本高。针对上述问题，以 TRD－Ⅲ型机械为基础，2009 年中日企业联合研制 TRD－CMD850 型工法主机，2011 年、2012 年相继联合研制 TRD－Ⅲ－E 型、TRD－Ⅲ－D 型工法主机。目前，国内 TRD 工法施工机械数量已成倍增长，具备了推广使用的条件。TRD－Ⅰ、TRD－Ⅱ、TRD－Ⅲ型工法主机参数及改进后 TRD 工法主机的性能比较，分别如表4－8、表4－9所示。

表4－8　TRD 工法主机设备参数及型号

参数	型　号			
		TRD－Ⅱ	TRD－Ⅲ	TRD－CMD850
墙厚/mm	450~550	550~700	550~850	550~850
最大施工深度/m	20	35	50	20~55
全长/mm	7 365	8 905	8 500	8 191
全宽/mm	6 700	7 200	7 200	9 190
全高/mm	9 980	12 052	9 650	10 022
工作时质量/kg	63 500	12 700	13 200	11 000
标准铣刀长度/m	17.5	25.5	36.3	36.3
发动机功率/马力①	300	469	469	380
切削机构升降方式	油缸	卷扬机	油缸	油缸

表4－9　TRD 工法主机设备比较

序号	型号	特点
1	TRD－Ⅲ	履带式底盘，发动机柴油驱动（功率 469 kW），成墙厚度 550~850 mm，最大施工深度 60 m，设备高度 10 m
2	TRD－CMD850	履带式底盘，发动机柴油驱动（功率 380 kW），成墙厚度 550~850 mm，最大施工深度 55 m，设备高度 9 m，增加横行液压油缸行程（1.4~1.8 m）

---

① 编者注：马力为非法定计量单位，1 马力 = 735.499 W。

序号	型号	特点
3	TRD－Ⅲ－E	步履式底盘，减小设备接地压力，电机驱动（493 kW），成墙厚度550～850 mm，最大施工深度60 m，设备高度13 m，增加了券扬机提升设置
4	TRD－Ⅲ－D	步履式底盘，减小设备接地压力；主动力的发动机功率380 kW，副动力的电动机功率90 kW，成墙厚度550～850 mm（最大900 mm），标准挖掘深度36 m，最大施工深度60 m，设备高度10 m

TRD－CMD850型工法主机在以下方面作了改进：

① 延长了横行液压杆行程，单程横向切割距离增大，提升了施工效率。

② 调整柴油发动机配置，降低了能耗。

③ 降低了设备的高度和重心，提高了机械的稳定性。

④ 主框架穿过底盘与伸缩油缸相连，形成稳固的三角形结构，机身的支撑结构得到强化。

⑤ 简化链式刀具驱动部的构造，提高了整体设备的耐用性。

TRD－Ⅲ－D型工法主机的改进如下：

① 改履带式底盘为步履式，减小了设备接地压力。

② 配置主动力装置、副动力装置，主动力装置的发动机功率为380 kW，副动力装置的电动机功率为90 kW。

③ 成墙厚度最大可达900 mm。

TRD－Ⅲ－E型工法主机的改进如下：

① 主机履带式底盘改为步履式，减小了设备接地压力。

② 动力装置改为电机发动。

③ 链式刀具系统配置油缸和卷扬机双套顶（提）升系统。

④ 刀具立柱节长度由3.65 m加长至4.88 m。

（2）TRD工法主机主要性能。

① 机架系统具有水平偏差和垂直度调整功能。

② 操作系统具有自动操作功能，并配备监控装置和机具工作状态显示功能。

③ 动力系统具有遇到异常情况自动停机的功能。

④ 刀具系统内安装多段式倾斜仪，进行箱式刀具平面内和平面外水平位移监测。

上述设备功能保证了TRD工法水泥土连续墙均匀、垂直度高的特点。

TRD工法机械的操纵室设置机械的监控装置，操作人员可以在操纵室内观察机具各部位的工作状态。TRD工法机械装有自动切割控制系统的附属设备，可防止操纵人员疲劳工作。切割、搅拌较硬土层时，一旦刀具系统产生较大变形，而操作人员强行操作则会使设备的水平推力超出限值，影响设备正常使用。此时，TRD工法机械的动力系统配备的自动停机功能，可防止设备损坏。

2. 其他设备

（1）履带式吊机。

刀具系统的安装和拔出、内插芯材的插入和拔出均需要使用吊机。履带式吊机型号选择应确保其满足工程的使用要求。履带式吊机的起重量不得超过额定起重量。当水泥土连续墙墙体深度不大于 35 m 时，额定起重量应为 60 t；墙体深度大于 35 m 时，额定起重量应大于 80 t。

（2）全自动水泥浆搅拌及注浆系统。

水泥土连续墙浆液包括切割液和固化液。浆液制备装置包括水泥筒仓、钢制水槽、计量器具、搅拌机以及泵机等，以上设备型号选择时应保证具有充足的容量与浆液制备能力，满足每日浆液最大需求量。TRD 工法配备的全自动浆液制备和注浆系统，不仅能够进行原材料、浆液注入量的全自动量测，而且可根据实际施工墙体的体积调整注入量，可消除手工操作的误差和不稳定，确保浆液的连续性，保证浆液以及 TRD 工法搅拌质量。全自动浆液制备和注浆系统应符合下列要求：

① 浆液制备量宜为每日计划成槽方量的 2 倍。

② 注浆泵的工作流量应可调节，其额定工作压力不宜小于 2.5 MPa，并应配置自动计量装置。

（3）辅助设备。

辅助设备主要是挖掘机、空气压缩机、高压清洗机等。挖掘机用于前期成墙前导向沟槽施工，以及后期水泥 TRD 工法主机搅拌施工时的排土，其额定功率不宜小于 90 kW。空气压缩机提供喷浆、设备清洗所需的压力。高压清洗机用于清洗设备。

4.10.3　渠式切割水泥土连续墙施工流程

1. 施工准备

施工前应收集场地工程地质及环境资料，查明不良地质现象及地下障碍物的详细情况，主要如下：

（1）施工区域的地形、地质、气象和水文资料。

（2）邻近建筑物、地下管线和地下障碍物等相关资料。

（3）测量基线和水准点资料。

（4）环境保护的有关规定。

对影响 TRD 工法成墙质量及施工安全的地质条件（包含土层构成、土性和地下水等）需进行详细调查。以此为基础查明障碍物的种类、分布范围及深度，必要时用小螺钻、原位测试和物探手段查明。对于重要工程，也可针对围护结构的施工范围进行施工勘察。对于浅层障碍物，宜全部清除后回填素土。然后，进行 TRD 工法的施工；较深障碍物则需清障。当场地紧张，周边环境恶劣，障碍物较深、较多不具备清障条件时，强行施工将造成箱式刀具卡链、刀具系统损坏以及埋入，刀具立柱无法上提等现象，严重损伤机械设备并造成经济损失。因此，该种情况下不应采用 TRD 工法机械。

施工操作前，应对机械各组成部分进行系统检查。检查内容包括液压和电力驱动系统、计算机操作系统、竖向导向架垂直度、各类仪表、刀具定位导向装置等。TRD 工法机械经现场组装、试运行正常后方可就位。

正式进行 TRD 工法机械施工前，应编制施工组织方案，并进行试成墙施工以确定 TRD

工法机械机型的选用以及施工工艺、施工参数。

2. 施工路基承载力复核和处理

TRD 工法机械重量重且机架系统单边悬挂于主机上，距离开挖沟槽越近，地基的承载越重。TRD 工法机械为连续切割、搅拌作业，成墙长度长，施工时对周边土体将产生一定的扰动。因此，TRD 工法机械施工作业前应复核地表土层的地基承载力是否满足使用要求，以防施工期间场地地基稳定性不足，造成上部沟槽坍塌，对周边环境产生不利影响。一旦施工位置的地基产生沉陷或失稳，将导致 TRD 工法主机下沉，施工中的刀具系统变形而产生异常应力，并最终影响施工精度与工程进度，严重时导致设备损坏。除此以外，起重机起吊和拔出刀具立柱时，表层地基尤其是近沟槽部位的压应力最大。此时，也应复核场地地表土层的地基承载力是否满足使用要求。

因此，场地路基的承载力、平整度应满足 TRD 工法机械平稳度、垂直度和起重机车平稳行走、移动的要求，需要对 TRD 工法主机、起重机履带正下方的地基承载力进行复核。一般需在沟槽部位铺设钢板，分散机械重量引起的竖向压力；必要时，需对沟槽两侧进行地基处理。

3. 施工步骤

TRD 工法施工工艺流程如图 4-54 所示，主要步骤如下。

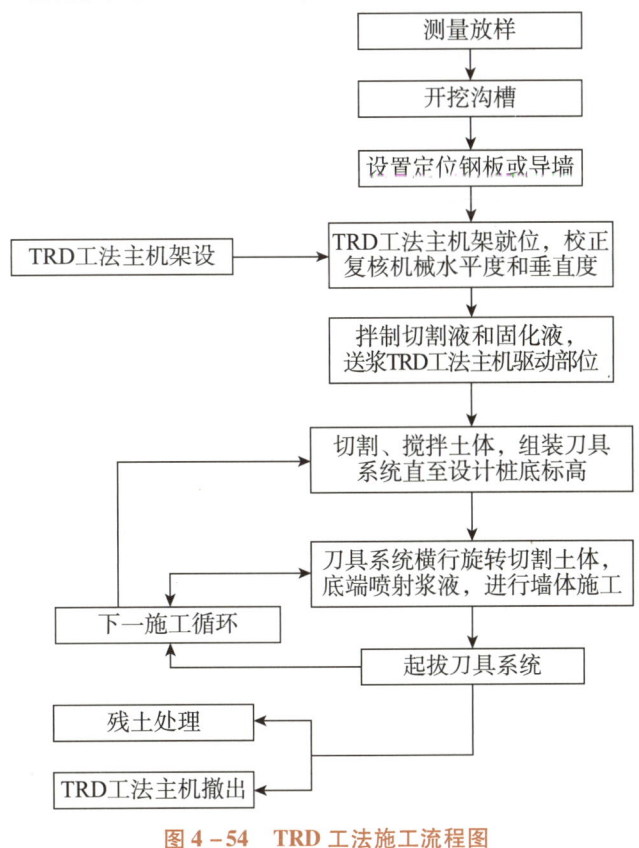

图 4-54 TRD 工法施工流程图

（1）测量放样。

根据坐标基点，按设计图放出墙线位置，并设临时控制点，填好技术复核单，提请监理人员复核并验收。

（2）开挖导向沟槽，设置定位钢板或导墙。

开挖导向沟槽，设置定位钢板或导墙是控制 TRD 工法关键之一。沟槽边放置定位钢板后，将对其上荷载产生压应力分散作用，一定程度上可提高表层地基的承载力。导墙相对位置固定，定位准确。采用现浇钢筋混凝土导墙时，导墙宜筑于密实的土层上，并高出地面100 mm，导墙净距应比 TRD 工法墙体设计宽度宽 40~60 mm。

（3）配制切割液和固化液。

为了保证 TRD 工法注入液的质量，注入液制备和注入的各个环节均采用全自动浆液制备和注入装置。该装置不仅能够进行原材料、浆液注入量的全自动量测，还可根据实际施工墙体的体积调整注入量。因此，相关设备型号选择时应保证具有充足的容量与注入液制备能力，满足每日注入液最大需求量，同时送浆速度应与 TRD 工法主机的移动速度匹配。

（4）TRD 工法机械就位并组装刀具系统。

TRD 工法主机应平稳、平正，采用激光经纬仪测量的机架垂直度应小于$\frac{1}{250}$。刀具系统组装时，应首先将带有随动轮的箱式刀具节与 TRD 工法主机连接；根据逐节连接的箱式刀具长度，逐步加深起始墙幅的成槽深度，直至满足 TRD 工法的设计深度要求。

组装过程中，刀具立柱管腔内安装相应管路，包括浆液管路、多段式倾斜仪等。多段式倾斜仪可以对墙体进行平面内和平面外实时监测以控制垂直度，从而实现高精度施工。TRD 工法墙体垂直偏差应小于$\frac{1}{250}$。

（5）墙体施工。

根据土层性质、施工深度等，选择采用一步、二步或三步施工法。应根据土质条件、机具功率确定刀具链条的旋转速度；根据周边环境、土质条件、机具功率确定机械的水平推进速度（每次切割的前进距离，简称步进距离）。

施工时，步进距离不宜过大，否则容易造成墙体偏位、卡链等现象，不仅影响成墙质量，而且对设备损伤大。一般每次横向切削的长度宜控制在 50 mm 以内。

TRD 工法墙体施工时，应通过刀具系统内安装的多段式倾斜仪，实时监控墙体的施工状态。根据土质条件、机械的水平推力、箱式刀具各组成部位的工作状态及其整体偏位，选择向下或向上开挖方式。必要时，可交错使用上述两种开挖方式。

施工过程应跟踪检查刀具链条的工作状态以及刀头的磨损度，及时维修、更换和调整施工工艺。

（6）刀具系统的起拔。

TRD 工法施工结束或直线段施工完成后，刀具系统应立即与 TRD 工法主机分离。通过履带式起重机起吊、拔出箱式刀具。根据箱式刀具的长度、起重机的起吊能力以及作业半径，确定箱式刀具的分段数量。箱式刀具的拔出与拆分应符合以下规定：

① 拔出前箱式刀具应与 TRD 工法主机分离并拆分。拆分后每段长度不得大于 4 个箱式

刀具节长度之和，且须满足起重机作业半径的要求；每段重量不应超过起重机的起重量。

②箱式刀具拔出时沟槽内应及时注入固化液，固化液填充速度应与箱式刀具拔出速度相匹配。

③拔出后的每段箱式刀具应在地面作进一步拆分和检查，损耗部位应保养和维修。

（7）涌土清理和管路清洗。

TRD 工法施工中产生的涌土应及时清理。若长时间停止施工，应清洗全部管路中残存的水泥浆液。

切割液、固化液的制备和注入以及成墙过程均应进行信息化施工，通过全自动浆液制备和注浆系统实现浆液制备和传输的自动化，通过实时监控和显示系统实现墙体施工全过程的信息化、可视化。

4.11　其他支护结构

除去前面介绍的几种比较常用的高层建筑深基坑支护结构形式外，还有几种支护结构形式在某些工程中也有应用。

4.11.1　SMW 工法

1. SMW 工法工艺原理

SMW 是 soil mixing wall 的缩写，也称为新型水泥土搅拌桩墙。SMW 工法是用多轴型钻掘搅拌机在现场向一定深度进行钻掘，同时在钻头处喷出水泥系强化剂而与地基土反复混合搅拌，在各施工单元之间则采取重叠搭接施工，然后在水泥土混合体未凝结前插入 H 形钢或钢板作为其应力补强材料，至水泥结硬，便形成一道具有一定强度和刚度的、连续完整的、无接缝的地下墙体，如图 4-55 所示。

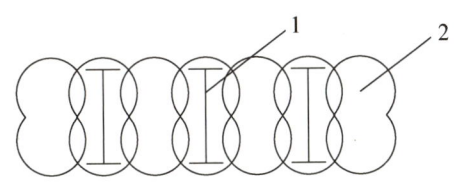

1—H 形钢或钢板；2—水泥土混合体。

图 4-55　加筋水泥土围护墙

SMW 工法中最常用的机械设备是三轴型深层搅拌机，如图 4-56 所示，其中钻杆有用于黏性土、用于砂砾土和用于基岩之分，此外还研制了其他的一些机型，用于城市高架桥下的施工或空间受限制的场合的施工（如海底筑墙、软弱地基加固等）。

图 4-56　三轴型深层搅拌机

2. SMW 工法施工顺序

SMW 工法施工顺序如下。

（1）导沟开挖：确定是否有障碍物及做泥水沟。

（2）置放导轨。

（3）设定施工标志。

（4）SMW 钻拌：钻掘及搅拌，重复搅拌，提升时搅拌。

（5）置放应力补强材料（H 形钢）。

（6）固定应力补强材料。

（7）施工完成。

3. SMW 工法的特点

（1）施工不扰动邻近土体，不会产生邻近地面下沉、房屋倾斜、道路裂损及地下设施位移等危害。

（2）钻杆具有螺旋推进翼与搅拌翼相间设置的特点，随着钻掘和搅拌反复进行，可使水泥系强化剂与土得到充分搅拌，而且墙体全长无接缝，从而使它可比传统的连续墙具有更可靠的止水性，其渗透系数 K 可达 10^{-7} cm/s。

（3）它可在黏性土、粉土、砂土、砂砾土、$\phi100$ 以上卵石以及单轴抗压强度在60 MPa 以下的岩层应用。

（4）可成墙厚度 550~1 300 mm，常用厚度为 600 mm，成墙最大深度目前为 65 m，视地质条件尚可施工至更深。

（5）所需工期较其他工法为短，在一般地质条件下，每一台班可成墙 70~80 m^2。

（6）废土外运量远比其他工法为少。

SMW 工法施工现场如图 4-57 所示。

图 4 – 57　SMW 工法施工现场

4.11.2　旋喷桩挡土墙

1. 旋喷桩工艺原理

旋喷桩（见图 4 – 58）兴起于 20 世纪 70 年代的高压喷射注浆法，20 世纪 80、90 年代在全国得到全面发展和应用。实践证明此法对处理淤泥、淤泥质土、黏性土、粉土、砂土、人工填土和碎石土等有良好的效果。

图 4 – 58　旋喷桩施工效果照片

旋喷桩是利用钻机将旋喷注浆管及喷头钻置于桩底设计高程，将预先配制好的浆液通过高压发生装置使浆液获得巨大能量后，从注浆管边的喷嘴中高速喷射出来，形成一股能量高度集中的液流，可直接破坏土体，在喷射过程中，钻杆边旋转边提升，使浆液与土体充分搅拌混合，在土中形成一定直径的柱状固结体，从而达到加固地基的目的。

地基加固通常采用旋喷注浆式，使加固体在土中成为均匀的圆柱体或异形圆柱体。高压旋喷法通过在软弱土层中形成水泥固结体与桩间土一起形成复合地基，从而提高地基的承载力，减少地基的沉降变形。

旋喷桩可用作支护结构挡土墙。在较狭窄地区亦可施工。它与深层搅拌水泥土桩一样，亦为重力式挡土墙，只是形成水泥土桩的工艺不同而已。在施工旋喷桩时，要控制好上提速度、喷射压力和喷射量，否则其质量难以保证。施工中一般分为两个工作流程，即先钻后喷，再下钻喷射，然后提升搅拌，以保证每米桩浆液的含量和质量都相同。旋喷桩施工工艺流程图如图 4 – 59 所示。

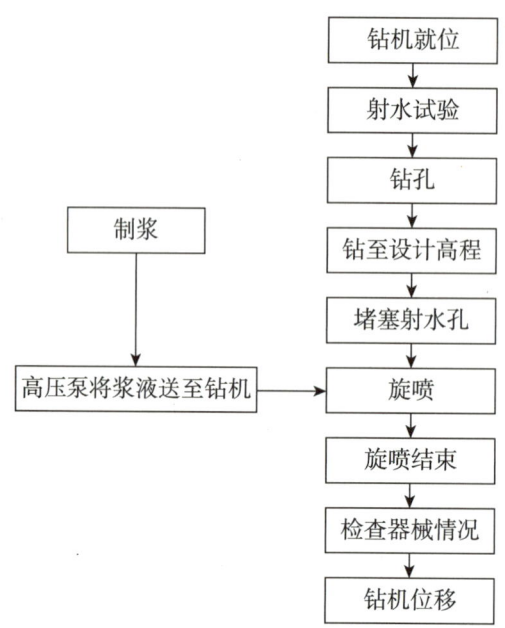

图 4-59   旋喷桩施工工艺流程图

2. 旋喷桩的分类

高压旋喷法根据机具不同可分为单管法、二重管法和三重管法。

① 单管法：单层喷射管，仅喷射水泥浆，如图 4-60（a）所示。

② 二重管法：又称浆液气体喷射法，用二重注浆管同时将高压水泥浆和空气两种介质喷射流横向喷射出，冲击破坏土体。在高压浆液和它外圈环绕气流的共同作用下，破坏土体的能量显著增大，最后在土中形成较大的固结体，如图 4-60（b）所示。

③ 三重管法：使用分别输送水、气、水泥浆三种介质的三重注浆管，进行高压水喷射流和气流同轴喷射冲切土体，形成较大空隙，再由高压泥浆泵将水泥浆以较低压力注入被切割、破碎地层中，喷嘴做旋转和提升运动使水泥浆与土混合，形成较大固结体，加固体直径可达 2 m，如图 4-60（c）所示。

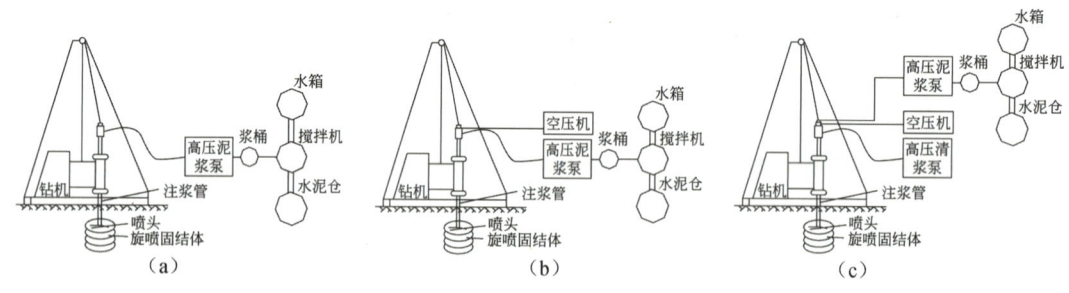

图 4-60   旋喷注浆示意图

（a）单管法；（b）二重管法；（c）三重管法

3. 旋喷桩的工艺特点

（1）施工机具设备简单。

（2）施工简便具有较好的耐久性。

（3）料源广阔，价格低廉，噪声小，无污染。

4. 旋喷桩挡土墙的适用范围

根据规范《建筑地基处理技术规范》（JGJ 79—2012），旋喷桩挡土墙受土层、土的粒度、土的密度、硬化剂黏性、硬化剂硬化时间影响小，适用于处理淤泥、淤泥质土、黏性土（流塑、软塑和可塑）、粉土、砂土、黄土、素填土和碎石土等地基。对土中含有较多的大直径块石、大量植物根茎和高含量的有机质，以及地下水流速较大的工程，应根据现场试验结果确定其适应性。

旋喷桩挡土墙可作为既有建筑和新建建筑的地基加固之用，也可作为基础防渗之用，还可作为施工中的临时措施（如深基坑侧壁挡土或挡水、止水帷幕等）。

4.11.3 逆作拱墙

1. 逆作拱墙支护

逆作拱墙是指沿基坑周边分层、分段将基坑开挖成圆形、椭圆及其他曲线平面，并沿基坑侧壁分层、分段逆作钢筋混凝土拱墙，利用拱体承受侧向土压力的拱墙支护结构。

逆作拱墙结构体系以承受压力为主，能充分发挥混凝土材料的受力性能，构造简单；分层分段开挖、分层分段逆作支护，结构水平位移小。拱形结构的特点是主要以承受压应力为主，拱内弯矩较小。

逆作拱墙的施工技术充分利用了高层建筑地下室基坑平面形状通常是闭合多边形且土压力为分布荷载的特点。可采用圆形、椭圆形、蛋形的闭合逆作拱圈来支护基坑。当基坑周边并非均有条件起拱的情况下，可在有条件起拱的坑边采用逆作拱圈支护，在没有起拱的坑边处采用钢筋混凝土直墙加型钢内支撑的支护结构。

深基坑逆作拱墙现场施工图如图4-61所示。

图4-61 深基坑逆作拱墙现场施工图

2. 逆作拱墙的技术特点

逆作拱墙具有以下技术特点：

（1）受力结构合理，安全可靠度高。

（2）经济合理，大幅度节省支护费用。

（3）节省工期，施工方便快捷。

（4）改善施工作业条件，避免环境污染。

4.11.4　冻结法围护结构

1. 冻结法围护结构概述

人工冻结的应用和研究是以天然冻结条件下冻土的物理力学性质研究为基础，随着人工冻结凿井逐步发展起来的。冻结法是利用人工制冷技术，使地层中的水冻结，把天然岩土变成冻土，增加其强度和稳定性，隔绝地下水与地下工程的联系，以便在冻结壁的保护下进行隧道、立井和地下工程的开挖与衬砌施工技术。其实质是利用人工制冷技术临时改变岩土的状态以固结地层。冻结法应用开始于19世纪，已有上百年的历史。最初主要应用于矿山立井工程，是通过厚表土层建设深立井的主要工法。

1862年，英国首次在南威尔士的建筑基坑中使用了冻结法加固土体；随后，冻结法逐渐成为煤矿建井的传统方法。1872年，德国首先应用于矿井建设。1880年，冻结法被首次提出并获得专利。1883年，在德国阿尔巴里煤矿中首先应用冻结法施工井筒，至1900年冻结法用于矿山施工次数已达60次以上。1888年，美国用于煤矿矿井开挖；1965年，加拿大开挖1 089 m矿井，其冻结深度达684 m；1952年至1981年间，北美用冻结法凿井达29个。

冻结法在城市土木工程中的应用开始于1886年瑞典24 m长人行隧道建设工程。在此后的一个多世纪里，冻结法在许多国家的煤矿、隧道、地铁、建筑基础、工程抢险和环境保护等领域中得到不断应用和发展，并且成为许多工程唯一可选的方法。

1979年，美国采用冻结法进行了地下核电站基坑和直径40 m、深6 m的烟囱基础施工。英国伦敦市郊地下液态瓦斯库，采用冻结法围护结构施工直径40 m、深度40 m的基坑，由于基坑底部处于透水层中，在冻结施工时，在基坑内设置了20个冻结管进行基底局部冻结。

20世纪70—80年代，苏联应用冻结法施工城市地铁、矿井和其他工业建筑的大型工程达200余项，包括莫斯科、圣彼得堡、基辅等城市地铁进站大厅35座、隧道工程35项，同时在高138.5 m、重270 000 MN大楼基坑开挖支护中采用冻结法并获得成功。

日本从1962年开始在岩土工程中应用人工地层冻结技术，随后20年中约施工了250个冻结工程，其中通过河流、铁路、公路和其他构筑物下的隧道工程、支承明挖的墙体工程、与盾构施工有关的工程和其他工程分别占20.2%、9.8%、66.9%和3.1%。

从20世纪中叶起，波兰、德国、法国、比利时、意大利、奥地利、挪威、西班牙、芬兰、澳大利亚、法国、荷兰、加拿大等国家相继开展了冻结法的应用研究，并日益重视这一技术。近年来，美国、日本、韩国等国正在研究将冻结法用于核废料处理工程中，这对于防止核废料的环境污染具有重要意义。

我国于1955年首次在开滦林西风井使用盐溶液冻结法凿井并获得成功。之后经过多年的实践，具有了一定技术水平的冻结凿井施工、设计队伍。20世纪60年代末，北京一期地铁大开挖工程中，曾试用冻结法作护坡工程，长度达90 m，挖深20~22 m。此后从20世纪80年代中期开始，随着我国地下工程的增多，冻结法逐渐由矿山工程向城市各类工程推广应用，完成了数例基坑工程和上海、南京、杭州、广州等地铁联络通道冻结工程。1993年起，在上海地铁旁通道施工的地层加固、上海大连路和复兴路越江隧道的盾构进出洞、上海地铁四号线体育场站穿越工程、南京地铁一号线三区间联络通道、广州地铁六号线坦尾站穿越等地下工程中采用了冻结法。其他工程，如内蒙古海拉尔水泥厂地下卸矿室及皮带走廊工程、安徽凤台淮河大桥主桥墩基础工程、江西九江虎口大桥桥墩工程、广州丫髻沙大桥桩基处理工程等也采用了冻结法；在润扬长江公路大桥南岸悬索南锚锭基坑的施工中，也采用冻结法进行施工，其主要目的是在锚锭基坑的周围形成可靠的挡水墙，利用冻土墙止水的特点，确保基坑内施工的安全性。

土冻结法由于基本不受支护范围和支护深度的限制，以及能有效防止涌水以及控制地下工程施工中相邻土体的变形而受到越来越多的重视，是岩土工程尤其是特殊地质和工程条件下工程施工的重要方法之一。国外许多国家如德国、法国、美国、加拿大、英国和俄罗斯等，研究和应用土冻结法技术起步较早，积累了许多成功经验。现在许多较大规模的国际工程技术公司在地下工程建设中使用冻结法，并且发展很快。国内外大量的冻结法工程实践表明，冻结法具有下述优点：

（1）安全可靠。可有效地隔绝地下水。冻结施工使土体中的大部分水结冰，这不仅提高了土的强度，在 –10 ℃时其瞬时强度可达到3（黏土）~10 MPa（砂土），而且其隔水效果是其他方法所无法比拟的。

（2）适应性广。适用于任何含一定水量的松散岩土层，在软土、含水不稳定层、流砂、高水压及高地压地层条件下冻结法技术有效、可行。如我国北京地铁复八线—大北窑—热电厂区间有南北两条东西走向隧道，南隧道顶部有2 m厚的粉细砂层，降低水位后开挖，引起地表塌陷，采用冻结法施工成功地控制了地层位移。而注浆、地下连续墙等方法对地质条件的适应性差，而且其加固深度有一定的限制。

（3）灵活性好。可以人为地控制冻结体的形状和扩展范围，必要时可以绕过地下障碍物进行冻结。

（4）可控性较好。冻结加固土体均匀、完整。土层注浆和深层搅拌桩，只是对土体局部加固，加固范围不易控制、加固体强度不均匀；而冻结法可以把设计的土体全部冻成冻土，冻结加固体均匀，整体性好，可形成地下工程施工帷幕。

（5）污染性小。冻结法工程施工最大的污染是钻孔时少量的泥浆排出，冻结过程不向地层注入任何有害物质。冻结法工程完毕后，地层自然融化恢复原有状况，不会在地层留下有碍于其他工程施工的地下障碍物。冻结法作为一种"绿色"的施工方法，符合环境岩土工程发展趋势。

（6）经济上合理。国内外的工程实例表明，冻结法工程成本与其他施工法（如注浆法和旋喷桩）处于相同的数量级，而且随着加固深度的加大，冻结法的经济性越来越明显。

2. 冻结法围护结构施工要点

（1）冻结法围护结构施工阶段及各阶段的作业内容。

冻结法围护结构施工按进度顺序可分为四个阶段：准备期、积极冻结期、维护冻结期和解冻期。积极冻结期是指从低温盐水在冻结管内循环、地基土冻结开始至冻结壁达到设计厚度和强度的时间。维护冻结期是指掘砌时间，在此期间内只需保持冻土墙不升温即可。

准备期可进行冻结管、供液管、监测设备和冷冻机械安装平行作业。冻结法围护结构施工各阶段作业内容如表4-10所示。

表4-10　冻结法围护结构施工各阶段作业内容

准备期	积极冻结期	维护冻结期			解冻期
冻结管及冷冻液配置	钻孔	冻土墙形成		开挖基坑	工程完成
	下放冻结管			冻土墙暴露面保温	停止机械运转
	测定偏斜				
	耐压试验			浇灌混凝土	自然解冻或强制解冻
	冷冻液配置				
	配管隔热				
监测仪器安装调试	钻孔	冷冻液循环	冷冻液温度、流量管理		起拔冻结管
	地温冻土墙温度				
	冻胀量		冻水墙的温度测定及监视		
	地下水位				孔内充填砂砾
	冻土墙体变形		地面冻胀、冻土墙变形及地下水位测定及监视		
	精度检测				
冷冻设备安装	冷冻机安装	开始运转	冷冻机运转管理		撤出基地
	输电设备安装				
	供水设备安装				
	耐压漏水试验				
	设备组装调试				

（2）冻结法围护结构施工应注意的事项。

① 做好现场监测是冻结法围护结构施工成败的关键步骤之一。如上所述，冻土是对温度十分敏感且性质不稳定的土体，为了及时掌握施工质量、发现并杜绝事故的苗头，应根据实际工况监测循环盐水的温度和流量、冻土墙的温度、开挖期冻土墙体的变形量、地面冻胀和融沉量等。

② 土体的冻结膨胀和融沉及其对邻近建筑物的影响。

冻土墙形成过程中，由于水分迁移和冰分凝引起地基土体冻胀，是冻结法围护结构施工的最大弱点。土体冻胀，在垂直方向上，使地面向上隆起，形成以冻土墙为中心的草笠状，可能对冻胀范围内的邻近建筑物构成威胁；在水平方向上，在把冻土墙外侧的未冻结土体侧向挤出的同时，增大了未冻土体对冻结挡土墙的土压力。但对于软土地层，由于侧向变位较大，水平方向冻胀影响范围衰减较快，一般对冻土墙体外围 5 m 远的构筑物不会构成严重威胁。为减少冻胀影响，施工中应设置一定数量的减压孔。对于有 2 ~ 3 排冻结孔的情况，可采用不同时冻结的方法，避免封闭型冻结。维护冻结期也可采用间歇冻结法。

为减缓开挖过程中侧向冻胀力的释放速度，基坑开挖宜由中心向边缘逐步推进。

为避免冻土墙解冻后的土体融沉应采用自然解冻及时跟踪注浆或采用强制解冻融沉注浆。为了减小冻结管拔除后的影响，注意夯实。若遇有沉降收缩很大的地基时，应采用下列方法：设计的结构物具有一定柔性、冻结前在结构物下面设支承桩或灌注灰浆、药液增加地理承载力。

③ 做好主体工程施工和冻结施工两者的密切配合是完成冻结法围护结构施工的必要条件，否则会造成人力、物力浪费，甚至导致工程失败。为此，应组织设计、施工和监测人员组成的施工领导小组，统一协调施工。

第5章 CHAPTER 5

深基坑施工监测

　　深基坑开挖过程中，由于卸载和扰动作用，使得开挖区土体的自然状态发生了变化，基坑内外的土体将由原来的静止土压力状态向被动或主动土压力状态转变，应力状态的转变引起土体的变形，即使采取了相应的支护措施，但一定程度的变形总是难以避免的。应力状态的改变首先引起基坑支护结构因承受荷载而导致内力发生改变，其次引起坑内土体隆起、基坑支护结构及其周围土体的侧向位移和沉降。无论哪种位移量超出了容许的范围，都将对基坑支护结构产生危害。

　　目前，基坑工程的施工主要集中在城市，基坑周围有较多的原有建（构）筑物。地上的建（构）筑物相当于庞大的集中荷载，会加剧基坑内外土体的变形，土体变形过大又会促使原有建（构）筑物产生较大的变形甚至破坏。近年来，国内外深基坑工程施工安全事故（见图 5-1）时有发生，部分事故造成了巨大的经济损失和严重的人身伤亡后果。重视深基坑施工安全问题，避免安全事故的发生已刻不容缓。在深基坑施工过程中，只有对基坑支护结构、基坑周围的土体和相邻的建（构）筑物进行综合、系统的监测，才能对工程情况有全面的了解，进而采取科学合理的安全风险控制措施，确保工程安全顺利进行。

（a）　　　　　（b）　　　　　（c）　　　　　（d）

图 5-1　基坑工程事故

（a）土钉墙的垮塌；（b）围护桩体系的垮塌；（c）地下连续墙的垮塌；（d）深基坑事故

5.1　监测的重要性

　　基坑工程中支护结构的变形、受力等由于受地质条件、荷载条件、材料性质、施工条件和外界其他因素的复杂影响，很难单纯从理论上进行准确计算。而这些特征值又是影响基坑安全、施工安全的重要因素，因此，在理论分析指导下有计划地进行施工现场的工程监测是十分必要的。

　　深基坑工程监测是指在深基坑施工过程中，借助科学仪器、设备和技术对基坑本体和相邻环境的应力、位移、倾斜、沉降、开裂，以及对地下水位的动态变化、土层孔隙水压力变化等进行的综合监测。理论研究和工程实践表明，深基坑工程监测可以起到以下作用。

　　（1）验证支护结构设计的合理性，指导基坑开挖和支护结构的施工。由于岩土体物理力学性质的复杂多变性，当前我国基坑支护结构的设计水平处于半理论半经验状态，土压力计算大多采用经典的侧向土压力公式，其结果与现场实测值有一定的差异，还没有较为成熟的方法可以准确计算基坑周围土体的变形情况。因此，在施工过程中迫切需要知道现场的实际应力和变形情况，并与设计值进行比较，必要时对设计方案或施工过程和方法进行修正。

　　（2）保证基坑支护结构和相邻建（构）筑物的安全。深基坑开挖与支护工程为满足支护结构及被支护土体的稳定性，首先要防止其破坏或极限状态的发生。破坏或极限状态主要表现为静力平衡的丧失或支护结构的构造性破坏。在破坏前，往往会在基坑侧向的不同部位上出现较大的变形或变形速率明显增大。支护结构和被支护土体的过大位移，将引起邻近建（构）筑物的倾斜或开裂、邻近管道的渗漏，有时会引发一连串灾难性的后果。如有周密的监测控制，会有利于采取应急措施，可在很大程度上避免或减轻破坏的后果。

　　（3）总结工程经验，为完善设计分析提供依据。支护结构的土压力分布受支护方式、支护结构刚度、施工过程和被支护土类的影响，并直接与侧向位移有关，其往往是非常复杂的，现行设计分析理论尚未达到成熟阶段。完整准确的基坑开挖经验与支护监测结果，对于总结工程经验，完善现有的设计分析理论都是十分宝贵的。

5.2　监测原则

　　监测工作是一项系统工程，监测工作的成败与监测方法的选取、监测仪器的选取、监测点的布设与保护等有密切关系，应遵循以下基本原则。

1. 可靠性原则

　　可靠性原则是监测系统设计中所要考虑的最重要的原则。为了确保其可靠，必须做到：监测系统需要采用可靠的仪器；设计中采用的监测手段是已基本成熟的方法；应在监测期间保护好监测点。

一般而言，机测式仪器的可靠性高于电测式仪器，所以如果使用电测式仪器，则通常要求具有目标系统或与其他机测式仪器互相校核。

2. 多层次原则

在监测仪器选型上以机测式仪器为主，以电测式仪器为辅，同时为了保证监测的可靠性，监测系统还应采用多种原理不同的方法和仪器进行互相校核。在地表、基坑周围土体内部及邻近受影响的建（构）筑物与设施内进行布点，形成具有一定测点覆盖率的监测网。在监测方式上以仪器监测为主，并辅以现场巡查的方法；在监测对象上以位移监测为主，但也要考虑其他物理量的监测。

3. 关键部位优先、兼顾全面原则

对围护结构、支撑结构中相当敏感的区域应加密点数和项目，进行重点监测；对地质变化起伏较大的部位、在施工过程中有异常的部位也应进行重点监测；除在关键部位优先布设监测点外，也要在系统性的基础上均匀布设监测点。

4. 与设计相结合原则

对设计中使用的关键参数进行监测，以达到进一步优化设计的目的；对设计中有争议的方法、原理所涉及的受力部位及受力内容进行监测，作为反演分析的依据；根据设计计算情况和基坑工程的特点，确定围护结构、支撑结构的预警值。

5. 与施工相结合原则

结合施工方法确定测试方法、监测元件的种类、监测点的保护措施；结合施工实际情况调整监测点的布设位置，尽量减少其与工程施工的交叉影响；结合施工进度和施工条件确定或调整监测频率。

6. 经济合理原则

监测方法的选择，在安全、可靠的前提下尽可能采用简易、直观、有效的方法；监测设备的选择，在确保可靠的基础上使用性价比较高的仪器设备；监测点的数量，在确保系统和安全的前提下，合理利用监测点之间的联系，尽量减少监测点数量，以提高工作效率，降低成本。

5.3　监测项目与仪器

1. 一般规定

《建筑基坑工程监测技术标准》（GB 50497—2019）有如下规定：监测项目应与基坑工程设计、施工方案相匹配；应针对监测对象的关键部位进行重点观测；各监测项目的选择应利于形成互为补充、验证的监测体系。

基坑工程现场监测应采用仪器监测与现场巡视检查相结合的方法。

2. 仪器监测

土质基坑工程仪器监测项目应根据表 5-1 进行选择。

表 5-1　土质基坑工程仪器监测项目

监测项目		基坑工程安全等级		
		一级	二级	三级
围护墙（边坡）顶部水平位移		应测	应测	应测
围护墙（边坡）顶部竖向位移		应测	应测	应测
深层水平位移		应测	应测	宜测
立柱竖向位移		应测	应测	宜测
围护墙内力		宜测	可测	可测
支撑轴力		应测	应测	宜测
立柱内力		可测	可测	可测
锚杆轴力		应测	宜测	可测
坑底隆起		可测	可测	可测
围护墙侧向土压力		可测	可测	可测
孔隙水压力		可测	可测	可测
地下水位		应测	应测	应测
土体分层竖向位移		可测	可测	可测
周边地表竖向位移		应测	应测	宜测
周边建筑	竖向位移	应测	应测	应测
	倾斜	应测	宜测	可测
	水平位移	宜测	可测	可测
周边建筑裂缝、地表裂缝		应测	应测	应测
周边管线	竖向位移	应测	应测	应测
	水平位移	可测	可测	可测
周边道路竖向位移		应测	宜测	可测

岩体基坑工程仪器监测项目应根据表 5-2 进行选择。

表 5-2　岩体基坑工程仪器监测项目

监测项目	基坑设计安全等级		
	一级	二级	三级
坑顶水平位移	应测	应测	应测
坑顶竖向位移	应测	宜测	可测

续表

监测项目		基坑设计安全等级		
		一级	二级	三级
锚杆轴力		应测	宜测	可测
地下水、渗水与降雨关系		宜测	可测	可测
周边地表竖向位移		应测	宜测	可测
周边建筑	竖向位移	应测	宜测	可测
	倾斜	宜测	可测	可测
	水平位移	宜测	可测	可测
周边建筑裂缝、地表裂缝		应测	宜测	可测
周边管线	竖向位移	应测	宜测	可测
	水平位移	宜测	可测	可测
周边道路竖向位移		应测	宜测	可测

基坑工程常用监测仪器和元件应根据表5-3进行选择。

表5-3　基坑工程常用的监测仪器和元件

监测对象		监测项目	监测仪器和元件
支护结构	围护桩墙	桩墙顶水平位移，桩墙顶沉降	经纬仪
		桩墙深层挠曲	水准仪
		桩墙内力	测斜仪
		桩墙上土压力，水压力	土压力盒、频率仪
			孔隙水压力计、频率仪
	水平支撑	支撑轴力（混凝土）	钢筋应力计或应变计、频率仪或应变计
		支撑轴力（钢支撑）	钢筋应变计或应变片、轴力计、频率仪或应变计
	圈梁、围檩	内力	钢筋应力计或应变计、频率仪或应变计
		水平位移	经纬仪
	立柱	垂直沉降	水准仪
	坑底土层	垂直隆起	水准仪、分层沉降仪
	坑内地下水	水位	钢尺或钢尺水位计和水位探测仪

续表

监测对象		监测项目	监测仪器和元件
相邻环境	相邻土层	分层沉降	分层沉降仪
		水平位移	经纬仪
	地下管线	垂直沉降	水准仪
		水平位移	经纬仪
	相邻房屋	垂直沉降	水准仪
		倾斜	经纬仪
	坑外地下水	裂缝	裂缝监测仪
		水位	钢尺或钢尺水位计和水位探测仪
		分层水压	孔隙水压力计、频率仪

根据《建筑基坑支护技术规程》（JGJ 120—2012）中规定：安全等级为一级、二级的支护结构，在基坑开挖过程与支护结构使用期内，必须进行支护结构的水平位移监测和基坑开挖影响范围内建（构）筑物、地面的沉降监测。

监测仪器、设备和元件应符合下列规定。

（1）满足观测精度和量程的要求，且应具有良好的稳定性和可靠性。

（2）应经过校准或标定，且校核记录和标定资料齐全，并应在规定的校准有效期内使用。

（3）监测过程中应定期进行监测仪器、设备的维护保养、检测，以及监测元件的检查。

土岩组合基坑工程应根据基坑设计安全等级、岩体质量、土岩分布、土岩结合面及地下水状况、支护形式、周边环境变形控制要求，按照表 5－1、表 5－2 选择监测项目，对围护桩嵌岩处岩体的水平向位移宜进行监测。

岩体基坑、土岩组合基坑采用爆破开挖时，应对爆破振动影响范围内的建（构）筑物、桥梁、道路、管线等保护对象进行质点振动速度或加速度监测。

湿陷性黄土和膨胀土基坑，当坑壁土体浸水可能性较大时，宜对土体含水量进行监测。

当基坑周边有地铁、隧道或其他对位移有特殊要求的建筑及设施时，监测项目应与有关管理部门或单位协商确定。

5.4　监测方案

监测方案是指导监测工作的主要技术文件，监测方案的编制应依据工程合同、工程基础资料、设计资料、施工方案和组织资料，并参照国家现行规定、规范、条例等，同时还须与工程建设单位、施工单位、监理单位、设计单位以及管线主管单位和道路监察部门充分地协商。

监测方案根据不同需要会有不同内容，一般包括监测目的和依据、工程概况（应包括场地岩土条件和周边环境状况，监测管理制度等）、监测内容和监测点数量、各类监测点布置平面图、各类监测点布置剖面图、各项目监测周期和频率的确定、监测仪器设备的选用、监测人员的配备、各类预警值的确定、监测报告送达对象和时限、监测注意事项、费用预算等。

监测方案需按照一定的程序进行编制和审查，以保证监测方案的完整性、准确性和可实施性。其基本程序如下：监测单位接受建设单位、勘察设计单位、施工单位和监理单位等相关单位的交底；监测单位进行现场勘察、资料收集及复核；监测单位根据监测合同职责要求独立编制完成监测方案；监测单位完成监测方案内审程序；监测单位将完成内审程序后的监测方案报送相关单位外审；业主单位组织专家评审，监测单位根据专家评审意见完成监测方案的修改优化；监测单位将修改优化后的监测方案报送业主单位和质量监督部门备案。

其中下列基坑工程的监测方案应进行专门论证：地质和环境条件复杂的基坑工程；邻近重要建（构）筑物和管线，以及历史文物、优秀近现代建筑、地铁、隧道等破坏后果很严重的基坑工程；已发生严重事故，重新组织施工的基坑工程；采用新技术、新工艺、新材料、新设备的一级、二级基坑工程；其他需要论证的基坑工程。

在工程实践中，施工监测方案的优化和改进，对于基坑支护动态施工的顺利实现有较大的意义。除了参照上节所提到的几项主要原则进行监测方案优化外，还应遵循以下原则：监测项目的选择应有利于对基坑支护的稳定性和周围地层变形的安全性进行全面、有效的分析；监测断面及其监测点的设置应满足动态施工足够数量的分析断面和测试数据；仪器的安装、测读、数据分析和上报等不仅应保证监测数据的准确性，还应当简便和实用，以保证监测数据获取的及时和迅速，并实现信息反馈的高效性。

深基坑工程监测应从基坑开挖前的准备工作开始，直至基坑土方回填完毕为止。在工程施工过程中，监测频率不是一成不变的，应根据基坑开挖及地下工程的施工进程、施工工况以及其他外部环境影响因素的变化及时地做出调整。

监测频率的确定是监测工作的重要内容，与施工方法、施工进度、工程所处的地质条件、周边环境条件、监测对象和监测项目的自身特点等密切相关，尤其是施工方法和施工进度。同时，监测频率与投入的监测工作量和监测费用有关，在制定监测频率时，既要考虑不能错过监测对象的重要变化时刻，也应当合理布置监测工作量，控制监测费用，选择科学、合理的监测频率有利于监测工作的有效开展。

工程监测是信息化施工的重要手段，监测频率在整个工程施工过程中要根据施工进度、施工工况及监测对象与施工作业面所处的位置关系进行不断调整，其基本要求应是监测频率能满足反映监测对象随施工进度（时间）的变化规律。

工程监测采用定时监测的方法，可以反映相同时间间隔下，监测对象的变形、变化大小，以便于计算监测对象的变化速率，判断监测对象的变化。及时关注短时内发生较大变化的现象，从累计变化量和变化速率两个方面评价监测对象的安全状态。当监测对象累计变化量、变化速率超过控制值或出现其他异常情况时，应提高监测频率，减小监测时间间隔；当监测对象累计变化量、变化趋于稳定时，可适当增大监测时间间隔，减少监测次数。

对深基坑周边既有的轨道交通运营线路、建（构）筑物等，由于其重要性和社会影响性大，对变形控制要求较高，控制指标值相对较为严格，为确保安全，应提高监测频率，必要时对关键的监测项目进行 24 h 远程实时监测，以便及时发现问题，采取相应安全措施。

为保证工程施工的安全或方便施工，工程施工过程中往往都要采用其他的辅助工法，如施工降水或注浆加固等。这些辅助工法的实施也会对周围土体及周边环境产生影响。当采用辅助工法时，根据环境对象的重要性程度和预测的变形量大小调整监测频率，周边环境对象较为重要且预测影响较大时，应提高监测频率。

现场巡查是施工监测工作的重要组成部分，是现场仪器监测的最有效补充。在工程施工过程中，根据施工进度合理安排巡查频率，做好巡查记录，如发现异常情况，应立即报告。

根据规范《建筑基坑工程监测技术标准》（GB 50497—2019），仪器监测频率应符合下列规定：

（1）应综合考虑基坑支护、基坑及地下工程的不同施工阶段以及周边环境、自然条件的变化和当地经验确定。

（2）对于应测项目，在无异常和无事故征兆的情况下，开挖后监测频率可按表 5 - 4 确定。

表 5 - 4　现场仪器的监测频率

基坑设计安全等级	施工进程		监测频率
一级	开挖深度 h	$\leqslant \dfrac{H}{3}$	1 次/（2~3）d
		$\dfrac{H}{3} \sim \dfrac{2H}{3}$	1 次/（1~2）d
		$\dfrac{2H}{3} \sim H$	（1~2）次/d
	底板浇筑后时间/d	≤7	1 次/d
		7~14	1 次/3 d
		14~28	1 次/5 d
		>28	1 次/7 d
二级	开挖深度 h	$\leqslant \dfrac{H}{3}$	1 次/3 d
		$\dfrac{H}{3} \sim \dfrac{2H}{3}$	1 次/2 d
		$\dfrac{2H}{3} \sim H$	1 次/d
	底板浇筑后时间/d	≤7	1 次/2 d
		7~14	1 次/3 d
		14~28	1 次/7 d
		>28	1 次/10 d

注：1. h——基坑开挖深度；H——基坑设计深度。

2. 支撑结构开始拆除到拆除完成后 3 d 内监测频率加密为 1 次/d。

3. 基坑工程施工至开挖前的监测频率视具体情况确定。

4. 当基坑设计安全等级为三级时，监测频率可视具体情况适当降低。

5. 宜测、可测项目的仪器监测频率可视具体情况适当降低。

当出现下列情况之一时，应加强监测，提高监测频率，并及时向委托方及相关单位报告监测结果：监测数据达到预警值；监测数据变化较大或变化速率加快；存在勘察未发现的不良地质；超深、超长开挖或未及时加支撑等未按设计工况施工；基坑及周边大量积水、长时间连续降雨、市政管道出现泄漏；基坑附近地面荷载突然增大或超过设计限值；支护结构出现开裂；周边地面突发较大沉降或出现严重开裂；邻近建（构）筑物突发较大沉降、不均匀沉降或出现严重开裂；基坑底部、侧壁出现管涌、渗漏或流砂等现象；基坑工程发生事故后重新组织施工；出现其他影响基坑及周边环境安全的异常情况。

5.5　监测内容

5.5.1　墙顶或桩顶位移

墙顶或桩顶位移是深基坑工程中最直接的监测内容，包括墙顶或桩顶的水平位移和竖向位移。监测墙顶或桩顶位移对反馈施工工序，以及决定是否采用辅助措施以确保支护结构和周围环境安全都具有重要意义，同时墙顶或桩顶位移也是墙体测斜数据计算的起始依据。

围护墙顶或桩顶水平位移，在测特定方向上可采用视准线法、小角度法、投点法等；测定监测点任意方向的水平位移时，可视监测点的分布情况，采用前方交会法、后方交会法、极坐标法等；当监测点与基准点无法通视或距离较远时，可采用GPS（gobal positioning system，全球定位系统）测量法或三角、三边、边角测量与基准线法相结合的综合测量方法。墙顶或桩顶竖向位移监测可采用几何水准或液体静力水准等方法，各监测点与水准基准点或工作基点应组成闭合环路或附合水准路线。

墙顶或桩顶位移监测基准点应埋设在基坑开挖深度3倍范围以外不受施工影响的稳定区域或利用已有稳定的施工控制点，不应埋设在低洼积水、湿陷、冻胀、胀缩等影响范围内；基坑每边不宜少于3点；基准点的埋设应符合国家现行标准《建筑变形测量规范》（JGJ 8—2016）的有关规定，对特等和一等位移观测的基准点及工作基点，应建造具有强制对中装置的观测墩或埋设专门观测标石。强制对中装置的对中误差不应超过0.1 mm。墙顶位移监测点应设置在基坑边坡混凝土护顶或围护墙顶（冠梁）上，安装时采用铆钉枪打入铝钉或钻孔埋深膨胀螺栓，涂上红漆作为标记，有利于监测点的保护和提高监测精度。

墙顶或桩顶位移监测点应沿基坑周边布置，监测点水平间距不宜大于20 m，如图5-2、图5-3所示。一般基坑每边的中部、阳角处变形较大，所以在中部、阳角处宜设监测点。为便于监测，水平位移监测点宜同时作为竖向位移的监测点。

参照《建筑基坑工程监测技术标准》（GB 50497—2019），基坑围护墙（边坡）顶部、周边建筑、周边管线的水平位移监测精度应根据其水平位移预警值，按表5-5确定；围护墙（边坡）顶部、立柱、基坑周边地表、管线和邻近建筑、道路的竖向位移监测精度应根据其竖向位移预警值，按表5-6确定。

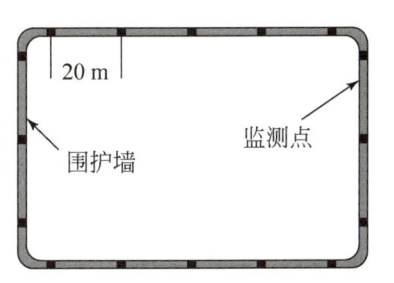

图 5－2　墙顶位移监测点的布设

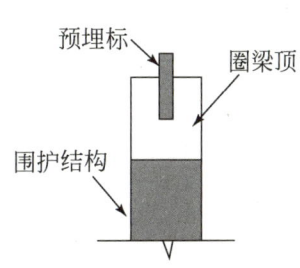

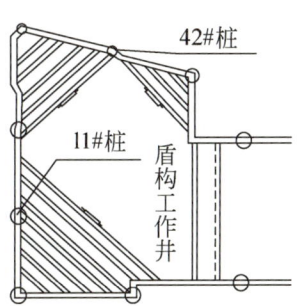

图 5－3　桩顶位移及沉降

表 5－5　水平位移监测精度要求

水平位移预警值	累计值 D/mm	$D \leqslant 40$	$40 \leqslant D \leqslant 60$	$D > 60$
	变化速率 v_D/（mm/d）	$v_D < 2$	$2 \leqslant v_D < 4$	$4 \leqslant v_D \leqslant 6$	$v_D > 6$
监测点坐标中误差/mm		≤1.0	≤1.5	≤2.0	≤3.0

注：1. 监测点坐标中误差系指监测点相对测站点（如工作基点等）的坐标中误差，监测点相对于基准线的偏差中误差为点位中误差的 $\dfrac{1}{\sqrt{2}}$。

　　2. 当根据累计值和变化速率选择的精度要求不一致时，水平位移监测精度优先按变化速率预警值的要求确定。

　　3. 以中误差作为衡量精度的标准。

表 5－6　竖向位移监测精度要求

竖向位移预警值	累计值 S/mm	$S \leqslant 20$	$20 < S \leqslant 40$	$40 < S \leqslant 60$	$S > 60$
	变化速率 v_S/（mm/d）	$v_S \leqslant 2$	$2 < v_S \leqslant 4$	$4 < v_S \leqslant 6$	$v_S > 6$
监测点测站高差中误差/mm		≤0.15	≤0.5	≤1.0	≤1.5

注：监测点测站高差中误差系指相应精度与视距的几何水准测量单程一测站的高差中误差。

5.5.2　围护结构或土体水平位移

　　围护桩或周围土体深层水平位移的监测是确定深基坑围护结构变形和受力的最重要的监测手段，通常采用测斜仪进行监测。测斜仪是一种可精确地测量沿垂直方向土层或围护结构内部水平位移的工程测量仪器，如图 5－4 所示。测斜仪分为活动式和固定式两种，在基坑开挖支护监测中常用活动式测斜仪。在基坑开挖之前先将有 4 个相互垂直导槽的测斜管埋入支护结构或被支护的土体中，测量时，将活动式测头放入测斜管，使测头上的导向滚轮卡在测斜管内壁的导槽中，沿槽滚动，活动式测头可连续地测定沿测斜管整个深度的水平位移变化。

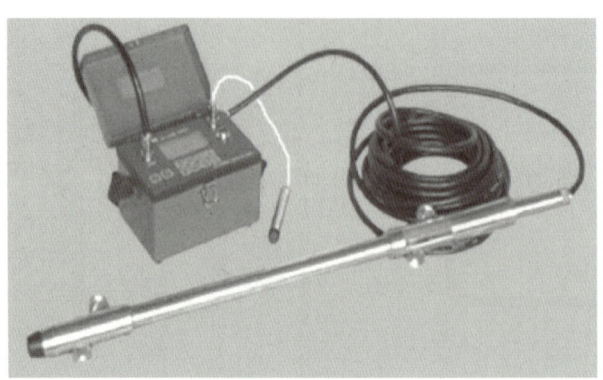

图 5 – 4　测斜仪

1. 测斜仪工作原理

　　测斜仪的工作原理是利用重力摆锤始终保持铅直方向的性质，测得仪器中轴线与摆锤垂直线的倾角，倾角的变化导致电信号变化，经转化输出并在仪器上显示，从而可以知道被测结构的位移变化值，如图 5 – 5 所示。当土体产生位移时，埋入土体中的测斜管随土体同步位移，测斜管的位移量即为土体的位移量。在实际量测时，将测斜仪插入测斜管内，并沿管内导槽缓慢下滑，按取定的间距逐段测定各位置处管道与铅直线的相对倾角，假设桩墙（土体）与测斜管挠曲协调，就能得到被测结构的深层水平位移，只要配备足够多的量测点（通常间隔 0.5 m），所绘制的曲线几乎是连续光滑的。放入测斜管内的活动测头，测量出的是各个不同分段点上测斜管的倾角变化 ΔX_i，而该段测斜管相应的位移增量 ΔS_i 为：$\Delta S_i = L_i \sin \Delta X_i$，式中 L_i 为各段点之间的单位长度。

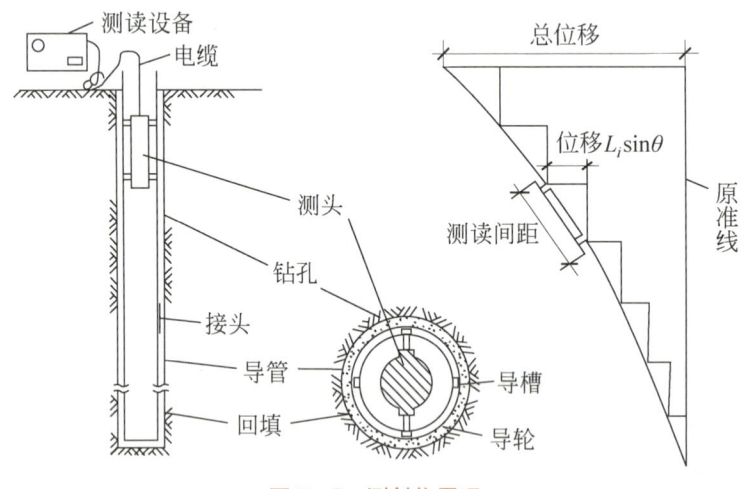

图 5 – 5　测斜仪原理

　　当测斜管埋设得足够深时，管底可以认为是位移不动点，管口的水平位移值 Δ_n 就是各分段位移增量的总和。

$$\Delta_n = \sum_{i=1}^{n} L_i \sin X_i \qquad (5-1)$$

在测斜管两端都有水平位移的情况下，就需要实测管口的水平位移值 Δ_0，并向下推算各测点的水平位移值 Δ，即：

$$\Delta = \Delta_0 - \sum_{i=1}^{n} L_i \sin X_i \qquad (5-2)$$

测斜管可以用于测单向位移，也可以测双向位移。测双向位移时，由两个方向的测量值求出其矢量和，得出位移的最大值和方向。

2. 测斜仪类型

活动式测斜仪按测头传感元件不同，又可细分为滑动电阻式测斜仪、电阻片式测斜仪、钢弦式测斜仪及伺服加速度式测斜仪 4 种，如图 5-6 所示。

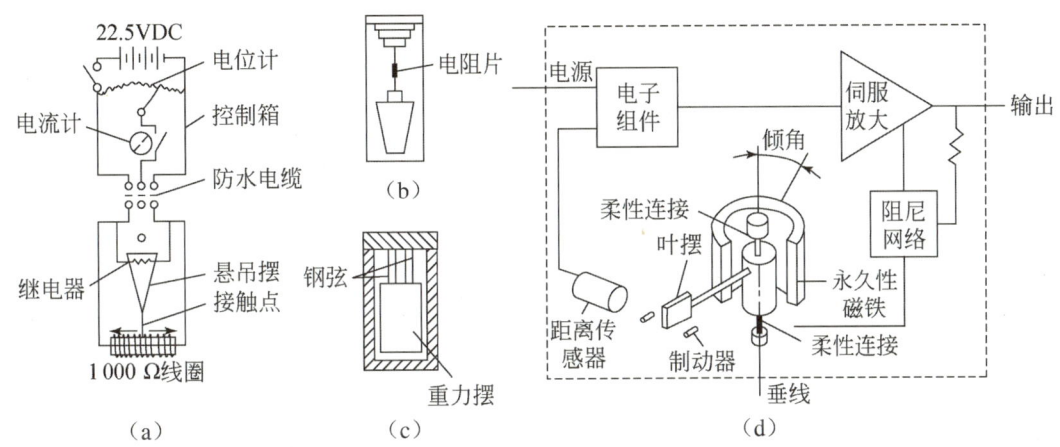

图 5-6　测斜仪示意图
(a) 滑动电阻式测斜仪；(b) 电阻片式测斜仪；(c) 钢弦式测斜仪；(d) 伺服加速度式测斜仪

（1）滑动电阻式测斜仪。测头以悬吊摆为传感元件，在悬吊摆的活动端装一电刷，在测头壳体上装电位计，当悬吊摆相对壳体倾斜时，电刷在电位计表面滑动，遇电位计则将悬吊摆相对壳体的倾斜角位移变成电信号输出，用惠斯顿电桥测定电阻比的变化，根据标定结果，就可进行倾斜测量。该测头优点是坚固可靠；缺点是测量精度不高（其性能受电位计分辨力限制）。

（2）电阻片式测斜仪。测头是在弹性好的铍青铜弹簧片下挂重力摆，弹簧片两侧各贴两片电阻应变片，构成差动可变电阻式传感器。弹簧片可设计成等应变式，使之在弹性限度内测头的倾角变化与电阻应变仪读数呈线性关系。

（3）钢弦式测斜仪。钢弦式测斜仪是双轴测斜仪，可进行水平两个方向的测斜。通过四个钢弦式应变计测定重力摆动的弹性变形，进而求得倾斜值。

（4）伺服加速度式测斜仪。它的工作原理是建立在检测质量块因输入加速度而产生的惯性力与特殊感应系统产生的反力相平衡，感应线圈的电流与此反力成正比的基础上，根据电压大小可测定倾斜度，所以将其称为力平衡伺服加速度计。

以上 4 种类型的测斜仪，在国内外都有厂家定型生产，目前以生产伺服加速度式测斜仪的厂家居多。加速度计是用于惯性导航的元件，其灵敏度和精度较高。我国地质和石油钻井测量倾斜度用的是陀螺仪，但在土木工程监测中尚未看到应用的实例。

活动式测斜仪的组成大致可分为四部分：装有重力式测斜传感元件的测头、测读仪、连接测头和测读仪的电缆、测斜管。

（1）测头。侧头是倾斜角传感元件。

（2）测读仪。测读仪应和测头配套选择与使用。其测量范围、精度和灵敏度，均根据工程需要而定。HCX－2B型智能数显测斜仪的量程为±30°，重复性为0.002% F·S（full scale，满量程），精度为±0.01 mm/0.5 m。

（3）电缆。电缆的作用包括：向测头供给电源；给测读仪传递测量信号；测量监测点距孔口的深度尺；提升与下放测头的绳索。电缆除具有很高的防水性能，还不能有较大的长度变化。为此，电缆芯线中应设有一根加强钢芯线。

（4）测斜管。测斜管一般由塑料或铝合金制成，测斜管直径大小不一，长度每节2~4 m，测斜管接头有固定式和伸缩式两种，测斜管内有两对互成正交的纵向导槽，测量时，把测头导轮坐落在一对导槽内并可上下自由滑动。

3. 测斜管安装或埋设

测斜管可安装在地下连续墙或支护桩钢筋笼内，随钢筋笼浇筑在混凝土中，也可钻孔埋设在支护结构或地基土体中。测斜监测点一般布置在基坑平面上挠曲计算值最大的位置，监测点水平间距20~50 m，每边监测点数目不应少于1个。为了真实地反映围护墙的挠曲状况和地层位移情况，应保证测斜管的埋设深度，具体要求如下：设置在围护墙内的测斜管深度不宜小于围护墙的深度；设置在土体内的测斜管深度不宜小于基坑开挖深度的1.5倍，并不大于围护墙的入土深度。参照《建筑基坑工程监测技术标准》（GB 50497—2019），测斜仪的系统精度不宜低于0.25 mm/m，分辨率不宜低于0.02 mm/500 mm。安装或埋设过程中注意事项如下。

（1）测斜管现场组装后，安装在地下连续墙或支护桩的钢筋笼上，随钢筋笼浇筑在混凝土中，浇筑混凝土之前应在测斜管内注满清水，防止测斜管在浇筑混凝土时浮起，并防止水泥浆渗入管内，如图5－7所示。

（a）   （b）

图5－7　支护桩钢筋笼内测斜管安装

（a）测斜管固定于钢筋笼；（b）测斜管与钢筋笼下放

（2）在支护结构或被支护土体内钻孔，然后将测斜管逐节组装并放入钻孔内，测斜管底部装有底盖，管内注满清水，放入钻孔内预定深度后，即向测斜管与孔壁之间的间隙由下而上逐段灌浆或用砂填实，固定测斜管。

（3）安装或埋设时，应及时检查测斜管内的一对导槽，看其指向是否与欲测量的位移方向一致，如不一致应及时修正。

（4）测斜管固定完毕或浇筑混凝土后，用清水将测斜管内冲洗干净，把测头模型放入测斜管内，沿导槽上下滑行一遍，以检查导槽是否畅通无阻，滚轮是否有滑出导槽的现象。测斜仪的测头是较贵重的组件，在未确认测斜管导槽畅通时，不得放入真实的测头。

（5）测量测斜管导槽方位、管口坐标及高程，及时做好孔口保护装置，做好记录。

（6）对于安装在温泉或有地热地段的测斜管，应确定测斜管内的水温是否在测头容许的工作范围内。如水温过高，应在孔口安装冷水洗孔装置。

4. 测量注意事项

（1）为保护测斜仪测头的安全，测量前先将测头模型放入测斜管内，沿导槽上下滑行一遍，检查测斜管及导槽是否畅通无阻。

（2）连接测头和测读仪，检查密封装置、电池充电量、仪器是否工作正常。

（3）将测头插入测斜管，使滚轮卡在导槽上，缓慢下至孔底，测量自孔底开始，自下而上沿导槽全长每隔一定距离测读一次，每次测量时，应将测头稳定在某一位置上。测量完毕后，将测头旋转180°再插入同一对导槽，按以上方法重复测量，两次测量的各测点应在同一位置，此时各测点的两次读数应是数值接近、符号相反。如果测量数据有疑问，应及时补测。用同样方法可测另一对导槽的水平位移。一般测斜仪可以同时测量相互垂直的两个方向的水平位移。

（4）侧向位移的初始值应是基坑开挖之前连续三次测量无明显差异读数的平均值或取其中一次的测量值作为初始值。

（5）观测间隔时间，应根据侧向位移的绝对值或位移增长速度而定，当侧向位移明显增长时，应加密观测次数。

应当注意的是，测斜变形计算时需确定固定起算点，起算点位置的设定分管底和管顶两种情况。无支撑的自立式围护结构，一般入土深度较大，若测斜管埋设在底部，则可将管底作为基准点，由下而上累计计算某一深度的变形值，直至管顶。单支撑或多支撑的围护结构，在进行支撑作业（或未达到设计强度）前的挖土时，其变形类似于自立式围护，仍可将管底作为基准点；当顶层支撑作业完成后，基坑就会发生变形，因而将基准点转至管顶，由上而下累计某一深度的变形值，直至开挖结束。

5.5.3 坑底回弹变形

1. 监测方法及布点原则

基坑开挖是一个卸荷过程，开挖愈深，土层应力状态的改变愈大，这就不可避免地会引起基坑底面土体的变形。基坑回弹变形又称隆起，它不只限于基坑的自身范围，而且会影响基坑外的一定范围，深大基坑的回弹量大，对基坑本身和邻近建（构）筑物都有较大影响，因此，需要进行基坑回弹观测，以确定其数值的大小。

坑底回弹变形的测量方法及回弹曲线示意图分别如图 5-8、图 5-9 所示。参照《建筑基坑工程监测技术标准》（GB 50497—2019），坑底回弹监测的精度要求应符合表 5 – 7 的规定。

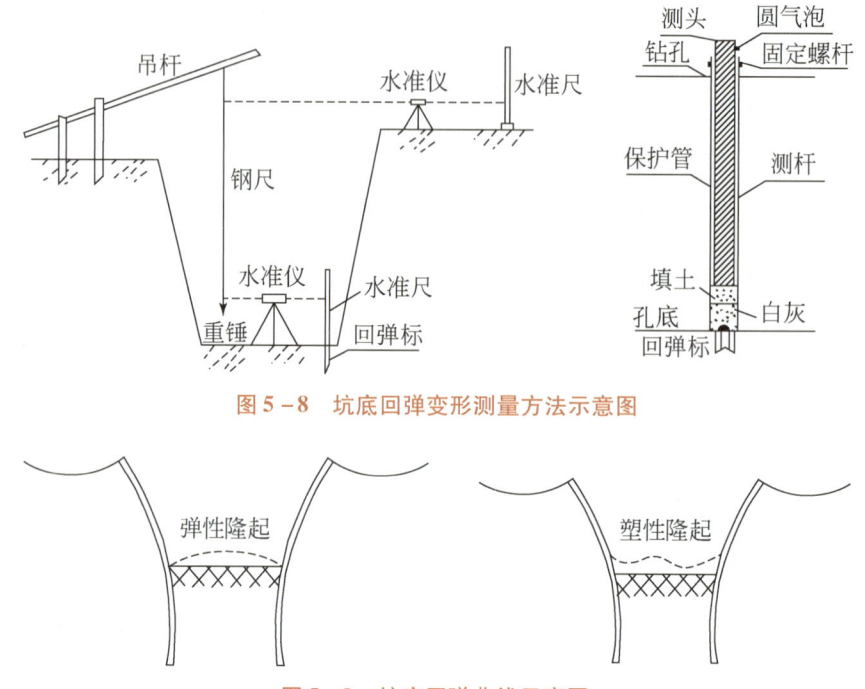

图 5 – 8   坑底回弹变形测量方法示意图

图 5 – 9   坑底回弹曲线示意图

表 5 – 7   坑底回弹监测的精度要求   单位：mm

坑底回弹预警值	≤40	40～60	>60
监测点测站高差中误差	≤1.0	≤2.0	≤3.0

基坑坑底回弹监测点的埋设和在施工过程中的保护比较困难，监测点不宜设置过多，以能够测出必要的基坑坑底回弹数据为原则。回弹观测应根据基坑形状及工程地质条件，以最少的监测点测出所需的各纵横断面回弹量为原则进行，总体原则是监测剖面数量不应少于 2 个，同一剖面上的监测点数量不应少于 3 个，基坑中部宜设监测点，依据这些监测点绘出的回弹断面图可以基本反映出坑底的变形变化规律。按行业标准《建筑变形测量规范》（JGJ 8—2016），回弹监测点宜按下列要求，在有代表性的位置和方向线上布置。

（1）在基坑中央和距坑底边缘 $\frac{1}{4}$ 坑底宽度处及其他变形特征位置必须设点。方形、圆形基坑可按单向对称布点；矩形基坑可按纵横向布点；复合矩形基坑可多向布点。当地质情况复杂时，应适当增加监测点数。

（2）基坑外的监测点，应在所选坑内方向线上的一定距离（基坑深度的 1.5～2.0 倍）处布置。

（3）当所选监测点位置遇到地下管道或其他建（构）筑物时应予避开，可将监测点移到与之对应方向线的空位上。

（4）在基坑外相对稳定和不受施工影响的地点，选设工作基点（水准点），以及为寻找标志用的定位点。

回弹观测方法通常采用几何水准法，高程中误差不超过 1 mm。基坑回弹可采用预埋回弹观测标和常规深层沉降标来测量，还可以用磁性深层沉降标来测量基坑回弹。

2. 预埋回弹观测标测量基坑回弹

（1）回弹观测标规格。回弹观测标的头部用长约 10 cm 的圆钢一段（其直径应与钻杆相匹配），顶部加工成半球状（$\phi = 20$，高约 20 mm），其余部分加工成反扣的方式与钻杆相接，尾部为 400～500 mm 的角钢（50 mm×50 mm ×5 mm），头部与尾部由一块ϕ100厚 20 mm 的圆盘焊接成整体，如图 5−10 所示。

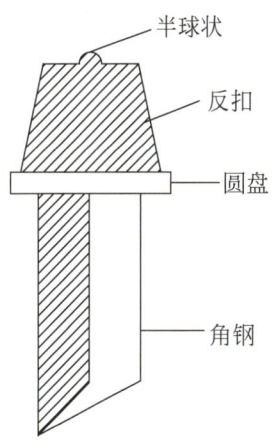

图 5−10　基坑回弹观测标

（2）回弹观测标埋设。

① 钻孔至基坑底面标高处。将回弹观测标旋入钻杆下端，顺钻孔徐徐放至孔底，并压入孔底土中 400～500 mm。即将回弹观测标尾部压入土中。旋开钻杆，使回弹观测标脱离钻杆，提起钻杆。

② 放入辅助测杆，将回弹观测标压入坑底设计标高以下 200 mm。在辅助测杆上端的测头进行几何水准测量，确定回弹观测标顶面标高。

③ 观测完毕后，将辅助测杆、保护管（套管）提出地面，用砂或素土将钻孔回填。为了便于开挖后寻找回弹观测标，可先用白灰回填 50 cm 左右。

（3）观测基本要求。观测的次数应不少于三次：第一次在基坑开挖之前；第二次在基坑挖好之后；第三次在浇筑基础底板混凝土之前。

3. 使用常规深层沉降标测量基坑回弹

常规深层沉降标由一个三爪锚头，一根$\frac{1}{4}$英寸$\left(\frac{1}{4}英寸 =0.635\ cm\right)$的内管和一根 1 英寸（1 英寸 =2.54 cm）的外管组成，内管和外管都是钢管。内管连接在锚头上，可在外管中自由滑动。用光学仪器测量内管顶部的标高，标高的变化就相当于锚头位置土层的沉降（或隆起）。

（1）常规深层沉降标的安装。

① 用地质钻探钻机在指定位置打一个孔，孔底标高略高于欲测量土层的标高（约一个锚头长度）。

② 将$\frac{1}{4}$英寸钢管旋在锚头顶部外侧的螺纹联结器上，用管钳旋紧。将锚头顶部外侧的左旋螺纹用黄油润滑后，与 1 英寸钢管底部的左旋螺纹相连，注意不得旋得太紧。

③ 将装配好的深层沉降标慢慢地放入钻孔内，并逐步加长，直到放入孔底。用外管将锚头压入预测土层的指定标高位置。

④ 在孔口临时固定外管，将内管压下约 15 cm。此时锚头上的三个卡爪会向外弹开，卡在土层里。卡爪一旦弹开就不会再缩回。

⑤ 顺时针方向旋转外管，使外管与锚头分离。上提外管，使外管底部与锚头之间的距离稍大于预估的土层隆起量。

⑥ 固定外管，将外管与钻孔之间的空隙填实，做好监测点的保护装置。

（2）常规深层沉降标的测量。常规深层沉降标的标高宜用光学水准仪测量。内管顶部标高的变化就相当于锚头位置土层的沉降（或隆起）。

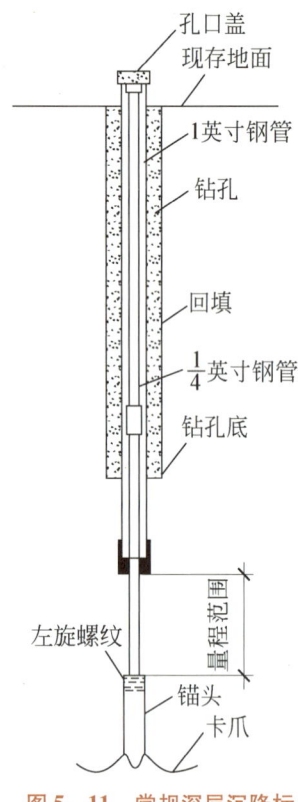

图 5-11 常规深层沉降标

（图中标注：孔口盖；现存地面；1英寸钢管；钻孔；回填；$\frac{1}{4}$英寸钢管；钻孔底；左旋螺纹；量程范围；锚头；卡爪）

当基坑开挖时，随着地表标高的下降，应及时将高出地表太多的外管和内管截断。一般管顶面高出地面 20～100 cm 为宜。当拆除钢管时，拆除前后都应先测量一下孔口标高，并记下拆除的内管长度，如图 5-11 所示。

4. 使用磁性深层沉降标测量基坑回弹

磁性沉降仪由对磁性材料敏感的探头和带刻度的导线组成。当探头遇到预埋在钻孔中的磁性材料圆环时，磁性沉降仪上的蜂鸣器就发出叫声。这时测量导线上标尺在孔口的刻度以及孔口的标高，就可获得磁性圆环所在位置的标高，测量精度可达 1 mm。在基坑工程中预埋磁性深层沉降标（见图 5-12）不仅可获得基坑回弹的实测资料，还可获得场地内地基下各土层在施工过程中的沉降（或隆起）的情况。

磁性圆环，靠附在它周围的弹性卡爪上，固定在预定标高的土层内。在安装之前，弹性卡爪是并拢的，用一条尼龙丝将弹性卡爪绑在一起。磁性圆环上有一特殊切割尼龙丝的装置，当磁性圆环放入钻孔中的预定位置时，将尼龙丝切断，弹性卡爪就弹开。弹性卡爪一旦弹开就无法再将其并拢了，磁性圆环就固定在预定的位置，随土层沉降或隆起。

磁性深层沉降标的安装，应注意以下内容。

（1）用钻机在场地指定位置打一个孔，孔底标高略低于欲测量土层的标高。

（2）将一个磁性圆环安装在作为磁性探头通道的塑料管的端部并放入钻孔中。当端部抵达孔底时，将磁性圆环上的弹性卡爪弹开。

（3）将要安装的磁性圆环套在塑料管上，从下到上，依次放入孔中预定位置，弹开弹性卡爪。

（4）固定探头导管，将导管与钻孔之间的空隙用砂或注浆填实。

（5）固定孔口，做好孔口的保护装置。

（6）测量孔口标高，测量各磁性圆环的初始标高。

磁性深层沉降标的测量至少应满足：在基坑开挖前，至少应测得三次孔口标高和各土层磁性深层沉降标标高的稳定值；基坑开挖过程中，应做好孔口的保护工作，根据基坑开挖进度，随时调整孔口标高。当调整孔口标高时，应在调整前后各测量一次孔口和各土层磁性深层沉降标的标高。

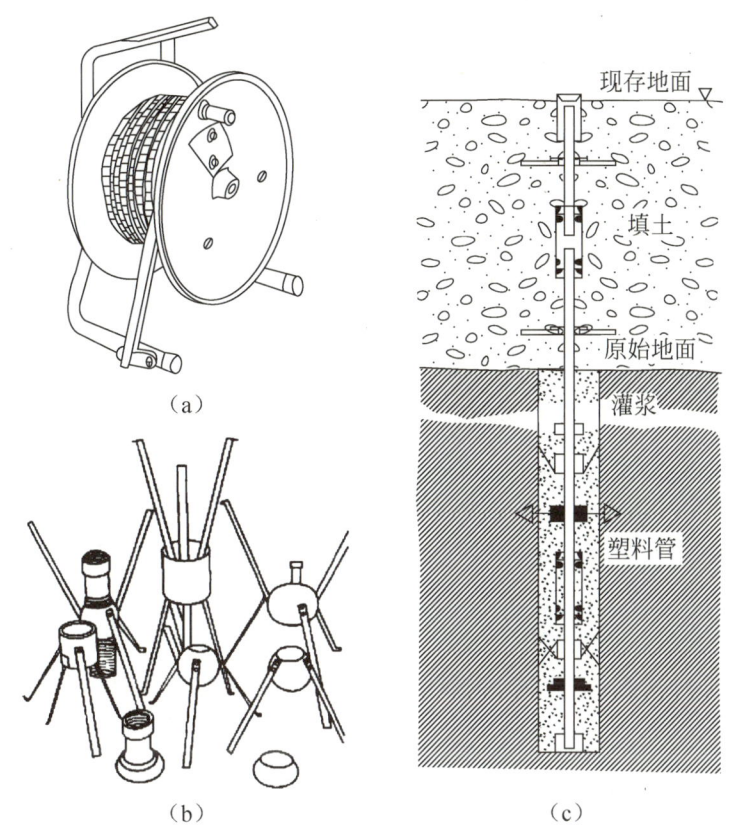

图 5 – 12　磁性深层沉降标

（a）磁性沉降仪示意图；（b）磁性深层沉降标示意图；（c）磁性深层沉降标安装示意图

5.5.4　围护结构内力

围护结构内力监测是防止基坑支护结构发生强度破坏的一种较为可靠的监控措施，可采用安装在结构内部或表面的钢筋计进行测量。采用钢筋混凝土材料制作的围护桩，其内力通常是通过测定构件受力钢筋的应力或混凝土的应变，然后根据钢筋与混凝土的共同作用、变形协调条件计算得到，钢构件可采用轴力计或应变计等测量。内力监测值宜考虑温度变化等因素的影响。钢筋计测量围护结构弯矩和内力的安装示意图如图 5 – 13 所示。

测量弯矩时，围护结构一侧受拉，一侧受压，相应的钢筋计一只受拉，另一只受压；测量钢筋轴力时，两只钢筋计均轴向受拉或受压。由标定的钢筋应变值得出应力值，再核算成整个混凝土结构所受的弯矩或轴力。

钢筋计有振弦式钢筋计和电阻应变式钢筋计两种（见图 5 – 14），接收仪分别为频率仪和电阻应变仪。

振弦式钢筋计的工作原理是：当钢筋计受轴力作用时，引起弹性钢弦的张力变化，改变钢弦的振动频率，通过频率仪测得钢弦的频率变化即可测出钢筋所受作用力的大小，换算而得混凝土结构所受的力。

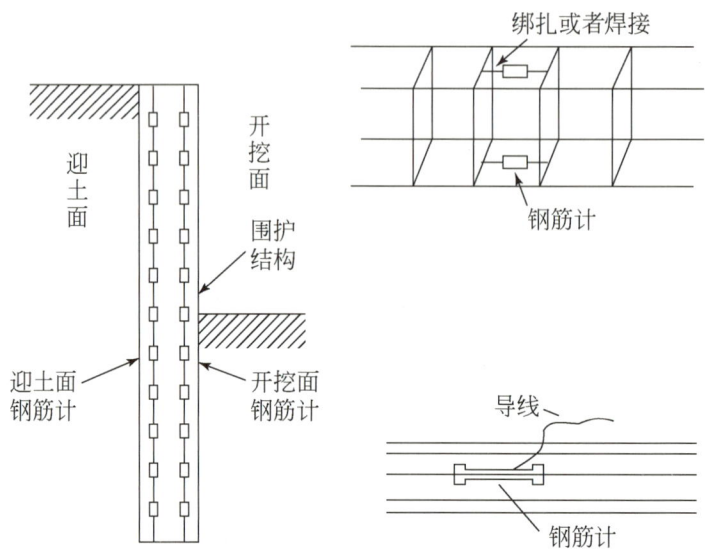

图5－13　钢筋计测量围护结构弯矩和内力的安装示意图

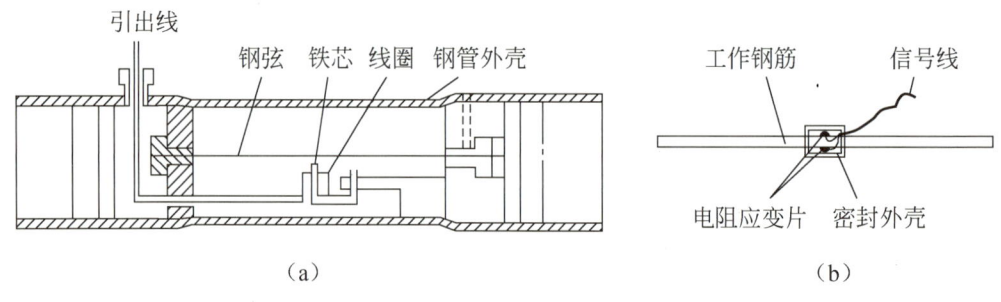

（a）　　　　　　　　　　　　　　　　（b）

图5－14　钢筋计构造示意图

（a）振弦式钢筋计；（b）电阻应变式钢筋计

电阻应变式钢筋计的工作原理就是利用钢筋受力后产生变形，粘贴在钢筋上的电阻应变片产生应变，从而通过测量应变值得出钢筋所受作用力的大小。

在实际工程中，两种钢筋计的安装方法不相同。振弦式钢筋计与结构主筋轴心对焊，由于主钢筋多沿混凝土结构截面周边分布，所以一般情况下，应上下或左右对称布置一对钢筋计，或在4个角处布置4个钢筋计（方形截面）；而电阻应变式钢筋计不需要与主筋对焊，只要保持与主筋平行，绑扎或点焊在箍筋上，但感应仪两边的钢筋长度应不小于35d（d为钢筋计钢筋直径）。围护结构弯矩测量示意图如图5－15所示。

基坑开挖工程的监测一般都有几个月的工期，宜采用振弦式钢筋计。振弦式钢筋计采用非电量电测技术，其输出是振弦的自振频率信号，因此具有抗干扰能力强、受温度影响小、零漂小、受电参数影响小、对绝缘要求低、性能稳定可靠、寿命长等特点，适用于在恶劣环境中长期、远距离的监测。振弦式钢筋计的结构简图如图 5 – 16 所示。

钢筋计的安装应注意以下几点：

① 将钢筋计焊接在被测主筋上。安装时应注意尽可能使钢筋计处于不受力状态，特别是不应使钢筋计处于受弯状态。将钢筋计上的导线逐段捆扎在邻近的钢筋上，再引到地面的测试匣中。

② 支护结构浇筑混凝土后，检查钢筋计电路电阻值和绝缘情况，做好引出线和测试匣的保护措施。

围护结构内力监测点应考虑围护结构内力计算图形，布置在围护结构出现弯矩极值的部位，监测点的数量和横向间距视具体情况而定。在平面上，监测点宜布置在围护结构相邻两支撑的跨中部位、开挖深度较大以及地面堆载较大的部位；在垂直方向（监测断面）上，监测点宜布置在支撑处和相邻两层支撑的中间部位，间距宜为 2 ~ 4 m。参照《建筑基坑工程监测技术标准》（GB 50497—2019），应力计或应变计的量程宜为设计值的 1.5 倍，精度不宜低于 0.5% F·S，分辨率不宜低于 0.2% F·S。钢筋计的焊接方式一般可以采用替代式钢筋计焊接（钢筋计刚度与被测钢筋相近）和附着式钢筋计焊接（钢筋计刚度远小于被测钢筋）两种，如图 5 – 17 所示。

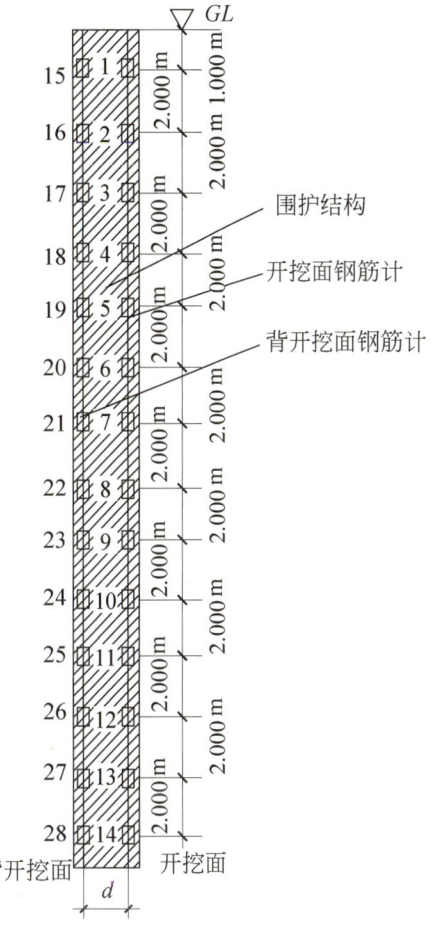

图 5 – 15　围护结构弯矩测量示意图

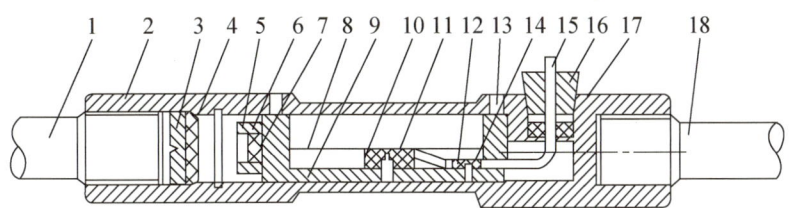

1—螺杆；2—外壳；3—端封板；4—橡皮垫；5—调弦螺母；6—调弦螺杆；
7—调弦端固定栓；8—钢弦；9—钢弦体；10—线圈架；11—线圈铁芯；12—夹线卡；
13—定位螺丝；14—夹线螺丝；15—电缆；16—引线咀；17—橡皮垫圈；18—螺杆。

图 5 – 16　振弦式钢筋计的结构简图

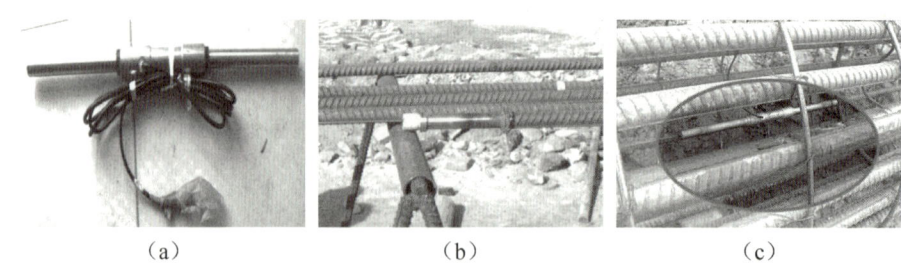

（a）　　　　　　　　　（b）　　　　　　　　　（c）

图5-17　钢筋应力监测

（a）钢筋计；（b）替代式钢筋计焊接；（c）附着式钢筋计焊接

5.5.5　支撑轴力

基坑外侧的侧向水土压力由围护墙及支撑体系所承担，当实际支撑轴力与支撑在平衡状态下应能承担的轴力（设计计算轴力）不一致时，将可能引起围护结构失稳。支撑内力的监测多根据支撑杆件采用的不同材料，而选择不同的监测方法和监测传感器。对于混凝土支撑杆件，目前主要采用钢筋应力计或混凝土应变计（参见围护结构内力监测）；对于钢支撑杆件，多采用轴力计或表面应变计。支撑轴力中的钢筋应力计或钢筋应变计的量程和精度同围护结构内力中的要求相同。

图5-18和图5-19所示为支撑轴力计安装方法示意图，轴力计布置应遵循以下原则：监测点宜设置在支撑内力较大或在整个支撑系统中起控制作用的杆件上；每层支撑的内力监测点不应少于3个，各层支撑的监测点位置宜在竖向保持一致；钢支撑的监测截面宜选择在两支点间的$\frac{1}{3}$部位或在支撑的端头部位；混凝土支撑的监测截面宜选择在两支点间$\frac{1}{3}$部位，并避开节点位置；每个监测点截面内传感器的设置数量及布置应满足不同传感器的测试要求。钢支撑轴力监测如图5-20所示。

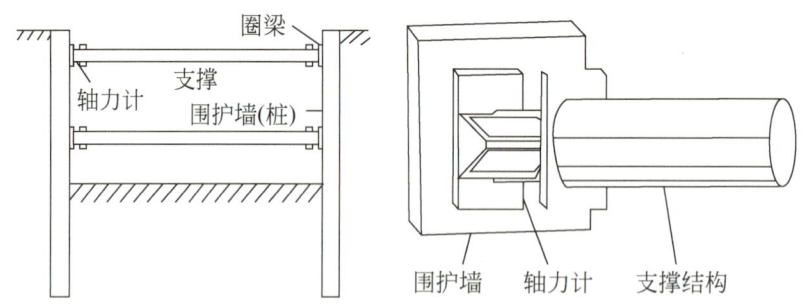

图5-18　钢支撑轴力计安装方法示意图

应当注意的是，支撑的内力不仅与轴力计放置的截面位置有关，而且与所监测截面内的轴力计的布置有关。其监测结果通常以"轴力（kN）"的形式表达，即把支撑杆监测截面内的测点应力平均后与支撑杆截面的乘积。显然，这与结构力学的轴力概念有所不同，它反映的仅是所监测截面的平均应力。

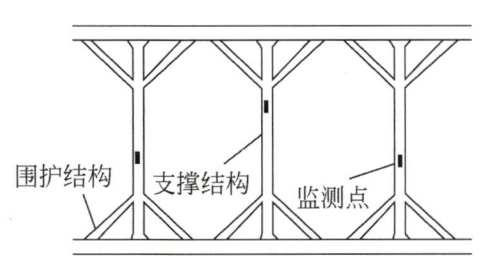
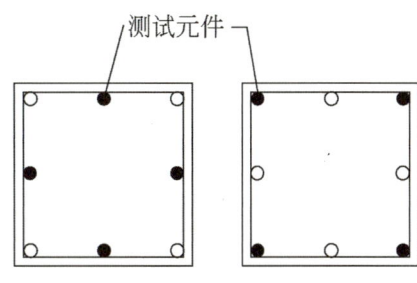

图 5 – 19　混凝土支撑轴力计安装方法示意图

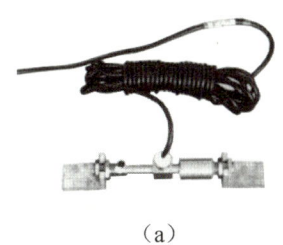
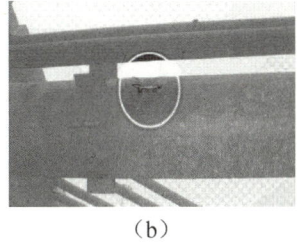
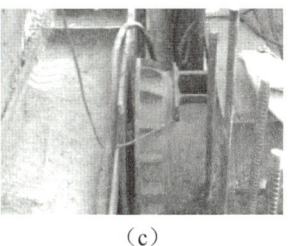

（a）　　　　　　　　　　（b）　　　　　　　　（c）

图 5 – 20　钢支撑轴力监测

（a）表面应变计；（b）采用表面应变计测轴力；（c）采用轴力计测轴力

实测的支撑轴力时程曲线在有些工程比较有规律：呈现在当前工况支撑下开挖，支撑轴力增大；在后续工况架设的支撑下挖土，先行工况的支撑轴力发生适当调整，后续工况支撑的轴力增长。

但这仅是基坑开挖时支撑杆的一种受力形式，在有些工程则出现挖方加深，支撑的实测轴力不仅未增加，而且会降低的异常现象，或者出现实测支撑轴力时程曲线跳跃波动很大的现象。

实测的"轴力"值有的超过理论计算值的 2 倍以上或远超过支撑杆的容许承载力，但基坑安全可靠。而有的工程实测的"轴力"不到理论计算值得几分之一却出现围护墙位移过大引起周边环境破坏。显然，这与支撑连接节点和支撑杆所受的弯、剪应力等因素有关，亦与监测结果计算方法存在的问题有关。

支撑系统的受力极其复杂，支撑杆的截面弯矩方向可随开挖工况进行而改变，而一般现场布置的监测截面和监测点数量较少。因此，只依据实测的"支撑轴力"有时不易判断清楚支撑系统的真实受力情况，甚至会导致相反的判断结果。建议的方法是选择具有代表性的支撑杆，既监测其截面应力，也监测支撑杆在立柱处和内力监测截面处等若干点的竖向位移，由此可以根据监测到的截面应力和竖向位移值利用结构力学的方法对支撑系统的受力情况做出更加合理的综合判断。同时，也有必要对施工过程中的围护墙、支撑杆及立柱之间耦合作用进行深入研究。

5.5.6　立柱竖向位移

在软土地区或对周围环境要求比较高的基坑大部分采用内支撑，当支撑跨度较大时，一般都架设立柱桩。立柱的竖向位移（沉降或隆起）对支撑轴力的影响很大，由工程实践表明，立柱竖向位移2~3 cm，支撑轴力会变化约1倍。立柱竖向位移的不均匀会引起支撑体系各点在垂直面上与平面上的差异位移，最终引起支撑产生较大的沉降差（见图5-21），就会导致支撑体系偏心受压甚至失稳，从而引发工程事故，可见立柱竖向位移的监测特别重要，因此对于支撑体系应加强立柱的竖向位移监测，如图5-22所示。

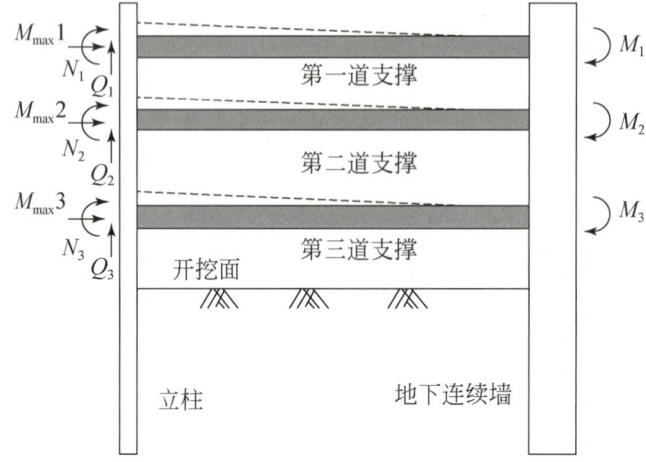

图5-21 立柱竖向位移危害示意图

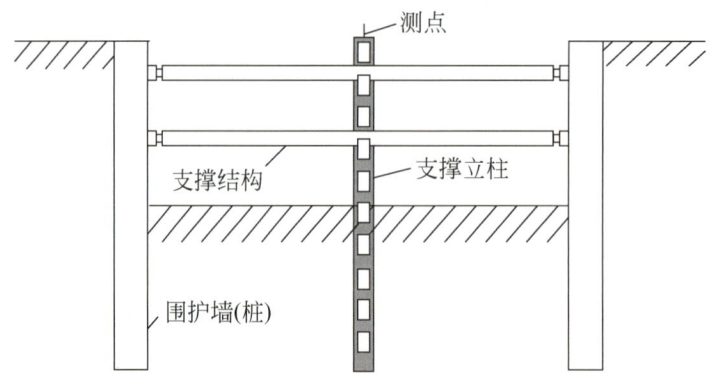

图5-22 立柱竖向位移监测示意图

立柱监测点应布置在立柱受力、变形较大和容易发生差异沉降的部位，如基坑中部、多根支撑交会处、地质条件复杂处，如图5-22所示。采用逆作法施工时，承担上部结构的立柱应加强监测。立柱监测点不应少于立柱总根数的5%，对于逆作法施工的基坑监测点不应少于立柱总根数的10%，且均不应少于3根。立柱与围护墙（边坡）顶部的竖向位移监测精度相同。

在影响立柱竖向位移的所有因素中，基坑坑底隆起与竖向荷载是两个最主要的方面。基坑内土方开挖会引起土层的隆起变形，坑底隆起引起立柱桩的上浮；而竖向荷载主要会引起立柱桩的下沉。有时设计虽已考虑竖向荷载的作用，但立柱桩仍有竖向位移，原因是施工过程中基坑的情况比较复杂，所采用的竖向荷载值及地质土层情况的实际变异性较大。当基坑开挖后，坑底应力释放，坑内土体回弹，桩身上部承受向上的摩擦力作用，立柱桩被抬升；而基坑深层土体阻止立柱桩的上抬，对立柱桩产生向下的摩擦力。立柱桩的上抬也促使桩端土体应力释放，桩端土体也产生隆起，立柱桩也随之上抬，但上部结构的不断加载以及变异性较大的立柱桩最终是抬升还是沉降都比较困难，想要定量计算出最终位移就更加困难了，只能通过监测，进行实时控制与调整。

5.5.7　锚杆轴力（土钉内力）

对锚杆及土钉内力监测的目的是掌握锚杆或土钉内力的变化，确认其工作性能。由于钢筋束中每根钢筋的初始拉紧程度不一样，其所受的拉力与初始拉紧程度关系很大。锚杆拉力测量宜采用专用的锚杆测力计，钢筋锚杆可采用钢筋应力计或钢筋应变计，当使用钢筋束时应分别监测每根钢筋的受力。锚杆测力计应在锚杆预应力施加前安装并取得初始值。根据质量要求，锚杆或土钉锚固体未达到足够强度不得进行下一层土方的开挖，为此一般应保证锚固体有 3 d 的养护时间后才允许下一层土方开挖，取下一层土方开挖前连续 2 d 获得的稳定测试数据的平均值作为其初始值。锚杆或土钉的内力监测点应选择在受力较大且具有代表性的位置，基坑每边中部、阳角处和地质条件复杂的区段宜布置监测点。每层锚杆的内力监测点数量应为该层锚杆总数的 1% ～3% ，并不应少于 3 根。各层监测点位置在竖向上宜保持一致。每根杆体上的监测点宜设置在锚头附近和受力有代表性的位置，如图 5 - 23 所示。

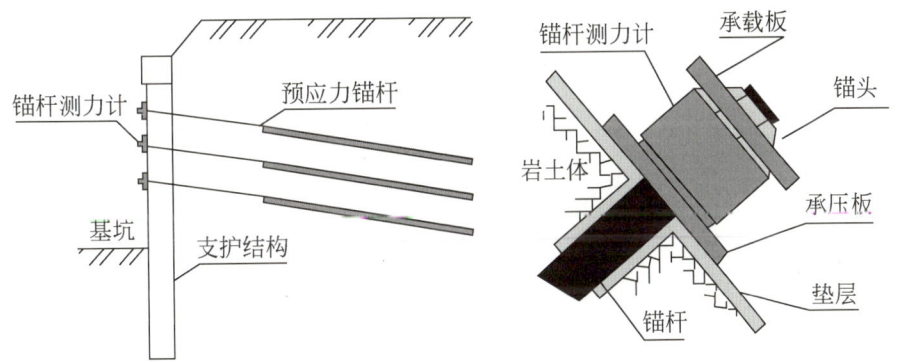

图 5 - 23　锚杆测力计安装示意图

5.5.8　围护结构土压力和孔隙水压力

围护结构侧向土压力是基坑支护结构周围的土体传递给挡土结构的压力，通常采用在测量位置上埋设压力传感器来进行。基坑开挖工程经常是在地下水位以下土体中进行的，地基土是多相介质的混合体，土体中的应力状态与地基土中的孔隙水压力和排水条件密切相关。目前主要采用孔隙水压力计和频率仪进行孔隙水压力的监测。

观测施工现场土压力和孔隙水压力可达到以下几个主要目的。

（1）验证挡土结构各特征部位的侧压力理论分析值及其沿深度的分布规律。

（2）监测土压力在基坑开挖过程中的变化规律。如果观测到的土压力急剧变化，就能及时发现影响基坑稳定的因素，以采取相应的保证稳定的措施。

（3）积累各种条件下的土压力规律，为提高理论分析水平积累资料。

土压力和孔隙水压力现场原型观测设计原则，应符合荷载与挡土结构的相互关系，应反映各特征部位（如拉锚或顶撑点，土层分界面，滑体破裂面底部，反弯点及最大变形点等）以及挡土结构沿深度的变化规律。

深基坑开挖支护工程现场土压力和孔隙水压力的监测，在我国已进行多年，积累了不同类型工程的丰富经验，也促进了各类压力传感器的发展。

1. 土压力监测

国内目前常用的压力传感器根据其工作原理分为钢弦式压力传感器、差动电阻式压力传感器、电阻应变片式压力传感器和电感调频式压力传感器等。其中钢弦式压力传感器长期稳定性高，对绝缘性要求较低，比较适用于土压力和孔隙水压力的长期监测。

如图5-24所示，当压力盒的测量薄膜上受有压力时，薄膜将发生挠曲，使得其上的两个钢弦支架张开，将钢弦拉得更紧。钢弦拉得愈紧，它的振动频率也愈高。当电磁线圈内有电流（电脉冲）通过时，电磁线圈产生磁通，使铁芯带有磁性，因而激起钢弦振动。当电流中断时（脉冲间歇），电磁线圈的铁芯上留有剩磁，钢弦的振动使得线圈中的磁通发生变化，因而感应出电动势，用频率计测出感应电动势的频率就可以测出钢弦的振动频率。

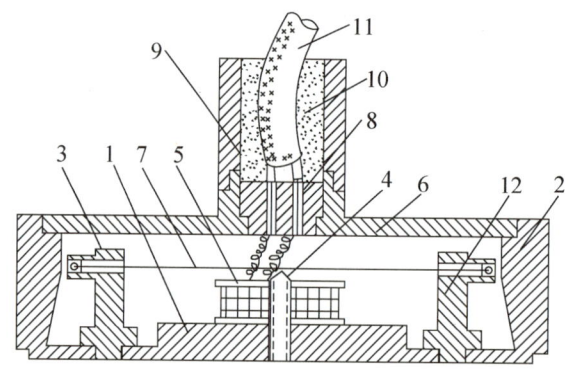

1—测量薄膜；2—底座；3—钢弦夹紧装置；4—铁芯；5—电磁线圈；6—封盖；
7—钢弦；8—塞子；9—引线套筒；10—防水材料；11—电缆；12—钢弦支架。

图5-24 钢弦式压力传感器示意图

土压力是作用在挡土结构表面的作用力。因此，土压力盒应镶嵌在挡土结构内，使其应力膜与挡土结构表面齐平。土压力盒后面应具有良好的刚性支撑，在土压力作用下不产生任何微小的相对位移，以保证测量的可靠性。

围护结构侧向土压力监测点的布置应选择在受力、土质条件变化较大的部位，在平面上宜与深层水平位移监测点、围护结构内力监测点位置等匹配，这样监测数据之间可以互相验证，便于对监测项目进行综合分析。在垂直方向（监测断面）上的监测点应考虑土压力的计算图形、土层的分布以及与围护墙内力监测点位置的匹配。土压力计的测量应满足被测压力的要求，其上限可取设计压力的2倍，精度不宜低于0.5% F·S，分辨率不宜低于0.2% F·S。

由于土压力传感器的结构形式和埋设部位不同，其埋设方法很多，如幕面法、顶入法、弹入法、插入法、钻孔法等。土压力传感器的受力面应与所需监测的压力方向垂直并紧贴被监测对象；在埋设过程中应有土压力膜保护措施；同时应做好完整的埋设记录。土压力传感器埋设在围护墙施工期间或其完成后均可进行。若在围护墙完成后进行，由于土压力传感器无法紧贴围护墙埋设，因而所测数据与围护墙上实际作用的土压力会有一定差别；若土压力传感器的埋设与围护墙的施工同期进行，则需解决好土压力传感器在围护墙迎土面上的安装问题。在水下浇筑混凝土过程中，要防止混凝土将面向土层的土压力传感器表面钢膜包裹。顶入法埋设土压力传感器和弹入法埋设土压力传感器原理图分别如图 5 – 25、图 5 – 26 所示。钻孔法埋设土压力传感器时的布置图如图 5 – 27 所示。

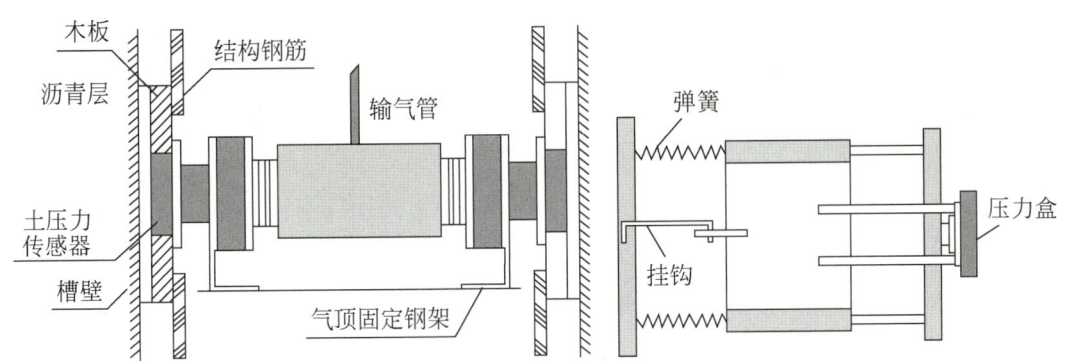

图 5 – 25　顶入法埋设土压力传感器原理图　　　图 5 – 26　弹入法埋设土压力传感器原理图

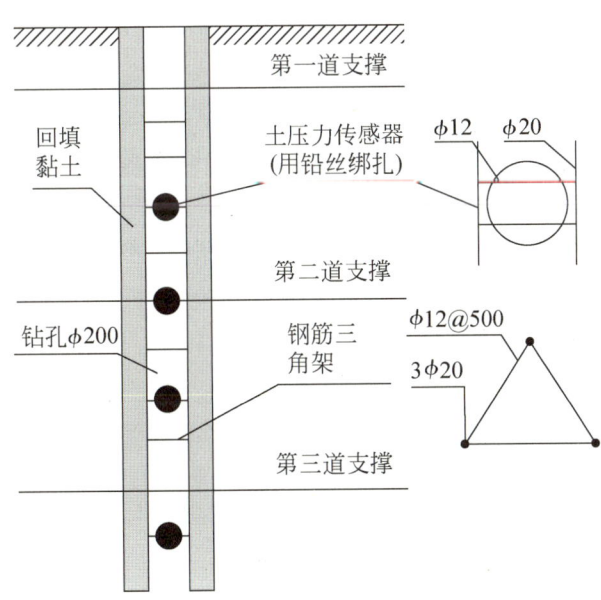

图 5 – 27　钻孔法埋设土压力传感器时的布置图

对于钢板桩或钢筋混凝土预制构件的挡土结构，施工时多用打入或振动压入方式。土压力传感器及导线只能在施工之前安装在构件上，但其受振动冲击比较严重，保护措施至关重要，一般采用安装结构进行安装。土压力传感器用固定支架安装在预制构件上，固定支架、挡泥板及导线保护管使土压力传感器和导线在施工过程中免受损坏，如图 5 – 28 所示。

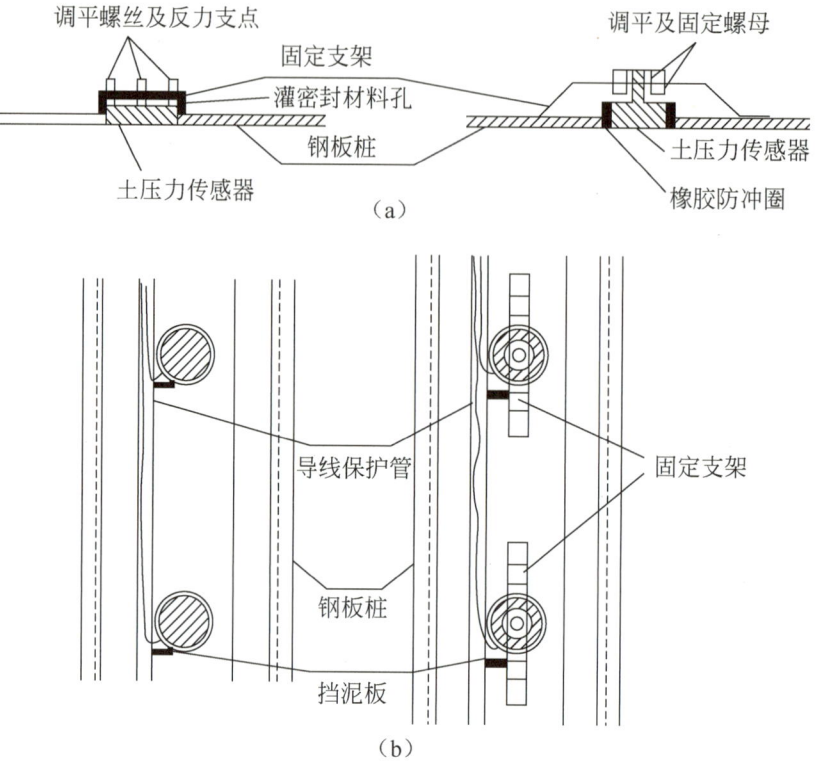

图5－28　土压力传感器和导线安装结构

（a）钢板桩土压力传感器安装；（b）钢板桩导线保护管线设置

对于地下连续墙等现浇混凝土的挡土结构，土压力传感器采用幕面法安装，即在欲观测槽段的钢筋笼上布置一幅土工织布帷幕。帷幕上在土压力传感器安装位置事先缝制一些安装袋，土压力传感器安装在帷幕上，随钢筋笼放入槽段内。帷幕使现场浇筑混凝土后土压力传感器处在挡土构件和被支挡土体之间。为使土压力传感器均匀受力，且有较大的受力面积，土压力传感器宜采用沥青囊间接传力结构。

2. 孔隙水压力监测

孔隙水压力计的探头分为钢弦式、电阻式和气动式三种类型，探头均由金属壳体和多孔元件（如透水石）组成。其工作原理是把多孔元件放置在土中，使土中水连续通过元件的孔隙，把土体颗粒隔离在元件外面而只让水进入有感应膜的容器内，再测量容器中的水压力，即可测出孔隙水压力。钢弦式孔隙水压力计如图5－29所示。利用数显频率仪测读、记录孔隙水压力计频率。

孔隙水压力计应在施工前埋设，并应符合下列规定。

（1）孔隙水压力计应进行稳定性、密封性检验和压力标定，并应确定压力传感器的初始值，检验记录、标定资料应齐全。

（2）埋设前，压力传感器透水石应在清水中浸泡饱和，并排除透水石中的气泡。

（3）压力传感器的导线长度应大于设计深度，导线中间不宜有接头，引出地面后应放在集线箱内并编号。

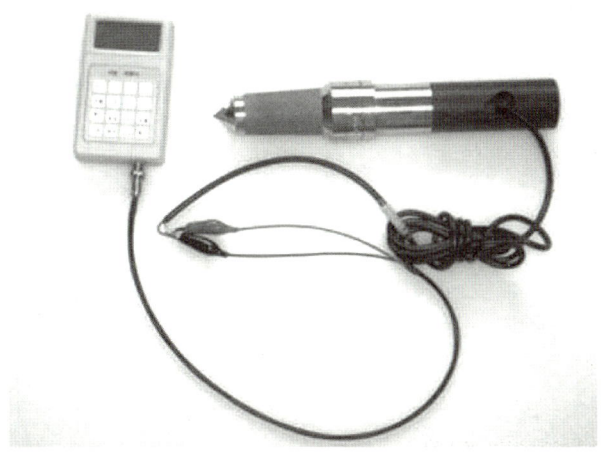

图 5-29　钢弦式孔隙水压力计

（4）当孔内埋设多个孔隙水压力计，监测不同含水层的渗透压力时，应做好相邻孔隙水压力计的隔水措施。

（5）埋设后，应记录探头编号、埋设位置并测读初始读数。

孔隙水压力计的埋设可采用钻孔埋设法、压入埋设法、填埋法等。当在同一测孔中埋设多个孔隙水压力计时，宜采用钻孔埋设法；当在黏性土层中埋设单个孔隙水压力计，宜采用不设反滤料的压入埋设法；在填方工程中宜采用填埋法。

如果土质较软，可将孔隙水压力计直接压入埋设深度，即采用压入埋设法；若直接压入孔隙水压力计有困难，可先钻至埋设深度以上 1 m 处，再将孔隙水压力计压至埋设深度，上部用黏土球封孔至孔口。

所谓钻孔埋设法，即在埋设处用钻机成孔，达到埋设深度后，先在孔内填入少许纯净砂，将孔隙水压力计送入埋设位置，再在周围填入部分纯净砂，上部用黏土球封孔至孔口。如果在同一钻孔内埋设多个探头，则要封孔至下一个探头的埋设深度。每个探头之间的间距应不小于 1 m，且要保证封孔质量，避免水压力贯通。采用钻孔埋设法埋设孔隙水压力计时，钻孔应圆直、干净，钻孔直径宜为 110～130 mm，不宜使用泥浆护壁成孔。孔隙水压力计的监测段应回填透水材料，并用干燥膨润土球或注浆封孔。图 5-30 所示为孔隙水压力计探头在土中的埋设情况，其技术关键在于保证探头周围垫砂渗水流畅。原则上一个钻孔只能埋设一个探头，但为了节省钻孔费用，也有在同一钻孔中埋设多个位于不同标高处的探头，在这种情况下，需要采用干土球或膨胀性黏土将多个探头进行严格的互相隔离，否则达不到测定各土层孔隙水压力变化的作用。

孔隙水压力监测点宜布置在基坑受力、变形较大或有代表性的部位。竖向位置上的监测点宜在水压力变化影响深度范围内按土层分布情况布设，竖向间距宜为 2～5 m，数量不宜少于 3 个。对孔隙水压力监测的同时，应测量孔隙水压力计埋设位置的地下水位。孔隙水压力应根据实测数据，按压力计的换算公式进行计算。

孔隙水压力应根据工程测量的目的、土层的渗透性和测量期的长短等条件，选用封闭或开口的方式埋设孔隙水压力计，进行监测。参照《建筑基坑工程监测技术标准》（GB 50497—

2019），孔隙水压力计应满足以下要求：量程满足被测压力范围的要求，可取静水压力与超孔隙水压力之和的2倍；精度不宜低于0.5% F·S，分辨率不宜低于0.2% F·S。

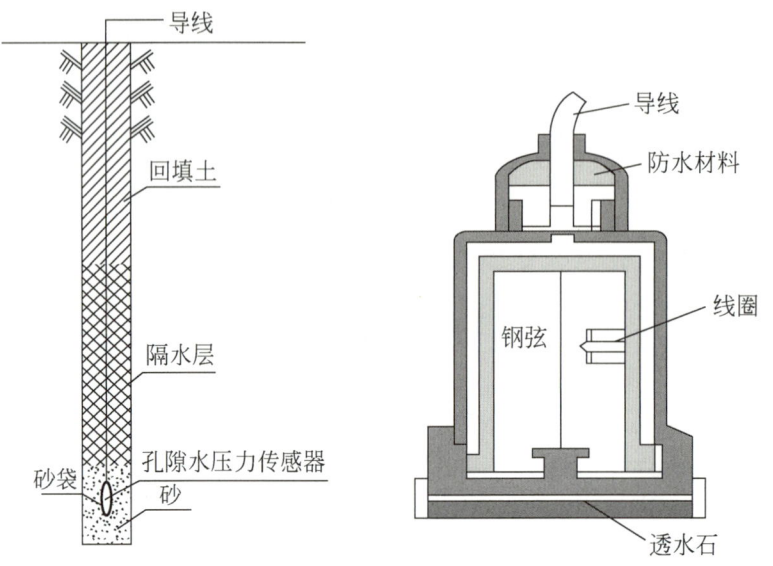

图5-30　孔隙水压力计探头及埋设示意图

5.5.9　地下水位和水头

深基坑工程地下水位和水头监测包含坑内、坑外水位和水头监测。通过水位观测可以控制基坑工程施工过程中周围地下水位下降的影响范围和程度，防止基坑周边水土流失；另外还可检验降水井的降水效果，监测降水对周边环境的影响。当有多层含水层时，必须设置分层监测孔，对每层水的动态进行监测。

地下水位和水头监测宜通过孔内设置水位管，采用水位计等方法进行测量。潜水水位管应在基坑施工前埋设，滤管长度应满足测量要求；承压水头监测时被测含水层与其他含水层之间应采取有效的隔水措施。水位管埋设后，应逐日连续监测水位并取得稳定的初始值。地下水位测量精度不宜低于10 mm。地下水位和水头监测仪器如图5-31所示。

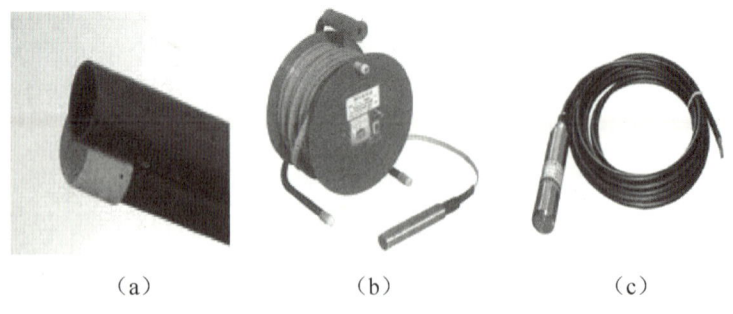

（a）　　　　　　　（b）　　　　　　　（c）

图5-31　地下水位和水头监测仪器
（a）水位管；（b）钢尺水位计；（c）压差水位计

地下水位监测点的布置应符合下列要求。

（1）基坑内地下水位当采用深井降水时，水位监测点宜布置在基坑中央和两相邻降水井的中间部位；当采用真空井点、喷射井点降水时，水位监测点宜布置在基坑中央和周边拐角处，监测点数量应视具体情况确定。

（2）基坑外地下水位监测点应沿基坑、被保护对象的周边或在基坑与被保护对象之间布置，监测点间距宜为 20～50 m。相邻建（构）筑物、重要的管线或管线密集处应布置水位监测点；当有止水帷幕时，宜在止水帷幕的外侧约 2 m 处布置。

（3）水位监测管的管底埋置深度应在最低设计水位或最低允许地下水位之下 3～5 m。承压水水头监测管的滤管应埋置在所测的承压含水层中。

（4）回灌井点监测井应设置在回灌井点与被保护对象之间。

（5）承压水的监测孔埋设深度应保证能反映承压水水头的变化，一般承压降水井可以兼作水头监测井。

潜水水位监测示意图和承压水水头监测示意图分别如图 5－32、图 5－33 所示。

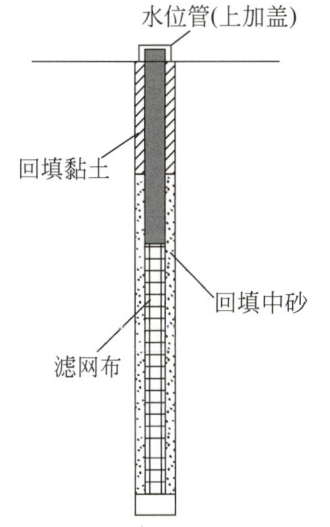

图 5－32　潜水水位监测示意图

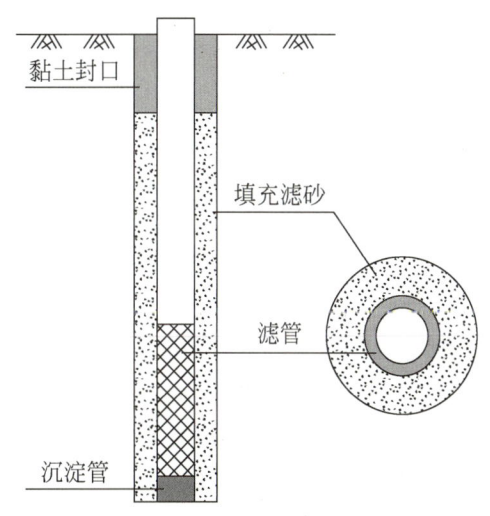

图 5－33　承压水水头监测示意图

5.5.10　周边建（构）筑物变形

基坑工程的施工会引起周围地表的下沉，从而导致地面建（构）筑物的沉降，这种沉降一般都是不均匀的，因此可能会造成地面建（构）筑物的倾斜，甚至开裂破坏，应给以严格控制。根据规范，建（构）筑物的变形监测需进行沉降、倾斜、裂缝三种监测。监测范围宜从基坑边起至开挖深度 1～3 倍的距离。

为了有效控制周边建（构）筑物的变形，首先要控制好基坑周边地表沉降。地表沉降监测点的布设可按图 5－34 所示的方式进行。

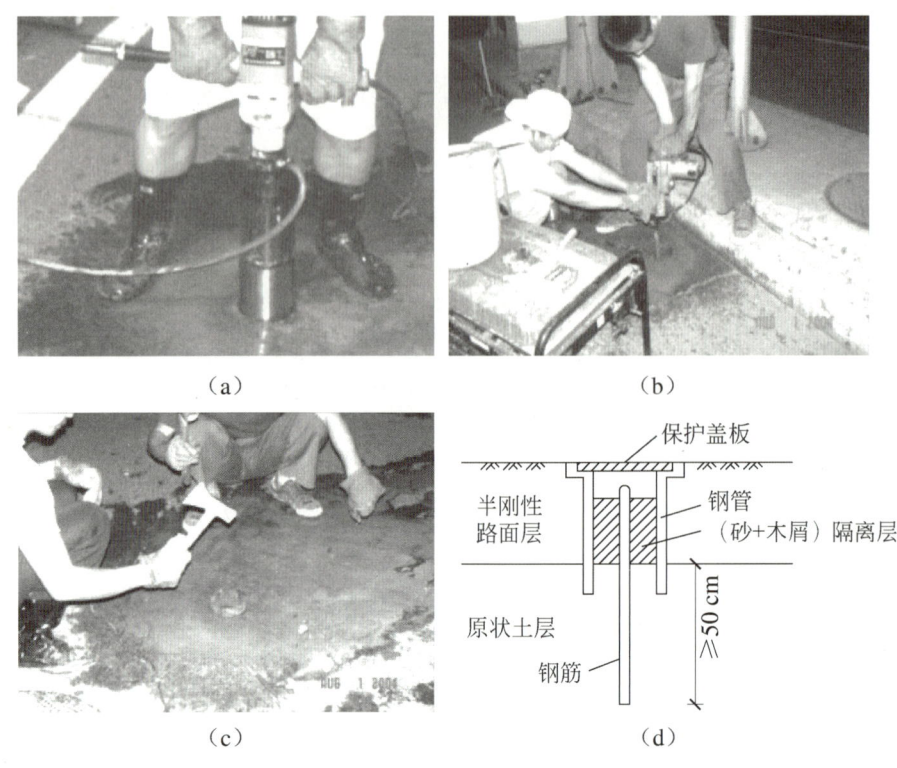

图 5-34　在路面布设地表沉降监测点

（a）在路面用水钻钻孔破除硬壳路面；（b）用钢钻在硬壳下方钻深约 30 cm 的孔；

（c）沿孔打入 60 cm 钢筋并护壁；（d）地表监测点布置示意图

建（构）筑物变形监测前，必须收集和掌握以下资料。

（1）建（构）筑物结构和基础设计资料，如受力体系、基础类型、基础尺寸和埋深、结构物平面布置及其与基坑围护的相对位置等。

（2）地质勘测资料，包括土层分布及各土层的物理力学性质、地下水分布等。

（3）基坑工程的围护结构、施工计划、地基处理情况和坑内外降水方案等。

只有对以上资料准确而详尽地掌握，才能合理地对监测点进行布置，监测到准确的变形信息。

图 5-35　精密水准仪

建（构）筑物沉降监测采用精密水准仪监测，如图 5-35 所示。测出观测点高程，从而计算沉降量，即用监测点本次高程减前次高程的差值就为本次沉降量，本次高程减初始高程的差值为累计沉降量。建（构）筑物沉降监测点可直接用电锤在建（构）筑物外侧墙体上打洞，并将膨胀螺栓或道钉打入，或利用其原有沉降监测点。建（构）筑物沉降监测点布置示意图如图 5-36 所示。

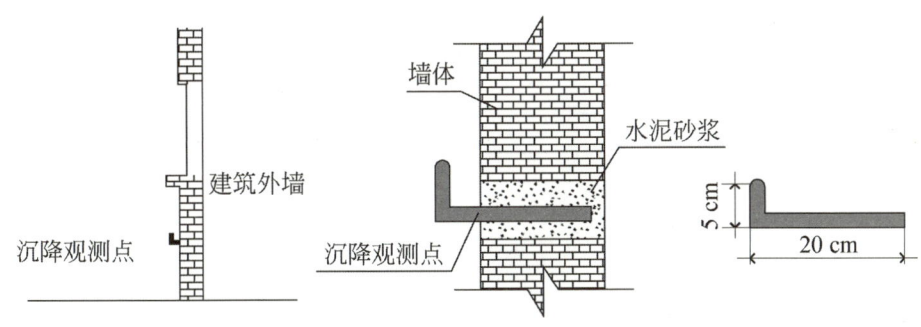

图 5 - 36 建（构）筑物沉降监测点布置示意图

建（构）筑物的竖向位移监测点布置要符合下列要求。

（1）建（构）筑物的四角、沿外墙每 10 ~ 15 m 处或每隔 2 ~ 3 根柱基处，且每边布置不少于 3 个监测点。

（2）不同地基或基础的分界处。

（3）建（构）筑物不同结构的分界处。

（4）变形缝、抗震缝或严重开裂处的两侧。

（5）新、旧建（构）筑物或高、低建（构）筑物交接处的两侧。

（6）烟囱、水塔和大型储仓罐等高耸构筑物基础轴线的对称部位，每一构筑物不少于 4 个监测点。

建（构）筑物倾斜监测应测定监测对象顶部相对于底部的水平位移与高差，分别记录并计算监测对象的倾斜度、倾斜方向和倾斜速率。应根据不同的现场监测条件和要求，选用投点法、水平角法、前方交会法、正垂线法、差异沉降法等。监测点应符合下列要求。

（1）监测点宜布置在建（构）筑物角点、变形缝或抗震缝两侧的承重柱或承重墙上。

（2）监测点应沿主体顶部、底部对应布设，上下监测点应布置在同一竖直线上。

建（构）筑物裂缝监测应包括裂缝的位置、走向、长度、宽度及变化程度，需要时还应包括深度，裂缝监测点数量根据需要确定，主要的或变化较大的裂缝应进行监测。建（构）筑物裂缝监测采用直接测量的方法进行，将裂缝进行编号并划出测读位置，通过游标卡尺进行裂缝宽度测读。裂缝深度量测要求：深度较小裂缝采用凿出法和单面接触超声波法监测；深度较大裂缝采用超声波法监测。监测点应选择有代表性的裂缝进行布置，在基坑施工期间当发现新裂缝或原有裂缝有增大趋势时，要及时增设监测点。每一条裂缝的监测点至少要设置 2 组，裂缝的最宽处及裂缝末端宜设置监测点，如图 5 - 37 所示。裂缝宽度测量精度不宜低于 0.1 mm，裂缝长度和深度测量精度不宜低于 1 mm。

在饱和含水地层中，尤其在砂层、粉砂层、砂质粉土或其他透水性较好的土层中，止水帷幕或围护墙有可能产生开裂、空洞等不良现象，造成围护结构的止水效果不佳或止水结构失效，致使大量的地下水夹带砂粒涌入基坑，坑外产生水土流失。严重的水土流失可能导致支护结构失稳以及在基坑外侧发生严重的地面沉陷，周边环境的监测点（地表沉降、房屋沉降、管线沉降）也会随即产生较大的变形。

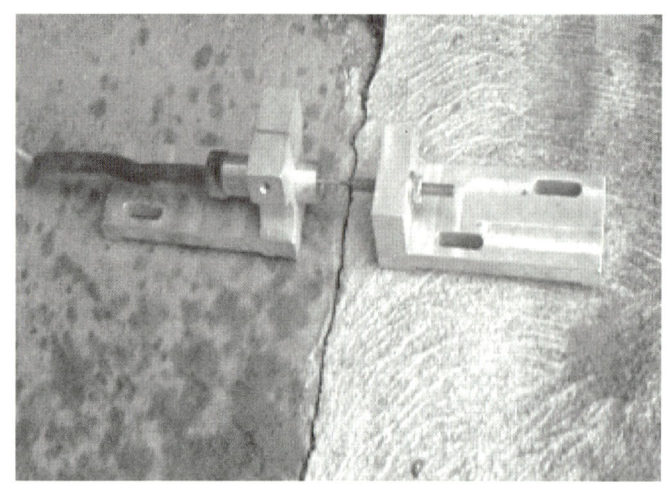

图 5-37　裂缝监测

5.5.11　周边管线监测

深基坑开挖引起周围地层移动，埋设于地下的管线亦随之移动。如果管线的变位过大或不均，将使管线挠曲变形而产生附加的变形及应力，若在允许范围内，则可保持正常使用，否则将导致泄漏、通信中断、管道断裂等恶性事故。为了安全起见，在施工过程中，应根据地层条件和既有管线种类、形式及其使用年限，制定合理的控制标准，以保证施工影响范围内既有管线的安全和正常使用。管线的观测分为直接法和间接法。

采用直接法时，常用的管线监测点的布设方法有抱箍法和套管法，如图 5-38 所示。

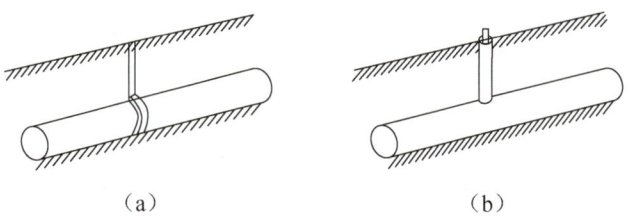

（a）　　　　　　　　　　　　（b）

图 5-38　直接法监测管线变形

（a）抱箍法；（b）套管法

间接法就是不直接监测管线本身，而是通过监测管线周边的土体，分析管线的变形，如图 5-39 所示，但此方法监测精度较低。

当采用间接法时，常用的监测点布设方法有底面监测和顶面监测。

（1）底面监测。此方法将监测点设在靠近管线底面的土体中，监测底面的土体位移。其常用于分析管道纵向弯曲受力状态或跟踪注浆、调整管道差异沉降。

（2）顶面监测。此方法将监测点设在管线轴线相对应的地表或管线的窨井盖上观测。由于监测点与管线本身之间存在介质，因而监测精度较差，但此方法可避免破土开挖，只能在设防标准较低的场合采用，一般情况下不宜采用。

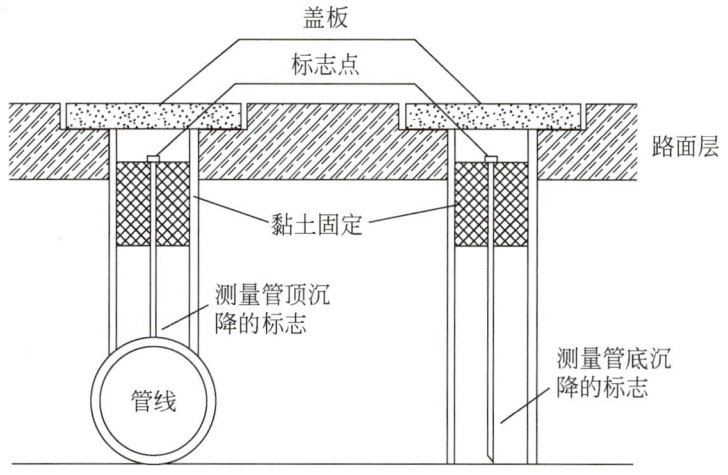

图 5 – 39　间接法监测管线变形

管线监测点布置示意图和管线监测点现场布置分别如图 5 – 40 和图 5 – 41 所示。

管线监测点的布置应符合下列要求。

（1）应根据管线修建年份、类型、材料、尺寸及现状等情况，确定监测点位置。

（2）监测点宜布设在管线的节点、转角点和变形曲率较大的部位，监测点平面间距宜为 15 ~ 25 m，并宜延伸至基坑边缘以外 1 ~ 3 倍基坑开挖深度范围内的管线。

（3）供水、煤气、暖气等压力管线宜设置直接监测点，在无法埋设直接监测点的部位，可设置间接监测点。

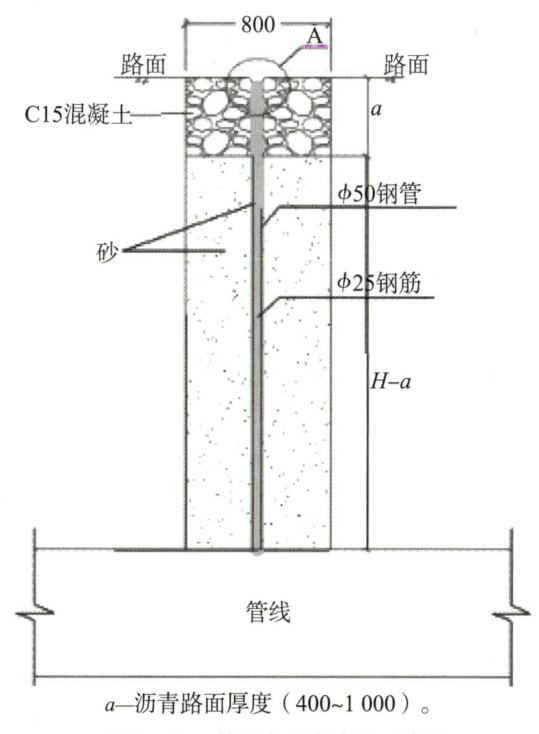

a—沥青路面厚度（400~1 000）。

图 5 – 40　管线监测点布置示意图

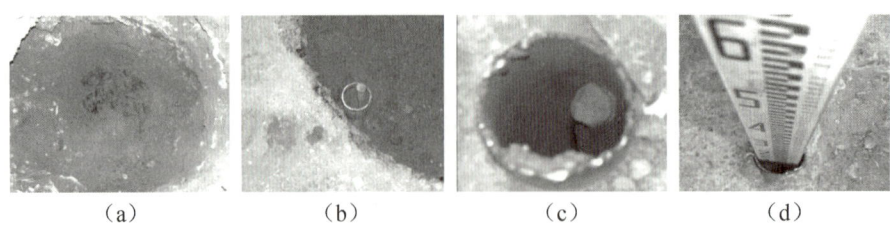

图 5-41　管线监测点现场布置

（a）开挖到 $\phi800$ 上水管表面；（b）回填埋管；（c）布置好的监测点；（d）观测

5.5.12　邻近基坑的运营地铁

由于受深基坑开挖所产生的卸载和基坑降水的影响，邻近地铁隧道的受力条件将发生改变，会造成地铁隧道的变形和位移。开展地铁隧道变形的监测工作，对保证地铁运营安全至关重要。

由于基坑施工是一个连续的过程，地铁隧道受其施工影响发生的位置变化也是连续的，所以必须对地铁隧道变形进行连续监测。但地铁隧道在一天中的大部分时间内均处于全封闭的运营状态，仅依靠地铁停止运行后所测得的数据则无法保障列车的运行安全，因此要求在地铁隧道内设置自动化监测系统以代替人工操作，实现对地铁隧道变形连续、准确和全天候的监测。

运营地铁隧道变形的监测主要包括以下内容。

（1）地铁隧道收敛变形，可采用基于智能型电子全站仪（测量机器人）的自动断面测量系统进行监测。智能型电子全站仪是一种能代替人进行自动搜索、跟踪、辨识和精确照准目标并获取角度、距离、三维坐标以及影像等信息的新型全站仪，在地铁监测中实现对棱镜目标的自动识别与精确照准，如图 5-42 所示。基于智能型电子全站仪的自动断面测量系统是由一系列的软件和硬件构成，整个系统的配置包括智能型电子全站仪、棱镜、通信电缆及供电电缆、计算机与专用软件。该监测系统可在几分钟内完成一个断面的扫描和计算，通过将实测断面与未发生变形前的原断面比较，即可求得整体的变形。该监测系统可在无需操作人员干预的条件下，实现自动观测、记录、处理、存储、报表编制、预警预报等操作。

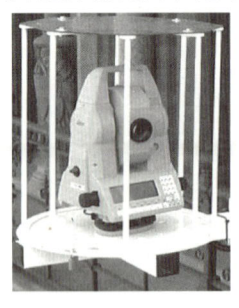 

（a）　　　　　　　　　　　（b）

图 5-42　沉降自动监测系统

（a）智能型电子全站仪；（b）棱镜

（2）地铁隧道沉降隆起，可采用基于电子水平尺或静力水准仪的自动化监测系统进行监测。

① 电子水平尺的核心部分是一个电解质倾斜传感器。它是利用电解质来进行水平偏差（倾斜角）测量的仪器，它的显著特点是测角的灵敏度很高，且有极好的稳定性。将上述电解质倾斜传感器（组件）安装在一支空心的直尺内，就构成了电子水平尺。在使用时，电子水平尺可以单支安装，也可以将多支电子水平尺的首尾相连，在监测区段内沿待测方向展开安装。

② 静力水准仪是用于精密测定多个监测点的垂直位移及相对沉降变化的仪器系统，如图5-43所示。它根据固定在监测点上众多单元的液面相对变化来确定监测点的相对沉降（隆起），将待测区域的沉降（隆起）与基准点相比较即可得到施工影响区内的监测点的绝对沉降（隆起）值。

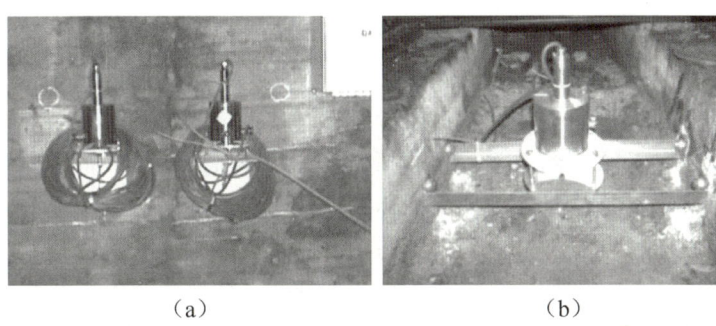

（a）　　　　　　　　　　　　　（b）

图 5 - 43　静力水准仪
（a）布置于隧道边墙；（b）布置于隧道道床

进行监测时，电子水平尺或静力水准仪的输出信号汇接到数据自动采集器上，即可定时地自动完成数据采集；将此数据传送至计算机中，借助专用的处理程序，就可得到监测对象的连续变形曲线。

5.6　监测数据处理、监测预警与信息反馈管理

5.6.1　监测数据处理

由于各种可预见或不可预见的原因，现场监测所得的原始数据具有一定的离散性，需对深基坑工程各项监测数据进行综合性的定性分析和定量分析，找出其变化规律及发展趋势，以实现对基坑的工作状态做出评估、判断和预测，达到安全监测的目的，同时为进行科学研究、验证和提高深基坑工程设计理论和施工技术提供重要依据。这个阶段的工作可分为以下几个方面。

（1）成因分析（定性分析）。对工程本身（内因）与作用的荷载（外因）以及监测本身，加以分析、考虑，确定监测值变化的原因和规律。

（2）统计分析。根据成因分析，对实测数据进行统计分析，从中寻找规律，并推导出监测值与引起变化的有关因素之间的函数关系。

（3）对监测数据安全性趋势的判断。在成因分析和统计分析的基础上，可根据求得的监测值与引起变化因素之间的函数关系，预报未来监测值的范围和判断基坑工程的安全度。

监测数据分析和据此进行的预测对调整施工参数、规避风险、优化设计以及指导施工等方面都具有重要的理论和实际价值。数据分析所采用的方法也多种多样，如监测曲线形态判断法、回归分析法、时间序列分析法、灰色系统理论法和人工神经网络法，这里将对常用的监测曲线形态判断法和回归分析法进行简单的介绍。

1. 监测曲线形态判断法

由于工程地质条件和施工工序的复杂性以及具体测量环境的不同，开挖后的地层或结构变形并不是单调的增加，而是在某一时刻、某一地段的地层或结构变形有可能出现增长的现象。地层或结构变形随时间的变化，在初始阶段呈波动状态，然后逐渐趋于稳定。在监测过程中，通常采用计算机或人工将监测对象的效应量（如位移、应变等监测值）做出随时间变化的曲线，一般将时间取横轴，效应量被标在纵轴上。当某段曲线接近水平时，说明该监测对象在该段时间内处于稳定或基本稳定状态；若曲线逐渐向上抬起或向下弯曲，则说明该监测对象有所变化，而且曲线变化越陡表示变化越剧烈。如果曲线发生突然变化，那么这一现象有可能是即将发生灾害的重要前兆。另外也可借助于曲线各点的斜率（变化速率）及其变化趋势来进行预测。当多个监测点的监测效应量绘制在同一图上时，可判断它们之间的变化规律是否相似，是否存在明显的不协调或异常状况；当不同监测效应量随时间的变化线绘制在同一图上时，还可判断这些效应量之间是否存在关系，以及关系的紧密程度。以上就是根据效应量与时间关系曲线进行监测信息分析和发展趋势的监测曲线形态判断法。

根据经验图5-44（a）所示为正常的变形曲线，图5-44（b）所示为异常的变形曲线，绘制的监测曲线图中，如果出现拐点，就需要提高警觉，及时向有关部门汇报，以便采取相应的措施。

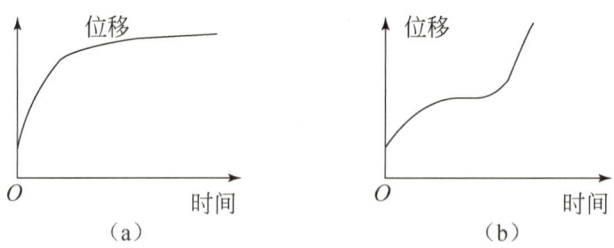

图5-44 监测点正常变形曲线和异常变形曲线
（a）正常变形曲线；（b）异常变形曲线

2. 回归分析法

在对监测对象长期监测所获得的大量数据中，隐含着监测对象本身发生、发展的规律以及与外界因素之间的互相关系。如果仅以曲线形态判断法直观地考察这些数据，往往只能给人以模糊不清的印象或似是而非的感觉，最多只能得到定性的认识，这对科学研究的目的来说是不够的。为了深化对监测数据规律性的认识，要从定性认识上升到定量认识，具体地说，就是要从获取的数据中，通过数据处理的方法寻找监测对象变化的定量规律与外因的定量关系。

回归分析法就是用数理统计的方法，找出这种变量之间相关关系的数学表达式，利用这些数学表达式以及对这些表达式的精度估计，可以对未知变量做出预测或检测其变化，以便采取适当的对策。基坑工程中监测值的变化一般是由内外因素共同引起的，可以在大量的监测数据的基础上，通过回归分析的方法找出变量之间的内部规律，即统计上的回归关系。根据各变量之间的不同关系，回归分析法可分为线性回归分析和非线性回归分析等两类，常用的回归函数有幂函数、对数函数、多项式函数、指数函数和双曲函数等。

5.6.2　监测预警

根据规范《建筑基坑工程监测技术标准》（GB 50497—2019），监测预警值应满足基坑支护结构、周边环境的变形和安全控制要求。监测预警值应由基坑工程设计方确定。

基坑支护结构、周边环境的变形和安全控制应符合下列规定：

（1）保证基坑的稳定。

（2）保证地下结构的正常施工。

（3）对周边已有建筑引起的变形不得超过相关技术标准的要求或影响其正常使用。

（4）保证周边道路、管线、设施等正常使用。

（5）满足特殊环境的技术要求。

变形监测预警值应包括监测项目的累计变化预警值和变化速率预警值。

基坑及支护结构监测预警值应根据基坑设计安全等级、工程地质条件、设计计算结果及当地工程经验等因素确定；当无当地工程经验时，土质基坑可按表 5 - 8 确定。

表 5 - 8　土质基坑及支护结构监测预警值

序号	支护类型	基坑设计安全等级								
		一级			二级			三级		
		累计值		变化速率/（mm/d）	累计值		变化速率/（mm/d）	累计值		变化速率/（mm/d）
		绝对值/mm	相对基坑设计深度 H 控制值		绝对值/mm	相对基坑设计深度 H 控制值		绝对值/mm	相对基坑设计深度 H 控制值	
1	围护墙（边坡）顶部水平位移	土钉墙、复合土钉墙、锚喷支护、水泥土墙	30 ~ 40	0.3% ~ 0.4%	3 ~ 5	40 ~ 50	0.5% ~ 0.8%	4 ~ 5	50 ~ 60	0.7% ~ 1.0%	5 ~ 6
		灌注桩、地下连续墙、钢板桩、型钢水泥土墙	20 ~ 30	0.2% ~ 0.3%	2 ~ 3	30 ~ 40	0.3% ~ 0.5%	2 ~ 4	40 ~ 60	0.6% ~ 0.8%	3 ~ 5

续表

序号	支护类型		一级 累计值 绝对值/mm	一级 累计值 相对基坑设计深度H控制值	一级 变化速率/(mm/d)	二级 累计值 绝对值/mm	二级 累计值 相对基坑设计深度H控制值	二级 变化速率/(mm/d)	三级 累计值 绝对值/mm	三级 累计值 相对基坑设计深度H控制值	三级 变化速率/(mm/d)
2	围护墙（边坡）顶部竖向位移	土钉墙、复合土钉墙、喷锚支护	20~30	0.2%~0.4%	2~3	30~40	0.4%~0.6%	3~4	40~60	0.6%~0.8%	4~5
		水泥土墙、型钢水泥土墙	—	—	—	30~40	0.6%~0.8%	3~4	40~60	0.8%~1.0%	4~5
		灌注桩、地下连续墙、钢板桩	10~20	0.1%~0.2%	2~3	20~30	0.3%~0.5%	2~3	30~40	0.5%~0.6%	3~4
3	深层水平位移	复合土	40~60	0.4%~0.6%	3~4	50~70	0.6%~0.8%	4~5	60~80	0.7%~1.0%	5~6
		型钢水泥土墙	—	—	—	50~60	0.6%~0.8%	4~5	60~70	0.7%~1.0%	5~6
		钢板桩	50~60	0.6%~0.7%	2~3	60~80	0.7%~0.8%	3~5	70~90	0.8%~1.0%	4~5
		灌注桩、地下连续墙	30~50	0.3%~0.4%		40~60	0.4%~0.6%		50~70	0.6%~0.8%	
4	立柱竖向位移		20~30	—	2~3	20~30	—	2~3	20~40	—	2~4
5	地表竖向位移		25~35	—	2~3	35~45	—	3~4	45~55	—	4~5
6	坑底隆起（回弹）		累计值（30~60）mm，变化速率（4~10）mm/d								
7	支撑轴力		最大值：(60%~80%)f_2			最大值：(70%~80%)f_2			最大值：(70%~80%)f_2		
8	锚杆轴力		最小值：(80%~100%)f_y			最小值：(80%~100%)f_y			最小值：(80%~100%)f_y		
9	土压力		(60%~70%)f_1			(70%~80%)f_1			(70%~80%)f_1		
10	孔隙水压力										
11	围护墙内力		(60%~70%)f_2			(70%~80%)f_2			(70%~80%)f_2		
12	立柱内力										

注：1. H——基坑设计深度；f_1——荷载设计值；f_2——构件承载能力设计值，锚杆为极限抗承载力；f_y——钢支撑、锚杆预应力设计值。

2. 累计值取绝对值和相对基坑设计深度H控制值两者的较小值。

3. 当监测项目的变化速率达到表中规定值或连续3次超过该值的70%应预警。

4. 底板完成后，监测项目的位移变化速率不宜超过表中速率预警值的70%。

基坑工程周边环境监测预警值应根据监测对象主管部门的要求或建筑检测报告的结论确定，当无具体控制值时，可按表5-9确定。

表5-9　基坑工程周边环境监测预警值

监测对象			项目		
			累计值/mm	变化速率/（mm/d）	备注
1	地下水位变化		1 000~2 000（常年变幅以外）	500	—
2	管线位移	刚性管道 压力	10~20	2	直接观察点数据
		刚性管道 非压力	10~30	2	
		柔性管线	10~40	3~5	
3	邻近建筑位移		小于建筑物地基变形允许值	2~3	—
4	邻近道路路基沉降	高速公路、道路主干	10~30	3	—
		一般城市道路	20~40	3	
5	裂缝宽度	建筑结构性裂缝	1.5~3（既有裂缝）0.2~0.25（新增裂缝）	持续发展	—
		地表裂缝	10~15（既有裂缝）1~3（新增裂缝）	持续发展	—

注：1. 建筑整体倾斜度累计值达到$\frac{2}{1\,000}$或倾斜速度连续3 d大于0.000 1H/d（H为建筑承重结构高度）时应预警。

2. 建筑物地基变形允许值应按现行国家标准《建筑地基基础设计规范》（GB 50007—2011）的有关规定取值。

确定基坑周边建筑、管线、道路预警值时，应保证其原有沉降或变形值与基坑开挖、降水造成的附加沉降或变形值叠加后不应超过其允许的最大沉降或变形值。

爆破振动监测项目预警值应综合考虑保护对象的重要性，以及工程质量、结构性状、地基及围岩条件、自振频率等因素确定，且监测对象质点振动速度预警值应小于现行国家标准《爆破安全规程》（GB 6722—2014）规定的相应爆破振动安全允许标准。

5.6.3　信息反馈管理

监测工作过程中的成果报告有日报、周报、月报、专题报告4种形式。监测数据在正常情况下每周提交一次周报，每月提交一次月报。若遇紧急情况，则及时上报日报，并应根据所涉及监测区间的监测点历史数据做专题分析报告。

监测项目应按"分区、分级、分阶段"的原则制定监控测量控制标准，当实测数据出现任何一种预警状态时，监测组应立即同施工主管单位、监理单位和建设单位报告，获得确认后应立即提交预警报告。监控管理流程，如图5-45所示。

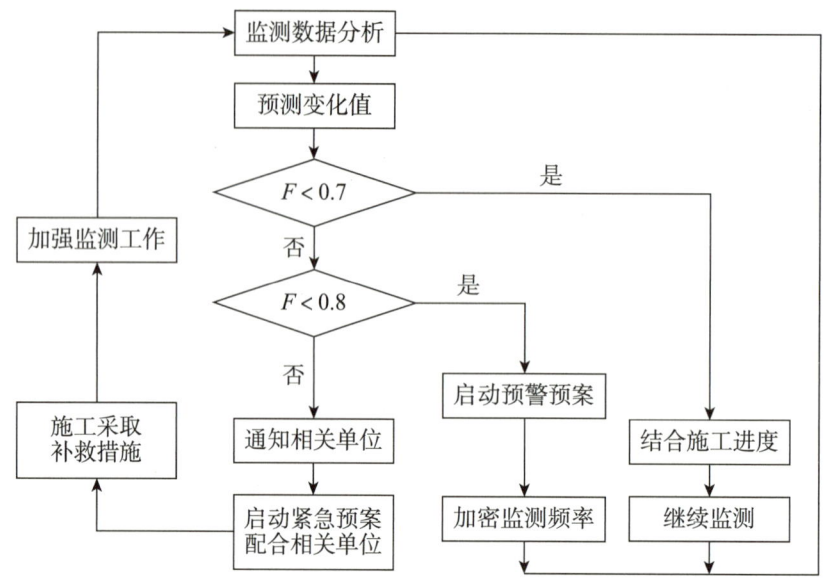

图 5-45 监控管理流程图

在图 5-45 中，应结合具体基坑工程特征，对三级管理体系进行完善，根据管理标准值 F（F=实测值/允许值）建立相应管理体系，并建立相应的紧急预案，具体管理体系如下。

（1）安全状态（$F<0.7$）。安全状态是指施工处于安全状态。

（2）预警状态（$0.7 \leqslant F<0.8$）。预警状态时，通知甲方、施工方、管理部门等相关单位，同时加强观测，配合施工查找原因，对施工有效加强控制措施提出建议。

（3）警戒状态（$F \geqslant 0.8$）。警戒状态时，立即向甲方、管理部门、设计单位、施工方等相关单位报警，同时增加监测点、加密监测频率、及时反馈信息，配合专项技术会议，根据需要对实施的特殊措施开展专项监测。

第6章 CHAPTER 6

大体积混凝土施工

6.1 大体积混凝土的定义及特点

工程建设中经常遇到大体积混凝土结构，如大型设备基础、高层建筑基础底板、桥梁墩台、水电站坝等。对于混凝土结构而言，构件体积或面积较大将在混凝土结构和构件内产生较大温度应力，若不采取特殊措施减小温度应力则势必会导致混凝土开裂。温度裂缝的产生不单纯是施工方法问题，还涉及结构设计、构造设计、材料选择、材料组成、约束条件及施工环境等诸多因素。

1. 大体积混凝土的定义

美国混凝土协会（American Concrete Institute，ACI）对大体积混凝土的规定：任何就地浇筑的大体积混凝土，其尺寸之大，必须要求采取措施解决水化热及随之引起的体积变形问题，以最大限度地减少开裂。

日本建筑学会标准（JASS 5）对大体积混凝土的定义：结构断面最小厚度为 80 cm，水化热引起混凝土内部的最高温度与外界气温之差预计超过 25 ℃ 的混凝土。

我国《大体积混凝土施工标准》（GB 50496—2018）对大体积混凝土的定义：混凝土结构物实体最小尺寸不小于 1 m 的大体量混凝土，或预计会因混凝土中胶凝材料水化引起的温度变化和收缩而导致有害裂缝产生的混凝土。

由于大体积混凝土工程的条件比较复杂，施工情况各异，再加上混凝土原材料的性质差异较大，因此控制温度变形裂缝不是单纯的结构理论问题，而是涉及结构设计、材料组成、物理力学性能及施工工艺等多学科的综合性问题。新的观点指出：所谓大体积混凝土，是指其结构尺寸已经大到必须采取相应技术措施，妥善处理温度差值、合理解决温度应力并控制裂缝开展的混凝土。

2. 大体积混凝土的特点

高层建筑荷载大，因此在高层建筑的基础工程中，常采用混凝土体积较大的箱形基础或筏式基础，桩基的上部也有厚度较大的承台。这种大体积混凝土结构具有结构厚、体形大、钢筋密、混凝土数量多、工程条件复杂和施工技术要求高等特点。由于大体积混凝土结构的截面尺寸较大，所以由外荷载引起裂缝的可能性很小，但水泥在水化反应过程中释放的水化热所导致的温度变化和混凝土收缩的共同作用，会产生较大的温度应力和收缩应力，这将成为大体积混凝土结构出现裂缝的主要因素。这些裂缝往往给工程带来不同程度的危害。如何进一步认识温度应力的重要作用，控制温度应力和温度变形裂缝的开展，是大体积混凝土结构施工中的一个重大课程。在工程实践中，常遇到的大体积混凝土结构包括大型设备基础、高层建筑基础底板、构筑物基础、桥梁墩台、深梁、水电站等，如图6-1所示。

（a）　　　　　　　　　　　　　（b）

（c）　　　　　　　　　　　　　（d）

图6-1　大体积混凝土结构

（a）大坝；（b）水电站；（c）桥梁墩台；（d）大体积混凝土基础

6.2　大体积混凝土的温度及湿度变形

导致混凝土变形的原因很多，这里仅讨论由温度和湿度变化而导致的混凝土变形。当升温或混凝土吸湿时，混凝土体积膨胀；当降温或混凝土失水时，混凝土体积收缩。限制条件不同，混凝土的膨胀及收缩变形将产生不同的结果。

6.2.1　限制条件及其影响

1. 限制条件

根据有无限制条件，混凝土的收缩可分为自由收缩和限制收缩，膨胀可分为自由膨胀和限制膨胀。但是可以认为，任何混凝土变形都受到不同程度的限制，几乎没有不受限制的自由变形。大体积混凝土所受的限制条件，如图 6 - 2 所示。

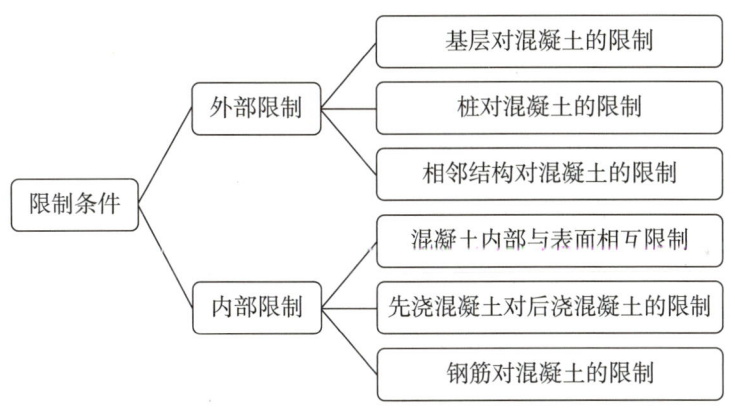

图 6 - 2　限制条件分析

2. 限制条件的影响

自由收缩不会引起混凝土开裂，但限制收缩达到某种程度时可能引起开裂。反之，自由膨胀会引起开裂，而限制膨胀不会引起开裂。对于具体构件，往往有以下几种情况。

（1）小尺寸的板、块、杆，当不配筋或只配少量钢筋又无其他限制时，收缩再大也不会开裂。

（2）配有较多粗钢筋的梁、大尺寸板，基础嵌固很牢的底板或路面，大体积混凝土的表层等在干燥或剧烈降温时，产生较大的限制收缩，会引起混凝土开裂。

（3）小尺寸的混凝土梁、板、块，以及较小尺寸结构的钢筋保护层部分，其变形不受限制，当受到某些因素作用而产生过大膨胀变形时，有可能开裂或产生表面裂缝。

（4）当大体积混凝土中配筋适度，或受到周围老混凝土有效限制，甚至有坚固模板的限制时，膨胀变形不但不会引起开裂，还能得到质地致密、抗渗性好、强度较高的混凝土。

3. 相向变形和背向变形

相向变形使混凝土质点间距缩小，组织致密。自由收缩是相向变形。背向变形使混凝土质点间距增大，组织变松。自由膨胀是背向变形，膨胀超过一定限度就会开裂，而限制下的收缩和膨胀同时包含相向变形及背向变形两种，详见表6-1。

表6-1　相向变形与背向变形

	相向变形	背向变形
自由变形	收缩或受压	膨胀或受拉
限制变形	膨胀 l_1 l_3 l_2	收缩 l_2 l_3 l_1

限制膨胀可分解为两部分的变形：一是假定未受到限制，质点间距从原长 l_1 增加到不受限制时能达到的长度 l_2，即自由膨胀的全部变形，这部分变形是背向变形；二是因限制作用质点间距从上面达到的长度 l_2 减少到限制后实际达到的长度 l_3，这部分变形是相向变形。当限制程度足够大时，这部分相向变形不仅能使混凝土避免开裂，而且能起到增强和密实的好作用。

限制收缩也可分解为两部分的变形：一是假定未受到限制，质点间距从原长 l_1 减少到不受限制时能达到的长度 l_2，即自由收缩的全部变形，这部分变形是相向变形；二是因限制作用质点间距从上面达到的长度 l_2 增加到限制后实际达到的长度 l_3，这部分变形是背向变形。当限制程度很大时，这部分背向变形会引起开裂。

6.2.2　大体积混凝土的温度变形

1. 混凝土温度的组成

在绝热条件下，混凝土的最高温度是浇筑温度与水泥水化热产生的绝热温升的总和。但实际上，由于混凝土与外界环境之间存在温差，而结构物四周又不可能做到完全绝热，故新浇筑的混凝土必然向外散热。结构物模板、外界气候条件（温度、湿度、风速）和养护条件等都会使混凝土的温度发生变化。因此，混凝土内部温度实际上是由混凝土的最高温度和混凝土浇筑后的散热温度所组成的。

另外，混凝土自从浇筑成型以后，经历了从初始温度发展为最高温度，最后达到稳定温度（或称最终温度）的一个变化过程。在对大体积混凝土进行温度控制和温度应力计算时，就必须先了解它的温度组成及变化规律。

2. 混凝土的温度膨胀系数

混凝土温度变形的大小取决于温度变化值与混凝土的温度膨胀系数。常用温度膨胀系数为 $(10 \sim 11) \times 10^{-6}/℃$。但实际值因混凝土的材料与组成而异，尤其受骨料品种的影响最大。哈普曾对各种骨料混凝土（波特兰水泥：骨料 $=1:6$）的温度膨胀系数进行了试验，试验表明：当骨料分别为卵石、花岗岩、石灰岩时，混凝土在空气中的温度膨胀系数分别为 $13.1 \times 10^{-6}/℃$、$10.1 \times 10^{-6}/℃$、$7.4 \times 10^{-6}/℃$。龄期及水泥品种对温度膨胀系数的影响很小。

3. 冷缩

水泥水化热一般在 $1 \sim 3$ d 大量产生，因此混凝土在早期升温最快。因散热速度不同，一般在 $3 \sim 5$ d 接近或达到最高温度值，此后几天或十几天开始下降。降温对混凝土收缩变形有很大的影响。例如，降温 10 ℃ 所引起的冷缩值相当于混凝土在相对湿度 70% 的正常环境下 $10 \sim 14$ d 龄期的干缩值。

6.2.3　大体积混凝土的湿度变形

大体积混凝土中的水分存在于孔隙中，这些孔隙分布在水泥石中、骨料中，以及骨料与水泥石之间的交界处和钢筋与水泥石之间的交界处。孔隙分为胶孔、毛细孔、气孔。其中，气孔（直径为 $0.01 \sim 1$ mm）中存在自由水，其增减不引起混凝土体积变化。毛细孔的尺寸为气孔的 1%，其中存在受毛细管力作用的可蒸发水。此种水分蒸发将引起混凝土体积收缩。胶孔的尺寸为毛细孔的 1‰，即 $100 \sim 400$ nm，约为水分子直径的 5 倍。胶孔中经常充满水，不易蒸发。但胶孔水仍对大体积混凝土的变形有重要影响。

1. 干缩机理

干缩机理如下：当水分进入干燥的胶孔时，吸附水被均匀分布到固体颗粒全部表面。当相对湿度达到 100% 时或在水中时，固体颗粒表面吸附水层的厚度可达 5 个水分子直径，即两个粒子间需有 10 个水分子直径的间距，但胶孔平均尺寸只有约 5 个水分子直径，容纳不下 10 个水分子直径厚度的吸附水，因此产生吸附水对粒子的推力。此推力大小随环境湿度而变。当相对湿度达到 100% 时，推力最大，混凝土体积膨胀，即湿胀现象。当湿度降低，推力减小，毛细孔水也开始蒸发，在毛细孔中产生拉应力，相应地在固体结构中产生压应力。随着推力减小与压应力增加，混凝土体积就收缩。毛细孔中水的含量越小，周围的压应力就越大，干缩率也越大。当环境相对湿度降低到 40% 以下时，固体颗粒表面吸附水层的厚度不足 2 个水分子直径，胶孔中就不含水分，也就不产生推力，体积收缩会更加剧烈。

2. 影响干缩率的因素

（1）骨料。骨料在混凝土中的含量和骨料的弹性模量都对干缩率有重要影响。骨料尺寸及级配对干缩率的影响不大。

（2）存放条件。存放条件（环境湿度）对干缩率有重要影响。延长湿养时间可推迟干缩的发生与发展，但对最终的干缩率并无显著影响。

（3）水灰比与加水量。水灰比与加水量大时，干缩率大。

（4）尺寸形状。若试件（构件）尺寸增加，则干缩率减小。用体积与表面积的比值来表示试件的形状特征，比值小时则干缩率大。但此因素的影响有一定限度。

6.3　大体积混凝土温度应力

6.3.1　大体积混凝土温度应力特点

根据大体积混凝土内部产生温度应力的原因，其可分为自生应力和约束应力两种类型。

当混凝土结构的边界上没有任何约束或完全静定时，若结构内部温度是线性分布的，则内部不产生应力；若结构内部温度是非线性分布的，则由结构本身的互相约束而产生应力，称为自生应力。例如，在大体积混凝土的养护期间，内部温度较高，表面温度较低，表面的温度收缩变形受到内部膨胀变形的约束，因此在表面出现拉应力，在内部出现压应力。自生应力的特点：在整个断面上，拉应力与压应力保持平衡。

当混凝土结构的全部或部分边界受到外界条件约束时，温度变化使混凝土体不能自由变形而引起的应力，称为约束应力。例如，混凝土体冷却时受到基础的约束而产生的应力。

分析两种应力的存在条件可以看出，在静定结构中只会出现自生应力，而在超静定结构中可能同时出现自生应力和约束应力，且两种应力相互叠加。

在高层建筑的基础工程中，所谓大体积混凝土要比坝体混凝土小得多，但与坝体相比，又有较多不一样的特点，具体表现如下。

（1）混凝土强度等级较高，单位体积混凝土的水泥用量大，导致收缩变形较大。

（2）混凝土基础均为配筋结构，且配筋率相对较高，这是控制裂缝生成与发展的有利条件。

（3）虽然水泥用量大，水化热温升快，但体积并不十分巨大，故混凝土体的降温散热速度也相对较快，在内部升温与表面收缩的共同作用下，混凝土表面很容易开裂。

（4）控制裂缝的方法不像坝体混凝土那样规模庞大，一般不采用特制的低热水泥和复杂的冷却系统的配筋率和设计，采用合理的浇筑方案并加强养护等技术措施，从而提高结构的抗裂性能，避免引起过大的内外温差而产生裂缝。

根据这些特点可以看出，高层建筑大体积混凝土基础主要承受均匀温差和均匀收缩所产生的影响，其主要约束来自外部约束作用。

6.3.2　混凝土徐变及应力松弛

1. 混凝土徐变

在一定荷载长期作用下，混凝土将产生随着时间而增加的塑性变形，称为混凝土的徐变。徐变对混凝土结构的应力及变形状态有较大影响。对于大体积混凝土来说，徐变变形与收缩（膨胀）变形同时存在，且关系密切。

（1）徐变机理。一般认为混凝土产生徐变的机理是由于水泥石的黏弹性和水泥石与骨料之间塑性性质的综合结果。具体来说，主要由于持续荷载作用使凝胶体中水分缓慢压出，水泥石的黏性流动，微细空隙的闭合，结晶内部的滑动，微细裂缝的发生等因素的累加。

影响徐变的主要因素有以下几个方面。

① 加荷期间大气湿度越低，气温越高，徐变越大。

② 混凝土中水泥用量越多或水灰比越大，徐变越大；混凝土强度越高，弹性模量越大，徐变越小。

③ 骨料的级配不良，空隙较多，徐变较大。

④ 水泥活性低，结晶体形成慢而少，徐变较大。

⑤ 加荷应力越大，徐变越大。

⑥ 加荷时混凝土龄期越短，徐变越大；持续加荷时间越长，徐变越大。

⑦ 结构尺寸越小，徐变越大。

（2）徐变的表示方式。一般以徐变系数 Φ 来表示，即

$$\Phi = \frac{f}{\varepsilon} \tag{6-1}$$

式中：f——混凝土的徐变变形；

ε——混凝土的弹性变形。

对于普通混凝土，若取徐变变形最终值 $f = 76 \times 10^{-5}$，弹性变形值 $\varepsilon = 33 \times 10^{-5}$，则 $\Phi = 2.3$。

（3）大体积混凝土的徐变。在大体积混凝土升温阶段，混凝土内部因膨胀而引起相向变形（属于限制条件下的膨胀），但此时结构发育得还不够，塑性还较大。这种相向变形大部分由塑性变形和徐变所消耗。

降温阶段由于限制收缩而在混凝土中出现一定的拉应力，拉力徐变随之产生，它能增加混凝土的拉伸变形能力，有时能使混凝土的极限延伸率提高 1～2 倍，甚至更多，使其推迟或避免开裂。所以徐变对于防止大体积混凝土开裂有利。但是此时混凝土内部结构随断裂而发展，强度及弹性模量上升，而塑性减少，徐变也随之减少。因此，混凝土收缩所产生的拉应力发展到一定程度仍能引起混凝土开裂。

2. 混凝土应力松弛

混凝土结构在荷载作用下，若保持约束变形为常量，则结构约束应力将随时间逐渐减少，此现象称为应力松弛，它是由混凝土的徐变特性引起的。在变形为常量的条件下，任意时刻应力与初始应力之比称为应力松弛系数。由于松弛实验较费事，一般根据在常荷载作用下的徐变资料得到应力松弛系数。

混凝土松弛程度与外加荷载时混凝土的龄期有关：时间越早，混凝土徐变引起的松弛就越大；混凝土松弛程度同应力作用的时间长短也有关，时间越长，则松弛越大。

混凝土结构浇筑 20 d 后已足够成熟，会产生约束变形。此时龄期的影响很小，可忽略不计，应力松弛系数 $S(t)$ 只与发生的约束变形后荷载持续时间 t 有关，可按表 6-2 取值。

徐变的计算就简化为按常规算出的弹性应力再乘以应力松弛系数。这种计算方法对民用建筑工程中各种低配筋率的建（构）筑物是可行的，计算简便。

表6-2　荷载持续时间影响的应力松弛系数 $S(t)$

时间/d	3	6	9	12	15	18	21	24	27	30
$S(t)$	0.186	0.208	0.212	0.215	0.230	0.252	0.301	0.367	0.473	1.000

6.3.3　温度应力作用下大体积混凝土的不良响应

1. 产生表面裂缝

大体积混凝土浇筑后一段时间，由于其内部水化热不易散失，外部混凝土散热较快，所以水化热温升随壁（板）厚度增加而加大，混凝土内外形成一定的温度梯度。无论升温阶段或降温阶段，混凝土的中心温度总是高于混凝土表面温度。根据热胀冷缩原理，中心部分混凝土膨胀速率要比表面混凝土大。因此，混凝土中心与表面各质点间的内约束，以及来自地基及其他外部边界约束的共同作用，使混凝土内部产生压应力，而混凝土表面产生拉应力。当温度梯度达到一定程度时，表面拉应力 $\sigma(t)$ 超过混凝土的极限抗拉强度 $R_f(t)$ 时，混凝土表面产生裂缝。在升温阶段，混凝土未充分硬化，弹性模量小，徐变影响较大。因此拉应力较小，只引起混凝土表面裂缝。

2. 产生贯穿裂缝

随着水泥水化反应的结束及混凝土的不断散热，大体积混凝土由升温阶段过渡到降温阶段。温度降低，混凝土体积收缩。由于混凝土内部热量是通过表面向外散发，降温阶段混凝土中心部分与表面部分的冷缩程度不同，在混凝土内部产生较大的内约束，同时地基与边界条件也对收缩的混凝土产生较大外约束。内外约束的作用，使收缩的混凝土产生拉应力，随混凝土的龄期增长，抗拉强度 $R_f(t)$ 增大。弹性模量 $E(t)$ 增高，徐变影响减小。因此降温收缩产生的拉应力 $\sigma(t)$ 较大，易在混凝土中心部位形成较高拉应力区，若此时的混凝土拉应力 $\sigma(t)$ 大于混凝土此龄期的抗拉强度 $R_f(t)$，则大体积混凝土产生贯穿裂缝。

大体积混凝土从浇筑到达到设计强度 R（通常取 R_{28}）为止，混凝土的抗拉强度 R_f 与引起混凝土开裂的温度应力 σ_2 是以时间 t 为自变量的函数，即 $R_f(t)$、$\sigma_2(t)$。若温度应力 $\sigma_2(t)$ 大于混凝土此龄期的抗拉强度 $R_f(t)$，则混凝土产生裂缝，裂缝出现在 $\sigma_2(t) > R_f(t)$ 的受拉混凝土处。

如果通过合理措施控制混凝土拉应力 $\sigma_1(t)$ 一直小于混凝土该龄期抗拉强度 $R_f(t)$，就能保证混凝土不会产生温度裂缝，如图6-3所示。

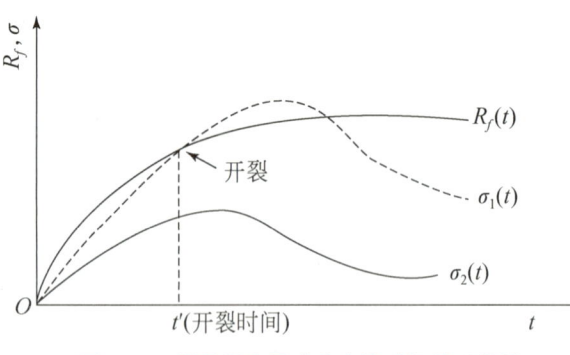

图6-3　抗拉强度及应力变化时间关系曲线

6.3.4　大体积混凝土温度应力的计算

在高层建筑中，基础混凝土底板大多数属于大体积混凝土范畴，并且通常底板的长边长达数十米，整体一次性浇筑。混凝土内部绝热温升很高，因此在随后的降温过程中底板将收缩。由于基土对底板的约束，底板中将产生较大的结构温度收缩拉应力。此温度收缩拉应力若超过此时混凝土的抗拉强度，则底板内将产生裂缝。因此，大体积混凝土底板施工时应核算温度应力是否会导致底板出现裂缝。若结构温度应力过大，则应调整大体积混凝土施工方案，降低内部最大温升值。

在大体积混凝土浇筑后，应根据实测温度值和已绘制的温度升降曲线，分别计算各降温阶段的混凝土温度收缩拉应力。如果累计的总拉应力不超过同龄期混凝土的抗拉强度，就说明所采取的防裂措施能够有效控制和预防有害裂缝的出现；如果超过该阶段混凝土的抗拉强度，就应采取措施加强养护，减缓其降温的速度，从而提高该龄期混凝土的抗拉强度，防止裂缝出现。

1. 地基水平阻力系数

大体积混凝土在体积变形过程中由于约束而产生限制收缩。在计算限制收缩应力时主要考虑外约束，尤其是地基阻力所产生的外约束。根据土力学假定，结构物同地基接触面上的剪应力与水平变形成线性比例关系，即

$$\tau = -C_x u \tag{6-2}$$

式中：τ——结构物同地基接触面上的剪应力，MPa；

$\quad$ u——上述剪应力处的地基水平位移，即基础面上该点的水平位移，mm；

$\quad$ C_x——地基水平阻力系数（见表6-3），即引起单位位移之剪应力，MPa，加负号表示剪应力方向永远与位移相反。

表6-3　地基水平阻力系数 C_x

地基条件	C_x/MPa
软黏土	0.01～0.03
一般砂质土	0.03～0.06
坚硬黏土	0.06～0.10
风化岩、低强度混凝土垫层	0.60～1.00
C10以上配筋混凝土	1.00～1.50

2. 建立位移微分方程

（1）力平衡方程为：

$$H \times t \times d\sigma_x + \tau \times t \times dx = 0 \tag{6-3}$$

式中：x——结构长度；

$\quad$ H——结构宽度；

T——结构厚度；

σ_x——结构截面上水平方向内应力。

根据式（6-3）得

$$\frac{\mathrm{d}\sigma_x}{\mathrm{d}x} + \frac{\tau}{H} = 0 \qquad (6-4)$$

（2）任意点的位移 u 由约束应力位移 u_σ 和自由位移（温度变形）所组成，即

$$u = u_\sigma + \alpha Tx \qquad (6-5)$$

对式（6-5）求导，得

$$\frac{\mathrm{d}u}{\mathrm{d}x} = \frac{\mathrm{d}u_\sigma}{\mathrm{d}x} + \alpha T \qquad (6-6)$$

再求导，得

$$\frac{\mathrm{d}^2 u}{\mathrm{d}x^2} = \frac{\mathrm{d}^2 u_\sigma}{\mathrm{d}x^2} \qquad (6-7)$$

（3）根据胡克定律，有

$$\sigma_x = E\varepsilon = E \times \frac{\mathrm{d}u_\sigma}{\mathrm{d}x} \qquad (6-8)$$

根据式（6-8），有

$$\frac{\mathrm{d}\sigma_x}{\mathrm{d}x} = \frac{\mathrm{d}^2 u_\sigma}{\mathrm{d}x^2} = E \times \frac{\mathrm{d}^2 u}{\mathrm{d}x^2} \qquad (6-9)$$

再根据式（6-4），有

$$\frac{\mathrm{d}\sigma_x}{\mathrm{d}x} = -\frac{\tau}{H} \qquad (6-10)$$

将式（6-10）和式（6-2）代入式（6-9），得

$$E \times \frac{\mathrm{d}^2 u}{\mathrm{d}x^2} = -\frac{\tau}{H} = -\frac{C_x u}{H} \qquad (6-11)$$

设

$$\beta = \sqrt{\frac{C_x}{HE}} \qquad (6-12)$$

得到约束位移微分方程式，即

$$\frac{\mathrm{d}^2 u}{\mathrm{d}x^2} - \beta^2 u = 0 \qquad (6-13)$$

解式（6-13）即可得到位移 u、最大水平方向内应力 σ_x、剪应力 τ 的表达式，从而得到弹性地基上大体积混凝土的最大温度收缩拉应力。

3. 温度应力计算

根据《大体积混凝土施工规范》（GB 50496—2018）规定，自约束拉应力的计算可按式（6-14）计算：

$$\sigma_{z(t)} = \frac{\alpha}{2} \times \sum_{i=1}^{n} \Delta T_{1i}(t) \times E_i(t) \times H_i(t,\tau) \qquad (6-14)$$

式中：$\sigma_{z(t)}$——龄期为 t 时，因混凝土浇筑体里表温差产生的自约束拉应力的累计值，MPa；

　　　$\Delta T_{1i}(t)$——龄期为 t 时，在第 i 计算区段内，混凝土浇筑体里表温差的增量，℃；

　　　$E_i(t)$——第 i 计算区段，龄期为 t 时，混凝土的弹性模量，MPa；

　　　α——混凝土的线膨胀系数；

　　　$H_i(t,\tau)$——龄期为 t 时，在第 i 计算区段产生的约束应力，延续至 t 时的松弛系数，可按表 6-4 取值。

混凝土浇筑体里表温差的增量可按式（6-15）计算：

$$\Delta T_{1i}(t) = \Delta T_1(t) - \Delta T_1(i-j) \tag{6-15}$$

式中：j——第 i 计算区段的步长，d。

表 6-4　混凝土的松弛系数表

$\tau = 2$ d		$\tau = 5$ d		$\tau = 10$ d		$\tau = 20$ d	
t	$H(\tau, t)$	t	$H(\tau, t)$	t	$H(\tau, t)$	t	$H(\tau, t)$
2	1	5	1	10	1	20	1
2.25	0.426	5.25	0.510	10.25	0.551	20.25	0.592
2.50	0.342	5.50	0.443	10.50	0.499	20.50	0.549
2.75	0.304	5.75	0.410	10.75	0.476	20.75	0.534
3	0.278	6	0.383	11	0.457	21	0.521
4	0.225	7	0.296	12	0.392	22	0.473
5	0.199	8	0.262	14	0.306	25	0.367
10	0.187	10	0.228	18	0.251	30	0.301
20	0.186	20	0.215	20	0.238	40	0.253
30	0.186	30	0.208	30	0.214	50	0.252
∞	0.186	∞	0.200	∞	0.210	∞	0.251

在施工准备阶段，最大自约束应力也可按式（6-16）计算：

$$\sigma_{z\max} = \frac{\alpha}{2} \times E(t) \times \Delta T_{1\max} \times H(t,\tau) \tag{6-16}$$

式中：$\sigma_{z\max}$——最大自约束应力，MPa；

　　　$\Delta T_{1\max}$——混凝土浇筑后可能出现的最大里表温差，℃；

　　　$E(t)$——与最大里表温差 $\Delta T_{1\max}$ 相对应的龄期 t 时，混凝土的弹性模量，MPa；

　　　$H(t,\tau)$——在龄期为 τ 时产生的约束应力，延续至 t 时的松弛系数，可按表 6-4 取值。

外约束拉应力可按式（6-17）计算：

$$\sigma_x(t) = \frac{\alpha}{1-\mu} \times \sum_{i=1}^{n} \Delta T_{2i}(t) \times E_i(t) \times H_i(t,\tau) \times R_i(t) \tag{6-17}$$

式中：$\sigma_x(t)$——龄期为 t 时，因存在综合降温差，在外约束条件下产生的拉应力，MPa；

$\Delta T_{2i}(t)$——龄期为 t 时，在第 i 计算区段内，混凝土浇筑体综合降温差的增量，℃；

μ——混凝土的泊松比，取 0.15；

$R_i(t)$——龄期为 t 时，在第 i 计算区段内，外约束的约束系数。

混凝土浇筑体综合降温差的增量可按式（6-18）计算：

$$\Delta T_{2i}(t) = \Delta T_2(t) - \Delta T_2(t-k) \tag{6-18}$$

混凝土外约束的约束系数可按式（6-19）计算：

$$R_i(t) = 1 - \frac{1}{\cosh\left(\sqrt{\dfrac{C_x}{HE(t)}} \times \dfrac{L}{2}\right)} \tag{6-19}$$

式中：L——混凝土浇筑体的长度，mm；

H——混凝土浇筑体的厚度，该厚度为块体实际厚度与保温层换算混凝土虚拟厚度之和，mm。

4. 控制温度裂缝的条件

混凝土抗拉强度可按式（6-20）计算：

$$f_{tk}(t) = f_{tk}(1 - e^{-\gamma t}) \tag{6-20}$$

式中：$f_{tk}(t)$——混凝土龄期为 t 时的抗拉强度标准值，MPa；

f_{tk}——混凝土抗拉强度标准值，MPa；

γ——系数，应根据所用混凝土试验确定，当无试验数据时，可取 0.3。

混凝土防裂性能可按式（6-21）、式（6-22）进行判断：

$$\sigma_z \leqslant \frac{\lambda f_{tk}(t)}{K} \tag{6-21}$$

$$\sigma_x \leqslant \frac{\lambda f_{tk}(t)}{K} \tag{6-22}$$

式中：K——防裂安全系数，取 $K=1.15$；

λ——掺合料对混凝土抗拉强度影响系数，$\lambda = \lambda_1 \times \lambda_2$，可按表 6-5 取值；

f_{tk}——混凝土抗拉强度标准值，可按表 6-6 取值。

表 6-5 不同掺量掺合料对混凝土抗拉强度影响系数

掺量	0	20%	30%	40%
粉煤灰（λ_1）	1	1.03	0.97	0.92
矿渣粉（λ_2）	1	1.13	1.09	1.10

表 6-6 混凝土抗拉强度标准值 单位：MPa

符号	混凝土强度等级			
	C25	C30	C35	C40
f_{tk}	1.78	2.01	2.20	2.39

6.4　大体积混凝土的温度裂缝

　　混凝土是由水泥浆、砂子和石子组成的水泥浆体和骨料的两相复合型脆性材料，因此存在着两种裂缝：肉眼看不见的微观裂缝和肉眼看得见的宏观裂缝。微观裂缝是混凝土本身就有的，它的宽度仅 2～5 pm，主要有 3 种形式：黏着裂缝、水泥石裂缝和骨料裂缝。

　　混凝土结构的裂缝产生的原因主要有 3 种：一是由外荷载引起的；二是由结构次应力引起的，这是因为结构的实际工作状态和计算假设模型之间存在差异；三是由变形应力引起的，这是因为温度、收缩、膨胀、不均匀沉降等因素会引起结构变形，当变形受到约束时便产生应力，当此应力超过混凝土抗拉强度时就产生裂缝。

6.4.1　结构裂缝的基本概念

　　工程结构的裂缝问题是具有一定普遍性的技术问题。虽然结构物的设计是建立在极限承载力的基础上的，但有一些工程结构的使用标准是由裂缝控制的。因此，按裂缝的宽度不同，混凝土裂缝可分为微观裂缝和宏观裂缝两种。

1. 微观裂缝

20 世纪 60 年代以来，通过混凝土的现代试验研究设备（各种实体显微镜、X 射线照相设备等）的观察可以证实，尚未承担荷载的混凝土结构中存在肉眼看不见的微观裂缝，其宽度为 0.05 mm 以下，甚至为 2～5 pm。微观裂缝是混凝土本身就有的，其形式主要有三种：

　　（1）黏着裂缝，即沿着骨料周围出现的骨料与水泥浆黏结面上的裂缝。

　　（2）水泥石裂缝，即分布在骨料间水泥浆中的裂缝。

　　（3）骨料裂缝，即存在于骨料本身的裂缝。

　　上述三种微观裂缝中，黏着裂缝和水泥石裂缝较多，而骨料裂缝较少。微观裂缝在混凝土结构中的分布是不规则的，沿截面是不贯穿的。因此，有微观裂缝的混凝土可以承受拉力。但是，结构物的某些受拉较大的薄弱环节，在微观裂缝的拉力作用下很容易串联并贯穿全截面，最终导致结构物断裂。

2. 宏观裂缝

宏观裂缝是宽度不小于 0.05 mm 的裂缝，是微观裂缝扩展的结果。

　　在建筑工程中，微观裂缝对防水、防腐、承重等不会引起危害，故对于具有微观裂缝的结构，则假定其为无裂缝结构。设计中所谓不允许出现裂缝，是指初始裂缝的宽度不应大于 0.05 mm。因此，有裂缝的混凝土是绝对的，无裂缝的混凝土是相对的。

　　产生宏观裂缝的原因一般有外荷载、次应力和变形应力三个。前两者引起裂缝的可能性较小，后者是导致混凝土产生宏观裂缝的主要原因。变形应力导致的裂缝由温度、收缩、不均匀沉降、膨胀等引起，按其深度一般又可分为表面裂缝、深层裂缝和贯穿裂缝，如图6-4所示。

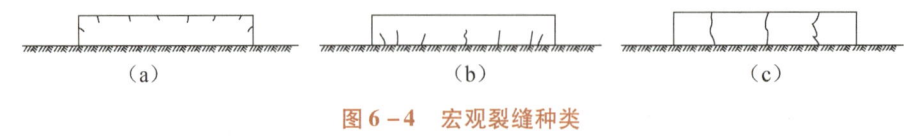

（a）　　　　　　　　　（b）　　　　　　　　　（c）

图 6-4　宏观裂缝种类

（a）表面裂缝；（b）深层裂缝；（c）贯穿裂缝

（1）表面裂缝。大体积混凝土浇筑初期，水泥水化热大量产生，使混凝土的温度迅速上升，但由于混凝土表面散热条件好，热量可向大气中散发，故表面温度上升较小；而混凝土内部由于散热条件较差，热量不易散发，故内部温度上升较多。混凝土内部温度高、表面温度低，则形成温度梯度，使混凝土内部产生压应力、表面产生拉应力，当拉应力超过混凝土的极限抗拉强度时，混凝土表面就产生裂缝。

表面裂缝虽不属于结构裂缝，但在混凝土收缩时，由于表面裂缝处的断面已削弱，易发生应力集中现象，从而促使裂缝进一步开展。

国内外对裂缝宽度都有相应的规定。例如，我国的《混凝土结构设计规范（2015年版）》（GB 50010—2010）对钢筋混凝土结构的最大允许裂缝宽度就有明确的规定：室内正常环境下一般构件为 0.3 mm；露天或室内高湿度环境下为 0.2 mm。

（2）深层裂缝。基础约束范围内的混凝土处在大面积拉应力状态时，若产生了表面裂缝，则表面裂缝极有可能发展为深层裂缝，甚至发展成贯穿裂缝。

深层裂缝部分切断了结构断面，具有很大的危害性，在施工中是不允许出现的。如果设法避免基础约束区的表面裂缝，且混凝土内外温差控制适当，那么基本上可避免出现深层裂缝和贯穿裂缝。

（3）贯穿裂缝。大体积混凝土浇筑初期，混凝土处于升温阶段及塑性状态，弹性模量很小，变形变化所引起的应力很小，温度应力一般可忽略不计。混凝土浇筑一定时间后，水泥水化热基本已释放，混凝土从最高温逐渐降温，降温的结果会引起混凝土收缩，另外混凝土多余水分蒸发等也会引起体积收缩变形，但混凝土因受到地基和结构边界条件的约束，不能自由变形，这就导致产生拉应力，当该拉应力超过混凝土极限抗拉强度时，混凝土整个截面就会产生贯穿裂缝。

贯穿裂缝切断了结构断面，破坏了结构的整体性、稳定性、耐久性、防水性等，会影响正常使用。所以，应当采取一切措施，坚决控制贯穿裂缝的扩展。

一般来说，由温度收缩应力引起的初始裂缝不影响结构的承载能力（瞬时强度），而仅对耐久性和防水性产生影响。对不影响结构承载力的裂缝，为了防止钢筋腐蚀、混凝土碳化，以及防水防渗等，应对裂缝加以封闭或补强处理。对于地下或地下结构来说，混凝土的裂缝主要影响其防水性能，一般当裂缝宽度为 0.1~0.2 mm 时，虽然早期有轻微渗水，但经过一段时间后裂缝可以自愈；若裂缝宽度为 0.2~0.3 mm，则渗水量按裂缝宽度的 3 次方比例增加，此时须进行化学注浆处理。所以，在地下工程中，应尽量避免宽度超过 0.3 mm 且贯穿全断面的裂缝。

6.4.2 大体积混凝土裂缝产生的原因

大体积混凝土截面大、水泥用量大，故水泥水化释放的水化热会产生较大的温度变化。混凝土导热性能差，其外部的热量散失较快，而内部的热量不易散失，这就造成了混凝土各个部位之间的温度差和温度应力，温度应力就会引发温度裂缝。

大体积混凝土施工阶段产生的温度裂缝，是其内部矛盾发展的结果。一方面混凝土由于内外温差产生了应力和应变，另一方面结构物的外约束和混凝土各质点的约束阻止了这种应变，一旦温度应力超过混凝土能承受的极限抗拉强度，混凝土就会产生不同程度的裂缝。总结大体积混凝土产生裂缝的工程实例，得知产生裂缝的主要原因，具体如下。

1. 水泥水化热的影响

水泥在水化过程中产生大量的热量，这是大体积混凝土内部热量的主要来源。试验证明，每克普通水泥放出的热量可达 500 J。大体积混凝土截面的厚度大，水化热聚集在结构内部不易散发，这就会引起混凝土内部急剧升温。水泥水化热引起的绝热温升，与混凝土厚度、单位体积水泥用量和水泥品种有关，即混凝土厚度越大，水泥用量越多，水泥早期强度越高，混凝土内部的温升越快。大体积混凝土测温试验研究表明：水泥水化热在 1~3 d 放出的热量最多，占总热量的 50% 左右，混凝土浇筑后 3~5 d，混凝土内部的温度最高。

2. 内外约束条件的影响

各种结构在变形变化的过程中，必然受到一定的约束阻碍其自由变形。阻碍变形的因素称为约束条件，约束条件分为内约束与外约束。结构发生变形变化时，不同结构之间产生的约束称为外约束，结构内部各质点之间的约束称为内约束，其中外约束又可分为自由体、全约束和弹性约束三种。建筑工程中的大体积混凝土，相对水利工程来说体积并不算很大，它承受的温差和收缩主要是均匀温差和均匀收缩，故外约束占主要地位。

大体积混凝土与地基浇筑在一起，当温度变化时受到下部地基的限制，因而产生外部的约束应力。混凝土在早期温度上升时，因产生的膨胀变形受到约束而产生压应力。此时混凝土的弹性模量很小，徐变和压力松弛大，混凝土与基层连接不太牢固，因而压应力较小。但当温度下降时，则产生较大的拉应力，若超过混凝土的抗拉强度，混凝土将会出现垂直裂缝。

在全约束条件下，混凝土结构的变形应是温差和混凝土膨胀系数的乘积，即 $\varepsilon = \Delta T \times \alpha$，当 ε 超过混凝土的极限拉伸值 ε_p 时，结构便会出现裂缝。由于结构不可能受到全约束，况且混凝土还有徐变变形，所以在 25 ℃~30 ℃ 的情况下也可能不产生裂缝。由此可见，降低混凝土的内外温差和改善约束条件，是防止大体积混凝土产生裂缝的重要措施。

3. 外界气温变化的影响

在施工期间，外界气温的变化对大体积混凝土开裂有重大影响。混凝土的内部温度是浇筑温度、水泥水化热的绝热温升和结构的散热温度等各种温度的叠加之和。浇筑温度与外界气温有直接关系，外界气温越高，混凝土的浇筑温度就越高；若外界温度下降，则混凝土的温度梯度增加，特别是气温骤降会导致外层混凝土与内部混凝土的温度梯度大大增加，这对大体积混凝土极为不利。

大体积混凝土不易散热，其内部温度在有的工程条件下竟超过 80 ℃，而且持续时间较长。温度应力是由温差引起的变形所造成的，温差越大，温度应力也越大。因此，研究合理的温度控制措施，控制混凝土表面温度与外界气温的温差，是防止裂缝产生的重要措施。

4. 混凝土收缩变形的影响

（1）混凝土塑性收缩变形。在混凝土硬化之前，混凝土处于塑性状态，如果上部混凝土的均匀沉降受到限制，如遇到钢筋或大的混凝土骨料，或者是平面面积较大的混凝土（其水平方向的减缩比垂直方向更难），就容易形成一些不规则的混凝土塑性收缩裂缝。这种裂缝通常是互相平行的，间距为 0.1~0.2 m，并且有一定的深度。它不仅可以发生在大体积混凝土中，而且可以发生在平面尺寸较大、厚度较薄的结构中。

（2）混凝土的体积变形。混凝土在水泥水化过程中要产生一定的体积变形，但多数是收缩变形，少数为膨胀变形。掺入混凝土中的拌合水，约有 20% 的水分是水泥水化所必需的，其余 80% 都要被蒸发。最初失去的自由水几乎不引起混凝土的收缩变形，但是随着混凝土的继续干燥就会有更多的水被蒸发，因此就会出现干燥收缩。

混凝土干燥收缩的机制比较复杂，其主要是由混凝土内部孔隙水蒸发引起的毛细管引力所致。这种干燥收缩在很大程度上是可逆的，即混凝土产生干燥收缩后，如果再处于水饱和状态，就还可以膨胀恢复到原有的体积。

除了上述干燥收缩外，混凝土还会产生碳化收缩，即空气中的二氧化碳（CO_2）与混凝土中的氢氧化钙 [$Ca(OH)_2$] 发生反应生成碳酸钙和水，这些水会因蒸发而使混凝土产生收缩。

6.5 大体积混凝土温度裂缝的控制措施

在大体积混凝土施工过程中，以及施工过程的前后，采取必要的技术措施控制温度应力的发展，最大限度地降低温度应力对混凝土体产生的不利影响，是大体积混凝土基础结构的施工重点之一。

根据我国《大体积混凝土施工标准》（GB 50496—2018）相关规定要求，以及长期的大体积混凝土结构施工的经验，为防止产生温度裂缝，一般应着重在控制混凝土温升、延缓混凝土表面降温速度、减少混凝土收缩、提高混凝土极限抗拉强度、改善约束条件、完善构造设计等方面采取积极措施。

在采取相应技术措施控制混凝土温度应力、降低混凝土开裂程度的同时，要建立科学合理的温度监控体系，作为采取技术措施的依据。温度监控体系的建立，可以使施工人员及时了解混凝土结构内部温度变化的情况，并按照施工组织及技术措施的相应预案处理问题，以求最大限度地降低温度应力产生的不利影响，预防并控制大体积混凝土基础结构产生温度裂缝。

6.5.1　控制混凝土温升的技术措施

大体积混凝土的内外温差是导致其产生温度应力继而开裂的根源，而水泥水化热的蓄积是混凝土温升的源头，故控制水泥水化热引起的温升，可直接降低混凝土内外温差，对降低混凝土温度应力、防止温度裂缝的产生可起到关键性的作用。具体措施如下。

1. 选择水化热低和安定性好的水泥

为在大体积混凝土施工中降低混凝土因水泥水化热引起的温升，达到降低温度应力和保温养护费用的目的，根据目前国内水泥水化热的统计数据和多个大型重点工程的成功经验，以及《大体积混凝土施工标准》（GB 50496—2018）的相关规定，一般应选用水化热低的通用硅酸盐水泥。而且，其 3 d 水化热不宜大于 250 kJ/kg，7 d 水化热不宜大于 280 kJ/kg；当选用 52.5 强度等级水泥时，7 d 水化热不宜小于 300 kJ/kg。

水泥的安定性即体积安定性，是指水泥在凝结硬化过程中体积变化的均匀性。如果水泥硬化后产生不均匀的体积变化，即为体积安定性不良。体积安定性不良也会使混凝土体产生裂缝。

2. 骨料的选择

混凝土中骨料所占的比例为 70% ~ 80%。为了充分发挥水泥的有效作用，一般宜优先选用以自然连续级配的骨料配置的混凝土。一般情况下，以自然连续级配的骨料配置的混凝土具有较好的和易性、较少的用水量和水泥用量及较高的抗压强度。在石子规格的选用上，可根据施工条件，尽量选用粒径较大、级配良好的石子。大粒径石子的选用既可以减少水泥用量，直接降低水泥水化热的产生，又可以减少配合比中水的用量，使混凝土失水后的收缩量随之减少。若石子粒径增大，则容易使混凝土产生离析的弊病，故必须优化混凝土粗细骨料的级配设计。一般情况下，细骨料宜采用中砂，其细度模数宜大于 2.3，且含泥量控制在 3% 以内；粗骨料应选用非碱活性、粒径为 5 ~ 31.5 mm、连续级配，且含泥量控制在 1% 以内的骨料。骨料中，砂率宜为 38% ~ 42%。

此外，如果能在混凝土搅拌前降低骨料的温度，以此吸收部分水泥水化热，那么将对降低混凝土养护初期的温升速度产生明显的效果，进而非常有效地降低混凝土内外温差。

3. 掺加粉煤灰和粒化高炉矿渣粉，降低水泥使用量

粉煤灰和粒化高炉矿渣粉（简称矿渣粉）都是具有一定活性的混凝土掺合料，掺入它们可改善混凝土的黏塑性，增大混凝土的坍落度。用粉煤灰和矿渣粉替代水泥掺入混凝土中时，混凝土要求不同，其掺量也有所不同。一般情况下，粉煤灰的掺量不宜超过胶凝材料用量的 40%，矿渣粉的掺量不宜超过胶凝材料用量的 50%，粉煤灰和矿渣粉掺合料的总量不宜大于混凝土中胶凝材料用量的 50%。由此可以看出，通过掺加掺合料的方法减少水泥用量，可大大降低水泥水化热的产生，从而降低大体积混凝土内部温度的积蓄。当混凝土中掺加粉煤灰和矿渣粉等掺合料时，其达到设计强度等级的龄期一般为 60 d 或 90 d。

4. 控制混凝土的浇筑温度

在降低大体积混凝土总温升和减少结构内外温差的问题上，控制混凝土的浇筑温度也很重要。混凝土中骨料的比热容较小，其用量占混凝土用量的 70% ~80%；水的比热容很大，其用量仅占混凝土用量的很小一部分，一般不超过 10%。如前所述，在混凝土搅拌前降低粗细骨料的温度，能对混凝土起到很好的降温效果。

混凝土浇筑温度的控制，目前尚无统一的标准。美国混凝土协会的施工手册中规定其不得超过 32 ℃；日本土木学会的施工规程中规定其不得超过 30 ℃；日本建筑学会的钢筋混凝土施工规范中规定其不得超过 35 ℃。我国《大体积混凝土施工标准》（GB 50496—2018）为了控制混凝土不出现有害裂缝，保证混凝土浇筑质量，规定了在高温、冬期、大风、雨雪等特殊气候条件下进行大体积混凝土施工时应遵守的技术措施。

6.5.2 延缓混凝土表面降温速率的技术措施

大体积混凝土浇筑后的养护期内，为了减少因内部温升与外部温降形成的较大内外温差而产生的表面裂缝，应当采取积极的养护措施进行防控。通常情况下，在高层建筑大体积混凝土基础结构内部不宜设置降温设施（如冷却水管等降温设施），此时，在混凝土表面施以恰当的保湿、保温养护，对于防止混凝土表面温度散失过快，以及防止混凝土表面脱水产生干缩裂缝具有极为重要的作用。

大体积混凝土基础结构施工中，蓄水养护法是一种经济实用且应用范围较广的养护方法，即在混凝土终凝后，在混凝土表面蓄存一定深度的水对其进行养护。由于水的导热系数相对较大，所以混凝土表面蓄积的养护水吸收混凝土散发的热量而温度升高，且其具有一定的隔热保温效果，养护期间一边逐渐向外散发热量，一边以适宜的温度覆盖在混凝土表面对其进行养护，避免表面降温过快形成较高的内外温差，从而防止混凝土体内产生过大的温度应力梯度，进而控制温度裂缝的形成与发展。

此外，在大体积混凝土基础结构拆模后，宜尽快将回填土回填，充分利用土体对其进行保温，以避免昼夜温差及气温变化等因素对混凝土表面产生不利影响。大体积混凝土基础养护过程中，混凝土内外温差宜控制在 25 ℃以内。

6.5.3 改善约束条件、完善构造设计的技术措施

1. 设置滑动层

高层建筑大体积混凝土基础承受的外部约束作用较大，其主要是来自地基对混凝土基础降温收缩时的约束作用。为减小地基对基础底面的约束作用，可采取在两者之间设置滑动层的措施来改善地基对基础的约束。滑动层的做法：涂刷两道热沥青再加铺一层油毡；铺 10 ~20 mm 厚沥青砂；铺 50 mm 厚砂层或石屑层等。

2. 设置"后浇带"

当大体积混凝土结构的尺寸过大，通过计算证明整体一次性浇筑产生的温度应力过大，

不可避免地产生温度裂缝时，设计单位可在合理的位置设置"后浇带"，以防温度裂缝的产生。

"后浇带"是在现浇钢筋混凝土结构中，为了防止混凝土由于变形、收缩不均而有可能产生的有害裂缝，按照设计或施工规范要求，在基础底板、墙、梁相应位置留设的临时施工缝。它将结构暂时划分为若干部分，待各段混凝土变形基本完毕后再浇筑该施工缝的混凝土，并将结构连成整体。"后浇带"的浇筑时间宜选择气温较低时，浇筑的混凝土中宜掺入适量的膨胀剂（如 UEA①），且其强度等级应比前期浇筑的混凝土强度高一级，以防新老混凝土之间出现裂缝而产生薄弱部位。

"后浇带"的间距一般为 20～30 m，其浇筑时间要在前期浇筑混凝土的 40 d 之后。一般情况下，在主体结构封顶后，再统一浇筑"后浇带"混凝土。

6.5.4　提高混凝土抗裂性能的二次振捣技术措施

混凝土的收缩和极限拉应变除与水泥用量、骨料品种和级配、水灰比、外加剂种类与含量有关外，还与施工工艺和施工质量密切相关。通过改善混凝土的配合比和施工工艺，可以在一定程度上提高其极限拉应变和减少其收缩，这对混凝土的抗裂性能具有一定的提高作用。

在浇筑混凝土结构时，混凝土在振捣作用下会趋于液化，且具有一定的流动性，在振捣成型及其随后的静停过程中，很少能实现相对稳定的状态，粗骨料因自重作用仍有下沉，水分和气泡上升，这种物理现象会一直持续到混凝土失去塑性为止，其结果是造成粗细骨料上下分布不均匀的现象。粗大骨料在混凝土凝结前下沉，使得下部的密实度大于上部，所以混凝土的下部强度总是大于上部，习惯称之为混凝土的外分层。随着外分层的发展，还会出现内分层，即粗骨料周围区域密实度发展不均匀。粗骨料上部区域的密实度最大，侧面区域的密实度中等，下部区域的密实度则最小。内分层的出现进一步加剧了混凝土内部结构的不均匀。外分层与内分层的共同特点是，在骨料的下部形成充水区，充水区含有一部分气体，随着时间的增长，水分蒸发会形成空穴，严重降低混凝土的强度。

因此，间隔一段时间进行二次振捣，可以使本来已经接近凝结的混凝土经振捣液化，重新恢复塑性，将由于内分层而被封闭在粗骨料下部的水囊内的水和气泡释放出来，进而使充水区被水泥浆体填塞。而且二次振捣时的混凝土已经接近凝结，混凝土拌合物内存在大量的晶体和胶凝物，黏滞阻力和抗剪强度较大，骨料和水分相对运动的程度很小，加之很快即凝结，因此凝结后混凝土会达到一种理想的状态，这就增大了混凝土的密实度及整体的均匀性。通常，二次振捣后混凝土的密实度可提高 1%～3%，混凝土的强度也相应提高。

二次振捣施工工艺虽然有很多优点，但是二次振捣牵涉的施工因素很多，特别是二次振捣时间的确定。如果处理不当，造成振捣时间太迟，在水泥浆体硬化后振捣，就会造成无法愈合的裂缝产生，进而导致混凝土的水泥石结构被破坏，所以采用这种方法时必须考虑各方面的因素，认真试验，慎重实施。

---

① 编辑注：UEA 是 United Expansive Agent 的缩写，是指 U 形混凝土膨胀剂（U-type Expansive Agent for Concrete）。

6.5.5　施工及养护过程中的温度监控措施

为了进一步了解大体积混凝土中水化热带来的温升数值，以及不同深度温度场升温的变化规律，在施工过程中要随时监测混凝土内部温度情况，以便采取相应的技术措施，确保工程施工质量。

《大体积混凝土施工标准》（GB 50496—2018）要求，大体积混凝土浇筑块体内外温差、降温速度、环境温度的测试，在混凝土浇筑后，每昼夜不应少于4次，入模温度的测量，每台班不少于2次。在混凝土内布置监测点，应真实反映混凝土浇筑体内最高温升、内外温差、降温速度及环境温度，一般可按如下方式进行布置：

① 以所选混凝土浇筑体平面图对称轴线的半条轴线为测试区，在测试区内监测点按平面分层布置。

② 在测试区内，监测点的位置与数量可根据混凝土浇筑体内温度场的分布情况及温控的要求确定。

③ 在每条测试轴线上，监测点位不宜少于4处，并应根据结构的几何尺寸布置。

④ 沿混凝土浇筑体厚度方向，必须布置外面、底面和中间温度测点，其余测点宜按测点间距不大于600 mm布置。

⑤ 保温养护效果及环境温度监测点数量应根据具体需要确定。

⑥ 混凝土浇筑体的外表温度，宜为混凝土表面向内50 mm处的温度。

⑦ 混凝土浇筑体底面的温度，宜为混凝土浇筑体底面向上50 mm处的温度。

通常情况下，大体积混凝土基础结构进行的测温监控，是在混凝土内不同部位埋设温度传感测试元件，用以采集并记录混凝土内温度随时间变化的情况，以便对施工全过程进行跟踪和监测。测试元件安装前，必须经受在水下1 m处浸泡24 h的测试，合格后方可固定在混凝土浇筑体模板内。目前比较先进的温度监控系统是无线大体积混凝土测温系统。它解决了传统的布线烦琐、监测点分散、各点之间间隔较远，以及测量员必须到现场进行测量而导致的工作效率低、人为误差大、不便于管理等问题。这种无线测温系统可自动采集、记录数据，并将其保存到各个测温模块，由主机读取数据后可将其保存到U盘，还可采用计算机进行数据分析，并对温度实现现场和远程智能化进行在线监测和预警。这种系统环境适应性强，工作温度为－20 ℃~80 ℃，测温为－30 ℃~150 ℃，测量精度为±0.3 ℃，一套系统可同时监测24个测温点，在空旷地的数据无线传输距离可达1 000 m。

6.6　大体积混凝土的施工方法

大体积混凝土基础结构的施工方法根据基础形式而定。与主体结构施工相比，大体积混凝土的平面尺寸和厚度大，因此在施工中有其自身的特点。

6.6.1 钢筋工程

大体积混凝土结构的钢筋，具有数量多、直径大、分布密、上下层钢筋高差大等特点。这是与一般混凝土结构相比明显的区别。对于分布密的钢筋，在钢筋绑扎时，宜采用卡尺限位的方法，使钢筋网片整齐划一，如图6-5所示。卡尺长4.0~5.0 m，根据钢筋间距设置缺口。绑扎时在长钢筋的两端用卡尺缺口卡住钢筋，待绑扎后拿去卡尺。这样做既能满足钢筋间距的质量要求，又能加快绑扎速度。另外，也可以先绑扎一定间距的纵、横钢筋，校对位置确定准确后，再划线绑扎其他钢筋。粗钢筋的连接一般多采用直螺纹连接。

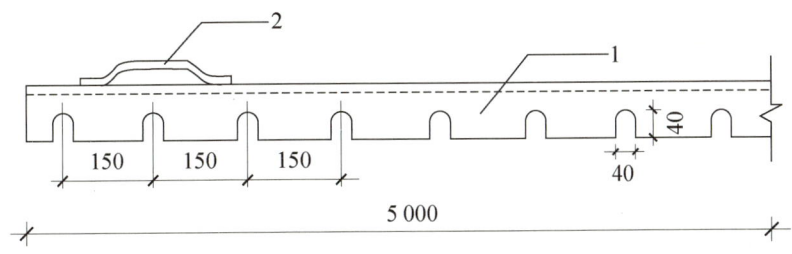

1—L63×6；2—ϕ12 把手。

图6-5 绑扎钢筋用角钢卡尺

大体积混凝土结构由于厚度大，故多有上、下双层双向钢筋。为保证上层钢筋的标高和位置准确无误，施工中均需设置上层钢筋支架，用以承受上层钢筋的重量、控制钢筋的标高和承担上部操作平台的全部施工荷载。钢筋支架可由粗钢筋或型钢制作，每隔一定距离（一般为2.0 m左右）设置一个，相互间有一定的拉结以保持稳定。在钢筋安装过程中，下层钢筋排放在混凝土垫块上，混凝土垫块的间距不大于1.0 m。钢筋支架应架设在下层钢筋上以防爬水，或者与桩基连接在一起，又或者在钢筋支架下端设置底座，如图6-6所示。

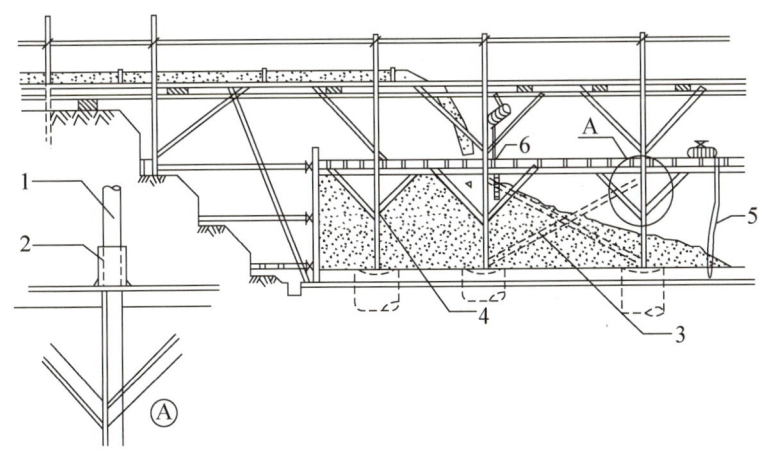

1—ϕ48 脚手架；2—插座管（内径ϕ50）；3—剪刀撑；
4—钢筋支架；5—前道振捣；6—后道振捣。

图6-6 钢筋支架与操作平台

6.6.2　模板工程

模板工程是保证工程结构外形和尺寸的关键，而混凝土对模板的侧压力是确定模板尺寸的依据。

大体积混凝土的浇筑常采用泵送混凝土工艺。该工艺的特点是浇筑速度快，浇筑面集中。由于混凝土的操作工艺决定了它不可能做到同时将混凝土均匀地分送到需要浇筑混凝土的各个部位，所以往往会使某一部位的混凝土升高很多，然后才移动输送管，依次浇筑其他部位的混凝土。因此，采用泵送工艺的大体积混凝土模板，绝对不能按照传统、常规的办法配置。应根据实际受力状况，对模板和支撑体系进行计算，以确保模板体系具有足够的强度和刚度。

《大体积混凝土施工标准》（GB 50496—2018）有如下规定：

① 大体积混凝土模板和支架应进行承载力、刚度和整体稳固性验算，并应根据大体积混凝土采用的养护方法进行保温构造设计。

② 模板和支架系统安装、使用和拆除过程中，必须采取安全稳定措施。

③ 对后浇带或跳仓法留置的竖向施工缝，宜采用钢板网、铁丝网或快易收口网等材料支挡；后浇带竖向支架系统宜与其他部位分开。

④ 大体积混凝土拆模时间应满足混凝土的强度要求，当模板作为保温养护措施的一部分时，其拆模时间应根据温控要求确定。

⑤ 大体积混凝土宜适当延迟拆模时间。拆模后，应采取预防寒流袭击、突然降温和剧烈干燥等措施。

6.6.3　大体积混凝土施工注意事项

大体积混凝土浇筑量大、浇筑速度快、浇筑时间长，而且浇筑时要考虑温度应力的影响，因此，其施工应注意以下要点。

（1）合理地进行施工平面布置，确定好浇筑顺序、所需的泵车能力和数量，布置好泵车位置和泵管敷设，以保证施工过程有条不紊。

（2）宜在低温条件下进行。当气温较高（大于 30 ℃）时，应周密分析和计算温度及收缩应力，并采取相应地降低温差和减少温度应力的措施。

（3）应根据整体连续浇筑的要求，结合结构尺寸的大小、钢筋的疏密、混凝土供应条件等选择浇筑方法。浇筑方法有如下三种：

① 全断面分层浇筑［见图 6-7（a）］施工流程，即在整个模板内全面分层，浇筑区面积为基础平面面积。第一层全面浇筑完毕后浇筑第二层，第二层要在第一层混凝土初凝之前全部浇筑振捣完毕，如此逐层进行，直至全部基础浇筑完成。这种浇筑方法要求搅拌系统的生产率能够满足浇筑量的要求，适用于平面尺寸不大的结构。

② 斜面分层浇筑［见图 6-7（b）］施工流程，即浇筑工作从浇筑层斜面下端开始，逐

渐向上移动浇筑，这时振动器应与斜面垂直振捣。斜面分层也可以视为分段分层、分段长度小到一定程度的情况。当结构的长度超过其厚度的 3 倍时，可以采用斜面分层浇筑。采用此方法时，斜面坡度取决于混凝土的坍落度，混凝土浇筑厚度一般为 200～300 mm，振捣工作应从浇筑层的下端开始。

③ 分段分层浇筑［见图 6–7（c）］施工流程，即混凝土从低层开始浇筑，进行一定距离后就回头浇筑第二层，如此向前呈阶梯形推进。当结构厚度不大而面积或长度较大时，可采用分段分层浇筑。其分段的长度主要与搅拌系统生产能力 Q、混凝土初凝时间 t、结构的宽度 B、每层浇筑的时间间隔 T，混凝土浇筑层厚度 h 等有关。

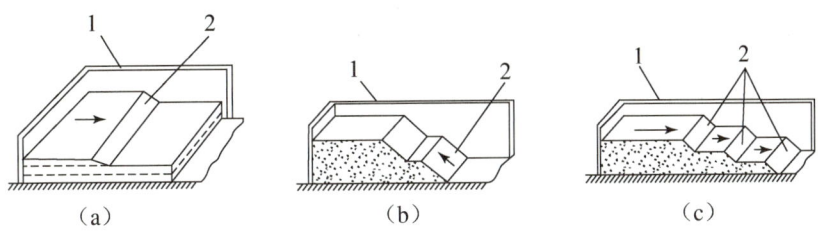

1—模板；2—新浇筑的混凝土。

图 6–7　大体积混凝土结构浇筑方法

（a）全断面分层浇筑；（b）斜面分层浇筑；（c）分段分层浇筑

根据规范《大体积混凝土施工标准》（GB 50496—2018），大体积混凝土浇筑应符合下列规定：

（1）混凝土浇筑层厚度应根据所用振捣器作用深度及混凝土的和易性确定，整体连续浇筑时宜为 300～500 mm，振捣时应避免过振和漏振。

（2）整体分层连续浇筑或推移式连续浇筑，应缩短间歇时间，并应在前层混凝土初凝之前将次层混凝土浇筑完毕。层间间歇时间不应大于混凝土初凝时间。混凝土初凝时间应通过试验确定。当层间间歇时间超过混凝土初凝时间时，层面应按施工缝处理。

（3）混凝土的浇筑应连续、有序，宜减少施工缝。

（4）混凝土宜采用泵送方式和二次振捣工艺。

当采取分层间歇浇筑混凝土时，水平施工缝的处理应符合下列规定：

（1）已硬化的混凝土表面，应清除表面的浮浆、松动的石子及软弱混凝土层。

（2）在上层混凝土浇筑前，应采用清水冲洗混凝土表面的污物，并应充分润湿，但不得有积水。

（3）新浇筑混凝土应振捣密实，并应与先期浇筑的混凝土紧密结合。

大体积混凝土底板与侧墙相连接的施工缝，当有防水要求时，宜采取钢板止水带等处理措施。

在大体积混凝土浇筑过程中，应采取措施防止受力钢筋、定位筋、预埋件等移位和变形，并应及时清除混凝土表面泌水。应及时对大体积混凝土浇筑面进行多次抹压处理。

6.6.4　大体积混凝土施工温度监测

为了掌握大体积混凝土的升温和降温的变化规律，大体积混凝土施工中应实施温度监测，并对其实行信息化控制，随时掌握混凝土内的温度变化对于防止开裂有决定性意义。大体积混凝土的温控施工中，除应进行水泥水化热的监测外，在混凝土浇筑过程中还应进行混凝土浇筑温度的监测，在养护过程中还要进行混凝土浇筑升降温、里表温差、降温速度及环境温度等的监测。

大体积混凝土浇筑体里表温差、降温速度及环境温度及温度应变的监测，在混凝土浇筑后，每昼夜不应少于4次；入模温度的监测，每台班不少于2次。

大体积混凝土浇筑体内温度监测点的布置如图6-8所示，根据规范《大体积混凝土施工标准》（GB 50496—2018），其应反映混凝土浇筑体内最高温升、里表温差、降温速度及环境温度，可采用下列布置方式：

（1）测试区可选混凝土浇筑体平面对称轴线的半条轴线，测试区内监测点应按平面分层布置。

（2）测试区内，监测点的位置与数量可根据混凝土浇筑体内温度场的分布情况及温控的规定确定。

（3）在每条测试轴线上，监测点位不宜少于4处，应根据结构的平面尺寸布置。

（4）沿混凝土浇筑体厚度方向，应至少布置表层、底层和中心温度监测点，监测点间距不宜大于500 mm。

（5）保温养护效果及环境温度监测点数量应根据具体需要确定。

（6）混凝土浇筑体表层温度，宜为混凝土浇筑体表面以内50 mm处的温度。

（7）混凝土浇筑体底层温度，宜为混凝土浇筑体底面以上50 mm处的温度。

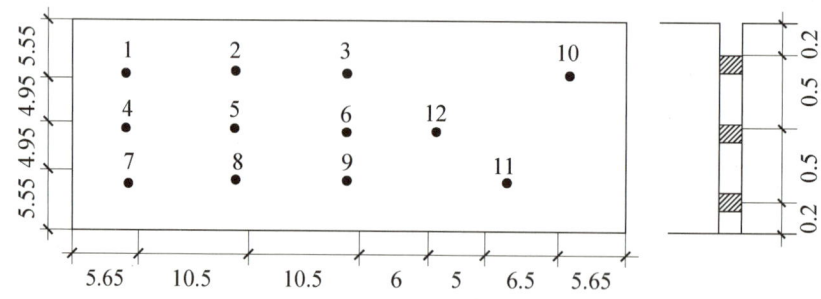

图6-8　大体积混凝土浇筑体内温度监测点的布置

大体积混凝土浇筑体测温元件的选择应符合下列规定：

（1）测温元件的测温误差不应大于0.3 ℃（25 ℃环境下）。

（2）测试范围：-30 ℃~150 ℃。

（3）绝缘电阻应大于500 MΩ。

温度和应变测试元件的安装及保护，应符合下列规定：

（1）测试元件安装前，必须在水下 1 m 处经过浸泡 24 h 且不损坏。

（2）测试元件接头安装位置应准确，固定应牢固，并与结构钢筋及固定架金属体绝热。

（3）测试元件的引出线宜集中布置，并应加以保护。

（4）对测试元件周围应进行保护，在混凝土浇筑过程中，下料时不得直接冲击测试测温元件及其引出线；振捣时，振捣器不得触及测温元件及其引出线。

监测过程中宜及时描绘出各点的温度变化曲线和断面的温度分布曲线，发现温控数值异常时应及时报警，并应采取相应的处理措施。

第7章 CHAPTER 7

高层建筑起重及运输机械

高层建筑施工过程中，每天都需要运送大量的建筑材料、半成品、成品和施工人员，并且在施工的各个阶段，如主体结构施工阶段和装饰工程施工阶段，运输的特点各不相同。

现代高层建筑施工的主要特点：垂直运输量大、运距高；结构、水电、装修齐头并进，交叉作业多，安全隐患大；工期紧张；施工人员上下频繁，人员交通量大；组织管理工作复杂。所谓垂直运输，是指将物料用垂直线的方法，在不改变与水平面成直角的状态下，提升到一定的高度的过程。因此，起重运输机械是高层建筑施工中的关键设备，其选择与布置得合理与否对高层建筑施工的速度、工期、成本具有重要影响，正确选择和使用起重运输机械是确定高层建筑施工方案的重要内容。一般来讲，施工机械设备的费用占土建工程总造价的5%～10%，随着建筑物层高的增加，资金投入逐步增大，正确地选用和有效地使用机械，对降低工程造价有一定的作用。此外，施工过程中还要确保起重运输机械设备的正常、安全运行，一旦发生事故，往往会造成严重后果。

7.1 起重运输机械体系的选择

建筑施工条件复杂多变，影响起重运输机械选择的因素有建筑物的体型和平面配置；建筑层数、层高和建筑总高度；建筑工程实物工作量、建筑构件、制品、材料设备搬运量；建筑工期、施工节奏、施工流水段的划分及施工进度的安排；建筑基地及周围的施工环境、条件（有无已建成或正在施工的高层建筑物、现场交通条件、障碍物等）；本单位资源条件（有无财力购进大型设备，有无人力管理，有无使用大型设备）及对经济效益的要求。

从目前我国建筑工程实际情况看，常用于高层建筑结构施工的机械设备主要有塔式起重机（又称塔吊或塔机）、外用施工电梯（或称施工电梯）和混凝土泵等设备。

7.1.1　高层建筑起重运输机械体系的组成及特点

在高层建筑施工中建立一个高效能的起重运输机械体系（起重系统、混凝土输送系统），对保证施工顺利进行、加快施工速度、缩短工期、降低施工成本都具有极为重要的意义。

起重运输机械体系的选用一般应满足以下要求：效率高，技术状况必须可靠，能满足连续施工要求；机具必须配套，以满足多工种同时作业的需要；由于运输对象不一，必须合理选择多功能运输设备，实现一套设备多种功用，以较少的装备费用获得最佳的经济效益。

1. 典型组合运输体系

高层建筑施工中，较完备的起重运输机械体系：以塔式起重机（附着式或内爬式）为主的吊装与垂直运输体系；以提升机为主的垂直运输体系；混凝土泵（混凝土泵车）与搅拌运输车配套的混凝土运输体系。

2. 典型运输体系的混合使用

典型运输体系的混合使用一般在主体结构施工阶段以塔式起重机为主，在装修阶段以井架提升机或卷扬机等垂直运输设备为主；若主体与装修交叉施工，则选择塔式起重机和垂直运输设备混合使用；也可提前安装塔式起重机供地下室施工时使用，以充分发挥塔式起重机的使用效率。

目前，我国高层建筑工程最常见的结构形式是钢筋混凝土结构，其施工过程需要运输的物料主要是模板（滑模、爬模除外）、钢筋和混凝土，还有墙体材料、装饰材料，另外还要运输施工人员。

我国近年来在高层、超高层建筑施工中选用的起重运输机械体系主要有以下几种：

① 塔式起重机 + 施工电梯。

② 塔式起重机 + 混凝土泵 + 施工电梯。

③ 塔式起重机 + 快速提升机（或井架起重机）+ 施工电梯。

④ 塔式起重机 + 快速提升机（或井架起重机）+ 混凝土泵 + 施工电梯。

⑤ 快速提升机（或井架起重机）+ 混凝土泵 + 施工电梯。

以上 5 种起重运输机械体系，在一定的条件下，其技术方面均能满足高层建筑施工过程中运输的需要。一般可根据工程规模、结构形式、施工工艺、工期要求、装备能力、现场具体条件、机械费用、综合经济效益等实际情况加以选择。

第一种起重运输机械体系（塔式起重机 + 施工电梯）具有垂直运输的高度高、幅度大，以及垂直与水平能同时交叉立体作业等优点。其缺点是一次性机械投资费用大，易受环境因素（如大风、雨雪）的影响，作业量大（由塔式起重机运输全部材料、设备）。

第二种起重运输机械体系（塔式起重机＋混凝土泵＋施工电梯）具有很大优越性。混凝土输送作业是连续的，输送效率高；占用场地小，现场文明；作业安全，大风等环境因素对它的影响小。但它的设备投资大，机械使用台班费高。

第三种起重运输机械体系（塔式起重机＋井架起重机＋施工电梯）机械成本低，一次性投资少，制作简便，但在楼层需搭设高架车道，用手推车输送，劳动量大，机械化程度低。目前已较少采用这种输送方法。1993年建成的上海国际饭店（地上22层），便是用井架起重机完成全部建筑材料及制品的垂直运输的。

3. 不同层高起重运输机械体系的优选组合

根据层高选择起重运输机械体系：

（1）8层以下（最高不超过25 m），优先选用 W_1-100、QU25、QU40 或 W200A 履带式起重机和混凝土泵车等设备。

（2）9～16层（最高到75 m），宜选用轨道式上回转式起重机 TQ60/80、TQ90 或 QTZ200 等塔式起重机配合施工电梯，泵送混凝土。

（3）17～25层（最高到100 m），可选用参数合理的附着式自升塔式起重机或内爬式塔式起重机配合施工电梯，泵送混凝土。

（4）40层以上（高度在100 m以上），优先选用内爬式塔式起重机 QTP60 或 QT5-20/4、FAV-CO 2700、90 HB 和 JCC-200。

4. 高层建筑起重运输机械体系配套方案

高层建筑起重运输机械体系配套方案分析如表7-1所示。

表7-1　高层建筑起重运输机械体系配套方案分析

序次	配套方案	功能配合	优缺点	选用情况
1	施工电梯＋塔式起重机、料斗	塔式起重机承担吊装和运送模板、钢筋、混凝土，电梯运送人员和零散材料	优点：直供范围大，综合服务能力强，易调节安排 缺点：集中运送混凝土的效率不高，受大风限制影响	吊装量大、现浇混凝土量不大的情况
2	施工电梯＋塔式起重机＋混凝土泵、布料杆	混凝土泵和布料杆输送混凝土，塔式起重机承担吊装和大件材料运输，电梯运送人员和零散材料	优点：直供范围大，综合服务能力强，供应能力大，易调节安排 缺点：投资大，费用高	工期紧、工程量大的超高层工程的结构施工阶段
3	施工电梯＋带臂杆高层井架	电梯运送人员和零散材料，井架可带吊笼和吊斗，臂杆吊运钢筋模板	优点：垂直输送能力较强，费用低 缺点：直供范围小，无吊装能力，增加水平运输设施	无大件吊装的以现浇为主、工程量不太大和集中的工程

续表

序次	配套方案	功能配合	优缺点	选用情况
4	施工电梯 + 高层井架 + 塔式起重机、料斗	电梯运送人员和零散材料，井架运送大宗材料，塔式起重机吊装和运送大件材料	优点：直供范围大，综合服务能力强，供应能力大，易调节安排，结构完成后可拆除塔式起重机 缺点：可能出现设备能力利用不足的情况	吊装和现浇量较大的工程
5	塔式起重机、料斗 + 普通井架	人员上下使用室内楼梯，其他同 4	优点：吊装和垂直运输要求均可适应，费用低 缺点：供应能力不够强，人员上下不方便	适用于 50 m 以下的建筑工程

7.1.2 起重运输机械在工程中配置数量分析

1. 塔式起重机的配置数量

现代化高层建筑是一项大规模的建筑工程，其施工特点之一是大量材料设备需通过各种起重运输机械提升至各施工位置，离开这些机械几乎无法施工。因此，在高层建筑施工中，多少建筑面积（占地面积或标准层面积）配置一台塔式起重机或者说应该配置多少个垂直运输点，这是人们常议论和关心的技术问题。

高层建筑的标准层面积多在 500 ~ 1 000 m²，塔楼的周围常设若干层裙房。一般情况下，若塔式起重机安放位置选择恰当，则一台臂长 40 ~ 50 m 的塔式起重机的回转半径就可同时覆盖塔楼和裙房的工程面。对起重臂回转半径难以覆盖的个别部位，采用先由塔式起重机负责垂直运输，再由人工进行水平运输的办法。

例如，天津某大厦的 A 区标准层面积为 801 m²，B 区标准层面积为 729 m²，主体结构施工时各配备一台塔式起重机，即 A 区配备 TQZ – 200 型塔式起重机，B 区配备德国生产的 SK560 型高塔，同样也可满足施工要求。

大多数施工专家认为，高层建筑标准层面积为 500 ~ 1 000 m² 时，通常采用 1 台塔式起重机，若采用两台或两台以上塔式起重机，则将会出现下列问题：

① 两台及以上塔式起重机同时工作，高空作业将相互干扰，降低塔式起重机利用率。

② 施工现场电源负荷过大，易引起供电不足。

③ 占用施工场地过大，不利于现场文明施工。

④ 施工场地的立塔、拆塔难度较大。

⑤ 对提高施工速度没有明显效果，在某些情况下还会影响工程的进展。

⑥ 机械费用几乎增大一倍，经济效益较差。

2. 混凝土泵在高层建筑施工中的输送能力分析

混凝土泵是一种高效率的垂直运输机械，下面以某大楼施工为例，简要分析泵送体系的输送能力。

某大楼 A 区标准层的混凝土用量为 450 m^3，标准层面积为 1 100 m^2，若用一台塔式起重机提升布料（每台班平均 60 吊），若连续施工则需两天半时间，而泵送体系采用一台泵车，施工时间仅需 12 h，工期缩短两天。

3. 建筑施工电梯在高层建筑施工中的输送能力分析

根据瑞典一公司在德国某高层建筑工地进行的一次测定，100 个工人在 15 层上下作业，如按乘电梯与不乘电梯相比较，乘电梯的每台班可节省 22.5 个工作日，即可节省全部工人出勤工作量的 22.5%。由此可见，施工电梯不仅减轻了工人上下班的劳动强度，而且显著提高了工作效率。因此，施工电梯是高层建筑施工中不可缺少的机具。

据调查，结构施工高峰期，施工楼层上的作业人员约 100 名（按标准层面积 1 000 m^2 计），施工电梯应具备在短时间内将上述人员送至作业面的能力。某大楼采用 SCD200/200J 单笼电梯，这种电梯的额定载重量为 2 000 kg，起升速度为 37.7 m/min。以结构施工到 20 层为例，电梯上下往返一次需 4 ~ 5 min（包括停留时上下电梯的时间），0.5 h 内可运送 90 ~ 100 人。施工进行到 20 层以后，采用错开不同工人上下班时间的办法，可满足施工人员上下班高峰期的输送要求。

7.1.3 选择起重运输机械体系时应注意的问题

在技术方面皆能满足高层建筑施工过程中运输需要的前提下，在选择起重运输机械体系时还应全面考虑下述几个方面的问题。

1. 运输能力要能满足规定工期的要求

高层建筑施工的工期在很大程度上取决于垂直运输的速度。因此，一个标准层的施工工期确定后，需选择合适的机械、配备足够的数量以满足要求。

2. 机械费用低

高层建筑施工应用的机械较多，所以机械费用较高。因此，在选择机械类型和进行配套时，应力求降低机械费用，这对于中、小城市中的非大型建筑施工企业尤为重要。

3. 综合经济效益好

机械费用的高低有时不能绝对地反映经济效益，如机械化程度高，势必机械费用也高，但它能加快施工速度和降低劳动消耗。因此，对于机械的选用和其配套，要考虑综合经济效益，尤其要全面地进行技术经济比较。目前，从国外及我国北京、上海、广州等大中城市一些高层建筑施工时选用的起重运输机械体系的现状及发展趋势来看，采用塔式起重机 + 混凝土泵 + 施工电梯方案者越来越多。

7.2 塔式起重机

7.2.1 塔式起重机的特点

塔式起重机又称塔吊或塔机，是高层、超高层建筑施工的主要施工机械。随着现代新工艺、新技术的不断广泛使用，塔式起重机的性能和参数不断提高。

塔式起重机由金属结构部分、机械传动部分、电气控制与安全保护部分及外部支承设施组成。其结构特点是有一个直立的塔身，起重臂安装在塔身的上部，如图 7-1 所示。

（a）　　　　　　　　　　　　　　　　（b）

（c）　　　　　　　　　　　　　　　　（d）

图 7-1　塔式起重机的安装

（a）塔式起重机基础施工；（b）起重臂的安装；（c）平衡臂的安装；（d）安装完成

塔式起重机的特点：塔身高，臂架长，可以覆盖广阔的空间，作业面大；能吊运各类建筑材料、制品、预制构件及施工设备，特别是超长、超宽构件；能同时进行起升、回转及行走，可完成垂直和水平运输作业；可通过改变吊钩滑轮组钢丝绳的倍率来提高起重量，满足施工需要；有多种工作速度，生产效率高；安全装置齐备，运行安全可靠；安装投产迅速，驾驶室设在塔身上，驾驶员视野广阔，操作方便，有利于提高生产率。

塔式起重机的使用也存在一些局限性，如一次性投资费用较高；在使用过程中受风力影响较大，四级以上风力时塔身不允许进行接高或拆卸作业，六级以上风力时不允许吊装作业。使用塔式起重机时务必保证使用全程的安全，一旦发生安全事故，后果将不堪设想。例如，2009 年我国某建筑工地发生塔式起重机失稳坠落事故，如图 7-2 所示。

图7-2 某建筑工地发生塔式起重机失稳坠落事故

7.2.2 塔式起重机的工作参数与分类

1. 塔式起重机的工作参数

（1）额定起重力矩。起重臂为基本臂长时，最大幅度与相应的额定起重量的乘积即为额定起重力矩。

（2）额定起重量。塔式起重机在某一幅度核定的起吊重物的质量即为额定起重量。能提升的最大质量称为额定最大起重量。

（3）幅度。起吊运送物料终点至回转中心的距离即为幅度。其中，从回转中心到运送物料最大终点距离称为最大幅度；从回转中心到运送物料最小终点距离称为最小幅度。

（4）起升高度。塔式起重机空载情况下，塔身处于最大高度、吊钩位于最大幅度处，吊钩支撑面对塔式起重机支撑面的允许最大垂直距离称为起升高度。

（5）基本高度。无附着塔式起重机的最大起升高度。

（6）附着高度。塔式起重机安装需要超过基本高度时必须附着，经过多道附着以后，塔式起重机基础面至吊钩支撑面的垂直距离称为最大附着高度。

（7）悬臂高度（悬高）。只有附着塔式起重机才有悬臂高度，它是指最上一道附着支架至吊钩支撑面的垂直距离。

（8）起升速度。塔式起重机空载时，吊钩上升至起升高度过程中稳定运行状态下的平均速度，起升速度依倍率和挡位变化。

（9）回转速度。塔式起重机空载且风速小于3 m/s时，吊钩位于基本臂最大幅度处和最大高度时的稳定回转速度。

（10）小车变幅速度。塔式起重机空载且风速小于3 m/s时，小车稳定运行的速度。

（11）最低稳定下降速度。吊钩滑轮组为最小钢丝绳倍率，吊有该倍率允许的最大起重量，吊钩稳定下降时的最低速度。

2. 塔式起重机的分类

塔式起重机按其行走方式（机构）、变幅方式、回转方式、起重能力和装设位置分为很多类型，各种类型的塔式起重机特点，如表7-2所示。

表 7 - 2　塔式起重机的分类和特点

分类方法	类型	特点
按行走方式（机构）分类	行走式塔式起重机	能靠近工作地点，方便，机动性强，常用的为轨道行走式、轮胎行走式和履带行走式
	自升式塔式起重机	没有行走机构，安装在靠近修建物的专有基础上，随施工的建筑物升高而自行升高
按变幅方式分类	起重臂变幅式塔式起重机	起重臂与塔身铰接，变幅时调整起重臂的仰角，变幅机构有电动和手动两种
	起重小车变幅式塔式起重机	起重臂是不变（或可变）的横梁，下弦装有起重小车。这种起重机变幅简单，操作方便，并能带载变幅
按回转方式分类	塔顶回转式塔式起重机	结构简单，安装方便，但起重机重心高，塔身下部要加配重，操作室位置低，不利于高层建筑施工
	塔身回转式塔式起重机	塔身与起重臂同时旋转，回转机构在塔身的下部，便于维修，操作室位置较高，便于施工观察，但回转机构较复杂
按起重能力分类	轻型塔式起重机	起重能力 5 ~ 30 kN
	中型塔式起重机	起重能力 30 ~ 150 kN
	重型塔式起重机	起重能力 150 ~ 400 kN
按装设位置分类	附着式自升塔式起重机	一种自升式塔式起重机，随建筑物升高而升高，建筑物只承受塔吊传递的水平载荷，附着方便，但占用结构用钢多
	内爬式塔式起重机	安装在建筑物内部（电梯井、楼梯间），借助托架和提升系统进行爬升，顶升较为复杂，但占用结构用钢少

7.2.3　塔式起重机的设置要求及选择的条件

1. 覆盖面和供应面要求

塔式起重机的覆盖面是指以塔式起重机的起重幅度为半径的圆形吊运覆盖面（轨道式塔式起重机的覆盖面是矩形）。垂直运输设施的供应面是指借助于水平运输手段（手推车）所能达到的供应范围。其水平运输距离一般不宜超过 80 m（包含地面水平运输和楼面水平运输）。待建工程的全部作业面应处于垂直运输设施的覆盖面和供应面的范围之内。

2. 供应能力

塔式起重机的供应能力等于吊次乘以吊量（每次吊运材料的体积、重量或件数）；其他垂直运输设施的供应能力等于运次乘以运量，运次应取垂直运输设施和与其配合的水平运输机具中的低值。另外，还需要一个数值为 0.5 ~ 0.75 的折减系数，以考虑难以避免的因素（机械设备故障和人为的耽搁等）对供应能力的影响。

根据现场编制的施工进度计划来确定垂直运输的供应能力是否满足要求，其供应能力需满足施工高峰期工作量的需要。

3. 提升高度

设备的提升高度应比实际需要的运升高度至少高出 3 m，以确保安全。

4. 水平运输手段

在考虑垂直运输设施时，必须同时考虑与其配合的水平运输手段，尤其是龙门架、井架等。

当使用塔式起重机进行垂直和水平运输作业时，要解决好料笼和料斗等材料容器的问题。由于外脚手架（包括桥式脚手架和吊篮）承受集中荷载的能力有限，所以一般不使用塔式起重机直接向外脚手架供料；若必须向脚手架供料，则需视具体情况采取以下措施：在结构的外檐增设受料台；使用组联小容器，整体起吊，然后分别卸至各作业地点。

当使用其他垂直运输设施时，一般使用手推车进行水平运输作业。其运载量取决于可同时装入几部车子，以及单位时间的提升次数。

5. 装设条件

垂直运输设施的装设位置应具备相应的条件。例如，具有可靠的基础，与结构的拉结和水平运输的通道，垂直运输设施的装、拆所必需的场地和空间等。

6. 设备效能的发挥

选择垂直运输设施时必须同时考虑满足施工要求及充分发挥设备效能两个方面的问题。当各个施工阶段的垂直运输量相差悬殊时，应分阶段设置或调整垂直运输设备，及时拆除不需要的设备。在考虑其适用性的同时，还应充分利用现有设备，必要时再增加新的设备。

7.2.4 附着式自升塔式起重机

1. 概述

附着式自升塔式起重机是固定在建筑物近旁钢筋混凝土基础上的起重机，也被称为外部附着式塔式起重机。随建筑物的升高，附着式自升塔式起重机利用液压自升系统逐步将塔顶顶升，塔身接高。为了保证塔身的稳定，每隔一定距离将塔身与建筑物用锚固装置水平联结起来，使起重机依附在建筑物上。附着式自升塔式起重机是非超高层建筑施工中常用的施工机械设备，能较好满足工程需要，不影响建筑物内部的施工安排。附着式自升塔式起重机现场图如图 7-3 所示。

同内爬式塔式起重机相比，附着式自升塔式起重机的主要优点包括：

① 建筑物只承受塔式起重机传递的水平载荷，即塔式起重机附着力。

② 附着在建筑物外部，附着和顶升过程可利用施工间隙进行，对于总的施工进度影响不大。

③ 因为起重机小幅度可吊大件（或组合件），所以可以把笨重的大件放在起重机旁边，还可以把某些小件在地面组合成大件进行吊装，减少了高空的工作量，进而提高效率，对安全有利。

④ 驾驶员可以看到吊装全过程，对吊车操作有利。

⑤ 其拆卸是安装的逆过程，比内爬式塔式起重机方便。

图 7 - 3　附着式自升塔式起重机现场图

附着式自升塔式起重机的缺点：吊臂较长，且塔身高，所以其造价和重量都明显更高。

2. 构造

附着式自升塔式起重机主要由固定混凝土基础、塔身标准节、回转机构、顶升机构、起升卷扬机、平衡重、塔帽、平衡臂拉杆、驾驶室、变幅小车、吊臂、吊臂拉杆、起重吊钩等组成，如图 7 - 4 所示。

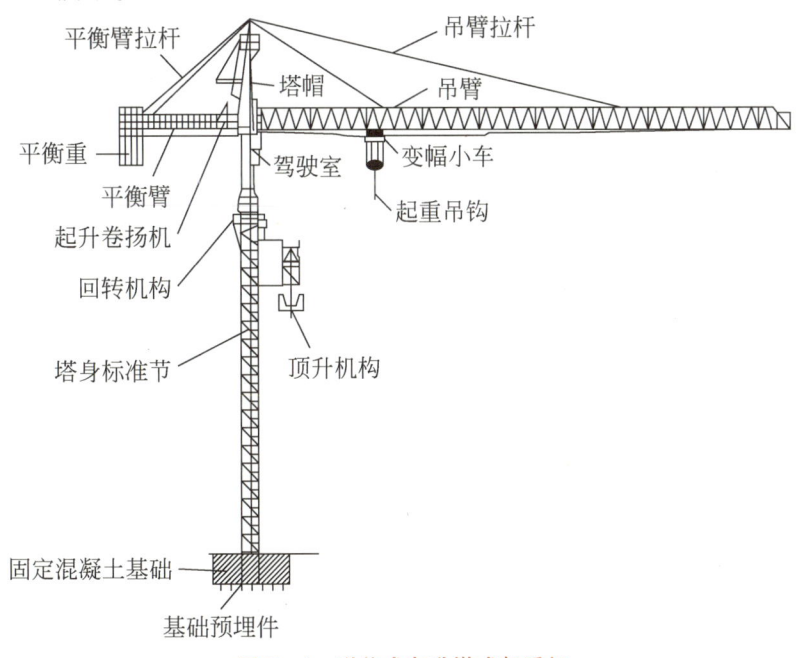

图 7 - 4　附着式自升塔式起重机

3. 基础

附着式自升塔式起重机，一般采用固定混凝土基础。它由 C35 混凝土和 I 级螺纹钢筋浇筑而成，分为整体式和分离式两种。前者一般用作设在建筑物内部的塔式起重机基础，或用于与建筑结构连成一体时。整体式是塔身节的 4 个肢通过预埋件固定在一厚钢筋混凝土板上，其混凝土用量大，对预埋件位置、标高要求高，但能起到压载作用，提高塔身抗整体倾覆的稳定性。分离式是塔机底架的 4 个肢直接坐在混凝土基础上，无须使用预埋件，当表面标高有差异时用垫片进行调整，其混凝土用量较少。

塔式起重机的钢筋混凝土基础有多种形式可供选用。对于有底架的固定附着式自升塔式起重机，可视工程地质条件、周围环境及施工现场情况选用 X 形整体式钢筋混凝土基础（轻型自升式塔式起重机）、条块分隔式钢筋混凝土基础或独立块体式基础；对无底架的附着式自升塔式起重机，则可采用整体式方块基础。附着式自升塔式起重机基础形式示意图如图 7 - 5 所示。

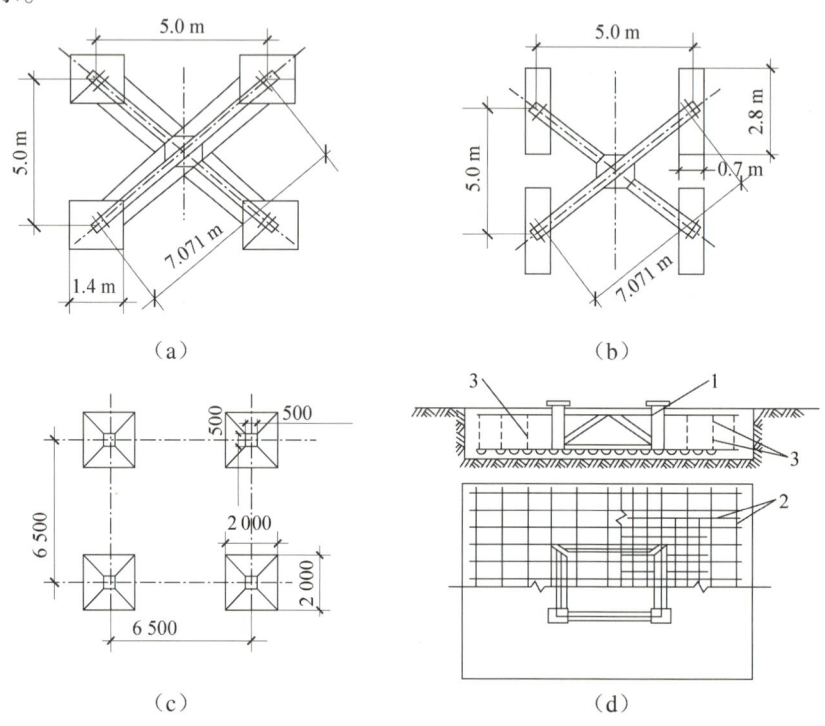

1—预埋塔身标准节；2—钢筋；3—架设钢筋。

图 7 - 5　附着式自升塔式起重机基础形式示意图

（a）X 形整体式钢筋混凝土基础；（b）条块分隔式钢筋混凝土基础；

（c）分块式钢筋混凝土基础；（d）独立式整体钢筋混凝土基础

4. 附着装置

（1）附着装置形式。附着式自升塔式起重机在塔身高度超过限定自由高度（一般为 30 ~ 40 m）时，应加附着装置与建筑结构拉结。装设第一道附着装置后，每增高塔身 14 ~ 20 m 应再加设一道，最高的一道附着装置以上的塔身自由高度不应超过限定值。

建筑结构的拉结支座，可套装在柱子上或埋在现浇混凝土墙板里面，锚固点应紧靠楼板，距离不宜大于 200 mm。锚固支座若设在墙板上，则应利用临时支撑与相邻墙板相连，以增强墙板刚度。附着支撑拉住塔体结构的形式有两种，即整个塔身抱箍式和节点（塔身）抱柱式，如图 7 - 6 所示。前者能充分利用塔身的空间，整体性能好；后者结构较简单，安装方便。

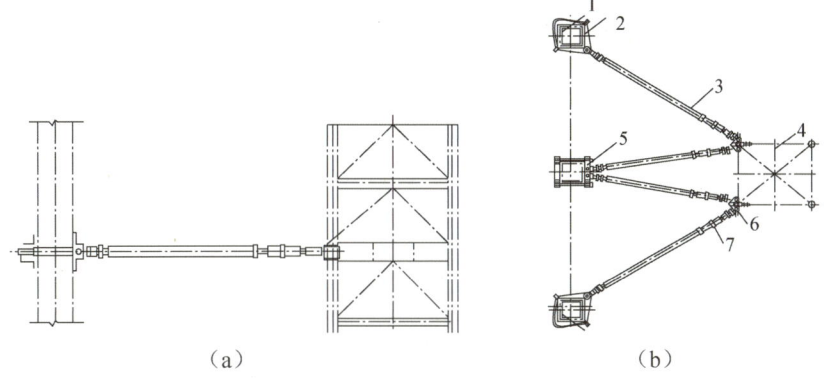

1—柱；2—边柱抱箍；3—附着杆；4—塔身；5—中柱抱箍；6—附着杆承座；7—调节螺母。

图 7 – 6 附着支撑拉住塔体结构的形式

（a）整个塔身抱箍式；（b）节点抱柱式

附着装置由锚固环和附着杆组成，如图 7 – 7 所示。锚固环由两块钢板或型钢组焊的 U 形梁拼装而成；附着杆可由型钢、无缝钢管组成，也可用型钢组焊成桁架式结构。附着杆上应设置调节螺母、螺杆副，调节距离 ±200 mm，以便灵活调整塔身附着距离和塔身立于地面的垂直度。

附着杆（杆系）用于塔机塔身与建筑物墙（柱）之间的连接，其常用布置形式有如图 7 – 7 （b)所示的几种，附墙距离一般为 4.1 ~ 6.5 m，距离大的可达 10 m，个别情况也有达 15 m 的。

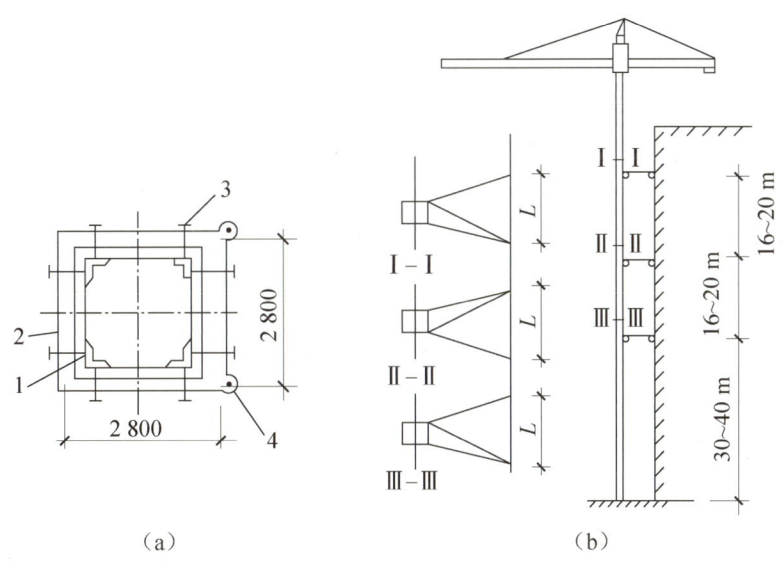

1—塔身；2—锚固环；3—螺旋千斤顶；4—耳板。

图 7 –7 附着装置

（a）锚固装置；（b）附着杆的布置形式

附着距离在 6.5 ~ 10 m 的，也可采用如图 7 – 8 （a）~ 图 7 – 8 （f）所示的布置形式。附着杆可借用标准附着件适当加长和加固，必要时在一附着点上、下各设置一道附着杆。对

15 m 或超过 15 m 的附着杆，可采用三角截面空间桁架式附着杆系，如图 7 - 8 （g）所示，并可用作桁架，供驾驶员登机操作之用。

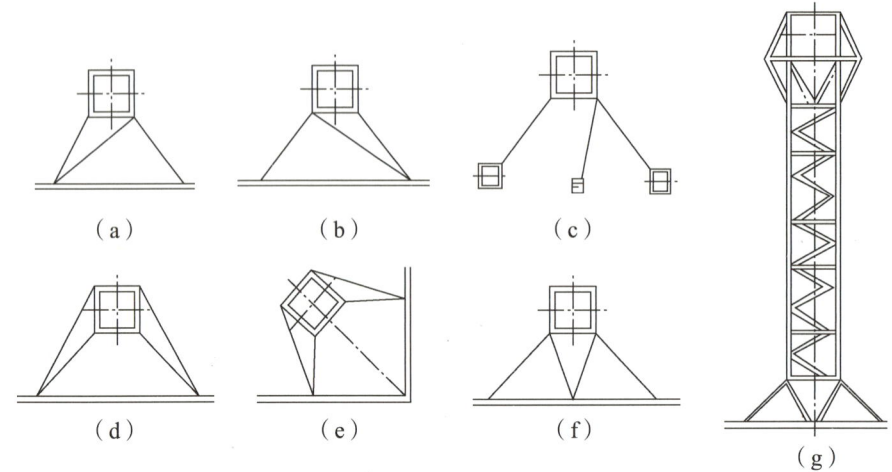

图 7 - 8　附着杆的布置形式

（a）（b）（c）三杆式附着杆系；（d）（e）（f）四杆式附着杆系；（g）空间桁架式附着杆系

（2）附着注意事项。附着式自升塔式起重机的附着应按使用说明书的规定进行，一般应注意下列几点。

① 根据建筑施工总高度、建筑结构特点及施工进度要求制定附着方案。

② 锚固装置的设置间距一般为 14 ~ 20 m，有的附着式自升塔式起重机可达 25 ~ 36 m；锚固装置以上的塔身自由高度，一般不超过 30 m。

③ 装设锚固装置要用经纬仪进行观测，并采取切实措施保证塔身的垂直度。

④ 为了满足锚固环和附着支座布设位置的需要，附着杆允许适当倾斜，但倾斜角度不得超过 10°。

⑤ 锚固环应尽可能设置在塔身标准节的节点处。设置锚固环的塔身横截面应设斜撑加固。

⑥ 应对布设附着支座的建筑物构件进行强度验算（一般塔式起重机使用说明书均对附着荷载的取值进行了规定），若强度不足，则须采取加固措施。正在施工的建筑物结构构件，在布设附着支座处应加配钢筋并适当提高混凝土的强度等级。安装锚固装置时，附着支座处的混凝土强度必须达到设计要求，附着支座须固定牢靠，其与建筑物构件之间的空隙应嵌塞紧密。

⑦ 当超高层建筑物施工中需经常设置多道锚固装置时，下部锚固装置可转移到上部使用。但第一道锚固装置与附着式自升塔式起重机基础之间的距离一般不超过 40 m。各道锚固装置的布设应符合使用说明书的有关规定。

⑧ 施工过程中必须经常检查锚固装置，发现有松动和异常情况时，附着式自升塔式起重机应立即停止工作，故障未经彻底排除不得继续工作。

⑨ 在降落塔身拆除附着式自升塔式起重机时，应随着降落塔身的进程拆除相应的锚固装置，严禁在落塔之前先拆锚固装置。

⑩ 遇有 6 级以上大风时，禁止安装和拆除锚固装置。

⑪ 锚固装置的安装、拆除、检查及调整均应有专门人负责，工作时应佩戴安全带和安全帽，并遵守高空作业安全操作规程的有关规定。

5. 接高爬升方法

附着式自升塔式起重机的自升过程如下。

① 准备阶段：吊运标准节至摆渡小车上，松开过渡节与标准节相连的螺栓，准备顶升，如图7-9（a）所示。

② 顶升塔顶阶段：开动液压千斤顶将塔机上部顶升超过标准节的高度，用定位销将套架固定，如图7-9（b）所示。

③ 推入标准节阶段：液压千斤顶回缩形成引进空间，推入装有标准节的摆渡小车，如图7-9（c）所示。

④ 安装标准节阶段：用液压千斤顶稍微提起待接高的标准节，退出摆渡小车，待接高标准节平稳落在塔身上，上紧连接螺栓，如图7-9（d）所示。

⑤ 塔顶下落阶段：拔出定位销，下降过渡节，与已接高的塔身连成整体，顶升接高结束，如图7-9（e）所示。

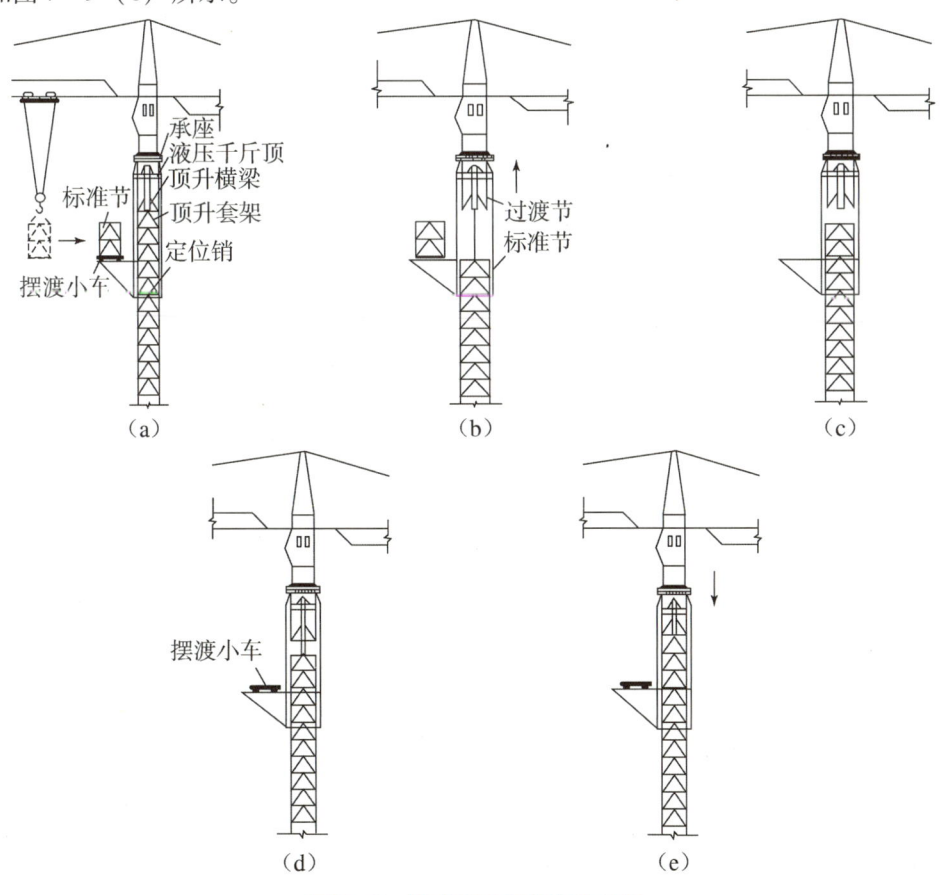

图7-9　塔式起重机的自升过程

（a）准备阶段；（b）顶升塔顶阶段；（c）推入标准节阶段；（d）安装标准节阶段；（e）塔顶下落阶段

附着式自升塔式起重机标准节安装如图 7 - 10 所示。

图 7 - 10　附着式自升塔式起重机标准节安装

6. 升降作业注意事项

（1）在升降作业过程中，必须有专人指挥、专人照看电源、专人操作液压系统、专人紧固螺栓。非操作人员不得登上爬升套架的操作平台，更不得启动液压系统的泵、阀开关或其他电气设备。

（2）升降作业应尽量在白天进行，遇特殊情况需在夜间作业时必须有充分的照明。

（3）风力在 4 级以上时，不得进行升降作业。顶升作业过程中，若风力突然加大，则必须立即停止顶升，并紧固连接螺栓。

（4）升降前应预先放松电缆，其长度略大于总爬升高度，并做好电缆卷筒的紧固工作；下降时应适时收紧电缆。

（5）顶升过程中，应将回转机构制动住，严禁回转塔身及其他作业。

（6）升降时，必须调整好顶升套架滚轮与塔身标准节的间隙，按规定使起重臂处于平衡状态，并将回转机构制动住，当回转台与塔身标准节之间的最后一处连接螺栓拆卸困难时，应将其对角方向的螺栓重新插入，再采取其他措施，不得以旋转起重臂动作来松动螺栓。

（7）升降时，顶升撑脚就位后，应插上安全销，方可继续下一动作。

（8）升降完毕后，各连接螺栓应按规定扭力紧固，使液压操纵杆回到中间位置，并切断液压升降机构电源。

（9）每次升降前后，必须认真做好准备和检查工作。特别是顶升后，要认真检查各连接螺栓是否按规定扭力紧固，爬升套架滚轮与塔身标准节的间隙是否调整好，操作杆是否已回到中间位置，液压系统的电源是否切断等。

7.2.5　内爬式塔式起重机

内爬式塔式起重机是一种安装在建筑物内部结构上（将塔身支撑在建筑结构的梁上、板上或电梯井壁的预留孔洞内），依靠自身装备的爬升机构（如液压顶升系统）随建筑物结构的升高而向上爬升的起重机。一般每隔两个楼层爬升一次，适用于框架结构的高层建筑施工。对于高度在 100 m 以上的超高层建筑，可优先考虑用内爬式塔式起重机。内爬式塔式起重机现场图如图 7-11 所示。

图 7-11　内爬式塔式起重机现场图

与附着式自升塔式起重机相比，内爬式塔式起重机的优点：一般布置在建筑物内部，所以其塔吊的幅度可以做得小一些，即吊臂可以做短，不占用建筑物外围空间；由于是利用建筑物向上爬升，爬升高度不受限制，塔身也短不少，因此整体结构轻、造价低。其缺点：塔吊要全部压在建筑物上，建筑结构需要加强，因而增加了建筑物造价；爬升必须与施工进度互相协调，并且只能在施工间歇进行；驾驶员不能直接看到吊装过程；更为麻烦的是，施工结束后，需要用屋面起重机或其他设备将塔吊各部件逐个地拆下来，放在竣工的建筑物顶部，然后放到地面，屋顶为了支承这些设备又需要加强。

内爬式塔式起重机的三个爬升框架分别安置在三个不同楼层上。最下面的框架用作支承底架，承受内爬式塔式起重机全部荷载并将其传递给建筑结构。上面两套框架用作爬升导向架和交替用作定位及支承底架。爬升时，必须使内爬式塔式起重机上部保持前后平衡。爬升之前，应将爬升框架、支承梁及爬梯等安置好，有关的楼层结构应进行支承加固。爬升后，内爬式塔式起重机下面的楼板开孔应及时封闭。

内爬式塔式起重机露出结构外的自由高度一般为三个楼层高度，每次爬升 1~2 个楼层高度，在建筑物内的嵌固长度与露出结构的自由高度和其重量有关，但不得少于 8 m。内爬式塔式起重机的爬升过程如图 7-12 所示。

图 7-12 （a）所示为准备状态。将起重小车收回到最小幅度处，下降吊钩，吊住套架并松开固定套架的地脚螺栓，收回活动支腿，做好爬升准备。

图 7-12 （b）所示为提升套架。首先，开动提升机构将套架提升至两层楼高度；其次，摇出套架四角活动支腿并用地脚螺栓固定；最后，松开吊钩升高至适当高度并开动起重小车到最大幅度处。

图 7-12 （c）所示为提升内爬式塔式起重机。首先，松开底座地脚螺栓，收回底座活

动支腿；其次，开动爬升机构将内爬式塔式起重机提升至两层楼高度；最后，摇出底座四角的活动支腿，并用预埋在建筑结构上的地脚螺栓固定。至此，爬升过程结束。

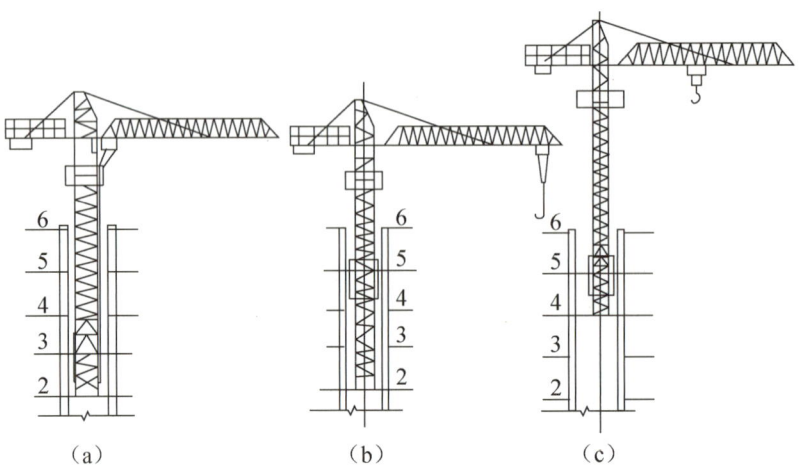

图7-12　内爬式塔式起重机的爬升过程

（a）准备状态；（b）提升套架；（c）提升内爬式塔式起重机

内爬式塔式起重机的拆除工序复杂，且是高空作业，所以困难较多，必须周密布置和细致安排。拆除所采用的设备主要有附着式重型塔式起重机，或屋面吊，或人字拔杆，视具体情况选用。

内爬式塔式起重机的拆除顺序与安装相反，拆除过程一般是：开动液压顶升机组，降落塔吊，使起重臂落至屋顶层；拆卸平衡重并逐块下放到地面运走；拆卸起重臂，将臂架解体并分节下放到地面运走；拆卸平衡臂，将其解体并分节下放到地面运走；拆卸塔帽并下放到地面运走；拆卸转台、驾驶室并下放到地面；拆卸支承回转装置及支承座并下放到地面运走；逐节顶升塔身标准节，拆卸、下放到地面并运走。

7.3　垂直升运机械

垂直升运机械主要包括井架起重机、垂直运输塔架和施工电梯等。垂直升运机械是施工高层和超高层建筑的辅助运输设备，也是工程装饰阶段重要的垂直运输设备。

7.3.1　井架起重机

井架起重机由吊笼（或料斗）、桁架结构立柱、绳轮系统（包括天轮、地轮等导向滑轮）等部件组成，因立柱结构类似井架，故称为井架起重机，如图7-13所示。

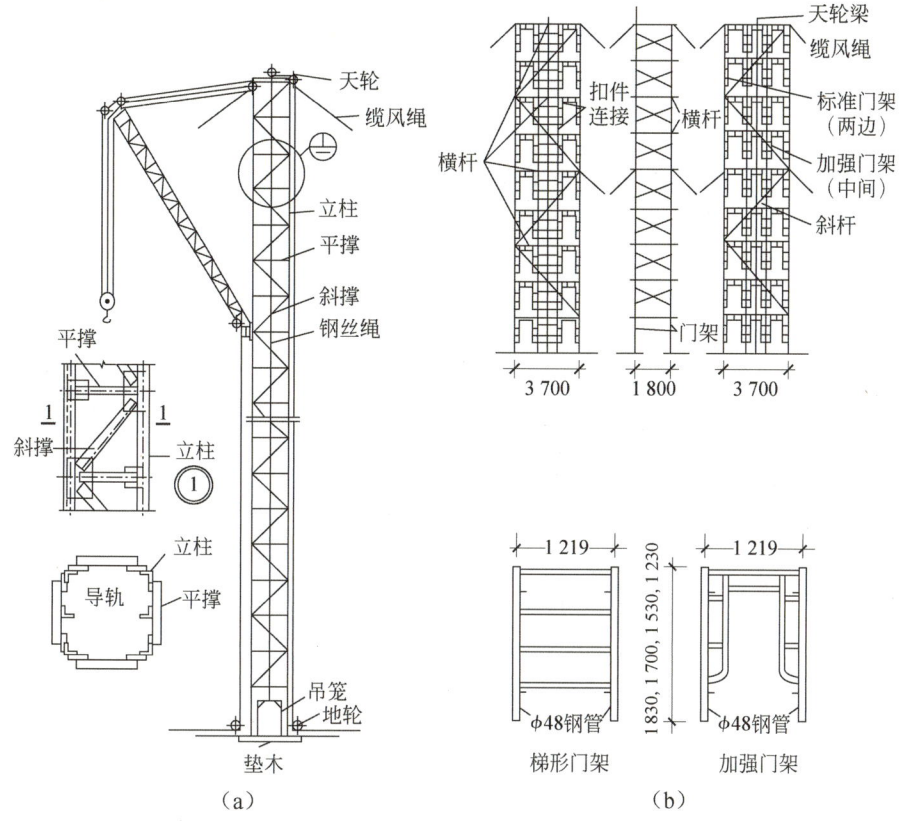

图 7 – 13　井架起重机构造示意图

（a）普通型钢井架；（b）门架式钢井架

7.3.2　垂直运输塔架

　　垂直运输塔架是近年来在井架起重机基础上发展起来的一种单立柱双笼式快速垂直运输机械，其主要特点如下。

　　（1）垂直运输塔架采用方形断面格桁结构标准节，安装迅速方便。

　　（2）垂直运输塔架顶部装设顶升套架并附有绳轮顶升系统，能自行顶升接高。

　　（3）垂直运输塔架设有附墙装置，可省略一些缆风绳。

　　（4）卷扬机具有调速装置，升降速度较快。

　　（5）设有超负荷保险装置，可保证作业安全。

　　这类垂直运输塔架在我国香港地区表面呈黄色，故有"黄架子"之称；在内地则称为自升式高速垂直运输塔架或快速升架，其示意图如图 7 – 14 所示。

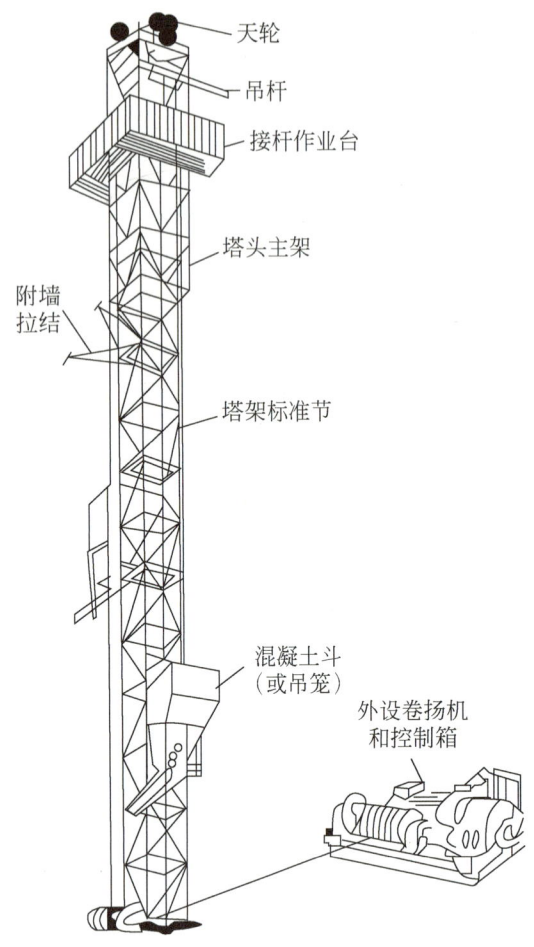

天轮
吊杆
接杆作业台
塔头主架
附墙拉结
塔架标准节
混凝土斗（或吊笼）
外设卷扬机和控制箱

图 7 – 14　垂直运输塔架示意图

7.3.3　施工电梯

在高层建筑施工中，作为材料和人员的运输工具，施工电梯是一种必不可少的重要机械设备。施工电梯又称外用施工电梯，或称施工升降机，主要为人货两用施工电梯。人货两用施工电梯在实践上以运送施工人员上下楼层为主，以运送建筑材料为辅。

1. 施工电梯分类

施工电梯按动力装置不同，可分为电动驱动与电动 – 液压驱动两种形式。其中，电动 – 液压驱动的施工电梯工作速度比纯电动机驱动的施工电梯工作速度快，可达 96 m/min。

施工电梯按用途不同，可分为载货施工电梯、载人施工电梯和人货两用施工电梯。载货施工电梯一般起重能力较大，起升速度快，而载人施工电梯或人货两用施工电梯对安全装置要求高一些。目前，在实际工程中用得较多的是人货两用施工电梯。

施工电梯按驱动形式不同，可分为钢索曳引、齿轮齿条曳引和星轮滚道曳引三种形式。其中，钢索曳引施工电梯是早期产品，星轮滚道曳引施工电梯的传动形式较新颖，但载重能力较小，目前用得较多的是齿轮齿条曳引施工电梯。

施工电梯按吊厢数量不同，可分为单吊厢式和双吊厢式。

施工电梯按承载能力不同可分为两级，一级载重 1 t 或人员 11～12 名，另一级载重 2 t 或人员 24 名。我国施工电梯用得较多的是前者。

施工电梯按塔架数量不同，可分为单塔架式和双塔架式。目前，双塔架式施工电梯已很少用。

（1）齿轮齿条曳引施工电梯的主要部件有吊笼、带底笼的安全栅、立柱导轨架、驱动装置、安全装置、平衡重、电气控制与操纵系统等。

① 吊笼。吊笼又称吊厢，不仅是乘人载物的容器，也是安装驱动装置和架设或拆卸支柱的场界，笼内尺寸一般为 3 m×1.3 m×2.7 m。吊笼主要由型钢焊接骨架组成，顶部和周壁由方眼编织网围护结构组成，底部由浸过桐油的硬木或钢板铺成。国产电梯在吊笼外沿一般都装有驾驶员专用的驾驶室，内有电气操纵开关和控制仪表盘，或在吊笼一侧设有电梯驾驶员专座（电梯驾驶员负责操纵电梯）。

② 带底笼的安全栅。电梯底部有一个便于安装立柱段的平面主框架，在主框架上立有带镀锌铁网状护围的底笼。底笼的高度约 2 m，其作用是在地面把电梯整个围起来，以防电梯升降时人员或货物进出而发生事故。底笼入口的一端有一个机械电气连锁装置，当吊厢在上方运行时即锁住，安全栅上的门无法打开，直至吊厢降至地面后连锁装置才能解脱，以保证安全。

③ 立柱导轨架。一般立柱由无缝钢管焊接的桁架结构和带有齿条的标准节组成。其中，标准节长 1.5 m，标准节之间采用套柱螺栓连接，并在立柱杆内装有导向楔。

④ 驱动装置。驱动装置是使吊笼上下运行的一组动力装置，其齿轮齿条驱动机构可为单驱动、双驱动，甚至三驱动。

⑤ 安全装置。国产的施工外用载人电梯大多配用两套制动装置，其中一套就是限速器。在紧急情况下，如电磁制动器失灵、机械损坏或严重过载、吊笼超过规定速度约 15%，限速制动器能使电梯马上停止工作。根据功能不同，限速器分为单作用和双作用两种形式。其中，单作用限速器只能沿工作吊厢的下降方向起制动作用。常见的限速器是锥鼓式限速器，主要由锥形制动器部分和离心限速器部分组成，其结构如图 7-15 所示。锥形制动器部分由制动毂、锥面制动轮、碟形弹簧组、轴承、螺母、端盖和导板组成；离心限速器部分由离心块支架、传动轴、从动齿轮、离心块和拉伸弹簧组成。

锥鼓式限速器有以下三种工作状态：电梯运行时，小齿轮与齿条啮合驱动，离心块在弹簧的作用下随齿轮轴一起转动；当电梯运行超过一定速度时，离心块克服弹簧力向外飞出，与制动鼓内壁的齿啮合，使制动鼓旋转而被拧入壳体；随着内、外锥体的压紧，制动力矩逐步增大，使吊厢能平缓制动。

锥鼓式限速器的优点在于减少了中间传力路线，在齿条上实现了柔性直接制动，可靠性大，冲击力小，且制动行程可以预调。在限速制动的同时，电气主传动部分自动切断，在预调行程内实现制动，从而有效地防止了上升时出现"冒顶"和下降时出现"自由落体"坠落的现象。由于锥鼓式限速器是独立工作的，因此不会对驱动机构和电梯结构产生破坏。

制动装置主要包括限位装置、电机制动器、紧急制动器和缓冲弹簧等。

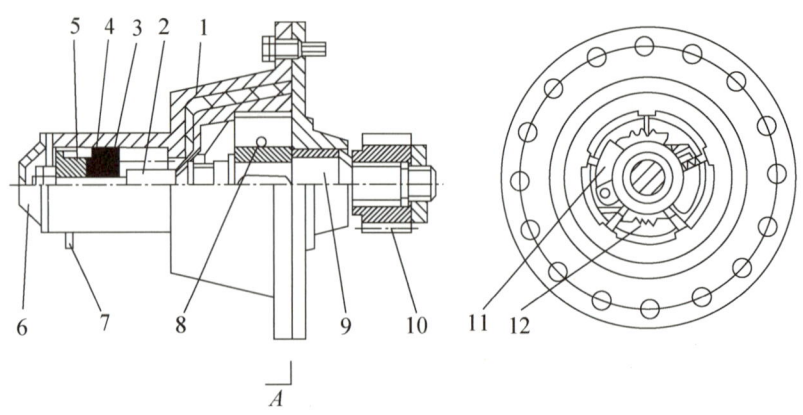

1—制动毂；2—锥面制动轮；3—碟形弹簧组；4—轴承；5—螺母；6—端盖；
7—导板；8—离心块支架；9—传动轴；10—从动齿轮；11—离心块；12—拉伸弹簧。

图 7 - 15　锥鼓式限速器结构

限位装置：设在立柱顶部的为最高限位装置，可防止"冒顶"，主要由限位碰铁和限位开关构成；设在楼层的为分层停车限位装置，可实现准确停层；设在立柱下部的限位器可使吊笼不超过下部极限位置。

电机制动器：有内抱制动器和外抱电磁制动器等类型。

紧急制动器：有手动楔块制动器和脚踏液压紧急刹车等类型。在紧急情况下，当限速装置和传动机构都发生故障时，可实现安全制动。

缓冲弹簧：底笼的底盘上装有缓冲弹簧，在下限位装置失灵时，其可以减小吊笼的落地震动。

⑥ 平衡重。平衡重的质量约等于吊笼自重加额定载重量的 $\frac{1}{2}$，用来平衡吊笼的一部分重量。其通过绕过主柱顶部天轮的钢丝绳与吊笼连接，并装有松绳限位开关。每个吊笼都可配有平衡重，也可不配平衡重。前者的优点是可保持荷载的平衡和立柱的稳定，并且在电动机功率不变的情况下提高承载能力，从而达到节能的目的。

⑦ 电气控制与操纵系统。电梯的电气装置（接触器、过载保护、电磁制动器或晶闸管等电气组件）装在吊笼内壁的箱内。为了保证电梯运行安全，所有电气装置都重复接地。一般在地面、楼层和吊箱内三处设置了用于控制上升、下降和停止的按钮开关箱，以防万一。

（2）绳轮驱动施工电梯。近年来，我国的一些科研单位和生产厂家合作研制了几种采用钢丝绳滑轮系统驱动的施工电梯。这种外用施工电梯的构造特点是采用三角断面钢管焊接格桁结构立柱，单吊厢，无平衡重，设有限速装置和机电连锁安全装置，其附着装置也比较简单，如图 7 - 16 所示。

这种绳轮驱动施工电梯常称为施工升降机，简称升降机。绳轮驱动施工电梯有人货两用，可载货 1 000 kg 或乘员 8 ~ 10 人；也有只用于运货的，载重亦达 1 000 kg。绳轮驱动施工电梯结构比较轻巧，能自升接高，吊厢平面尺寸为 1.3 m×2 ~ 2.6 m，构造较简单，用钢量少，造价低。

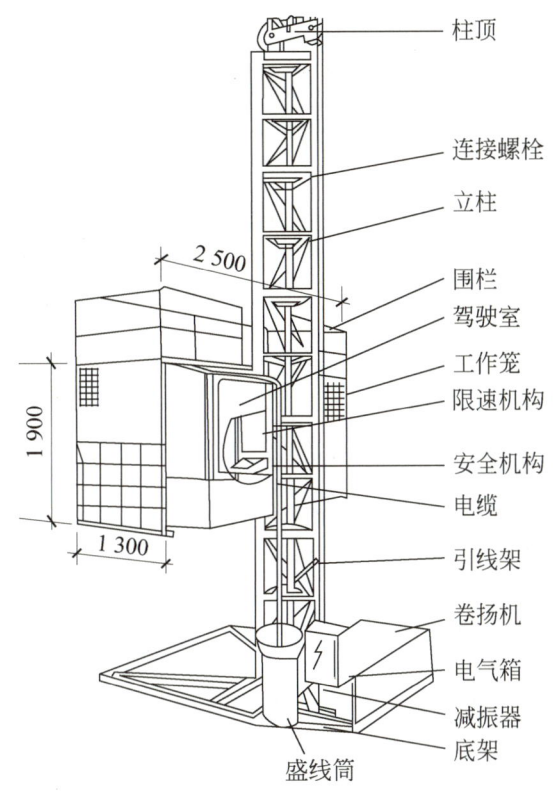

柱顶

连接螺栓

立柱

围栏
驾驶室
工作笼
限速机构

安全机构
电缆

引线架

卷扬机

电气箱
减振器
底架

盛线筒

图7-16　绳轮驱动施工电梯（SFD-1000型升降机）示意图

2. 施工电梯的选择和使用

根据规范《高层建筑混凝土结构技术规程》（JGJ3—2010），施工电梯配备和安装应符合下列规定：

（1）建筑高度超高15层或40 m时，应设置施工电梯，并应选择具有可靠防坠落升降系统的产品。

（2）施工电梯的选择，应根据建筑物体型、建筑面积、运输总量、工期要求以及供货条件等确定。

（3）施工电梯位置的确定，应方便安装，以及人员和物料的集散。

（4）施工电梯安装前应对其基础和附墙锚固装置进行设计，并在基础周围设置排水设施。

施工电梯使用过程中应确定好安装位置并加强施工电梯的管理。施工电梯安装的位置应尽可能满足以下要求：有利于人员和物料的集散；各种运输距离最短；方便附墙装置的安装和设置；接近电源，有良好的夜间照明，便于驾驶员观察。在施工电梯全部运转时间中，输送物料的时间只占运送时间的30%～40%。在高峰期，特别在上下班时刻，人流集中，施工电梯运量达到高峰。如何解决好施工电梯的人货矛盾是一个关键问题，对此应注意加强管理。

7.4 泵送混凝土施工机械

在混凝土结构的高层建筑中，混凝土的运输量非常大，因此在施工中正确选择泵送混凝土施工机械尤为重要。现代高层建筑中普遍应用的运输机械有混凝土搅拌运输车、混凝土泵和混凝土泵车。泵送混凝土施工流程如图7-17所示。

$$商品混凝土集中搅拌站 \rightarrow \frac{市区道路运输}{混凝土运输搅拌车} \rightarrow 料斗或中间料斗$$

$$\rightarrow \frac{水平泵垂直运输}{混凝土或布料杆泵车} \rightarrow 布料杆 \rightarrow 浇注入模$$

图7-17 泵送混凝土施工流程

7.4.1 混凝土泵

泵送混凝土是指当混凝土从搅拌运输车中卸入混凝土泵的料斗中以后，利用泵的压力将混凝土通过管道直接输送到浇筑地点的一种运输混凝土的方法。这种方法可同时完成混凝土的水平运输工作和垂直运输工作，具有输送能力大、速度快、效率高、节省人力、连续工作等特点。它已成为施工现场运输混凝土的一种重要方法，在高层建筑、超高层建筑和各种大型混凝土结构工程的施工中得到了越来越广泛的应用。

泵送混凝土的设备主要包括混凝土泵、输送管道和布料装置等。

混凝土泵有活塞式混凝土泵、气压式混凝土泵和挤压式混凝土泵等几种类型，以活塞式混凝土泵应用较多。活塞式混凝土泵又根据其构造原理不同分为机械式和液压式两种，常用液压式。液压活塞式混凝土泵又分为油压式和水压式两种，以油压式居多。目前常用的液压活塞式混凝土泵基本上是液压双缸式。

液压活塞式混凝土泵主要由料斗、液压缸、液压活塞、混凝土缸、Y形管、冲洗设备、液压系统和动力系统等组成，如图7-18所示。

混凝土泵按其机动性，可分为固定式混凝土泵和移动式混凝土泵。固定式混凝土泵，使用时需用其他车辆将其拖至现场，它具有输送能力大、输送高度高等特点，适用于高层建筑的混凝土工程施工，如图7-19所示。移动式混凝土泵是将混凝土泵安装在汽车底盘上，根据需要可随时开至施工地点进行作业，如图7-20所示。此种混凝土泵一般附带装有全回转三段折叠臂架式布料杆。它既可以利用工地配置的管道输送到较远、较高的浇筑地点，也可利用随车的布料杆在其回转的范围内进行浇筑。

按其构造原理，混凝土泵则可分为挤压式混凝土泵和活塞式混凝土泵。挤压式混凝土泵外形及构造原理图如图7-21所示，活塞式混凝土泵构造原理示意图如图7-22所示。

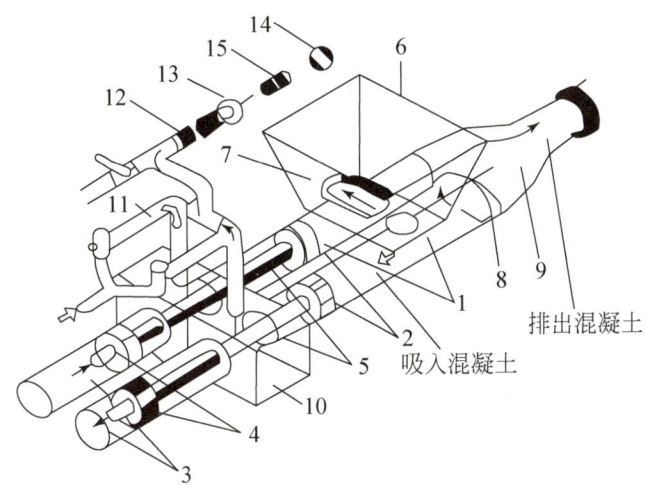

1—混凝土缸；2—推压混凝土的活塞；3—液压缸；4—液压活塞；5—活塞杆；6—料斗；
7—吸入阀门；8—排出阀门；9—Y形管；10—水箱；11—水洗装置换向阀；
12—水洗用高压软管；13—水洗用法兰；14—海绵球；15—清洗活塞。

图7－18　液压活塞式混凝土泵工作原理图

图7－19　固定式混凝土泵

图7－20　移动式混凝土泵

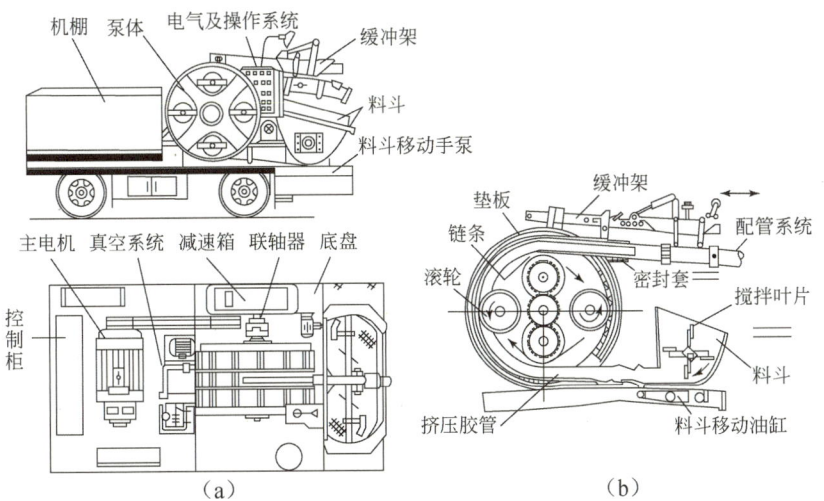

图7－21　挤压式混凝土泵外形及构造原理图

（a）HBJ30型挤压式混凝土泵概示图；（b）转子式双滚轮挤压式混凝土泵构造原理示意图

237

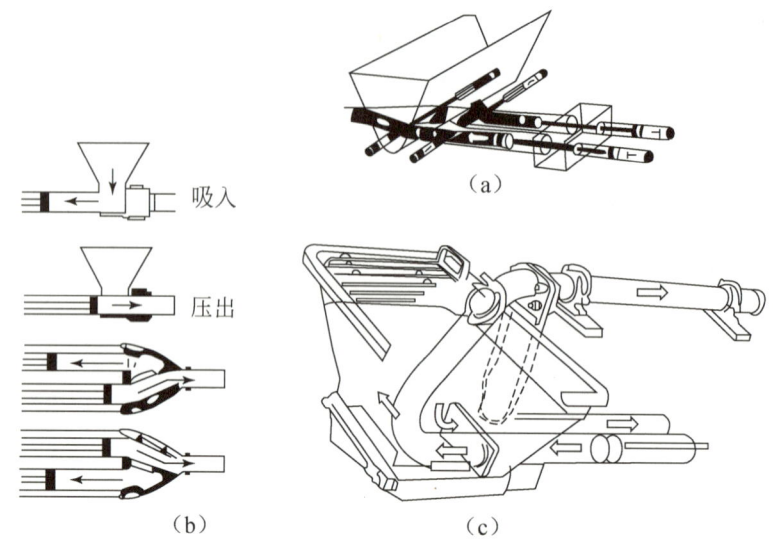

图 7 – 22　活塞式混凝土泵构造原理示意图

（a）闸板阀式活塞混凝土泵；（b）摇管式活塞混凝土泵；（c）C 形摆动管式活塞混凝土泵

　　混凝土泵的主要特点：浇筑速度快、工效高、有利于缩短结构工期；减轻工人体力劳动；简化现场管理，有利于实现文明施工；浇筑精度高，质量好；能较好地适应配筋密、断面尺寸小的梁、柱结构混凝土浇筑，以及通常条件下不易完成的、造型复杂的结构混凝土或隐蔽部位混凝土的浇筑作业；高效复合附加剂的研制及应用，改善了混凝土的可泵性并提高了泵送施工的效益。

　　施工过程中，混凝土泵或泵车的停放位置不仅影响输送管的配置，而且影响能否顺利进行泵送混凝土施工。因此，混凝土泵或泵车的布置应考虑下列条件：

　　① 力求泵车距离浇筑地点较近，使所浇筑的结构部位在布料杆的工作范围内，尽量不移动或少移动泵车即能完成浇筑任务。

　　② 混凝土泵或泵车的停放地点要有足够的场地，以保证混凝土搅拌运输车供料方便，最好能停放 2 ~ 3 台搅拌运输车。

　　③ 为清洗混凝土泵或泵车，停放位置最好接近供水和排水设施。

7.4.2　混凝土布料杆

　　采用混凝土泵送施工工艺，布料杆是完成输送、布料、摊铺混凝土及浇筑入模的最佳机械，又称混凝土布料杆（臂）。除前述装在混凝土泵车上的那种布料杆之外，还有若干形式各异的独立布料杆，常见的有移置式、管柱式和塔架式。它们都是由支座（底座）与固定在支座（底座）上的可折叠、可屈伸的管道组成的。管道的固定端与混凝土输送管道相连，管道的活动端可绕支座（底座）的轴旋转及前后移动，从而在一定范围内摊铺浇筑混凝土。

　　混凝土布料杆按构造又可分为混凝土布料杆泵车、移置式混凝土布料杆和固定式混凝土布料杆、起重布料两用机等几种形式。以下主要介绍前三种混凝土布料杆。

1. 混凝土布料杆泵车

混凝土布料杆泵车是一种附带布料杆的汽车式混凝土泵，简称布料杆泵车。布料杆泵车上的布料杆由两节式或三节式臂架（包括附装在臂架上的混凝土输送管）、支座、转盘及回转机构组成。为了保持整车工作的稳定性，汽车底盘适当部位安装伸缩式活动支腿。布料杆借助液压系统，能自由回转、屈伸、折曲和叠置，在允许幅度范围之内，可将混凝土输送到任意一点。布料杆泵车的特点是灵活、转移工地方便、无须敷设水平和垂直输送管道、投产迅速。如图7-23和图7-24所示为布料杆泵车现场施工实拍照片。

图7-23 上海环球金融中心地下室浇筑混凝土布料杆泵车现场施工实拍照片

图7-24 东海大桥基础工程浇筑混凝土布料杆泵车现场施工实拍照片

2. 移置式混凝土布料杆

移置式混凝土布料杆是一种状似屋面吊，安置于楼层上的简易布料杆。这种布料杆由两节式臂架输送管、转动支座、平衡臂、平衡重、底架及支腿组成，如图7-25所示。如图7-26所示为移置式混凝土布料杆现场实拍照片。移置式混凝土布料杆的特点是构造简单、可人力操纵推动回转、使用方便、制造容易和造价低。

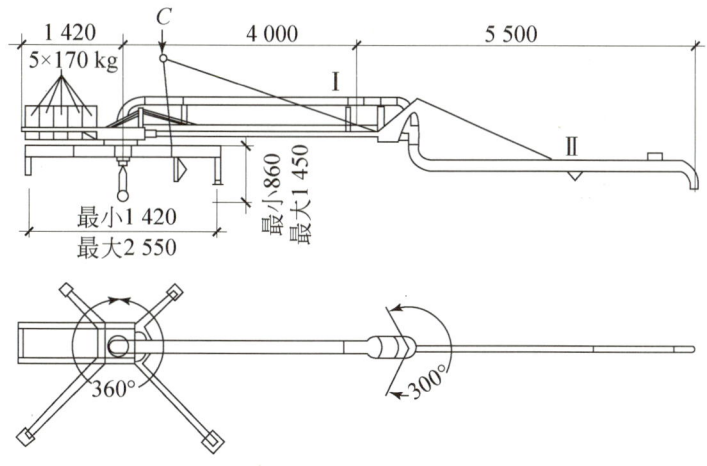

图7-25 移置式混凝土布料杆示意图

图 7 – 26 移置式混凝土布料杆现场实拍照片

移置式混凝土布料杆可利用塔式起重机转移到不同楼层的不同施工部位。其两节臂架输送管均能自由转动，一节可回转 360°，另一节可回转 300°，最大工作幅度约 10 m。

3. 固定式混凝土布料杆

固定式布料杆又称塔式布料杆，可分为两大类：附着式布料杆和内爬式布料杆。这两类布料杆除布料臂架外，其他部位（转台、回转支承、回转机构、操作机构、操作平台、爬梯、底架等）均采用批量生产的相应的塔吊部件，其顶升接高系统、楼层爬升系统亦取相应的附着式自升塔式起重机和内爬式塔式起重机。附着式布料杆和内爬式布料杆的塔架有两种结构，一种是钢立柱塔架，另一种是格桁结构方形断面构架，布料臂架大多数采用低合金高强钢组焊薄壁箱型断面结构，一般由三节组成。薄壁泵管则附着装在箱型断面梁上，两节泵管之间用 90° 弯管相连通。这种布料臂架的俯、仰、曲、伸都由液压系统操纵。为了减小布料臂架负荷对塔架的压弯作用，布料杆多装有平衡臂并配有平衡重。内爬式混凝土布料杆现场实拍照片如图 7 – 27 所示。

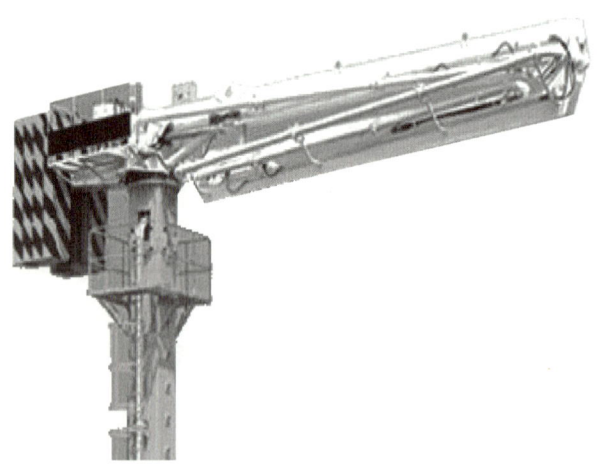

图 7 – 27 内爬式混凝土布料杆现场实拍照片

4. 混凝土布料杆优缺点分析

以上所述各种形式的混凝土布料杆均可用于高层建筑施工。移置式混凝土布料杆、固定式混凝土布料杆及起重布料两用机（见图 7 - 28）的优缺点对比分析如下。

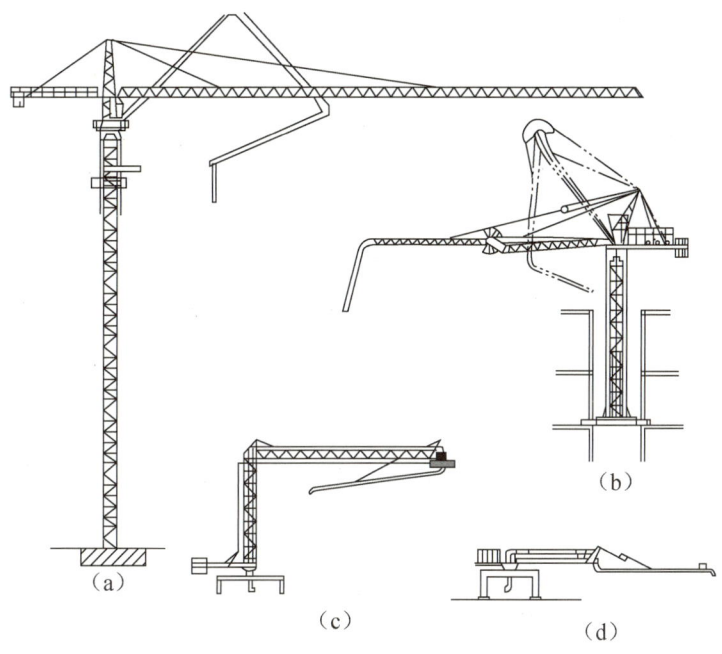

图 7 - 28　四种混凝土布料杆示意图

（a）TCP5613/38 型塔式起重布料两用机；（b）HG17、HG21、HG25 型内爬折臂式混凝土布料机；
（c）HG10、HG15 型屋面吊式移置式手动布料杆；（d）台灵架式移置式混凝土布料杆

（1）移置式混凝土布料杆（台灵架式及屋面吊式）。

① 优点。

a. 借助塔机吊动在楼层上转移停机位置，改变布料地点。

b. 在分段流水施工条件下，浇筑混凝土时不影响塔机吊装使用。

c. 构造简单，便于维修保养。

d. 手工操作，便于掌握。

e. 自重轻，造价低。

② 缺点。

a. 逐层整机转移，比较麻烦。

b. 作业幅度小，应用受到限制。

c. 若需在楼层上转移停机位置，则需要重新敷设水平管。

d. 台灵架式移置式混凝土布料杆只能用于浇筑混凝土楼板。

（2）固定式混凝土布料杆（附着式及内爬式）。

① 优点。

a. 工作幅度比较大，能较好地适应不同形式高层建筑施工的需要。

b. 除了布料系统外，其他大部分都由批量生产的塔吊部件组装而成，便于组装生产。

c. 可用于采用滑模法施工的高层建筑和筒仓建筑。

d. 构造不复杂，操作维修方便。

② 缺点。

a. 能随施工进度采用塔吊部件进行顶升，但需要接装立管，操作比较麻烦。

b. 造价比较高，台班费用比较大。

c. 采用内爬式混凝土布料杆时，浇筑混凝土与吊装施工难以同时进行。

d. 内爬式混凝土布料杆的拆卸比较麻烦，电梯井周围的施工易受影响而滞后。

（3）起重布料两用机。

① 优点。

a. 工作幅度大，能适应大型高层建筑综合体施工的需要。

b. 轨道式起重布料两用机转移方便、机动性好。

c. 能用于石油钻井平台、核电站、筒仓等不同构筑物泵送混凝土施工。

② 缺点。

a. 须采用 3 ~ 5 节液压可伸缩或屈折布料杆，工作幅度 35 ~ 42 m，造价高，台班费用大。

b. 构造比较复杂，操纵、保养难度较大。

c. 吊装作业与布料作业不能同时进行。

7.4.3　泵送混凝土施工

随着高层建筑施工的发展，泵送混凝土技术的泵送高度由几十米发展到上百米。推行泵送混凝土必须有周密的施工组织设计、完善的泵送布料系统和精心组织泵送施工的经验，如此才能保证混凝土被持续不断地、稳定地输送至浇筑地点。泵送混凝土施工应注意以下几个方面的问题。

1. 正确选择合理匹配的泵送设备

假设采用混凝土搅拌系统、规划产量为 3 万 ~ 10 万 m³/年的搅拌站，应装备容量为 1 000 L 的强制式搅拌机 1 台，额定容量为 6 m³ 的混凝土运输搅拌车 6 ~ 8 辆，压力为 6 ~ 8 MPa 的冲洗用高压水泵 1 台，刷车污水处理设备 1 座，无线电对讲机系统 1 套。进行混凝土泵选型时，应注意泵的形式、工作压力、排量、排量调节范围、输送管直径及工作条件等，并注意进行比较。

钢筋混凝土结构高层建筑适合采用布料杆进行布料，布料设备以移置式比较合适。布料杆及管线布置须满足混凝土浇筑计划的要求；管线走向合理，充分考虑拆装检修需要，便于敷设，劳动消耗量少；输送管道的换算总长度不超过泵机技术性能的允许范围。

2. 混凝土原材料及配合比选择

在设计泵送混凝土的配合比时，除了必须使混凝土满足强度和耐久性的要求外，还必须考虑原材料和配合比对混凝土可泵性的影响，满足可泵性的要求。但是，使混凝土在输送管道内的摩阻力减小而又不离析，这与对原材料和配合比的要求往往是矛盾的。因此，需要统筹兼顾且尽量满足以下要求。

（1）水泥。水泥的品种和用量对混凝土的可泵性都有影响，特别是水泥用量对形成润滑层的数量及浆体的黏度有较大影响。各国对最低水泥用量都有要求，一般为 260～300 kg/m³，我国规定的用量为 300 kg/m³。水泥用量也不宜太大，用量超过 150 kg/m³ 时水泥浆体的黏度剧增，混凝土与管壁的摩阻力就会增加，因此不利于泵送。

（2）粗细骨料及砂率。骨料的种类、形状、粒径和级配对混凝土的可泵性有很大影响。卵石与碎石相比，表面光滑、粒形较好，同条件下可泵性比碎石好。粗骨料中的针片状颗粒易造成泵送困难，故其含量不宜大于 10%。粗骨料的最大粒径除受结构截面最小尺寸和钢筋间的最小净距的限制外，还受混凝土输送管管径的控制。粗骨料的最大粒径与输送管内径之比不宜大于 1∶2.5（卵石）～1∶3（碎石）。此外，骨料最大粒径的选择还与混凝土的输送距离和输送高度有关。当混凝土输送距离较长时，为克服管壁摩阻力，泵机所消耗的能量必然增加。若向高处垂直输送混凝土，则输送时泵机除需克服管壁摩阻力外，还需要克服混凝土自身的重力。显然，在这些情况下，为了使混凝土能被顺利地泵送，粗骨料的最大粒径应该选择较小的尺寸。

骨料级配对混凝土可泵性的影响很大。在混凝土中，由细骨料和水泥浆组成的水泥砂浆作为粗骨料的载体，起到传递压力与润滑管壁的作用。所以，细骨料与粗骨料相比对混凝土的可泵性有更大的影响。在细骨料的级配中，细粒级（0.315 mm 以下）的颗粒应有足够的数量，否则混凝土难以泵送。我国规定：通过 0.315 mm 筛孔的砂不应少于 15%。此外，细骨料占骨料总质量的百分比（砂率）对混凝土可泵性的影响也很大。砂率低的混凝土变形困难，当混凝土通过弯管、锥形管、Y 形管等管道时，不易通过，易产生堵塞。因此，泵送混凝土的砂率应比非泵送混凝土的大一些，但砂率也不宜太大，否则将增加混凝土的收缩，并对混凝土耐久性能产生不利影响。

（3）细粉料。细粉料是水泥、掺合料及粒径在 0.25 mm 以下的细砂部分的总称。其含量对混凝土的可泵性和泵送能力有极显著的影响。每立方米混凝土中细粉料的适宜含量，随骨料的最大粒径不同而异。如果混凝土中细粉料的含量不足，就可以采用掺加掺合料的方法予以补充。最常用的掺合料是粉煤灰和超细矿渣粉。将Ⅰ级、Ⅱ级粉煤灰及超细矿渣粉掺入混凝土，不仅可补充细粉料的不足，而且用它取代部分水泥，可显著地降低混凝土的屈服值和黏性系数，提高混凝土的流动性，从而改善混凝土的可泵性。

（4）外加剂。泵送混凝土中掺加外加剂的目的是提高混凝土的流动性和稳定性，以及调节混凝土的凝结时间，使混凝土具有良好的可泵性。用于泵送混凝土中的外加剂，应优先选用混凝土泵送剂。一般混凝土泵送剂由减水、缓凝、引气、保塑、增黏等组分构成，其中以减水组分最关键。好的泵送剂应具有减水增强效果好、显著提高混凝土的流动性、缓凝作用明显、引气量适中、混凝土坍落度经时损失值小、压力泌水率小等特点，能明显改善混凝土的可泵性。

（5）水灰比与坍落度。混凝土水灰比与坍落度是影响混凝土可泵性的重要因素，它们直接影响泵送阻力的大小和混凝土的稳定性。混凝土泵送阻力随水灰比降低和坍落度减小而增加，当水灰比小于某一临界值或坍落度低于某一值时，泵送阻力将急剧增加，泵送困难。因此，泵送混凝土的水灰比不宜过小，坍落度也不宜过低。当采用混凝土时，混凝土经过运输，坍落度会有所损失，对搅拌后出站时混凝土坍落度的要求必须考虑此损失值。具体的坍落度取值，应根据泵送距离、泵送高度、外加剂品种、气温及对混凝土的性能要求而定。

3. 泵送混凝土注意事项

（1）正确选定混凝土泵的合适位置。在编制施工组织设计和绘制施工总平面图时，应妥善选择混凝土泵送或布料杆泵车的合适位置；要使混凝土搅拌运输车便于进出施工现场，便于就位和向混凝土泵喂料；能满足铺设混凝土输送管道的各项具体要求；在整个施工过程中，尽可能减少迁移次数；便于用清水冲洗泵机，附近有排污设施。

（2）混凝土泵机的基础应坚实可靠，无坍塌，不得有不均匀沉降，泵机就位后应固定牢靠。

（3）混凝土泵机的驾驶员必须经过严格培训，未取得合格证者一律不得上岗。

（4）按规定程序先试泵，在运转正常后再交付使用。启动泵机的程序：启动料斗搅拌叶片→将润滑浆（水泥素浆）注入料斗→打开截止阀→开动混凝土泵→将润滑浆泵入输送管道→往料斗内装入混凝土并进行试泵送。

（5）泵送混凝土时必须要求混凝土连续供应，以保证混凝土泵连续工作。当因特殊原因导致混凝土供应脱节不能保证连续泵送时，泵机应每隔 4~5 min 交替进行正转和反转两个行程，以防混凝土泌水和离析；当泵送间歇时间超过 45 min 或当混凝土出现离析时，应立即用压力水冲洗管内残留的混凝土。

（6）混凝土泵送时要求管线宜直、转弯宜缓、接头严密。泵送前应先用适量与混凝土相同组分的水泥砂浆润湿管线内壁。

（7）泵送过程中受料斗内应具有足够的混凝土以防吸入空气产生阻塞，每次泵送作业完毕后，必须认真做好机械清洗和管道冲洗工作。

（8）为防止堵泵，料斗上方应设置一金属网以隔离大石块，并及时捡出大石块。

（9）夏季或冬季施工时，应注意对输送管采取隔热降温或保温措施。

4. 泵机堵塞的原因与排除

（1）泵机堵塞的原因。正常的泵送过程中，混凝土在管线的中央部分是由粗骨料、细骨料、水泥和水组成的混凝土固体栓，其四周是由水泥砂浆构成的润滑层［见图 7-29（a）］。在润滑层的支承下，泵送压力使混凝土固体栓沿管壁做悬浮运动。但是由于泌水作用，粗骨料中的某些骨料运动滞缓而干扰其他骨料的运动。当这种干扰发展到一定程度时，管中就会形成骨料集结。在泵送压力的作用下，粗骨料集结部分的灰浆被挤出，而间隙则被细小骨料填充。由于骨料的挤轧、卡阻和向四壁膨胀等作用，润滑层受到破坏［见图 7-29（b）］，管内摩阻力迅速增大，泵送压力仍急剧上升，最终导致形成粗骨料、细骨料严重互相镶嵌的集结体，即使泵送压力增加到很大的值，也难以使混凝土运动，至此泵机完全堵塞。

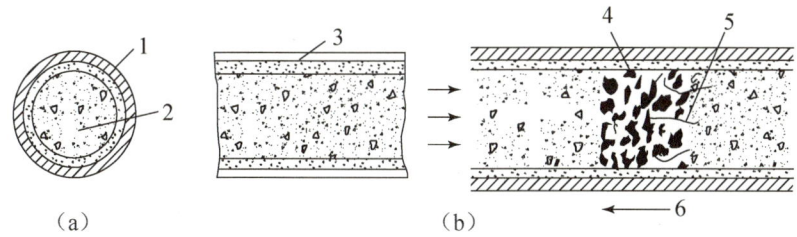

1—润滑层；2—混凝土；3—管壁；4—骨料集结；5—泌水；6—摩阻力。

图7-29　混凝土在管内输送时的结构模型与管内堵塞时的结构模型示意图

(a) 混凝土在管内输送时的结构模型；(b) 混凝土在管内堵塞时的结构模型

（2）影响泵机堵塞的因素。

① 混凝土质量不符合泵送要求。混凝土不具备良好的可泵性，容易在泵送过程中产生离析，因而导致堵塞。影响混凝土拌合物泵送性能的因素及防治措施如表7-3所示。

② 管件质量不符合要求与敷设不当。管件质量不符合要求与敷设不当的原因及防治措施如表7-4所示。

③ 违章操作或操作失误。违章操作造成泵机堵塞的原因及防治措施如表7-5所示。

（3）泵机堵塞的症状与排除。泵机堵塞症状主要表现：泵机顺序动作正常，但料斗料位不下降；泵机顺序动作中断；在泵送冲程期间，系统压力异常升高，并伴有强烈振动和噪声。

产生上述症状的主要原因是分配阀堵塞和管道堵塞，其具体部位要根据现象和经验判断。

① 分配阀堵塞可分为进料口堵塞和出料口堵塞两种情况。分配阀堵塞部位、症状与原因及排除措施如表7-6所示。

② 管道堵塞多发生在锥形管和弯管处。管道堵塞的症状、部位判断及排除措施如表7-7所示。管道堵塞时必须及时排除，延误时间过长将会造成整个输送管道严重堵塞，给施工带来很大的困难。

表7-3　影响混凝土拌合物泵送性能的因素及防治措施

序号	影响可泵性的因素	防治措施
1	粗骨料粒径过大，几个大粒径粗颗粒相遇在一起并互相卡楔，最终造成骨料集结而导致堵塞	粗骨料应控制在 0.3~0.4D（D为管径），最大粒径不得超过以下规定值： 表格见下

管径/mm	骨料类别		
	卵石/mm	碎石/mm	轻骨料/mm
100	35	25	15
125	40	30	20
150	50	40	20

续表

序号	影响可泵性的因素	防治措施
2	① 水灰比不符合要求。 ② 水灰比过小、和易性差、流动阻力大，容易引发堵塞。 ③ 水灰比过大，容易产生离析，影响泵送性能	水灰比宜为 0.5～0.6，最小不得小于 0.4，最大不得大于 0.7
3	① 水泥品种不符合要求：采用矿渣水泥，容易产生离析；采用快硬早强水泥，影响泵送性能。 ② 水泥用量过小，影响管壁润滑膜的形成及质量	① 采用普通硅酸盐水泥。 ② 水泥用量一般不得小于 320 kg/m³。 ③ 掺用粉煤灰
4	骨料级配不当	① 粗细骨料级配曲线应连续光滑。 ② 细骨料的细度模量最好为 2.6～2.9，以 2.68 最为理想。 ③ 不得采用人工粉碎的细砂
5	砂率不符合要求。砂率过大，骨料表面积及空隙率增大，在一定量的水泥浆情况下，混凝土流动性差，泵送性能不好；砂率过小，砂量不足，容易影响混凝土黏性、保水性，容易脱水，造成堵塞	砂率应保持在 45% 以上，一般不宜小于 40%。应根据骨料类别、骨料最大粒径确定最佳砂率，宜按以下选用： 表见下
6	① 坍落度过小，混凝土含量少，混凝土较干硬，泵送阻力大，容易堵塞。 ② 坍落度过大，混凝土含水量大，容易离析堵塞	① 提高混凝土坍落度，控制水灰比，掺用减水剂，以改善混凝土的流动性。 ② 降低混凝土坍落度，控制水灰比，掺用减水剂和缓凝剂，以利于较长时间运送

（序号5 防治措施内嵌表格）

骨料最大粒径/mm	卵石/mm	碎石/mm
15	49	54
20	46	51
25	41	46
40	37	42
50	34	—

表7-4 管件质量不符合要求与敷设不当的原因及防治措施

序号	因素分析	防治措施
1	管道内壁表面有结硬的灰浆层，吸收混凝土中的水分，使被输送的混凝土在前端失浆、板结成硬块，急剧增大输送阻力	用锤敲打管壁，用扁铲剔除管壁内存在的结硬浆层，更换清洗橡胶球和纸塞，用水清洗
2	管接头漏气、漏浆，细骨料嵌入缝隙、积聚成小料堆，阻止粗骨料移动，进而造成堵塞	① 对已敷设的管道，禁止移动，改变敷设位置。 ② 防止管道固定件松动，防止管道串动，防止管接口错位。 ③ 认真紧固管接头，杜绝漏气及漏浆

续表

序号	因素分析	防治措施
3	管道敷设不符合规定，斜坡大、弯管多，泵送阻力增大，因而导致堵塞	① 截弯取直，尽量少用弯管。 ② 采用曲率半径大的弯管代替曲率半径小的弯管。 ③ 减小斜坡的坡度，压缩斜坡长度。 ④ 以长锥形管代替短锥形管
4	管道润滑不好，并有剧烈振动	开动泵机前，先以清水导入料斗清洗料斗和管道，然后压送 0.5 m³、1∶2 的水泥砂浆作为前导润滑管壁，同时逐一检查管道固定件，并视需要加以紧固

表 7 – 5　违章操作造成泵机堵塞的原因及防治措施

序号	影响可泵性的因素	防治措施
1	任意向料斗加水	① 禁止在料斗内加水。 ② 加强检验，不符合要求的混凝土不得加入料斗
2	出现堵塞，不及时进行反泵	坚持及时进行反泵
3	料斗内存料过少，骨料沉底，导致吸料口起拱	① 料斗内料位不得小于料斗高的 $\frac{1}{4}\sim\frac{1}{3}$。 ② 严禁料斗泵空。 ③ 在等待搅拌运输车供料时，应保持料斗的最低料位，并每隔 15 min 进行反泵若干次，以防混凝土离析
4	泵送停置时间过长的混凝土	坚决不泵送停置时间过长的混凝土。冬期混凝土的停置时间不得超过 90 min，夏季不得超过 60 min

表 7 – 6　分配阀堵塞部位、症状与原因及排除措施

堵塞部位	症状与原因	排除措施
进料口堵塞	泵送动作正常，液压系统动作正常，无异常噪声及振动，料斗料位不下降。 主要原因是料斗内混凝土中有异物、特大骨料及结硬水泥，并在分配阀吸入口形成起拱，导致堵塞	① 反泵、破坏起拱，泵回料斗内的混凝土重新进行搅拌，再恢复正常泵送。 ② 若反泵不解决问题，则用人工剔除或用铁棒捣碎卡阻物
排料口堵塞	泵送系统动作突然中断，并有异常噪声。泵机本身有强烈振动，但管道无相应振动。 主要原因是分配阀严重磨损	① 倒入 10~30 L 水泥浆，使反泵进行正、反运转，以打通堵塞。 ② 若正泵、反泵无效，则拆除第一节输送管，排除阀壳内的堵塞物

表 7-7　管道堵塞的症状、部位判断及排除措施

堵塞症状	堵塞部位判断	排除措施
输送压力逐渐升高，泵送顺序动作停止，料斗料位不下降，管道出口端不出料，泵机发生振动，管路亦伴有强烈振动及位移。 反泵可以操作，但转入正泵一定次数后又出现堵塞	堵塞多发生在锥形管和弯管处，一般在有振动和无振动分界处。用小铁锤沿着输送管路敲击，凡声音沉闷者为堵塞；反之，声音清脆者为无堵塞。用耳朵贴着输送管道听泵送冲程的噪声，有刺耳尖叫声为堵塞，作沙沙声为无堵塞	发现堵塞后及时进行反泵 4~5 次行程，然后进行正泵。在重复进行反泵和正泵的同时，用锤子敲打堵塞处。 如果反泵不能将混凝土吸回料斗，就是 Y 型管或锥形管堵塞。拆卸输送管，用人力清除障碍物。此时，先拧动管接头的连接螺栓并轻轻摇动，使管内空气排出。清除堵塞后，重新开始泵送时，应注意混凝土从管端猛然喷出

第8章 CHAPTER 8

高层建筑脚手架工程

为满足结构施工和外装饰施工的需要，高层建筑施工时需要搭设脚手架。对于高层建筑而言，脚手架用量大、要求高、技术复杂，对人员安全、施工质量、施工速度和工程成本影响较大，因此脚手架的选用极为重要，其选择原则是既要节省开支，又要牢固、安全可靠。高层建筑脚手架的构造形式应按工程特点和施工组织的要求选用，首先要满足施工和安全保障的要求，其次还应考虑材料用量、搭拆难易等，最后在进行技术经济比较后综合确定。

8.1 脚手架的分类

脚手架是建筑施工特别是高层建筑施工中不可或缺的临时设施。它是为在建筑物高部位进行施工而专门搭设的设施，可用作操作平台、施工作业和运输通道，还能用于临时堆放施工材料和机具。因此，脚手架在砌筑工程、混凝土工程、装修工程中得到了广泛的应用。

我国脚手架工程的发展大致经历了三个阶段：第一阶段是自中华人民共和国成立之初到20世纪60年代。这一阶段的脚手架使用的主要是竹、木材料。第二阶段是自20世纪60年代末到20世纪70年代。此阶段出现了扣件式钢管脚手架、各种钢制工具式脚手架与竹木脚手架。第三阶段是自20世纪80年代至今。随着土木工程的发展，国内一些研究、设计、施工单位在从国外引入的新型脚手架的基础上，经过多年研究、应用，开发出一系列新型脚手架，我国进入多种脚手架并存的第三阶段。目前脚手架的发展趋势是金属制作的、具有多种功用的组合式脚手架，其可满足不同情况作业的要求。

脚手架可根据与施工对象的位置关系、支承部位和支承方式、使用的材料及结构形式等划分为多种类型。

1. 按照与建筑物的位置关系划分

（1）外脚手架。外脚手架沿建筑物外围从地面搭起，既可用于外墙砌筑，又可用于外装饰施工。其结构形式有多立杆式、框式、桥式等。多立杆式应用最广，框式次之，桥式应用最少。

（2）里脚手架。里脚手架搭设于建筑物内部，可用于内、外墙的砌筑和室内装饰施工。每砌完一层墙后，即将其转移到上一层楼面，进行新一层砌体的砌筑。里脚手架用料少，但装拆频繁，故要求轻便灵活、装拆方便。其结构形式有折叠式、支柱式和门架式等。

2. 按照支承部位和支承方式划分

（1）落地式脚手架。这是一种搭设（支座）在地面、楼面、屋面或其他平台结构之上的脚手架。

（2）悬挑式脚手架。这是一种采用悬挑方式支固的脚手架，其挑支方式又分为以下3种：架设于专用悬挑梁上；架设于专用悬挑三角桁架上；架设于由撑拉杆件组合的支挑结构上，其支挑结构有斜撑式、斜拉式、拉撑式和顶固式等多种。

（3）附墙悬挂脚手架。这是一种将上部或中部挂设于墙体挑挂件上的定型脚手架。

（4）悬吊式脚手架。这是一种悬吊于悬挑梁或工程结构之下的脚手架。

（5）附着式升降脚手架。这是一种附着于工程结构上、依靠自身提升设备实现升降的悬空脚手架，简称"爬架"。

（6）水平移动脚手架。这是一种带行走装置的脚手架或操作平台架。

3. 按照使用材料划分

按使用材料不同，脚手架可分为木脚手架、竹脚手架和金属脚手架。

4. 按照结构形式划分

按结构形式，脚手架可分为多立杆式脚手架、碗扣式脚手架、门型脚手架、方塔式脚手架、附着式升降脚手架及悬吊式脚手架等。

8.2 扣件式钢管脚手架

扣件式钢管脚手架（见图 8-1）是使用钢管杆件通过扣件连接而成的，其主要优点是装拆灵活，搬运方便，通用性强。钢管和扣件除了用来搭设各种形式的脚手架外，还可用于搭设模板支撑架、上料平台等。所以，尽管 20 世纪 80 年代以来，其他类型脚手架有较大发展，但它仍是目前我国使用最普遍的脚手架。尽管如此，扣件式钢管脚手架也存在一些问题。

第一，安全隐患较大。扣件式钢管脚手架在搭设过程中需要拧紧大量螺纹扣件，用工量较大，而且需要精心操作，否则将形成安全隐患。

第二，日常维修费用较高。扣件式钢管脚手架的钢管及零配件的寿命长短直接影响施工成本。例如，有的企业对新购入钢管的内壁、外壁进行防锈处理，在以后使用过程中每隔 3 年定期涂油漆一次，其使用寿命约 12 年，而维修费约占购置费的 15%。有的企业购置脚手架后不进行表面防锈处理，使用过程中锈蚀严重，壁厚仅 3.5 mm 的钢管迅速变薄。

第三，零配件损耗率较高。根据调查，扣件式钢管脚手架由于零配件丢失现象较严重，而且螺栓损坏程度大，故周转 10 次的损耗率达 32%。

（a） （b）

图 8 - 1 扣件式钢管脚手架

（a）已搭设好的；（b）正在搭设的

8.2.1 扣件式钢管脚手架基本构造

扣件式钢管脚手架有单排和双排两种，扣件式双排钢管脚手架基本构造如图 8 - 2 所示。

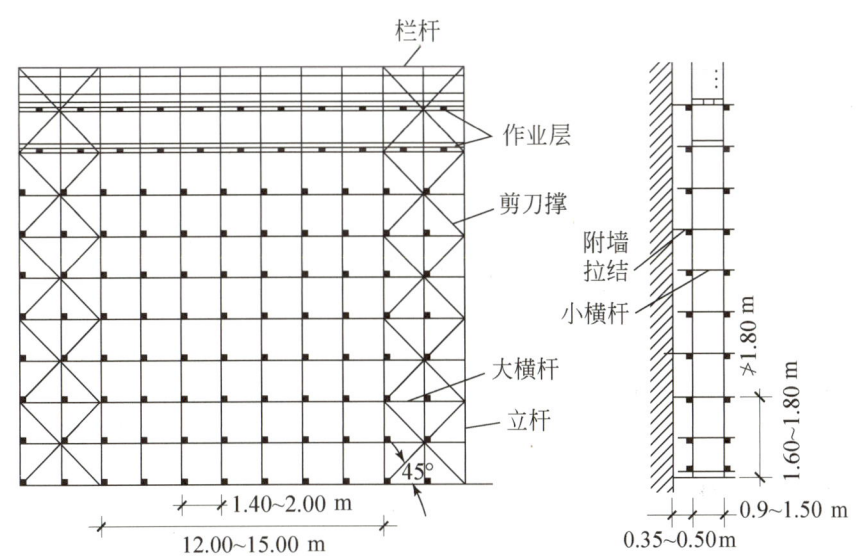

图 8 - 2 扣件式双排钢管脚手架基本构造

1. 对杆件及部件的基本要求

（1）钢管杆件。钢管杆件包括立杆、纵向水平杆（大横杆）、横向水平杆（小横杆）、剪刀撑、斜杆、抛撑（在脚手架立面以外设置的斜撑）、扫地杆（贴地面设置的平杆）和栏杆（用于护栏的平杆）。

钢管杆件多采用外径 48 mm、壁厚 3.5 mm 的焊接钢管，也可采用外径 51 mm、壁厚 3 mm 的焊接钢管。用于立杆、大横杆、剪刀撑和斜杆的钢管长度为 4～6.5 m，最大长度不超过 6.5 m，目的是使杆件质量不超过 25 kg 以便于人工操作。用于小横杆的钢管长度为 1.8～2.2 m，以适应脚手架宽度的要求。材质宜采用力学性能适中的 Q235 钢，材性应符合《碳素结构钢》（GB/T 700—2006）的相应规定。

钢管必须进行防锈处理，即先行除锈，然后在内壁涂防锈漆两道，外壁涂防锈漆一道和面漆两道。国外亦有采用热浸镀锌法来做防锈处理。

（2）扣件。扣件按其构造的基本形式可以分为三种，包括直角扣件（十字扣）、旋转扣件（回转扣）和对接扣件（筒扣、一字扣）（见图 8 - 3），可以根据实际需要选用，从而实现两根钢管的快速连接。

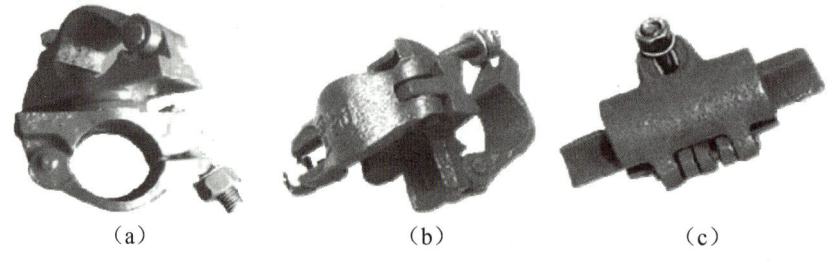

（a）　　　　　　　（b）　　　　　　　（c）

图 8 - 3　扣件的构造形式

（a）直角扣件；（b）旋转扣件；（c）对接扣件

① 直角扣件（十字扣），用于两根垂直交叉钢管的连接（立杆与大横杆、大横杆与小横杆的连接等），如图 8 - 4 所示。

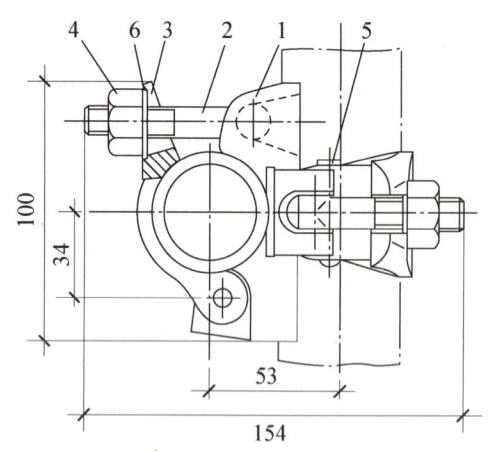

1—直角座；2—螺栓；3—盖板；4—螺母；5—销钉；6—垫圈。

图 8 - 4　直角扣件

② 旋转扣件（回转扣），用于两根呈任意角度交叉钢管的连接，如图 8 – 5 所示。

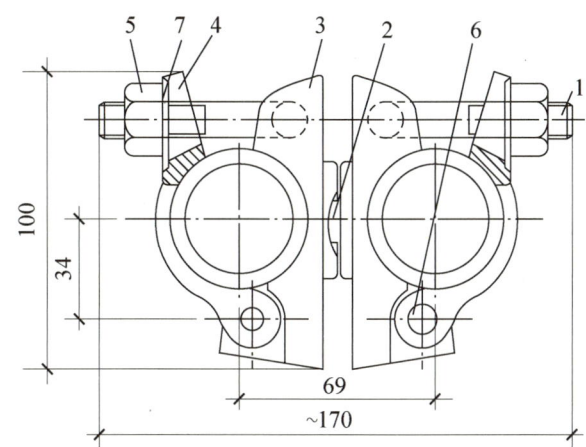

1—螺栓；2—铆钉；3—旋转座；4—盖板；5—螺母；6—销钉；7—垫圈。

图 8 – 5　旋转扣件

③ 对接扣件（筒扣、一字扣），用于两根钢管对接连接，如图 8 – 6 所示。

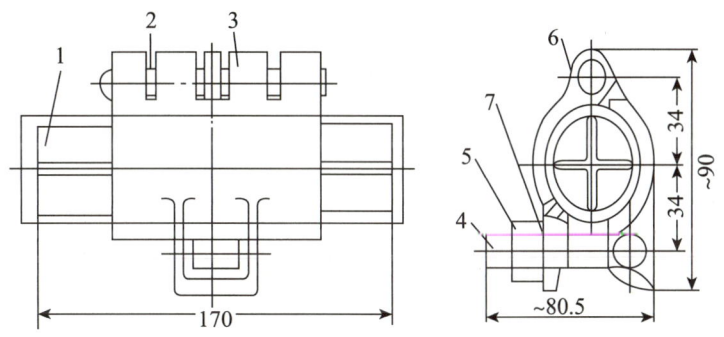

1—杆芯；2—铆钉；3—对接座；4—螺栓；5—螺母；6—对接盖；7—垫圈。

图 8 – 6　对接扣件

扣件按其使用的材料可以分为可锻铸铁铸造扣件及钢板压制扣件两种。可锻铸铁铸造扣件已有国家标准及专业检测单位，产品质量易于控制，但其生产厂家较多，难免会有质量较差的产品；钢板压制扣件尚无国家标准，使用应慎重。

扣件有严格的质量要求，具体如下。

① 铸铁不得有裂纹、气孔；不宜有疏松、砂眼或其他影响使用功能的缺陷，并应将影响外观质量的黏砂、浇冒口残余、披缝、毛刺或氧化皮等清除干净。

② 应保证扣件与钢管扣紧时的贴合面接触良好。

③ 扣件活动部位应能灵活转动，旋转扣件的两旋转面间隙应小于 1 mm。

④ 扣件夹紧钢管时，开口处的最小距离应不小于 5 mm。

⑤ 螺栓拧紧力矩达 20 N · m 时，扣件不得损坏。

⑥ 扣件表面应进行防锈处理。

（3）底座。脚手架立杆底端立于底座上，底座用于承受立杆传递下来的荷载，并将荷载传递到地面上。它可用可锻铸铁制作，也可用厚8 mm、边长150 mm的钢板作为底板，与外径60 mm、壁厚3.5 mm、长150 mm的钢管套筒焊接而成。铸铁的质量要求与扣件相同。焊接底座采用Q235钢、E43型焊条。底座有内插式底座和外套式底座，如图8-7所示，可根据实际需要选用。

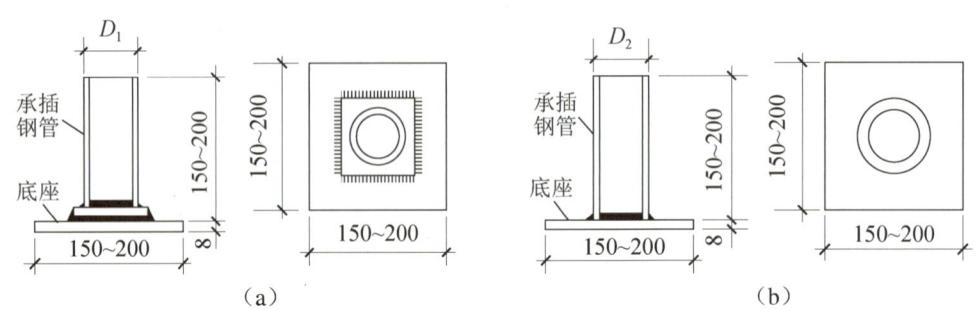

图8-7　底座

（a）内插式底座；（b）外套式底座

（4）脚手板。脚手板可采用分别使用钢、木、竹材料制作的冲压钢脚手板、木脚手板、竹串片脚手板等。脚手板一般长2~4 m、宽250 mm，可用厚2 mm钢板压制，并应有防滑措施；也可用厚50 mm木脚手板或竹串片脚手板制作，但每块质量不宜超过30 kg。

2. 构造要点

（1）立杆。

① 限高。单立杆双排脚手架的搭设限高为50 m，当需要搭设50 m以上的脚手架时，在35 m以下部位应采用双立杆，且上部单立杆的高度应小于30 m。

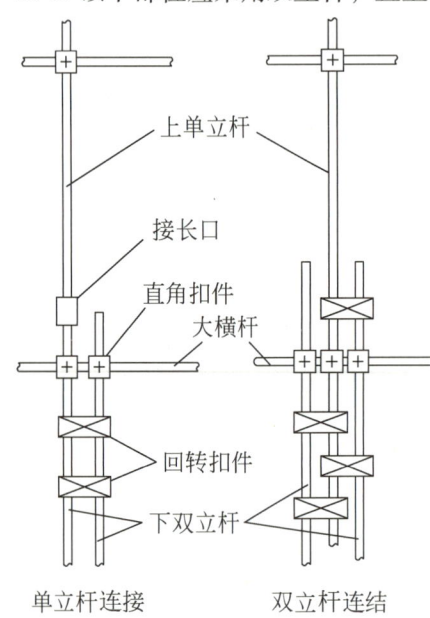

图8-8　单立杆与双立杆的连接方法

② 间距。横距0.9~1.2 m，纵距1.4~2.0 m（当用单立杆时，高度35 m以下的脚手架为1.4~2.0 m，35m以上的脚手架为1.4~1.6 m；当用双立杆时，脚手架为1.5~2.0 m）。

③ 连接方法。立杆采用上单下双的高层脚手架，单立杆与双立杆的连接方法（见图8-8）有两种。一种是单立杆与双立杆之中的一根对接，另外一种是单立杆同时与两根双立杆用不少于3道旋转扣件搭接。对于后一种连接方法，将立杆底部支于小横杆上，在立杆与大横杆的连接扣件下加设两道扣件（扣在立杆上），且三道扣件紧接，以加强对大横杆的支持力。

④ 接头。立杆接头除了顶层可用搭接外，其余均必须用对接。顶层立杆搭接长度不应小于1 m，应采用不少于2个旋转扣件固定，端部扣件盖板的边缘至杆端距离不应小于100 mm。立杆的接头位置应交错布置，

两根相邻立杆接头不应设置在同步内，同步内隔一根立杆的两个相隔接头在高度方向错开的距离不宜小于 500 mm，各接头中心距大横杆轴线应小于 $\frac{1}{3}$ 步距，如图 8-9 所示。立杆与大横杆必须用直角扣件扣紧（因大横杆对立杆起约束作用，对立杆承载能力有重要影响），不得隔步设置或遗漏。当采用双立杆时，必须用扣件将双立杆与同一根大横杆扣紧，不得只扣紧一根以避免其计算长度成倍增长。立杆顶端宜高出女儿墙上皮 1 m，高出檐口上皮 1.5 m。

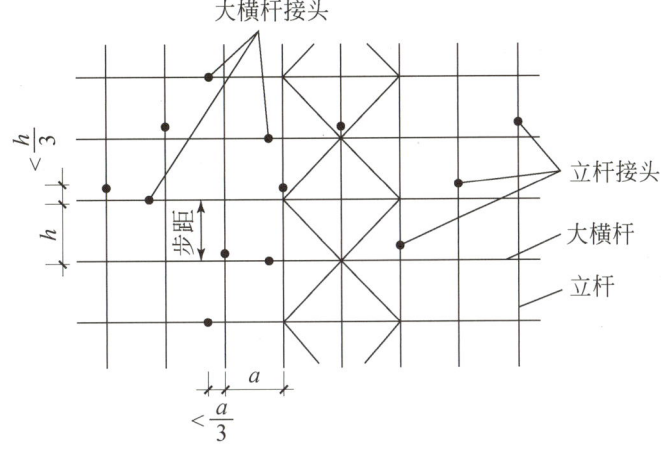

图 8-9　立杆、大横杆的接头位置

⑤ 立杆必须用连墙件与建筑结构可靠连接，连墙件布置最大间距宜按表 8-1 中的规定。

表 8-1　连墙件布置最大间距

脚手架高度/m		竖向间距（h）	水平间距（l_a）	每根连墙件覆盖面积/m²
双排	≤50	3h	$3l_a$	≤40
	>50	2h	$3l_a$	≤27
单排	≥24	3h	$3l_a$	≤40

（2）纵向水平杆（大横杆）。大横杆的构造应符合下列规定。

① 大横杆宜设置在立杆内侧，步距为 1.5~1.8 m，长度不宜小于 3 跨。

② 大横杆接长宜采用对接扣件连接，也可采用搭接。对接、搭接应符合下列规定。

a. 大横杆的对接扣件应交错布置，两根相邻大横杆的接头不宜设置在同步或同跨内，不同步或不同跨的两个相邻接头在水平方向错开的距离不应小于 500 mm，各接头中心至最近主节点的距离不宜大于纵距的 $\frac{1}{3}$，如图 8-10 所示。

b. 搭接长度不应小于 1 m，应等间距设置 3 个旋转扣件固定，端部扣件盖板边缘至搭接大横杆杆端的距离不应小于 100 mm。

c. 当使用冲压钢脚手板、木脚手板、竹串片脚手板时，大横杆应作为小横杆的支座，用直角扣件固定在立杆上。

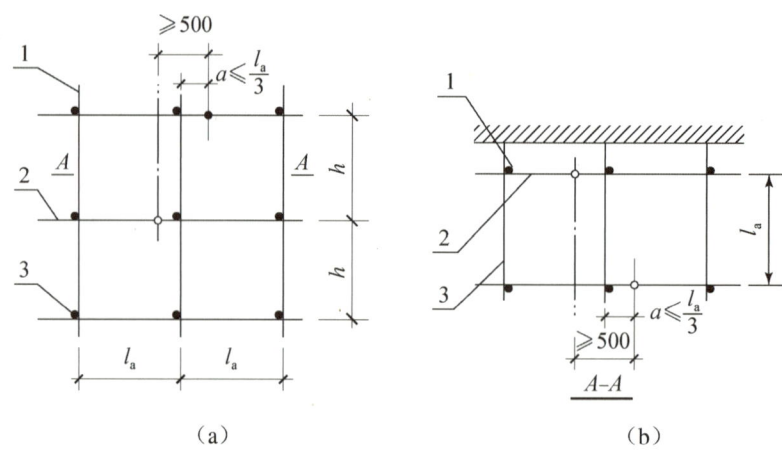

1—立杆；2—大横杆；3—小横杆。

图 8 – 10　大横杆接长示意图

（a）接头不在同步内（立面）；（b）接头不在同跨内（平面）

d. 当使用竹串片脚手板时，大横杆应采用直角扣件固定在小横杆上，并应等间距设置，间距不应大于 400 mm，如图 8 – 11 所示。

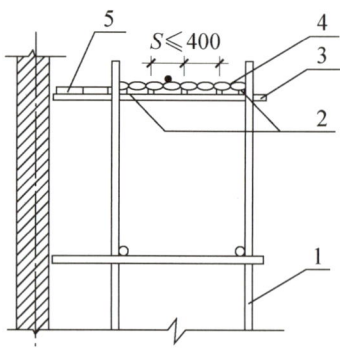

1—立杆；2—大横杆；3—小横杆；4—竹串片脚手板；5—其他脚手板。

图 8 – 11　大横杆构造（竹串片脚手板）

（3）横向水平杆（小横杆）。作为双排脚手架基本构件的小横杆贴近立杆布置（对于双立杆则设于双立杆之间），用直角扣件扣紧。在任何情况下，上述作为基本构架构件的小横杆均不得拆除。至于在作业层作为脚手板支点的小横杆则根据脚手板的需要，等间距设置。小横杆的构造（见图 8 – 12）应符合下列规定。

① 主节点处必须设置一根小横杆，用直角扣件扣接且严禁拆除。主节点处两个直角扣件的中心距不应大于 150 mm。在双排脚手架中，靠墙一端的外伸长度 a 不应大于 $0.4l_a$，且不应大于 500 mm。

② 作业层上非主节点处的小横杆，宜根据支承脚手板的需要等间距设置，最大间距不应大于纵距的 $\dfrac{1}{2}$。

③ 当使用冲压钢脚手板、木脚手板、竹串片脚手板时，双排脚手架的小横杆两端均应

采用直角扣件固定在大横杆上；单排脚手架的小横杆的一端，应用直角扣件固定在大横杆上，另一端应插入墙内，插入长度不应小于180 mm。

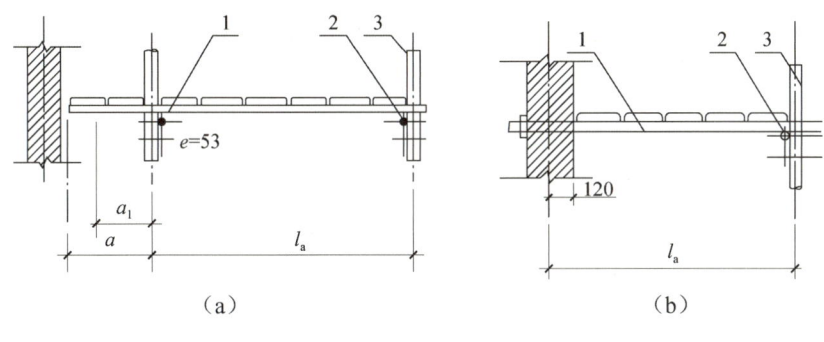

1—小横杆；2—大横杆；3—立杆。

图8-12　小横杆的构造

（a）双排脚手架；（b）单排脚手架

④ 使用竹串片脚手板时，双排脚手架的小横杆两端，应用直角扣件固定在立杆上；单排脚手架的小横杆的一端，应用直角扣件固定在立杆上，另一端应插入墙内，插入长度不应小于180 mm。

单排脚手架的小横杆不应设置在下列部位：设计上不允许留脚手眼的部位；过梁上，与过梁端成60°角的三角形范围及过梁净跨度$\frac{1}{2}$的高度范围内；宽度小于1 m的窗间墙；独立或附墙砖柱；梁下或梁垫下500 mm范围内；砖砌体的门窗洞口两侧200 mm内。

（4）剪刀撑。剪刀撑应联系3～4根立杆，剪刀撑斜杆与水平方向的夹角为45°～60°。剪刀撑应沿脚手架高度连续布置，在相邻两排剪刀撑之间，每隔10～15 m高加设一组长剪刀撑。剪刀撑的斜杆除两端用旋转扣件与脚手架的立杆或大横杆扣紧外，在中间应增加2～4个扣结点。剪刀撑下端应落地，支撑在垫板上。

剪刀撑的设置应符合下列规定。

① 每道剪刀撑跨越立杆的根数宜按表8-2的规定确定。每道剪刀撑的宽度不应小于4跨，且不应小于6 m，斜杆与地面的倾角宜为45°～60°。

表8-2　剪刀撑跨越立杆的根数

剪刀撑斜杆与地面的倾角 α	45°	50°	60°
剪刀撑跨越立杆的根数 n	7	6	5

② 高度在24 m以下的单排脚手架、双排脚手架，应在外侧立面的两端各设置一道剪刀撑，并应由底端至顶部连续设置；中间各道剪刀撑之间的净距不应大于15 m，如图8-13所示。

③ 高度在24 m以上的双排脚手架应在外侧立面整个长度和高度上连续设置剪刀撑。

④ 剪刀撑斜杆的接长宜采用搭接，搭接应符合（1）立杆中⑤的规定。

⑤ 剪刀撑斜杆应用旋转扣件固定在与之相交的小横杆的伸出端或立杆上，旋转扣件中心线至主节点的距离不宜大于150 mm。

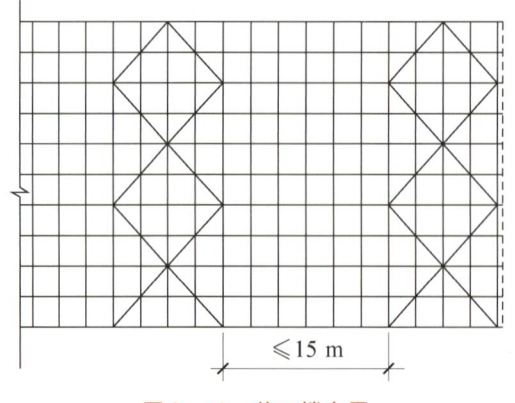

图 8 – 13　剪刀撑布置

（5）横向斜撑。横向斜撑，即与双排脚手架内外立杆或水平杆斜交的、呈之字形的斜杆。横向斜撑的设置应符合下列规定。

① 横向斜撑应在同一节间，由底端至顶部呈之字形连续布置，宜采用旋转扣件固定在与之相交的小横杆的伸出端上，旋转扣件中心线至主节点的距离不宜大于 150 mm。当横向斜撑在一跨内跨越两个步距时，宜在相交的大横杆处，增设一根小横杆，将横向斜撑固定在其伸出端上。

② 一字形、开口型双排脚手架的两端必须设置横向斜撑，中间宜每隔 6 跨设置一道。

③ 高度在 24 m 以下的封闭型双排脚手架可不设横向斜撑，高度在 24 m 以上的封闭型双排脚手架，除拐角应设置横向斜撑外，中间应每隔 6 跨设置一道。

（6）连墙件。立柱必须通过连墙件与正在施工的建筑结构连接。连墙件对外脚手架的安全至关重要。由于连接件设置数量不足、构造不符合要求或被任意拆除等所造成的脚手架倒坍事故屡有发生，因此必须引起高度重视并确保其设置符合要求。高层建筑施工用的双排脚手架需采用刚性连墙件，如图 8 – 14 所示，即其是既能承受拉力及压力作用，又有一定的抗弯和抗扭能力的刚性较好的连墙构造。它一方面能抵抗脚手架相对于墙体的内倾和外张变形，另一方面能对立杆的纵向弯曲变形有一定的约束作用，从而提高脚手架立杆的抗失稳能力。因此，刚性连墙件对提高脚手架的横向稳定性，承受水平荷载及偏心荷载具有重要作用。

① 刚性连墙件构造。扣件式钢管脚手架的刚性连墙件有以下 4 种构造形式。

a. 穿墙夹固式，单根或两根小横杆穿过墙体，在墙体两侧用短钢管（长度≥0.6 m，立放或平放）塞以垫木固定，如图 8 – 14（a）所示。

b. 窗口夹固式，单根或两根小横杆通过窗洞口，在窗洞口两侧用适长钢管（立放或平放）塞以垫木固定，如图 8 – 14（b）所示。

c. 箍柱式，包括单杆箍柱，即用适当长度的单根小横杆紧贴结构的柱子，并用三根短横杆将其固定于柱侧；双杆箍柱，即用适当长度的小横杆和短钢管各两根，抱紧柱子固定，如图 8 – 14（c）所示。

d. 埋件固定式，在混凝土墙体或框架的柱梁中埋设刚性连墙件，用扣件与脚手架立杆或大横杆连接固定。预埋的刚性连墙件有带短钢管埋件、预埋螺栓和套管两种形式，如图 8-14（d）、图 8-14（e）所示。前一种形式是在混凝土结构的普通预埋件的钢板上，焊以适长的短钢管，钢管长度以能与立杆或大横杆可靠连接为度，拆除时需用气割从钢管焊接处割开；后一种形式将一端带适长弯头的 M12～M16 螺栓埋入混凝土结构中，将底端带中心孔支撑板的套管套在螺栓上，在套管另一端加垫板并以螺母拧紧使其固定在螺栓上。

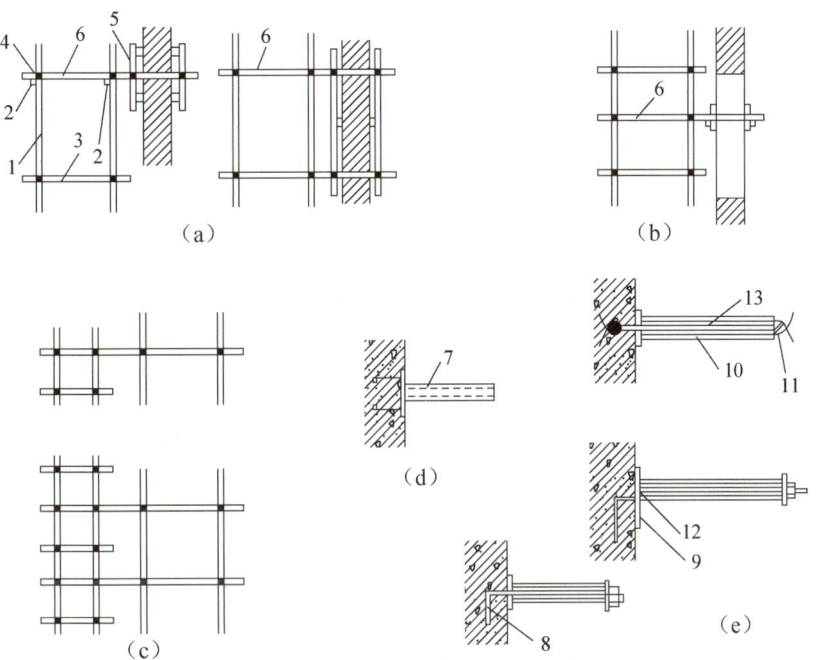

1—立杆；2—大横杆；3—小横杆；4—直角扣件；5—短钢管；

6—适长钢管（或小横杆）；7—带短钢管预埋件；8—带长弯头的预埋螺栓；

9—带短弯头螺栓；10—带支撑板的 $\phi48$ 钢套管；11—$\phi6$ 短钢筋；

12—预埋 $\phi6$ 挂环；13—双股绞结8号钢丝。

图 8-14 刚性连墙件

（a）穿墙夹固式；（b）窗口夹固式；（c）箍柱式；

（d）埋件固定式（带短钢管埋件）；（e）埋件固定式（预埋螺栓和套管）

② 连墙件的布置。连墙件一般应布置在横向刚度较大的结构部位（如框架梁、楼板附近）。连墙件的布置应符合下列规定。

a. 宜靠近主节点设置，偏离主节点的距离不应大于 300 mm。

b. 应从底层第一步大横杆处开始设置，当该处设置有困难时，应采用其他可靠措施固定。

c. 宜优先采用菱形布置，也可采用方形、矩形布置。

d. 一字形脚手架、开口型脚手架的两端必须设置连墙件，连墙件的垂直间距不应大于建筑结构的层高，并不应大于 4 m（2 步）。

e. 对高度在 24 m 以下的单排脚手架、双排脚手架，宜采用刚性连墙件与建筑结构可靠连接，亦可采用拉筋和顶撑配合使用的附墙连接方式。严禁使用仅有拉筋的柔性连墙件。

f. 对高度在 24 m 以上的双排脚手架，必须采用刚性连墙件与建筑结构可靠连接。

③ 连墙件的构造应符合下列规定。

a. 连墙件中的连墙杆或拉筋宜呈水平设置，当不能水平设置时，与脚手架连接的一端应下斜连接，不应采用上斜连接。

b. 连墙件必须采用可承受拉力和压力的构造。采用拉筋必须配用顶撑，顶撑应可靠地顶在混凝土圈梁、柱等结构部位。拉筋应采用两根以上直径 4 mm 的钢丝拧成一股，使用时不应少于 2 股；亦可采用直径不小于 6 mm 的钢筋。

当脚手架下部暂不能设连墙件时可搭设抛撑。抛撑应采用通长杆件与脚手架可靠连接，与地面的倾角应为 45°～60°；连接点中心与主节点的距离不应大于 300 mm。抛撑应在连墙件搭设后方可拆除。当架高超过 40 m 且有风涡流作用时，应采取抗上升翻流作用的连墙措施。

（7）脚手板。脚手板的设置应符合相关规定。作业层脚手板应铺满、铺稳，离开墙面 120～150 mm。冲压钢脚手板、木脚手板、竹串片脚手板应采用三支点承重，需设置在 3 根小横杆上。当脚手板长度小于 2 m 时，可采用两根小横杆支承，但应将脚手板两端与其可靠固定，严防倾翻。此 3 种脚手板的铺设可采用对接平铺，亦可搭接翻设。脚手板对接平铺时，接头处必须设两根小横杆，脚手板外伸长度应取 130～150 mm，两块脚手板外伸长度之和不应大于 300 mm，如图 8－15（a）所示；脚手板搭接铺设时，接头必须支在小横杆上，搭接长度应大于 200 mm，其伸出小横杆的长度不应小于 100 mm，如图 8－15（b）所示。

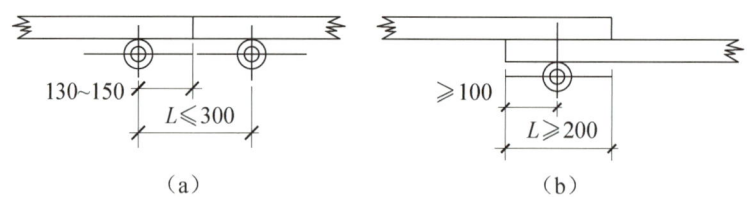

图 8－15　脚手板对接、搭接构造
（a）脚手板对接；（b）脚手板搭接

竹串片脚手板应按其主竹筋垂直于大横杆方向铺设，且采用对接平铺，4 个角应用直径 1.2 mm 的镀锌钢丝固定在大横杆上。作业层端部脚手板探头长度应取 150 mm，其板长两端均应与支撑杆可靠固定。

（8）护栏和挡脚板。在铺脚手板的操作层上必须设两道护栏和挡脚板。上护栏高度≥1.1 m。挡脚板也可用加设一道低栏杆（距脚手板面 0.2～0.3 m）代替。

（9）底座及扫地杆。高度大于 24 m 的脚手架应设可调底座。立柱应设置离地面很近的纵向扫地杆、横向扫地杆，并用直角扣件固定在立柱上。纵向扫地杆应采用直角扣件固定在距底座上方不大于 200 mm 处的立杆上。横向扫地杆亦应采用直角扣件固定在紧靠纵向扫地杆下方的立杆上。当立杆基础不在同一高度上时，必须将高处的纵向扫地杆向低处延长两跨与立杆固定，高低差不应大于 1 m，靠边坡上方的立杆轴线到边坡的距离不应小于 500 mm，如图 8－16 所示。

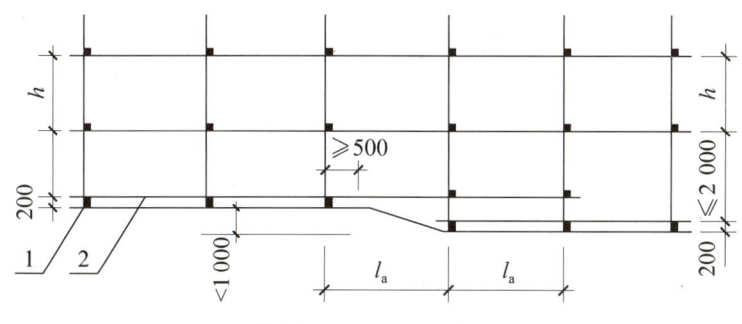

1—横向扫地杆；2—纵向扫地杆。

图 8 - 16　纵向扫地杆、横向扫地杆构造

8.2.2　扣件式钢管脚手架搭设要求

为保证脚手架搭设过程中的稳定性，必须按施工组织设计中规定的搭设顺序并配合施工进度搭设，一次搭设高度不应超过相邻连墙件以上 2 步。脚手架的地基标高应高于自然地坪100 ~ 150 mm。在地面平整、排水通畅后，铺设厚度不小于 40 mm、长度不少于 2 跨的木垫板，然后于其上安放底座。

搭设立杆时，不同规格的钢管严禁混合使用，底部立杆需用不同长度钢管使相邻两根立杆的对接扣件错开至少 500 mm。竖第一节立杆时，每 6 跨临时设一根抛撑，待连墙件安装后再拆除。搭至有连墙件处时，应立即设置连墙件。

每搭完一步脚手架后应按规定校正立杆的垂直度、步距、杆距和排距。立杆的垂直偏差应不大于脚手架高的 $\frac{1}{300}$，并同时控制其绝对偏差值，当脚手架高大于 20 m 而小于（等于）50 m 时，其垂直偏差不大于 75 mm；当脚手架高大于 50 m 时，其垂直偏差应不大于 100 mm。同排大横杆的水平偏差不大于该片脚手架总长度的 $\frac{1}{250}$，且不大于 50 mm。

扣件规格必须与钢管外径相同，螺栓拧紧力矩不应小于 40 N·m，亦不大于 60 N·m。6 级及 6 级以上的大风和雾、雨、雪等恶劣天气时应停止脚手架搭拆作业。在临街搭设脚手架时，外侧应有防护措施，以防坠物伤人。

脚手架不应在架空电线下方搭设。脚手架外侧边缘距外电架空线路的安全距离不应小于表 8 - 3 的规定。

表 8 - 3　脚手架外侧边缘距外电架空线路的安全距离

外电线路电压/kV	<1	1 ~ 10	35 ~ 110	154 ~ 220	330 ~ 500
安全距离/m	4	6	8	10	15

8.2.3　扣件式钢管脚手架用于高层建筑的优缺点

扣件式钢管脚手架的优点主要体现在适用于各种形状的建（构）筑物，安全感好，节省木材，用于脚手架的钢管和扣件，可以组成多种结构形式，一材多用，可多次周转使用，显示出许多优越性。

扣件式钢管脚手架的缺点主要体现在搭设和拆除耗用工时多，劳动强度大，材料占用流动资金多等方面。

扣件式钢管脚手架已成为我国使用量最多、应用最普遍的一种脚手架，但是扣件式钢管脚手架的安全保证性不强，施工工效低，脚手架的最大搭设高度规定为 50 m，不能满足高层建筑施工的发展需要。

8.3　碗扣式钢管脚手架

20 世纪 80 年代中期，我国铁道部门的专业设计院在吸收英国 Cuplok 脚手架及门式钢管脚手架优点的基础上，成功研制了一种新型的承插式钢管脚手架。该脚手架独创了带齿碗扣接头，具有一系列优点，取得了显著的经济效益，在全国得到迅速推广。

8.3.1　碗扣式钢管脚手架的基本构造

碗扣式钢管脚手架是一种多功能的脚手架，无扣件丢失问题，其关键技术在于碗扣接头。碗扣接头是该脚手架系统的核心部件，它由上下碗扣、横杆接头和上碗扣的限位销组成，如图 8-17 所示。上下碗扣和限位销按 60 cm 间距设置在钢管立杆上，其中下碗扣焊在钢管上，上碗扣对应地套在钢管上，其销槽对准焊在钢管上的限位销即能上下滑动。进行杆件连接时，先将上碗扣的缺口对准限位销，将上碗扣沿立杆向上拉起，然后将固定于横杆上的横杆接头插入下碗扣的圆槽内，随后将上碗扣沿限位销滑下，并沿顺时针方向旋转以扣紧横杆，再用小锤轻击几下即可达到扣紧的目的。接头的拼接完全避免了拧螺栓的作业。碗扣接头可同时连接 4 根横杆，横杆可互相垂直，亦可偏转一定角度，因而可搭设各种形式的脚手架，尤其适于搭设曲线形的脚手架。碗扣式钢管脚手架实拍图如图 8-18 所示。

碗扣式钢管脚手架的杆配件分为主构件、辅助构件、专用构件三类。以下主要介绍主构件和辅助构件。

（1）主构件。主构件是以组成脚手架主体的杆部件作为双排脚手架，主要包括以下几种。

① 立杆。立杆是脚手架的主要受力杆件，在 φ48×3.5 钢管上每隔 60 cm 安装一套碗扣接头，并在杆的顶端焊接立杆连接管，立杆连接管是内销管，靠内销管实现立杆之间的连接。立杆有 3.0 m 和 1.8 m 两种长度规格。

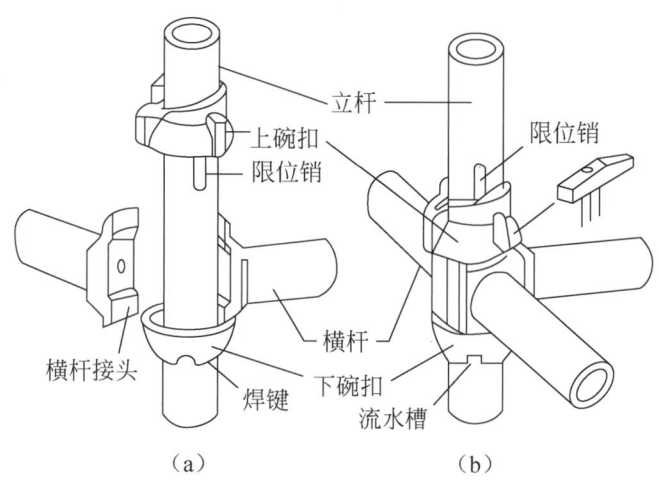

图 8-17　碗扣接头构造示意图

（a）连接前；（b）连接后

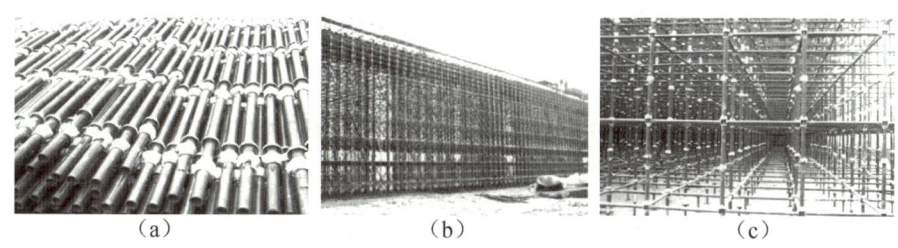

图 8-18　碗扣式钢管脚手架实拍图

（a）碗扣式钢管脚手架杆件；（b）碗扣式钢管脚手架作支模架；（c）整齐划一的碗扣式钢管脚手架

② 横杆。横杆是组成框架的横向连接杆件，由一定长度的 $\phi48\times3.5$ 钢管两端焊接横杆接头制成，有 2.4 m、1.8 m、1.5 m、1.2 m、0.9 m、0.6 m 和 0.3 m 7 种规格。

③ 斜杆。斜杆是为了增强脚手架稳定强度而设计的系列构件。在 $\phi48\times3.5$ 钢管两端铆接斜杆接头而制成。斜杆接头可转动，和横杆接头一样可装在下碗扣内，形成节点斜杆。它有 1.690 m、2.163 m、2.343 m、2.546 m 和 3.000 m 5 种规格，分别用于 1.20 m×1.20 m，1.20 m×1.80 m，1.50 m×1.80 m，1.80 m×1.80 m 和 1.80 m×2.40 m 这 5 种框架平面。

④ 底座。底座安装在立杆根部，将上部荷载分散传递给地基基础，它有以下 3 种。

a. 垫座，由 150 mm×150 mm×8 mm 的钢板和中心焊接连接管制成，立杆插在连接管中，高度不可调。

b. 立杆可调底座，由同上规格钢板和中心焊接螺栓并配手柄螺母制成。它有 0.3 m 和 0.6 m 两种规格，可调范围分别为 0.3 m 和 0.6 m。

c. 立杆粗细可调底座，基本上与立杆可调底座相同，只是可调方式不同，由 150 mm×150 mm×8 mm 钢板、立杆管、螺管、手柄螺母等组成。它只有 0.6 m 一种规格。

（2）辅助构件。辅助构件是用于作业面及用于连接的杆构件。

① 间横杆，为了满足其他普通脚手板和木脚手板的需要而设的构件，由 $\phi48\times3.5$ 钢管两端焊接"∩"形钢板制成。可搭设于主架之间任意部位，用以减小脚手板支承间距或支

承挑手脚手板。它有 1.2 m，1.2 + 0.3 m 和 1.2 + 0.6 m 3 种规格。

② 脚手板，为碗扣式钢管脚手架配套的脚手板，由 2 mm 厚钢板压制而成，宽度 270 mm。其面板上冲有防滑孔，两端焊有挂钩可牢靠地挂在横杆上，不会滑动。

③ 挡脚板，由 2 mm 厚钢板压制而成，有长度 1.2 m、1.5 m 和 1.8 m 3 种规格，分别适用于 1.2 m、1.5 m 和 1.8 m 的立杆间距。

④ 挑梁，为扩展作业平台而设置的构件，有窄挑梁和宽挑梁两种规格。窄挑梁由一端焊有横杆接头的钢管制成，悬挑宽度 0.3 m，可在需要位置与碗扣接头连接。宽挑梁由水平杆、斜杆、垂直杆组成，悬挑宽度 0.6 m，用碗扣接头与脚手板连成一体，其外侧垂直杆上可再接立杆。

⑤用于连接的辅助构件。

a. 立杆连接销，即立杆之间连接的销钉构件，为弹簧销扣结构，由 $\phi 10$ 的钢筋制成。

b. 直角撑，为连接两交叉的脚手架而设置的构件，由 $\phi 48 \times 3.5$ 钢管一端焊接横杆接头，另一端焊接"∩"形卡制成。

c. 连墙撑，有碗扣式连墙撑及扣件式连墙撑两种。相较而言，碗扣式连墙撑可直接用碗扣接头同脚手架连在一起，其受力性能更好。

8.3.2　碗扣式钢管脚手架的主要功能特点

1. 多功能

碗扣式钢管脚手架能根据具体施工要求，可组成不同的组架尺寸、形状和承载能力的单排脚手架、双排脚手架，支撑架，支撑柱，物料提升架，爬升脚手架，悬挑架等多种功能的施工装备；也可用于搭设施工棚、料棚、灯塔等构筑物；特别适合于搭设曲面脚手架和重载支撑架。

2. 高功效

碗扣式钢管脚手架的常用杆件中最长的为 3 130 mm，重 17.07 kg。整架拼拆速度是常规的 3 ~ 5 倍，拼拆快速省力，工人用一把铁锤即可完成全部作业，避免了螺栓操作带来的诸多不便。

3. 通用性强

碗扣式钢管脚手架的主构件均采用普通的扣件式钢管脚手架的钢管，可用扣件同普通钢管连接，通用性强。

4. 承载力大

碗扣式钢管脚手架的立杆连接是同轴心承插，横杆同立杆靠碗扣接头连接，接头具有可靠的抗弯、抗剪、抗扭力学性能。而且各杆件轴心线交于一点，节点在框架平面内，因此，结构稳固可靠，承载力大（整架承载力提高，约比同等情况的扣件式钢管脚手架提高 15% 以上）。

5. 安全可靠

碗扣式钢管脚手架的接头设计考虑到上碗扣螺旋摩擦力和自重力作用，使接头具有可靠的自锁能力。作用于横杆上的荷载通过下碗扣传递给立杆，下碗扣具有很强的抗剪能力（最大为199 kN）。上碗扣即使没被压紧，横杆接头也不致脱出而造成事故。同时配备有安全网支架、间横杆、脚手板、挡脚板、架梯、挑梁、连墙撑等杆配件，使用安全可靠。

6. 易于加工

碗扣式钢管脚手架的主构件为 $\phi 48 \times 3.5$、Q235 焊接钢管，制造工艺简单，成本适中，可直接对现有扣件式脚手架进行加工改造，不需要复杂的加工设备。

7. 不易丢失

碗扣式钢管脚手架无零散易丢失扣件，把构件丢失减少到最小程度。

8. 维修少

碗扣式钢管脚手架构件消除了螺栓连接，构件经碰耐磕，一般锈蚀不影响拼拆作业，不需特殊养护、维修。

8.3.3 碗扣式钢管双排脚手架

碗扣式钢管双排脚手架，特别适合于搭设曲面脚手架和高层脚手架。目前一杆到顶（脚手架全高均采用单立杆）的落地式脚手架最大高度已达90.3 m，但一般来说双排脚手架的搭设高度为60 m。

1. 构造类型

一般立杆横向间距为1.2 m，横杆步距取1.8 m，立杆纵向间距根据建筑结构、脚手架搭设高度及作业荷载等具体要求可选用0.9 m、1.2 m、1.5 m、1.8 m、2.4 m等不同规格，并选用相应横杆。根据使用要求可有以下几种构造类型。

（1）重型架。重型架使用较小的立杆纵距（0.9 m或1.2 m），用于重载作业或高层外脚手架的底部架。为了提高高层脚手架搭设高度，采取上下分段，每段均采用立杆纵距不等的组架方式，如图8-19所示。下段立杆纵距0.9 m（或1.2m），上段立杆纵距为1.8 m（或2.4 m）。

（2）普通架。普通架的立杆纵距为1.5 m或1.8 m。当脚手架高度大于30 m时，立杆纵距不大于1.5 m，构造尺寸为1.5 m（立杆纵距）×1.2 m（立杆横距）×1.8 m（横杆步距）或1.8 m×1.2 m×

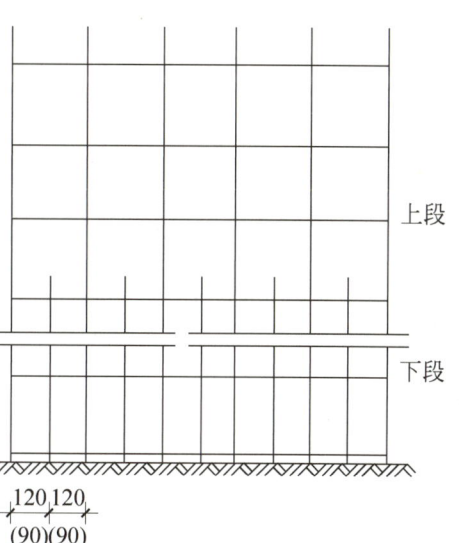

图8-19 上下分段的组架方式

1.8 m，这是最常用的作为结构施工用的脚手架。

（3）轻型架。轻型架的立杆纵距为2.40 m。构架尺寸为2.4 m×1.2 m×1.8 m，用于装修、维护等作业。

此外，也可根据场地和作业条件要求搭设窄脚手架（立杆横距0.9 m）和宽脚手架（立杆横距1.5 m）。

2. 组架构造

（1）斜杆设置。斜杆可增强脚手架稳定，合理设置斜杆对提高脚手架承载力，保证施工安全有重要意义。

① 斜杆的连接。斜杆和立杆的连接与横杆和立杆的连接相同，其节点构造如图8-20所示。对于不同尺寸的框架应配备相应长度斜杆。斜杆可安装成节点斜杆（斜杆接头与横杆接头安装在同一碗扣接头内），或非节点斜杆（斜杆接头与横杆接头不安装在同一碗扣接头内），其连接如图8-21所示。

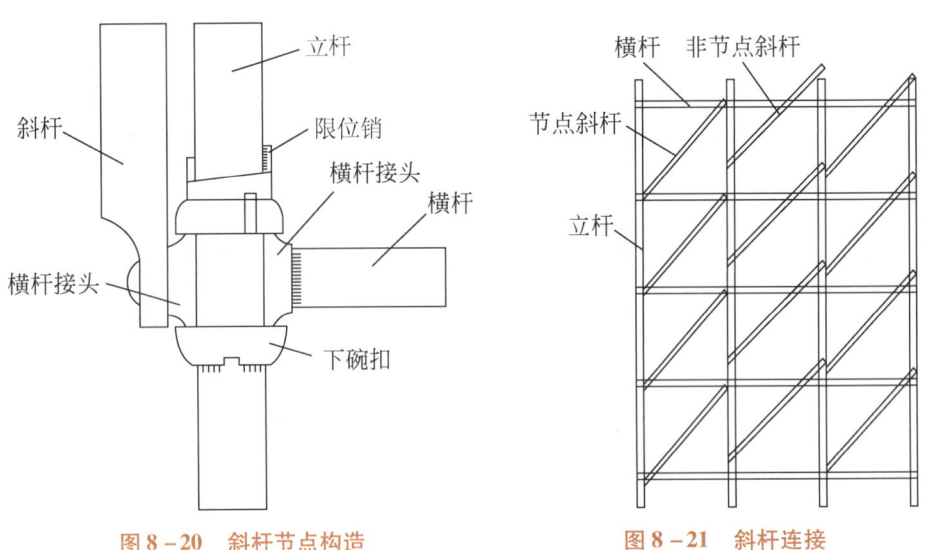

图8-20 斜杆节点构造   图8-21 斜杆连接

② 斜杆的布置。斜杆应尽量布置在框架节点上，其布置包括在脚手架立面（纵向）布置及横向布置。

在脚手架立面（纵向）布置时，高度在30 m以下的脚手架设置的斜杆面积为整架立面面积的$\frac{1}{5} \sim \frac{1}{2}$（根据荷载情况）。高度超过30 m的脚手架，设置斜杆面积应不小于整架面积的$\frac{1}{2}$。在拐角边缘及端部必须设置斜杆，中间可均匀间隔布置。

在脚手架横向布置时，脚手架破坏一般是由于横向框架失稳，因此在横向框架内布置斜杆（称为廊道斜杆）尤为重要。对于一字形脚手架及开口型脚手架应在两端横向框架内沿全高连续设置节点斜杆。30 m以下脚手架的中间可不设廊道斜杆；30 m以上脚手架的中间应每隔5~6跨设一道沿全高设置的连续廊道斜杆。对于高层或重载脚手架除按上述要求设置外，当横向平面框架所承受的总荷载达到或超过25 kN时，该框架应增设廊道斜杆。但是,使用碗扣式斜杆设置廊道斜杆时,除脚手架两端框架可设成节点斜杆外,中间框架只能设成非节点斜杆。为了使斜杆的设置更灵活,既可使用碗扣斜杆,也可用钢管和扣件代替。这样斜杆的设置不受接头内所装杆件数量的限制,特别是用钢管和扣件设置大剪刀撑,既可减少碗扣斜杆的用量,又能改善脚手架的受力性能。

③ 剪刀撑。剪刀撑包括竖向剪刀撑和纵向水平剪刀撑。

竖向剪刀撑的设置应与碗扣斜杆的设置相配合。高度在 30 m 以下的脚手架,每隔 4 ~ 6 跨设一组沿全高连续搭设的剪刀撑(每道剪刀撑跨越 5 ~ 7 根立杆)。设剪刀撑的跨内不再设碗扣斜杆。高度 30 m 以上的脚手架沿脚手架外侧及全高连续设置,两组剪刀撑之间设碗扣斜杆,如图 8 - 22 所示。

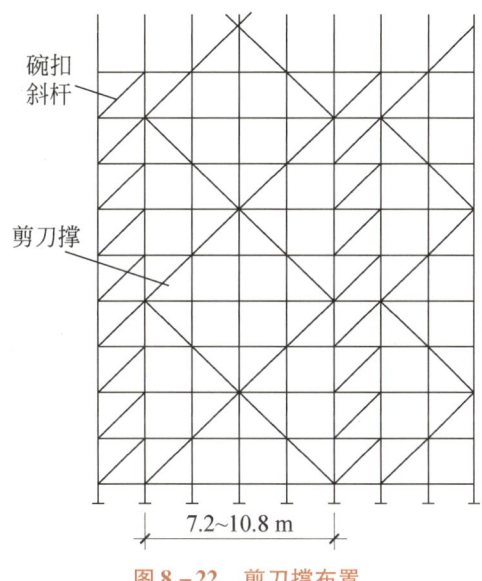

图 8 - 22 剪刀撑布置

纵向水平剪刀撑对于增强水平框架的整体性,均匀传递连墙撑的作用具有重要意义。30 m 以上的脚手架应每隔 3 ~ 5 步架设一层连续的闭合的纵向水平剪刀撑。

(2)连墙撑设置。连墙撑的设置按承受全部水平荷载,并且竖向间距满足整架稳定的要求而设计。连墙撑的计算和扣件式钢管脚手架相同。

高度 30 m 以下的脚手架可四跨三步设置一个连墙撑(约 40 m^2)。对于高层或重载脚手架要适当加密。高度 50 m 以下至少应三跨三步设置一个连墙撑(约 25 m^2)。连墙撑尽量采用梅花布置方式。

连墙撑应尽量连接在横杆层碗扣接头内,同脚手架、墙体保持垂直,并随建筑结构及架子的升高及时设置,设置时要注意调整间距使脚手架竖向平面保持垂直。

连墙撑可分为碗扣式连墙撑(见图 8 - 23)和扣件式连墙撑。碗扣式连墙撑和脚手架的连接与横杆同立杆连接相同。扣件式连墙撑的设置和扣件式钢管脚手架相同。

(3)脚手板。可用与碗扣式钢管脚手架配套的钢脚手板,也可用其他脚手板。当使用配套的钢脚手板时,必须将其两端的挂钩牢固地挂在横杆上,不得有翘曲或浮放。当使用其他类型的脚手板时,应配合横向杆来安设。即当脚手板端头正好处于两个横向杆之间而需要另外的杆件来支承时，在该处设间横杆。在作业层及其下面一层要铺满脚手板。当作业层升高一层时，将下面一层脚手板移至上面作为作业层脚手板，两层交错上升。

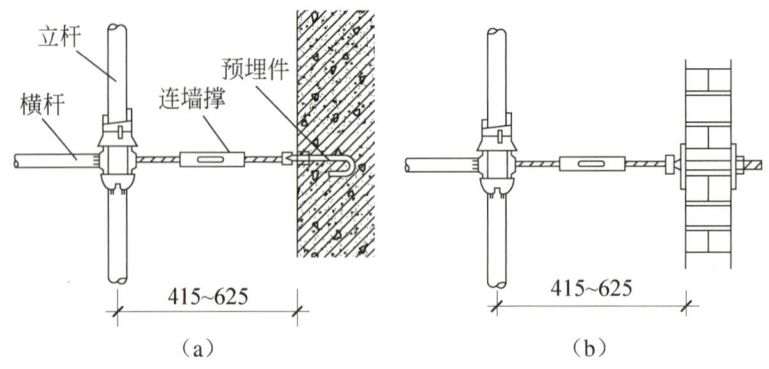

图8－23　碗扣式连墙撑构造

（a）混凝土墙固定连墙撑；（b）砖墙固定连墙撑

（4）高层卸荷拉结杆。高层卸荷拉结杆是为了减轻脚手架荷载而设置的构件，如图8－24所示。它由预埋件、拉结杆、花篮螺丝、卡环等组成。高层卸荷拉结杆一端用预埋件固定在建筑结构上，另一端用卡环固定在脚手架横杆层下碗扣底下，中间用花篮螺丝调整拉力，以达到悬吊脚手架在建筑结构上而卸荷的目的。一般每30 m高卸荷一次，但总高度在50 m以下的脚手架可不用卸荷。高层卸荷拉结杆所卸荷载的大小，取决于拉结杆的几何性能及装配时的预紧力。卸荷的大小可通过选择拉杆截面尺寸、吊点位置及调整花篮螺丝来实现。一般选择拉杆及花篮螺丝时，按承受卸荷层以上全部荷载来设计；在确定脚手架卸荷层及其位置时，按承受卸荷层以上全部荷载的 $\frac{1}{3}$ 来考虑。

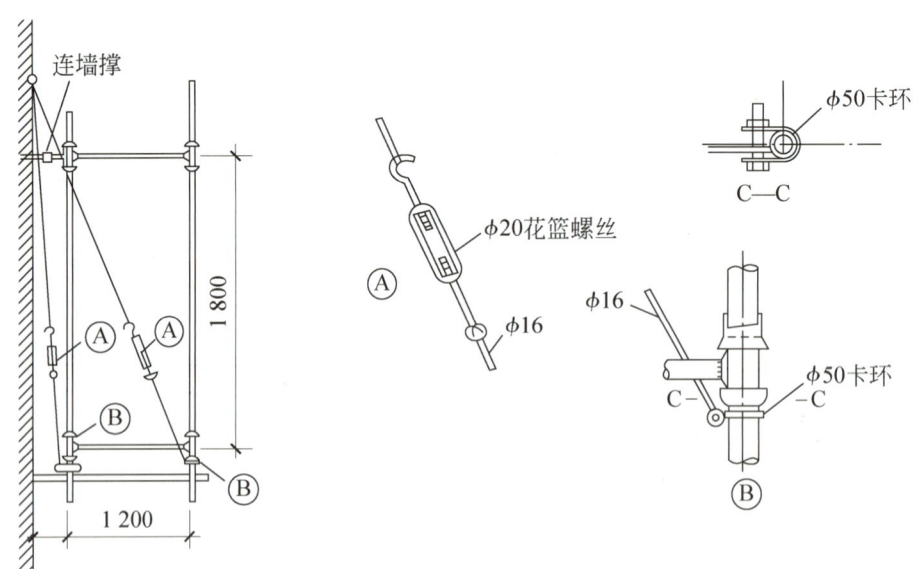

图8－24　高层卸荷拉结杆

在卸荷拉结点以上第一层加设廊道斜杆，以增强水平框架刚度。此外，用横托撑将脚手架同建筑结构顶紧，以平衡水平力；上下两层增设连墙撑。

8.3.4　碗扣式钢管脚手架搭设

1. 杆件组装顺序

在已处理好的地基上按设计位置安放立杆底座，在底座上交错安装 3.0 m 和 1.8 m 的长立杆，然后上面各层均采用 3.0 m 的长立杆接长，以避免立杆接头在同一水平面上。调整立杆可通过调节底座使立柱的碗扣接头处于同一平面，以便安装横杆。安装立杆时应及时设置扫地横杆，将所装立杆连成整体，以保证稳定性。其组装顺序：立杆底座→立杆→横杆→斜杆→接头锁紧→脚手板→上层立杆→立杆连接锁→横杆。

组装时要求至多两层向同一方向组装或由中间向两边推进。不得从两边向中间合拢组装，以防止因为两侧架子刚度太大而难以安装中间杆件。

2. 注意事项

（1）严格控制底层组架（第 1 步~第 2 步）的组装质量，它关系到整架安装质量及整架的组装速度。搭设头两步架时，必须保证立杆的垂直度及横杆的水平度，使碗扣接头连接牢靠，将头两步架调整好后，把碗扣接头锁紧，再继续搭设上部脚手架。

（2）在搭设过程中注意调整整架的垂直度，一般通过调整连墙撑长度来实现。整架垂直度偏差应小于 $\dfrac{H}{500}$，但最大允许偏差为 100 mm。此外，对于直线布置的碗扣式钢管脚手架，其纵向线偏差应小于 $\dfrac{l}{200}$；横杆的水平度（横杆两端高度偏差）应小于 $\dfrac{L}{400}$。

（3）连墙撑应随着碗扣式钢管脚手架的搭设而及时在设计位置上设置，并尽量与碗扣式钢管脚手架及建筑结构外表面垂直。

（4）搭设、拆除碗扣式钢管脚手架时，禁止无关人员进入危险地区。

（5）碗扣式钢管脚手架应随建筑结构升高而随时设置，一般不应高出建筑结构两步架。

8.4　门式钢管脚手架

门式钢管脚手架又称"鹰架""框组式脚手架"，是一种国际土木行业普遍流行的脚手架形式。门式钢管脚手架具有几何尺寸标准化，结构合理，受力性能好，可充分利用钢材强度，承载能力强，施工中装拆容易、架设效率高，省工省时、安全可靠、经济适用，是一种具有良好推广价值和发展前景的新型多功能组合脚手架。

门式钢管脚手架应用范围十分广泛，可以作为高层建筑、高耸构筑物施工用的结构和装修脚手架；又可以用于结构、设备安装等满堂脚手架；还广泛用于建筑、桥梁、隧道、地铁等工程施工的模板支撑架；若门架下部安放轮子，则可以作为机电安装、油漆粉刷、设备维修、广告制作的活动平台。门式钢管脚手架如图8-25所示。

图8-25　门式钢管脚手架

8.4.1　门式钢管脚手架基本结构及主要部件

门式钢管脚手架由门架（见图8-26）、交叉支撑、连接棒、挂扣式脚手板或水平架、锁臂等构成基本组合单元（见图8-27）。将基本组合单元相互连接起来并增设梯形架、栏杆等部件即构成整片脚手架。

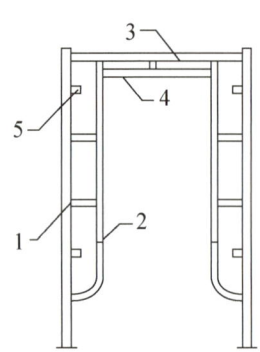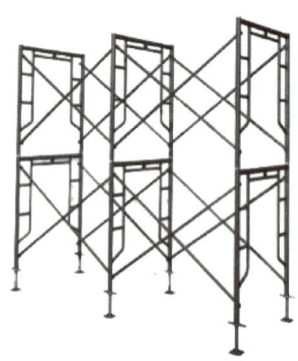

1—立杆；2—立杆加强杆；3—横杆；4—横杆加强杆；5—锁臂。

图8-26　门架

（1）基本部件。基本部件包括门架、十字剪刀撑和水平架。

①门架有多种不同形式。构成门式钢管脚手架基本组合单元的主要是标准型门架，宽度1.219 m，高度1.7 m；当使用高强薄壁钢管时其质量为13~16 kg，使用普通钢管时其质量为20~25 kg。门架之间连接在垂直方向，使用连接棒及自锁的腕臂锁扣，在门式钢管脚手架纵向采用十字剪刀撑，在架顶水平向使用水平架或脚手板。

②十字剪刀撑的规格根据门架的间距来选择，一般多采用1.8 m。十字剪刀撑的杆件长细比≤220。当十字剪刀撑符合产品标准时不必验算其刚度，否则应该按式（8-1）验算：

$$\frac{I_b}{L_b} \geq 0.3 \frac{I}{h_0} \qquad (8-1)$$

式中：I_b、L_b——十字剪刀撑的截面惯性矩及长度；

　　　I——门架立柱的等效截面惯性矩；

　　　h_0——门架高度。

③ 水平架是挂扣在门架横杆上的水平构件，其规格根据门架间距选择，一般为 1.8 m。

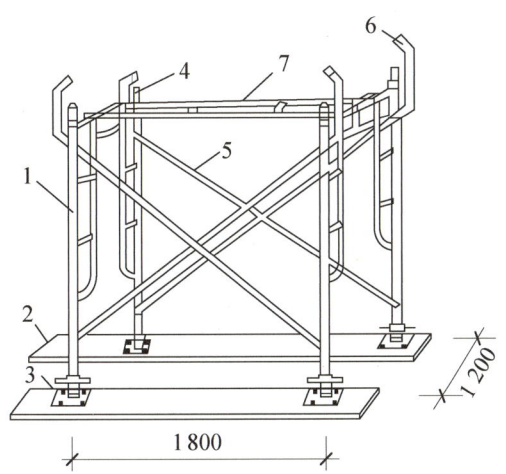

1—门架；2—垫木；3—可调底座；4—连接棒；
5—交叉支撑；6—锁臂；7—水平架。

图8-27　门式钢管脚手架的基本组合单元

（2）底座。底座有 3 种，即简易底座、可调底座和带脚轮底座。

① 简易底座，只起支承作用，无调整高度功能，使用时要求地面平整。

② 可调底座，可调高度为 200~550 mm，用于外脚手架时能适应不平的地面，可用它将各门架顶部调整至同一水平面。可调底座螺杆伸出长度 l 与底座轴心力设计值 N 之间应满足表 8-4 的要求。此外，可调底座的长细比应小于 150，以保证可调底座承受荷载的稳定性。

③ 带脚轮底座，用于操作平台。

表8-4　底座轴心力设计值的限制

l/mm	N/kN
$l \leqslant 200$	< 35
$200 < l \leqslant 250$	< 32
$250 < l \leqslant 300$	< 30
$l > 300$	< 29

（3）其他部件。

① 脚手板。一般是钢脚手板，两端带有挂扣，搁置在门架横梁上并扣紧。脚手板不仅供作业层上人员操作使用，而且是加强门式钢管脚手架水平刚度的主要构架。因此门式钢管脚手架每隔 3~5 层应设置一层脚手板。

当使用荷载（标准值）满足以下要求时可不必验算脚手板；均布荷载 ≤ 3 kPa，跨中集中荷载≤2 kN。按正常使用极限荷载验算时，脚手板挠度应≤10 mm。

② 连墙件。连墙件是确保门式钢管脚手架整体稳定性的拉结件。常用的连墙件是花篮螺栓构造，一端用扣件与门架立杆扣紧，另一端固定在墙内。旋紧花篮螺栓，即可拉紧连墙件。按与墙固定方式，连墙件可分为夹固式连墙件、锚固式连墙件和预埋连墙件 3 种，如图 8－28所示。

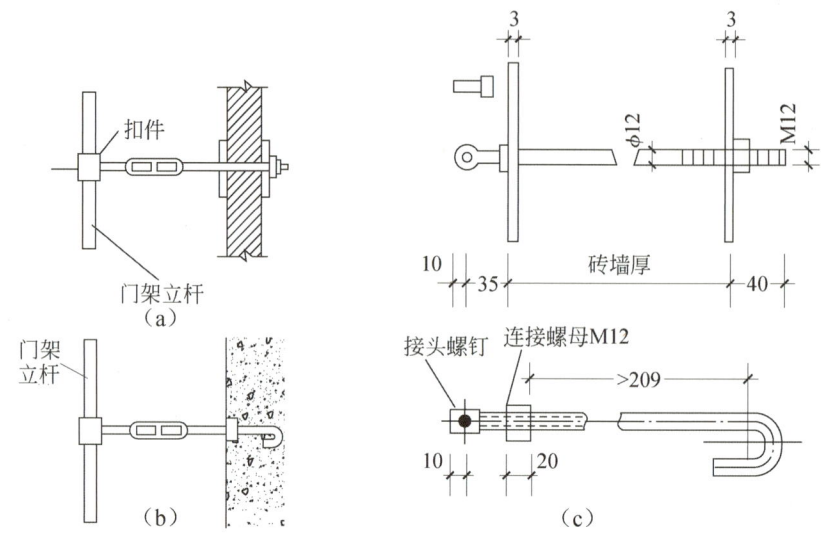

图 8－28　连墙件

（a）夹固式连墙件；（b）锚固式连墙件；（c）预埋连墙件

8.4.2　门式钢管脚手架搭设要求

门架及配件除有特殊要求外，门架的立杆、横杆和水平杆的钢管规格为 $\phi 2 \times 2.5$，其他杆件的钢管规格为 $\phi(22 \sim 26) \times (1.5 \sim 2.6)$。

（1）基底处理。当采用可调底座时，基底处理及加设基板的要求同扣件式钢管脚手架。当采用不可调底座时，基底必须严格夯实抄平。当基底处于较深填土层之上或者架高超过40 m 时，应加设厚度不小于 400 mm 的灰土层或厚度不小于 200 mm 的钢筋混凝土基础梁（沿纵向），在其上再加设垫板（木）。

（2）门式钢管脚手架搭设程序。根据规范《建筑施工门式钢管脚手架安全技术标准》（JGJ/T 128—2019），门式钢管脚手架的搭设程序应符合下列规定：

① 作业脚手架的搭设应与施工进度同步，一次搭设高度不宜超过最上层连墙件两步，且自由高度不应大于 4 m。

② 支撑架应采用逐列、逐排和逐层的方法搭设。

③ 门架的组装应自一端向另一端延伸，应自下而上按步架设，并应逐层改变搭设方向。

④ 每搭设完两步门架后，应校验门架的水平度及立杆的垂直度。

⑤ 安全网、挡脚板和栏杆应随架体的搭设及时安装。

（3）门式钢管脚手架垂直度和水平度的调整。门式钢管脚手架的垂直度及水平度对于确保门式钢管脚手架的承载能力十分重要（尤其对于高层门式钢管脚手架），因此必须满足以下要求。

① 严格控制首层门架的垂直度及水平度，安装后要逐片地仔细调整使每步门架立杆在两个方向的垂直偏差都控制在 2 mm 以内，门架顶部的水平偏差控制在 3 mm 以内，随后在门式钢管脚手架底部架设大横杆（又称水平加固杆，$\phi 48$ 脚手架钢管用异径扣件与门架连接），以及门架内外两侧设扫地杆加以固定，以加强门架的整体性，防止不均匀沉降，如图 8–29 所示。

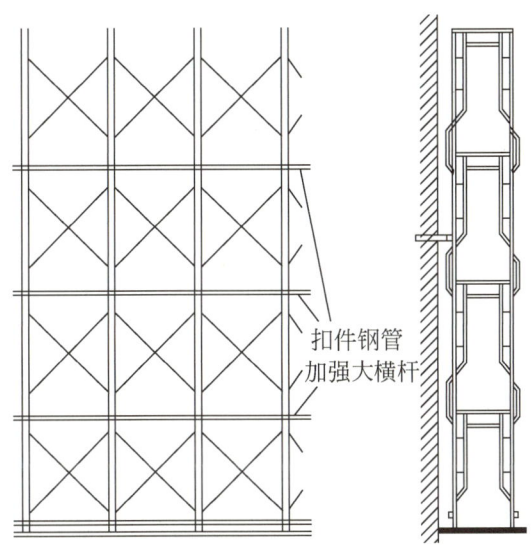

扣件钢管
加强大横杆

图 8–29　用大横杆对门架进行整体加固

② 接门架时，上下门架立杆之间要对齐，对中的偏差不宜大于 3 mm，同时注意调整门架的垂直度和水平度。门式钢管脚手架整体水平允许偏差为 $\pm\dfrac{L}{600}$（L 为脚手架长度）及 ± 50 mm。整体垂直度允许偏差为 $\dfrac{H}{600}$（H 为脚手架高度）及 ± 50 mm。

③ 及时安装连墙件，以避免门式钢管脚手架在横向发生偏斜。

（4）确保门式钢管脚手架的整体刚度。

① 门架之间必须铺设水平架。当门式钢管脚手架高≤45 m 时，可两步设一道水平架；当门式钢管脚手架高＞45 m 时，每步均设水平架。水平架在其设置层面内应连续设置。无论门式钢管脚手架多高，都应在门式钢管脚手架的转角处、端部及间断处的一个跨距范围内每步设置水平架。水平架可用挂扣式脚手板或门架两侧设置的大横杆代替。

② 因施工需要，临时局部拆除门式钢管脚手架内侧十字剪刀撑时，应在拆除十字剪刀撑的门架上方及下方设置水平架。作业完毕后立即将该十字剪刀撑重新装上。

③ 当门式钢管脚手架高度超过 20 m 时，应在门式钢管脚手架外侧每隔 4 步设置一道大横杆，形成水平闭合圈，并宜在有连墙件的水平层设置。

④ 必须采用连墙件与建筑结构可靠连接，连墙件间距如表8－5所示。在门式钢管脚手架的转角处，不闭合（一字形、槽形）脚手架的两端应增设连墙件。其竖向间距不大于4.0 m。门式钢管脚手架外侧因设置防护棚或安全网而承受偏心荷载的部位应增设连墙件，其水平间距不应大于4.0 m。

表8－5　连墙件间距

落地脚手架架设高度/m	基本风压 W_0/kPa	连墙件间距/m	
		竖向	水平向
≤45	≤0.55	≤6.0	≤8.0
	>0.55	≤4.0	≤6.0
>45			

⑤ 做好门式钢管脚手架的转角处理，在建筑物转角处的门式钢管脚手架内外两侧应按步设置钢管水平连接杆，将转角处的两门架连成一体。水平连接杆应采用扣件与门架立杆或大横杆扣紧。

（5）搭设高度超过规定的落地脚手架。落地脚手架搭设高度超过规定（各施工层均布，当施工荷载标准值≤3 kPa时，搭设高度 >45 m，轻荷载时搭设高度 >60 m）时，宜采用从楼板深处悬挑构件的分段搭设或支挑分段卸荷方式，并需在悬挑构件所在层及其上两层加设通长大横杆，如图8－30所示。以上措施需经过严格设计（包括对支承建筑结构验算）后予以实施。对于扣件式钢管脚手架也可采用类似措施来增加脚手架的架设高度。

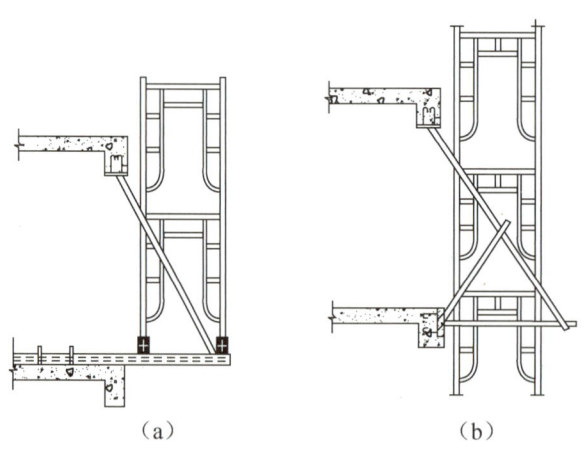

（a）　　　　　　　　（b）

图8－30　搭设高度超过规定时的措施

（a）分段搭设；（b）分段卸荷

（6）其他注意事项。

① 安全围护。为保证作业安全，门式钢管脚手架的外表面应满挂安全网，并与门架立杆及剪刀撑结牢，每5层门架加设一道安全横网。顶层门架之上应设置栏杆。

② 门式钢管脚手架在使用期间应加强检查工作，确保其安全可靠。主体结构施工期间一般应每3 d检查一次，主体结构完工后每7 d也要检查一次。每次检查都应对杆件有无变

形，连接点是否松动，连墙拉结是否可靠，以及地基是否发生沉降等进行全面检查，以确保使用安全。

③ 门式钢管脚手架拆除时，应自上而下进行，部件拆除的顺序与安装顺序相反，不允许将拆除的部件从高空抛下，而应将拆下的部件收集分类后，用垂直吊运机具运至地面，集中堆放保管。

8.4.3　门式钢管脚手架的稳定性及搭设高度计算

1. 门式钢管脚手架稳定性计算

当门式钢管脚手架搭设高度符合规定及构造符合要求时可不进行稳定性计算。稳定性以一榀门架为例，按式（8-2）计算：

$$N \leqslant N^{d} \tag{8-2}$$

式中：N——作用于一榀门架的轴向力设计值，取式（8-4）和式（8-5）计算结果中的较大者；

N^{d}——一榀门架的稳定承载力设计值。

N^{d} 按式（8-3）计算：

$$N^{d} = \varphi A f \tag{8-3}$$

式中：φ——门架立杆稳定系数，按门架立杆长细比 $\lambda = \dfrac{K h_{0}}{i}$ 查 Q235 钢轴心受压稳定系数表，

其中 K 为调整系数（见表 8-6），h_{0} 为门架高度，i 为门架立杆换算截面回转半径；

A——一榀门架立杆的毛截面积，$A = 2 A_{1}$；

f——门架钢材强度设计值，对 Q235 钢采用 205 MPa。

表 8-6　调整系数

脚手架高度/m	≤30	31~45	46~60
K	1.13	1.17	1.22

下面介绍 N 的计算方法。

不组合风荷载时：

$$N = 1.2(N_{Gk1} + N_{Gk2})H + 1.4 \sum N_{Qik} \tag{8-4}$$

式中：N_{Gk1}——每米门式钢管脚手架构配件自重产生的轴向力标准值；

N_{Gk2}——每米门式钢管脚手架附件自重产生的轴向力标准值；

H——门式钢管脚手架高度，m；

1.2，1.4——分别为永久荷载与可变荷载的荷载分项系数；

$\sum N_{Qik}$——各施工层施工荷载作用于一榀门架的轴向力标准值总和。

组合风荷载时：

$$N = 1.2(N_{Gk1} + N_{Gk2})H + 0.85 \times 1.4\left(\sum N_{Qik} + \frac{2 M_{k}}{b} \right) \tag{8-5}$$

$$M_k = \frac{q_k H_1^2}{10} \tag{8-6}$$

式中：M_k——风荷载产生的弯矩标准值；

$\quad\quad q_k$——风线荷载标准值；

$\quad\quad b$——门架宽度；

$\quad\quad H_1$——连墙件竖向间距；

$\quad\quad 0.85$——荷载效应组合系数。

门架立杆换算截面回转半径按式（8-7）计算：

$$i = \sqrt{\frac{I}{A_1}} \tag{8-7}$$

式中：I——门架立杆换算截面惯性矩，$I = I_0 + I_1 \dfrac{h_1}{h_0}$（$I_0$为门架立杆的毛截面惯性矩，$h_1$、$I_1$

$\quad\quad$分别为门架加强杆的高度及毛截面惯性矩）；

$\quad\quad A_1$——门架立杆的毛截面面积。

2. 门式钢管脚手架搭设高度计算

门式钢管脚手架搭设高度按以下两种情况计算，并取其计算结果的较小者。

不考虑风荷载时门式钢管脚手架搭设高度：

$$H^d = \frac{\varphi A f - 1.4 \sum N_{Qik}}{1.2(N_{Gk1} + N_{Gk2})} \tag{8-8}$$

考虑风荷载时门式钢管脚手架搭设高度：

$$H_w^d = \frac{\varphi A f - 0.85 \times 1.4\left(\sum N_{Qik} + \dfrac{2M_k}{b}\right)}{1.2(N_{Gk1} + N_{Gk2})} \tag{8-9}$$

式中符号意义同前所述。

8.5 附着升降式脚手架

沿建筑物外围搭设落地式脚手架耗费大量工料，并且对高层建筑施工工期有一定影响，搭设高度还有一定限制。附着升降式脚手架对高层建筑施工有很好的适应性及经济性，如图 8-31所示。附着升降式脚手架是一种工具式脚手架，多利用穿入结构预留孔洞中的螺栓外挂在墙面或框架上，借助于自身携带的简易起重工具随着建筑结构施工向上逐层提升，以满足建筑结构施工的需要，如图 8-32（a）所示。待建筑结构施工结束，开始进行建筑结构外装饰施工时，附着升降式脚手架仍借助提升工具再逐层下降［见图 8-32（b）］，因此得到广泛应用。但是附着升降式脚手架是具有高安全要求的、用于高空作业的施工设备和专项施工技术，一旦出现坠落等意外事故，往往会造成非常严重的后果，因此必须确保设计可靠和使用安全。

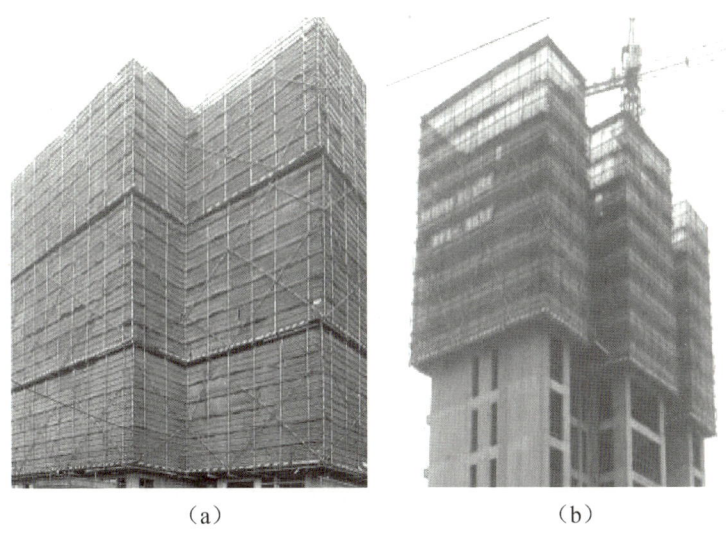

（a）　　　　　　　　　　　　　　　（b）

图 8 - 31　附着升降式脚手架与传统形式脚手架的对比

（a）传统形式脚手架；（b）附着升降式脚手架

（a）　　　　　　　　　　　　　　　（b）

图 8 - 32　附着升降式脚手架现场施工图片

（a）在建筑结构施工阶段；（b）在分片下降操作中

8.5.1　附着升降式脚手架类型

1. 整体提升式脚手架

整体提升式脚手架如图 8 - 33 所示。

（1）构造。整体提升式脚手架架体高度为建筑层的 4 ~ 5 层高度。每层建筑结构构件设预埋铁件以固定斜拉挑梁式吊架（提升机承力架）。电动葫芦的上钩挂于斜拉挑梁端部，下钩钩住脚手架的承力架。开动电动葫芦将脚手架整体提升一层，提升到位后用双斜拉杆将脚手架与建筑结构拉结固定，再用手拉葫芦将挑梁式吊梁及电动葫芦提升一层并斜拉固定。

（2）特点。此种脚手架的主要特点：定型加工的吊架等附件量少，能适应变层高；能

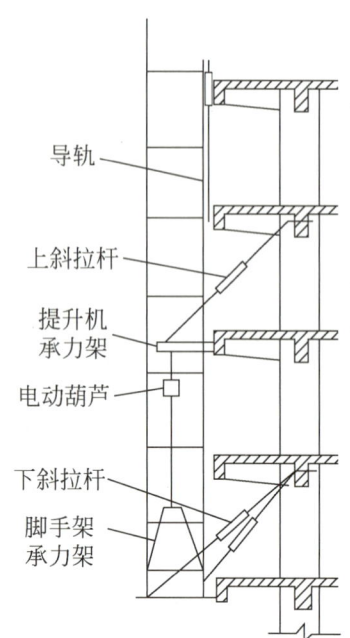

导轨

上斜拉杆

提升机
承力架

电动葫芦

下斜拉杆

脚手架
承力架

图 8 – 33　整体提升式脚手架

整体提升，所以较省时；不仅可应用于剪力墙结构，而且可用于框架结构，完成从建筑结构施工到装修阶段（逐步下滑）的全过程。它适用于平面形状规整、易形成外周闭合圈的建筑物的施工。

（3）应注意问题。

① 提升点间距。提升点间距主要由提升设备的能力决定。考虑到布置间距的不均匀性、施工时堆料超载、提升差异等不利因素，提升点间距宜控制在 9 m 左右。某工程曾发生整体提升式脚手架局部坠落事故，其主要原因是提升点平面布置不合理。在提升设备能力仅 5 t 的条件下，转角处布置的提升点间距较大，又因下降不同步，引起超载而导致坠落。

② 整体刚度。整体提升式脚手架的底部需构成刚度大的桁架，在桁架上形成立柱间距1.5 m、排距 0.8 m 的双排脚手架。为了保证脚手架整体提升时外侧面的纵向稳定性，需设置剪刀撑。

③ 防外倾装置。由于整体提升式脚手架外侧有栏杆及半封闭的安全网等使整个脚手架横向重心离开中点外移约 50 mm，而横向提升点正好位于提升笼的中点，因此整体提升式脚手架有不可避免的外倾趋势，经计算外倾力可达 5 ~ 10 kN，必须设置可靠的防外倾装置。对于能形成封闭周边的外脚手架，外倾力较小，但在脚手架开口处，外倾力较大。防外倾装置可用脚手钢管扣结，但刚度较小，升降过程中钢管弯曲变形较大，因此最好采用刚度较大的工字钢，也可用钢丝绳。

④ 整体提升式脚手架与建筑物拉结固定的安全性。预埋钢件、挑梁、拉杆、悬挂螺栓、吊环、焊缝等部件及部位必须精心设计、制作、安装。某工程整体提升式脚手架坠落事故（死 1 人，重伤 1 人）就是因个别操作人员素质低、责任心差，所有斜拉杆穿墙螺栓内侧均无钢板垫片，个别处甚至缺少斜拉杆而造成的。

⑤ 防坠装置。整体提升式脚手架多无防坠装置，是其重要缺陷，应设置防坠装置。

2. 套架式爬脚手架

套架式爬脚手架原理图如图 8 – 34 所示，其特点及适用范围如下。

（1）套架式爬脚手架可在施工现场自行制作，一次性投资很小，装拆速度快，但焊接量稍大。

（2）爬架片间仅用大横杆连接，在套架式爬脚手架外侧不设剪刀撑，因此整体较柔，虽然在使用状态下（作业层脚手架施工荷载为 1.5 kPa）挠度略大，但在升降状态下，这种具有一定柔性的脚手架即使有 100 mm 的升降差异也不会有过大的超载。

（3）有套架作为防倾导轨，不产生外倾。

（4）可分段升降，提升设备为手动葫芦，费用低。

（5）适用于剪力墙结构体系。由于高层住宅平面凹凸不平，加之有阳台，全现浇剪力墙住宅楼的层数一般在 30 层以下，可优先选用分段提升的套架式爬脚手架，安全有保证，经济性也优于整体提升式脚手架及导轨式附着升降脚手架。

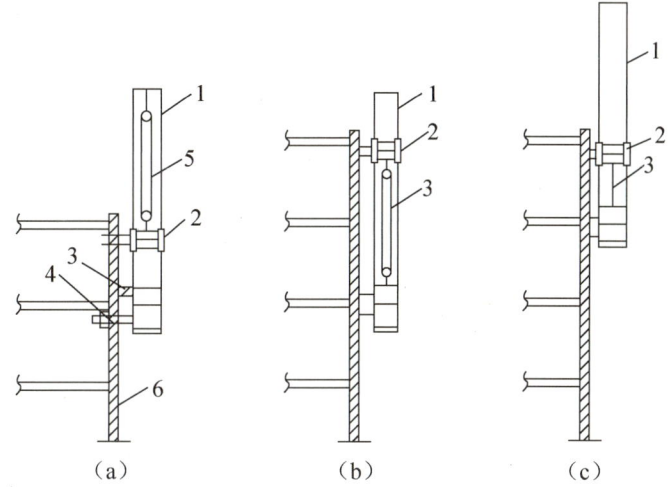

1—内套架；2—外套架；3—套架支座；4—穿墙螺栓；5—滑轮组；6—墙体。

图 8 - 34　套架式爬脚手架原理图
（a）准备提升外套架；（b）外套架提升完毕；（c）内套架提升完毕

（6）提升点间距不宜过大。

（7）不适用于变换楼层高度。

（8）一个楼层分两次或三次爬升，爬升速度略慢。

（9）固定套架时，要使内外套架立管同心，上下垂直。套管支座与墙面接触要平整。若墙面有凹凸，则要铺垫铁垫平支座。若预留孔误差大或墙面不平，则内外套架不同心，提升时由于套架间存在摩擦力，可能使提升力大大增加，套架内力及支座反力也大大增加。

3. 导轨式附着升降脚手架

导轨式附着升降脚手架，即架体沿附着于墙体结构的导轨升降的脚手架。其特点是脚手架的固定、升降、防坠落、防倾覆等均靠导轨实现。首先将脚手架体通过穿墙螺栓固定于建筑结构墙体后，利用滑轮组将导轨提升到上一层；其次将导轨固定在建筑墙体上，并松开固定脚手架体的穿墙螺栓；最后用滑轮组把脚手架体提升到上一层。导轨式附着升降脚手架如图 8 - 35 所示。

导轨式附着升降脚手架的原理与套架式爬脚手架相同，但不采用套架，而采用导轨。利用导轨和架体本身与建筑结构交互固定、相互提升而达到爬升的目的。导轨式附着升降脚手架的提升过程如图 8 - 36 所示。

导轨式附着升降脚手架的优点：由于有导轨，可采用夹轨式的防坠落装置，升降作业时安全性好；适用于楼层高度变化的情况；可分段升降，提升设备以手动葫芦为主，费用低。

导轨式附着升降脚手架的缺点：导轨刚度略差，脚手架顶部向外偏移量略大，如某工程因槽钢导轨弯曲变形大，脚手架上部外倾量最大为 400 mm 左右；提升点在底部内侧，外倾力矩相当大，防倾覆装置必须可靠，架体必须有横向斜撑；脚手架定型加工的附件量较大，特别是导轨用量较大，每个提升点均需 4 根导轨周期使用。

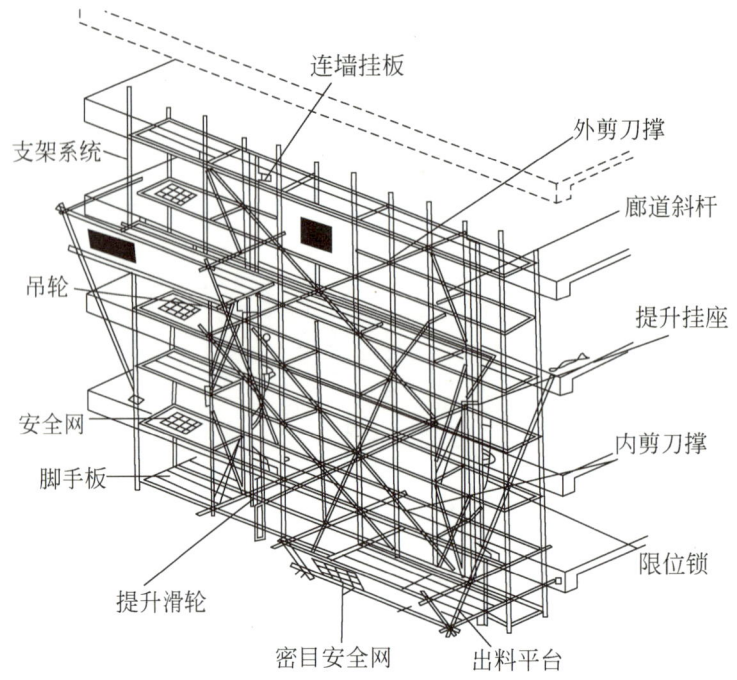

图 8－35　导轨式附着升降脚手架

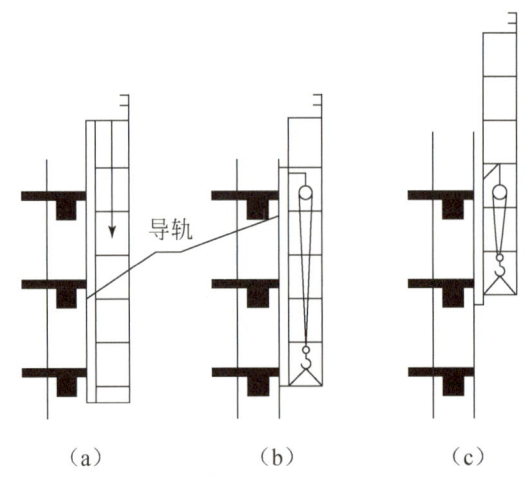

图 8－36　导轨式附着升降脚手架的提升过程

（a）导轨提升前；（b）导轨提升就位；（c）架体提升就位

4. 互爬式附着升降脚手架

互爬式附着升降脚手架有甲、乙两类架体，甲与墙体固定后提升乙，然后乙与墙体固定后再提升甲，即相互提升，如图 8－37 所示；其下降原理相同。互爬式附着升降脚手架的一次升降幅度不受限制。升降时，1 人指挥，2 人拉葫芦，2 人拆、安固定装置，共 5 人操作。相邻脚手架单元在不升降时用脚手板等连接。

互爬式附着升降脚手架的特点：脚手架中所需的定型附件及加工量最小，但搭设单元高度不宜过大，在凹凸转角处及转角等部位难以处理，因此其使用有一定局限性。

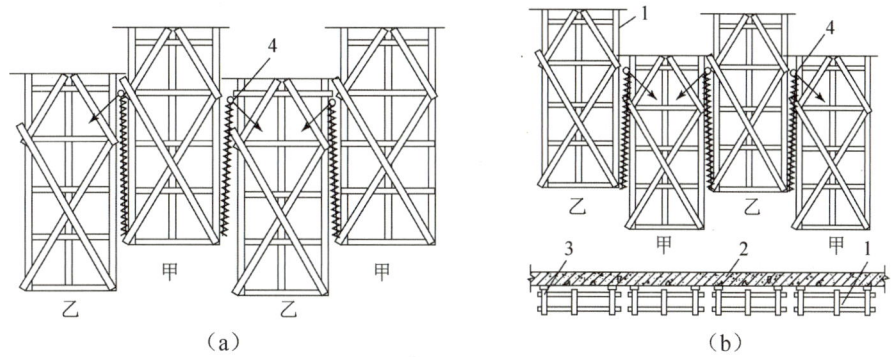

1—提升单元；2—提升横梁；3—连墙支座；4—手动葫芦。

图8-37 互爬式附着升降脚手架

（a）乙与墙体固定后提升甲；（b）甲与墙体固定后提升乙

8.5.2 附着升降式脚手架的装置

附着升降式脚手架由架体结构（见图8-38）、附着支撑（见图8-39）、提升设备（见

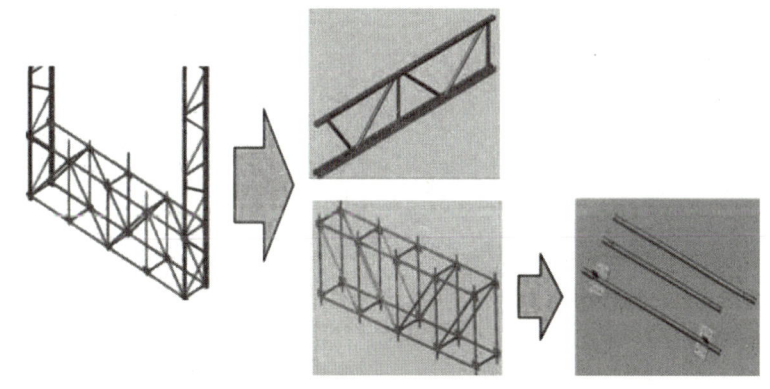

图8-38 架体结构

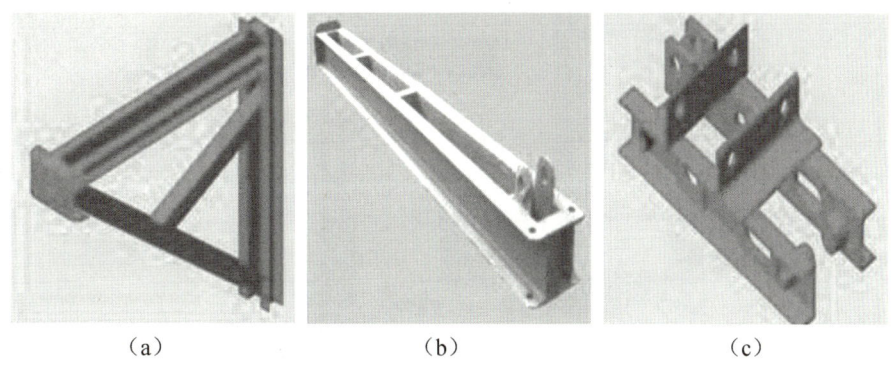

图8-39 附着支撑

（a）剪力墙支座；（b）板式支座；（c）支座导向架

图8-40）、安全装置（见图8-41）和控制系统（见图8-42）构成。其中，架体结构由竖向主框架、水平梁架和架体构架构成；附着支撑是连接架体与建筑物的传力和承力构件；提升设备是为爬架提供升降动力的装置；安全装置和控制系统包括防坠落、防倾覆装置及操作控制系统等。附着升降式脚手架装置如图8-43所示。

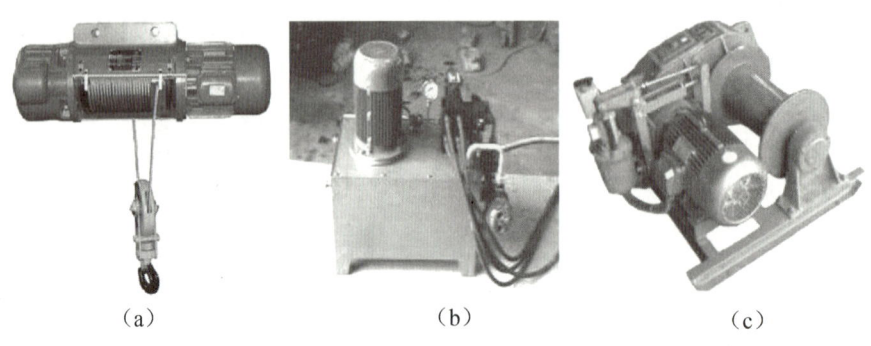

（a） （b） （c）

图8-40 提升设备

（a）电动葫芦；（b）液压设备；（c）小型卷扬机

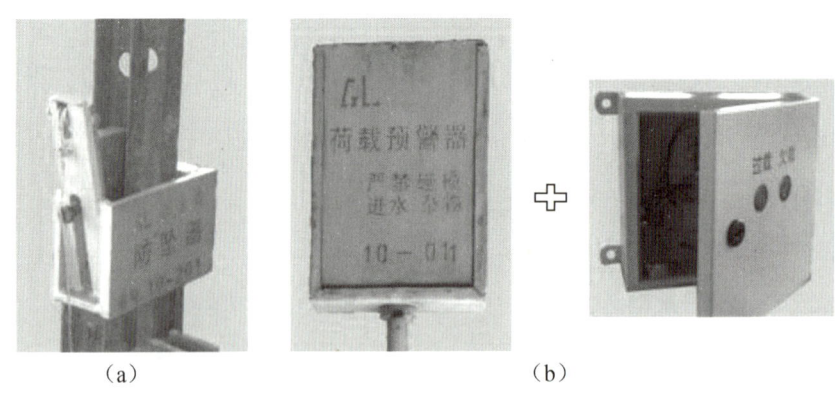

（a） （b）

图8-41 安全装置

（a）防坠落装置；（b）限载预警装置

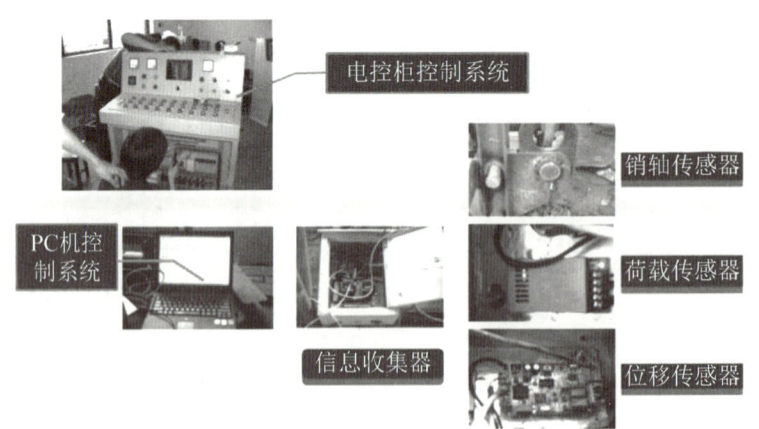

图8-42 控制系统

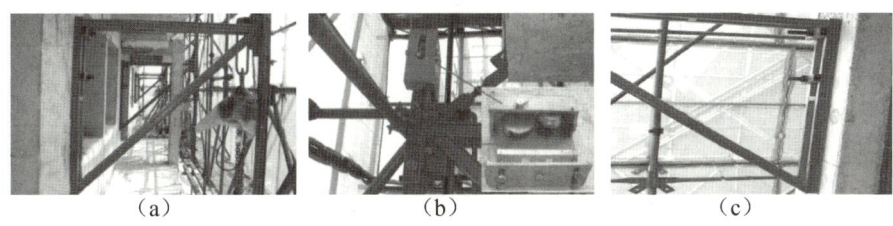

图 8-43 附着升降式脚手架装置

（a）脚手架内景；（b）脚手架防坠落装置；（c）与墙体附着节点

附着升降式脚手架在升降过程中，必须确保升降平稳。当升降吊点超过两点时，不能使用手动葫芦。同步及荷载控制系统应通过控制各提升设备间的升降差和控制各提升设备的荷载来控制各提升设备的同步性，且应具备超载报警停机、欠载报警等功能。

8.5.3 附着升降式脚手架安全问题

附着升降式脚手架虽具有许多优点，但附着升降式脚手架的工程事故也时有发生，主要表现为整体架坠落及物体打击，应充分重视。

1. 整体架坠落原因

（1）装置上的缺陷。装置上的缺陷包括葫芦断链、断轴；附墙螺栓少装或质量不合格；无防倾覆、防坠落装置；架体或附着支撑构造不具有承受坠架冲击荷载作用的足够能力等。

（2）提升机布置方面不合理。由于提升机布点不合理造成下拉杆受力变化较大，增加了固定斜拉杆穿墙螺栓的拉拔力，造成穿墙螺栓弯曲变形滑丝，所以导致斜拉板松动，进一步导致承力架两斜拉杆受力严重不均，致使部件破坏。在提升机布置方面应特别注意两点：一是转角部位提升机的安全储备比中间部位大大降低，因此整体坠落事故多发生在架体的端部或转角处；二是分段式升降架由多段架体组成，由于每段受力点少，升降的防坠落措施更应加强。

（3）现场施工管理不严。

① 质量控制不力。质量控制不力造成事故隐患，如门洞部位穿墙螺栓的预埋塑料管位置偏低，造成预留孔洞下部混凝土受力过大而开裂松动，预埋螺栓连通螺母一起被拉出墙体。

② 材料机具超载。为防止材料机具超载，除进行安全教育外，还应设专人检查。

③ 其他工种的影响。例如，在结构主体施工期间，工人习惯将支撑设置在脚手架体上，这可能改变受力状态，对架体造成危害，应做好工间协调工作。

（4）升降运行存在问题。升降运行的主要问题是升降差，不同提升点的升降高度的差异对于提升系统的安全性有较大影响。特别是在下降时，一旦出现不同步情况，步履慢的架段就会出现承受多架段荷载的极危险受力状态而发生事故，因此这几年占半数以上的爬架事故都发生在下降阶段。同样，在提升时提升机某部位被卡住或电动葫芦出现故障被锁住，也会造成其他提升机承受多架段荷载。当提升差一定时，提升机数量越增加，整体脚手架安全性就越低。此外提升差出现在每边脚手架中心比出现在边跨更危险，因此应尽量避免中间提升机出现提升差。

2. 物体打击事故

采用升降架体作为外脚手架，加大了安全防护的难度，物体打击事故发生频率较高。升降架体与建筑结构间的缝隙是打击物体的主要通路，应采取预防措施。

8.5.4　附着升降式脚手架应用注意事项

1. 设计计算

（1）架体结构和附着支撑结构应按"概率极限状态法"进行设计计算。

（2）升降结构中的升降动力设备的吊具、索具按"容许应力设计法"进行设计计算，执行有关起重吊装的现行规范。

（3）各组成部分应按其结构形式、工作状态和受力情况，分别确定在使用、升降和坠落三种不同状态下的计算简图，并按最不利情况进行计算和验算。必要时应通过整体模型试验验证脚手架架体结构的设计承载能力。

（4）脚手架设计中荷载标准值应分使用、升降及坠落三种状况分别确定。

（5）附着支撑结构的平面布置必须依据安全要求和工程情况设计，避免出现超过其设计承载能力的工作状态。

2. 构造与装置

（1）架体尺寸。架体尺寸应符合以下规定。

① 架体高度不应大于 5 倍的楼层高度。

② 架体宽度不应大于 1.2 m。

③ 直线布置的架体支承跨度不大于 8 m，折线或曲线布置的架体不大于 5.4 m。

④ 架体的悬挑长度，对于整体附着升降式脚手架不大于 $\frac{1}{2}$ 水平支承跨度和 3 m，对于单片式不大于 $\frac{1}{4}$ 水平支承跨度。

⑤ 升降和使用工况下，架体悬臂高度均不应大于 6 m 和 $\frac{2}{5}$ 架体高度。

⑥ 架体全高与支承跨度的乘积不应大于 110 m²。

（2）所需装置。附着升降式脚手架应具有足够强度和适当刚度的架体结构；应具有安全可靠的能适应建筑结构特点的附着支承结构；应具有安全可靠的防倾覆装置、防坠落装置；应具有保证架体同步升降荷载的控制系统；应具有可靠的升降动力设备；应设置有效的防护，以确保操作人员的安全并防止架体上的物料坠落伤人。

（3）架体结构的有关规定。

① 架体必须在附着支撑部位沿全高设置定型加强的竖向主框架。竖向主框架应采用焊接或螺栓连接的片式框架或格构式结构，不得使用扣件式钢管脚手架或碗扣式钢管脚手架等杆件组装，并能与水平梁架和架体构架整体作用。竖向主框架与附着支撑结构之间的导向构造不得采用扣件式钢管脚手架、碗扣式钢管脚手架或其他普通脚手架的连接方式。

② 架体水平梁架应满足承载和与其余架体整体作用的要求，采用焊接或螺栓连接的定型桁架梁式结构；当用定型桁架构件不能连续设置时，局部可采用脚手架杆件进行连接，但其长度不能大于 2 m，且必须采取加强措施。在主框架水平梁架的各节点中，各杆件的轴线应汇交于一点。

③ 架体外主面必须沿全高设置剪刀撑，其跨度不大于 6 m，水平夹角为 45°～60°，并应将竖向主框架、架体水平梁架及构架连成一体。

④ 悬挑端应以竖向主框架为中心成对设置对称斜拉杆，其水平夹角小于 45°。

⑤ 单片式附着升降式脚手架必须采用直线形架体。

（4）架体结构应加强构造的部位。架体结构在以下部位应采取可靠的加强构造措施。

① 与附着支撑结构的连接处。

② 架体的升降机构、防倾覆装置和防坠落装置、吊拉点的设置处。

③ 架体平面转角处。

④ 架体因碰到塔吊、施工电梯、物料平台等设施而需要断开或开洞处。

（5）物料平台所在跨脚手架的要求。物料平台所在跨的附着升降式脚手架应单独升降并采取加强措施。在使用工况下，应有可靠措施保证物料平台荷载不传递给架体。

（6）附着支撑结构的要求。附着支撑结构必须满足附着升降式脚手架在各工况下的支承、防倾覆和防坠落的承载力要求，其设置和构造应符合以下规定。

① 用穿墙螺栓与工程结构连接时，应采用双螺母固定，螺杆露出螺母应不少于 3 扣，垫板尺寸不小于 80 mm×80 mm×8 mm；当附着点采用单根穿墙螺栓锚固时，应具有防扭转装置。

② 附着构造应具有对施工误差的调整能力，以避免出现过大的安装应力和变形。

③ 位于建筑物凸出凹进结构处的附着支撑结构应单独进行设计，确保工程结构和附着支撑结构的安全。

④ 对附着支撑结构与工程结构连接处混凝土强度要求，按计算确定，且不小于 C10。

⑤ 在升降和使用两种工况下，确保每一架体竖向主框架均能单独承受该跨全部设计荷载，且防倾覆作用的附着支撑结构均不得少于两套。

（7）防倾覆装置的要求。防倾覆装置必须与竖向主框架、附着支撑结构或工程结构可靠连接。根据规范《液压升降整体脚手架安全技术标准》（JGJ/T 183—2019），防倾覆装置必须符合以下要求。

① 用螺栓同竖向主框架或附着支撑结构连接，不得采用钢管扣件或碗扣方式。

② 液压升降整体脚手架在升降工况下，竖向主框架位置的最上附着支撑和最下附着支撑之间的最小间距不得小于一个楼层的高度，且不应小于 4.5 m；在使用工况下，竖向主框架位置的最上附着支撑和最下附着支撑之间的最小间距不得小于两个楼层的高度。

③ 导轨应与竖向主框架可靠连接。

④ 防倾覆装置应具有防止竖向主框架倾斜的功能。

⑤ 防倾覆装置与建筑主体结构应采用螺栓连接，且防倾覆装置与导轨之间的间隙不应大于 8 mm。

⑥ 架体垂直度偏差不应大于架体全高的 0.5%，且不应大于 60 mm，防倾覆装置应具有

调节功能，调节架体应满足架体垂直度的要求。

⑦ 防倾覆装置与导轨的摩擦宜采用滚动摩擦。

（8）防坠落装置的要求。根据规范《液压升降整体脚手架安全技术标准》（JGJ/T 183—2019），防坠落装置必须符合以下要求。

① 液压升降整体脚手架的每个机位防坠落装置应安全可靠，在使用和升降工况下应能可靠工作，防坠落装置的制动距离不得大于80 mm。

② 防坠落装置产品型式试验应按规范《液压升降整体脚手架安全技术标准》（JGJ/T 183—2019）附录B进行型检。

③ 防坠落装置使用一个单体工程或停止使用6个月后，应经检验合格后方可再次使用。

④ 防坠落装置受力构件与建筑结构应可靠连接。

（9）荷载控制、同步控制装置的要求。根据规范《液压升降整体脚手架安全技术标准》（JGJ/T 183—2019），荷载控制、同步控制装置必须符合以下要求。

① 液压升降整体脚手架升降时应具有荷载控制和同步控制功能。

② 当某一机位的荷载超过设计值的30%或失载30%时，荷载控制装置应能自动停机并报警。

③ 同步控制装置应具有同步控制功能，应保证在单个行程结束时，所有机位在额定荷载内均应提升同一高度，当相邻机位高差超过30 mm或整体架体最大升降差超过80 mm时，同步控制装置能自动停止液压升降整体脚手架运行，待所有机位提升至同一高度时方可重新进入工作状态。

3. 加工制作

（1）构配件制作应有完整的图纸、工艺文件、产品标准和产品质量规则；制作单位应有完善有效的质量体系。

（2）制作构配件的材料的性质及性能应符合设计要求，并对其进行验证和检查。

（3）加工构配件的工艺装置、设备工具的精度应满足制作精度要求，并定期进行检查。

（4）构配件加工工艺应满足有关标准规定，所用螺栓连接件严禁采用板牙套丝及螺纹锥攻丝。

（5）构配件应按要求检验，关键部件的加工必须进行100%检验，并有可追溯性标识。

4. 安装、使用与拆卸

（1）使用前应编制"专项施工组织设计"，并办理使用手续，备齐相关文件资料，施工人员必须经过专业培训。

（2）组装前要配备合格人员，明确岗位职责。组装后，每次升降及拆卸前，应对施工人员进行安全技术交底。

（3）脚手架所用的材料、工具设备应具有质量合格证及材质单等资料，使用前应对其进行检验。

（4）在首层组装前应设置有防护措施的安装平台，安装平台的水平精度和承载能力应满足架体安装的要求。

（5）附着升降式脚手架的安装应符合以下规定：水平梁架及竖向主框架在两相邻附着

支撑结构处的高差应不大于 20 mm；竖向主框架和防倾覆装置的垂直偏差应不大于 5‰和 60 mm；预留穿墙螺栓孔和预埋件应垂直于结构外表面，其中心误差应小于 15 mm。

（6）附着升降式脚手架组装完毕，必须进行以下检查，合格后方可进行升降操作。

① 混凝土强度应达到附着支撑对其附加荷载的要求。

② 全部附着支撑点的安装应符合设计规定，严禁少装附着固定连接螺栓和使用不合格螺栓。

③ 各项安全保险装置全部检验合格。

④ 电源、电缆及控制柜等设置符合用电安全规定。

⑤ 升降动力设备工作正常。

⑥ 同步控制及荷载控制装置的设置和试运行效果符合设计要求。

⑦ 架体中采用普通脚手架杆件搭设部分的搭设质量达到要求。

⑧ 安全防护设施齐备，各岗位施工人员已落实。

⑨ 施工区域应有防雷措施，设置必要的消防及照明措施。

⑩ 动力设备、控制设备、防坠落装置应有防雨、防砸、防尘措施。

（7）升降操作应遵守以下规定。

① 严格执行升降作业的升降规定和技术要求。

② 确保架体上的荷载符合设计规定。

③ 拆除所有妨碍架体升降的障碍物。

④ 解除所有升降作业的约束。

⑤ 严禁施工人员停留在架体上，特殊情况需上人的，要采取有效安全的防护措施。

⑥ 正在升降的脚手架下方严禁人员进入，并设专人监护。

⑦ 严格按设计规定控制各提升点的同步性，相邻提升点间的高差不大于 30 mm，整体架最大升降差不大于 80 mm。

⑧ 升降过程中统一指挥，规范指令。

⑨ 采用环链葫芦作为升降动力的，应严格监视其运行情况，及时发现并解决可能出现的故障。

⑩ 升降到位后及时按使用状况要求进行附着固定。

（8）升降到位架体固定后，未办理交付使用手续前不得投入使用。交付使用手续办理前必须通过以下检查。

① 附着支撑和架体已按设计要求固定完毕，螺栓连接已拧紧，承力件预紧程度一致。

② 碗扣和扣件接头无松动。

③ 安全防护齐备。

（9）附着升降式脚手架的使用必须遵守设计性能指标，不得扩大适用范围；严禁架体上施工荷载超载；严禁放置影响局部杆件安全的集中荷载。

（10）附着升降式脚手架使用过程中严禁进行下列作业。

① 利用架体吊运物料。

② 在架体上拉结吊索。

③ 在架体上推车。

④ 任意拆除结构件或松动连接件。

⑤ 拆除或移动安全防护设施。

⑥ 起吊物料碰撞或扯动架体。

⑦ 利用架体支顶模板。

⑧ 使用中的物料平台与架体连接在一起。

（11）使用过程中每月进行一次全面检查。螺栓连接件、升降动力设备、防倾覆装置、防坠落装置、电控设备至少每月维修保养一次。

（12）预计停用超过 1 个月时，停用前要采取加固措施。停用超过 1 个月或遇 6 级大风后，复工时必须进行检查。

（13）拆卸工作必须按专项施工组织设计的要求进行，拆卸工作前进行安全技术交底。拆卸时应有可靠的防止人员与物料坠落的措施，严禁抛扔物料。

（14）拆下的材料及设备及时进行全面检修保养，出现以下情况之一者予以报废。

① 焊接件严重变形且无法修复或严重锈蚀。

② 导轨、附着支撑结构件、水平梁架杆部件、竖向主框架等出现严重弯曲。

③ 螺栓连接件变形、磨损、锈蚀严重或螺栓损坏。

④ 弹簧件变形、失效。

⑤ 钢丝绳扭曲、打结、磨损、锈蚀严重达到报废规定。

（15）遇 5 级以上（含 5 级）大风和大雪、浓雾、雷雨等恶劣天气时，禁止进行升降和拆卸作业，并应预先对架体采取加固措施；夜间禁止进行升降作业。

8.6 悬吊式脚手架

8.6.1 悬吊式脚手架的特点及构成

1. 悬吊式脚手架的特点

悬吊式脚手架（也称吊篮）是通过特设的支撑点，利用吊索悬吊吊架或吊篮进行高层或超高层建筑外装修工程操作的一种脚手架。悬吊式脚手架主要包括吊架或吊篮、支撑设施、吊索及升降装置等。其设备简单、操作方便、工效高、经济效益好。因此，其在平时建筑设备的安装、维修保养和外墙的清洁等工作中，也得到了日益广泛的应用。ZLP 系列高处作业吊篮如图 8 - 44 所示。

图 8 - 44 ZLP 系列高处作业吊篮

2. 悬吊式脚手架的构成

悬吊式脚手架主要由悬吊平台、悬吊机构（配重块、后底座、前支架、上立柱、预紧绳、前横梁、中横梁、后横梁等）、提升机（提升机必须设有制动器，制动器必须设有手动释放装置，动作应灵敏可靠）、安全锁、钢丝绳、电气控制系统等构成，分别如图 8 – 45 ~ 图 8 – 50 所示。

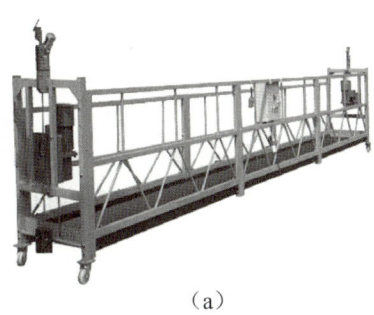 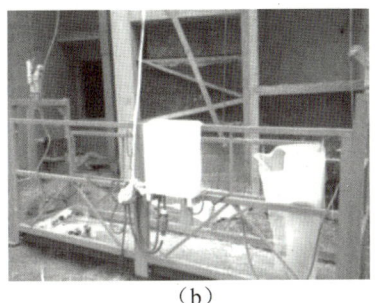

（a） （b）

图 8 – 45 悬吊平台

（a）电动式吊篮；（b）现场照片

 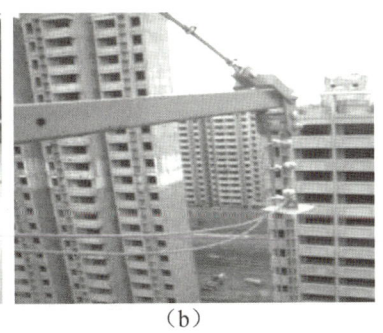

（a） （b）

图 8 – 46 悬吊机构

（a）后底座；（b）前支架

（a） （b）

图 8 – 47 提升机

（a）提升设备；（b）现场照片

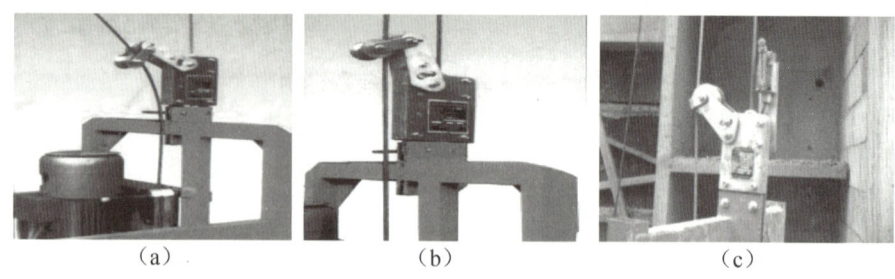

图 8-48　安全锁

（a）锁绳状态；（b）工作状态；（c）上方为行程限位器

图 8-49　钢丝绳

（a）前支架上的钢丝绳；（b）后底座上的钢丝绳

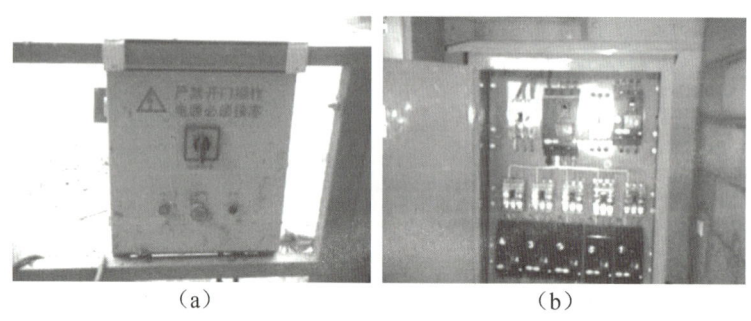

图 8-50　电气控制系统

（a）外部样式；（b）内部构造

8.6.2　悬吊式脚手架的组装工艺

1. 悬吊平台的安装

在地面选择较为平整的场地用底架、高低栏杆分别把基本节组装并初步连接好，在两端装好提升机安装架，调整高低栏杆，使它们保持在一条直线上，再拧紧所有连接螺栓上的螺母，然后在高栏杆一侧的中部横杆的适当位置安装电器控制箱。

2. 提升机的安装

将提升机提起放置在提升机安装架上并将其下段安装孔和安装架支座孔对齐，插入销轴，其上端螺丝孔与提升机安装架的螺丝孔对齐后穿入固定螺丝，并拧紧，再在销轴头部孔内插好锁销，扳平弹簧环。

3. 安全锁和限位开关的安装

将安全锁下部的托座插入提升机安装架上部的两块支板间，用螺栓连接好。限位开关连同专用安装板装在安全锁上。

4. 悬吊机构的安装

将插杆分别放入前后支架内，根据施工需要调节好插杆的高度，随后用螺栓固定，将前横梁分别穿入前插杆，再将中横梁穿入前横梁，或者先将前横梁、中横梁、后横梁穿好，再将前横梁、后横梁穿入后插杆。在前横梁上的钢丝绳悬挂架下方的两根销轴卡套上分别安装好工作钢丝绳和安全钢丝绳，在上方装上加强钢丝绳，用绳夹夹好各条绳的端部，再在安全钢丝绳的适当部位装好限位块。根据施工需要，调整前横梁伸出长度，然后把上支柱套在前伸缩架上，并用螺栓紧固好，调好前后支架间的距离，然后将梁与伸缩架、梁与梁连接好，并调整三梁在一直线上，另外，在三条梁的全长范围内，其水平高度差不得大于 10 cm，且只允许前高后低。把加强钢丝绳经过上支柱与后支架上的开式螺旋扣连接好，用绳夹夹好钢丝绳端部，然后旋转开式螺旋扣收紧加强钢丝绳，在绷紧前横梁消除间隙后，通过旋转相应的扣件，使它有一定的预紧力。把配重块叠放整齐在楼面用钢丝绳锁紧，把后支架与配重固定旋紧，并把工作钢丝绳和安全钢丝绳慢慢放到悬吊平台停放处。

5. 电缆线的连接和电动机转向的调整

（1）电缆线的连接。把电源电缆的插座与电器控制箱的插头分清方向后插接好，然后把电缆线另外一头接到现场所提供的三级电箱漏电开关上。按三相五线制连接电源，确认无误后插电源插头。线色：相线——棕色，零线——蓝色，保护接地线——黑色。

（2）电动机转向的调整。接通 380 V 电源，将万能转换开关的手柄拨向需调整电机一侧，先按启动按钮，再按控制按钮"上"，此时电动机应按顺时针方向旋转，若不对，则可打开电动机接线盒将三根电源线中的任意两根对调接好。把万能转换开关拨向另一侧，以同样方法调整好另一电动机的转向。

6. 悬吊平台与悬吊机构的连接

（1）提升机穿绳。将万能转换开关手柄拨向准备穿绳的提升机一侧，把工作钢丝绳穿过安全锁挡绳架和安装架的进绳口后入提升机进绳口，按住电动控制按钮"上"，工作钢丝绳即能自动进入提升机，若进不去，则可把钢丝绳头转换一个角度穿入，按住"上"按钮，把工作钢丝绳全部穿完。

（2）安全锁穿绳。先将悬吊平台上升到安全锁摇臂不上抬为止，便可把安全钢丝绳穿入安全锁。

（3）在工作钢丝绳和安全钢丝绳下部适当部位挂好重锤。

（4）把安全钢丝绳放下，长度为到达地面后余出 1 m。

悬吊式脚手架的组装如图 8-51 所示。

（a）　　　　　　　　　　　（b）　　　　　　　　　　（c）

图 8 - 51　悬吊式脚手架的组装

（a）悬吊平台的安装；（b）上限位器安装；（c）后支架固定；
（d）吊篮配重固定；（e）工作钢丝绳进提升机、安全钢丝绳进安全锁

8.6.3　悬吊式脚手架的种类

悬吊式脚手架分为手动吊篮和电动吊篮两大类，按其作业面又分为单层式吊篮、双层式吊篮。吊篮由悬挑钢架（挑梁）、吊篮结构（包括操作平台、护身栏和吊环）、吊索、安全装置、电动卷扬机或手动葫芦等组成。吊篮邻墙一侧距墙面 100 ~ 200 mm，相邻吊篮间隙不大于 200 mm。

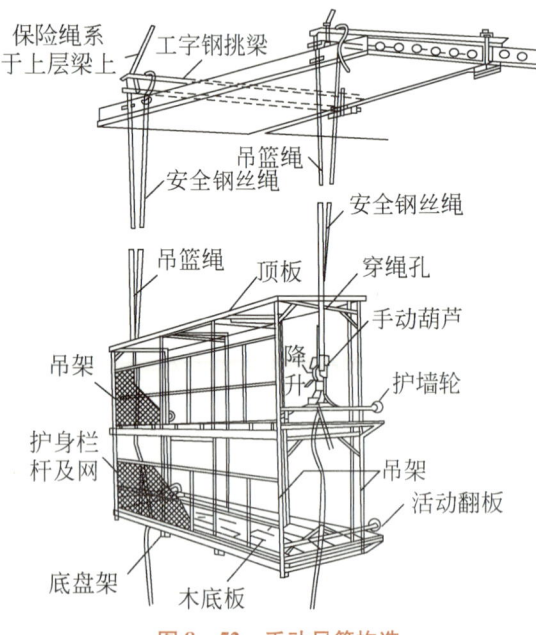

保险绳系于上层梁上　工字钢挑梁
吊篮绳
安全钢丝绳
安全钢丝绳
吊篮绳　顶板　穿绳孔
　　　　　　　手动葫芦
吊架　　降升　护墙轮
护身栏杆及网　　　吊架
　　　　　　　活动翻板
底盘架　木底板

图 8 - 52　手动吊篮构造

1. 手动吊篮

手动吊篮结构采用薄壁型钢或铝合金型材制成，可整体拆卸和快速组拼；采用两台手动提升机进行升降；设有安全锁和独立的安全钢丝绳，当吊篮发生意外超速下降时，安全锁便会自动地将吊篮锁定在安全钢丝绳上，因而才能确保施工人员的安全；吊篮的屋面机构为移动式悬挂臂架或女儿墙夹紧悬吊机构，移动方便，架设迅速，适应性强。手动吊篮构造如图 8 - 52 所示。

安全钢丝绳（保险绳）与吊篮的连接方式有两种：用安全钢丝绳兜住吊篮底部，安

全钢丝绳与安全锁连接，如图8－53所示。

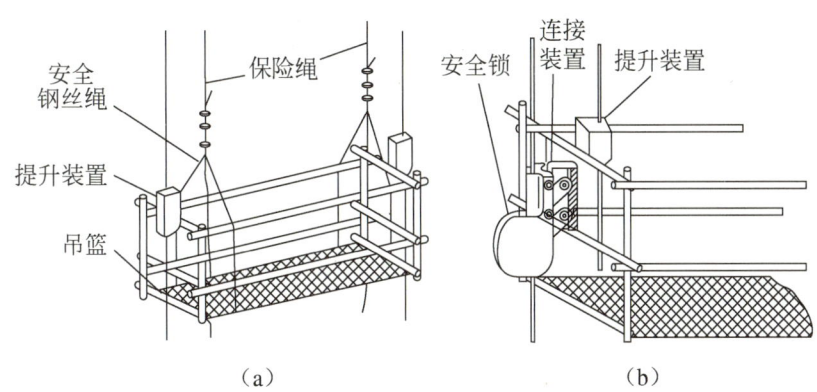

图8－53　安全钢丝绳（保险绳）与吊篮的连接方式

（a）用安全钢丝绳兜住吊篮底部；（b）安全钢丝绳与安全锁连接

挑梁构造如图8－54所示。

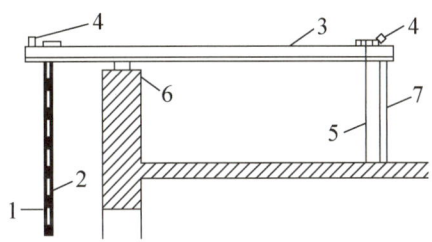

1—钢丝绳；2—安全钢丝绳；3—挑梁；4—连接挑梁的水平杆；5—拉杆；6—垫木；7—支柱。

图8－54　挑梁构造

2. 电动吊篮

电动吊篮的提升机构由电动机、制动器、减速器、压绳和绕绳机构组成。电动吊篮装有可靠的安全装置，通常称为安全锁或限速器。当吊篮下降速度超过1.6~2.5倍的额定提升速度时，该安全装置便会自动地刹住吊篮，不使吊篮继续下降，从而保证施工人员的安全。

电动吊篮的屋面挑梁系统可分为简单固定式挑梁系统、移动式挑梁系统和装配式桁架台车挑梁系统三类。在构造上，各种屋面挑梁系统基本上由挑梁、支柱、配重架、配重块、加强臂附加支杆及脚轮或行走台车组成。屋面挑梁系统采用型钢焊接结构，其悬挑长度、前后支腿距离、挑梁支柱高度均是可调的，因而能灵活地适应不同屋顶结构及不同立面造型的需要。

使用吊篮时要严格遵守操作规程，严禁超载运行；风速超过5级时，不得登吊篮操作；不准在吊篮内进行焊接作业；吊篮停于某处施工时，必须锁紧安全锁，当要继续升降至某施工点时，再打开安全锁；安全锁必须按规定日期进行检查和试验。

无论使用手动吊篮还是电动吊篮都必须严格遵循以下几点。

（1）每天作业前，须先使吊篮上升、下降数次，经确认无故障后，才能投入作业。

（2）安全锁只允许在所规定的安全限期内使用。每天工作开始前，应用手向上抽动安全锁绳数次，当确认其灵敏有效后，才可使用吊篮。

（3）安全钢丝绳下端应用坠绳器坠紧，使其绷直，否则容易使安全锁连续锁绳。一旦锁绳，可将吊篮提升，使安全锁自动开锁，切不可硬性敲击。

（4）钢丝绳上不得有油、冰、霜。当发现有断丝、松股或扭伤必须换新时，应选用规格符合要求的钢丝绳。

（5）在吊篮操作平台上必须存放手提电动工具或建筑材料时，应注意保持吊篮平稳无倾斜。如果在吊篮升降过程中发现有倾斜现象，就必须立即停机，调整到水平位置，再继续升降。

8.7　承插型盘扣式钢管脚手架

8.7.1　承插型盘扣式脚手架的特点及构成

1. 承插型盘扣式脚手架的特点

（1）技术先进。

承插型盘扣式脚手架圆盘式的连接方式是国际主流的脚手架连接方式，合理的节点设计能达到各杆件传力均通过节点中心，是脚手架的升级换代产品，技术成熟，连接牢固、结构稳定、安全可靠。

（2）原材料升级。

承插型盘扣式脚手架的主要材料采用低合金结构钢（国标 Q345B），强度是传统脚手架的普碳钢管（国标 Q235）的 1.5~2 倍。

（3）热镀锌工艺。

承插型盘扣式脚手架的主要部件均采用内、外热镀锌防腐工艺，既提高了产品的使用寿命，又为安全提供了进一步的保证，同时又做到美观、漂亮。

（4）可靠的品质。

承插型盘扣式脚手架从下料开始，整个产品加工要经过 20 道工序，每道工序均采用专机进行，减少人为因素的干预，特别是横杆、立杆的制作，采用自主开发的全自动焊接专机，做到了产品精度高、互换性强、质量稳定可靠。

（5）承载力大。

以 60 系列重型支撑架为例，高度为 5 m 的单支立杆的允许承载力为 10.3 t（安全系数为 2）；破坏载荷达到 22 t，是传统产品的 2~3 倍。

（6）用量少、重量轻。

一般情况下，立杆的间距为 1.5 m、1.8 m，横杆的步距为 1.5 m。所以相同支撑体积下的用量会比传统产品减少 $\frac{1}{2}$，重量会减少 $\frac{1}{3}$~$\frac{1}{2}$。

（7）组装快捷、使用方便、节省费用。

由于用量少、重量轻，施工人员可以更加方便地进行组装。搭拆费、运输费、租赁费、维护费都会相应地节省，一般情况下可以节省30%。

2. 承插型盘扣式脚手架的构成

承插型盘扣式脚手架（见图8-55）是一种新型脚手架，是继碗扣式钢管脚手架之后的升级换代产品，又称菊花盘式脚手架、插盘式脚手架、轮盘式脚手架、扣盘式脚手架。

插座为直径133 mm、厚10 mm的圆盘，圆盘上开设8个孔，采用$\phi 48 \times 3.5$、Q345B钢管做主构件，立杆是在一定长度的钢管上每隔0.5 m焊接上一个圆盘，立杆底部带连接套管。横杆是在钢管两端焊接上带插销的插头。

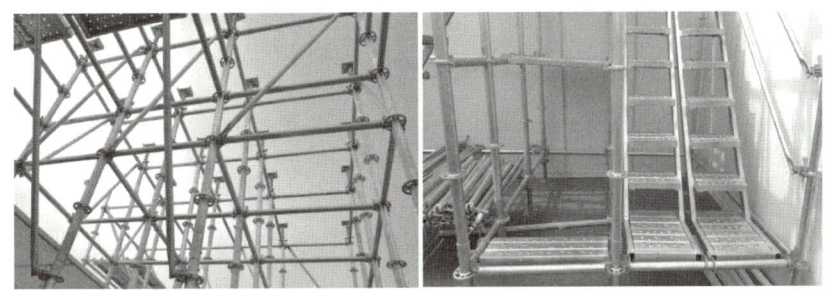

图8-55　承插型盘扣式脚手架

（1）节点。

承插型盘扣式脚手架的节点组件包括圆盘、横杆、立杆、插销，如图8-56所示。

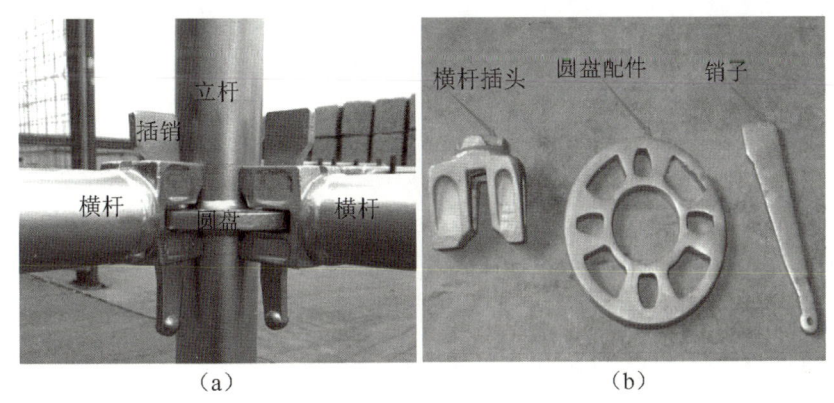

（a）　　　　　　　　　　　　　（b）

图8-56　承插型盘扣式脚手架节点

（a）节点详图；（b）节点组件

（2）基本组件。

承插型盘扣式脚手架基本组件包括立杆、横杆、斜杆、定位杆、底座、顶托，如图8-57所示。

立杆用于与标准基座相连接，是主要的承力构件，每隔500 mm焊接一组圆盘；横杆两端焊有横杆铸头，并配置销板，用于与立杆圆盘相扣接，使得架体得以向外延伸；斜杆根据水平杆长度与步距来划分，用于在竖向固定立杆，防止变形，形成三角形稳定结构，从而增加架体整体刚度；底座用于调节架体底部高度；顶托可调节架体顶部高度，上部放置铝合金梁或工字钢梁。

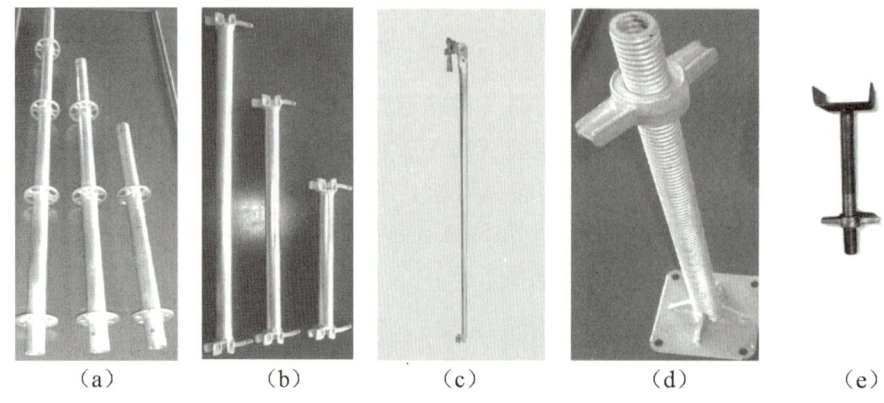

（a）　　　　　（b）　　　　　（c）　　　　　（d）　　　　　（e）

图 8 – 57　承插型盘扣式脚手架基本组件

（a）立杆；（b）横杆；（c）斜杆；（d）底座；（e）顶托

（3）配套组件。

配套组件包含挂扣式钢脚手板和挂扣式钢梯，如图 8 – 58 所示。

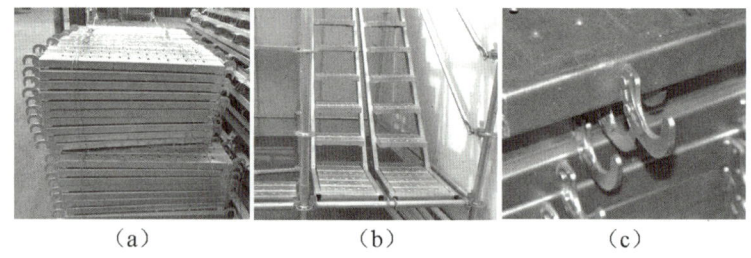

（a）　　　　　　　　（b）　　　　　　　　（c）

图 8 – 58　配套组件

（a）挂扣式钢脚手板；（b）挂扣式钢梯；（c）挂扣式钢梯与挂扣式钢脚手板自锁装置

8.7.2　承插型盘扣式脚手架的组装工艺

（1）测量放线。确定底座安放位置，如图 8 – 59（a）所示。

（2）按放线位置准确放置底座，如图 8 – 59（b）所示。

（3）调整底座的调节螺母，使调节螺母在同一水平面上。模板支架底座调节丝杆外露长度不应大于 300 mm。

（4）安装起步杆。将起步杆套筒部分朝上套入底座上面，起步杆下缘需完全置入调节螺母受力平面的凹槽，如图 8 – 59（c）所示。

（5）安装扫地杆。将横杆头套入圆盘小孔位置使横杆头前端抵住主架圆管，再以斜楔贯穿圆盘小孔敲紧固定，如图 8 – 59（d）所示。插销连接应保证锤击自锁后不拔脱，抗拔力不得小于 3 kN。作为扫地杆的最底层水平杆离地高度不应大于 550 mm。

（6）将立杆长端插入起步杆的套管，并查看立杆是否插至套筒底部，如图 8 – 59（e）所示。

（7）安装第二层横杆，如图 8 – 59（f）所示。

（8）安装第一层斜杆。将斜杆全部依顺时针或全部依逆时针方向组搭，如图 8 – 59（g）。将斜杆套入圆盘大孔位置，使斜杆头前端抵住主架圆管，再以斜楔贯穿圆盘大孔敲紧固定。斜杆具有方向性，方向相反即无法搭接。

（9）安装第三层横杆，如图 8 – 59（h）所示。

（10）安装第二层斜杆。如图 8 – 59（i）所示，依步骤（6）组搭方式，和第一层斜杆相同方向搭接第二层斜杆。若第一层斜杆为逆时针方向组装，则第二层以上的斜杆同样需以逆时针方向组装。

（11）安装 U 型顶托。将 U 型顶托牙管插入主架管，调整螺母至所需高度，如图 8 – 59（j）所示。

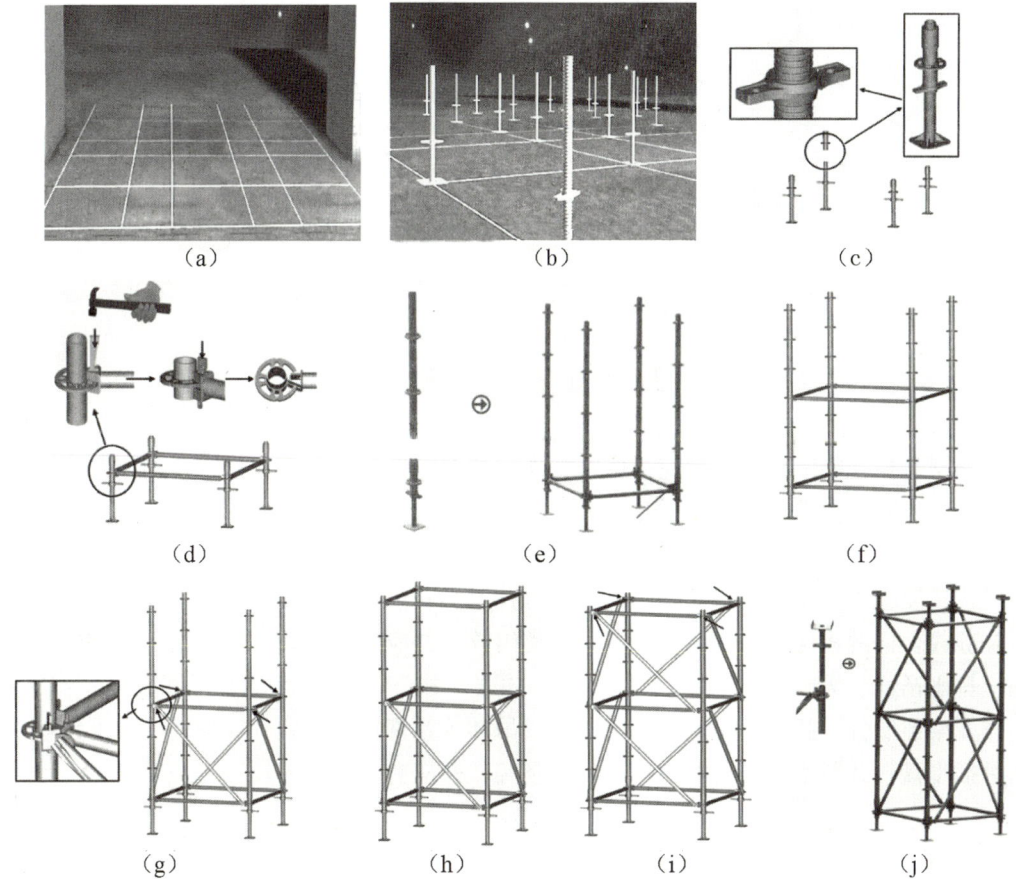

图 8 – 59　承插型盘扣式脚手架的组装

（a）测量放线；（b）放置底座；（c）安装起步杆；（d）安装扫地杆；（e）插入立杆；
（f）安装第二层横杆；（g）安装第一层斜杆；（h）安装第三层横杆；（i）安装第二层斜杆；（j）安装 U 型托顶

8.7.3　承插型盘扣式脚手架的分类

承插型盘扣式脚手架的型号，根据《建筑施工承插型盘扣式钢管支架安全技术规程》（JGJ 231—2010），主要分为 A 型和 B 型两类。A 型立杆直径是 60 mm，主要用于重型支撑，如桥梁工程中。B 型立杆直径 48 mm，主要用于房屋建设与装饰装修，如舞台灯光架等领域。

根据立杆连接方式，承插型盘扣式脚手架又分为外套筒连接（见图 8-60）与内连接棒连接（见图 8-61）两种形式。

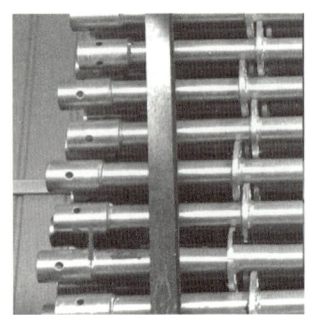 

图 8-60　外套筒连接　　　　　　图 8-61　内连接棒连接

8.7.4　承插型盘扣式脚手架的施工准备

承插型盘扣式脚手架施工前应根据施工现场情况、地基承载力、搭设高度编制专项施工方案，并应经审核批准后实施。

施工人员应经过专业技术培训和专业考试合格后，持证上岗。承插型盘扣式脚手架搭设前，应按专项施工方案的要求对施工人员进行技术和安全作业交底。

经验收合格的构配件应按品种、规格分类码放，并应标挂数量、规格铭牌。构配件堆放场地应排水畅通、无积水。

作业架连墙件、托架、悬挑梁固定螺栓或吊环等预埋件的设置，应按设计要求预埋。

承插型盘扣式脚手架搭设场地应平整、坚实，并应有排水措施。

8.7.5　承插型盘扣式脚手架的施工方案

专项施工方案应包括下列内容：

（1）编制依据。编制依据包括相关法律、法规、规范性文件、标准及施工图设计文件、施工组织设计等。

（2）工程概况。工程概况包括危险性较大的分部分项工程概况和特点、施工平面布置、施工要求和技术保证条件。

（3）施工计划。施工计划包括施工进度计划、材料与设备计划。

（4）施工工艺技术。施工工艺技术包括技术参数、工艺流程、施工方法、操作要求、检查要求等。

（5）施工安全质量保证措施。施工安全质量保证措施包括组织保障措施、技术措施、监测监控措施。

（6）施工管理及作业人员配备和分工。施工管理及作业人员包括施工管理人员、专职安全生产管理人员、特种作业人员、其他作业人员等。

（7）验收要求。验收要求包括验收标准、验收程序、验收内容、验收人员等。

（8）应急处置措施。

（9）计算书及相关施工图纸。

第 9 章　CHAPTER 9

高层建筑现浇混凝土结构施工

与一般多层混凝土结构建筑施工一样，高层建筑现浇混凝土结构施工也包括钢筋、模板和混凝土三部分内容。本章首先介绍高层建筑施工中的粗钢筋连接技术，其次介绍组合模板、大模板、滑升模板和爬升模板等模板施工工艺，最后介绍高层建筑现浇混凝土结构施工应重点处理的几个问题。

9.1　粗钢筋连接技术

在高层建筑现浇钢筋混凝土工程中，大直径钢筋竖向连接的工作量较大，常用的钢筋连接技术主要有电渣压力焊接、气压焊接和机械连接等。

9.1.1　钢筋焊接

1. 电渣压力焊接

电渣压力焊接是将两钢筋安放成竖向对接的形式，利用焊接电流通过两钢筋端面的间隙，在焊剂层下形成电弧过程和电渣过程，产生电弧热和电阻热，熔化钢筋，加压完成的一种压焊方法，如图 9-1 所示。电渣压力焊接适用于现浇钢筋混凝土结构中竖向或斜向（倾斜度不大于 10°）钢筋的连接，主要用于柱、墙等现浇混凝土结构中竖向受力钢筋的连接。但不得在竖向焊接后横置于梁、板等构件中作为水平钢筋使用。

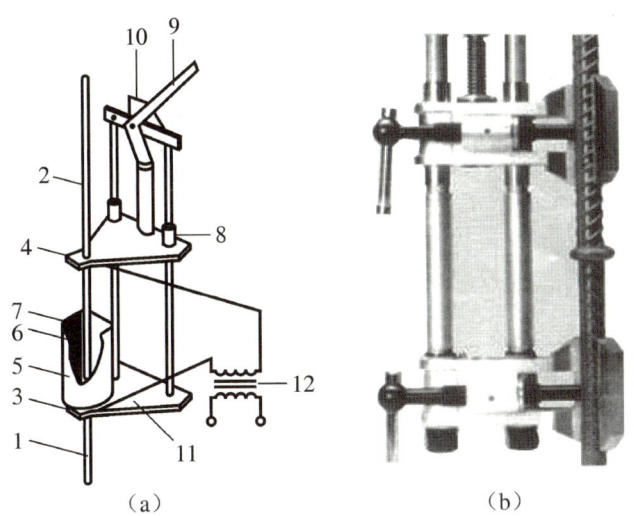

1~2—钢筋；3—固定电极；4—滑动电极；5—焊剂盒；6—电剂；

7—焊剂；8—滑动架；9—操纵杆；10—标尺；11—固定架；12—变压器。

图9-1 竖向钢筋电渣压力焊接原理示意图及实物图

（a）竖向钢筋电渣压力焊接原理示意图；（b）竖向钢筋电渣压力焊接实物图

电渣压力焊接开始时，首先在上下两钢筋端面之间引燃电弧，使电弧周围焊剂熔化形成空穴，随后在一定的焊接电压的情况下，进行电弧过程的延时，利用电弧热量，一方面使电弧周围的焊剂不断熔化，以使渣池形成必要的深度；另一方面使钢筋端面逐渐烧平，为获得优良接头创造条件。其次，将上钢筋端部潜入渣池中，电弧熄灭，进行电渣过程的延时，利用熔融焊剂的电阻热能使钢筋全断面熔化并形成有利于保证焊接质量的断面形状。最后，在断电的同时，迅速进行挤压，排除全部熔渣和熔化金属，形成焊接接头，如图9-2所示。$\phi 28$ 钢筋电渣压力焊接工艺过程如图9-3所示。

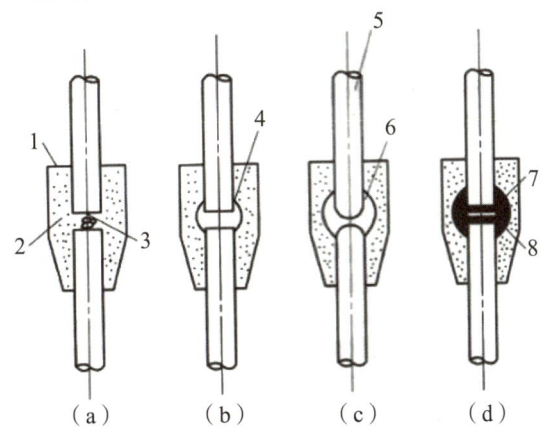

1—漏斗；2—焊剂；3—铁丝圈；4—焊剂熔化；5—上钢筋潜入渣池；6—渣池；7—渣壳；8—被挤出的熔化金属。

图9-2 电渣压力焊接工艺过程

（a）引弧电弧过程；（b）电弧过程；（c）电渣过程；（d）挤压过程

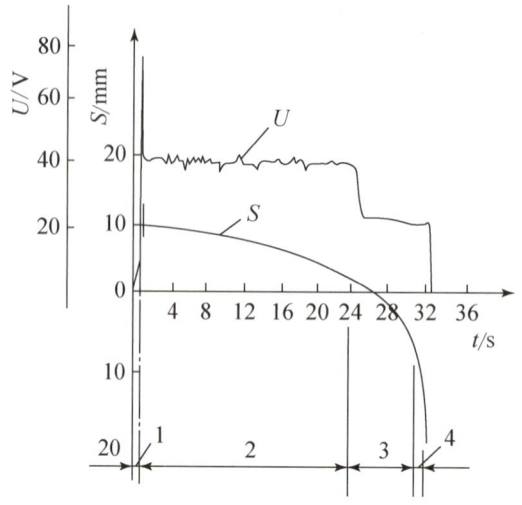

U—焊接电压；S—上钢筋位移；t—焊接时间；

1—引弧过程；2—电弧过程；3—电渣过程；4—挤压过程。

图 9 – 3 φ28 钢筋电渣压力焊接工艺过程

钢筋电渣压力焊接主要经过引弧过程、电弧过程、电渣过程和挤压过程 4 个过程，其中引弧过程、挤压过程很短，对焊件加热有重要影响的是电弧过程和电渣过程，故应根据不同直径的钢筋，选择好焊接电流和焊接时间。采用 HJ431 焊剂时，宜符合表 9 – 1 的规定。采用专用焊剂或自动电渣压力焊机时，应根据焊剂或焊机使用说明书中的推荐数据，并通过试验确定。

表 9 – 1 电渣压力焊接参数

钢筋直径/mm	焊接电流/A	焊接电压/V		焊接通电时间/s	
		电弧过程 $U_{2,1}$	电渣过程 $U_{2,2}$	电弧过程 t_1	电渣过程 t_2
12	280～320			12	2
14	300～350			13	4
16	300～350			15	5
18	300～350			16	6
20	350～400	35～45	18～22	18	7
22	350～400			20	8
25	350～400			22	9
28	400～450			25	10
32	450～500			30	11

不同直径的钢筋采用电渣压力焊接时，应按较小直径钢筋选择焊接参数，焊接通电时间可延长。

钢筋电渣压力焊接的施焊有如下要点。

① 用夹具夹紧钢筋。一般是夹下钢筋，然后将上钢筋扶直夹牢，使上下钢筋同心。如果是螺纹钢筋，那么最好使钢筋两棱对齐，轴线偏差不得大于 2 mm。

② 安放铁丝圈。在两根钢筋接头处，安放高 10 mm 左右的铁丝圈，作为引弧材料。

③ 装填焊剂。将已烘烤合格的焊剂装满焊剂盒。填装前，应用缠绕的石棉绳塞封焊剂盒的下口，以防焊剂泄漏。

④ 施焊。应按照可靠的引弧过程，充分的电弧过程，短、稳的电渣过程和适当的挤压过程进行，即借助铁丝圈引弧，使电弧顺利引燃，形成电弧过程；随着电弧的稳定燃烧，电弧周围的焊剂逐渐熔化，上部钢筋加速熔化，并使其端部逐渐潜入渣池；此时电弧熄灭，转入电渣过程；由于高温渣池具有一定的导电性，所以可产生大量的电阻热能，使钢筋端部继续熔化。当钢筋熔化到一定程度，在切断电源的同时，迅速顶压钢筋，并持续一定时间，使钢筋接头稳固接合。

在钢筋电渣压力焊接过程中，若发现裂纹、未熔合、烧伤等缺陷，则可参照表 9 - 2 查找原因，采取相应措施，及时消除缺陷。

表 9 - 2　焊接缺陷与防治措施

焊接缺陷	防治措施
裂纹	① 钢筋顶压时，扶直钢筋不准晃动 ② 顶压操纵杆 20 s 不准松手 ③ 接头冷却 2 ~ 3 min 不准撞击
轴线偏移	① 矫正直钢筋端部 ② 正确安装夹具和钢筋 ③ 避免过大的顶压力 ④ 及时修理或更换夹具
弯折	① 矫正直钢筋端部 ② 注意安装和扶正待焊钢筋 ③ 避免焊后过快卸夹具 ④ 修理或更换夹具
咬边	① 减小焊接电流 ② 缩短焊接时间 ③ 注意上钳口的起点和止点，确保上钢筋顶压到位
未焊合	① 增大焊接电流 ② 避免焊接时间过短 ③ 检修夹具，确保上钢筋下送自如
焊包不均	① 钢筋端面力求平整 ② 装填焊剂尽量均匀 ③ 延长焊接时间，适当增加熔化量

续表

焊接缺陷	防治措施
气孔	① 按规定要求烘焙焊剂 ② 清除钢筋焊接部位的铁锈 ③ 确保接缝在焊剂中埋入合适深度
烧伤	① 钢筋导电部位除净铁锈 ② 尽量夹紧钢筋
焊包下淌	① 彻底封堵焊剂筒的漏孔 ② 避免焊后过快回收焊剂

2. 气压焊接

采用氧乙炔焰或氧液化石油气火焰（或其他火焰）对两钢筋对接处加热，使其达到热塑性状态（固态）或熔化状态（熔态）后，同时对钢筋施加 30～40 MPa 的轴向压力，使钢筋顶焊接在一起。加热达到固态的，称钢筋固态气压焊接；加热达到熔态的，称钢筋熔态气压焊接。

气压焊接有敞开式气压焊接和闭式气压焊接两种。前者是将两根钢筋端面稍加离开，加热到熔化温度，加压完成的一种焊接方法，属熔化压力焊接；后者是将两根钢筋端面紧密闭合，加热到 1 200 ℃～1 250 ℃，加热完成的一种方法，属固态压力焊接。目前常用的方法为闭式气压焊接，其机理是氧乙炔焰的内焰部分发生氧化反应：$C_2H_2 + O_2 \rightarrow 2CO + H_2 + 热$，在产生高温的同时，还生成还原性气体 CO 和 H_2。这种高温还原气体始终包围和保护着被焊钢筋的接合面，防止接合面因空气中的氧气侵入而氧化。钢筋在高温下发生塑性流变后相互紧密接触，促使端面金属晶体相互扩散渗透，再结晶、再排列，形成牢固的对焊接头。

气压焊接不仅适用于竖向钢筋的连接，也适用于各方向布置的钢筋连接。适用范围为热轧Ⅰ级、Ⅱ级钢筋，其直径为 14～40 mm。当不同直径钢筋焊接时，两钢筋直径差不得大于 7 mm。另外，热轧Ⅲ级钢筋中的 20MnSiV、20MnTi 亦可适用，但不包括含碳量、含硅量较高的 25MnSi。

气压焊接设备主要包括氧气和乙炔供气装置、加热器、加压器及钢筋卡具等，如图 9－4 所示。辅助设备有用于切割钢筋的砂轮锯、磨平钢筋端头的角向磨光机等。

乙炔与氧气混合燃烧而产生的火焰叫作氧乙炔焰。按氧气与乙炔的不同比值，可将氧乙炔焰分为中性焰、碳化焰（又称还原焰）和氧化焰三种。

① 中性焰。当 $V(O_2)/V(C_2H_2)$ 为 1～1.2 时，得到的火焰为中性焰。燃烧后的气体中既无过剩氧气，也无过剩乙炔。中性焰由焰芯、内焰和外焰三部分组成，焰芯温度 1 200 ℃ 以内；内焰主要由 CO 和 H_2 组成，温度为 3 100 ℃～3 200 ℃，利用 CO 和 H_2 的还原性对钢筋进行气体保护；外焰由未燃烧的 CO 和 H_2 与空气中的 O_2 化合燃烧，生成 CO_2 和 H_2O，外焰具有氧化性，温度为 1 200 ℃～2 500 ℃。

② 碳化焰。当 $V(O_2)/V(C_2H_2)$ 为 0.85～0.95 时，得到的火焰为碳化焰。焰芯由 O_2 和 C_2H_2 组成。内焰由 CO、H_2 和碳素微粒组成。外焰由水蒸气、CO_2、O_2、N_2 和碳素微粒组成。

碳化焰温度为 $2\,700\,℃ \sim 3\,000\,℃$，由于火焰中有过剩的 C_2H_2，它可分解为 C 和 H_2，焊接低碳钢时，易使焊缝含碳量增加，使钢筋强度提高，塑性降低。

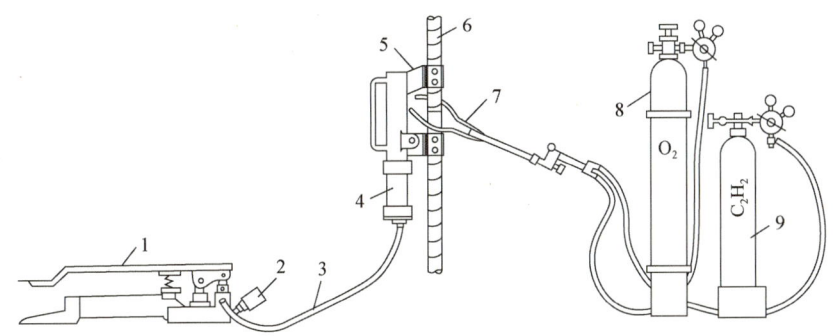

1—脚踏滚压泵；2—压力表；3—液压胶管；4—油缸；5—钢筋卡具；

6—被焊接钢筋；7—多火口烤枪；8—氧气瓶；9—乙炔瓶。

图 9 - 4　气压焊接设备工作示意图

③ 氧化焰。当 $V(O_2)/V(C_2H_2)$ 为 $1.3 \sim 1.7$ 时，得到的火焰为氧化焰，温度为 $3\,100\,℃ \sim 3\,300\,℃$。由于火焰中有游离 O_2，整个火焰具有氧化性，所以，氧化焰绝对不能作为气压焊接火焰。

气压焊接的工艺要点及施焊要点如下所述。

（1）工艺要点。

① 钢筋端面应切平，切割时要考虑钢筋接头的压缩量，一般为 $(0.6 \sim 1.0)d$（d 为钢筋直径）。端面应与钢筋的轴线相垂直，端面周边毛刺应去掉。钢筋端部若有弯折或扭曲则应矫正或切除。切割钢筋应用砂轮锯，不能用切断机。

② 清除压接面上的锈、油污、水泥等附着物，并打磨见新面，使其露出金属光泽，不得有氧化现象。压接端头清除的长度一般为 $50 \sim 100\ \text{mm}$。

③ 钢筋的压接接头应布置在数根钢筋的直线区段内，不得在弯曲段内布置接头。当有多根钢筋压接时，接头位置应按现行《混凝土结构工程施工质量验收规范》（GB 50204—2015）的规定错开。

④ 两钢筋安装于夹具上，应夹紧，并加压顶紧。两钢筋轴线要对正，并对钢筋轴向施加 $5 \sim 10\ \text{MPa}$ 初压力，钢筋之间的缝隙不得大于 3 mm。气压焊接压接面要求如图 9 - 5 所示。

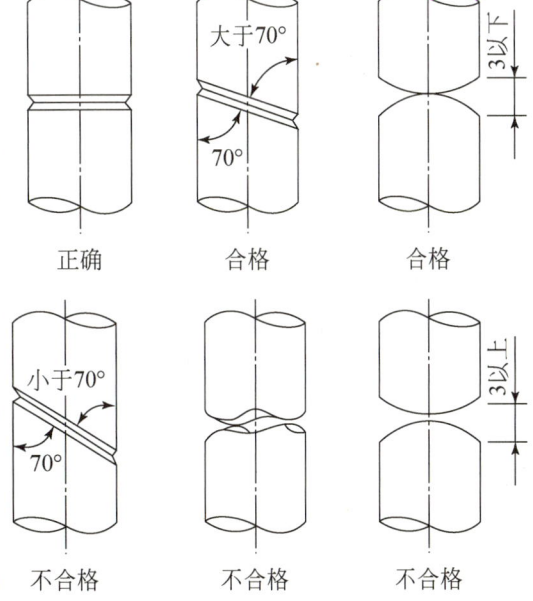

图 9 - 5　气压焊接压接面要求

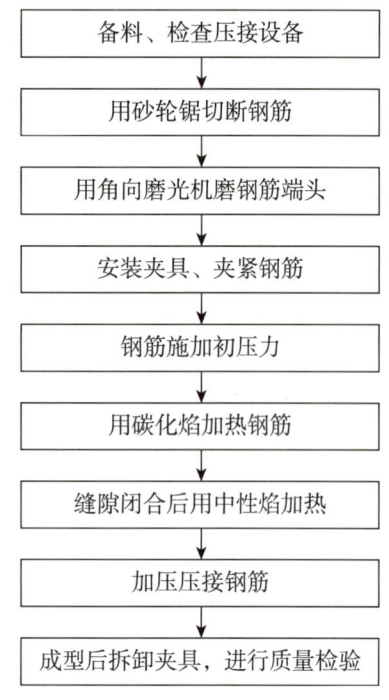

图 9 – 6 气压焊接工艺流程

备料、检查压接设备
↓
用砂轮锯切断钢筋
↓
用角向磨光机磨钢筋端头
↓
安装夹具、夹紧钢筋
↓
钢筋施加初压力
↓
用碳化焰加热钢筋
↓
缝隙闭合后用中性焰加热
↓
加压压接钢筋
↓
成型后拆卸夹具，进行质量检验

（2）施焊要点。

气压焊接工艺流程如图 9 – 6 所示。

① 气压焊接的开始阶段宜采用碳化焰，对准两钢筋接缝处集中加热，并使其淡白色羽状内焰包住缝隙或伸入缝隙，且始终不离开接缝，以防止压焊面产生氧化。待接缝处钢筋呈红黄色，压力表读数大幅度下降时，随即对钢筋施加顶锻压力（初期压力），直到焊口缝隙完全闭合。需要注意的是，碳化焰的内焰应呈淡白色，若呈黄色则说明乙炔过多，则必须适当减少乙炔含量。不得使用碳化焰外焰加热，严禁用氧气过剩的氧化焰加热。

初期加压时机要适宜，宁早勿晚，升降要平稳。

② 在确认两钢筋的缝隙完全黏合后，应改用中性焰，在压接面中心 1 ~ 2 倍钢筋直径的长度范围内，均匀摆动往返加热。摆幅由小到大，摆速逐渐加大，使它达到合适的压接温度（1 150 ℃ ~ 1 300 ℃）。

③ 当钢筋表面变成炽白色，氧化物变成芝麻大小的灰白色球状物，继而聚集成泡沫状并开始随加热器的摆动方向移动时，可边加热、边加压，先慢后快，达到 30 ~ 40 MPa，使接缝处隆起的直径为 1.4 ~ 1.6 倍的母材直径、变形长度为母材直径 1.2 ~ 1.5 倍的鼓包，压接步骤如图 9 – 7 所示。

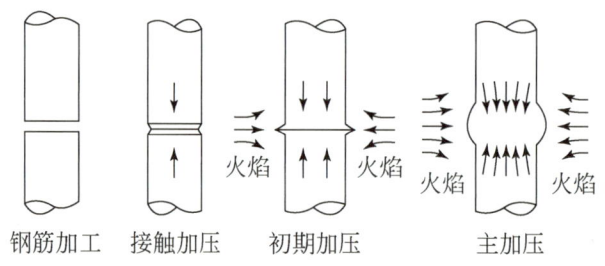

钢筋加工　　接触加压　　初期加压　　主加压

图 9 – 7 压接步骤

操作时，要掌握好变换火焰的时机，尽快由碳化焰调整为所需的中性焰；还要掌握好火焰功率。火焰功率主要取决于氧—乙炔流量，过大容易引起过烧现象，偏小会延长压接时间，还易造成接合面出现"夹生"现象。各种不同直径的钢筋所采用的火焰功率的大小，主要靠经验确定。

在合理选用火焰的基础上，气压焊接时间可参考表 9 – 3。

表 9 – 3 气压焊接时间

钢筋直径/mm	加热器火口数	配用焊把	加热时间/min
16 ~ 22	6 ~ 8	H01 – 20	1 ~ 1.5
25	8 ~ 10	H01 – 20	1.5 ~ 2

续表

钢筋直径/mm	加热器火口数	配用焊把	加热时间/min
28	8～10	H01－20	2～2.5
32	8～12	H01－20	2.5～3
40	12～14	YQH－40	3～4
50	16～18	YQH－40	4.5～7

注：火口前端距钢筋表面 2.5～3 cm。

④ 压接后，当钢筋火红消失，即温度为 600 ℃～650 ℃时，才能解除压接器上的卡具。过早取下容易产生弯曲变形。

⑤ 在加热过程中，若火焰突然中断发生在钢筋接缝已完全闭合以后，则可继续加热、加压，直至完成全部压接过程；若火焰突然中断发生在钢筋接缝完全闭合以前，则应切掉接头部分，重新压接。

（3）注意事项。

① 每个氧气瓶、乙炔瓶的减压器，只允许装一把多火口火钳。

② 当风速超过 3 级（5.4 m/s）时，必须采取有效的挡风措施，才能施焊。

③ 雨、雪天气不宜进行施焊作业。当必须施焊时，应采取有效的遮蔽措施。压接后的接头不得马上接触雨、雪。

④ 在低温条件下施工时，对各种设备应采取适当的保温、防冻措施。当环境温度为 -20 ℃～-15 ℃时，施焊应对钢筋接头采取预热、保温和缓冷措施。环境温度低于 -20 ℃时，不得施工。

气压焊接在焊接过程中，若发现过烧、裂缝、偏心等缺陷，则可参照表 9-4 进行纠正。

表 9-4　气压焊接缺陷、产生原因及消除措施

焊接缺陷	产生原因	消除措施
轴线偏移（偏心）	① 焊接夹具变形，两夹头不同心或夹具刚度不够 ② 两钢筋安装不正 ③ 钢筋接合端面倾斜 ④ 钢筋未夹紧就进行焊接	① 检查夹具，及时修理或更换 ② 重新安装夹紧 ③ 切平钢筋端面 ④ 夹紧钢筋再焊
弯折	① 焊接夹具变形，两夹头不同心 ② 焊接夹具拆卸过早	① 检查夹具，及时修理或更换 ② 熄火后半分钟再拆夹具
镦粗直径不够	① 焊接夹具有效行程不够 ② 顶压油缸有效行程不够 ③ 加热温度不够 ④ 压力不够	① 检查夹具和顶压油缸，及时更换不合格配件 ② 采用适宜的加热温度及压力
镦粗长度不够	① 加热幅度不够宽 ② 顶压力过大、过急	① 增大加热幅度 ② 加压时应平稳

续表

焊接缺陷	产生原因	消除措施
压焊面偏移	① 焊缝两侧加热温度不均 ① 焊缝两侧加热长度不等	① 同径钢筋焊接时，两侧加热温度和加热长度基本一致 ② 异径钢筋焊接时，对较大直径钢筋加热时间稍长
钢筋表面严重烧伤	① 火焰功率过大 ② 加热时间过长 ③ 加热器摆动不匀	调整加热火焰，正确掌握操作方法
未焊合	① 加热温度不够或热量分布不均 ② 顶压力过小 ③ 接合断面不洁 ④ 端面氧化 ⑤ 中途灭火或火焰不当	合理选择焊接参数，正确掌握操作方法

3. 钢筋焊接接头质量检验与验收

《钢筋焊接及验收规程》（JGJ 18—2012）对钢筋焊接接头质量检验与验收做了一般规定，主要包括以下内容。

（1）钢筋焊接接头或焊接制品（焊接骨架、焊接网）应按检验批进行质量检验与验收。检验批的划分应符合《钢筋焊接及验收规程》（JGJ 18—2012）的有关规定。质量检验与验收应包括外观质量检查和力学性能检验。

（2）焊接接头外观检查时，首先应由焊工对所焊接头或制品进行自检；其次由施工单位专业质量检查员检验；最后由监理（建设）单位进行验收记录。

（3）施工单位专业质量检查员应检查焊接材料产品合格证和焊接工艺试验时的接头力学性能试验报告。

（4）钢筋焊接接头力学性能检验时，应在接头外观检查合格后随机抽取试件进行试验。试验方法应按现行行业标准《钢筋焊接接头试验方法标准》（JGJ/T 27—2014）有关规定执行。试验报告应包括下列内容：工程名称、取样部位；批号、批量；钢筋生产厂家和钢筋批号，钢筋牌号、规格；焊接方法；焊工姓名及考试合格证编号；施工单位；力学性能试验结果。

（5）电渣压力焊接接头和气压焊接接头拉伸试验结果评定如下。

若符合下列条件之一，则评定为合格。

① 3个试件均断于钢筋母材，呈延性断裂，其抗拉强度大于或等于钢筋母材抗拉强度标准值。

② 2个试件断于钢筋母材，呈延性断裂，其抗拉强度大于或等于钢筋母材抗拉强度标准值；另一试件断于焊缝，呈脆性断裂，其抗拉强度大于或等于钢筋母材抗拉强度标准值的1.0倍。

若符合下列条件之一，评定为复验。

①2 个试件断于钢筋母材，呈延性断裂，其抗拉强度大于或等于钢筋母材抗拉强度标准值；另一试件断于焊缝或热影响区，呈脆性断裂，其抗拉强度小于钢筋母材抗拉强度标准值的 1.0 倍。

②1 个试件断于钢筋母材，呈延性断裂，其抗拉强度大于或等于钢筋母材抗拉强度标准值；另 2 个试件断于焊缝或热影响区，呈脆性断裂。

③3 个试件全部断于焊缝，呈脆性断裂，其抗拉强度均大于或等于钢筋母材抗拉强度标准值的 1.0 倍。

复验时，应再切取 6 个试件进行试验。复验结果，若有 4 个或 4 个以上试件断于钢筋母材，呈延性断裂，其抗拉强度大于或等于钢筋母材抗拉强度标准值，另 2 个或 2 个以下试件断于焊缝，呈脆性断裂，其抗拉强度大于或等于钢筋母材抗拉强度标准值的 1.0 倍，则应评定该检验批接头拉伸试验复验合格。

（6）钢筋焊接接头或焊接制品质量验收时，应在施工单位自行质量评定合格的基础上，由监理（建设）单位对检验批有关资料进行检查，组织项目专业质量检查员等进行验收，对焊接接头和焊接制品合格与否做出结论。

（7）电渣压力焊接接头的质量检验，应分批进行外观检查和力学性能检验，并应符合下列规定。

① 在现浇钢筋混凝土结构中，应以 300 个同牌号钢筋接头作为一批。

② 在房屋结构中，应在不超过二楼层中 300 个同牌号钢筋接头作为一批；当不足 300 个接头时，仍应作为一批。

③ 每批随机切取 3 个接头试件做拉伸试验。

（8）电渣压力焊接接头的质量外观检查结果应符合下列要求。

① 四周焊包凸出钢筋表面的高度，当钢筋直径为 25 mm 及以下时，不得小于 4 mm；当钢筋直径为 28 mm 及以上时，不得小于 6 mm。

② 钢筋与电极接触处，应无烧伤缺陷。

③ 接头处的弯折角度不得大于 3°。

④ 接头处的轴线偏移不得大于钢筋直径的 10%，且不得大于 2 mm。

（9）气压焊接接头的质量检验，应分批进行外观检查和力学性能检验，并应按下列规定作为一个检验批。

① 在现浇钢筋混凝土结构中，应以 300 个同牌号钢筋接头作为一批。

② 在房屋结构中，应在不超过二楼层中 300 个同牌号钢筋接头作为一批；当不足 300 个接头时，仍应作为一批。

③ 在柱、墙的竖向钢筋连接中，应从每批接头中随机切取 3 个接头做拉伸试验；在梁、板的水平钢筋连接中，应另切取 3 个接头做弯曲试验。

（10）固态或熔态气压焊接接头外观检查结果，应符合下列要求。

① 接头处的轴线偏移 e 不得大于钢筋直径的 $\frac{3}{20}$，且不得大于 4 mm，如图 9 - 8（a）所示；当不同直径钢筋焊接时，应按较小钢筋直径计算；当大于上述规定值，但在钢筋直径的

$\frac{3}{10}$ 以下时，可加热矫正；当大于 $\frac{3}{10}$ 时，应切除重焊。

② 接头处表面不得有肉眼可见的裂纹。

③ 接头处的弯折角度不得大于 3°；当大于规定值时，应重新加热矫正。

④ 固态气压焊接接头镦粗直径 d_c 不得小于钢筋直径的 1.4 倍，熔态气压焊接接头镦粗直径 d_c 不得小于钢筋直径的 1.2 倍，如图 9 – 8（b）所示；当小于上述规定值时，应重新加热镦粗。

⑤ 镦粗长度 L_c 不得小于钢筋直径的 1.0 倍，且凸起部分平缓圆滑，如图 9 – 8（c）所示；当小于上述规定值时，应重新加热镦粗。

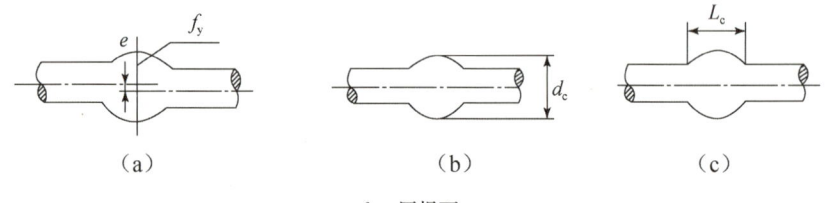

f_y—压焊面。

图 9 – 8　钢筋气压焊接外观质量图解

（a）轴线偏移 e；（b）镦粗直径 d_c；（c）镦粗长度 L_c

9.1.2　钢筋机械连接

1. 钢筋套筒挤压连接

（1）概述。

钢筋套筒挤压连接，属于钢筋机械连接工艺，俗称冷接头，即用钢筋套筒将两根待连接的变形钢筋套在一起，采用挤压机将钢筋套筒挤压变形，使它紧密地咬住变形钢筋，以此实现两根钢筋的连接。钢筋的轴向力，主要通过变形的钢筋套筒与变形钢筋的紧固力传递。

钢筋套筒挤压连接属于非冶金连接，故具有以下优点。

① 节省电能（约为电弧焊所用电能的 $\frac{1}{20}$），现场施工可不使用明火，可在易燃、易爆、高空等环境中施工。

② 节省钢材（比绑扎连接节省钢材 $\frac{1}{4}$ ~ $\frac{1}{2}$），并不受钢筋焊接性能的制约，适合于任何直径的变形钢筋（包括可焊性不好的钢筋）的连接。

③ 由于不存在因焊接工艺或材料因素可能产生的脆性接头，接头质量易于控制，便于检查。

④ 不受季节气候变化的影响，可以常年施工。

⑤ 施工简便，一般可提高工效 3 倍，操作人员只需进行一般培训。

目前，我国已经开发的钢筋套筒挤压连接主要有两种，即钢筋套筒径向挤压连接和钢筋套筒轴向挤压连接。

《钢筋机械连接技术规程》（JGJ 107—2016）规定：接头应根据极限抗拉强度、残余变形、最大力下总伸长率以及高应力和大变形条件下反复拉压性能，分为Ⅰ级、Ⅱ级、Ⅲ级三个性能等级。

Ⅰ级接头：连接件极限抗拉强度大于或等于被连接钢筋抗拉强度标准值的 1.1 倍，残余变形小并具有高延性及反复拉压性能。

Ⅱ级接头：连接件极限抗拉强度不小于被连接钢筋极限抗拉强度标准值，残余变形较小并具有高延性及反复拉压性能。

Ⅲ级接头：连接件极限抗拉强度不小于被连接钢筋屈服强度标准值的 1.25 倍，残余变形较小并具有一定的延性及反复拉压性能。

钢筋机械连接接头的型式较多，受力性能也有差异，根据接头的受力性能将其分级，有利于按结构的重要性、接头在结构中所处位置、接头面积百分比等不同的应用场合合理选用接头类型。

（2）钢筋套筒径向挤压连接。

这种工艺是采用挤压机将钢筋套筒挤压变形，使之紧密地咬住变形钢筋的横肋，实现两根钢筋的连接，如图 9 - 9 所示。它适用于任何直径变形钢筋的连接，包括同径钢筋和异径（当钢筋套筒两端直径和壁厚相同时，被连接钢筋的直径相差不应大于 5 mm）钢筋。这种工艺适用于混凝土结构钢筋直径为 16 ~ 40 mm 的Ⅱ级、Ⅲ级带肋钢筋的径向挤压连接。

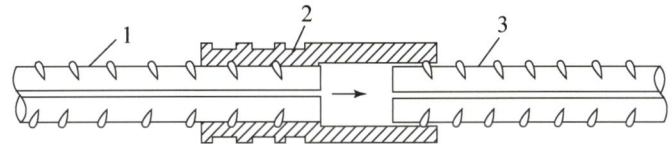

1—已挤压的钢筋；2—钢筋套筒；3—未挤压的钢筋。

图 9 - 9　钢筋套筒径向挤压连接

钢筋套筒径向挤压连接工艺要点如下。

① 将钢筋插入钢筋套筒，使钢筋套筒端面与钢筋伸入位置标记线对齐，如图 9 - 10 所示。

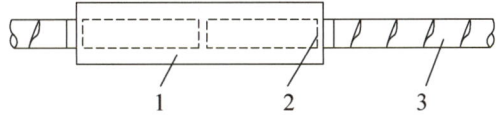

1—钢筋套筒；2—标记线；3—钢筋。

图 9 - 10　将钢筋伸入钢筋套筒位置标记线

为了减少高空作业的难度，加快施工速度，可以先在地面预先压接半个钢筋接头，然后集中吊运至设计位置，完成另半个钢筋接头，如图 9 - 11 所示。

② 按钢筋套筒压痕位置标记，对正压模位置，并使压模运动方向与钢筋两纵肋所在的平面相垂直，即保证最大压接面能在钢筋的横肋上。

压痕一般由各生产厂家根据各自设备、压模刃口的尺寸和形状，通过在其所售钢筋套筒上喷上挤压道数标志或在出厂技术文件中确定。凡属压痕道数只在出厂技术文件中确定的，应在施工现场按出厂技术文件涂刷压痕标记，压痕宽度为 12 mm（允许偏差 ±1 mm），压痕间距4 mm（允许偏差±1.5 mm），如图9-12所示。

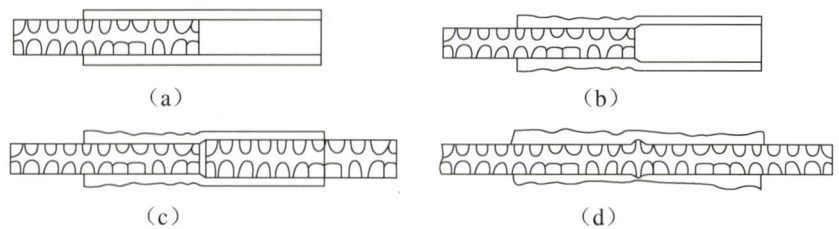

图 9 – 11　预制半个钢筋接头工艺示意图

（a）把已下好料的钢筋插入钢筋套管；（b）放在挤压机内，压接已插钢筋的半边；

（c）把已预压半边的钢筋插到待接钢筋；（d）压接另一半钢筋套筒

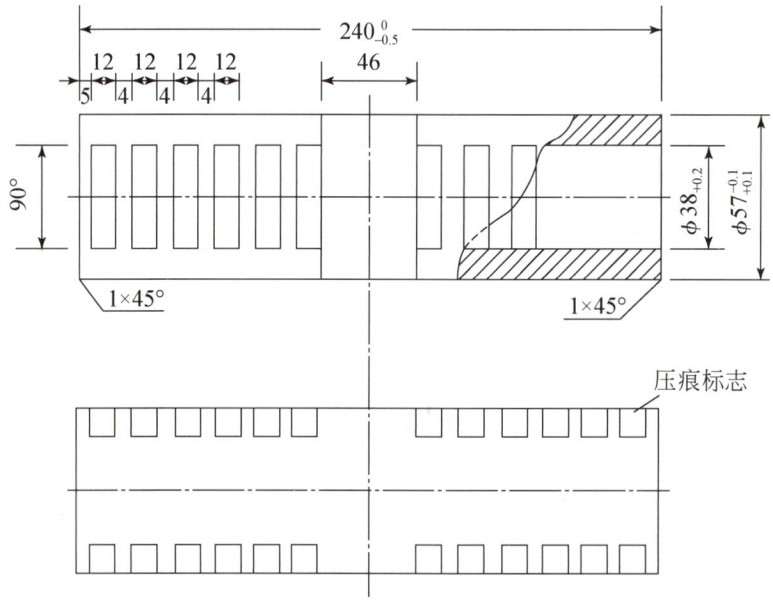

图 9 – 12　钢筋套筒（G32）的尺寸及压痕位置标记

③ 正确掌握钢筋套筒径向挤压连接的参数，包括压接力、压接道数、压痕深度等。从内逐步向外压接，这样可以节省钢筋套筒材料约10%。压接力大小以钢筋套筒与钢筋紧密挤压在一起为好。压接力过大，将使钢筋套筒过度变形而导致接头强度降低（拉伸时在钢筋套筒压痕处破坏）；压接力过小，则接头强度或残余变形量不能满足要求。压接道数直接关系到钢筋连接的质量和施工速度，压接道数过多，施工速度慢；压接道数过少则接头性能特别是残余变形量不能满足要求。压痕深度若过小，则钢筋套管与钢筋横肋咬合少，受力时剪切面积小，往往会造成接头的强度达不到要求或接头残余变形量过大，接头不合格；压痕深度若太大，则易造成钢筋套筒管壁被挤得太薄，挤压处截面太小，受力时易在钢筋套筒处断裂。凡压痕深度不够时，应补压到要求深度；凡超过深度要求的接头，应切除重新挤压。

除在施工准备和工艺要点中已明确之外，还应注意以下几点：钢筋套筒径向挤压连接，要求钢筋最小中心间距为90 mm；连接钢筋轴线应与钢筋套筒的轴线保持在同一直线上，防止偏心和弯折。异常现象和缺陷及其原因或防治措施如表9-5所示。

表9-5 异常现象和缺陷及其原因或防治措施

项次	异常现象和缺陷	原因或防治措施
1	挤压机无挤压力	① 高压油管连接位置不正确 ② 油泵故障
2	钢筋套筒套不进钢筋	① 钢筋弯折或纵肋超偏差、钢筋套筒内径偏小 ② 砂轮修磨纵肋
3	压痕分布不均	压接时应将压模与钢筋套筒的压痕标志对正
4	接头弯折超过规定值	① 压接时摆正钢筋 ② 切除或调直钢筋弯头
5	压接程度不够	① 泵压不足 ② 钢筋套筒材料不符合要求
6	钢筋伸入钢筋套筒内长度不够	① 未按钢筋伸入位置、标志挤压 ② 钢筋套筒材料不符合要求
7	压痕明显不均	检查钢筋在钢筋套筒内伸入度是否有压空现象

（3）钢筋套筒轴向挤压连接。

钢筋套筒轴向挤压连接，是采用挤压机和压模对钢筋套筒与插入的两根对接钢筋，沿其轴线方向进行挤压，使钢筋套筒咬合变形钢筋的肋间，结合成一体，如图9-13所示。钢筋套筒轴向挤压连接适用范围与钢筋套筒径向挤压连接相同，它适用于同直径或相差一个型号直径的钢筋连接，如 $\phi25$ 与 $\phi28$，$\phi28$ 与 $\phi32$ 的钢筋。

《钢筋机械连接技术规程》（JGJ 107—2016）对钢筋套筒挤压接头的安装做了下列规定。

① 钢筋端部不得有局部弯曲，不得有严重锈蚀和附着物。

② 钢筋端部应有挤压钢筋套筒后可检查钢筋插入深度的明显标记，钢筋端部离钢筋套筒长度中点不宜超过 10 mm。

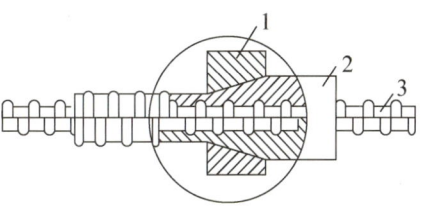

1—压模；2—钢筋套筒；3—钢筋。

图9-13 钢筋套筒轴向挤压连接

③ 挤压应从钢筋套筒中点开始，依次向两端挤压，挤压后的压痕直径或钢筋套筒长度的波动范围应用专用量规检验；压痕处钢筋套筒外径应为原钢筋套筒外径的 0.8~0.9，挤压后钢筋套筒长度应为原钢筋套筒长度的 1.1~1.15 倍。

④ 挤压后的钢筋套筒不应有可见裂纹。

2. 螺纹套筒连接

（1）概述。

螺纹套筒连接是将两根待接钢筋端头用套丝机做出外丝，然后用带内丝的螺纹套筒将钢筋两端拧紧的钢筋连接方法。

螺纹套筒连接的主要优点：接头可靠，自锁性能好，能承受拉、压轴向力及水平力，操作简单，不用电源，可全天候施工，对中性能好，施工速度快等，可连接各种钢筋（同径或异径的竖向、水平或任何倾角的钢筋），不受钢筋种类、含碳量的限制。

采用螺纹套筒连接的螺纹钢筋接头，其设置在同一构件内同一截面受力钢筋的接头位置应相互错开，在任一接头中心至长度为钢筋直径的35倍的区段范围内，有螺纹钢筋接头的受力钢筋截面面积占受力钢筋总截面面积的百分比应符合下列规定。

① 受压区的受力螺纹钢筋接头百分比不宜超过50%。

② 在受拉区的钢筋受力小的部位，A级接头百分比不受限制。

③ 螺纹钢筋接头宜避开有抗震设防要求的框架梁端和柱端的箍筋加密区；当无法避开时，螺纹钢筋接头应采用A级接头，且其百分比不应超过50%。

④ 受压区和装配式构件中钢筋受力较小的部位，A级接头和B级接头百分比可不受限制。其端部距钢筋弯曲点不得小于钢筋直径的10倍。不同直径钢筋连接时，一次连接钢筋直径规格不宜超过Ⅱ级。

⑤ 在同一构件的跨间或层高范围内的同一根钢筋上，不得有两个螺纹钢筋接头。

（2）钢筋锥螺纹套筒连接。

钢筋锥螺纹套筒连接适用于混凝土结构中钢筋直径为16~40 mm的Ⅱ级、Ⅲ级钢筋的连接，如图9-14所示。

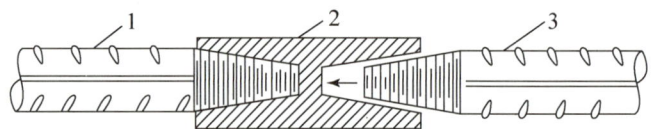

1—已连接的钢筋；2—锥螺纹套筒；3—未连接的钢筋。

图9-14　钢筋锥螺纹套筒连接

连接钢筋时，钢筋规格和锥螺纹套筒的规格应一致，并确保钢筋和锥螺纹套筒的丝扣干净、完好无损。采用预埋接头时，锥螺纹套筒的位置、规格和数量应符合设计要求。带锥螺纹套筒的钢筋应固定牢固，锥螺纹套筒的外露端应有密封盖。

锥螺纹钢筋接头连接方法如下。

① 同径或异径普通接头，分别用力矩扳手将1与4、4与3拧到规定的力矩值，如图9-15（a）所示。

② 单向可调接头，分别用力矩扳手将1与4、2与6拧到规定的力矩值，再把5与4拧紧，如图9-15（b）所示。

③ 双向可调接头，分别用力矩扳手将1与4、2与4拧到规定的力矩值，且保持1、2的外露丝扣数相等，然后分别夹住1与2，再把5拧紧，如图9-15（c）所示。

（3）《钢筋机械连接技术规程》（JGJ 107—2016）对锥螺纹钢筋丝头加工和锥螺纹钢筋接头安装做了下列规定。

锥螺纹钢筋丝头加工规定：

① 钢筋端部不得有影响螺纹加工的局部弯曲。

② 锥螺纹钢筋丝头长度应满足产品设计要求，拧紧后的钢筋丝头不得相互接触，锥螺纹钢筋丝头加工长度极限偏差应为 $-0.5p \sim -1.5p$（p 为螺纹的螺距）。

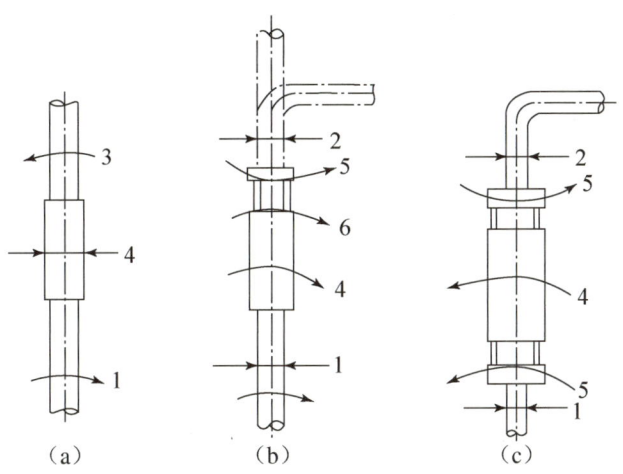

1~3—钢筋；4—连接套；5—可调连接器；6—锁母。

图 9 – 15　钢筋锥螺纹套筒连接方法

（a）普通接头；（b）单向可调接头；（c）双向可调接头

③ 锥螺纹钢筋丝头的锥度和螺距应采用专用锥螺纹量规检验；各规格锥螺纹钢筋丝头的自检数量不应少于 10% ，检验合格率不应小于 95% 。

锥螺纹钢筋接头安装规定：

① 锥螺纹钢筋接头安装时应严格保证钢筋与连接件的规格相一致。

② 锥螺纹钢筋接头安装时应用力矩扳手拧紧，拧紧力矩值应满足表 9 – 6 的要求。

表 9 – 6　锥螺纹钢筋接头安装时拧紧力矩值

钢筋直径/mm	≤16	18 ~ 20	22 ~ 25	28 ~ 32	36 ~ 40	50
拧紧力矩/N · m	100	180	240	300	360	460

③ 校核用力矩扳手与安装用力矩扳手应区分使用，校核用力矩扳手应每年校核 1 次，准确度级别不应低于 5 级。

（4）钢筋直螺纹套筒连接。

锥螺纹钢筋接头的连接质量受人为因素的影响，螺纹的旋紧力对接头的强度较敏感，工人须用力矩扳手拧至规定力矩值。而近年来开发的直螺纹钢筋接头，除了保证接头与钢筋母材等强度外，只需目测钢筋露在直螺纹套筒外的长度即可判别接头的对接是否合格，因此大大简化了对接头的质量控制及检测。直螺纹钢筋接头可用手或普通扳手拧紧，连接接头的稳定性高。钢筋直螺纹套筒连接如图 9 – 16 所示。

直螺纹钢筋接头分为镦粗式接头及滚压式接头。

镦粗式接头的加工分为切割下料、液压镦粗和加工螺纹三个步骤，具体如下。

① 切割下料。对端部不直的钢筋要预先调直，切口的端面应与轴线垂直，不得有马蹄形或挠曲，因此刀片式切断机和氧气吹割都无法满足加工精度要求，只能采用砂轮切割机按配件长度逐根切割。

② 液压镦粗。用液压设备镦粗钢筋端部直径。根据钢筋直径和油压机的性能及镦粗后

的外形效果通过试验确定适当的镦粗压力。要保证镦粗头与钢筋轴线不得大于4°的偏斜，不得出现与钢筋轴线相垂直的横向表面裂缝。镦粗头的外形尺寸标准如表9－7所示。

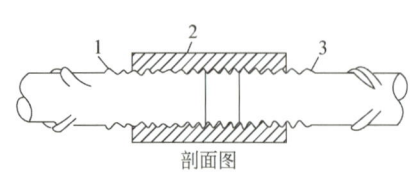

剖面图

1—已连接的钢筋；2—直螺纹套筒；3—未连接的钢筋。

图9－16 钢筋直螺纹套筒连接

表9－7 镦粗头的外形尺寸标准   单位：mm

钢筋直径	18	20	22	25	28	32	36	40
钢筋基圆直径	22～24	24～26	25～27	29～31	32～34	36～38	40～42	45～47
镦粗长度	18～21	20～23	22～25	25～28	28～31	32～35	36～39	40～43

③ 加工螺纹。钢筋的端头螺纹规格应与直螺纹连接套筒的型号匹配，加工后随即用配套的量规逐根检测，合格后再由专职质检员按一个工作班产量的10%随机抽样检测。验收合格后，及时用连接套筒或塑料帽加以保护。

滚压式接头的加工工艺是将钢筋端部对准螺纹轧制机的轧制孔，开动螺纹轧制机并用水润滑轧制头，缓慢向钢筋端部方向移动轧制头，使钢筋端部伸入轧制头并轧出螺纹，再慢慢移出轧制头，此过程约需40 s。采用滚压式接头，钢筋不必切割、镦粗，直接利用轧制设备轧出螺纹，加工工效比镦粗式接头高，且加工设备少，适宜现场加工。

对于连接钢筋可以自由转动的，先将直螺纹套筒预先部分或全部拧入一根被连接钢筋的螺纹，然后转动另一根连接的钢筋或反拧直螺纹套筒到预定位置，最后用扳手转动连接钢筋，使其相互对顶锁定连接直螺纹套筒。

对于钢筋完全不能转动的，如弯折钢筋、固定钢筋（如施工缝、后浇带处），可先将直螺纹套筒及锁紧螺母全部拧入螺纹长度较长的一根钢筋端，再把螺纹长度较短的另一根钢筋对准直螺纹套筒，旋转直螺纹套筒使其从长螺纹钢筋端部逐渐退出，进入短螺纹钢筋端部，并与短螺纹钢筋端部拧紧，然后用锁紧螺母锁定连接直螺纹套筒。

（5）《钢筋机械连接技术规程》（JGJ 107—2016）对直螺纹钢筋丝头加工和直螺纹钢筋接头安装做了下列规定。

直螺纹钢筋丝头加工规定：

① 钢筋端部应采用带锯、砂轮锯或带圆弧形刀片的专用钢筋切断机切平。

② 镦粗头不应有与钢筋轴线相垂直的横向裂纹。

③ 直螺纹钢筋丝头长度应满足产品设计要求，极限偏差应为$0～2.0p$。

④ 直螺纹钢筋丝头宜满足6f级精度要求，应采用专用直螺纹量规检验，通规应能顺利

旋入并达到要求的拧入长度，止规旋入不得超过 3p。各规格的自检数量不应少于 10%，检验合格率不应小于 95%。

直螺纹钢筋接头安装规定：

① 安装直螺纹钢筋接头时可用管钳扳手拧紧，直螺纹钢筋接头应在直螺纹套筒中点位置相互顶紧，标准型、正反丝型、异径型接头安装后的单侧外露螺纹不宜超过 2p；对无法对顶的其他直螺纹钢筋接头，应附加锁紧螺母、顶紧凸台等措施紧固。

② 直螺纹钢筋接头安装后应用力矩扳手校核拧紧力矩，最小拧紧力矩值应符合表 9-8 的规定。

③ 校核用力矩扳手的准确度级别可选用 10 级。

表 9-8　直螺纹钢筋接头安装时最小拧紧力矩值

钢筋直径/mm	≤16	18~20	22~25	28~32	36~40	50
拧紧力矩/N·m	100	200	260	320	360	460

3. 接头的现场检验与验收

（1）工程应用接头时，应对接头技术提供单位提交的接头相关技术资料进行审查与验收，并应包括下列内容：

① 工程所用接头的有效形式检验报告。

② 连接件产品设计、接头加工安装要求的相关技术文件。

③ 连接件产品合格证和连接件原材料质量证明书。

（2）接头工艺检验应针对不同钢筋生产厂的钢筋进行，施工过程中更换钢筋生产厂或接头技术提供单位时，应补充进行工艺检验。工艺检验应符合下列规定：

① 各种类型和形式的接头都应进行工艺检验，检验项目包括单向拉伸极限抗拉强度和残余变形。

② 每种规格钢筋接头试件不应少于 3 根。

③ 接头试件测量残余变形后可继续进行极限抗拉强度试验。

④ 每根试件极限抗拉强度和 3 根接头试件残余变形的平均值均应符合表 9-9 和表 9-10 的规定。

表 9-9　接头极限抗拉强度

接头等级	Ⅰ 级	Ⅱ 级	Ⅲ 级
极限抗拉强度	$f_{mst}^0 \geq f_{stk}$ 钢筋拉断 或 $f_{mst}^0 \geq 1.10 f_{stk}$ 连接件破坏	$f_{mst}^0 \geq f_{stk}$	$f_{mst}^0 \geq 1.25 f_{stk}$

注：1. 钢筋拉断是指断于钢筋母材、套筒外钢筋丝头和钢筋镦粗过渡段。
　　2. 连接件破坏是指断于套筒、套筒纵向开裂或钢筋从套筒中拔出，以及其他连接组件破坏。

表 9 – 10　接头变形性能

接头等级		Ⅰ级	Ⅱ级	Ⅲ级
单向拉伸	残余变形/mm	$u_0 \leqslant 0.10$（$d \leqslant 32$） $u_0 \leqslant 0.14$（$d > 32$）	$u_0 \leqslant 0.14$（$d \leqslant 32$） $u_0 \leqslant 0.16$（$d > 32$）	$u_0 \leqslant 0.14$（$d \leqslant 32$） $u_0 \leqslant 0.16$（$d > 32$）
	最大力下总伸长率	$A_{sgt} \geqslant 6.0\%$	$A_{sgt} \geqslant 6.0\%$	$A_{sgt} \geqslant 3.0\%$
高应力反复拉压	残余变形/mm	$u_{20} \leqslant 0.3$	$u_{20} \leqslant 0.3$	$u_{20} \leqslant 0.3$
大变形反复拉压	残余变形/mm	$u_4 \leqslant 0.3$ 且 $u_8 \leqslant 0.6$	$u_4 \leqslant 0.3$ 且 $u_8 \leqslant 0.6$	$u_4 \leqslant 0.6$

⑤ 工艺检验不合格时，应进行工艺参数调整，合格后方可按最终确认的工艺参数进行接头批量加工。

（3）钢筋丝头加工应按规程要求进行自检，监理或质检部门对现场钢筋丝头加工质量有异议时，可随机抽取 3 根接头试件进行极限抗拉强度和单向拉伸残余变形检验，若有 1 根试件极限抗拉强度或 3 根试件残余变形值的平均值不合格，则应整改后重新检验，检验合格后方可继续加工。

接头安装前的检验项目与验收要求如表 9 – 11 所示。

表 9 – 11　接头安装前的检验项目与验收要求

接头类型	检验项目	验收要求
螺纹接头	套筒标志	符合现行行业标准《钢筋机械连接用套筒》（JG/T 163—2013）的有关规定
	进场套筒适用的钢筋强度等级	与工程用钢筋强度等级一致
	进场套筒与形式检验的套筒尺寸和材料的一致性	符合有效型式检验报告记载的套筒参数
套筒挤压接头	套筒标志	符合现行行业标准《钢筋机械连接用套筒》（JG/T 163—2013）的有关规定
	套筒压痕标记	符合有效形式检验报告记载的压痕道数
	用于检查钢筋插入套筒深度的钢筋表面标记	符合规程相关条款要求
	进场套筒适用的钢筋强度等级	与工程用钢筋强度等级一致
	进场套筒与型式检验的套筒尺寸和材料的一致性	符合有效型式检验报告记载的套筒参数

（4）接头现场抽检项目应包括极限抗拉强度试验、加工和安装质量检验。抽检应按验收批进行，同钢筋生产厂、同强度等级、同规格、同类型和同形式接头应以 500 个为一个验收批进行检验与验收，不足 500 个也应作为一个验收批。

接头安装检验应符合下列规定：

① 螺纹钢筋接头安装后应抽取其中 10% 的接头进行拧紧力矩校核，拧紧力矩值不合格数超过被校核螺纹钢筋接头数的 5% 时，应重新拧紧全部螺纹钢筋接头，直到合格。

② 套筒挤压接头应按验收批抽取 10% 的接头，压痕直径或挤压后套筒长度应满足规程要求；钢筋插入套筒深度应满足产品设计要求，检查不合格数超过 10% 时，可在本批外观

检验不合格的套筒挤压接头中抽取 3 个试件做极限抗拉强度试验,并按规程规定进行评定。

对接头的每一验收批,应在工程结构中随机截取 3 个接头试件做极限抗拉强度试验,按设计要求的接头等级进行评定。当 3 个接头试件的极限抗拉强度均符合表 9 – 9 中相应等级的强度要求时,该验收批应评为合格。当仅有 1 个试件的极限抗拉强度不符合要求时,应再抽取 6 个试件进行复检。复检中仍有 1 个试件的极限抗拉强度不符合要求,该验收批应评为不合格。

对封闭环形钢筋接头、钢筋笼接头、地下连续墙预埋套筒接头、不锈钢钢筋接头、装配式结构构件间的钢筋接头和有疲劳性能要求的接头,可见证取样,在已加工并检验合格的钢筋丝头成品中随机割取钢筋试件,按规程要求与随机抽取的进场套筒组装成 3 个接头试件做极限抗拉强度试验,按设计要求的接头等级进行评定。验收批合格评定应符合规程规定。

同一接头类型、同形式、同等级、同规格的现场检验连续 10 个验收批抽样试件抗拉强度试验一次合格率为 100% 时,验收批接头数量可扩大为 1 000 个。当验收批接头数量少于 200 个时,可按规程规定的抽样要求随机抽取 2 个试件做极限抗拉强度试验,当 2 个试件的极限抗拉强度均满足规程的强度要求时,该验收批应评为合格;当有 1 个试件的极限抗拉强度不满足要求,应再抽取 4 个试件进行复检,复检中仍有 1 个试件极限抗拉强度不满足要求,该验收批应评为不合格。

对有效认证的接头产品,验收批数量可扩大至 1 000 个;当现场抽检连续 10 个验收批抽样试件极限抗拉强度检验一次合格率为 100% 时,验收批接头数量可扩大为 1 500 个。当扩大后的各验收批中出现抽样试件极限抗拉强度检验不合格的评定结果时,应将随后的各验收批数量恢复为 500 个,且不得再次扩大验收批数量。

对接头疲劳性能有要求的工程进行现场检验,可按设计提供的钢筋应力幅和最大应力,或根据表 9 – 12 中相近的一组应力进行疲劳性能验证性检验,并应选取工程中大、中、小 3 种直径钢筋各组装 3 根接头试件进行疲劳试验。全部接头试件均通过 200 万次重复加载未破坏,应评定该批接头试件疲劳性能合格。每组中仅一根接头试件不合格,应再取相同类型和规格的 3 根接头试件进行复检,当 3 根复检接头试件均通过 200 万次重复加载未破坏,应评定该批接头试件疲劳性能合格,复检中仍有一根接头试件不合格时,该验收批应评定为不合格。

表 9 – 12　HRB400 钢筋接头疲劳性能检验的应力幅和最大应力

应力组别	最小应力与最大应力比值 ρ	应力幅/MPa	最大应力/MPa
第一组	0.70 ~ 0.75	60	230
第二组	0.45 ~ 0.50	100	190
第三组	0.25 ~ 0.30	120	165

现场截取抽样试件后,原接头位置的钢筋可采用同等规格的钢筋进行绑扎搭接连接、焊接或机械连接方法补接。

对抽检不合格的接头验收批,应由工程有关各方研究后提出处理方案。

9.2　组合模板施工

组合模板是一种适用性和通用性强、装拆方便、周转率高的模板。施工时可事先按设计要求组拼成梁、柱、墙、楼板的大型模板，整体吊装就位，亦可采用散装散拆的施工方法。常见组合模板主要有组合钢模板、组合钢框木（竹）胶合板模板和胶合板模板等。

9.2.1　组合钢模板

组合钢模板常见的类型有定型小钢模（55 型）和中型（G-70 型）组合钢模板，它是一种工具式模板，由钢模板、连接件和支承件组成。通过各种连接件和支承件组合成多种几何尺寸和形状的模板，可满足各种类型建筑结构施工的需要。

1. 钢模板

钢模板包括平面模板、阴角模板、阳角模板、连接角模等，分别用字母 P、Y、E、J 表示。在代号后面的 4 位数表示模板规格，前两位是宽度的厘米数，后两位是长度的整分米数，如 P4515 就表示宽为 450 mm、长为 1 500 mm 的平面模板。

2. 连接件和支承件

连接件由 U 形卡、L 形插销、钩头螺栓、紧固螺栓、扣件、对拉螺栓等部件组成。支承件主要包括钢楞、柱箍、梁卡具、钢支柱、早拆柱头、斜撑、组合支架、扣件式钢管支架、门式支架等。

3. 组合钢模板的施工要求

施工前，应根据结构施工图及施工现场实际条件，编制模板工程施工组织设计，作为工程项目施工组织设计的一部分，并从以下几个方面对组合钢模板进行强度计算和刚度验算。

（1）组合钢模板承受的荷载参见《混凝土结构工程施工质量验收规范》（GB 50204—2015）的有关规定进行计算。

（2）组成组合钢模板结构的钢模板、钢楞和支柱应采用组合荷载验算其刚度，其容许挠度应符合表 9-13 的规定。

表 9-13　组合钢模板及配件的容许挠度　　　　　　　　　单位：mm

部件名称	允许挠度	部件名称	允许挠度
钢模板的面积	1.5	柱箍	$\dfrac{b}{500}$
单块钢模板	1.5	桁架	$\dfrac{L}{1\,000}$

续表

部件名称	允许挠度	部件名称	允许挠度
钢楞	$\dfrac{L}{500}$	支撑系统	4.0

注：L 为计算跨度，b 为柱宽。

（3）组合钢模板所用材料的强度设计值应按国家现行规范的有关规定取用，并应根据组合钢模板的新旧程度、荷载性质和结构的不同部位，乘以 1.0～1.18 的系数。

（4）采用矩形钢管与内卷边槽钢的钢楞，其强度设计值应按现行《冷弯薄壁型钢结构技术规范》（GB 50018—2002）的有关规定取用，且强度设计值不应提高。

（5）当验算组合钢模板及支撑系统在自重与风荷载作用下的抗倾覆稳定性时，抗倾覆系数不应小于 1.15。风荷载应根据现行国家标准《建筑结构荷载规范》（GB 50009—2012）的有关规定取用。

9.2.2 组合钢框木（竹）胶合板模板

组合钢框木（竹）胶合板模板是以热轧异型钢为钢框架，以覆面胶合板作为板面，并加焊若干钢肋承托面板的一种组合式模板。面板有木、竹胶合板，单片木面竹芯胶合板等。板面施加的覆面层有热压三聚氰胺浸渍纸、热压薄膜、热压浸涂和涂料等。它具有自重轻、用钢量少、面积大，可以减少模板拼缝，提高结构浇筑后的表面质量，维修方便及面板损伤后可以修补等特点。不同规格的组合钢框木（竹）胶合板模板除尺寸差异外，均由平面模板块、连接模板（阴角模板、连接角钢与调缝角钢三种）、配件（连接件、支撑架两部分）等几项组成。

9.2.3 胶合板模板

1981 年在南京金陵饭店高层现浇平板结构施工中首次采用胶合板模板，胶合板模板的优越性开始被认识。目前，在全国各地大中城市的高层现浇混凝土结构施工中，胶合板模板已有相当大的使用量。常见的胶合板模板有木胶合板和竹胶合板。

木胶合板从材种分类可分为软木胶合板（材种为马尾松、黄花松、落叶松、红松等）及硬木胶合板（材种为椴木、桦木、水曲柳、黄杨木、泡桐木等）。我国竹材资源丰富，且竹材具有生长快、生长周期短（一般 2～3 年成材）的特点。一般竹材顺纹抗拉强度为 18 N/mm^2，为松木的 2.5 倍，红松的 1.5 倍；横纹抗压强度为 6～8 N/mm^2，是杉木的 1.5 倍，红松的 2.5 倍；静弯曲强度为 15～16 N/m^2。因此，在我国木材资源短缺的情况下，以竹材为原料制作的混凝土模板用竹胶合板，具有收缩率小、膨胀率和吸水率低，且承载能力大的特点，是一种具有发展前途的新型建筑模板。竹胶合板的厚度一般为 9 mm、12 mm、15 mm。竹胶合板断面示意图如图 9－17 所示。

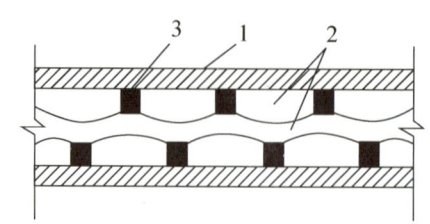

1—竹席或薄木片面板；2—竹帘芯板；3—胶黏剂。

图9－17　竹胶合板断面示意图

1. 胶合板模板的优点

（1）板幅大，自重轻，板面平整。既可减少安装工作量，节省现场人工费用，又可减少混凝土外露表面的装饰及磨去接缝的费用。

（2）承载能力大，特别是经表面处理后其耐磨性好，能多次重复使用。

（3）材质轻，厚18 mm的木胶合板，单位面积质量为50 kg，模板的运输、堆放、使用和管理等都较为方便。

（4）保温性能好，能防止温度变化过快，冬季施工有助于混凝土的保温。

（5）锯截方便，易加工成各种形状的模板。

（6）便于按工程的需要弯曲成型，用作曲面模板。

（7）可作为理想的清水混凝土模板。

2. 胶合板模板施工

木胶合板常用厚度一般为12 mm或18 mm，竹胶合板常用厚度一般为12 mm，内外楞的间距可随胶合板的厚度通过设计计算进行调整。配制好的胶合板模板应在反面编号并写明规格，分别堆放保管，以免错用。具体的配制方法如下。

（1）按设计图纸尺寸直接配制胶合板模板。形体简单的结构构件可根据结构施工图纸直接按尺寸列出胶合板模板规格和数量进行配制。

（2）采用放大样方法配制胶合板模板。形体复杂的结构构件，如楼梯、圆形水池等，可在平整的地坪上，按结构图的尺寸画出结构构件的实样，量出各部分胶合板模板的准确尺寸或套制样板，同时确定胶合板模板及其安装的结点构造，进行胶合板模板的制作。

（3）用计算方法配制胶合板模板。形体复杂不宜采用放大样方法，但有一定几何形体规律的构件可用计算方法结合放大样的方法进行胶合板模板的配制。

（4）采用结构表面展开法配制胶合板模板。一些形体复杂且又由各种不同形体组成的结构构件，如设备基础，其胶合板模板的配制可采用先画出模板平面图和展开图，再进行配模设计和胶合板模板制作。

9.3 大模板施工

在高层建筑结构施工中，混凝土用量大，模板的工程用量亦大。为了提高混凝土的成型质量，加快施工速度，减轻工人的劳动强度，大模板施工方案应运而生。

大模板施工，就是采用工具式大型模板，配以相应的吊装机械，以工业化生产方式在施工现场浇筑混凝土墙体。这种施工方法，施工工艺简单，施工速度快，劳动强度低，施工时湿作业减少，而且房屋的整体性好，抗震能力强，因而有广阔的发展前途。

采用大模板施工，要求建筑结构设计标准化，预制构配件与大模板配套，以便能使大模板通用，提高重复使用次数，降低施工中大模板的摊销费。

在建筑方面，大模板施工要求设计参数简化，开间和进深尺寸的种类要减少，而且应符合一定的模数，层高要固定，在一个地区内墙厚度也应当固定，这样就为减少大模板的类型创造了条件。此外，还要求建筑外型力求简单，尽量避免结构刚度的突变，以减少扭转、振动及应力集中。

大模板首先出现于法国，第二次世界大战后在欧洲得到广泛采用，以解决严重的"房荒"。从 20 世纪 70 年代开始，大模板在我国得到发展。

大模板是一种大尺寸的工具式模板，主要适用于剪力墙结构或框架—剪力墙结构中的剪力墙施工，也可用于筒体结构中竖向结构的施工。一般是一道墙面采用一块大模板。因为其重量大，需配以相应的起重机进行组装、拆卸和吊运。采用大模板能提高机械化程度，加快模板组装、拆卸和吊运的速度，减少用工量和缩短工期，因此，大模板是目前我国剪力墙结构和筒体结构的高层建筑施工用得最多的一种模板，已经形成一种工业化的建筑体系。

9.3.1 大模板的工艺特点

大模板的工艺特点是以建筑结构的开间、进深、层高的标准化为基础，以大型工业化模板为主要施工手段，以现浇钢筋混凝土墙体为主导工序，组织有节奏的均衡施工。采用这种施工技术，有以下一些优点。

（1）工艺简单、施工速度快。墙体模板的整体组装、拆卸和吊运使操作工序减少，技术简单，适应性强。

（2）机械化施工程度高。大模板工艺和组合钢模板施工相比，由于模板总是在固定地位，其工效可提高 40% 左右。而且由起重机械整体吊运，现场机械化程度提高，能有效地降低工人的劳动强度。

（3）工程质量好。混凝土表面平整，结构整体性好，抗震性能强，施工时湿作业少。

但是，大模板工艺亦有其不足之处，如制作钢模的钢材一次性消耗量大；大模板的面积受到起重机械起重量的限制；大模板的迎风面较大，易受风的影响，在超高层建筑中使用受到限制；大模板的通用性较差等。这些缺点需要在施工中设法克服。

我国用大模板施工的工程基本上分为三类：内外墙全现浇；外墙预制内墙现浇（简称内浇外挂）；外墙砌砖内墙现浇（简称内浇外砌）。对于高层建筑，目前主要是内外墙全现浇的结构体系。内外墙全现浇，就是内外墙均采用大模板现浇钢筋混凝土墙体。外墙面的装饰，可在大模板上设置不同的衬模，利用混凝土浇筑时的塑性，形成不同质感的花饰、纹理图案，把外墙结构与装饰结合起来。内外墙全现浇工程的优点是不受外墙生产、运输及吊装能力的制约，工艺简单，机械化施工程度高；建筑结构施工缝少，整体抗震性能好，且省去了外墙板缝防水施工，造价比外墙预制类型低。其缺点是模板型号较多，支模工序复杂，湿作业多，影响施工速度；外墙外模板要在高空作业条件下安装，存在安全问题，采用外承式外模板安全问题虽然可以解决，但模板用钢量大，对下层墙体的强度要求高，模板周转较慢。

9.3.2　大模板的构造

大模板的构造由于面板材料的不同亦不完全相同，其主要由面板系统、支撑系统、操作平台和附件等组成，如图 9 - 18 所示。

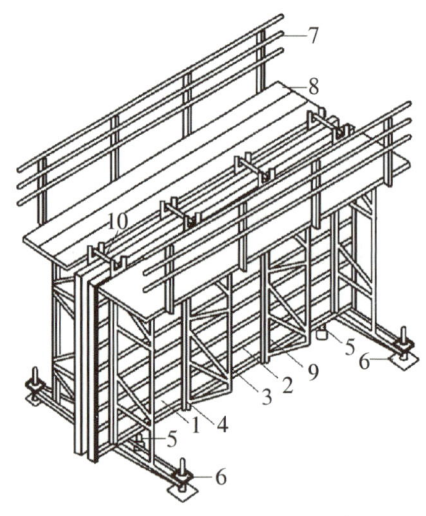

1—面板；2—水平加劲肋；3—支撑桁架；4—竖楞；5—调整水平螺旋千斤顶；
6—调整垂直螺旋千斤顶；7—栏杆；8—脚手板；9—穿墙螺栓；10—固定卡具。

图 9 - 18　大模板构造示意图

1. 面板系统

面板系统包括面板、横肋、竖肋等。面板的作用是使混凝土成型，要求平整、刚度好，使混凝土具有平整的外观，它可以采用钢板、玻璃钢板、胶合板、木材等制作，国内目前常用的面板材料为钢板和胶合板，均能多次重复使用。

面板的种类很多，现在常用的有以下几种：

① 整块钢面板。通常采用 4~6 mm 厚的钢板拼焊而成。这种面板的优点是有良好的强度和刚度，能承受较大的混凝土侧压力及其他施工荷载，重复利用率高，一般周转次数在 200 次以上。其缺点是钢材消耗量大，易生锈，不保温，损坏后不易修复。

② 组合钢模板组拼面板。这种面板具有一定的强度和刚度，耐磨，自重较整体钢面板轻，可以做到一模多用，但拼缝较多，整体性差，浇筑的混凝土表面不够光滑，周转次数不如整块钢面板。

③ 胶合板模板。胶合板模板目前主要有木胶合板和竹胶合板。木胶合板是具有耐高温、耐水性能的 I 类胶合板，其胶黏剂为酚醛树脂胶，通常由 5 层或 7 层单板热压固化而成，其厚度一般为 12 mm、15 mm、18 mm、21 mm。竹胶合板是以竹片相互垂直编织成单板，以多层放置经胶黏热压而成的芯板，表面再覆以木质单板而成，具有较高的强度和刚度，耐磨、耐腐蚀性能好，并且阻热性好、吸水率低，其厚度一般为 9 mm、12 mm、15 mm。

④ 覆膜胶合板面板。覆膜胶合板面板是以多层胶合板作为基材，由酚醛树脂胶压制而成。其表面敷以三聚氰胺树脂薄膜，具有表面平整光滑、可作企口拼缝、重量轻、防水、耐磨、耐酸碱、保温性能好、易脱模、两面均可使用等优点。

⑤ 覆膜夹芯纤维板面板。此种面板两面采用中密度纤维板，中部用木条作芯，经热压胶合在一起，表面敷以薄膜保护层，板面四周涂刷封边剂。其厚度有 12 mm、14 mm、16 mm、18 mm，规格为 1 m×2 m。这种面板价格较低，经济适用。

⑥ 钢框胶合板面板。此种面板采用胶合板作为面板，以薄壁空腹方钢作为龙骨，以热轧型钢作为边框，具有自重轻、整体性好、可修补等优点。

⑦ 高分子合成材料面板。这是一种新型的材料面板，以玻璃钢或硬质塑料板做成，具有自重轻、表面平整光滑、易于脱模、不锈蚀、遇水不膨胀等优点，但是其刚度小、怕撞击，容易变形。

横肋和竖肋的作用是支承和固定面板，保证所需的刚度，并将荷载传递给穿墙螺栓等，通常由薄壁型钢、槽钢等做成。

2. 支撑系统

支撑系统包括支撑架和地脚螺栓。每块大模板采用 2~4 榀桁架作为支撑结构，并用螺栓或焊接将其与竖肋连接在一起，主要承受风荷载等水平力，以加强大模板的刚度，防止大模板倾覆，也可作为操作平台的支座，以承受施工荷载。支撑架横杆下部设有调整水平和垂直螺旋千斤顶，在施工时，它能把作用力传递给地面或楼板，以调节大模板的垂直度。

3. 附件

附件主要包括操作平台、穿墙螺栓、上口卡板、爬梯等。对于外承式大模板，还包括外承架。操作平台是施工人员操作的场所和运输的通道，平台架插放在焊于竖肋上的平台套管内，脚手板铺在平台架上。穿墙螺栓的主要作用是加强模板刚度，承受新浇混凝土的侧压力，控制墙板的厚度。穿墙螺栓一般采用 $\phi30$ 的 45 号圆钢制作，一端制成螺纹，长 100 mm，用以调节墙体厚度，另一端采用钢销和键槽固定。为了能使穿墙螺栓重复使用，穿墙螺栓应套以长度与墙厚相同的塑料套管。拆模后，将塑料套管剔出以便穿墙螺栓周转使用。上口卡板主要用于固定大模板上部，控制墙体厚度和承受部分混凝土侧压力。每块大模板还设有爬梯，供施工人员上下使用。

9.3.3　大模板平面组合方案

采用大模板浇筑混凝土墙体，大模板尺寸不仅要和建筑的开间、进深、层高相适应，而且大模板规格要少，尽可能做到定型、统一。在施工中大模板要便于组装和拆卸，保证墙面平整，减少修补工作量。大模板的平面组合方案有平模方案、小角模方案、大角模方案和筒形模方案等。

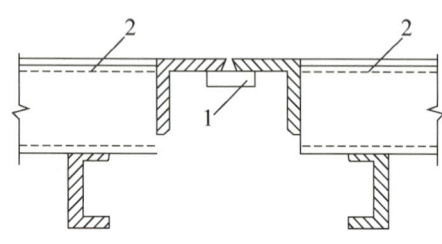

1—40×10 的钢板焊在一边角钢上；2—平模。

图 9 - 19　平模拼接构造

1. 平模方案

平模的尺寸与房间每面墙大小相适应，一个墙面采用一块模板。平模拼接构造如图 9 - 19 所示。采用平模方案纵墙和横墙混凝土一般要分开浇筑，模板接缝均在纵墙、横墙交接的阴角处，墙面平整；模板加工量少，通用性强，周转次数多，装拆方便。但由于纵墙、横墙分开浇筑，施工缝多，施工组织较麻烦。

2. 小角模方案

一个房间的模板由四块平模和四根L100×100×8 的角钢组成，其中L100×100×8 的角钢称为小角模。小角模方案在相邻的平模转角处设置角钢，使每个房间墙体的内模形成封闭的支撑体系。小角模方案中纵墙和横墙混凝土可以同时浇筑，这样房屋整体性好，墙面平整，模板装拆方便。但浇筑的混凝土墙面接缝多，阴角不够平整。

小角模有带合页的小角模和不带合页的小角模两种。带合页的小角模，如图 9 - 20（a）所示，平模上带合页，角钢能自由转动和装拆。安装模板时，角钢由偏心压杆固定，并用花篮螺栓调整。模板上设转动铁拐可将小角模压住，使小角模稳定。不带合页的小角模，如图 9 - 20（b）所示，采用以平模压住小角模的方法，拆模时先拆平模，后拆小角模。

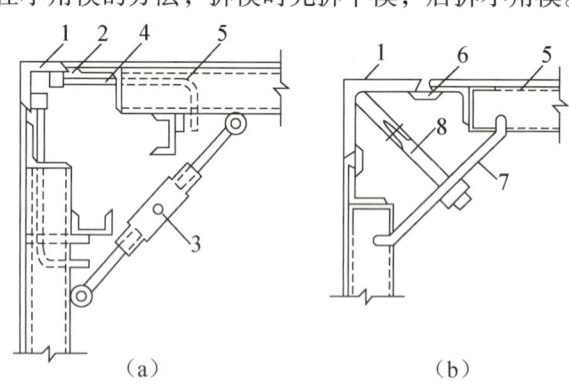

（a）　　　　　　　　　　　（b）

1—小角模；2—合页；3—花篮螺栓；4—转动铁拐；5—平模；6—扁铁；7—压板；8—螺栓。

图 9 - 20　小角模构造

（a）带合页的小角模；（b）不带合页的小角模

3. 大角模方案

大角模是由两块平模组成的 L 形大模板。在组成大角模的两块平模连接部分装置大合页，使一侧平模以另一侧平模为支点，以大合页为轴可以转动。大角模构造如图 9 – 21 所示。

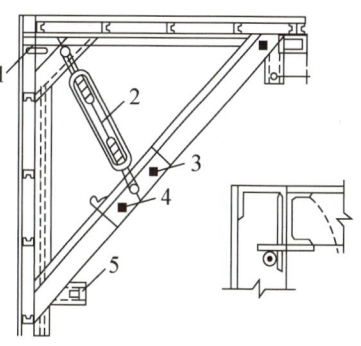

大角模方案是在房屋四角设四个大角模，使之形成封闭体系。若房屋进深较大，则四角采用大角模后，较长的墙体中间可配以小平模。采用大角模方案时，纵墙和横墙混凝土可以同时浇筑，房屋整体性好。大角模拆装方便，且可保证自身稳定。采用大角模方案墙体阴角方整，施工质量好，但模板接缝在墙体中部，影响墙体平整度。

大角模的装拆装置由斜撑及花篮螺栓组成。斜撑为两根叠合的 L90 × 9 的角钢，组装模板时使斜撑角钢叠合成一直线，大角模的两平模呈 90°，插上活动销子，将模板支好。拆模时，先拔掉活动销子，再收紧花篮螺栓，大角模两侧的平模内收，模板与墙面则可脱离。

1—大合页；2—花篮螺栓；3—固定销子；
4—活动销子；5—调整用螺旋千斤顶。

图 9 – 21　大角模构造

4. 筒形模方案

筒形模是将房间内各墙面的独立的大模板通过挂轴悬挂在钢架上，墙角用小角钢拼接起来形成一个整体，如图 9 – 22 所示。采用筒形模时，外墙面常采用大型预制墙板。筒形模方案模板稳定性好，可整间吊装减少模板吊装次数，有整间大操作平台，施工条件较好，但模板自重大，且不如平模灵活。

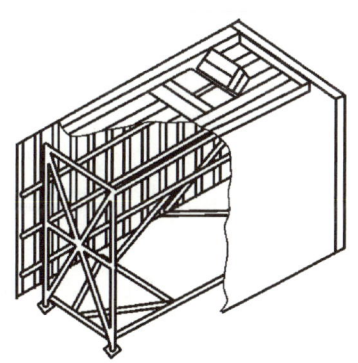

图 9 – 22　筒形模示意图

9.3.4　大模板工程施工

对于高层建筑，大模板工程施工宜采用内横墙和内纵墙同时浇筑混凝土的施工方法，以增强结构的刚度。大模板工程施工的工艺流程（内浇外挂工程）如图 9 – 23 所示。

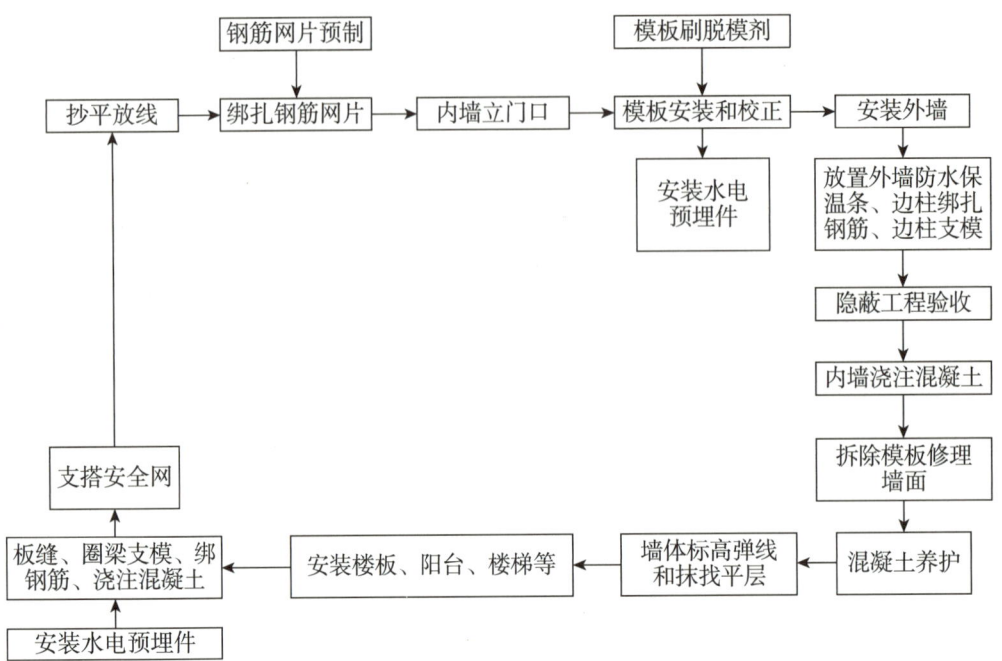

图 9 – 23　大模板工程施工的工艺流程（内浇外挂工程）

大模板安装前，首先要对模板表面进行认真清理，喷刷脱模剂，并应在地面或楼板上弹好墙体尺寸线、模板就位线，然后按模板组装平面编号及吊装顺序"对号入座"，待两面模板校正后，方可固定。安装后，要将模板之间及模板与楼板之间的缝隙堵严，防止漏浆。

拆模需待混凝土强度达到 1.0 MPa 以上才能进行。大模板拆除后，应及时对墙面进行清理和修补。

根据规范《建筑工程大模板技术标准》（JGJ/T 74—2017），大模板安装及拆除要点如下：

（1）大模板安装不得扰动工程结构及设施。

（2）浇筑混凝土前应对大模板的安装进行专项检查，并应记录。

（3）浇筑混凝土时应监控大模板的使用情况，发现问题应及时处理。

（4）大模板吊装应符合下列规定。

①吊装大模板应设专人指挥，模板起吊应平稳，不得偏斜和大幅度摆动；施工人员应站在安全可靠处，严禁施工人员随同模板一同起吊。

②被吊模板上不得有未固定的零散件。

③当风速达到或超过 15 m/s 时，应停止吊装。

④应确认模板固定或放置稳固后方可摘钩。

（5）当已浇筑的混凝土强度未达到 1.2 N/mm² 时，不得进行大模板安装施工；当混凝土结构强度未达到设计要求时，不得拆除大模板；当设计无具体要求时，拆除大模板时不得损坏混凝土表面及棱角。

9.4　滑升模板施工

滑升模板（简称滑模）是施工现浇混凝土工程的有效方法之一，它机械化程度较高，施工速度快，建筑物的整体性好，因而在国内外得到广泛应用。

用滑升模板施工高层建筑时，其楼板的施工是关键之一。近年来各种楼板施工新工艺的应用，使楼板施工可选择多种方法。滑升模板施工可以将外装饰与结构施工结合起来，上面用滑升模板浇筑墙体，下面随着在吊脚手上进行外装饰施工，也大大加快了施工速度。上述施工措施的应用，使得滑升模板工艺成为高层建筑施工中的一种有效工艺，并有日益扩大的趋势。

滑升模板施工时模板是整体提升的，一般不宜在空中重新组装或改装模板和操作平台；同时，要求模板提升有一定的连续性，混凝土浇筑具有一定的均衡性，不宜有过多的停歇。为此，用滑升模板施工对设计有一定的要求。例如，建筑物的平面布置和立面处理，在不影响设计效果和使用的前提下，应力求做到简洁、整齐。在结构构件布置方面，应使构件竖向的投影重合，有碍模板滑升的局部突出结构要尽量避免。

9.4.1　滑升模板的构成

根据规范《液压滑动模板施工安全技术规程》（JGJ 65—2013），滑升模板是以液压千斤顶为提升动力，带动模板沿着混凝土表面滑动而成型的现浇混凝土工艺专用模板。

滑升模板由模板系统、操作平台系统、液压提升系统及施工精度控制与观测系统四部分组成，如图 9 - 24 所示。

1. 模板系统

（1）模板。模板可用钢材、木材或钢木混合及其他材料制成，相邻两块模板之间可用螺栓或回形卡连接。要求模板形状尺寸准确，表面光滑，有足够的强度、刚度，能承受混凝土的侧压力、冲击和滑升时的摩阻力，而不发生扭曲变形，以保证滑出的混凝土表面平整。为了防止木模板吸水后膨胀变形，在两块木板之间应留 2 ~ 4 mm 的拼缝，或在模板表面包以铁皮，或用稀沥青煮 24 h。

模板的高度与混凝土达到出模强度所需的时间和模板滑升速度有关。若模板高度不够，混凝土脱模过早，则会造成混凝土下坍现象；反之，若模板高度过高，则会增加摩阻力，影响滑升。模板高度一般为 0.9 ~ 1.2 m，烟囱等筒壁结构可采用高度为 1.4 ~ 1.6 m 的模板。

（2）围圈。围圈又称围檩，其作用是固定模板位置，承受模板传来的水平力与垂直力。围圈分上下两层，沿模板外侧横向布置，用以将模板与提升架连成整体。

为了减少模板的支承跨度，围圈一般不设在模板的上下两端，其合理的位置应使模板在受力时产生的变形最小。对高度为 1.0 ~ 1.2 mm 的钢模板，上下围圈的间距可取 500 ~ 700 mm。上围圈距模板上口不大于 200 mm，以保证模板上口的刚度，下围圈距模板下口可稍大一些，使模板下部有一定柔性，便于混凝土脱模，但也不宜大于 300 mm。内外围圈必须形成封闭，在转角处做成刚性角，使之具有足够的刚度，以保证模板几何形状与尺寸的准确，防止提升过程中产生较大的变形。围圈接头处的刚度亦不应小于围圈本身的刚度，上下围圈的接头不应设置在同一截面上。

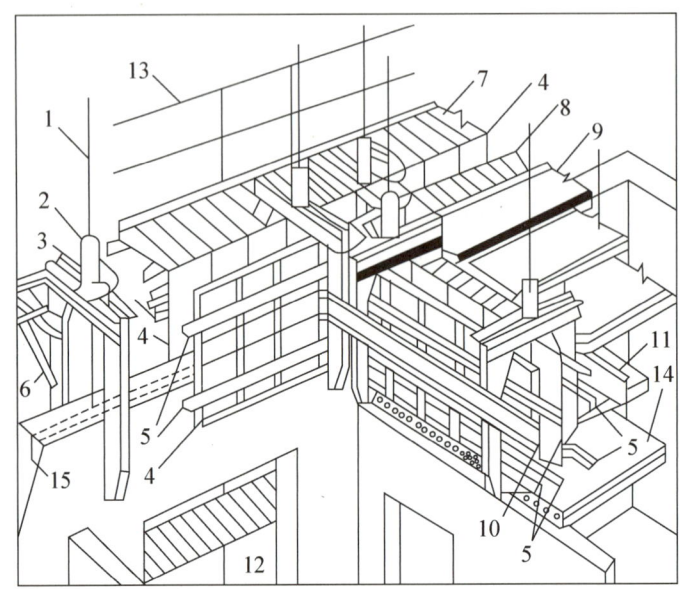

1—支撑杆；2—液压千斤顶；3—提升架；4—模板；5—围圈；
6—外挑脚手架；7—外挑操作平台；8—固定操作平台；9—活动操作平台；
10—内围圈；11—外围圈；12—吊脚手架；13—栏杆；14—楼板；15—混凝土墙体。

图 9 - 24　滑升模板装置示意图

对于框架结构，当千斤顶集中布置在柱上，提升架之间的跨度较大时，为加强围圈在垂直方向上的刚度，可将上下围圈用腹杆连成整体，形成桁架围圈。当操作平台直接支承在围圈上时，上下围圈还必须用托架加固，以承受平台荷载。

（3）提升架。提升架又称千斤顶架或门架，其作用是固定围圈的位置，防止模板侧向变形，把模板和操作平台连成整体，承受模板和操作平台的荷载，并将荷载传给千斤顶。提升架的形式，按横梁的数量分为单横梁式提升架与双横梁式提升架两种。单横梁式提升架轻便、节约材料。双横梁式提升架刚度好，且上横梁可用作架设油管、电线、铺设辅助平台或放置钢筋，使用较方便。

2. 操作平台系统

（1）操作平台。操作平台又称工作平台，供运输和堆放材料、机具、设备及施工人员操作之用，有时还利用操作平台架设起重设备。

操作平台一般由钢桁架或梁及铺板组成。钢桁架可支承在提升架的立柱上，亦可通过托架支承在上下围圈上。钢桁架之间应设置水平支撑和垂直支撑，以保证操作平台有足够的强度、刚度和稳定性。

建筑物外侧使用的操作平台由悬挑三角架和铺板组成。

操作平台铺板的顶面标高，不宜低于模板上口，一般与模板上口平齐，但在无筋结构中，为使操作平台的载重结构形成一个整体，不为模板所分隔，其整个操作平台的位置应高出模板。

当结构的垂直钢筋较长或操作面较小，必要的设备、材料堆放不下，运输不便，造成操作高度或操作面不够时，一般还要在操作平台上面搭设一层辅助平台。

（2）内外吊脚手。内外吊脚手又称挂脚手。外吊脚手挂在提升架和外挑三角架上，内吊脚手挂在提升架和操作平台上，以供混凝土表面修饰、质量检查、截面收分、调整和拆除模板之用。吊脚手的吊杆可采用圆钢、扁钢或角钢，也可采用柔性链条。采用柔性链条的优点是可以在组装模板时一次性安装，不需要滑到一定高度后再安装。吊脚手视需要可设一层或数层，每个吊杆必须安装双螺母，以保证安全。

3. 液压提升系统

液压提升系统包括支撑杆、液压千斤顶、液压控制装置等，是滑升模板施工的重要组成部分。

（1）支撑杆。支撑杆又称爬杆，一般用 $\phi25$ 的圆钢制成，采用冷拉法事先调整，延伸率可控制在 2% ~3%，支撑杆的加工长度在 3~5 m，支撑杆的连接如图 9-25 所示。支撑杆在混凝土内部弯曲时的加固措施如图 9-26 所示。

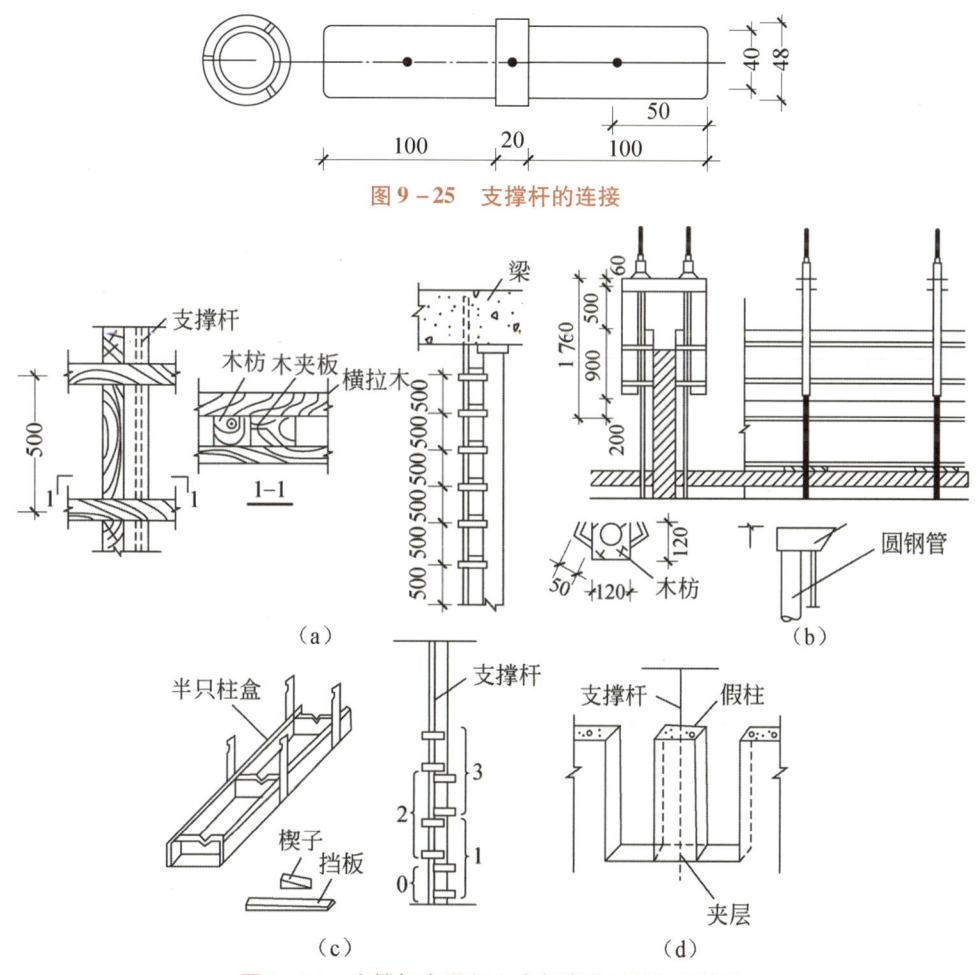

图 9-25 支撑杆的连接

图 9-26 支撑杆在混凝土内部弯曲时的加固措施

（a）方木加固；（b）钢管加固；（c）柱盒加固（0、1、2、3为先后拼装顺序）；（d）假柱加固

（2）液压千斤顶。液压千斤顶提升原理图如图9-27所示。

（3）液压控制装置。其操作原理主要为电动机驱动齿轮泵，将高压油液通过电磁换向阀、分油器、针形阀及油管输送到各台液压千斤顶，然后停止电动机，改换电磁换向阀方向，由于液压千斤顶内弹簧回弹作用，油液回流到高压油泵的油箱内，如图9-28所示。换向阀和溢流阀的流量与压力均应等于或大于油泵的流量与压力，阀的公称内径应不小于10 mm。

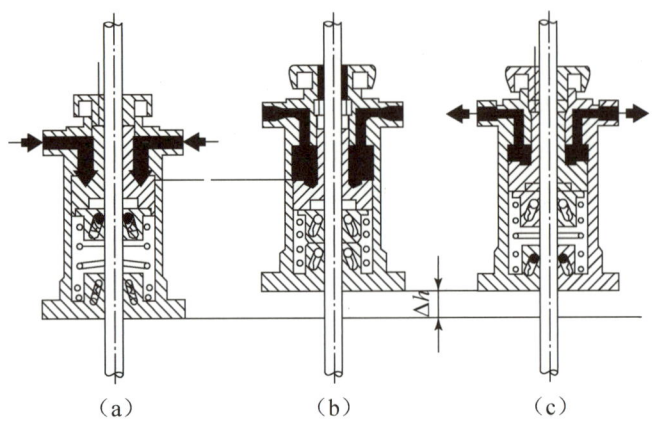

图9-27 液压千斤顶提升原理图

（a）进油；（b）爬升；（c）排油

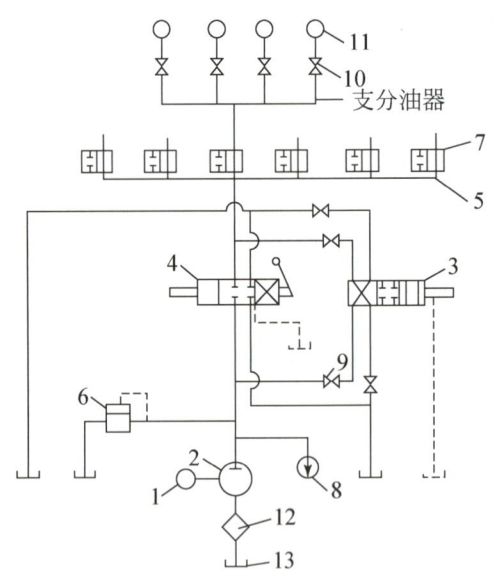

1—电动机；2—齿轮油泵；3—三位四通电磁换向阀；
4—三位四通手动换向阀；5—分油器；6—溢流阀；7—二位二通电磁阀；
8—液压表；9—截止阀；10—针形阀；11—液压千斤顶；12—滤油器；13—油箱。

图9-28 液压控制装置原理

4. 施工精度控制与观测系统

施工精度控制与观测系统主要包括水平度和垂直度观测装置，施工精度的控制装置及通信联络设施等。

（1）水平度和垂直度观测装置。可采用水准仪、自动安平激光测量仪、经纬仪、激光铅直仪以及线锤等，其精度不应低于$\dfrac{1}{10\ 000}$。

（2）施工精度的控制装置。可根据施工实际情况采用相应的控制装置，以确保施工精度达到要求。

（3）通信联络设施。可采用有线电话或无线电话（对讲机）及其他声光信号联络设施。

9.4.2　滑升模板的施工工艺

近年来，墙体滑升模板施工工艺不断改进，并且吸收了其他施工工艺的一些特点（如大模板）。目前，除一般滑升模板施工工艺外，滑框倒模、液压提升爬模等工艺也相继出现，并不断完善。

1. 模板的滑升

模板的滑升分为初试滑升、正常滑升和完成滑升三个阶段。

（1）模板的初试滑升阶段。模板的初试滑升，必须在对滑模装置和混凝土凝结状态进行检查后进行。试滑时，应将全部液压千斤顶同时缓慢平稳升起 50～100 mm，脱出模的混凝土用手指按压有轻微的指印且不黏手，及滑升过程中有"沙沙"声，即说明已具备滑升条件。当模板升为 200～300 mm 的高度后，应稍事停歇，对所有提升设备和模板系统进行全面检查、修整后，即可转入正常滑升。混凝土出模强度宜控制在 0.2～0.4 MPa 或贯入阻力值为 0.30～1.05 kN/cm^2。低于此强度值，脱模时可能出现塌落或流淌；高于此强度值，可能出现混凝土拉裂或由于摩阻力过大而损坏提升设备或模板等部件。此外，在此种出模强度下，出模后的混凝土表面易修饰，且混凝土后期强度损失较少。可采用贯入阻力法来测定混凝土的出模强度，使用 6 mm 的筛子，将混凝土中的砂浆筛出，装入砂浆容器中，以捣棒捣实；将砂浆试块放在磅秤上，磅秤的滑杆下端装有测针，按动手柄将测针压入砂浆中，并在手柄上徐徐加压约 10 s，直至测针贯入深度为 2.5 cm 时，读出磅秤上增加的荷载读数（贯入阻力）；再除以测针的承压面积，以 kN/cm^{2}计，即代表此时混凝土的单位贯入阻力。

（2）模板的正常滑升阶段。正常滑升，其分层滑升的高度应与混凝土分层浇筑的厚度相配合，一般为 200～300 mm。两次提升的时间间隔不应超过 1.5 h。在气温较高时，应增加 1～2 次中间提升，中间提升的高度为 30～60 mm，以减少混凝土与模板间的摩阻力。

当模板滑升时，应使所有的液压千斤顶充分地进油、排油。提升过程中，当出现油压增至正常滑升油压的 1.2 倍，尚不能使全部液压千斤顶升起时，应停止提升操作，立即检查原因，及时进行处理。

在滑升过程中，操作平台应保持水平。各液压千斤顶的相对标高差不得大于 40 mm，相邻两个提升架上的液压千斤顶的升差不得大于 20 mm。

连续变截面结构，每滑升一个浇筑层高度，应进行一次模板收分。模板一次收分量不宜大于 10 mm。

在滑升过程中，应检查和记录结构垂直度、扭转及结构截面尺寸等偏差数值，检查及纠偏、纠扭应符合下列规定。

① 对连续变截面和整体刚度较小的结构，每提升一个浇筑层高度应检查、记录一次。

② 对整体刚度较大的结构，每滑升 1 m 至少应检查、记录一次。

③ 在纠正结构垂直度偏差时，应缓缓进行，避免出现硬弯。

④ 当采用倾斜操作平台的方法纠正垂直度偏差时，操作平台的倾斜度应控制在 1% 内。

⑤ 对圆形筒壁结构，任意 3 m 高度上的相对扭转值不应大于 30 mm。

在滑升过程中，应随时检查操作平台、支撑杆的工作状态及混凝土的凝结状态，若发现异常，则应及时分析原因并采取有效的处理措施。

在滑升过程中，应及时清理黏结在模板上的砂浆和转角模板，收分模板与活动模板之间的夹灰。被油污染的钢筋和混凝土，应及时处理干净。

（3）模板的完成滑升阶段。模板的完成滑升阶段，又称末升阶段。当模板滑升至距建筑物顶部标高 1 m 左右时，模板即进入完成滑升阶段，此时应放慢滑升速度，并进行准确的抄平和找正工作，以使最后一层混凝土能够均匀地交圈，保证建筑物顶部标高及位置的正确。

（4）停滑措施。因气候或其他原因，在滑升过程中必须暂停施工时，应采取下列停滑措施。

① 混凝土应浇筑到同一水平面上。

② 模板应每隔 0.5~1 h 启动液压千斤顶一次，每次将模板提升 30~60 mm，如此连续进行 4 h 以上，直至混凝土与模板不会黏结，但模板的最大滑升量，不得大于模板高度的 $\frac{1}{2}$。

③ 框架结构模板的停滑位置，宜设在梁底以下 100~200 mm 处。

④ 继续施工时，除应对液压提升系统进行检查外，还应将黏结于模板及钢筋表面的混凝土块清除干净，用水冲走残渣后，先浇筑一层减半石子的混凝土，再继续向上分层浇筑混凝土。

模板滑空时，应事先验算支撑杆在操作平台自重、施工荷载、风载等共同作用下的稳定性。若稳定性不能满足要求，则应采取可靠的措施，对支撑杆进行加固。

（5）模板滑升速度。模板滑升速度，可按下列规定确定。

① 当支撑杆无失稳可能时，按混凝土的出模强度控制模板滑升速度，可按式（9-1）确定：

$$V = \frac{H - h - a}{T} \tag{9-1}$$

式中：V——模板滑升速度，m/h；

H——模板高度，m；

h——每个浇筑层厚度，m；

a——混凝土浇满后，其表面到模板上口的距离，取 0.05~0.10 m；

T——混凝土达到出模强度所需的时间，h。

② 当支撑杆受压时，按支撑杆的稳定条件控制模板的滑升速度，可按式（9-2）确定：

$$V = \frac{10.5}{T\sqrt{KP}} + \frac{0.6}{T} \qquad\qquad (9-2)$$

式中：V——模板滑升速度，m/h；

$\quad\quad P$——单根支撑杆的荷载，kN；

$\quad\quad T$——在作业班的平均气温条件下，混凝土强度达到$0.7\sim1.0$ MPa所需的时间，由试验确定；

$\quad\quad K$——安全系数，取$K=2.0$。

③ 当以施工过程中的工程结构整体稳定来控制模板的滑升速度时，应根据工程结构具体情况经计算确定。

2. 阶梯形变截面壁厚的处理

（1）调整丝杠法。在提升架立柱上设置调整围圈和模板位置的丝杠（螺栓）与支撑，当模板滑升至变截面的位置，只要调整丝杠移动围圈和模板即可，如图9-29所示。此法调整壁厚比较简便，但提升架制作比较复杂，而且在调整过程中，必须处理好转角处围圈和模板变截面前后的节点连接。

（2）衬模板法。按变截面结构宽度制备好衬模板，待滑升至变截面部位时，将衬模板固定于滑升模板的内侧，随滑升模板一起滑升，如图9-30所示。这种方法构造比较简单，缺点是需另行制作衬垫模板。

（3）吊柱调整法。用钢材或木材制作一个吊柱，吊柱在提升架的横梁上。吊柱的一侧与提升架的立柱连接，另一侧支承变截面的围圈和模板，如图9-31所示。滑升时依靠吊柱厚度来调整变截面的尺寸。

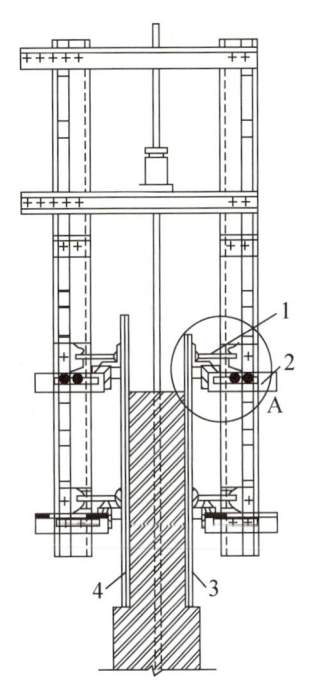

1—调整丝杠；2—承托角钢；3—内模板；4—外模板。

图9-29　调整丝杠法

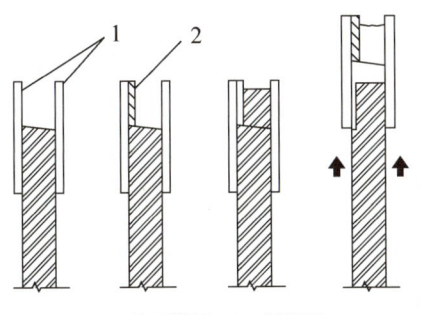

1—普通模板；2—衬模板。

图9-30　衬模板法

此法构造更加简单，不需另行制作衬垫模板，但调整工作比较麻烦，当围圈和模板调整位置后，其接头处还需做处理。

（4）平移提升架立柱法。在提升架的立柱与横梁之间装设一个顶进丝杠，变截面时，先将模板提空，拆除平台板及围圈桁架的活接头；然后拧紧顶进丝杠，将提升架立柱带着围圈和模板向壁厚方向顶进，至要求的位置后，补齐模板，铺好平台，改模工作即告完成，如图9-32所示。

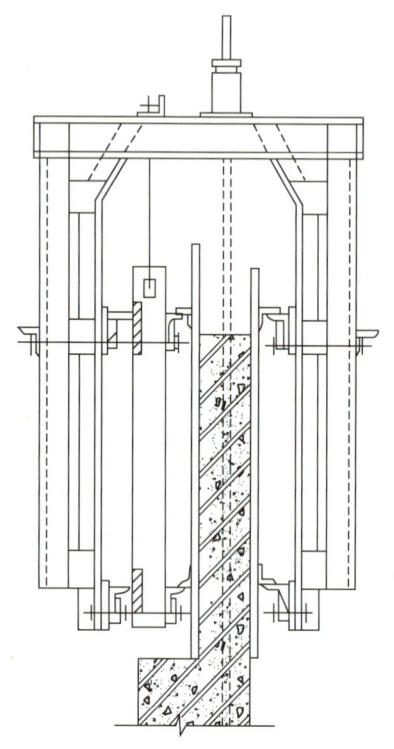

图9-31　吊柱调整法

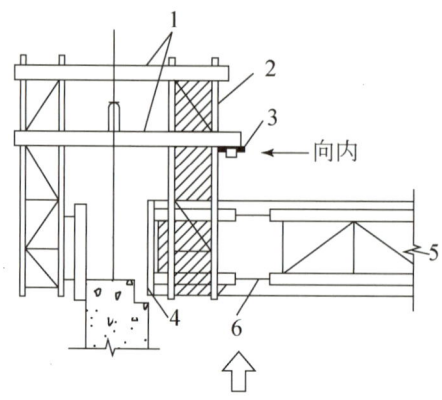

1—提升架横梁；2—提升架立柱；3—顶进丝杠；
4—向内模板；5—围圈横梁；6—围圈活接头。

图9-32　平移提升架立柱法

（5）模板双挂钩法。在需要变截面一侧的模板背后，设计成模板双挂钩，依靠模板双挂钩的不同凹槽位置，来调整模板的位置，如图9-33所示。

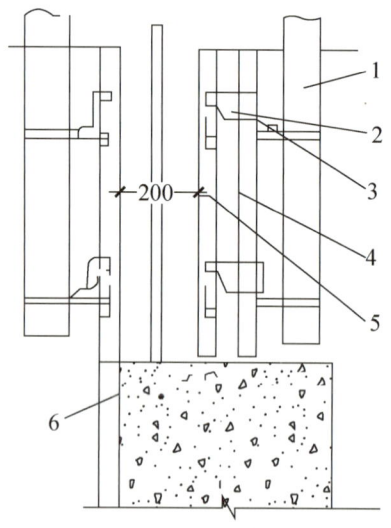

1—提升架；2—模板双挂钩；3—围圈；
4—调整前内圆模板位置；5—调整后内圆模板位置；6—外挂模板。

图9-33　模板双挂钩法

当滑升至需要改变壁厚时，停止浇筑混凝土，空滑到一定高度后停止。此时上下围圈与桁架及提升架均不动，只将模板双挂钩的外钩挂在上下围圈上，与模板双挂钩相连的模板也相应向外窜动。整个过程仅需一天半时间，既改变了壁厚，也大大缩短了工期。

9.4.3　滑框倒模施工工艺

滑框倒模施工工艺是在滑升模板施工工艺的基础上发展而成的一种施工方法。这种方法兼有滑升模板和滑框倒模的优点，因此，易于保证工程质量。但由于操作较为烦琐，因而施工中劳动量较大，速度略低于滑升模板。

1. 滑框倒模的组成与基本原理

（1）滑框倒模施工工艺的提升设备和模板装置与一般滑升模板基本相同，亦由液压控制台、油路、千斤顶、支撑杆、操作平台、围圈、提升架和模板等组成。

（2）模板不与围圈直接挂钩，模板与围圈之间增设竖向的滑道，滑道固定于围圈内侧，可随围圈滑升。滑道的作用相当于模板的支撑系统，既能抵抗混凝土的侧压力，又可约束模板位移，且便于模板的安装。滑道的间距根据模板的材质和厚度决定，一般为 300 ~ 400 mm；长度为 1 ~ 1.5 m，可采用内径 25 ~ 40 mm 的钢管制作。

（3）模板在施工时与混凝土之间不产生滑动，而与滑道之间相对滑动，即只滑框，不滑模。当滑道随围圈滑升时，模板附着于新浇筑的混凝土表面留在原位，待滑道滑升一层模板高度后，即可拆除最下一层模板，清理后，倒至上层使用，如图 9 – 34 所示。模板的高度与混凝土的浇筑层厚度相同，一般为 500 mm 左右，可配置 3 ~ 4 层。模板的宽度，在插放方便的前提下，尽量加大，以减少竖向接缝。

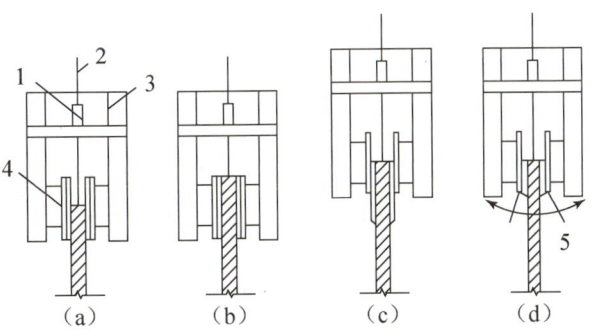

1—千斤顶；2—支撑杆；3—提升架；4—滑道；5—向上倒模。

图 9 – 34　滑框倒模示意图

（a）插放模板；（b）浇筑混凝土；（c）提升；（d）拆倒模板

模板应选用活动轻便的复合面层胶合板或双面加涂玻璃钢树脂面层的中密度纤维板，以利于向滑道内插放，方便拆模倒模。

（4）使用滑框倒模施工墙体结构的程序：绑一步横向钢筋→安装上一层模板→浇筑一层混凝土→提升一层模板高度→拆除脱出的下层模板。清理后，倒至上层使用。如此循环进行，层层上升。

2. 滑框倒模施工工艺的特点

（1）滑框倒模施工工艺与滑升模板施工工艺的根本区别在于：由滑升模板时模板与混凝土之间的滑动，变为滑道与模板之间的滑动，而模板附着于新浇筑的混凝土面而无滑移。因此，模板由滑动脱模变为拆倒脱模。与之相应，滑升阻力由滑升模板施工时的模板与混凝土之间的摩阻力，改为滑框倒模时的模板与滑道之间的摩阻力。模拟试验说明，滑框倒模施工时的摩阻力，不仅小于滑模施工时的摩阻力，而且随混凝土硬化时间的延长呈下降趋势。

（2）滑框倒模施工工艺只需控制滑道脱离模板时的混凝土强度下限大于 0.05 MPa，不致引起混凝土坍塌和支撑杆失稳，保证滑升平台安全即可。不必考虑混凝土硬化时间延长造成的混凝土黏模、拉裂等现象，给施工创造了很多便利条件。

（3）采用滑框倒模施工工艺有利于清理模板，涂刷隔离剂，以防止污染钢筋和混凝土；同时可避免滑升模板施工时容易产生的混凝土质量通病（如蜂窝麻面、缺棱掉角、拉裂及黏模等）。

（4）施工方便可靠。当发生意外情况时，可在任何部位停滑，而无须考虑滑升模板施工工艺所采取的停滑措施，同时也有利于插入梁板施工。

（5）可节省提升设备投入。由于滑框倒模施工工艺的提升阻力远小于滑升模板施工工艺的提升阻力，相应地可减少提升设备，与滑升模板相比可节省 $\frac{1}{6}$ 的千斤顶和 15% 的平台用钢量。

（6）高层建筑采用滑框倒模施工工艺时，其楼板等横向结构的施工及水平度、垂直度的控制，与滑升模板施工工艺基本相同。

9.5　爬升模板施工

根据规范《液压爬升模板工程技术标准》（JGJ/T 195—2018），爬升模板是爬模装置通过承载体附着在混凝土结构上，当新浇筑的混凝土脱模后，以液压油缸为动力，以导轨为爬升轨道，将爬模装置向上爬升一层，反复循环作业的施工工艺，简称爬模。

施工时模板不需拆装，可整体自行爬升；由于它是大型工具式模板，可一次浇筑一个楼层的墙体混凝土，可离开墙面一次爬升一个楼层高度，所以它具有大模板的优点。此外，它可减少起重机的吊运工作量；大风对其施工的影响较少，施工工期较易控制；爬升平稳，工作安全可靠；每个楼层的墙体模板安装时可校正其位置和垂直度，施工精度较高；模板与爬架的爬升、安装、校正等工序可与楼层施工的其他工序平行作业，因而可有效地缩短结构施工周期。由于爬模有上述优点，因而在我国高层建筑施工中已得到较广泛的应用。

爬模是综合大模板与滑升模板施工工艺和特点的一种模板工艺，具有大模板和滑升模板共同的优点。爬模分为有爬架爬模和无爬架爬模，其中有爬架爬模又分为外墙爬模和内外墙整体爬模两种。

9.5.1　有爬架爬模

有爬架爬模的工艺原理是以建筑结构的钢筋混凝土墙体作为支承主体，通过附着于已完成的钢筋混凝土墙体上的爬升支架或大模板，利用连接爬升支架与大模板的爬升设备，使一方固定，另一方做相对运动，交替向上爬升，以完成模板的爬升、下降、就位和校正等工作。有爬架爬模施工程序如图 9 – 35 所示。

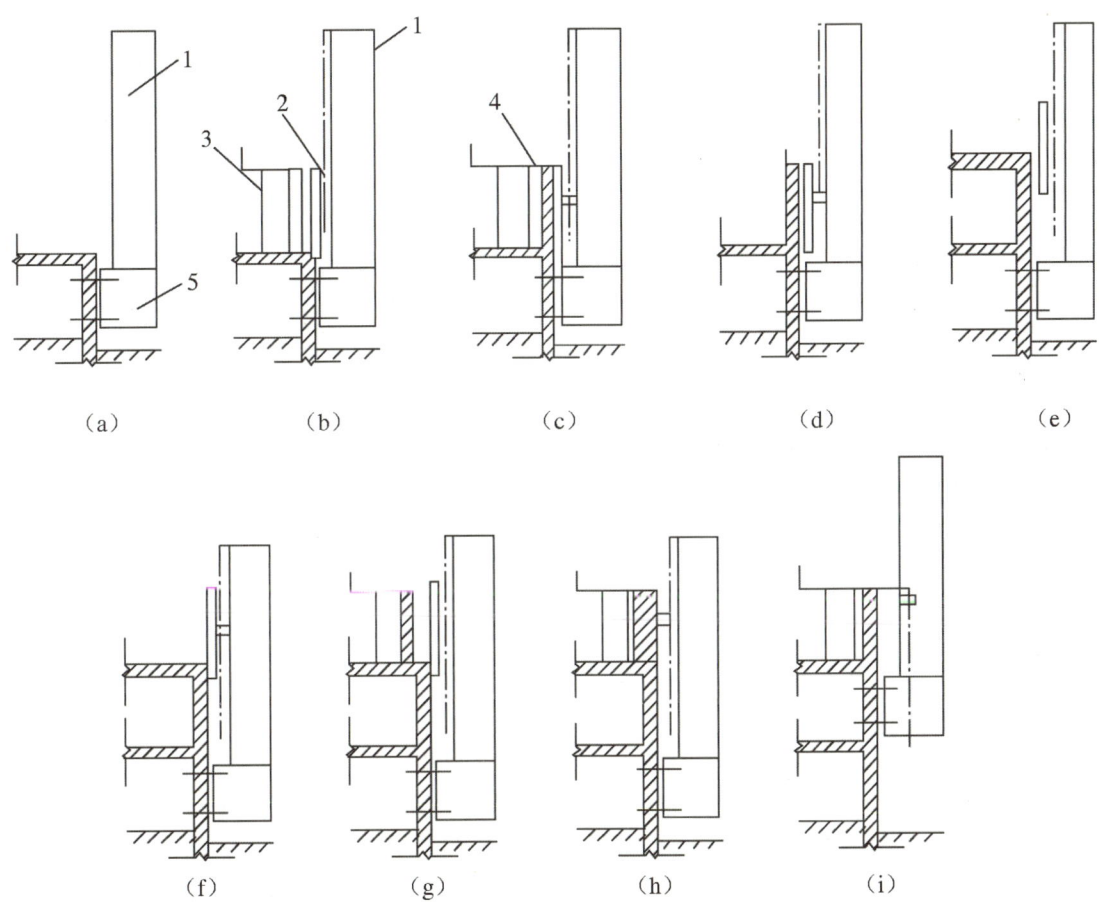

1—爬升支架；2—外模板；3—内模板；4—墙体混凝土；5—底座。

图 9 – 35　有爬架爬模施工程序

（a）头层墙完成后安装爬升支架；（b）安装外模板悬挂于爬架上，绑扎钢筋，悬挂内模板；

（c）浇筑第二层墙体混凝土；（d）拆除内模板；（e）第二层楼板施工；

（f）爬升外模板并校正，固定于上一层；（g）绑扎第三层墙体钢筋，安装内模板；

（h）浇筑第三层墙体混凝土；（i）爬升底座，将底座固定于第二层墙体

1. 构造与组成

有爬架爬模由大模板、爬升支架和爬升动力设备三部分组成，如图 9 – 36 所示。

（1）大模板。

① 与一般大模板相同，由面板、横肋、竖向大肋、对销螺栓等组成。面板一般用薄钢板，也可用木（竹）胶合板。横肋用［6.3 槽钢。竖向大肋用［8 或［10 槽钢。横肋、竖肋的间距需要经过计算确定。

② 模板的高度一般为建筑标准层高加 100～300 mm（属于模板与下层已浇筑墙体的搭接高度，用于模板下端的定位和固定）。模板下端需增加橡胶衬垫，以防止漏浆。

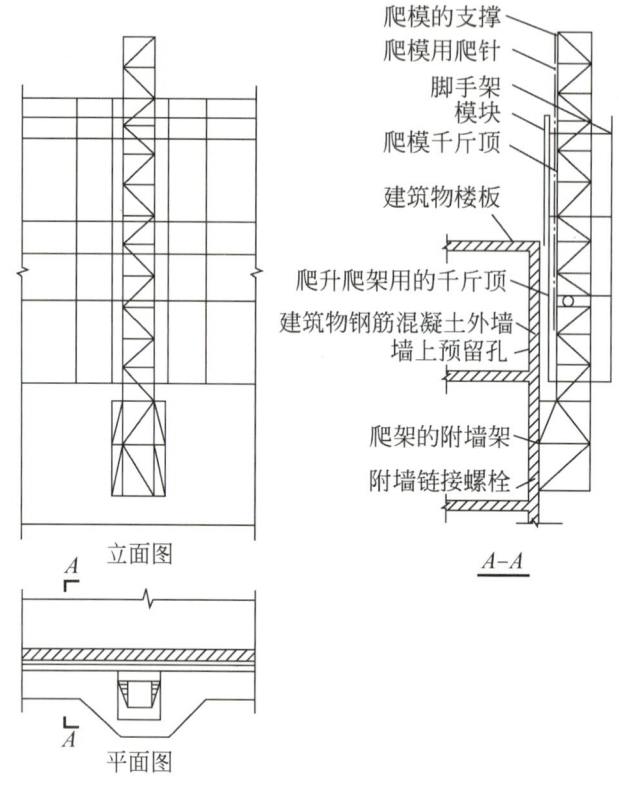

图 9－36　有爬架爬模构造

③ 模板的宽度可根据一片墙的宽度和施工段的划分确定，可以是一个开间、一片墙或一个施工段的宽度。其分块要与爬升设备能力相适应。

④ 模板的吊点，根据爬模的工艺要求，应设置两套吊点，一套吊点（一般为两个吊环）用于分块制作和吊运，在制作时焊接在横肋或竖肋上；另一套吊点用于模板爬升，设置在每个爬架位置，要求与爬架吊点位置相对应，一般在模板拼装时进行安装和焊接。

⑤ 模板附有爬升装置、外附脚手架和悬挂脚手架。

模板上的爬升装置用于安装和固定爬升设备，常用的爬升设备为倒链和单作用液压千斤顶。采用倒链时，模板上的爬升装置为吊环，其中用于模板爬升的吊环，设置在模板中部的重心附近，为向上的吊环；用于爬架爬升的吊环设置在模板上端，由支承架挑出，位置与爬架重心相符，为向下的吊环。采用单作用液压千斤顶时，模板爬升装置分别为千斤顶底座（用于模板爬升）和爬杆支承架（用于爬架爬升），如图 9－37 所示。模板背面安装爬模用千斤顶的装置尺寸应与千斤顶底座尺寸相对应。模板爬升装置为千斤顶铁板，位置在模板的重心附近。用于爬架爬升的装置是爬杆的支承架，安装在模板的顶端。因此，模板爬升装置与爬架爬升装置，要处在同一条竖直线上。

外附脚手架和悬挂脚手架设在模板外侧（见图 9 – 37），供模板的拆模、爬升、安装就位、校正固定、穿墙螺栓的安装与拆除、墙面清理和嵌塞穿墙螺栓等操作使用。脚手的宽度为 600 ~ 900 mm，每步高度为 1 800 mm。脚手架上下要有垂直登高设施，并应配备存放小型工具和螺栓的工具箱。在大模板固定后，要用连接杆将大模板与脚手架连成整体。

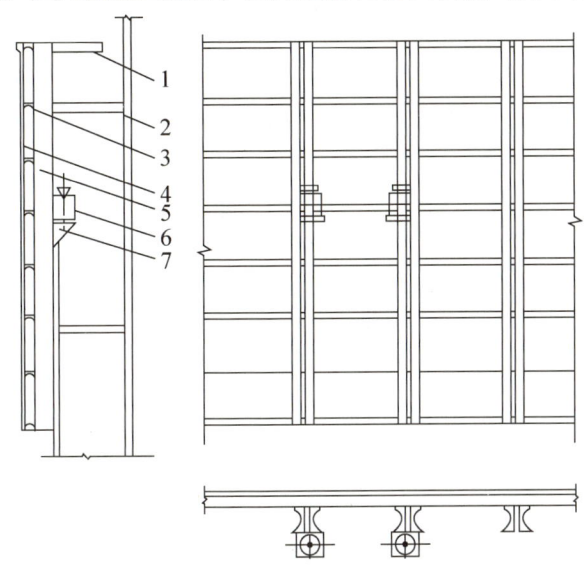

1—爬架千斤顶爬杆的支承架；2—脚手（立面和平面图未注）；3—模肋；
4—面板；5—竖向大肋；6—爬模用千斤顶；7—千斤顶底座。

图 9 – 37 模板爬升装置构造图

⑥ 大模板如果采用多块模板拼接，由于在模板爬升时，模板拼接节点处就会产生弯曲和剪切应力，所以在拼接节点处应比一般大模板加强，可采用规格相同的短型钢跨越拼接缝，以保证竖向方向和水平方向传递内力的连续性。

（2）爬升支架。爬升支架由立柱和底座组成，如图 9 – 38 所示。立柱用于悬挂和提升模板，结构必须牢靠，一般由角钢焊成方形桁架标准节，节与节之间用法兰螺栓连接，最低一节底端与底座也用法兰螺栓连接。底座承受整个爬模荷载，通过穿墙螺栓传送给下层已达到规定强度的混凝土墙体上。

爬升支架是承重结构，主要依靠底座固定在下层已有一定强度的混凝土墙体上，并随着施工层的上升而升高。其下部有水平起模支承横梁，中部有千斤顶底座，上有挑梁和吊模扁担，主要起到悬挂模板、爬升模板和固定模板的作用。因此，其要具有一定的强度、刚度和稳定性。

（3）爬升动力设备。常用的爬升动力设备有电动葫芦、倒链、单作用液压千斤顶等，其起重能力一般要求为计算值的两倍以上。

① 倒链，又称环链手动葫芦。选用倒链时，除起重能力应比设计计算值大一倍以外，还要使其起升高度比实际需起升高度大 0.5 ~ 1 m，以便于模板或爬升支架爬升到就位高度时，尚有一定长度的起重倒链可以摆动，方便就位和校正固定。

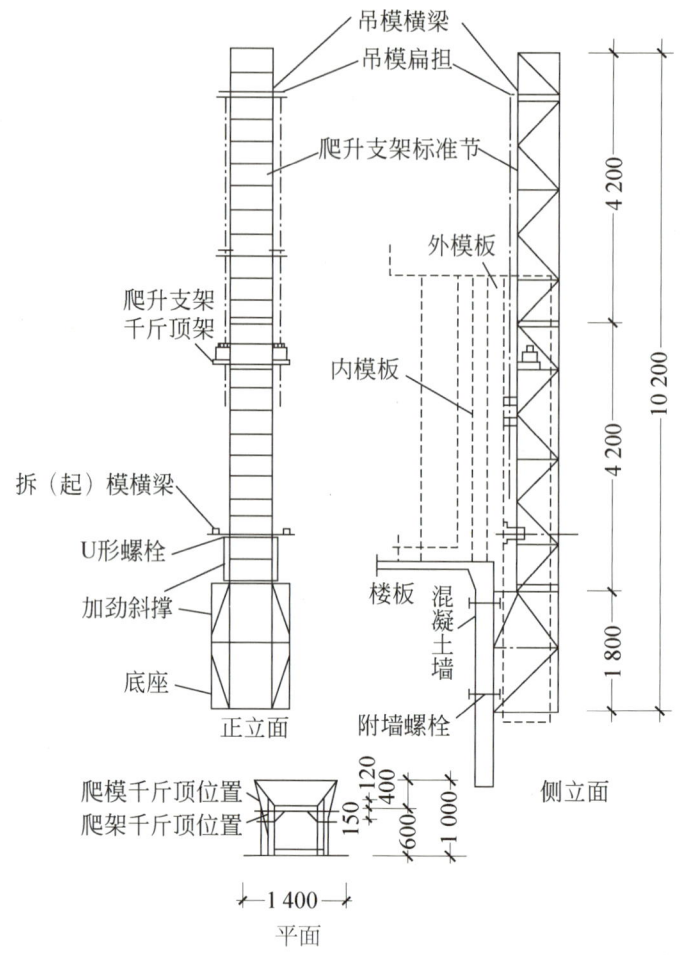

图 9 – 38 爬升支架构造及组装图

② 千斤顶和爬杆。千斤顶可采用穿心式千斤顶。千斤顶的底盘与模板或爬升支架的连接底座，用 4 只 M14 ~ M16 的螺栓固定。插入千斤顶的爬杆上端用螺钉与挑架固定，安装后的千斤顶和爬杆应呈垂直状态。

爬升模板用的千斤顶底座，安装在模板背面的竖向大肋上，爬杆上端与爬升支架上挑架固定，当模板爬升就位时，从千斤顶顶部到爬杆上端固定位置的间距不应小于 1 m。

爬升支架用的千斤顶底座，安装在爬升支架中部的挑架上，爬杆上端与模板上挑架固定，当爬升支架爬升就位时，从千斤顶到爬杆上端固定位置的间距不应小于 1 m。

爬杆采用 Q235 钢，其直径为 25 mm（按千斤顶规格选用），长度根据楼层层高或模板一次要求升高的高度决定，一般爬模用的爬杆长度为 4 ~ 5 m。

若采用单作用液压千斤顶，则每爬升一个楼层或施工层后，需将爬杆向下全部抽掉，再重新从上部插入，这样爬杆顶端固定节点的直径应小于 25 mm，可采用 M16 的螺钉加垫板，如图 9 – 39 所示。

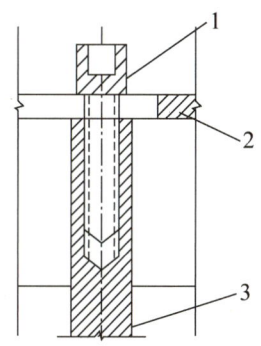

1—M16×60 螺钉；2—有垫板的挑架；

3—顶端有 M16×60 螺孔的 φ25 千斤顶爬杆。

图 9 – 39　单作用液压千斤顶爬杆端连接图

2. 施工工艺

有爬架爬模施工工艺流程如图 9 – 40 所示。

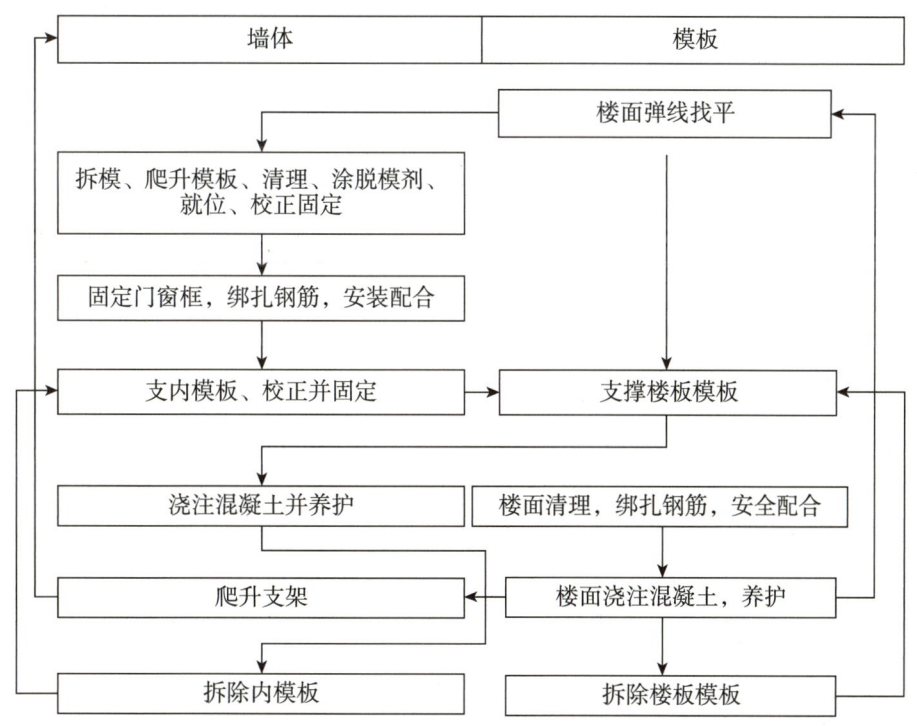

图 9 – 40　有爬架爬模施工工艺流程

（1）有爬架爬模安装。

① 进入现场的有爬架爬模系列（大模板、爬升支架、爬升设备、脚手架及附件等），应按施工组织设计及有关图纸验收，合格品方可使用。

② 检查工程结构上预埋螺栓孔的直径和位置是否符合图纸要求。有偏差时应在纠正后安装有爬架爬模。

③ 有爬架爬模的安装顺序：底座→立柱→爬升设备→大模板。

④ 底座安装时，先临时固定部分穿墙螺栓，待校正标高后，方可固定全部穿墙螺栓。

⑤ 立柱宜采取在地面组装成整体，在校正垂直度后再固定全部与底座相连的螺栓。

⑥ 模板安装时，先加以临时固定，待就位校正后，方可正式固定。

⑦ 安装模板的起重设备，可使用工程施工的起重设备。

⑧ 模板安装完毕后，应对所有连接螺栓和穿墙螺栓进行紧固检查，并经试爬升验收合格后，方可投入使用。

⑨ 所有穿墙螺栓均应由外向内穿入，并在内侧紧固。

（2）有爬架爬模爬升。

① 爬升前，首先要仔细检查爬升设备的位置、牢固程度、吊钩及连接杆件等，在确认符合要求后方可正式爬升。

② 正式爬升前，应先拆除与相邻大模板及脚手架间的连接杆件，使各个爬模单元系统分开。

③ 爬升时应先收紧千斤钢丝绳，然后拆卸穿墙螺栓。在爬升大模板时拆卸大模板的穿墙螺栓，在爬升支架时拆卸底座的穿墙螺栓。同时还要检查卡环和安全钩。调整好大模板或爬升支架的重心，使其能保持垂直，防止晃动与扭转。

④ 爬升时操作人员站立的位置一定要安全，不准站在爬升件上爬升，而应站在固定件上。

⑤ 爬升时要稳起、稳落和平稳地就位，防止大幅度摆动和碰撞。注意不要使有爬架爬模被其他构件卡住，若发现此现象，则应立即停止爬升，待故障排除后，再继续爬升。

⑥ 每个单元的爬升，应在一个工作台班内完成，不宜中途交接班，更不允许隔夜再爬升。爬升完毕应及时固定。

⑦ 遇 6 级以上大风时，一般应停止作业。

⑧ 爬升完毕后，应将小型机具和螺栓收拾干净，不可遗留在操作架上。

（3）有爬架爬模拆除。

① 拆除有爬架爬模，要有拆除方案，并应由技术负责人签署意见，并向有关人员交底后方可实施。

② 拆除时要设置警戒区，要由专人统一指挥、由专人监护，严禁交叉作业。拆下的物件，要及时清理运走。

③ 拆除时要先清除脚手架上的垃圾杂物，再拆除连接杆件，经检查安全可靠后，方可大面积拆除。

④ 拆除有爬架爬模的顺序：爬升设备→大模板→爬升支架。

⑤ 拆除有爬架爬模的机械设备，可利用施工用的起重机，也可在屋面上装设人字形拔杆或台灵架，进行拆除。

⑥ 拆下的有爬架爬模要及时清理、整修和保养，以便重复利用。

（4）有爬架爬模制作与安装的质量要求（见表9 – 14）。

表 9 – 14   有爬架爬模制作与安装的质量要求

项目	质量标准	检测工具与方法
（一）制作		
1. 大模板		
外形尺寸	– 3 mm	钢尺测量
对角线	± 3 mm	钢尺测量
板面平整度	< 2 mm	2 m 靠尺，塞尺测量
直边平直角	± 2 mm	2 m 靠尺，塞尺测量
螺孔位置	± 2 mm	钢尺测量
螺孔直径	+ 1 mm	量规检测
焊缝	按图纸要求检查	
2. 爬升支架		
截面尺寸	± 3 mm	钢尺测量
全高弯曲	± 5 mm	钢丝拉绳测量
立柱对底座的垂直度	1%	挂线测量
螺孔位置	± 2 mm	钢尺测量
螺孔直径	+ 1 mm	量规检测
焊缝	按图纸要求检查	
（二）安装		
1. 墙面留穿墙螺栓孔位置	± 5 mm	钢尺测量
2. 穿墙螺栓孔直径	± 2 mm	钢尺测量
3. 模板		
拼缝缝隙	< 3 mm	塞尺测量
拼缝处平整度	< 2 mm	靠尺测量
垂直度	< 3 mm 或 1‰	用 2 m 靠尺测量
标高	± 5 mm	钢尺测量

9.5.2　无爬架爬模

无爬架爬模的模板由甲、乙两种类型的模板组成，爬升时两种模板互为依托，用提升设备使两种相邻模板交替爬升。

1. 模板

甲型模板（甲模）为窄板，高度大于2个层高；乙型模板（乙模）按建筑物外墙尺寸配制，高度略大于层高，与下层墙体稍有搭接，以避免漏浆和错台；两种模板交替布置，甲模布置在内外墙的交接，或大开间处墙的中部，如图9 – 41所示。

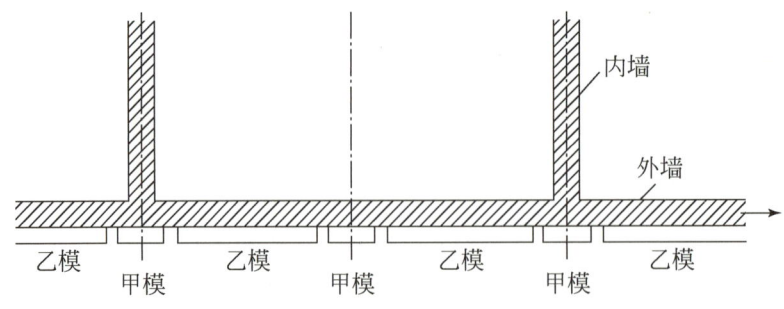

图 9-41　无爬架爬模布置示意图

每块模板的左右两侧均拼接有调节板缝的钢板，并使模板两侧形成轨槽以利模板爬升。模板背面设有竖向背楞，作为模板爬升的依托，并可加强模板刚度。内外模板用 $\phi16$ 穿墙螺栓拉结固定。模板爬升时，利用相邻模板与墙体的拉结来抵抗爬升时的外张力，所以模板要有足够的刚度。

2. 爬升装置

爬升装置由三角爬架、爬杆、卡座和液压千斤顶等组成，如图 9-42 和图 9-43 所示。

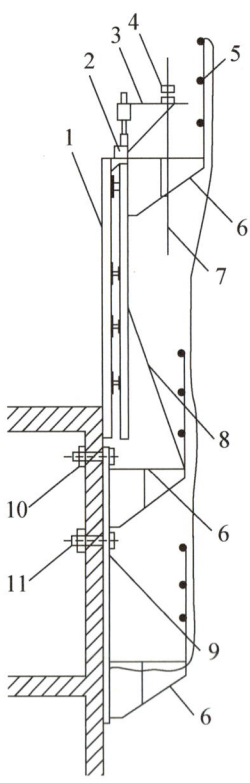

1—模板；2—液压千斤顶；3—三角爬架；4—卡座；5—安全网；6—上、中、下平台挑梁；
7—爬杆；8—支撑；9—"生根"背；10—连接板；11—螺栓。

图 9-42　爬升装置 1

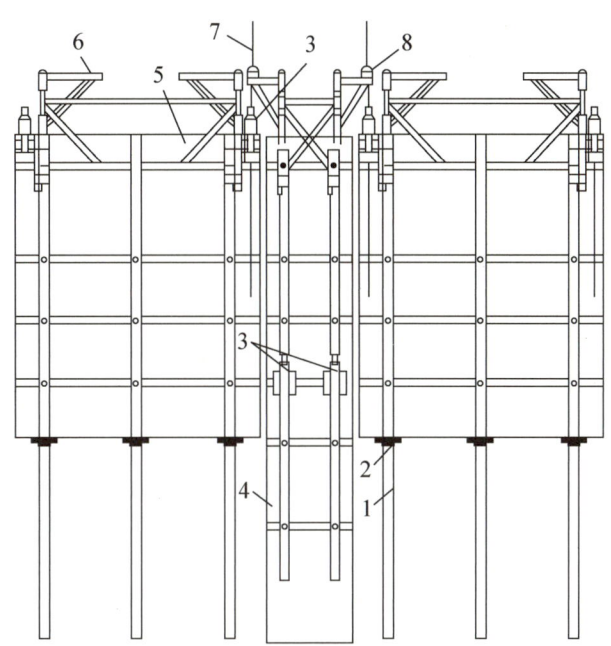

1—"生根"背；2—连接板；3—液压千斤顶；4—甲模；5—乙模；6—三角爬架；7—爬杆；8—卡座。

图 9-43 爬升装置 2

三角爬架插在模板上口两端套筒内，套筒用 U 形螺栓与竖向背楞连接。三角爬架可以自由回转，其作用是支承卡座和爬杆。

爬杆用直径为 25 mm 的圆钢制成，长 3.0 m，上端用卡座固定，支承在三角爬架上，爬升时处于受拉状态。

每块模板安装 2 台液压千斤顶，最大起重量为 3.5 t。甲模的液压千斤顶安装在模板中间偏下处，乙模的液压千斤顶安装在模板上口两端。供油系统采用齿轮泵（额定压力为 10 MPa，排油量为48 L/min）用高压胶管作为油管。

3. 操作平台

操作平台使用三角挑架作为支撑，安装在乙模竖向背楞和它下面的"生根"背楞上，上下放置 3 道。上面铺脚手板，外侧设护身栏和安全网。上层平台、中层平台供安装、拆除模板时使用，并在中层平台上加设模板支撑一道，使模板、三角挑架和支撑形成稳固的整体，并用来调整模板的角度，也便于拆模时松动模板；下层平台供修理墙面使用。模板不设操作平台挑架。

4. 爬升原理

无爬架爬模施工时，甲模和乙模交替布置，交替爬升。每块模板靠近左右两端的竖向背楞上均装设三角爬架和液压千斤顶等爬升装置。当乙模由其上口的液压千斤顶带动爬升时，以甲模的爬架和支撑杆为依托；当甲模由其中部的液压千斤顶带动爬升时，以乙模的爬架和支撑杆为依托。具体的爬升流程如下。

（1）模板安装就位、校正后，装设穿墙螺栓，浇筑混凝土，如图 9-44（a）所示。

（2）待混凝土达到拆模强度，拆除甲模的穿墙螺栓，松动甲模，将甲模爬升一个楼层的高度，校正后，再装入穿墙螺栓，如图 9 - 44（b）所示。

（3）拆除乙模的穿墙螺栓，借助甲模，将乙模爬升至甲模上口平齐校正后，装入穿墙螺栓，浇筑混凝土，如图 9 - 44（c）所示。

如此反复，交替爬升。

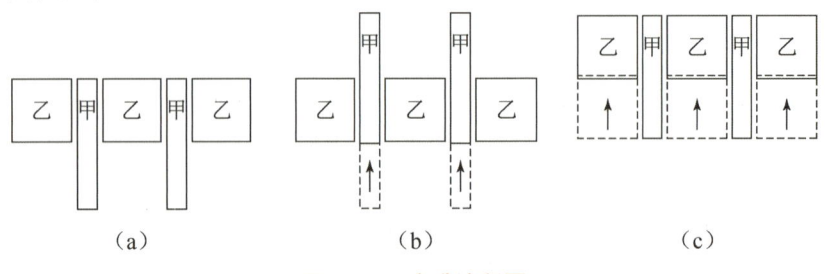

图 9 - 44　爬升流程图

（a）模板变位，浇筑混凝土；（b）甲模爬升；（c）乙模爬升，浇筑混凝土

9.5.3　爬模施工注意事项

1. 施工程序

由于爬模的附墙架需安装在混凝土墙面上，故采用爬模施工时，底层结构施工仍须采用大模板或者一般支模的方法，当底层混凝土墙拆除模板后，方可进行爬架的安装。爬架安装好以后，就可以利用爬架上的提升设备，将二层墙面的大模板提升到三层墙面的位置就位，届时就完成了爬模的组装工作，可进行结构标准层的爬模施工。

2. 爬架组装

爬架的支承架和附墙架是横卧在平整的地面上拼装的，经过质量检查合格后再用起重机安装到墙上。

被安装爬架的墙面需预留安装附墙架的螺栓孔，螺栓孔的位置要与上面各层的附墙螺栓孔位置处于同一垂直线上。墙上留孔的位置越精确，爬架安装的垂直度越容易保证，安装好爬架后要校正垂直度，其偏差宜控制在 $\dfrac{h}{1\,000}$ 以内。

3. 模板组装

高层建筑钢筋混凝土外墙采用爬模施工，当底层墙施工时爬架无处安装，可在半地下室或基础顶部设置牛腿支座，大模板搁置在牛腿支座上组装。爬模在开始层的组装程序如下：安装爬架并安装提升设备；吊装分块模板；利用校正工具校正和固定模板；当爬模到达二层墙高度时，开始安装悬挂脚手架及各种安全设施。

4. 爬架爬升

爬架在爬升之前必须将外模板与爬架间的校正支撑拆去，检查附墙连接螺栓是否都已抽除，清除爬模爬升过程中可能遇到的障碍，还应确定固定附墙架的墙体混凝土强度是否已达到 $10\ \mathrm{N/mm^2}$。

爬架在爬升过程中两套爬升设备要同步提升，使爬架处于垂直状态。当用倒链时应两只同时拉动；用单作用液压千斤顶时，应在总油路的分流器上用两根油管分别接到单作用液压千斤顶的油嘴上，采用并联接法使两只单作用液压千斤顶同时进油。爬架先爬升 50 ~ 100 mm，然后进行全面检查，待一切都通过检验后，便可进行正常爬升。

爬升过程中操作人员不得站在爬架内，可站在模板的外附脚手架上操作。

爬架爬升到位时要逐个及时插入附墙螺栓，校正好爬架垂直度后拧紧附墙螺栓的螺母，使得附墙架与混凝土的摩擦力足够平衡爬架的垂直荷载。

5. 模板爬升

模板的爬升须待模板内的墙身混凝土强度达到 1.2 ~ 3.0 N/mm² 时，方可进行。

9.5.4　液压自爬模板

1. 液压自爬模板简介

液压自爬模板带有液压顶升系统，液压顶升系统可使模板架体与导轨间形成互爬，从而使液压自爬模板稳步向上爬升。

液压自爬模板在施工过程中不需要其他起重设备，操作方便，爬升速度快，安全系数高，是高层建筑施工时的首选模板体系，如图 9 – 45 所示。

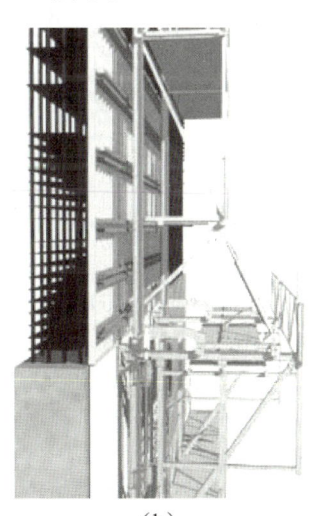

（a） （b）

图 9 – 45　液压自爬模板

（a）现场施工图；（b）近景图

2. 液压自爬模板的优点

液压自爬模板相对传统的爬架，有许多优点。

（1）液压自爬模板可整体爬升，也可单榀爬升，爬升稳定性好。

（2）操作方便，安全性高，可节省大量工时和材料。

（3）除了因为建筑结构的要求（如墙面突然缩进或形状突变）需要对爬模架改造外，一般情况下爬模架一次组装后，一直到顶不落地，不仅节省了施工场地，而且减少了模板

（特别是面板）的碰伤损坏。

（4）液压自爬模板的爬升过程平稳、同步、安全。

（5）提供全方位的操作平台，不必为重新搭设操作平台而浪费材料和劳动力。

（6）结构施工误差小，纠偏简单，施工误差可逐层消除。

（7）爬升速度快，可以提高工程施工速度（平均 3~5 d 一层）。

（8）模板自爬，可原地清理，大大降低了塔吊的吊次。

3. 液压自爬模板的爬升过程

液压自爬模板以液压为动力，通过导轨与支架互爬实现模板的自爬升，整个爬升过程均不需要任何其他吊升设备（安装及拆除除外）。液压自爬模板爬升顺序：后移模板→提升导轨→提升模板及支架→合模板浇筑混凝土。液压自爬模板爬升过程如图 9 – 46 所示。

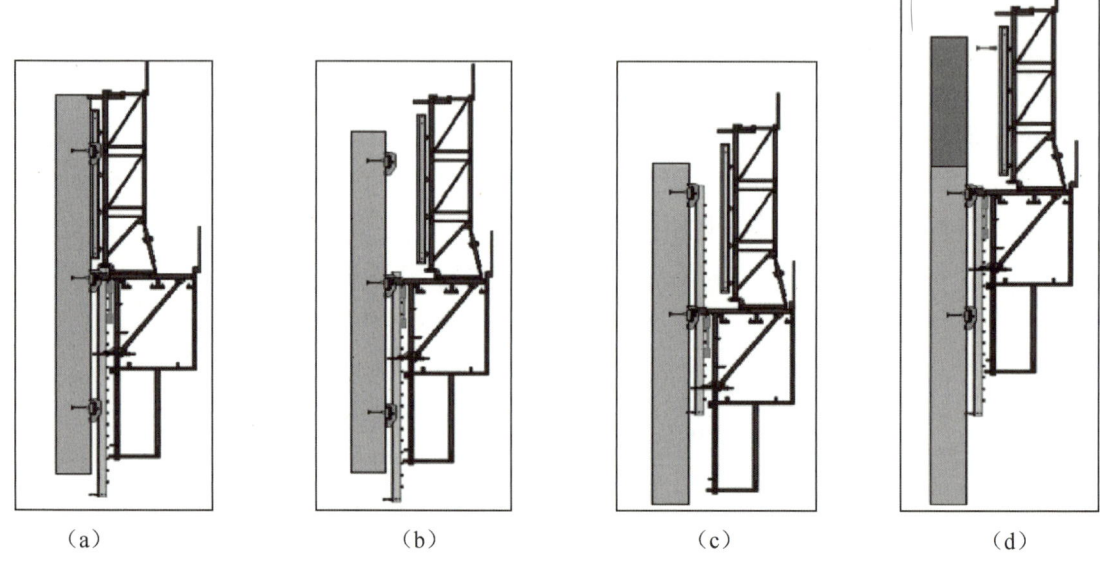

| （a） | （b） | （c） | （d） |

图 9 – 46　液压自爬模板爬升过程

（a）后移模板；（b）提升导轨；（c）提升模板及支架；（d）合模板浇筑混凝土

9.6　自密实混凝土与清水混凝土施工

9.6.1　自密实混凝土及施工

自密实混凝土具有高流动度、不离析、均匀性和稳定性，浇筑时不加振捣施工也能依靠其自重均匀地填充到模板各处的性能。

1. 自密实混凝土原材料要求

（1）胶凝材料。

配制自密实混凝土宜采用硅酸盐水泥或普通硅酸盐水泥，并应符合《通用硅酸盐水泥》（GB 175—2007）的规定。当采用其他品种水泥时，其性能指标应符合国家现行相关标准的规定。

配制自密实混凝土可采用粉煤灰、粒化高炉矿渣粉、硅灰等矿物掺合料。矿物掺合料应符合国家相关标准的规定，并具有低需水量、高活性，往往可利用不同细掺合料的复合效应。例如：矿渣比粉煤灰活性高，而需水性大，抗离析性差；粉煤灰比矿渣抗碳化性能差，但需水性小，收缩少。按适当比例同时掺用粉煤灰和矿渣，则可取长补短。

（2）骨料。

①细骨料宜选用第 Ⅱ 级配区的中砂，砂的含泥量、泥块含量宜符合表 9 – 15 的要求。

表 9 – 15　砂的含泥量、泥块含量指标

项目	含泥量	泥块含量
指标	≤3.0%	≤1.0%

②粗骨料宜采用连续级配或 2 个单粒径级配的石子，最大粒径不宜大于 20 mm；石子的含泥量、泥块含量及针片状颗粒含量宜符合表 9 – 16 的要求；石子空隙率宜小于 40% 。

表 9 – 16　石子的含泥量、泥块含量及针片状颗粒含量指标

项目	含泥量	泥块含量	针片状颗粒含量
指标	≤1.0%	≤0.5%	≤8%

（3）外加剂。

要求使用高效减水剂，宜选用聚羧酸系高性能减水剂。当需要提高混凝土拌合物的黏聚性时，可掺入增黏剂。

2. 自密实混凝土性能等级的确定

（1）自密实混凝土的自密实性能包括填充性、间隙通过性和抗离析性。自密实混凝土拌合物的性能要求如表 9 – 17 所示。

表 9 – 17　自密实混凝土拌合物的性能要求

自密实性能	性能指标	性能等级	技术要求
填充性	坍落扩展度/mm	SF1	550 ~ 655
		SF2	660 ~ 755
		SF3	760 ~ 850
	扩展时间 T_{500} /s	VS1	≥2
		VS2	<2

续表

自密实性能	性能指标	性能等级	技术要求
间隙通过性	坍落扩展度与 J 环扩展度差值/mm	PA1	$25 < PA1 \leqslant 50$
		PA2	$0 \leqslant PA2 \leqslant 25$
抗离析性	离析率	SR1	$\leqslant 20\%$
		SR2	$\leqslant 15\%$
	粗骨料振动离析率	f_m	$\leqslant 10\%$

注：当抗离析性试验结果有争议时，以离析率筛析法试验结果为准。

（2）自密实混凝土性能等级的选用确定应根据结构物的结构形状、尺寸、配筋状态、浇筑方法等确定，如表 9 – 18 所示。

表 9 – 18　不同性能等级自密实混凝土的应用范围

自密实性能	性能等级	应用范围	重要性
填充性	SF1	1. 从顶部浇筑的无配筋或配筋较少的混凝土结构物。 2. 泵送浇筑施工的工程。 3. 截面较小，不需要水平长距离流动的竖向结构物	控制指标
	SF2	适用于一般的普通钢筋混凝土结构	
	SF3	适用于结构紧密的竖向构件、形状复杂的结构等（粗骨料最大公称粒径宜小于 16 mm）	
	VS1	适用于一般的普通钢筋混凝土结构	
	VS2	适用于配筋较多的结构或有较高混凝土外观性能要求的结构，应严格控制	
间隙通过性	PA1	适用于钢筋净距 80 ~ 100 mm	可选指标
	PA2	适用于钢筋净距 60 ~ 80 mm	
抗离析性	SR1	适用于流动距离小于 5 m、钢筋净距大于 80 mm 的薄板结构和竖向结构	可选指标
	SR2	适用于流动距离超过 5 m、钢筋净距大于 80 mm 的竖向结构。也适用于流动距离小于 5 m、钢筋净距小于 80 mm 的竖向结构，当流动距离超过 5 m，SR 值宜小于 10%	

注：1. 钢筋净距小于 60 mm 时，宜进行浇筑模拟试验；对于钢筋净距大于 80 mm 的薄板结构或钢筋净距大于 100 mm 的其他结构可不作间隙通过性指标要求。

2. 高填充性（坍落扩展度指标为 SF2 或 SF3）的自密实混凝土，应有抗离析性要求。

3. 自密实混凝土配合比设计原则

（1）自密实混凝土配合比应根据结构物的结构条件、施工条件及环境条件所要求的自密实性能进行设计，在综合强度、耐久性和其他必要性能要求的基础上，提出试验配合比。

（2）在进行自密实混凝土的配合比设计调整时，应考虑水胶比对自密实混凝土设计强度的影响和水粉比对自密实性能的影响。

（3）配合比设计宜采用绝对体积法。自密实混凝土水胶比宜小于 0.45，胶凝材料用量宜控制在 400～550 kg/m³。

（4）自密实混凝土宜采用通过增加粉体材料的方法适当增加浆体体积，也可通过添加外加剂的方法来改善浆体的黏聚性和流动性。

（5）钢管自密实混凝土配合比设计时，应采取减少收缩的措施。

4. 自密实混凝土浇筑

（1）高温施工时，自密实混凝土入模温度不宜超过 35 ℃；冬期施工时，自密实混凝土入模温度不宜低于 5 ℃。在降雨、降雪期间，不宜在露天浇筑自密实混凝土。

（2）大体积自密实混凝土入模温度宜控制在 30 ℃以下；自密实混凝土在入模温度基础上的绝热温升值不宜大于 50 ℃，自密实混凝土的降温速度不宜大于 2.0 ℃/d。

（3）浇筑自密实混凝土时，应根据浇筑部位的结构特点及自密实混凝土性能选择机具与浇筑方法。

（4）浇筑自密实混凝土时，现场应有专人进行监控，当自密实混凝土性能不能满足要求时，可加入适量的与原配合比相同成分的外加剂，外加剂掺入后搅拌运输车滚筒应快速旋转，外加剂掺量和旋转搅拌时间应通过试验验证。

（5）自密实混凝土泵送施工应符合现行行业标准《混凝土泵送施工技术规程》（JGJ/T 10—2011）的规定。

（6）自密实混凝土泵送和浇筑过程应保持连续性。

（7）大体积自密实混凝土采用整体分层连续浇筑或推移式连续浇筑时，应缩短间歇时间，并应在前层混凝土初凝之前浇筑次层混凝土，同时应减少分层浇筑的次数。

（8）自密实混凝土浇筑最大水平流动距离应根据施工部位具体要求确定，且不宜超过 7 m。布料点应根据自密实混凝土性能确定，并通过试验确定混凝土布料点的间距。

（9）柱、墙模板内的混凝土浇筑要控制混凝土自由下落高度，防止自密实混凝土在垂直浇筑中因高度过大产生离析现象，或被钢筋打散，使混凝土不连续。浇筑时倾落高度不宜大于 5 m，当不能满足规定时，应加设串筒、溜管、溜槽等装置。

（10）浇筑结构复杂、配筋密集的混凝土构件时，可在模板外侧进行辅助敲击。

（11）型钢混凝土结构应均匀对称浇筑。

（12）钢管自密实混凝土结构浇筑应符合下列规定。

① 应按设计要求在钢管适当位置设置排气孔，排气孔孔径宜为 20 mm。

② 自密实混凝土最大倾落高度不宜大于 9 m；倾落高度大于 9 m 时，应采用串筒、溜槽、溜管等辅助装置进行浇筑。

③ 自密实混凝土从管底顶升浇筑时，应在管底设置进料管，进料管应设止流阀门，止流阀门可在顶升浇筑的自密实混凝土达到终凝后拆除；应合理选择顶升设备，控制自密实混凝土顶升速度，钢管直径不宜小于泵管直径的 2 倍；浇筑完毕 30 min 后，应观察管顶自密实混凝土的回落下沉情况，出现下沉时，应人工补浇管顶自密实混凝土。

④ 自密实混凝土宜避开高温时段浇筑。当水分蒸发速度过快时，应在施工作业面采取挡风、遮阳等措施。

5. 自密实混凝土养护

（1）制定养护方案时，应综合考虑自密实混凝土性能、现场条件、环境温湿度、构件特点、技术要求、施工操作等因素。

（2）自密实混凝土浇筑完毕，应及时采用覆盖、蓄水、薄膜保湿、喷涂或涂刷养护剂等养护措施，养护时间不得少于 14 d。

（3）大体积自密实混凝土养护措施应符合设计要求，当设计无具体要求时，应符合现行国家标准《大体积混凝土施工规范》（GB 50496—2018）的有关规定。对裂缝有严格要求的部位应适当延长养护时间。

（4）对于平面结构构件，自密实混凝土初凝后，应及时采用塑料薄膜覆盖，并应保持塑料薄膜内有凝结水。自密实混凝土强度达到 1.2 N/mm^2 后，应覆盖保湿养护，条件许可时宜蓄水养护。

（5）垂直结构构件拆模后，表面宜覆盖保湿养护，也可涂刷养护剂。

（6）冬期施工时，不得向裸露部位的自密实混凝土直接浇水养护，应用保温材料和塑料薄膜进行保温、保湿养护，保温材料的厚度应经热工计算确定。

9.6.2 清水混凝土及施工

1. 清水混凝土分类

清水混凝土是指直接利用混凝土成型后的自然质感作为饰面效果的混凝土，可分为普通清水混凝土、饰面清水混凝土和装饰清水混凝土，如表 9－19 所示。

表 9－19 清水混凝土的主要分类

分类	特点
普通清水混凝土	表面颜色无明显色差，对饰面效果无特殊要求
饰面清水混凝土	表面颜色基本一致，由有规律排列的对拉螺栓孔眼、明缝、蝉缝、假眼等组合形成，以自然质感为饰面效果
装饰清水混凝土	表面形成装饰图案、镶嵌装饰片或色彩。其质量要求由设计确定

2. 清水混凝土模板设计

为满足清水混凝土装饰效果，模板设计除参照《高层建筑施工手册 第3版》第六章模板工程相关内容外，还应满足以下要求。

（1）模板分块设计应满足清水混凝土饰面效果的设计要求。当设计无具体要求时，应符合下列要求。

① 外墙模板分块宜以轴线或门窗口中线为对称中心线，内墙模板分块宜以墙中线为对称中心线。

② 外墙模板上下接缝位置宜设于明缝处，明缝宜设置在楼层标高、窗台标高、窗过梁梁底标高、框架梁梁底标高、窗间墙边线或其他分格线位置。

③ 阴角模与大模板之间不宜留调节余量；当确需留置时，宜采用明缝方式处理。

（2）单块模板的面板分割设计应与蝉缝、明缝等清水混凝土饰面效果一致。当设计无具体要求时，应符合下列要求。

① 墙模板的分割应依据墙面的长度、高度，门窗洞口的尺寸，梁的位置和模板的配置高度、位置等确定，所形成的蝉缝、明缝水平方向应交圈，竖向应顺直有规律。

② 当模板接高时，拼缝不宜错缝排列，横缝应在同一标高位置。

③ 群柱竖缝方向宜一致。当矩形柱较大时，其竖缝宜设置在柱中心。柱模板横缝宜从楼面标高开始向上作均匀布置，余数宜放在柱顶。

④ 水平模板排列设计应均匀对称、横平竖直；对于弧形平面宜沿径向辐射布置。

⑤ 装饰清水混凝土的内衬模板的面板分割应保证装饰图案的连续性及施工的可操作性。

（3）饰面清水混凝土模板应符合下列要求。

① 阴角部位应配置阴角模，角模面板之间宜斜口连接。

② 阳角部位宜两面模板直接搭接。

③ 模板面板接缝宜设置在肋处，无肋接缝处应有防止漏浆措施。

④ 模板面板的钉眼、焊缝等部位的处理不应影响混凝土饰面效果。

⑤ 假眼宜采用同直径的堵头或锥形接头固定在模板面板上。

⑥ 门窗洞口模板宜采用木模板，支撑应稳固，周边应贴密封条，下口应设置排气孔，滴水线模板宜采用易于拆除的材料，门窗洞口的企口、斜坡宜一次成型。

⑦ 宜利用下层构件的对拉螺栓孔支撑上层模板。

⑧ 宜将墙体端部模板面板内嵌固定。

⑨ 对拉螺栓应根据清水混凝土的饰面效果，且应按整齐、匀称的原则进行专项设计。

3. 清水混凝土的配制、浇筑与养护

清水混凝土的配制、浇筑与养护除满足《高层建筑施工手册 第 3 版》相关要求外，还应满足以下要求。

（1）原材料质量控制要求。

① 用于清水混凝土的原材料应有足够的存储量，颜色和技术参数应一致。

② 对所有用于清水混凝土的水泥、掺合料，样品经验收后进行封样。对首批进场的原材料经取样复试合格后，应立即进行封样，以后进场的每批来料均与封样进行对比，发现有明显色差的不得使用。

③ 涂料应选用对混凝土表面具有保护作用的透明涂料，且应有防污染性、憎水性、防水性。

（2）配合比设计要求。

① 按照设计要求进行试配，确定清水混凝土表面颜色。

② 按照清水混凝土原材料试验结果确定外加剂型号和用量。

③ 考虑工程所处环境，根据抗碳化、抗冻害、抗硫酸盐、抗盐害和抑制碱－骨料反应等对清水混凝土耐久性产生影响的因素进行配合比设计。

④ 配制清水混凝土时，应采用矿物掺合料。

（3）浇筑。

① 根据结构特点进行构件分区，同一构件分区应采用同批清水混凝土，并应连续浇筑。

② 同层或同区内混凝土构件所用材料牌号、品种、规格应一致，并应保证结构、外观、色泽符合要求。

（4）养护及饰面处理。

① 清水混凝土拆模后应立即养护，对同一视觉范围内的清水混凝土应采用相同的养护措施。

② 清水混凝土养护时，不得采用对清水混凝土表面有污染的养护材料和养护剂。

③ 普通清水混凝土表面宜涂刷保护涂料；饰面清水混凝土表面应涂刷透明保护涂料。同一视觉范围内的涂料及施工工艺应一致。

4. 清水混凝土表面螺栓孔眼和缺陷修复

（1）螺栓孔眼修复。

① 螺栓孔眼处理。堵孔前对变形和漏浆严重的螺栓孔眼进行修复。首先清理螺栓孔眼表面浮渣及松动的清水混凝土；将堵头放回孔中，用界面剂的稀释液（约50%）调同配合比砂浆（砂浆稠度为10~30 mm），用刮刀取砂浆补平尼龙堵头周边混凝土面，并刮平，待砂浆终凝后擦拭表面砂浆，轻轻取出堵头。

② 螺栓孔眼的封堵。采用三节式螺栓时，中间一节螺栓留在清水混凝土内，两端的锥形接头拆除后用补偿收缩防水水泥砂浆封堵，并用专用封孔模具修饰，使修补的螺栓孔眼直径、螺栓孔眼深度与其他螺栓孔眼一致，并喷水养护。采用通丝型对拉螺栓时，螺栓孔眼用补偿收缩水泥砂浆和专用模具封堵，取出堵头后，喷水养护。

（2）表面缺陷修复。

① 气泡处理。对于不严重影响清水混凝土观感的气泡，原则上不修复；需修复时，应清除清水混凝土表面的浮浆和松动砂子，用与原清水混凝土同配比减砂石水泥浆，首先在样板墙上试验，保证水泥浆硬化后颜色与清水混凝土颜色一致。修复缺陷的部位，待水泥浆硬化后，用细砂纸将整个构件表面均匀地打磨光洁，并用水冲洗洁净，确保表面无色差。

② 漏浆部位处理。清理清水混凝土表面浮灰，轻轻刮去松动砂子，用界面剂的稀释液（约50%）调制成颜色与清水混凝土表面颜色基本相同的水泥腻子，用刮刀取水泥腻子抹于需处理部位。待水泥腻子终凝后用砂纸磨平，再刮至表面平整，阳角顺直，喷水养护。

③ 明缝处胀模、错台处理。用铲刀铲平，打磨后用水泥浆修复平整。明缝处拉通线，切割超出部分，对明缝上下阳角损坏部位先清理浮渣和松动的清水混凝土，再用界面剂的稀释液（约50%）调制同配比减砂石水泥浆，将明缝条平直嵌入明缝内，将水泥浆填补到处理部位，用刮刀压实刮平，上下部分分次处理；待水泥浆终凝后，取出明缝条，及时清理被污染的清水混凝土表面，喷水养护。

④ 修复后应达到的要求。清水混凝土墙面修复完成后，要求达到墙面平整，颜色均一，无明显的修复痕迹；距离墙面5 m处观察，肉眼看不到缺陷。

9.7　高层建筑现浇混凝土结构施工的几个问题

9.7.1　轴线及标高定位

过大的尺寸偏差可能影响高层建筑现浇混凝土结构的受力性能及使用功能，也可能影响设备（如电梯）的安装工作。因此，轴线及标高的正确定位是保证高层建筑施工质量的最重要的问题。为此，应注意以下几点。

1. 轴线及标高定位应遵守规范的规定

根据《混凝土结构工程施工质量验收规范》（GB 50204—2015）规定，现浇混凝土结构的位置和尺寸允许偏差与检验方法如表9 – 20所示。

表9 – 20　现浇混凝土结构的位置和尺寸允许偏差与检验方法

项目			允许偏差/mm	检验方法
轴线位置	整体基础		15	经纬仪及尺量检查
	独立基础		10	经纬仪及尺量检查
	柱、墙、梁		8	尺量检查
垂直度	柱、墙层高	≤5 m	8	经纬仪或吊线、尺量检查
		>5 m	10	经纬仪或吊线、尺量检查
	全高（H）		$\dfrac{H}{1\,000}$，且≤30	经纬仪、尺量检查
标高	层高		±10	水准仪或拉线、尺量检查
	全高		±30	水准仪或拉线、尺量检查
截面尺寸			+8，–5	尺量检查
电梯井	中心位置		10	尺量检查
	长、宽尺寸		+25，0	尺量检查
	全高（H）垂直度		$\dfrac{H}{1\,000}$，且≤30	经纬仪、尺量检查
表面平整度			8	2 m靠尺和塞尺检查
预埋件中心位置	预埋板		10	尺量检查
	预埋螺栓		5	尺量检查
	预埋管		5	尺量检查
	其他		10	尺量检查

项目	允许偏差/mm	检验方法
预留洞、孔中心线位置	15	尺量检查

注：检查轴线、中心线位置时，应沿纵、横两个方向测量，并取其中偏差的较大值。

2. 测量放线应注意的问题

（1）准备工作。

① 施工测量开始前，承包单位应向项目监理机构提交测量仪器的型号、技术指标、精度等级、法定计量部门的标定证明、测量人员的上岗证明，待监理工程师审核确认后方可进行测量作业。

② 对建设单位给定的原始基准点、基准线和标高等测量控制点进行复核，并将复核结果报给监理工程师，经监理工程师审核批准后才能进行测量放线。

③ 复核施工测量控制网。在工程总平面图上，各种建筑物和构筑物的平面位置是用控制网系统的坐标来表示的。因此，在放线前应复核控制网，检查建筑方格网，控制高程的水准网点及标桩埋设位置。

（2）测量工作。

① 首先，在首层测定建筑物的中心点并作为基点，在基点处埋入 1 块 200 mm×200 mm×10 mm 的钢板，板面冲孔作为基点标志。用极坐标定出各柱墙轴线交点，并按此进行首层墙柱放线。放线后进行校核，即用钢卷尺丈量各柱间距。

② 在各楼层与首层基点相应的平面位置预留直径 150 mm 的空洞，设置 200 mm×200 mm×3 mm 并刻有正交十字线的有机玻璃作为接收靶。在首层基点上立激光经纬仪，将激光束向上投射并缓慢移动激光靶，使激光靶上的十字正交点与激光点对准，然后将接收靶固定于预留空洞上作为该楼层的放线基准点，按与首层相同做法进行放线及校核。

③ 将各轴线返引至建筑物外围，用经纬仪检查各层内侧精度及柱的垂直度。

④ 高程控制。在底层柱上设置水准线作为各层楼板标高的测量依据，各层均由 ±0.000 m 在某几个轴线交点处向上直接测量，作为各层高程的测量依据，然后再由各层往下测量，进行校核。

9.7.2 保证钢筋的正确位置

1. 防止柱主筋偏斜位移

（1）基础及梁内插筋位置不正确是柱主筋偏斜的主要原因。因此在浇筑混凝土前应检查校正插筋位置。基础插筋绑扎应方正，底端定位应牢固，必要时可与底筋焊接。插筋上口用井字形套箍箍紧。柱主筋外侧绑好混凝土垫块。此外应加强模板刚度。当基础插筋发生位移时，若偏移尺寸在允许范围内，则可按 1∶6 的斜度调整至设计位置并在该处加密或加粗箍筋补救；若偏移过大，则应在基础台阶上钻孔，将锚柱插筋。

（2）梁柱节点钢筋较密，柱主筋易被梁筋挤歪。另外，柱箍筋绑扎不牢，模板上口移动，浇筑混凝土时的振捣也往往会使柱主筋偏斜，故应当采取相应的预防措施。

2. 防止梁柱节点核心区箍筋漏绑

梁柱节点核心区受力情况复杂，在地震荷载反复作用下，核心区混凝土处于剪压复合应力状态，往往会造成核心区出现交叉形式的裂缝、柱端混凝土压酥剥落、钢筋压屈外鼓等现象。特别是角柱和边柱，由于扭转和偏心等影响，受力更为复杂，比内柱更容易引起震害。当梁柱节点核心区出现斜向裂缝时，由于核心区箍筋及纵筋约束，节点仍能承受荷载。因此，梁柱节点核心区箍筋绑扎正确与否，直接影响建筑的正常使用及安全。但梁柱节点钢筋密集，施工人员高空作业，会给箍筋绑扎带来不便，因此常常出现因箍筋漏绑发生事故。为防止出现以上问题，除加强监督检查外，可采取以下措施。

① 调整施工顺序：支柱头模板→支梁底模板及一侧模板→绑扎梁钢筋→套核心区箍筋并绑扎→支另一侧梁模板→支现浇混凝土模板→绑扎楼板钢筋→浇筑混凝土。

② 绑扎钢筋时，先把柱头模板拆下 1~2 块，在侧面及现浇板下绑扎核心区箍筋。

③ 用两个开口箍筋拼成一个完整箍筋。

3. 与梁钢筋的位置有关的问题

（1）梁的受压区及受拉区钢筋往往需按两排摆放。但在绑钢筋时，在主梁钢筋插入柱钢筋或次梁钢筋插入主梁钢筋的过程中往往出现矛盾，迫使第二排钢筋与第一排钢筋的净距达到十几厘米甚至使第二排钢筋接近中性轴，从而大大削弱第二排钢筋的受力性能。

（2）在同一连接区段内，钢筋连接接头的纵向受力钢筋的截面面积百分比在规范中有明确规定。例如，绑扎钢筋接头对梁、板、墙的截面面积百分比不应大于 25%，对柱不应大于 50%。无论钢筋如何连接，接头部位都是钢筋承受荷载及传力方面的弱点，因此为了保证结构安全，需限制接头截面面积百分比。但工程实践往往未能达到以上要求。

（3）钢筋的混凝土保护层厚度对于保证构件承载能力和抗裂性能及防止钢筋在使用过程中锈蚀，保证钢筋混凝土结构的耐久性有重要作用。但在实际工作中往往出现混凝土保护层厚度低于规范要求的情况。

（4）规范要求同一排受力钢筋间距的允许偏差为 ±10 mm，但在实际工程中，偏差往往大于上述规定，甚至两根受力筋拼在一起。钢筋和混凝土共同工作是通过钢筋和混凝土之间的黏结力来实现的。钢筋和混凝土的接触面积对于保证必要的黏结力有重要作用。两根受力筋拼在一起使钢筋和混凝土的接触面积大大减少，从而削弱受力钢筋和混凝土的共同工作性能。

形成以上各种质量问题的原因主要有以下三个。

① 结构中钢筋密集，纵横交错，设计人员对钢筋实际位置未做深入考虑，往往出现难以解决的矛盾。因此在钢筋安装之前，必须深入研究图纸，请设计人员共同研究如何解决矛盾。

② 往往钢筋（尤其是箍筋）的弯钩、弯折形状、角度、尺寸及钢筋平直情况不符合要求，从而加剧了纵横交错钢筋在位置上的矛盾。因此在钢筋绑扎安装之前，必须认真检查钢筋的加工质量，并纠正加工偏差。

③ 钢筋安装操作人员不了解图纸及规范要求或思想上不重视。必须在安装前进行详细的技术交流，并在安装过程中进行检查、监督。

9.7.3 模板的施工质量

1. 模板易出现的质量问题

结构构件拆模后往往会发现柱、梁等构件发生了弯曲，出现截面扭转、鼓肚、窜角等质量问题，对结构的受力性能及外观质量有明显影响。形成上述问题的原因：模板刚度不够；首层结构模板支撑点地基变形（冬季基土冻胀，软弱土受荷下沉等）；浇筑混凝土时使模板受力不均，以及在振捣时过分受力；正在施工的结构上承受过多堆载。

在上述原因中，模板的刚度不足是其主要原因，因此应事先研究模板设计方案，认真检查支撑点、柱箍、楞木、柱杆等的断面尺寸是否符合要求。当模板面板采用竹胶板时，刚度比组合钢模板差，更应按上述要求进行认真检查。

2. 清水混凝土施工时对模板的要求

近年来，在高层混凝土施工中开始推广清水混凝土。采用清水混凝土可以降低建筑自重；有利于提高混凝土的表面质量，从而提高其耐久性；可以取消抹灰层，从而相应节省人工、材料，缩短工期。为了实现清水混凝土的要求，模板是关键。

（1）模板面板。清水混凝土施工时对模板面板的平整度及刚度要求高，常采用以下两种面板。

① 胶合板。弹性模量是影响胶合板板面刚度的主要指标。优质胶合板的弹性模量可达到 12×10^3 MPa，一般胶合板的弹性模量为 $(9 \sim 10) \times 10^3$ MPa，而国内某些胶合板的弹性模量仅为 $(3 \sim 5) \times 10^3$ MPa。决定胶合板弹性模量的因素首先是木材品种。此外，同样厚度胶合板的层数越多越好，常用的 15 mm 厚的胶合板的层数不少于 11 层，厚 18 mm 以上的胶合板不应少于 13 层。影响胶合板板面使用寿命的主要是胶合板本身的防水性能，若在使用时面板过早地出现了分层开裂现象，则难以修复再用。胶合板的层压胶一般采用优质防水性能的酚醛树脂胶。为了提高胶合板的使用寿命及表面平整度，可在胶合板表面涂敷一层热融酚醛树脂胶或其他耐磨防水材料。

② 钢板。清水混凝土用的钢板的面板厚度为 6 ~ 8 mm，并配合有强劲的楞木、边框、竖肋等。面板采用企口连接，企口宽 40 mm，并留有 2 mm 安装或拆模余量。

（2）板缝密封。板缝用橡胶条等密封，以防止漏浆。

（3）特殊部位的模板设计。做好特殊部位的模板设计，以保证模板的刚度、严密性，可易于拆模。

第 10 章 CHAPTER 10

高层钢结构施工

钢结构是指以钢铁为基材，主要采用型钢、钢板连接或焊接成构件，再经连接、焊接而成的结构体系。钢结构建筑相比传统的混凝土建筑而言，是用钢板或型钢替代了钢筋混凝土，建筑强度更高，抗震性更好；并且由于钢材构件可以工厂化制作，在现场安装，因而可大大缩短工期。由于钢材的可重复利用，可以大大减少建筑垃圾，更加绿色环保，符合可持续发展的理念，因而被世界各国广泛应用在工业建筑和民用建筑中。随着材料、工艺及装备技术的不断进步和发展，钢结构建筑在高层、超高层建筑上的运用也日益成熟，逐渐成为主流的建筑工艺，是高层、超高层建筑的发展方向。

10.1 钢结构特点

钢结构一般仅用于工业厂房、高层建筑、塔桅结构、桥梁等。钢材的强度和弹性模量较高，材质均匀，因此钢结构建筑塑性和韧性好、施工精确度高、安装方便、工业化程度高、施工较快，但其耐锈蚀性和耐火性差，需要经常维护。典型钢结构建筑如图 10-1所示。

随着我国钢结构的发展，国家建筑技术政策由以往限制使用钢结构转变为积极合理推广应用钢结构，从而推动了钢结构建筑的快速发展。旅馆、饭店、公寓、办公楼等多层、高层及超高层建筑采用钢结构的也越来越多，北京、上海、深圳等地区已陆续建造了数十幢钢结构的高层建筑。例如，北京中央电视台总部大楼、深圳地王大厦、上海金茂大厦、上海环球金融中心等著名的钢结构高层建筑，如图 10 - 2 所示。

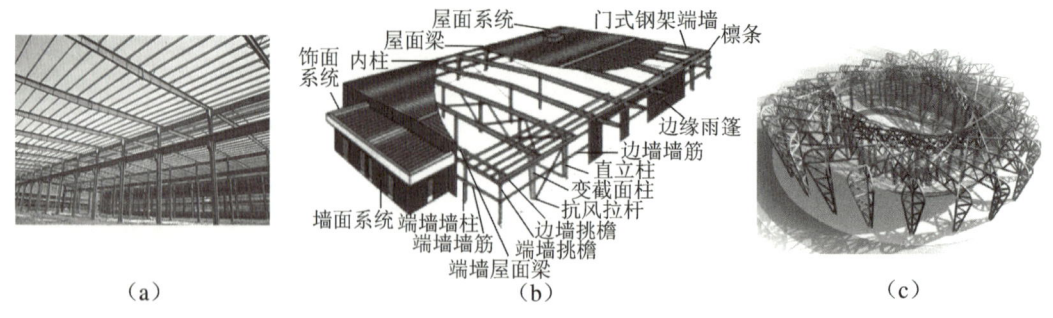

图 10 - 1　典型钢结构建筑

（a）工业厂房；（b）单层厂房钢结构体系；（c）"鸟巢"的钢结构造型

图 10 - 2　钢结构高层建筑

（a）北京中央电视台总部大楼；（b）深圳地王大厦；

（c）上海金茂大厦；（d）上海环球金融中心

钢结构的具体特点如下。

（1）材料的强度高，塑性和韧性好。

（2）质量小。

（3）材质均匀，与力学计算的假定比较符合。

（4）钢结构制造简便，施工周期短。

（5）钢结构密闭性较好。

（6）钢结构抗震性能好。

（7）钢结构耐腐蚀性差。

（8）钢结构在低温等条件下可能发生脆性断裂。

（9）钢结构耐热但不耐火。

地震后钢筋混凝土框架结构和钢结构破坏情况对比，如图 10 - 3 所示。高层钢结构建筑发生火灾照片如图 10 - 4 所示。

图 10 - 3　地震后钢筋混凝土框架结构和钢结构破坏情况对比

（a）钢筋混凝土框架结构；（b）底部混凝土框架结构；（c）完好的钢结构；（d）门式刚架

图 10 - 4　高层钢结构建筑发生火灾照片

10.2　钢结构材料与结构构件

　　钢结构用钢主要由铁元素组成，铁元素约占化学成分的 98% 或更高，但是含量很小的其他元素，如碳、其他合金元素及杂质元素等对钢材质的影响很大。钢化学成分的微量变化，会直接影响钢的力学性能、加工性能和使用性能。有时为使钢获得更高的强度和韧性，必须加入少量其他元素，特别是碳和锰。对于焊接结构钢，除了抗拉强度外，塑性、韧性和可焊性都是其主要指标，因而钢结构中的钢含碳量一般控制在 0.22% 以下，并且对碳、磷极限含量都严格控制，防止钢发生热脆和冷脆等不良现象。

10.2.1　钢结构用钢的分类

　　钢的种类很多，不同种类的钢性能不同。在钢结构中采用的钢主要有两种：碳素结构钢（或称普通碳素钢）和低合金钢。此外，还有其他类别的钢，如耐候钢（耐大气腐蚀用钢）、高强度钢及不锈钢等。

1. 碳素结构钢

我国现行国家标准《碳素结构钢》（GB/T 700—2006）中，按照钢的屈服强度将碳素结构钢分为 Q195、Q215、Q235、Q255 和 Q275 五种牌号。其中 Q 是屈服强度中"屈"字汉语拼音的首字母，后接的阿拉伯数字表示屈服强度的大小，单位为 MPa，阿拉伯数字越大，表示钢含碳量越大，强度和硬度越大，塑性越低。由于碳素结构钢冶炼容易，成本低廉，并有良好的各种加工性能，所以使用较广泛。在上述五种牌号的碳素结构钢中，Q235 钢在使用、加工和焊接方面的性能都相对较好，因此是钢结构中常用的钢材品种之一。

碳素结构钢由平炉或氧气顶吹转炉冶炼，交货时供方应提供碳素结构钢的力学性能和化学成分的质保书，其内容包括屈服强度（f_y），极限强度（f_u），伸长率（δ_5 或 δ_{10}），以及碳、锰、硅、硫和磷等元素的含量。碳素结构钢按质量等级分为 A、B、C、D 四个等级，由 A 到 D 表示质量由低到高；按脱氧程度分为镇静钢、半镇静钢、沸腾钢和特殊镇静钢，并用汉字拼音首字母分别表示为 Z、b、F 和 TZ。

不同质量等级的碳素结构钢对冲击韧性（夏比 V 形缺口试验）的要求有所区别。对 A 级钢无冲击功规定，对冷弯试验只在需求方有要求时才进行；对 B 级钢要求 20 ℃时的冲击功 $A_k \geqslant 27$ J（纵向）；对 C 级钢要求 0 ℃时冲击功 $A_k \geqslant 27$ J（纵向）；对 D 级钢要求 -20 ℃时的冲击功 $A_k \geqslant 27$ J（纵向）。另外，B 级、C 级、D 级钢也都要求提供冷弯试验合格证书。不同质量等级的碳素结构钢对碳、硫、磷等元素含量的要求也有区别。

2. 低合金钢

低合金钢是在碳素结构钢中添加一种或几种少量的合金元素，其总量低于 5%，故称低合金钢。根据我国现行国家标准《低合金高强度结构钢》（GB/T 1591—2018）的规定，低合金高强度结构钢分为 Q355、Q390、Q420、Q460、Q500、Q550、Q620、Q690 八种牌号。低合金钢的牌号由代表屈服强度的汉语拼音字母、屈服强度数值、质量等级符号三部分组成。例如，Q345D，其中，Q 表示低合金钢的屈服强度的"屈"字汉语拼音的首字母；345 表示屈服强度数值，单位 MPa；D 表示钢材质量等级为 D 级。当需求方要求钢板具有厚度方向性能时，应在上述规定的牌号后加上代表厚度方向（Z 向）性能级别的符号，如 Q345DZ15。

低合金钢由平炉、氧气顶吹转炉或电炉冶炼。交货时供方应提供低合金钢的力学性能质保书，其内容包括屈服强度（f_y）、极限强度（f_u）、伸长率（δ_5 或 δ_{10}）和冷弯试验，以及包括碳、锰、硅、硫、磷、钒和钛等元素含量的化学成分质保书。

低合金钢质量等级分为 A、B、C、D、E 五级，由 A 到 E 表示质量由低到高。不同质量等级的低合金钢对冲击韧性（夏比 V 形缺口试验）的要求有所区别。对 A 级钢无冲击功要求；对 B 级钢要求 20 ℃时的冲击功 $A_k \geqslant 27$ J（纵向）；对 C 级钢要求 0 ℃时冲击功 $A_k \geqslant 34$ J（纵向）；对 D 级钢要求 -20 ℃时冲击功 $A_k \geqslant 34$ J（纵向）；对 E 级钢要求提供 -40 ℃时冲击功 $A_k \geqslant 27$ J（纵向）。不同质量等级的低合金钢对碳、硫、磷等元素含量的要求也有区别。

Q345 和 Q390 钢按质量等级可表示为 Q345A、Q345B、Q345C、Q345D、Q345E 和 Q390A、Q390B、Q390C、Q390D、Q390E。

低合金钢按脱氧方法可分为镇静钢或特殊镇静钢，应以热轧、冷轧、正火及回火状态交货。

现将 Q345 钢和 Q390 钢表示方法举例如下：

Q345B——屈服强度为 345 MPa，B 级镇静钢；

Q390D——屈服强度为 390 MPa，D 级特殊镇静钢；

Q345C——屈服强度为 345 MPa，C 级特殊镇静钢；

Q390A——屈服强度为 390 MPa，A 级镇静钢。

低合金高强度钢按现行标准规定的化学成分和力学性能投产，并参见有关钢结构规范或其他设计资料用于结构工程。

1964 年以来，我国结合现有资源情况，大力发展低合金钢，并在钢结构中推广使用。近些年来，用于土木工程中的低合金钢已有 16 锰钢（16Mn）、16 锰铜（16MnCu）、16 锰铌半（16MnNbb）、16 锰稀土（I6MnRe）、14 锰铌（14MnNb）、14 锰铌半（14MnNbb）、18 铌半（18Nbb）、15 锰钒（l5MnV）、15 锰钛（l5MnTi）、09 锰（09Mn）等。

采用低合金钢的主要目的是减轻结构自重，节约钢材和延长结构使用寿命。这类钢具有较高的屈服强度和抗拉强度，也有良好的塑性和冲击韧性（尤其是低温冲击韧性），并具有耐腐蚀、耐低温等性能。

3. 优质碳素结构钢

优质碳素结构钢是碳素结构钢经过热处理（如调质处理和正火处理）得到的优质钢。优质碳素结构钢与碳素结构钢的主要区别在于钢中含有杂质较少，硫、磷含量都不大于 0.035%，并且严格限制其他缺陷，所以这种钢具有较好的综合性能。根据国家标准《优质碳素结构钢》（GB/T 699—2015），其共有 28 个品种。例如，用于制造高强度螺栓的 45 号优质碳素结构钢，就是通过调质处理提高强度的优质钢。低合金钢也可通过调质处理来进一步提高其强度。

10.2.2　钢结构材料选用的原则与高层钢结构材料选用的基本要求

1. 钢结构材料选用的原则

钢结构材料选用的原则是既能使结构安全可靠和满足使用要求，又要最大可能的节约钢和降低造价。不同使用条件，对钢应当有不同的质量要求。在一般结构中当然不宜轻易地选用优质钢，而在主要的结构中更不能盲目地选用质量很差的钢。就钢的力学性能来说，其屈服强度、极限强度、伸长率、冷弯性能、冲击韧性等各项指标，是从各个不同的方面来衡量钢质量的指标，在设计钢结构时，应该根据结构的特点，选用适宜的钢。钢选择是否合适，不仅是一个经济问题，而且关系到建筑结构的安全和使用寿命。

选定钢时应考虑下列结构特点。

（1）结构的类型及重要性。由于使用条件、结构所处部位等方面的不同，结构可以分为重要、一般和次要三类。例如，民用大跨度屋架、重级工作制吊车梁等就是重要的结构；普通厂房的屋架和柱等属于一般的结构；梯子、栏杆、平台等则是次要的结构，应根据不同的情况，有区别地选用钢的牌号。

（2）荷载的性质。按所承受荷载的性质，结构可分为承受静力荷载和承受动力荷载两种。在承受动力荷载的结构或构件中，又有经常满载和不经常满载的区别。因此，按额荷载性质不同，就应选用不同牌号的钢。例如，对重级工作制吊车梁，就要选用冲击韧性和疲劳性能好的钢，如 Q345C 或 Q235C；而对于一般承受静力荷载的结构或构件，如普通焊接屋架和柱等（在常温条件下），可选用 Q235BF。

（3）连接方法。连接方法不同，对钢质量要求也不同。例如，用于焊接的钢，由于在焊接过程中不可避免地会产生焊接应力、焊接变形和焊接缺陷，在受力性质改变和温度变化的情况下，容易引起缺口敏感，导致构件产生裂纹，甚至发生脆性断裂，所以焊接钢结构对钢的化学成分、力学性能和可焊性等都有较高的要求。例如，钢中的碳、硫、磷的含量要低，其塑性和韧性指标要高，可焊性要好等。但对非焊接结构的钢（如用高强度螺栓连接的结构），这些要求就可适当放宽。

（4）结构的工作温度。结构所处的环境和工作条件，如室内外、温度变化、腐蚀作用情况等对钢的影响很大。钢有随着温度下降而发生脆断（低温脆断）的特性。钢的塑性、冲击韧性都随着温度的下降而降低，当下降到冷脆温度时，钢处于脆性状态，随时都可能突然发生脆性断裂。国内外都有这样的工程事故的实例，所以经常在低温下工作的焊接结构，选材时必须慎重考虑。

（5）结构的受力性质。结构的低温脆断事故，绝大部分是发生在构件内部有局部缺陷（如缺口、刻痕、裂纹、夹渣等）的部位。但同样的缺陷对拉应力比压应力影响更大。因此，经常承受拉力的构件，应选用质量较好的钢。

2. 高层钢结构材料选用的基本要求

（1）高层钢结构所用钢的钢种、钢号、强度设计值、选用原则和所要求保证的力学性能、化学成分限值等，以及连接所用的焊接材料、螺栓紧固件等材料的要求，除了将钢的冷弯性能作为基本保证条件外，其他条件基本上与一般钢结构相同，对厚板钢的强度设计值应按《高层民用建筑钢结构技术规程》（JGJ 99—2015）的规定执行。此外，Q235A 级碳素结构钢只适宜作次要的非焊接构件。

（2）抗震高层建筑钢结构的钢性能，还应满足下述要求：钢屈强比不低于1.2，按8度和8度以上抗震设防的结构不低于1.5；有明显的屈服台阶，伸长率大于20%，且有保持延性良好的可焊性；甲类、乙类高层建筑钢结构的钢屈服强度不宜超过其标准值的10%。

（3）承重结构处于外露和低温环境时，其钢还应考虑耐大气腐蚀和避免低温冷脆的要求。

（4）采用焊接连接的梁—柱节点范围内，当节点约束较强，板厚大于50 mm，并承受沿板厚方向的拉力作用时，应附加要求板厚方向的伸长率保证（大于20% ~25%），以防止钢层状撕裂。

（5）同一高层结构中，根据构件所处的部位，受力情况的不同可分别选用不同的钢号及不同强度级别的钢。

（6）围护结构及组合板所用的压型钢板，宜采用 Q235 钢。

（7）高层钢结构中所采用的抗剪栓焊钉，其钉杆磁环等材料应符合有关标准规定的要求，其施焊应采用专用的焊机、焊具，以保证其抗剪承载力。

（8）高层建筑钢结构的组合楼板及组合构件所用的混凝土标号、钢筋及其设计强度，以及轻骨料混凝土材料等，应符合国家现行规范的要求。

10.2.3　钢结构构件的截面形式、连接方式及制作

钢结构制作单位应具有相应的钢结构工程施工资质，应根据已批准的技术设计文件编制施工详图。施工详图应由原设计工程师确认。当修改时，应向原设计单位申报，经同意签署文件后修改才能生效。钢结构制作前，应根据设计文件、施工详图的要求及制作单位的条件，编制制作工艺书。制作工艺书应包括施工中所依据的标准，制作单位的质量保证体系，成品的质量保证体系和措施，生产场地的布置，采用的加工、焊接设备和工艺装备，焊工和检查人员的资质证明，各类检查项目表格和生产进度计算表等。制作工艺书应作为技术文件经发包单位代表或监理工程师批准。钢结构制作单位宜对构造复杂的构件进行工艺性试验。钢结构制作、安装、验收及土建施工用的量具，应按同一计量标准进行鉴定，并应具有相同的精度等级。

1. 钢结构构件的截面形式

（1）受拉构件的截面形式（见图 10 – 5）。当受拉构件受力较小时，可选用热轧型钢和冷弯薄壁型钢截面形式，如图 10 – 5（a）所示；当受拉构件受力较大时，可选用由型钢或钢板组成的实腹式截面形式，如图 10 – 5（b）所示；当受拉构件较长且受力较大时，可选用型钢组成的格构式截面形式，如图 10 – 5（c）所示。钢板、钢带和角钢实拍照片如图 10 – 6 所示。

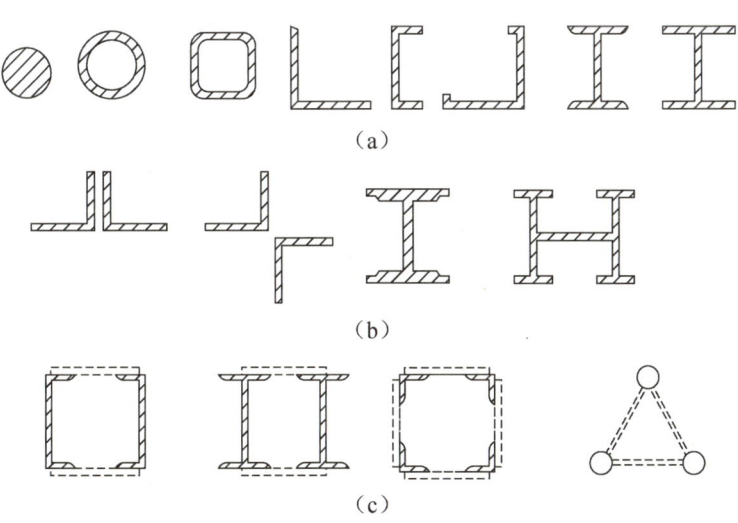

（a）

（b）

（c）

图 10 – 5　受拉构件的截面形式

（a）热轧型钢和冷弯薄壁型钢截面形式；（b）实腹式截面形式；（c）格构式截面形式

（2）受弯构件的截面形式。只受弯矩作用或受弯矩与剪力共同作用的构件称为受弯构件。在实际工程中，以受弯受剪为主但还作用着很小轴力的构件，也常称为受弯构件。结构

中的受弯构件主要以梁的形式出现，通常受弯构件和广义的梁是指同一对象。按弯曲变形情况不同，构件可能在一个主轴平面内受弯，也可能在两个主轴平面内受弯。前者称为单向弯曲构件（梁），后者称为双向弯曲或斜弯曲构件（梁）。按支承条件的不同，受弯构件可分为简支梁、连续梁、悬臂梁等；按在结构体系传力系统中的作用不同，受弯构件可分为主梁、次梁等；按截面形式和尺寸沿构件轴线是否变化，受弯构件可分为等截面受弯构件和变截面受弯构件。在一些情况下，使用变截面梁可以节省钢材，但也可能会增加制作成本。另外，按截面构成方式的不同，受弯构件可分实腹式截面和空腹式截面，前者又分为型钢截面与焊接组合截面。

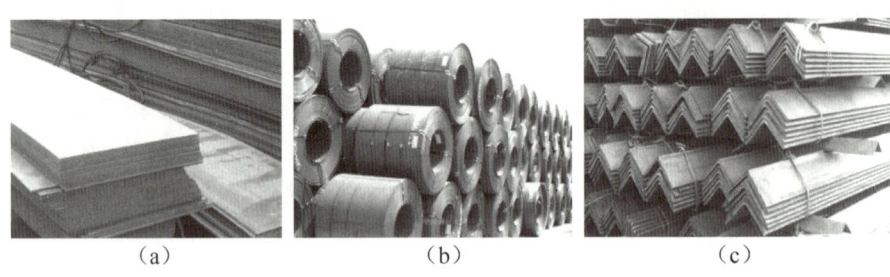

图 10 - 6　钢板、钢带和角钢实拍照片
(a) 钢板；(b) 钢带；(c) 角钢

采用型钢的受弯构件，通常使用工字钢（也称 I 形钢）或截面宽高比较大（0.5 ~ 1.0）的宽翼缘工字钢（以下称 H 形钢）和槽钢，如图 10 - 7 (a) 所示。

冷弯薄壁型钢也是经常用于受弯构件的型钢截面，如图 10 - 7 (b) 所示。在室温条件下加工成型的冷弯薄壁型钢，板壁都较薄，国内目前生产的其板壁主要为 1.5 ~ 3.0 mm，所以多用在承受较小荷载的场合下。例如，房屋建筑中的屋面檩条和墙梁。

由于受到轧制设备的限制，当型钢规格不能满足受弯构件的要求或考虑最大限度地节省钢时，可采用焊接组合截面，如图 10 - 7 (c) 所示。焊接组合截面由若干钢板或钢板与型钢连接而成。它的截面比较灵活，可使材料的分布更容易满足工程上的各种需要，从而节省用钢。用 3 块钢板组成的工字形截面、4 块钢板组成的箱形截面，以及由若干个箱室组成的多室箱形截面，在工程中应用也很广泛。

空腹式截面可以减轻构件的自重，如图 10 - 7 (d) 所示，在建筑结构中也可方便管道的通行，对外露的结构构件，有时还能起到空间韵律变化的作用。

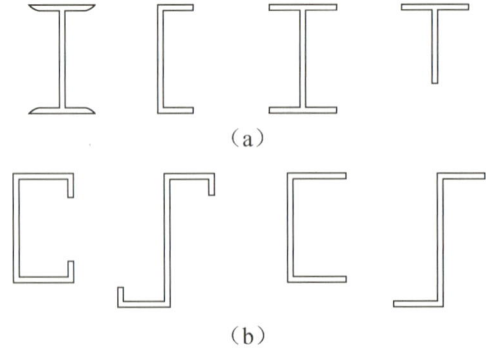

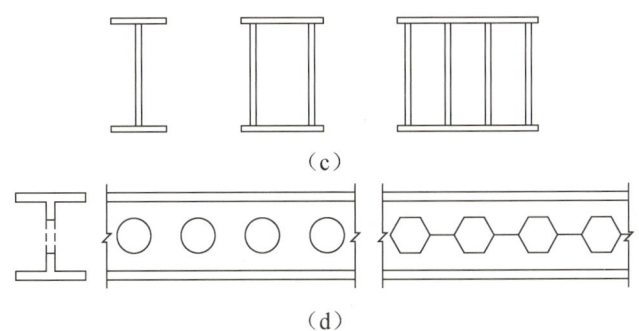

图 10 - 7　受弯构件的截面形式

（a）工字钢、槽钢；（b）冷弯薄壁型钢；（c）焊接组合截面；（d）空腹式截面

工字钢和热轧槽钢实拍照片如图 10 - 8 所示，H 形钢实拍照片如图 10 - 9 所示。工字钢与 H 形钢的材料在截面上的分布比较符合构件受弯的特点，用钢较省，因此应用普遍。槽钢翼缘较小，而且截面单轴对称，剪力中心在腹板外侧，绕截面对称轴弯曲时容易发生扭转，使用时常采用一定的措施，如使外力通过剪力中心或者加强约束条件。

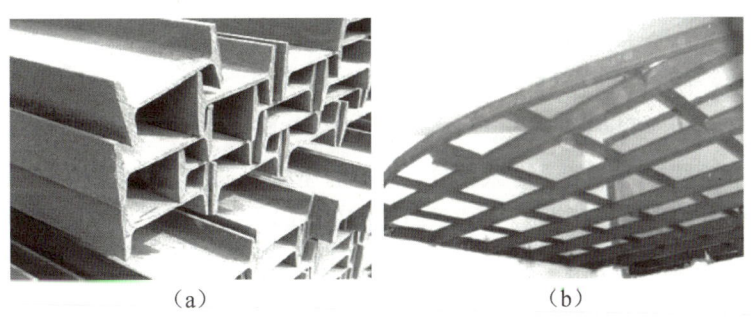

（a）　　　　　　　　　　　　（b）

图 10 - 8　工字钢和热轧槽钢实拍照片

（a）工字钢；（b）热轧槽钢

（a）　　　　　　　　　　　　（b）

图 10 - 9　H 形钢实拍照片

（a）热轧 H 形钢；（b）焊接 H 形钢

除了钢构件外，也有用钢筋混凝土和轧制型钢或焊接型钢构成的组合梁，其中作为建筑物楼面、桥梁桥面等的混凝土板，也可作为梁的组成部分参与抵抗弯矩。

（3）压弯构件的类型与截面形式。构件受到沿杆轴方向的压力（轴力）和绕截面形心主轴的弯矩作用，称为压弯构件。压弯构件只有绕截面一个形心主轴的弯矩时，称为单向压弯构件；压弯构件绕两个形心主轴都有弯矩时，称为双向压弯构件；压弯构件弯矩由偏心轴力引起时，称为偏压构件。

建筑框架中的钢柱大多是典型的压弯构件；钢桁架中的弦杆和腹杆若比较粗短，再加上其端部有很强的转动约束时，也是压弯构件。压弯构件的主要截面形式如图 10 – 10 所示。

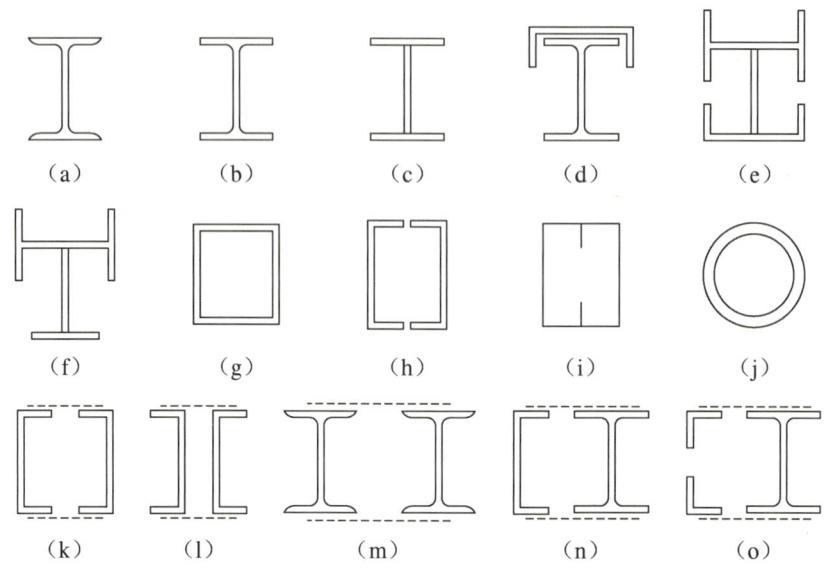

图 10 – 10   压弯构件的主要截面形式

压弯构件的截面形式按其组成方式区分，可以有型钢［见图 10 – 10 (a)、图 10 – 10 (b)］、钢板焊接组合截面［见图 10 – 10 (c)、图 10 – 10 (g)］，型钢与型钢、型钢与钢板的组合截面［见图 10 – 10 (d)、图 10 – 10 (e)、图 10 – 10 (f)、图 10 – 10 (h)］；按几何特征分，可以有开口截面，也可以有闭口截面，有双轴对称截面，也有单轴对称截面［见图 10 – 10 (g) ~图10 – 10 (j)］；除了实腹式截面外［见图 10 – 10 (a) ~图10 – 10 (j)］，为了提高截面的抗弯刚度，还常常采用格构式截面［见图 10 – 10 (k) ~图10 – 10 (o)］。

2. 钢结构构件的连接方式与制作

（1）钢结构构件的连接方式。钢结构构件间的连接方式主要有焊接、高强度螺栓连接等。

① 柱与柱的连接。柱与柱的连接因柱的截面不同而采用的连接方式不同，如柱为 H 形钢柱可用高强度螺栓连接或高强度螺栓与焊接共同使用的混合连接，如为箱形截面柱多采用焊接，如图 10 – 11 所示。

② 柱与梁的连接。梁截面多为 H 形钢梁，其与柱的连接可用高强度螺栓连接、焊接和混合连接，如图 10 – 12 所示。

③ 梁与梁的连接。梁与梁的连接可采用高强度螺栓连接和焊接。

钢结构构件的现场安装与连接的实拍照片如图 10 – 13 所示。

（2）钢结构构件的制作。钢结构工程与混凝土结构工程的最大不同在于其构件的绝大部分是在制作单位完成的，因此，钢结构构件的制作质量特别是尺寸精度直接影响钢结构的现场安装。

钢结构构件在制作单位制作的流程：编制构件制作指示书→原材料矫正→放样、号料、切割→制孔、边缘加工→组装和焊接→端部铣平和摩擦面处理→涂装和编号→验收和发运。

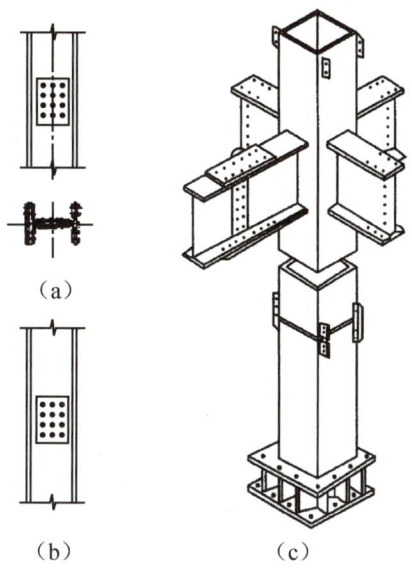

图 10 – 11　柱与柱的连接

（a）全高强度螺栓连接；（b）部分高强度螺栓连接部分焊接；（c）立体图

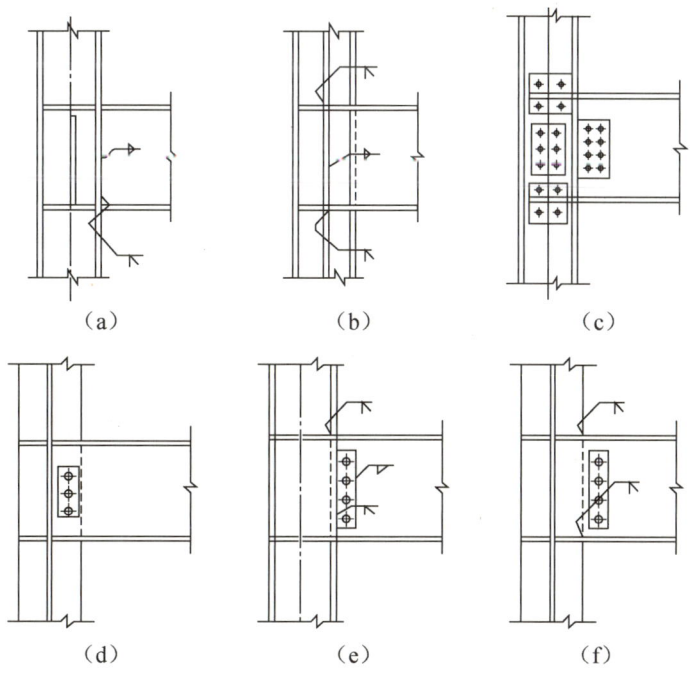

图 10 – 12　柱与梁的连接

（a）梁柱外焊接；（b）梁柱内焊接；（c）高强度螺栓连接；（d）腹板平行柱翼缘板高强度螺栓连接；
（e）腹板垂直柱翼缘板高强度螺栓连接（部分填角焊接）；（f）腹板垂直柱翼缘板高强度螺栓连接（全部坡上焊接）

（a）　　　　　　　　　　　（b）

图 10-13　钢结构构件的现场安装与连接的实拍照片

（a）梁与柱的连接；（b）高层钢结构安装与连接

① 编制构件制作指示书。钢结构构件的制作，是钢结构工程中一项十分重要的作业过程，在制作前应根据设计文件、施工图和制作条件，编制构件制作指示书。其主要内容包括：

a. 施工中所依据的标准和规范。

b. 成品的技术要求，其中包括工序的技术要求和各技术工种的技术要求。

c. 采用的加工、焊接设备和工艺装备。

d. 焊工和检验人员的资格证明。

e. 制作单位的管理和质量保证体系。

f. 各类检查表格。

② 原材料矫正。型材在轧制、运输、装卸、堆放过程中，可能会产生表面不平、弯曲、波浪形等缺陷。这些缺陷有的需要在划线下料之前矫正，有的则需在切割之后进行矫正。在矫正时，应注意下述几点：

a. 碳素结构钢和低合金钢应注意矫正的环境温度和加热温度，碳素结构钢在环境温度低于 -16 ℃、低合金钢在环境温度低于 -12 ℃时，不得进行冷矫正和冷弯曲。

b. 在加热矫正时，加热温度应根据钢性能选定，但不得超过 900 ℃。低合金钢在加热矫正后应缓慢冷却。

c. 矫正后的钢表面，不应有明显的凹面或损伤，划痕深度不得大于 0.5 mm。

③ 放样、号料和切割。

a. 放样和样板（样杆）是号料的依据，应根据批准的施工图进行放样，制作样板或样杆，并规定其允许偏差，便于工序检查，对于平行线距离和分段尺寸、宽度、长度、孔距，其允许偏差为 ±0.5 mm，对角线偏差为 ±1.0 mm，加工样板的角度允许偏差为 ±20°。放样应采用经过计量检定的钢尺，并将标定的偏差值计入测量尺寸。尺寸划法应先测量构件全长而后分尺寸，不得分段测量后再相加，避免误差积累。

b. 号料应使用经过检验合格的样板（样杆），避免直接用钢尺造成过大偏差或看错尺寸而引起不必要损失。号孔应使用与孔径相等的圆规号孔，并打上样冲做出标记，便于钻孔后检查孔位是否正确。号料的允许偏差：零件外形尺寸 ±1.0 mm，孔距 ±0.5 mm。

c. 切割分为机械剪切、气割、锯切等类型。机械剪切用于切割厚度小于 12 mm 的钢板，气割则用于切割厚度大于 12 mm 的钢板，锯切用于切割宽翼缘型钢。

④ 制孔、边缘加工。切割后的钢板或型钢在焊接组装前需作边缘加工，形成焊接坡口。

焊接坡口加工可采用气割、铲削、坡口机切削等方法，边缘加工需用样板控制坡口角度和各部尺寸，当采用气割或机械剪切的零件，其边缘加工的刨削量不应小于 2.0 mm。

制孔时，应注意孔的类型及其制作要求。对于 A 级、B 级螺栓孔应保证孔距精度和孔壁表面的粗糙度；对于 C 级螺栓孔应保证摩擦型高强度螺栓孔径比杆径大 1.5 ~ 2.0 mm，承压型高强度螺栓孔径比杆径大 1.0 ~ 1.5 mm。

⑤ 组装和焊接。板材、型材由于长度（板材包括宽度）受到限制，往往需要在制作单位进行拼接；一个较复杂的钢结构构件由很多零部件（如组合牛腿等）组成。为减少钢结构构件的焊接残余应力，应先进行材料拼接和部件组装，之后再进行钢结构构件的焊接。通常，焊接 H 形钢和柱均先在拼装台座上进行焊接小组装，再进行框架短梁与柱身的焊接大组装，形成梁柱的框架节点。

对于任何施工单位首次使用的钢材、焊材及改变焊接方法、焊后热处理等，必须进行焊接工艺评定，工艺评定合格后写出正式的焊接工艺评定报告和焊接工艺指导书，用以指导钢结构构件的焊接组装。焊接工艺评定是保证钢结构焊缝质量的前提，通过焊接工艺评定选择最佳的焊接材料、焊接方法、焊接工艺参数、焊后热处理等，以保证焊接接头的力学性能达到设计要求。焊工应经过考试并取得合格证后方可从事焊接工作，焊工停焊时间超过 6 个月，应重新考核。

钢结构构件的板件之间的焊接接头形式主要有对接接头、T 形接头、角接接头、十字接头等。对接焊缝及对接和角接组合焊缝，应在焊缝的两端设置引弧板和引出板，其材料和坡口形式应与焊件相同。引弧板和引出板的焊缝长度：埋弧焊应大于 50 mm；手工电弧焊及气体保护焊应大于 20 mm。焊接完毕后应采用气割方法切除引弧板和引出板，并修磨平整。

角焊缝转角处宜连续绕角施焊，起落弧点距焊缝端部宜大于 10 mm，角焊缝端部不设置引弧板和引出板的连续焊缝，起落弧点距焊缝端部宜大于 10 mm，且弧坑应填满。

对于焊接厚度大于 50 mm 的碳素结构钢和厚度大于 36 mm 的低合金钢，施焊前应进行预热，焊后应进行后热。预热温度宜控制在 100 ℃ ~ 150 ℃；后热温度应由试验确定。预热区在焊道两侧，每侧宽度均应大于焊接厚度的两倍，且不应小于 100 mm。

在制作单位进行焊接时，除采用常规的手工电弧焊外，也可采用 CO_2 气体保护电弧焊，该方法用气体对焊缝进行保护，其焊接效率为手工电弧焊的 4 倍，且可减少夹渣、气泡等。对于 H 形钢的翼缘与腹板、箱形柱的四个角区还可采用自动埋弧焊进行焊接组装。

碳素结构钢应在焊缝冷却至环境温度、低合金钢应在完成焊接 24 h 以后，方可进行焊缝探伤检验。局部探伤的焊缝，存在不允许的缺陷时，应在该缺陷两端的延伸部位增加探伤长度，增加的长度不应小于该焊缝长度的 10%，且不应小于 200 mm；当仍有不允许的缺陷时，应对该焊缝进行百分之百的探伤检查。

栓钉焊接后应进行弯曲试验检查，检查数量不应少于 1%；当锤击焊钉（螺柱）头、使其弯曲至 30°时，焊缝和焊热影响区不得有肉眼可见裂纹。

⑥ 端部铣平和摩擦面处理。钢结构构件的端部铣平应在矫正合格后进行，当两端铣平时，钢结构构件长度的允许偏差为 ±2.0 mm；铣平面的平面度允许偏差为 0.3 mm；铣平面对轴线的垂直度允许偏差为 $\dfrac{1}{1\,500}$。

钢结构构件摩擦面处理是指使用高强度螺栓连接时构件接触面的钢表面加工，经过加工使其接触处表面的抗滑移系数达到设计要求额定值，一般取 0.45 ~ 0.55。在施工条件受限制时，局部摩擦面可采用角向磨光机打磨，打磨方向宜与钢结构构件受力方向垂直，范围不应小于螺栓孔径的 4 倍。通常摩擦面采用喷砂后生赤锈的处理方法，按此法处理后的摩擦面在出厂前应按批做抗滑移试验，最小值应符合设计要求。

⑦ 涂装和编号。在钢表面涂刷防护涂层，是防止腐蚀的主要手段。其涂料、涂装遍数、涂层厚度均应符合设计要求。当设计对涂层厚度无要求时，宜涂装 4 ~ 5 遍，涂层干漆膜总厚度：室外应为 150 μm，室内应为 125 μm，其允许偏差为 ± 25 μm。涂装工程由制作单位和安装单位共同承担时，每遍涂层干漆膜厚度的允许偏差为 ± 5 μm。当设计对涂层厚度有要求时，设计最低涂层干漆膜厚度加允许偏差的绝对值即为涂层的要求厚度，其允许偏差应符合设计对涂层厚度无要求时的规定。涂装时环境温度宜为 5 ℃ ~ 38 ℃，相对湿度不应大于 85%，钢结构构件表面有结露时不得涂装，涂装后 4 h 内不得淋雨。施工图中注明不涂装的部位不得涂装。安装焊缝处应留出 30 ~ 50 mm 暂不涂装。

涂装完毕后，应在钢结构构件上标注原编号。大型钢结构构件还应标明质量、重心位置和定位标记。

⑧ 验收和发运。钢构件制作完成后需按施工图、编制的构件制作指示书及《钢结构工程施工质量验收标准》（GB 50205—2020）的相关规定进行验收。钢构件出厂时，应提交下列资料：产品合格证；施工图和设计变更文件，设计变更内容应在施工图中相应部位注明；制作中对技术问题处理的协议文件；钢材、连接材料和涂装材料的质量证明书或试验报告；焊接工艺评定报告；高强度螺栓摩擦面抗滑移试验报告、焊缝无损检验报告及涂层检验资料；主要钢结构构件验收及预拼装记录等。

包装应在涂层干燥后进行，包装时应保护钢结构构件涂层不受损伤，保证钢结构构件、零件不变形、不损坏、不散失；包装应符合运输的有关规定。包装箱上应标注钢结构构件、零件的名称、编号、质量、重心和吊点位置等，并填写包装清单。

钢结构构件加工实拍照片如图 10 – 14 所示。

图 10 – 14　钢结构构件加工实拍照片
（a）工人在号料；（b）气割下料；（c）制孔；（d）边缘加工；（e）钢板卷曲；（f）矫正

10.3　高层钢结构安装

钢结构具有强度高、抗震性能好、施工速度快等优点，因而广泛用于高层和超高层建筑；其缺点是用钢量大、造价高、防火要求高。

用于高层建筑的钢结构体系有框架体系、框架—剪力墙体系、框筒体系、组合筒体系、交错钢桁架体系等。筒体体系抗侧力性好，高度很大的钢结构高层建筑多采用框筒体系和组合筒体系。例如，108 层、高 443 m 的美国芝加哥的西尔斯大厦即为钢结构组合筒体系；44 层（其中地下室一层）、高 153 m 的上海新锦江饭店属于钢结构框架—剪力墙体系，在中间部位以钢板和钢支撑组成抗侧力结构；14 层的上海金沙江大酒店则是框架体系。

此外，近年来在高层建筑中还发展了一种钢—混凝土的组合结构。常用的有组合框筒体系（外部为钢筋混凝土框筒，内部为钢框架）、混凝土核心筒支撑体系（核心为钢筋混凝土筒体，周围为钢框架）、组合钢框架体系（用混凝土包围钢柱和钢梁，并采用钢筋混凝土楼板）、墙板支撑的钢框架体系（用于钢框架有效连接的钢筋混凝土墙板等作为钢框架的支撑）等。上海希尔顿酒店和上海金茂大厦就是混凝土核心筒支撑体系；上海瑞金大厦即是组合钢框架体系。

混凝土核心筒支撑体系施工时，中间的钢筋混凝土筒体与周围的钢框架同时进行施工。钢筋混凝土筒体使用滑动模板、爬模、大模板等进行浇筑。一般比周围的钢框架超前 3～5 层，在现浇的钢筋混凝土筒体上预埋钢板或预留孔洞，以便与钢框架连接。

组合钢框架体系的施工，先吊装钢框架，然后在柱、梁周围组装模板，浇筑混凝土，钢框架的吊装与一般的钢框架高层建筑相同。

10.3.1　钢结构安装前的准备工作

1. 钢结构构件的预检和配套

钢结构构件在出厂前，制作单位应根据制造规范、规定和设计图纸的要求进行产品检验，填写质量报告和实际偏差值。在钢结构构件交付结构安装单位后，结构安装单位再在制作单位质量报告的基础上，根据钢结构构件种类分类，进行复检或抽检。

（1）钢结构构件的预检。

① 预检钢结构构件的计量工具和计量标准应事先统一。特别是对钢卷尺的标准要十分重视，有关单位（业主、土建施工单位、安装单位、制作单位、监理单位及其他有关单位）应各执统一标准的钢卷尺。制作单位按此尺制作钢结构构件；土建施工单位按此尺进行柱基定位施工；安装单位按此尺进行钢结构构件吊装；业主（或监理单位）按此尺进行验收。标准钢卷尺由业主提供，钢卷尺需经合格的比尺场同标准基线进行足尺比较，确定各把钢卷尺的误差值以及尺方程式，应用时一律按此标准条件实施。钢卷尺应用的标准条件：拉力用弹簧称量，对于 30 m 钢卷尺，拉力值用 98.06 N，对于 50 m 钢卷尺，拉力值用 147.08 N；使用温度为

20 ℃；水平测量时，钢卷尺要保持水平，挠度要加托。使用时，实际读数按上述条件根据当时气温按其误差值、尺方程式进行换算。实际使用时如全部按上述方法，计算量太大，一般是关键构件（如柱、框架梁等）的长度复检和测量长度大于 8 m 的构件按上述方法修正，其余构件均以实际读数为依据。

② 预检钢结构构件的质量标准应统一。钢结构安装单位对钢结构构件预检的项目，主要是与施工安装质量和工效直接有关的项目，如钢结构构件外形几何尺寸、螺孔大小和间距、预埋件位置、焊缝剖口、节点摩擦面、构件数量规格等。钢结构构件的内在制作质量以制作单位质量报告为准。至于钢结构构件预检的数量，一般是关键构件全部检查，其他构件抽查 10% ~20%，预检时应记录一切预检的数据。

③ 钢结构构件预检的注意事项。钢结构构件预检是项复杂而细致的工作，预检宜在钢结构构件中转堆场配套进行，可省去为预检而进行翻堆所耗费的机械和人工，不足之处是发现问题进行处理的时间较紧迫。

a. 钢结构构件预检最好由安装单位与制作单位联合派人参加，这样可将预检出的有偏差的构件及时修复。严禁将预检不合格的构件送往施工现场，更不应在高空处理。

b. 现场吊装应根据预检数据采取相应措施，以保证吊装工作顺利地进行。

c. 钢结构构件的加工质量与施工安装有直接关系，要充分认识钢结构构件预检的必要性，预检的具体作法应根据工程条件而定。由安装单位派驻厂代表掌握制作加工过程中的质量，将质量偏差消灭在制作过程中。

（2）钢结构构件的配套。

在高层钢结构安装时，应根据规定的安装流水顺序进行，钢结构构件必须按照安装流水顺序的需要配套供应。但是，制作单位的钢结构构件供货往往是分批进行的，在多数情况下同钢结构安装顺序不一致，因此，钢结构高层建筑施工有时需要设置钢结构构件中转堆场。中转堆场的主要作用：储存制作单位的钢结构构件（施工现场一般没有场地储存大量钢结构构件）；根据安装施工流水顺序进行钢结构构件配套，组织供应；对钢结构构件质量进行检查和修复，保证将合格的钢结构构件送往现场。

中转堆场应尽量靠近工程施工现场，同时与公路相通，以满足运输车辆的运输要求，要有电源、水源、场地平整。

中转堆场的场地规模，应根据钢结构构件的储存量、堆放措施、起重机的行走路线、汽车道路、辅助材料堆场、构件配套用地、生活用地等情况确定，但是确定上述数据有一定困难，一般可按式（10-1）估算中转堆场的面积：

$$A = k \times a \times W_{\max} \tag{10-1}$$

式中：A——中转堆场的面积，m^2；

$W_{\max}$——钢结构构件的月最大储存量，t，根据钢结构构件进场时间和数量按月计算储存量并取最大值；

a——经验用地指标，m^2/t，一般取 $a = 7 \sim 8$ m^2/t，叠堆构件时取 $a = 7$ m^2/t，不叠堆构件时取 $a = 8$ m^2/t；

k——综合系数，$k = 1.0$，按辅助用地情况取值。

　　钢结构构件配套按安装流水顺序进行，以一个结构安装流水段（一般高层钢结构工程是以一节钢柱框架为一个安装流水段）为单元，将所有钢结构构件分别从中转堆场中整理出来，集中到配套场地，在数量与规格齐全之后进行钢结构构件预检和处理修复，然后根据安装顺序，分批将合格的钢结构构件由运输车辆供应到施工现场。配套中应特别注意附件（如连接板等）的配套，否则小小的零件也会影响到整个工程安装进度，一般零星附件可采用把螺栓或铅丝直接临时捆扎在安装节点上的方法。

2. 钢柱基础检查

　　第一节钢柱直接安装在钢筋混凝土柱基底板上。钢结构的安装质量和工效同柱基的定位轴线、基准标高直接有关。安装单位对柱基的预检重点：定位轴线间距、柱基面标高和地脚螺栓预埋位置，其偏差要满足规范要求。

　　（1）定位轴线检查。定位轴线从基础施工起就应重视，先要做好控制桩。待基础浇筑混凝土后再根据控制桩将定位轴线引渡到桩基钢筋混凝土底板面上，然后预检定位轴线是否同原定位轴线重合、封闭，每根定位轴线的总尺寸误差值是否超过控制数，纵横定位轴线是否垂直、平行。定位轴线预检是在弹过线的基础上进行，预检是由业主、土建施工单位、安装单位三方联合进行，对检查数据要统一认可鉴定证明。

　　（2）柱间距检查。柱间距检查是在定位轴线认可的前提下进行，采用标准尺实测柱距（应是通过计算调整过的标准尺）。柱距偏差值应严格控制在 3 mm 以内。因为定位轴线的交叉点是柱基中心点，是钢柱安装的基准点，钢柱竖向间距以此为准，框架钢梁的连接螺孔的孔洞直径一般比高强度螺栓直径大 1.5～2.0 mm，若柱距过大或过小，则直接影响整个竖向框架梁的安装连接和钢柱的垂直度，安装中还会产生安装误差。

　　（3）单独柱基中心线检查。检查单独柱基的中心线同定位轴线之间的误差，调整柱基中心线使其同定位轴线重合，然后以柱基中心线为依据，检查地脚螺栓的预埋位置。

　　（4）柱基地脚螺栓检查。柱基地脚螺栓检查包括以下内容。

　　① 检查螺栓长度。螺栓的螺纹长度应保证钢柱安装后螺母拧紧的需要。

　　② 检查螺栓垂直度。若误差超过规定则必须矫直，矫直方法可用冷校法或火焰热校法。检查螺纹是否损坏，检查合格后在螺纹部分涂油，盖好帽套加以保护。

　　③ 检查螺栓间距。实测独立柱地脚螺栓组间的偏差值，绘制平面图表明偏差数值和偏差方向。与地脚螺栓相对应的钢柱安装孔，根据螺栓的检查结果进行调整，若有问题，则应事先扩孔，以保证钢柱的顺利安装。

　　④ 地脚螺栓预埋的质量标准。

　　a. 任何两只螺栓之间距离的允许偏差为 1 mm。

　　b. 相邻两组地脚螺栓中心线之间距离的允许偏差为 3 mm。实际上由于柱基中心线的调整修改，有相当一部分的工程不能达到上述标准。但是通过地脚螺栓预埋方法的改进，情况能大大改善。

　　目前高层钢结构工程柱基地脚螺栓的预埋方法有直埋法和套管法两种。直埋法就是用套板控制地脚螺栓相互之间距离，立固定支架控制地脚螺栓群不变形，在柱基底板绑扎钢筋时埋入，控制其位置，同钢筋连成一体，浇筑混凝土，一次性固定，但后期难以再调整，采用此法实际上产生的偏差较大。套管法先按套管直径（内径比地脚螺栓大 2 ~ 3 倍）制作套管，立固定架并将其埋入浇筑的混凝土中，待柱基底板的定位轴线和柱基中心线检查无误后，再在套管内插入螺栓，使其对准柱基中心线，通过附件和焊接加以固定，最后在套管内注浆锚固螺栓。此法对保证地脚螺栓的质量有利，但施工费用较高。

（5）基准标高实测。在柱基中心表面和钢柱底面之间，考虑施工因素，规定有一定的间隙作为钢柱安装前的标高调整，该间隙我国的规范规定为 50 mm。基准标高点一般设置在柱基底板的适当位置，四周加以保护，作为整个高层钢结构工程施工阶段的标高依据。以基准标高点为依据，对钢柱柱基表面进行标高实测，将测得的标高偏差用平面图表示，作为临时支承标高块调整的依据。

3. 标高块设置及柱底灌浆

为了精确控制钢结构上部结构的标高，在吊装之前，要根据钢柱预检（实际长度、牛腿间距离、钢柱底板平整度等）结果在钢柱基础表面浇筑标高块。标高块用无收缩砂浆，立模浇筑，其强度不宜小于 30 MPa，标高块面须埋设厚度为 16 ~ 20 mm 的钢面板。浇筑标高块之前应凿毛基础表面，以增强黏结效果。

待第一节钢柱吊装、校正和锚固螺栓固定后，要进行底层钢柱的柱底灌浆，灌浆前应在钢柱底板四周立模板，用水清洗基础表面，排除多余积水后灌浆。灌浆用砂浆基本上可保持自由流动，灌浆从一边进行，要连续灌注，灌浆后用湿草包或麻袋等遮盖养护。

4. 钢结构构件现场堆放

按照安装流水顺序由中转堆场配套运进现场的钢结构构件，利用现场的装卸机械尽量将其就位到安装机械的回转半径内。由运输造成的构件变形，在施工现场要加以矫正。施工现场用地虽然紧张，但作为结构安装阶段必要的用地还是要必须安排的，如构件运输道路、地面起重机行走路线，辅助材料堆放地，工作棚，部分构件堆放地等。一般情况下，钢结构构件安装用地面积宜为钢结构构件占地面积的 1.5 倍，否则想要顺利进行安装则有困难。

5. 安装机械的选择

高层钢结构安装皆使用塔式起重机，要求塔式起重机的臂杆长度具有足够的覆盖面；要有足够的起重能力，以满足不同部位构件起吊的要求；钢丝绳容量要满足起吊高度要求；起吊速度要有足够档次，以满足安装需要；多机作业时，臂杆要有足够的高差，以保证各塔式起重机安全运转。各塔式起重机之间应有足够的安全距离，确保臂杆不与塔身相碰。

若选用附着式塔式起重机，则锚固点应选择钢结构便于加固、有利于形成框架整体结构和有利于玻璃幕墙安装的部位，对锚固点应进行计算。

若选用内爬式塔式起重机，则爬升位置应满足塔身自由高度和每节柱单元安装高度的要求，内爬式塔式起重机所在位置的钢结构，在爬升前应焊接完毕，形成整体结构。

上海新锦江大酒店、上海希尔顿酒店等工程选用的是内爬式塔式起重机；深圳发展中心大厦、北京京城大厦等工程选用的是附着式塔式起重机。

塔式起重机的具体选择和使用可参考有关施工手册。

6. 安装流水段的划分

高层钢结构安装需要按照建筑物的平面形状、结构形式、安装机械数量和位置等划分流水段。

平面流水段划分应考虑在钢结构安装过程中的整体稳定性和对称性，安装顺序一般由中央向四周扩展，以减少焊接误差。

立面流水段划分，以一节钢柱高度内所有构件作为一个流水段。一个立面流水段内的安装顺序如图 10－15 所示。

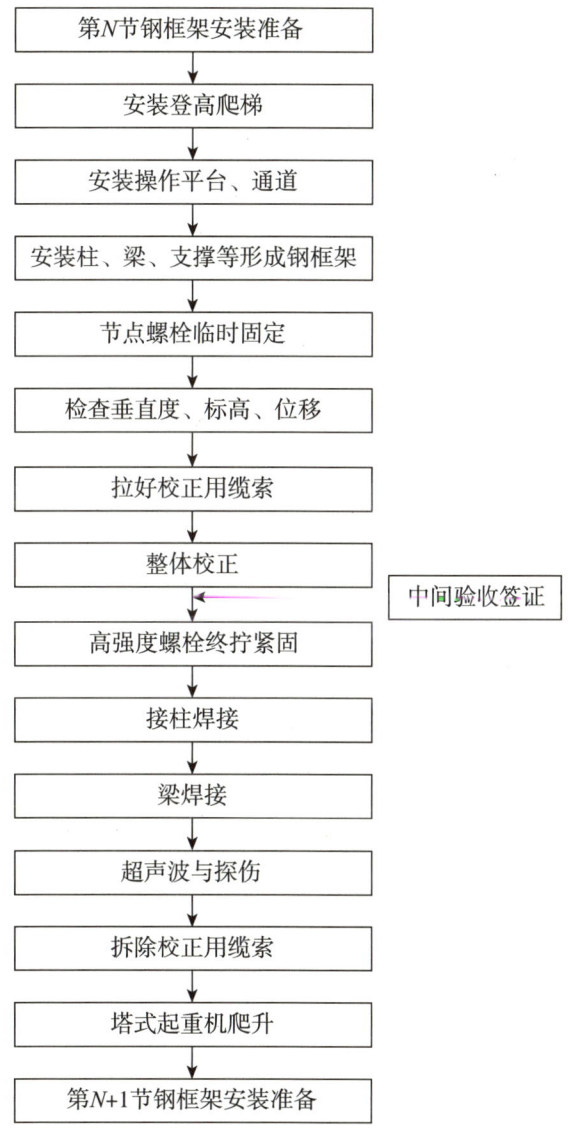

图 10－15　一个立面流水段内的安装顺序

10.3.2 钢结构构件安装与校正

1. 基本规定

《高层民用建筑钢结构技术规程》（JGJ 99—2015）对钢结构构件安装与校正做了如下规定。

（1）柱的安装应先调整标高，再调整水平位移，最后调整垂直偏差，并应重复上述步骤，直到柱的标高、位移、垂直偏差符合要求。调整柱垂直度的缆风绳或支撑夹板，应在柱起吊前在地面绑扎好。

（2）当由多个构件在地面组拼成为扩大安装单元进行安装时，其吊点应经计算确定。

（3）柱、梁、支撑等大构件安装时，应随即进行校正。

（4）当天安装的钢结构构件应形成空间稳定体系。

（5）当采用内爬式、外爬式塔式起重机或外附着式塔式起重机进行高层民用建筑钢结构安装时，对塔式起重机与钢结构相连接的附着装置，应进行验算，并应采取相应的安全技术措施。

（6）进行钢结构安装时，楼面上堆放的安装荷载应予限制，不得超过钢梁和压型钢板的承载能力。

（7）一节柱的各层梁安装完毕并验收合格后，应立即铺设各层楼面的压型钢板，并安装本节柱范围内的各层楼梯。

（8）钢结构构件安装和楼盖中的钢筋混凝土楼板的施工，应相继进行，两项作业相距不宜超过6层。当超过6层时，应由责任工程师会同设计部门和专业质量检查部门共同协商处理。

（9）一个流水段一节柱的全部钢结构构件安装完毕并验收合格后，方可进行下一个流水段的安装工作。

（10）钢板剪力墙单元应随柱、梁等构件从下到上依次安装。吊装及运输时应采取措施防止平面外变形；钢板剪力墙与柱、梁的连接次序应满足设计要求。当设计无要求时，宜与柱、梁等构件同步连接。

（11）对设有伸臂桁架的钢框架—混凝土核心筒结构，为避免由于施工阶段竖向变形差在伸臂结构中产生过大的初应力，应对悬挑段伸臂桁架采取临时定位措施，待竖向变形差基本消除后再进行连接。

（12）转换桁架或腰桁架应根据制作运输条件和起重能力进行分段并散装，采用由下到上，从中间向两端的顺序安装。

高层钢结构建筑的钢柱，3~4层为一节，节与节之间用坡口焊连接。在吊装第一节钢柱时，应在预埋的地脚螺栓上加设保护套，以免钢柱就位时碰坏地脚螺栓的丝牙。钢柱吊装前，应预先在地面上把操作挂篮、爬梯等固定在施工需要的钢柱部位上。钢柱的吊点在吊耳处（钢柱在制作时于吊点部位焊有吊耳，吊装完毕再割去）。根据钢柱的自重和塔式起重机的起重质量，钢柱的吊装可用单机吊装或双机抬吊，如图10-16所示。单机吊装时需在钢柱根部垫以垫木，以回转法起吊，严禁柱根拖地；双机抬吊时，钢柱吊离地面后在空中进行回直。

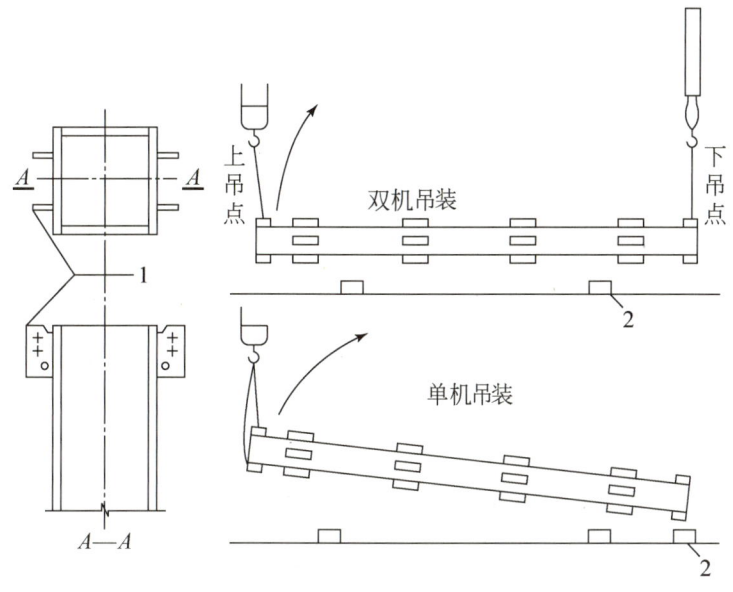

1—吊耳；2—垫木。

图 10 – 16　钢柱的吊装

2. 地脚螺栓安装

地脚螺栓安装精度直接关系到整个钢结构安装的精度，是钢结构安装工程的第一步。锚栓主要包括普通柱脚锚栓、大直径锚栓、预应力锚栓、化学锚栓等。

大直径锚栓安装工艺如表 10 – 1 所示。

表 10 – 1　大直径锚栓安装工艺

序号	施工步骤	示例图片	施工方法及要求
1	埋件卸车	围挡　钢结构堆场	锚栓进场后进行卸车，锚栓应用托盘打包整齐，并配备信息挂牌。卸车前应进行构件验收，确保构件质量满足要求
2	锚栓与钢筋定位分析		根据施工图纸，对照锚栓和钢筋布置位置，分析锚栓与钢筋定位是否冲突，若定位不冲突，则可以先施工钢筋再施工锚栓；若定位冲突则需要先施工锚栓再施工钢筋，并调整钢筋定位避开锚栓

序号	施工步骤	示例图片	施工方法及要求
3	设计锚栓支架		结构形式简单的锚栓可直接固定在钢筋骨架上。 结构形式复杂的锚栓需设计型材支架，特别复杂的柱脚可设计两层定位板以确保锚栓精度，顶层定位板在混凝土浇筑完成后拆除。 锚栓支架设计时需建模放样，确保锚栓、支架、钢筋不发生碰撞
4	支架安装 锚栓安装		支架埋件需在基础垫层浇筑前预埋到位，底部钢筋绑扎前，将支架与底部埋件焊接连接；顶部钢筋绑扎前，锚栓安装到位；顶部钢筋绑扎完成后，将支架与钢筋骨架连成整体
5	成品保护		锚栓顶部应用胶带缠绕封闭，保护锚栓丝扣，防止混凝土及后续施工作业造成污染。 混凝土浇筑完成后，应对锚栓位置进行复核，有偏差的应在混凝土初凝前调整到位

预应力锚栓安装工艺如表 10 - 2 所示。

表 10 - 2　预应力锚栓安装工艺

序号	施工步骤	示例图片	施工方法及要求
1	埋件卸车	 围挡　钢结构堆场	锚栓进场后进行卸车，锚栓应用托盘打包整齐，并配备信息挂牌。卸车前应进行构件验收，确保构件质量满足要求
2	放线		首先对防水保护层表面进行平整度复测。 根据施工图纸，对照锚栓和钢筋布置位置，准确画出锚栓投影基准线
3	安装下锚板		下锚板支撑螺杆位于预埋件中心线上，使下锚板圆心与基坑中心同心；调节支撑螺杆上的调整螺母使下锚板达到设计标高并调平。锚栓支架设计时需建模放样，确保锚栓、支架、钢筋不发生碰撞
4	布置定位锚栓		将上锚板吊起，自下而上穿入定位锚栓并拧上螺母，使定位锚栓悬挂于上锚板上；定位锚栓全部布置好之后，缓慢降低上锚板高度，使定位锚栓落入对应位置，拧紧下部螺母

序号	施工步骤	示例图片	施工方法及要求
5	穿入其余锚栓		吊机提住上锚板，将其余锚栓（无尼龙螺母）上部穿入上锚板螺栓孔后，下部落入对应的螺栓孔，拧紧下部螺母
6	调整上锚板、下锚板同心		采用经纬仪测定成90°的四个锚栓的垂直度以保证上锚板、下锚板同心；锚栓垂直度超标时，用钢丝绳连接上锚板锚筋和基坑外钢桩，调节钢丝绳使锚栓垂直
7	钢筋绑扎		先布置底部钢筋，然后绑扎中心区域内部竖筋、环筋，外部竖筋、环筋
8	混凝土浇筑		混凝土浇筑过程中应采用插入式振捣棒振捣密实，严禁插入式振捣棒直接碰触模板、钢筋及锚栓套件，浇筑过程中注意避免过振或者振捣不足，浇筑厚度及时间间歇严格执行现行规范，固定下模板上方的混凝土应该加强振捣

序号	施工步骤	示例图片	施工方法及要求
9	预应力张拉		确认基础高强灌浆工作结束，张拉前灌浆强度至少达到 50 MPa（依据设计要求制定）

化学锚栓安装工艺如表 10 - 3 所示。

表 10 - 3　化学锚栓安装工艺

序号	施工步骤	示例图片	施工方法及要求
1	施工准备	普通化学锚栓　特殊倒锥形化学锚栓 	根据设计要求，结合现场实际荷载情况与受力形式确定化学锚栓类型，复核化学锚栓是否与结构内部钢筋位置冲突。若有冲突，则需适当调整化学锚栓的位置
2	放线定位		确定的化学锚栓位置，放出需要植入的化学锚栓点位线，并进行复核，确保放样准确
3	钻孔		根据放线结果，在基层上钻孔，根据设计锚栓类型及尺寸确定钻孔孔径及钻孔深度。钻孔过程中遇到主筋时，应适当调整孔位

序号	施工步骤	示例图片	施工方法及要求
4	清孔		用吹气泵、毛刷或空压机将孔洞内灰尘清理干净，保持孔内洁净，确保孔壁不留灰尘
5	放入药剂管		将药剂管插入洁净的孔中，插入时药剂在手温条件下应能像蜂蜜样缓慢流动
6	钻入螺栓		用电钻旋入螺栓直至药剂流出。电钻一般使用冲击钻或手钻，带动螺栓旋转搅拌，破碎药剂管，匀速将螺栓推至孔底，与树脂、固化剂和石英颗粒混合，并填充螺栓与孔壁之间的空隙，时间为10 s左右
7	凝胶硬化		取下安装工具，静置、待药剂充分发生化学反应，承载前不得扰动杆体，药剂的凝胶及硬化时间应满足产品说明书要求
8	固定物体		待药剂完全硬化后，根据检测要求进行拉拔试验。试验合格后，加上垫圈及六角螺母固定物体，准备后续的固定作业

3. 钢柱安装

钢结构安装前应根据现场测量基准点分别引测内控和外控测量控制网，作为测量控制的依据。地下结构一般采用外控法，地上结构可根据场地条件和周边建筑情况选择内控法或外控法。高度大于 400 m 的高层民用建筑的平面控制网在垂直传递时，宜采用全球定位系统进行复核。

根据规范《钢结构工程施工质量验收标准》（GB 50205—2020），钢柱安装的允许偏差应符合表 10 - 4 的规定。

检查数量：按钢柱数抽查 10%，且不应少于 3 件。

检验方法：应符合表 10 - 4 的规定。

表 10 - 4　钢柱安装工艺　　　　　　　　　　　　单位：mm

项目		允许偏差	图例	检验方法
柱脚底座中心线对定位轴线的偏移 Δ		5.0		用吊线和钢尺等实测
钢柱定位轴线 Δ		1.0		—
柱基准点标高	有吊车梁的柱	+3.0 -5.0		用水准仪等实测
	无吊车梁的柱	+5.0 -8.0		
弯曲矢高		$\dfrac{H}{1\,200}$，且不大于 15.0	—	用经纬仪或拉线和钢尺等实测

续表

项目		允许偏差	图例	检验方法
柱轴线垂直度	单层柱	$\dfrac{H}{1\,000}$，且不大于25.0		用经纬仪或吊线和钢尺等实测
	多层柱 单节柱	$\dfrac{H}{1\,000}$，且不大于10.0		
	多层柱 柱全高	35.0		
钢柱安装偏差		3.0		用钢尺等实测
同一层钢柱的各柱顶高度差 Δ		5.0		用全站仪、水准仪等实测

安装柱和柱之间的主梁时，应根据焊缝收缩量预留焊缝变形值，预留的变形值应做书面记录。安装时，应注意日照、焊接等温度变化引起的热影响对构件的伸缩和弯曲引起的变化，并应采取相应措施。安装柱与柱之间的主梁构件时，应对柱的垂直度进行监测。除监测这根梁的两端钢柱的垂直度变化外，还应监测相邻各柱因梁连接影响而产生的垂直度的变化。

安装压型钢板前，应在梁上标出压型钢板铺放的位置线。铺放压型钢板时，相邻两排压型钢板端头的波形槽口应对准。栓钉施工前应标出栓钉焊接的位置。若钢梁或压型钢板在栓钉位置有锈污或镀锌层，则应采用角向砂轮打磨干净。栓钉焊接时应按位置线排列整齐。在一节钢柱高度范围内的全部构件完成安装、焊接、铺设压型钢板、栓接并验收合格后，方能从地面引放上一节柱的定位轴线。各种构件的安装质量检查记录，应为钢结构全部安装完毕后的最后一次实测记录。

钢柱就位后,先调整标高,再调整位移,最后调整垂直度。钢柱要按规范规定的数值进行校正,标准柱的垂直偏差应校正至零。当上柱与下杆发生扭转错位时,可在连接上下柱的耳板处加垫板进行调整。

为了控制安装误差,对高层钢结构先确定标准柱,所谓标准柱即能控制框架平面轮廓的少数柱子,一般是选择平面转角柱为标准柱。正方形框架取 4 根转角柱作为标准柱;长方形框架当长边与短边之比大于 2 时取 6 根标准柱;多边形框架则取转角柱作为标准柱。

一般取标准柱的柱基中心线作为基准点,用激光经纬仪以基准点为依据对基准柱的垂直度进行观测,于钢柱顶部固定有测量目标。在激光经纬仪测量时,为了纠正由于钢结构振动产生的误差和仪器安装误差、机械误差等,激光经纬仪每测一次转动 90°,在目标上共测 4 个激光点,以这 4 个激光点的相互交点为准测量安装误差,如图 10 - 17 所示。

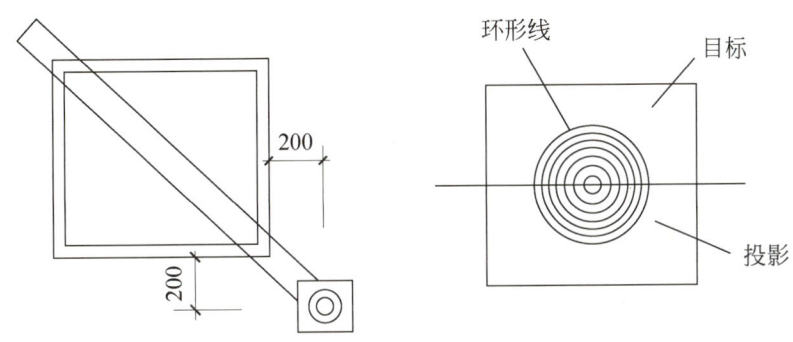

图 10 - 17　钢柱顶的激光测量目标

为使激光束通过,在激光经纬仪上方的金属或混凝土楼板上皆需固定或埋设一小钢管。

钢柱标高的调整,每安装一节的钢柱后,对柱顶进行一次标高实测,标高误差超过 6 mm 时,需要进行调整,一般用低碳钢板垫至规定要求。若误差过大,不宜一次调整,则可先调整一部分,待下一次再调整,否则一次调整过大会影响支撑的安装和钢梁表面的标高。框架中间柱的标高宜稍高些,因为框架安装工期长,结构自重不断增大,所以中间柱承受的荷载较大,基础沉降也大。

钢柱轴线位移的校正,以下一节钢柱顶部的实际柱中心线为准,安装钢柱的底部对准下节钢柱的中心线即可。校正位移时应注意钢柱的扭转,钢柱扭转对框架安装不利。

(1) 受支撑及栈桥影响的地下室钢柱安装。

根据地下室钢结构与支撑、栈桥之间的关系,可以将地下室钢柱分为三类:A 类为位于支撑、栈桥以外的钢柱,不受支撑、栈桥的影响,可使用塔式起重机直接吊装;B 类为位于支撑下方的钢柱,受支撑的影响,但可使用塔式起重机直接吊装,需辅助卷扬机或者葫芦就位;C 类为位于栈桥下方的钢柱,受栈桥的影响,需在栈桥面上开孔洞,使用塔式起重机直接吊装。各类地下室钢柱施工工艺如表 10 - 5 所示。

表 10－5　各类地下室钢柱施工工艺

序号	施工步骤	示例图片	施工方法及控制要点
1	A 类柱吊装		该类钢柱与栈桥和支撑没有相交，所以塔式起重机可以直接吊装，钢柱吊装就位后，及时固定钢柱柱脚螺栓，并拉设缆风绳，待钢柱调校完成后，点焊螺母，完成安装
2	B 类柱吊装		钢柱吊装至指定位置
			钢柱转运至吊装位置
			设置双转换梁用于钢柱提升

序号	施工步骤	示例图片	施工方法及控制要点
2	B 类柱吊装		钢柱吊装就位
3	C 类柱吊装		栈桥开洞截面尺寸，孔洞每边尺寸比钢柱底板尺寸大 10 cm
			钢柱运输至现场后，就近卸车至孔洞附近，塔式起重机吊起后，直接通过孔洞下放至就位位置
			钢柱吊装完成后，将洞口一周用脚手进行围护

　　钢梁在吊装前，应于钢柱牛腿处检查标高和钢柱间距，主梁吊装前，应在主梁上装好扶手杆和扶手绳，待主梁吊装就位后，将扶手绳与钢柱系牢，以保证施工人员的安全。

一般在钢梁的上翼缘处开孔，作为吊点，吊点位置取决于钢梁的跨度。为加快吊装速度，对重量较小的次梁和其他小梁，多利用多头吊索一次吊装数根。

（2）与核心筒连接悬挑钢梁安装。

构件进场至起吊前准备与常规钢梁相同。常规钢梁与核心筒连接悬挑钢梁、常规钢梁带牛腿悬挑钢梁施工步骤与此类似。与核心筒连接悬挑钢梁安装工艺如表10-6所示。

表10-6 与核心筒连接悬挑钢梁安装工艺

序号	施工步骤	示例图片	施工方法及控制要点
1	悬挑钢梁安装理论分析		悬挑钢梁施工前，预先编制悬挑钢梁吊装方案，明确临时连接措施和施工过程结构受力模拟计算，保证吊装过程体系形成前的结构受力符合要求
2	吊装就位准备		在钢梁就位位置，预先在悬挑钢梁悬挑方向正后方拉设一道导链，导链与可靠结构（如钢柱）连接；采用捆绕连接时，需在尖锐位置垫放铁皮或橡胶防止钢丝绳受力受损
3	钢梁吊装就位及临时连接		钢梁缓慢吊装至就位位置，一端与核心筒埋件通过码板及临时螺栓进行固定，临时螺栓数量按照要求设置。另一端将预留的导链与构件可靠连接。待两端连接可靠后，缓慢降低塔式起重机使吊装钢丝绳卸载，悬挑结构稳定后解钩
4	测校及稳定连接		通过悬挑端导链进行钢梁校正，通过水平仪等仪器对标高和水平高差进行测校，需按设计和规范要求预设起拱消除误差。精度符合要求后，及时将高强度螺栓穿满并初拧，再进行相连结构的吊装，使其连接成片形成稳定结构

续表

序号	施工步骤	示例图片	施工方法及控制要点
5	高强螺栓终拧及翼缘焊接		整片悬挑结构安装无误后,进行整体终拧和焊接作业,卸载后进行精度复测合格后拆除导链,完成悬挑钢梁施工

有时将梁、柱在地面组装成排架进行整体吊装,以减少高空作业,既能保证工程质量又能加快工程进度。

安装框架主梁时,要根据焊缝收缩量预留焊缝变形量。安装主梁时对钢柱垂直度的监测,除监测安装主梁的钢柱的两端垂直度变化外,还要监测相邻与主梁连接的各根钢柱的垂直度变化情况,保证钢柱除预留焊缝收缩之外,各项偏差均符合规范要求。

安装楼层压型钢板时,先在梁上画出压型钢板铺钢的位置线。铺放时要对正相邻两排压型钢板的端头坡形槽口,以便使现浇层中的钢筋能顺利通过。

在每一节钢柱的全部构件安装、焊接、栓接完成并验收合格后,才能从地面引测上一节柱子的定位轴线。钢结构安装实拍照片如图 10-18 所示。

图 10-18 钢结构安装实拍照片

(a) 钢柱的吊装;(b) 梁柱整体吊装;(c) 钢梁的安装

4. 竣工验收

《高层民用建筑钢结构技术规程》(JGJ 99—2015) 对钢结构安装工程的竣工验收规定如下。

(1) 钢结构安装工程的竣工验收应分下列两个阶段进行。

① 每个流水段一节柱的高度范围内全部构件(包括钢楼梯、压型钢板等)安装、校正、焊接、栓接完毕并自检合格后,应做隐蔽工程验收。

② 全部钢结构安装、校正、焊接、栓接完成并经隐蔽工程验收合格后,应做钢结构安装工程的竣工验收。

(2) 安装工程竣工验收,应提交下列主要文件。

① 钢结构施工图和设计变更文件,并在施工图中注明修改内容。

② 钢结构安装过程中,业主、设计单位、制作单位、安装单位达成协议的各种技术文件。

③ 钢构件出厂合格证。

④ 钢结构安装用连接材料（包括焊条、螺栓等）的质量证明文件。

⑤ 钢结构安装的测量检查记录、高强度螺栓安装检查记录、栓钉焊接质量检查记录。

⑥ 各种试验报告和技术资料。

⑦ 隐蔽工程分段验收记录。

（3）钢结构安装工程的安装允许偏差应符合现行国家标准《钢结构工程施工质量验收标准》（GB 50205—2020）的相关规定。

10.3.3　钢结构构件的连接施工

钢结构构件的现场连接是钢结构施工中的重要问题，对连接的基本要求：提供设计要求的约束条件，应有足够的强度和规定的延性，制作和施工简便。

目前钢结构的现场连接，主要是用电焊连接和高强度螺栓连接，如图 10-19 所示。钢柱多为坡口电焊连接。梁与柱、梁与梁的连接视约束要求而定，有的用高强度螺栓，有的则坡口焊和高强度螺栓共用。钢结构的现场连接实拍照片如图 10-20 所示。

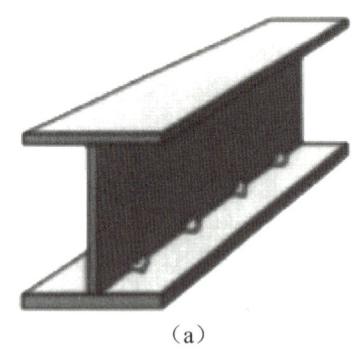
（a）

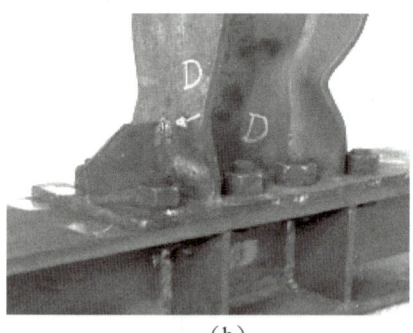
（b）

图 10-19　钢结构的连接形式
（a）电焊连接；（b）高强度螺栓连接

（a）

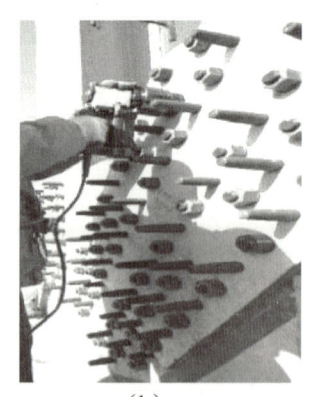
（b）

图 10-20　钢结构的现场连接实拍照片
（a）电焊连接施工；（b）高强度螺栓连接施工

1. 钢结构构件焊接工艺

从事钢结构各种焊接工作的焊工，应按现行国家标准《钢结构焊接规范》（GB 50661—2011）的相关规定经考试并取得合格证后，方可进行上岗工作。在钢结构中首次采用的钢种、焊接材料、接头形式、坡口形式及工艺方法，应进行焊接工艺评定，其评定结果应符合设计及现行国家标准《钢结构焊接规范》（GB 50661—2011）的相关规定。钢结构的焊接工作，必须在焊接工程师的指导下进行，应根据焊接工艺评定合格的试验结果和数据，编制焊接工艺文件。焊接工作应严格按照所编工艺文件中规定的焊接方法、工艺参数、施焊顺序等进行，并应符合现行国家标准《钢结构焊接规范》（GB 50661—2011）的相关规定。

低氢型焊条在使用前必须按照产品说明书的规定进行烘焙。烘焙后的焊条应放入恒温箱备用，恒温箱温度不应低于 120 ℃，使用时应置于保温桶中。烘焙合格的焊条外露在空气中超过 4 h 后应重新烘焙。焊条的反复烘焙次数不应超过 2 次。焊剂在使用前必须按产品说明书的规定进行烘焙。焊丝必须除净锈蚀、油污及其他污物。二氧化碳气体纯度不应低于99.9%（体积法），其含水量不应大于 0.005%（重量法）。当使用瓶装气体，瓶内气体压力低于 1 MPa 时，应停止使用。当采用气体保护焊接时，焊接区域的风速应加以限制：风速在2 m/s 以上时，应设置挡风装置，对焊接现场进行防护。焊接开始前，应复查组装质量、定位焊质量和焊接部位的清理情况。若不符合要求，则应修正合格后方可施焊。

对接接头、T 形接头和要求全熔透的角部焊缝，应在焊缝两端配置引弧板和引出板。手工焊引出板长度不应小于 25 mm，埋弧自动焊引出板长度不应小于 80 mm，引焊到引出板的焊缝长度不得小于引出板长度的 $\frac{2}{3}$。引弧应在焊道处进行，严禁在焊道区以外的母材上打火引弧。焊接时应根据工作地点的环境温度、钢材材质和厚度，选择相应的预热温度对焊件进行预热。无特殊要求时，可按表 10 - 7 选取预热温度。凡需预热的构件，焊接前应在焊道两侧各 100 mm 的范围内均匀进行预热，预热温度的测量应在距焊道 50 mm 处进行。当工作地点的环境温度在 0 ℃ 以下时，焊接件的预热温度应通过试验确定。

表 10 - 7　常用的预热温度

钢材分类	环境温度	板厚/mm	预热及层间宜控温度/℃
碳素结构钢	0 ℃ 及以上	≥50	80
低合金钢	0 ℃ 及以上	≥36	100

板厚超过 30 mm，且有淬硬倾向和拘束度较大低合金钢的焊接，必要时可进行后热处理。后热处理的时间应按每 25 mm 板厚为 1 h。后热处理应于焊后立即进行。后热处理的加热范围为焊缝两侧各 100 mm，温度的测量应在距焊缝中心线 75 mm 处进行。焊缝后热达到规定温度后，应按规定时间保温，然后使焊件缓慢冷却至常温。要求全熔透的两面焊焊缝，正面焊接完成后在焊接背面之前，应认真清除焊缝根部的熔渣、焊瘤和未焊透部分，直至露出正面焊缝金属时方可进行背面的焊接。

（1）高层钢结构焊接顺序。确定正确的焊接顺序，能减少构件的焊接变形，保证焊接质量。一般情况下应从中心向四周扩展，采用结构对称、节点对称的焊接顺序。

至于立面一个流水段（一节钢柱高度内所有构件）的焊接顺序一般是：上层主梁—压型钢板；下层主梁—压型钢板；中层主梁—压型钢板；上下主焊接。

（2）焊接的工艺流程。柱与柱、柱与梁之间的焊接多为坡口焊接，如图10-21所示；其焊接工艺流程，如图10-22所示。

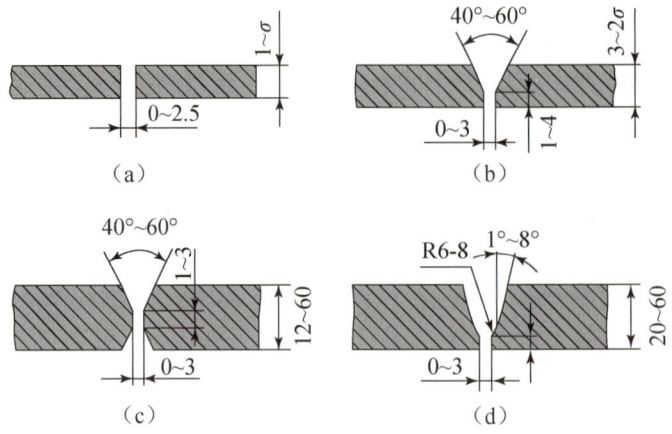

图10-21 对接接头的坡口形式

（a）I形坡口；（b）Y形坡口；（c）双Y形坡口；（d）U形坡口

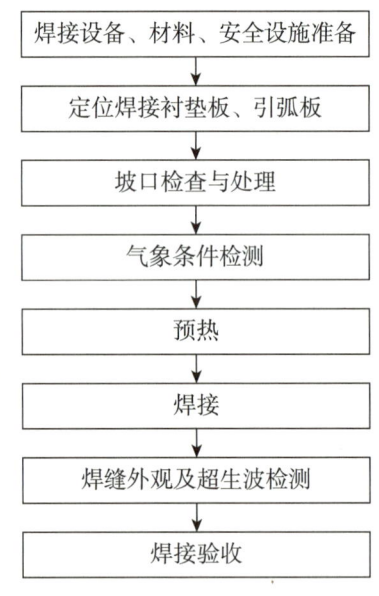

图10-22 焊接工艺流程

（3）焊接的准备工作。钢结构焊接要正确选择焊条，这取决于结构所用钢材的种类。焊条和粉芯焊丝使用前必须按质量要求进行烘焙。焊条烘焙的温度和时间，取决于焊条的种类。电焊机和焊条如图10-23所示。

焊接前要检测气象条件，当电焊作业直接受雨雪影响时，原则上应停止作业。在雨雪结束后要根据焊接区水分情况决定是否进行电焊。当焊接部位附近的风速超过10 m/s时，原则上不进行焊接，但在有防风措施下，确认对焊接作业无妨碍时亦可进行焊接。

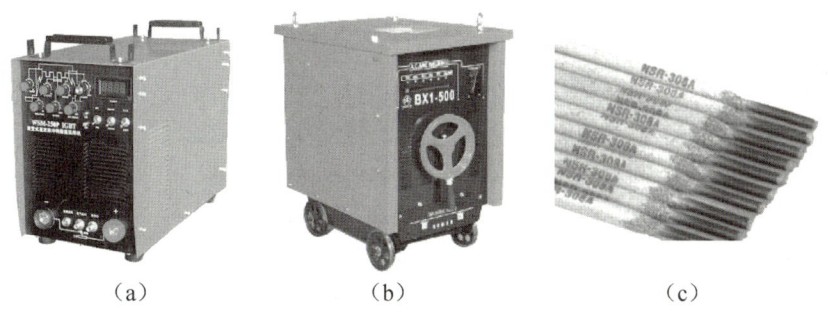

图 10 – 23　电焊机和焊条

（a）直流弧焊机；（b）交流弧焊机；（c）焊条

① 坡口检查。柱与柱、柱与梁的上下翼缘的坡口焊接，电焊前应对坡口组装的质量进行检查，若误差超过规范所允许的范围，则应返修后再进行焊接。同时，焊接前对坡口进行清理，去除对焊接有妨碍的水分、垃圾、油污和锈蚀等。

② 垫板和引弧板。坡口焊接均用垫板和引弧板，目的是使底层焊接质量有保证。引弧板可保证正式焊缝的质量，避免起弧和收弧时使焊接件增加初应力和产生缺陷。垫板和引弧板均用低碳钢板制作，间隙过大的焊缝宜用紫铜板。垫板尺寸一般厚 6 ~ 8 mm，宽 50 mm，长度应考虑引弧板的长度。引弧板长 50 mm 左右，引弧长 30 mm。钢管打坡口示意图如图 10 – 24 所示，钢管打坡口现场施工如图 10 – 25 所示。

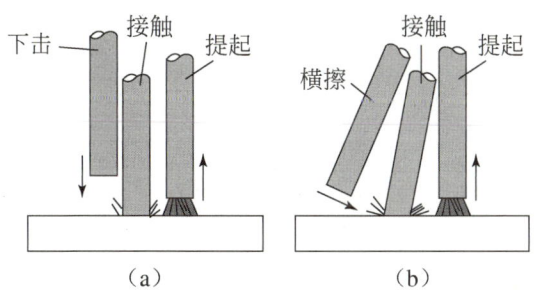

图 10 – 24　钢管打坡口示意图

（a）碰击法；（b）划擦法

图 10 – 25　钢管打坡口现场施工

（4）焊接工艺。根据《钢结构工程施工质量验收标准》（GB 50205—2020）的规定：对于需要进行焊前预热或焊后热处理的焊缝，其预热温度或后热温度应符合国家现行有关标准的规定或通过工艺试验确定。预热区在焊道两侧，每侧宽度均应大于焊件厚度的 1.5 倍以上，且不应小于 100 mm；后热处理应在焊后立即进行，保温时间应根据板厚按每 25 mm 板厚 1 h 确定。

由于焊接时局部的激热和速冷在焊接区可能产生裂纹，预热可以减缓焊接区的激热和速冷，避免产生裂纹。对约束力大的接头，预热后可以减小收缩应力。预热还可排除焊接区的水分和湿气，这样就排除了产生氢气的根源。

柱与柱的对接焊，应由两名焊工在两相对面等温、等速对称焊接。加引弧板时，先焊接第一个两相对面，焊层不宜超过4层，然后切除引弧板。清理焊缝表面，焊接第二个两相对面，焊层可达8层；然后焊接第一个两相对面，如此循环直到焊满整个焊缝。

梁和柱接头的焊缝，一般先焊H形钢的下翼缘板，再焊上翼缘板。梁、板两端先焊一端，待其冷却至常温后再焊另一端。

柱与柱、梁与柱的焊缝接头，应试验测出焊缝收缩值，反馈到钢结构制作单位，作为加工的参考。焊缝收缩值受到周围已安装柱、梁的影响，约束程度不同收缩也会不同。

焊缝的空间位置有平焊、立焊、横焊和仰焊4种，如图10-26所示。平焊易操作，劳动条件好，生产率高，焊缝质量易保证。立焊、横焊和仰焊施焊困难，应尽量避免。平焊焊条角度和运条基本动作如图10-27所示。手工电弧焊现场施工如图10-28所示。

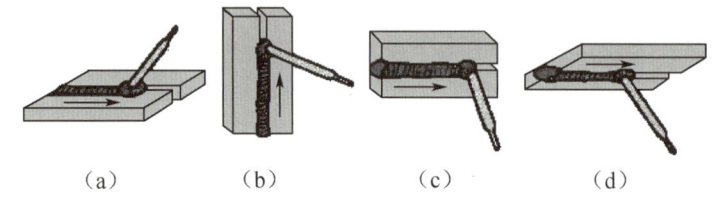

（a）　　　　　　（b）　　　　　　（c）　　　　　　（d）

图 10-26　焊缝的空间位置

（a）平焊；（b）立焊；（c）横焊；（d）仰焊

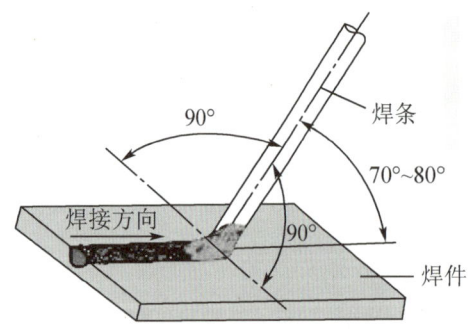

图 10-27　平焊焊条角度和运条基本动作

图 10-28　手工电弧焊现场施工

（5）焊缝质量检验。钢结构焊缝质量检验分3级：1级检验的要求是全部焊缝进行外观检查和超声波检查，对焊缝长度的2%进行X射线检查，并至少应有一张底片；2级检验的要求是全部焊缝进行外观检查，并有50%的焊缝长度进行超声波检查；3级检验的要求是全部焊缝进行外观检查。高层钢结构建筑的焊缝质量检验，属于2级检验。

2. 钢结构构件高强度螺栓连接

采用高强度螺栓连接时，应对钢结构构件摩擦面进行加工处理，处理后钢结构构件的抗滑移系数应符合设计要求。高强度螺栓连接摩擦面的加工，可采用喷砂、抛丸和砂轮打磨等方法。砂轮打磨方向应与构件受力方向垂直，且打磨范围不得小于高强度螺栓直径的4倍。经处理的摩擦面应采取防油污和损伤的保护措施。制作单位应在钢结构制作的同时进行抗滑移系数试验，并出具试验报告，试验报告应写明试验方法和结果。应根据现行行业标准《钢结构高强度螺栓连接技术规程》（JGJ 82—2011）的规定或设计文件的要求，制作材质和处理方法相同的复验抗滑移系数用的试件，并与钢结构构件同时移交。

（1）高强度螺栓连接的分类。

高强度螺栓连接施工简便，质量可靠，近年来在钢结构高层建筑施工中的应用越来越多，成为主要的连接形式之一，如图 10 - 29 所示。

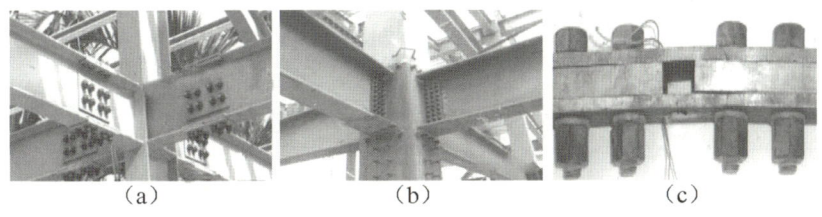

图 10 - 29　高强度螺栓连接实拍照片

（a）（b）梁柱节点的螺栓连接；（c）细部构件螺栓连接

高强度螺栓连接分为摩擦型高强度螺栓连接和承压型高强度螺栓连接两种，前者是在荷载设计值下，以连接件之间产生相对滑移，作为其承载能力极限状态；后者是在荷载设计值下，以螺栓或连接件达到最大承载能力，作为承载能力极限状态，如图 10 - 30 所示。承压型高强度螺栓连接不得用于直接承受动力荷载的构件连接，不得用于承受反复荷载作用的构件连接和冷弯薄壁型构件连接。所以，高层建筑钢结构中都是采用摩擦型高强度螺栓连接。

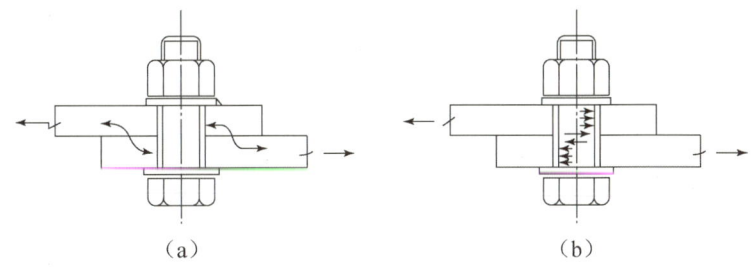

图 10 - 30　高强度螺栓连接标意图

（a）摩擦型高强度螺栓连接；（b）承压型高强度螺栓连接

高强度螺栓连接可以传递剪力和拉力，通过施加预拉力使连接板之间产生预压力，接触面上有摩擦力，依靠摩擦力传递剪力。摩擦型高强度螺栓连接在承载能力极限状态最大剪力不能超过板件间摩擦力；承压型高强度螺栓连接在承载能力极限状态允许滑动，但最大剪力不能超过螺栓的抗剪承载力和孔壁的承压强度，如图 10 - 31 所示。

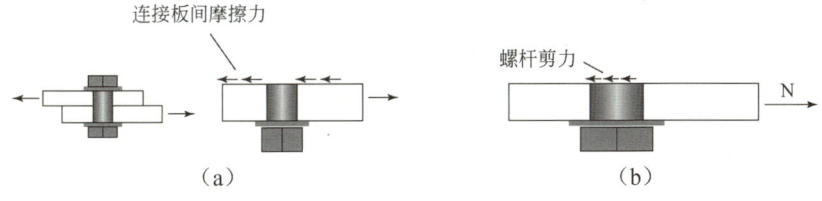

图 10 - 31　高强度螺栓的受力

（a）摩擦型高强度螺栓连接的受力；（b）承压型高强度螺栓连接的受力

（2）高强度螺栓连接副。

高强度螺栓连接副应按批配套供应，高强度螺栓连接副包括一个螺栓、一个螺母和一个垫圈，如图10-32所示，且必须有出厂质量保证书。运至施工现场的扭剪型高强度螺栓连接副应及时检验其螺栓楔负载、螺母保证荷载、螺母及垫圈硬度、连接副的紧固轴力平均值和变异系数，检查结果应符合有关的规定。高强度螺栓连接副实拍照片如图10-33所示。

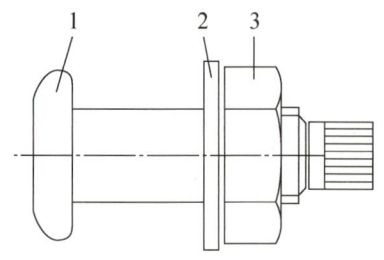

1—螺栓；2—垫圈；3—螺母。

图 10-32　高强度螺栓连接副示意图

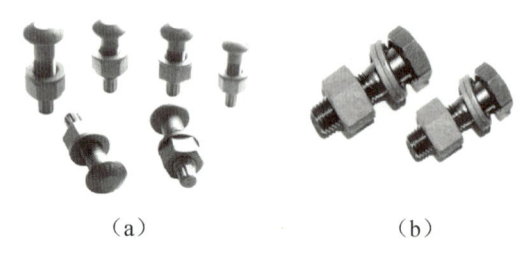

图 10-33　高强度螺栓连接副实拍照片

（a）扭剪型高强度螺栓连接副；（b）大六角头高强度螺栓连接副

（3）高强度螺栓施工的注意事项。

① 连接处板上的所有螺栓孔，均要用量规检查。其通过率：用比孔的公称直径小1.0 mm的量规检查，每组至少通过85%；用比螺栓公称直径大0.2~0.3 mm的量规检查，应全部通过。凡量规不能通过的螺栓孔，须经施工图编制单位同意后进行扩孔或补焊后重新钻孔。

② 保证构件与连接板间的紧密结合。若两个被连接构件的板厚不同，则对由于板厚差值而引起的间隙做如下处理：当间隙 $d \leqslant 1.0$ mm 时，可不做处理；当 $d = 1.0 \sim 3.0$ mm 时，将厚板一侧磨成1:10的缓坡，使间隙小于1.0 mm；当 $d \geqslant 3.0$ mm 时，应加放垫板，垫板上下摩擦面的处理与构件相同。

③ 高强度螺栓安装要点。

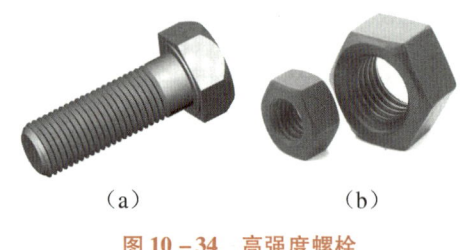

图 10-34　高强度螺栓

（a）螺栓；（b）螺帽

A. 安装高强度螺栓（见图10-34）时，应用尖头撬棒及冲钉对正上下或前后连接板的螺孔，将高强度螺栓自由投入。安装用临时螺栓，可用普通标准螺栓或冲钉。临时螺栓穿入数量应由计算确定，并应符合下述规定：不得少于安装孔总数的 $\frac{1}{3}$；至少应穿入两个临时螺栓；若穿入部分冲钉，则其数量不得多于临时螺栓的30%。

B. 高强度螺栓施工时，先在余下的螺孔中投满高强度螺栓，并用扳手拧紧，然后将临时螺栓逐一换成高强度螺栓，并用扳手拧紧。在同一连接面上，高强度螺栓应按同一方向投入，应顺畅穿入螺孔内，不得强行敲打。若不能自由穿入，则该螺孔应用铰刀修整，修整后螺孔的最大直径应小于1.2倍螺栓直径。常用的手动扭矩扳手和电动扭矩扳手分别如图10-35和图10-36所示。

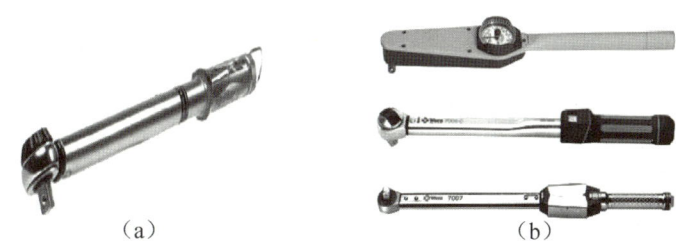

图 10 – 35　常用的手动扭矩扳手

（a）响声式手动扭矩扳手；（b）指针式手动扭矩扳手

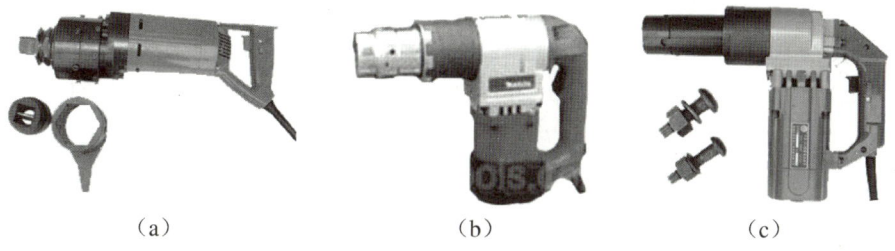

图 10 – 36　常用的电动扭矩扳手

（a）定扭矩电动扳手；（b）6924 型扭剪型电动扳手；（c）电动扭剪扳手

C. 高强度螺栓长度 l 应符合式（10 – 2）要求：

$$l = l' + \Delta l \tag{10 – 2}$$

式中：l'——连接板层总厚度，mm；

　　　Δl——附加长度，mm。

对于 Δl 可按式（10 – 3）计算：

$$\Delta l = m + ns + 3p \tag{10 – 3}$$

式中：m——高强度螺母公称厚度，mm；

　　　n——垫圈个数，扭剪型高强度螺栓为 1，大六角头高强度螺栓为 2；

　　　s——高强度垫圈公称厚度，mm；

　　　p——螺纹的螺距，mm。

D. 安装高强度螺栓时，构件的摩擦面应保持干净，不得在雨中安装。摩擦面如用生锈处理方法时，安装前应以细钢丝刷除去摩擦面上的浮锈。

a. 大六角头高强度螺栓施工所用的扭矩扳手，使用前必须校正，其扭矩误差不得大于 ±5%，校正用的扭矩扳手，其扭矩误差不得大于 ±3%。

大六角头高强度螺栓的拧紧应分为初拧、终拧；大型节点应分为初拧、复拧、终拧。其初拧扭矩为施工扭矩的 50% 左右，复拧扭矩等于初拧扭矩，终拧扭矩等于施工扭矩，施工扭矩按式（10 – 4）计算：

$$T_C = K \times P_C \times d \tag{10 – 4}$$

式中：T_C——施工扭矩，N·m；

　　　K——高强度螺栓连接副的扭矩系数平均值（按出厂批复验连接副的扭矩系数，每批复验 5 套，5 套扭矩系数的平均值为 0.110～0.150，其标准偏差 ≤0.010）；

P_C——高强度螺栓施工预拉力，kN；

d——高强度螺栓螺杆直径，mm。

b. 扭剪型高强度螺栓的拧紧亦分为初拧、终拧；大型节点亦分为初拧、复拧、终拧。其初拧扭矩为 $0.065P_C \times d$，复拧扭矩等于初拧扭矩，用专用扳手进行终拧，直至拧掉螺栓尾部的梅花头。个别不能用专用扳手进行终拧的，取终拧扭矩为 $0.13P_C \times d$。

高强度螺栓的初拧、复拧、终拧须在同一天内完成。螺栓拧紧按一定顺序进行，一般应由螺栓群中央顺序向外拧紧。

（4）高强度螺栓连接副施工质量检查与验收应符合下列规定。

① 大六角头高强度螺栓，先用小锤（0.3 kg）敲击法进行普查，以防漏拧。然后对每个节点螺栓数的 10%（不少于 1 个）进行扭矩检查。检查时先在螺杆端面和螺母上画一直线，然后将螺母拧松约 60°，再用扭矩扳手重新拧紧，使两线重合，测得此时的扭矩应为 $0.9T_{ch} \sim 1.1T_{ch}$，T_{ch} 按式（10 - 5）计算：

$$T_{ch} = KPd \tag{10 - 5}$$

式由：T_{ch}——检查扭矩，N·m；

P——高强度螺栓预拉力设计值，kN。

若有不符合规定的，则应再扩大检查 10%；若仍有不合格者，则整个节点的高强度螺栓应重新拧紧。扭矩检查应在高强度螺栓终拧 1 h 以后、24 h 之前完成。

② 扭剪型高强度螺栓终拧检查，以目测螺栓尾部的梅花头拧断为合格。对于不能用专用扳手拧紧的，则按上述大六角头高强度螺栓检查方法处理。

③ 在高空进行高强度螺栓的紧固，要遵守登高作业的安全注意事项。拧掉的高强度螺栓尾部应随时放入工具袋内，严禁随便抛落。

④ 高强度螺栓的紧固要配合钢结构的吊装速度，从目前情况看，每人每日约可紧固 100 套高强度螺栓，可参考此数字来安排施工人数。

10.3.4　安全施工措施

高层和超高层钢结构建筑施工，安全问题十分突出，应该采用以下有力措施来保证施工安全。

（1）在柱、梁安装后而未设置浇筑楼板用的压型钢板时，为便于柱、螺栓等施工的方便需在钢梁上铺设适当数量的走道板。

（2）在钢结构吊装时，为防止人员、物料和工具坠落或飞出造成安全事故，需铺设安全网。安全网分为安全平网和安全竖网，如图 10 - 37 所示。安全平网设置在梁面以上 2 m 处，当楼层高度小于 4.5 m 时，安全平网可隔层设置，安全平网要求在建筑平面内铺满。安全竖网铺设在建筑物外围，防止人员、物料和工具的飞出，安全竖网铺设的高度一般为两节柱的高度。

（3）为便于接柱施工，在接柱处要设操作平台，操作平台固定在下节柱的顶部。

（4）钢结构施工需要许多设备，如电焊机、空压机、氧气瓶、乙炔瓶等，这些设备需随着钢结构安装而逐渐升高。为此，需在刚安装的钢梁上设置存放设备用的平台。设置平台的钢梁，不能只投入少量临时螺栓，而要将紧固螺栓全部投入并加以拧紧。

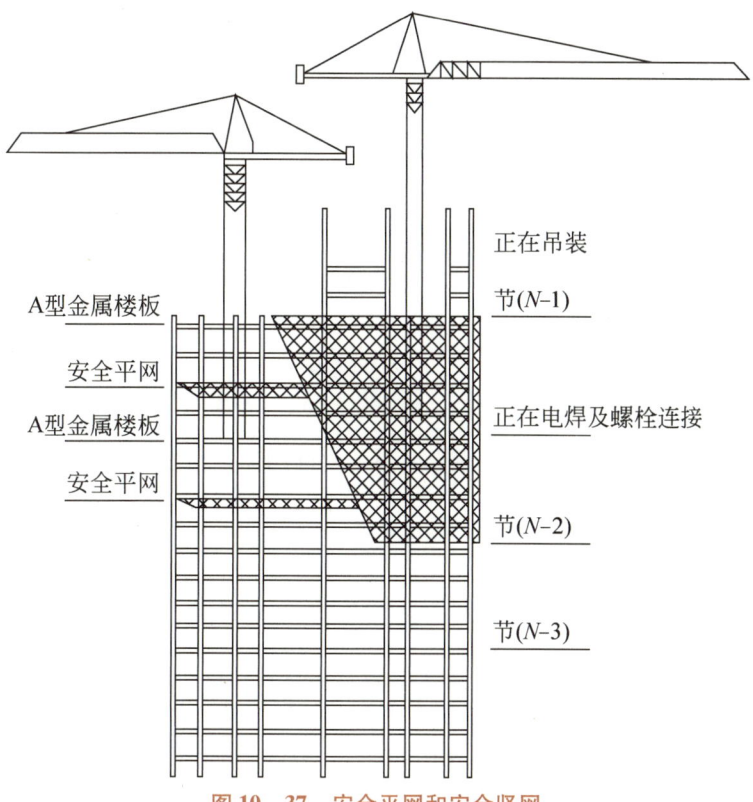

图 10 - 37　安全平网和安全竖网

（5）为便于施工登高，吊装钢柱前要先将登高钢梯固定在钢柱上。为便于进行柱梁节点紧固高强度螺栓和焊接，需在柱梁节点下方安装挂篮脚手。

（6）施工用的电动机械和设备均须接地，绝对不允许使用破损的电线和电缆，严防设备漏电。施工用的电器、机械的电缆，要集中在一起，并随楼层的施工而逐节升高，每层楼面须分别设置配电箱，供每层楼面施工用电需要。

（7）高空施工，当风速为 10 m/s 时，若未采取措施则吊装工作应该停止，当风速达到 15 m/s时，所有工作均须停止。

（8）由于现场焊接为明火作业，因此，施工时还应该注意防火，配备必要的灭火设备和消防人员。

10.4　钢网架吊装

钢网架结构广泛用作大跨度的屋盖结构，其特点是交汇于节点上的杆件数量较多，制作安装较平面结构复杂。钢网架结构节点有焊接球节点、螺栓球节点和钢板节点三种形式，如图 10 - 38 所示。钢网架的基本单元有三角锥、三棱体、正方体、截头四角锥等，可组合成平面形状的任何形体。

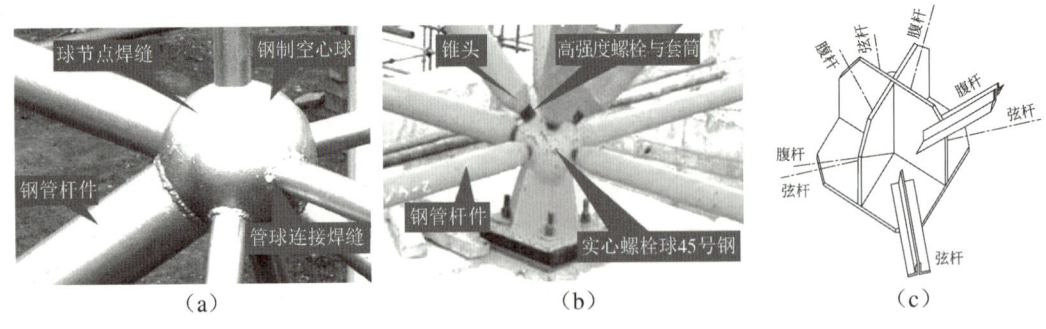

图 10 – 38　钢网架结构节点

（a）焊接球节点；（b）螺栓球节点；（c）钢板节点

　　钢网架根据其结构形式和施工条件的不同，可选用高空拼装法、整体安装法或高空滑移法进行安装。

10.4.1　高空拼装法

　　钢网架用高空拼装法进行安装时，要先在设计位置处搭设拼装支架，然后用起重机把网架构件（或分块）上吊至空中的设计位置，在支架上进行拼装，如图 10 – 39 所示。此法有时不需大型起重设备，但拼装支架用量大，高空作业多。因此，此方法对高强度螺栓连接的、用型钢制作的钢网架或螺栓球节点的钢管网架较为适宜，目前仍有一些钢网架用此法施工。

图 10 – 39　高空拼装法

（a）落地支架拼装钢网架；（b）钢网架高空拼装施工

（1）塔吊附着散装。

塔吊附着散装如表 10 – 8 所示。

表 10 – 8　塔吊附着散装

序号	施工步骤	示例图片	施工方法及控制要点
1	构件进场		根据构件重量，选用合适的钢丝绳及卸扣，将构件卸车至塔吊覆盖堆场内，并检测构件外观、尺寸等

续表

序号	施工步骤	示例图片	施工方法及控制要点
2	塔吊附着示意	 STL 120-8T动臂塔吊，最大起重量8 t 第三道附着 第二道附着 第一道附着	塔吊根据型号不同，自由高度不同。当塔吊吊装高度大于自由高度时，塔吊需要附着
3	塔吊附着装置	 塔身　调节拉杆　槽钢固定装置　槽钢固定装置	塔吊附着装置交接在构筑物柱上，附着装置应保持水平，与塔吊垂直
4	构件散装		构件高空吊装前，检测构件外形尺寸，构件上安装安全绳、安全网等，然后吊装

（2）塔吊分块吊装。

以阿克苏"多浪明珠"广播电视塔一节井道安装为例，塔吊分块吊装如表 10-9 所示。

表 10 – 9　塔吊分块吊装

序号	施工步骤	示例图片	施工方法及控制要点
1	构件进场		根据构件重量，选用合适的钢丝绳及卸扣，将构件卸车至塔吊覆盖堆场内，并检测构件外观、尺寸等
2	安装上节井道第一片井架片		检查上下节井架片对接口尺寸，确保能完成上下节对接，若有偏差，则吊装前进行矫正
3	逆时针安装第二片井架片		同上一步，检查对接口尺寸
4	安装两片井架片之间联系杆件		检测联系杆件长度，确保其长度不大于两井架片间间距，否则进行矫正后安装
5	依次安装完成本节剩余井架片		安装井架片前复核对接处尺寸，吊装后复核上部敞口尺寸，确保满足安装精度，为下一节安装做准备

续表

序号	施工步骤	示例图片	施工方法及控制要点
6	安装井道内部结构		井道内部结构尺寸应为负偏差，禁止正偏差，方便安装

10.4.2　整体安装法

整体安装法就是先将钢网架在地面上拼装成整体，然后用起重设备将其整体提升到设计位置并加以固定，如图 10－40 所示。这种施工方法不需高大的拼装支架，高空作业少，易保证焊接质量，但需要起重量大的起重设备，技术较复杂。因此，此法对球节点的钢网架（尤其是三向网架等杆件较多的钢网架）较适宜。根据所用设备的不同，整体安装法又分为多机抬吊法、拔杆提升法、整体提升法及千斤顶顶升法等。下面主要介绍多机抬吊法与拔杆提升法。

图 10－40　整体安装法

（a）多机抬吊法；（b）拔杆提升法；（c）整体提升法；（d）千斤顶顶升法

1. 多机抬吊法

多机抬吊法是用于高度和重量都不大的中小型网梁结构。安装前先在地面上对钢网架进行错位拼装（拼装位置与安装轴线错开一定距离，以避开柱子的位置），然后用多台起重机（多为履带式起重机或汽车式起重机）将拼装好的钢网架整体提升到柱顶以上，在空中移位后落下就位固定。

（1）钢网架拼装。为防止钢网架整体提升时与柱子相碰，错开的距离取决于钢网架提升过程中钢网架与柱子或柱子牛腿之间的净距，一般不得小于 10～15 cm，同时要考虑钢网架拼装的方便和空中移位时起重机工作的便利程度。需要时，可与设计单位协商，将钢网架的部分边缘杆件留待钢网架提升后再焊接或变更部分影响钢网架提升的柱子牛腿。

钢网架在金属结构厂加工之后，将单件拼成小单元的平面桁架或立体桁架运到工地，工地拼装即在拼装位置将小单元桁架拼成整个钢网架。钢网架拼装的关键，是控制好钢网架框架轴线支座的尺寸（要预放焊接收缩量）和起拱要求。

钢网架焊接主要是球体与钢管的焊接。一般采用等强度对接焊，为安全起见，在对焊处增焊6~8 mm的贴角焊缝。管壁厚度大于4 mm的焊件，接口宜作成坡口。为使对接焊缝均匀和钢管长度稍可调整，可加用套管。拼装时先装上下弦杆，后装斜腹杆，待两榀桁架间的钢管全部放入并矫正后，再逐根焊接钢管。

（2）钢网架吊装。这类中小型钢网架多用四台履带式起重机（或汽车式起重机、轮胎式起重机）抬吊，亦有用两台履带式起重机或一根拔杆吊装的。

如果钢网架重量较小或四台起重机的起重量都满足要求时，宜将四台起重机布置在钢网架两侧，这样只要四台起重机同时回转即完成钢网架空中移位的要求，多机抬吊法的关键是各台起重机的起吊速度一致，否则有的起重机会超负荷，使钢网架受扭，焊缝开裂。为此，起吊前要测量各台起重机的起吊速度，以便起吊时掌握起吊速度或将每两台起重机的吊索用滑轮穿通。

当钢网架抬吊到比柱顶标高高出30 cm左右时，进行空中移位，将钢网架移至柱顶以上。钢网架落位时，为使钢网架制作中线准确地与柱顶中线吻合，应事先在钢网架四角处各拴一根钢丝绳，利用倒链进行对线就位。

2. 拔杆提升法

球节点的大型钢网架的安装，我国目前多使用拔杆提升法。用此方法施工时，钢网架先在地面上错位拼装，然后用多根独脚拔杆将钢网架整体提升到柱顶以上，在空中移位，落位安装。

（1）空中移位原理。空中移位是此方法的关键，其是利用每根拔杆两侧起重滑轮组中的水平力不等而使钢网架水平移动。

钢网架在空中移位时，要求至少有两根以上的拔杆吊住钢网架，且其同一侧的起重滑轮组不动，因此，在钢网架空中移位时只平移而不倾斜。由于同一侧滑轮组不动，所以钢网架除平移外，还可以产生圆周运动，而使钢网架产生少许的下降。钢网架空中移位的方向，与拔杆的布置有关。

（2）起重设备的选择与布置。起重设备的选择与布置是钢网架拔杆提升法施工中的一个重要问题。内容包括拔杆选择与吊点布置、缆风绳与地锚布置、起重滑轮组与吊点索具的穿法、卷扬机布置等。

拔杆的选择取决于其所承受的荷载和吊点布置。钢网架安装时的计算荷载：

$$Q = (K_1 Q_1 + Q_2 + Q_3)K \tag{10-6}$$

式中：Q_1——钢网架自重，kN；

    K_1——荷载系数1.1（如钢网架质量经过精确计算可取为1.0）；

    Q_2——附加设备（包括桁条、通风管、脚手架等）的自重，kN；

    Q_3——吊具自重，kN；

    K——由提升差异引起的受力不均匀系数，当钢网架质量基本均匀，各点提升差异控制在10 cm以下时，此系数取值1.30。

钢网架吊点的布置不仅与吊装方案有关，还与提升时钢网架的受力性能有关。在钢网架提升过程中，不但某些杆件的内力可能会超过设计时的计算内力，而且对某些杆件还可能引起内力符号改变而使杆件失稳。因此，应经过钢网架吊装验算来确定吊点的数量和位置。不过，在起重能力、吊装应力和网架刚度满足的前提下，应尽量减少拔杆和吊点的数量。

缆风绳的布置，应使多根拔杆相互连成整体，以增加整体稳定性。每根拔杆至少要有 6 根缆风绳，缆风绳要根据风荷载、吊重、拔杆偏斜、缆风绳初应力等荷载，按最不利情况组合后计算选择。地锚亦需计算确定。

起重滑轮组的受力计算可按照实际受力情况进行，根据计算结果选择滑轮的规格。

卷扬机的规格，要根据起重钢丝绳的内力大小确定。为减少提升差异，尽量采用相同规格的卷扬机。

（3）轴线控制。钢网架拼装支柱的位置，应根据已安装好的柱子的轴线精确测量，以消除基础与柱子安装时轴线误差的积累。

（4）拔杆拆除。钢网架吊装后，拔杆被围在钢网架中，宜用倒拆法拆除。此法即在钢网架上弦节点处挂两副起重滑轮组吊住拔杆，然后由最下一节开始逐节地拆除拔杆。

10.4.3　高空滑移法

1. 高空滑移法概述

钢网架屋盖近年来采用高空滑移法施工的逐渐增多，它尤其适用于影剧院、礼堂等工程，如图 10 - 41 所示。这种施工方法，钢网架多在建筑物前厅顶板上设拼装平台进行拼装（亦可在观众厅看台上搭设拼装平台进行拼装），待第一个拼装单元（或第一段）拼装完毕，即将其下落至滑移轨道上，用牵引设备向前滑移一定距离。接下来在拼装平台上拼装第二个单元（或第二段），拼装完成后连同第一个拼装单元（或第一段）一同向前滑移，如此逐段拼装不断向前滑移，直至整个钢网架拼装完毕并滑移至就位位置。五棵松体育馆屋盖桁架高空滑移法施工和郑州机场钢结构高空滑移法施工分别如图 10 - 42 和图 10 - 43 所示。

（a）　　　　　　　　　　　　　　　　（b）

图 10 - 41　高空滑移法施工

（a）高空滑移法安装屋盖结构；（b）五棵松体育馆屋盖桁架施工

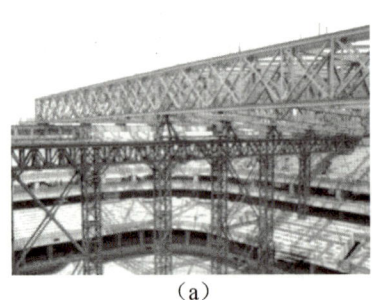 

（a）   （b）

图 10 – 42　五棵松体育馆屋盖桁架高空滑移法施工

（a）滑移施工中；（b）滑道、树状支撑及爬行机器人

10 – 43　郑州机场钢结构高空滑移法施工

2. 液压同步顶推滑移设备及关键技术

自锁型液压爬行器（见图 10 – 44）是一种能自动夹紧轨道形成反力，从而实现推移的设备。此设备可抛弃反力架，省去反力点的加固问题，省时省力，且由于与被移构件刚性连接，同步控制较易实现，就位精度高。

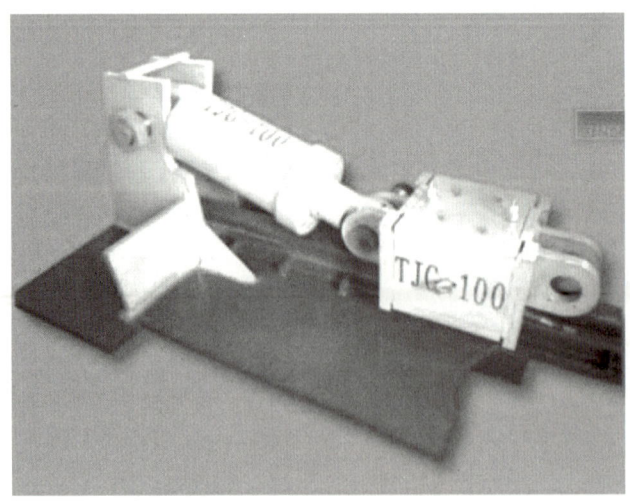

图 10 – 44　自锁型液压爬行器

　　液压同步顶推滑移技术采用自锁型液压爬行器作为滑移驱动设备。自锁型液压爬行器为组合式结构，一端以楔型夹块（简称楔块）与滑移轨道连接，另一端以铰接点形式与滑移胎架或构件连接，中间利用液压油缸驱动爬行。

　　自锁型液压爬行器的楔块具有单向自锁作用。当液压缸伸出时，楔块工作（夹紧），自动锁紧滑移轨道；液压缸缩回时，楔块不工作（松开），与液压缸同方向移动。自锁型液压爬行器工作原理如表 10 - 10 所示。

表 10 - 10　自锁型液压爬行器工作原理

序号	施工步骤	示例图片	施工方法及控制要点
1	推动滑移		自锁型液压爬行器夹紧装置中楔块与滑移轨道夹紧，液压缸前端活塞杆销轴与滑移构件（或胎架）连接。液压缸伸缸，推动滑移构件向前滑移
2	滑移行程		液压缸伸缸一个行程，构件向前滑移 300 mm
3	夹紧装置滑移		一个行程伸缸完毕，滑移构件不动，液压缸缩缸，使夹紧装置中楔块与滑移轨道松开，并拖动夹紧装置向前滑移
4	往复滑移		自锁型液压爬行器一个行程缩缸完毕，拖动夹紧装置向前滑移 300 mm。一个爬行推进形成完毕，再次执行工序。如此往复使构件滑移至最终位置

液压同步顶推滑移技术采用计算机控制，通过数据反馈和控制指令传达，可全自动实现同步动作、负载均衡、姿态矫正、应力控制、操作闭锁、过程显示和故障报警等多种功能。

钢网架的滑移，可在钢网架支座下设滚轮，使滚轮在滑移轨道上滑动；亦可在钢网架支座下设支座底板，使支座底板沿预埋在钢筋混凝土框架梁上的预埋钢板滑动。

钢网架滑移可用卷扬机或手动葫芦牵引。根据牵引力大小及钢网架支座之间的系杆承载力，可采用一点或多点牵引。

钢网架滑移时，两端不同步值不应大于 50 mm。

采用高空滑移法施工钢网架时，在滑移和拼装过程中，应对钢网架进行下列验算：当跨度中间无支点时，验算杆件内力和跨中挠度值；当跨度中间有钢网架支座时，验算杆件内力、支点反力和挠度值。

当钢网架滑移单元由于增设中间滑移轨道引起杆件内力变化时，应采取临时加固措施以防失稳。用高空滑移法施工钢网架结构，由于钢网架拼装是在前厅顶板平台上进行，减少了高空作业的危险；与高空拼装法比较，拼装平台小，可节约材料，并可保证钢网架的拼装质量；由于钢网架拼装用滑移施工可以与土建施工平行流水和立体交叉，故可以缩短整个工程的工期；高空滑移法施工设备简单，一般不需大型起重安装设备，所以施工费用亦可降低。

10.5 高层钢结构安全施工

10.5.1 钢结构施工安全要求

（1）在高空安装作业时，操作人员应系好安全带，并应对使用的脚手架或吊架等进行检查，确认安全后方可施工。操作人员需要在水平钢梁上行走时，安全带要挂在钢梁上设置的安全绳上，安全绳的立杆钢管必须与钢梁连接牢固。

（2）高空操作人员携带的手动工具、螺栓、焊条等小件物品，必须放在工具袋内，互相传递要用绳子连接，不准扔掷。

（3）凡是附在柱、梁上的爬梯、走道、操作平台、高空作业吊篮、临时脚手架等，要与钢构件连接牢固。

（4）构件安装后，必须检查连接质量，无误后才能摘钩或拆除临时固定。

（5）当风力大于 5 级，雨、雪天气和构件有积雪、结冰、积水时，应停止高空钢结构的安装作业。

（6）应按规定在建筑物外侧搭设水平和垂直的安全网。第一层安全平网离地面 5~10 m，挑出网宽 6 m；第二层安全平网设在钢结构安装工作面下，挑出 3 m。第一层、第二层安全平网应随钢结构安装进度往上转移，两者相差一节柱的距离。安全平网下已安装好的钢结构外侧，应安设安全竖网，并沿建筑物外侧封闭严密。建筑物内部的楼梯、电梯井口、各种预留孔洞等处，均要设置水平防护网、防护挡板或防护栏杆。

（7）构件吊装时，要采取必要措施防止起重机倾翻。起重机行驶道路，必须坚实可靠；尽量避免满负荷行驶；严禁超载吊装；双机抬吊时，要根据起重机的起重能力进行合理的负荷分配，并统一指挥操作；绑扎构件的吊索须经过计算，所有起重机械应定期检查。

（8）使用塔式起重机或长吊杆的其他类型的起重机时，应有避雷防触电设施。

（9）各种用电设备要有接地装置，地线和电力用具的电阻不得大于 4 Ω。各种用电设备和电缆（特别是焊机电缆），要经常进行检查，保证绝缘良好。

10.5.2　施工现场消防安全措施

（1）钢结构安装前，必须根据工程规模、结构特点、技术复杂程度和现场具体条件等，拟定具体的安全消防措施，建立安全消防管理制度，并强化管理。

（2）应对参加安装施工的全体人员进行安全消防技术交底，加强教育和培训工作。各专业工程应严格执行本工种安全操作规程和本工程指定的各项安全消防措施。

（3）施工现场应设置消防车道，配备消防器材，安排足够的消防水源。

（4）施工材料的堆放、保管，应符合防火安全要求，易燃材料必须专库堆放。

（5）进行电弧焊、栓钉焊、气切割等明火作业时，要有专职人员值班防火。氧气瓶、乙炔瓶不应放在太阳光下暴晒，更不可接近火源（要求与火源距离不小于 10 m）；冬季氧气瓶、乙炔瓶阀门发生冻结时，应用干净的热布把阀门烫热，不可用火烤。

（6）安装使用的电气设备，应按使用性质的不同，设置专用电缆供电。其中，塔式起重机、电焊机、栓钉焊机三类用电量大的设备，应分成三路电源供电。

（7）多层与高层钢结构安装施工时，各类消防设施（灭火器、水桶、砂袋等）应随安装高度的增加及时上移，一般不得超过两个楼层。

Reference | 参考文献

[1] 杨嗣信. 高层建筑施工手册. 3 版. 北京：中国建筑工业出版社，2017.

[2] 丁红岩. 高层建筑施工. 天津：天津大学出版社，2004.

[3] 赵志缙，赵帆. 高层建筑施工. 2 版. 北京：中国建筑工业出版社，2005.

[4] 张厚先，陈德方. 高层建筑施工. 北京：北京大学出版社，2006.

[5] 杨国立. 高层建筑施工. 北京：化学工业出版社，2010.

[6] 杨国立. 高层建筑施工. 北京：高等教育出版社，2016.

[7] 吴俊臣. 高层建筑施工. 北京：北京大学出版社，2017.

[8] 杨跃. 现代高层建筑施工. 武汉：华中科技大学出版社，2011.

[9] 朱勇年. 高层建筑施工. 4 版. 北京：中国建筑工业出版社，2014.

[10] 高兵，卞延彬. 高层建筑施工. 北京：机械工业出版社，2013.

[11] 董颇，王俊，原胜利. 高层建筑施工. 郑州：黄河水利出版社，2013.

[12] 方洪涛，蒋春平，杨雪. 高层建筑施工. 2 版. 北京：北京理工大学出版社，2013.

[13] 刘俊岩. 高层建筑施工. 2 版. 上海：同济大学出版社，2014.

[14] 胡铁明. 高层建筑施工. 2 版. 武汉：武汉理工大学出版社，2015.

[15] 祁佳睿，车文鹏，陈娟浓. 高层建筑施工. 北京：清华大学出版社，2015.

[16] 陈晓红，葛培，马志芳. 高层建筑施工. 北京：人民邮电出版社，2015.

[17] 龚晓南. 深基坑工程设计施工手册. 2 版. 北京：中国建筑工业出版社，2017.

[18] 陈忠汉，程丽萍. 深基坑工程. 北京：机械工业出版社，1999.

[19] 刘俊岩. 建筑基坑工程监测技术规范实施手册. 北京：中国建筑工业出版社，2010.

[20] 王自力，周同和. 建筑深基坑工程施工安全技术规范理解与应用. 北京：中国建筑工业出版社，2015.

[21] 王自力. 深基坑工程事故分析与防治. 北京：中国建筑工业出版社，2016.

[22] 年廷凯，孙旻. 深基坑支护设计与施工新技术. 北京：中国建筑工业出版社，2016.

[23] 中国土木工程学会土力学及岩土工程分会. 深基坑支护技术指南. 北京：中国建筑工业出版社，2012.

[24] 刘军，丁振明，章良兵. 北京地铁基坑工程设计与施工. 北京：中国建筑工业出版社，2016.

[25] 中华人民共和国住房和城乡建设部. 高层建筑混凝土结构技术规程：JGJ 3—

2010. 北京：中国建筑工业出版社，2011.

［26］中华人民共和国住房和城乡建设部．建筑设计防火规范：GB 50016—2014. 北京：中国计划出版社，2018.

［27］中华人民共和国住房和城乡建设部，中华人民共和国国家质量监督检验检疫总局．民用建筑设计通则：GB 50352—2005. 北京：中国建筑工业出版社，2005.

［28］中华人民共和国住房和城乡建设部．高层建筑筏形与箱形基础技术规范：JGJ 6—2011. 北京：中国建筑工业出版社，2011.

［29］中华人民共和国住房和城乡建设部．混凝土强度检验评定标准：GB/T 50107—2010. 北京：中国建筑工业出版社，2010.

［30］中华人民共和国住房和城乡建设部．建筑基坑支护技术规程：JGJ 120—2012. 北京：中国建筑工业出版社，2012.

［31］中华人民共和国住房和城乡建设部．建筑深基坑工程施工安全技术规范：JGJ 311—2013. 北京：中国建筑工业出版社，2014.

［32］中华人民共和国住房和城乡建设部．建筑桩基技术规范：JGJ 94—2008. 北京：中国建筑工业出版社，2008.

［33］中华人民共和国住房和城乡建设部，中华人民共和国国家质量监督检验检疫总局．混凝土结构设计规范（2015年版）：GB 50010—2010. 北京：中国建筑工业出版社，2016.

［34］中华人民共和国国家质量监督检验检疫总局，中国国家标准化管理委员会．爆破安全规程：GB 6722—2014. 北京：中国标准出版社，2015.

［35］中华人民共和国住房和城乡建设部．复合土钉墙基坑支护技术规范：GB 50739—2011. 北京：中国计划出版社，2012.

［36］广东省住房和城乡建设厅．土钉支护技术规程：DBJ/T 15—70—2021. 北京：中国城市出版社，2021.

［37］中华人民共和国住房和城乡建设部．建筑基坑工程监测技术规范：GB 50497—2019. 北京：中国计划出版社，2019.

［38］中华人民共和国住房和城乡建设部．建筑地基基础工程施工质量验收规范：GB 50202—2018. 北京：中国计划出版社，2018.

［39］中华人民共和国住房和城乡建设部．高层建筑岩土工程勘察标准：JGJ/T 72—2017. 北京：中国建筑工业出版社，2017.

［40］中华人民共和国住房和城乡建设部．建筑变形测量规范：JGJ 8—2016. 北京：中国建筑工业出版社，2016.

［41］中华人民共和国住房和城乡建设部．大体积混凝土施工标准：GB 50496—2018. 北京：中国建筑工业出版社，2018.

［42］中华人民共和国住房和城乡建设部．混凝土结构工程施工规范：GB 50666—2011. 北京：中国建筑工业出版社，2012.

［43］中华人民共和国住房和城乡建设部．混凝土结构工程施工质量验收规范：GB

50204—2015. 北京：中国建筑工业出版社，2015.

［44］中华人民共和国住房和城乡建设部，中华人民共和国国家质量监督检验检疫总局．冷弯薄壁型钢结构技术规范：GB 50018—2002. 北京：中国标准出版社，2003.

［45］中华人民共和国住房和城乡建设部．建筑结构荷载规范：GB 50009—2012. 北京：中国建筑工业出版社，2012.

［46］中华人民共和国住房和城乡建设部．钢结构设计规范：GB 50017—2017. 北京：中国建筑工业出版社，2017.

［47］中华人民共和国住房和城乡建设部．钢筋焊接及验收规程：JGJ 18—2012. 北京：中国建筑工业出版社，2012.

［48］中华人民共和国住房和城乡建设部．钢筋机械连接技术规程：JGJ 107—2016. 北京：中国建筑工业出版社，2016.

［49］中华人民共和国住房和城乡建设部．钢筋机械连接用套筒：JG/T 163—2013. 北京：中国标准出版社，2013.

［50］中华人民共和国国家质量监督检验检疫总局，中国国家质量监督检验检疫总局．碳素结构钢：GB/T 700—2006. 北京：中国标准出版社，2007.

［51］国家市场监督管理总局，中国国家标准化管理委员会．低合金高强度结构钢：GB/T 1591—2018. 北京：中国标准出版社，2019.

［52］中华人民共和国住房和城乡建设部，国家市场监督管理总局．钢结构工程施工质量验收标准：GB 50205—2020. 北京：中国计划出版社，2020.

［53］中华人民共和国住房和城乡建设部．高层民用建筑钢结构技术规程：JGJ 99—2015. 北京：中国建筑工业出版社，2015.

［54］中华人民共和国住房和城乡建设部，中华人民共和国国家质量监督检验检疫总局．管井技术规范：GB 50296—2014. 北京：中国计划出版社，2014.

［55］中华人民共和国住房和城乡建设部，中华人民共和国国家质量监督检验检疫总局．建筑地基基础术语标准：GB/T 50941—2014. 北京：中国建筑工业出版社，2014.

［56］中华人民共和国住房和城乡建设部．建筑地基处理技术规范：JGJ 79—2012. 北京：中国建筑工业出版社，2013.

［57］中华人民共和国住房和城乡建设部，国家市场监督管理总局．建筑基坑工程监测技术标准：GB 50497—2019. 北京：中国计划出版社，2019.

［58］中华人民共和国住房和城乡建设部．建筑施工门式钢管脚手架安全技术标准：JGJ/T 128—2019. 北京：中国建筑工业出版社，2019.

［59］中华人民共和国住房和城乡建设部．液压升降整体脚手架安全技术标准：JGJ/T 183—2019. 北京：中国建筑工业出版社，2020.

［60］中华人民共和国住房和城乡建设部．建筑施工承插型盘扣式钢管脚手架安全技术标准：JGJ/T 231—2021. 北京：中国建筑工业出版社，2021.

［61］中华人民共和国住房和城乡建设部，中华人民共和国国家质量监督检验检疫总局．组合钢模板技术规范：GB/T 50214—2013. 北京：中国计划出版社，2013.

［62］中华人民共和国住房和城乡建设部．建筑工程大模板技术标准：JGJ/T 74—2017．北京：中国建筑工业出版社，2018．

［63］中华人民共和国住房和城乡建设部．液压滑动模板施工安全技术规程：JGJ 65—2013．北京：中国建筑工业出版社，2013．

［64］中华人民共和国住房和城乡建设部．液压爬升模板工程技术标准：JGJ/T 195—2018．北京：中国建筑工业出版社，2018．